KB019095

추천 서평

정경채 _ 서울리눅스유저그룹 리더

저자를 알게 된 지 벌써 10여 년의 세월이 흘렀습니다. 저자는 우리나라에 리눅스라는 이름이 크게 알려지지 않은 때부터 리눅스에 대한 마음이 다른 사람들과는 조금 달랐습니다. 사비를 털어서 리눅스 세미나를 열었고, 리눅스유저그룹을 통해 끊임없이 리눅스 정보를 배포하고 알리기 위해 노력했습니다. 어떤 이들은 외골수라고 저자를 부르기도 합니다. 하지만 저자는 리눅스의 확산을 위해서 정부부처뿐만 아니라 여러 리눅스 기업들이 우리나라 시장에 뛰어들었을 때 많은 조언과 관심으로 우리나라 리눅스 발전에 많은 공헌을 했다고 해도 과언은 아닐 것입니다. 그런 저자가 이제 후진들을 위해 책을 쓴다는 이야기를 듣고 참 반가웠습니다. 지난 번 『CentOS 리눅스 구축관리 실무』를 읽으면서 누구나 따라할 수 있도록 쉽게 풀어 쓴 글을 보며 많은 노력을 기울였다는 생각이 들었습니다. 그리고 이번 『김태용의 쉘 스크립트 프로그래밍 입문』 도서도 많은 이들이 기다렸을 책이라는 생각이 듭니다. 리눅스를 사용하면서 가장 중요한 것 중 하나가 바로 '쉘 스크립트 프로그래밍' 입니다. 그리고 저자는 이 부분에 대해 누구든 쉽게 시작할 수 있도록 서술하고 있습니다. 리눅스 쉘 스크립트를 배우기 시작하려는 많은 분들께 고민 없이 선택해도 될 책이라 전하고 싶습니다.

김기종 _ 영진전문대학 컴퓨터정보계열 교수

저자의 풍부한 실무경험을 바탕으로 저술하여 서버관리자에게 필수적 능력인 쉘 프로그래밍을 익히기 위한 좋은 기본서가 될 수 있을 것이라 생각됩니다.

정왕부 _ 대구 경암중학교 교사, 한국리눅스유저그룹 부회장

이번 책은 저자의 실무적인 시스템 운영 경험을 바탕으로 구성되었습니다. 체계적인 내용 전개와 쉬운 설명으로 누구나 쉘 스크립트 프로그래밍에 대해 쉽게 접근할 수 있도록 쉽게 쓰인 책이라고 할 수 있습니다. 한 권쯤 책장에 꽂아놓고 두고두고 보고 싶은 책입니다.

박종호 _ 일본 동경대학교 정밀기계공학 박사과정

리눅스를 사용하면서 사용자의 입장에서 가장 기본적이고 중요한 것 중에 하나가 쉘 스크립트와 그와 관련된 프로그래밍에 대한 지식이 아닌까 생각합니다

그런 의미에서 다년간 리눅스 관련 프로그래밍을 해온 저자의 지식과 실무경험을 바탕으로 이루어진 이 책은 입문자들에게 아주 적당한 도서로서, 쉘 스크립트 프로그래머들에겐 중요한 쉘 스크립트 기본서가 될 것이라고 생각합니다.

읽기 쉽고 또 이해하기 쉬운 쉘 스크립트 프로그래밍의 입문서로서 손색이 없는, 리눅스 사용자라면 누구나 한 번쯤 생각하고 기다려왔던 책으로 망설임 없이 추천해드립니다.

김동영 _ 책임테크툴(주) 경영정보실 이사

실무에서 아주 유용하게 활용할 수 있는 아주 좋은 리눅스의 길잡이가 바로 이 책이라 생각됩니다.

이종태 _ 책임테크툴(주) 차장

유통업체에서 전산업무를 담당하고 있는 지금의 저로서는 새로운 것을 접하여 지식을 늘리기는 상당히 어렵고 힘이 드는 과정입니다. 책을 보더라도 생소하고 이해하기가 쉽지 않기 때문입니다. 하지만 이 책은 저자의 관심과 열정을 엿볼 수 있고 내용도 체계적으로 잘 구성되어 있어서 이해가 쉽게 됩니다. 실무에 맞게 유용하게 작성되어서 많은 지식을 얻을 수 있으리라 생각합니다.

김진우 _ (주)씨디네트웍스 차장

어떤 임무를 수행하든 실무자라면 쉘 스크립트는 반드시 필요할 것입니다. 이 책에는 쉘 스크립트 작성에 필요한 기본적이지만 중요한 명령어들에 대한 설명에서부터 프로그래밍까지 망라하고 있습니다. 이 책은 관련 서적을 찾고 기다리던 이들의 갈증을 해소해줄 것입니다.

김성기 _ 마이크론웨어(주) 대표이사

"리눅스 쉘에 대한 지식을 쉽고 빠르게 습득할 수 있는 계기"

리눅스 환경을 이해하기 위해서는 쉘 명령과 구조를 이해하는 것은 반드시 필요합니다. 이러한 필수 요소인 쉘을 쉽고 빠르게 이해하기 위해서는 쉘 명령을 쉽고 빠르게 접할 수 있는 입문서가 필요하다고 할 수 있습니다. 또한 리눅스 쉘 프로그래밍을 활용하면 중복된 프로그래밍 과정을 줄이고 관리자로서 혹은 개발자로서의 리눅스 활용 능률을 극대화할 수 있을 것입니다.

가끔 관리자들이나 프로그래머들이 자신만의 리눅스 환경과 개발 환경 설정에 미숙한 경우를 많이 보아왔습니다. 또한 리눅스와 쉘에 대한 기초적인 지식이 없이 일부 사용된 명령에만 치우친 경우도 많습니다. 제대로 알고 제대로 사용하고자 할 경우뿐만 아니라 리눅스 이해에 어려움이 많은 이들에게 진입장벽을 낮추고 쉽게 설명된 쉘 입문서가 필요하다면 본 도서는 리눅스 쉘 입문자들에게 훌륭한 지침서가 될 것이라 믿습니다.

박찬흠 _ 영남대학교 컴퓨터공학과 박사수료

2003년 어느 겨울날 저자와의 인연이 시작되었습니다. 저자의 리눅스에 대한 열의와 사랑은 한국 리눅스 모임인 '한국리눅스유저그룹'이라는 커뮤니티를 탄생시켰으며, CentOS의 바이블이라 해도 과언이 아닌 『CentOS 리눅스 구축관리 실무』를 집필하였습니다.

대부분의 리눅스 유저는 리눅스를 설치하고 서버로서의 기능만 확인하면 그 다음 응용으로서의 활용단계에서 주저하게 됩니다. 본서는 여기에 날개를 달수 있는 방법을 제시한다고 할 수 있습니다. 리눅스의 기본적인 사용법과 쉘에 대한 이해와 활용, 그리고 유용한 유틸리티를 소개하고 사용법을 제시하고 있습니다. 리눅스 유저의 한 사람으로 기쁘지 않을 수 없습니다.

『김태용의 쉘 스크립트 프로그래밍 입문』이라는 도서를 통해 더 많은 리눅스 유저가 활동하고 리눅스를 활용하는 데 있어 가뭄의 단비가 되리라 생각합니다. 다시 한 번 더 본서의 출판을 축하하며 저자의 리눅스에 대한 열의와 사랑에 박수를 보냅니다.

김태용의 Beginning Linux Shell Script Programming

리눅스 쉘 스크립트 프로그래밍 입문

김태용의

리눅스 쉘 스크립트 프로그래밍 입문

Beginning Linux Shell Script Programming

한국리눅스유저그룹 회장 **김태용** 지음 / 경북대학교 컴퓨터공학과 교수 **안광선** 감수

Jpub 제이펍

김태용의
Beginning Linux Shell Script Programming
리눅스 쉘 스크립트 프로그래밍 입문

copyright © 2009 김태용

초판 1쇄 발행 2009년 9월 30일 **13쇄 발행** 2019년 2월 28일

지은이 김태용
펴낸이 장성두
펴낸곳 주식회사 제이펍

출판신고 2009년 11월 10일 제406-2009-000087호
주소 경기도 파주시 회동길 159 3층 3-B호
전화 070-8201-9010 / **팩스** 02-6280-0405
홈페이지 www.jpub.kr / **원고투고** jeipub@gmail.com
독자문의 readers.jpub@gmail.com / **교재문의** jeipubmarketer@gmail.com

편집부 이종무, 황혜나, 최병찬, 이 슬, 이주원 / **소통·기획팀** 민지환, 송찬수 / **회계팀** 김유미
표지디자인 Arowa & Arowana
용지 신승지류유통 / **인쇄** 한승인쇄사 / **제본** 광우제책사

ISBN 978-89-962410-2-7 (93560)
값 32,000원

※ 이 책은 저작권법에 따라 보호를 받는 저작물이므로 무단 전재와 무단 복제를 금지하며,
이 책 내용의 전부 또는 일부를 이용하려면 반드시 저작권자와 제이펍의 서면동의를 받아야 합니다.
※ 잘못된 책은 구입하신 서점에서 바꾸어 드립니다.

제이펍은 책에 관한 독자 여러분의 아이디어와 원고 투고를 기다리고 있습니다.
책으로 펴내고자 하는 아이디어나 원고가 있으신 분께서는 책에 대한 간단한 개요와 차례,
구성과 저(역)자 약력 등을 메일로 보내주세요.
jeipub@gmail.com

차례

머리말

도자 여러분, 그리고 공학인 동지 여러분! 본 도서를 통하여나마 만나 뵙게 되어 반갑습니다.

필자는 1996년 LG전자에서 모니터 기구설계(3D CAD, UG, Pro/Engineer) 연구원으로 근무하면서 직업적인 이유로 유닉스(SGI, HP UNIX)를 사용하게 되었으며, 또한 자연스럽게 리눅스를 접하기 시작했습니다. 정보통신부가 있던 시기에는 한국리눅스협의회 기술위원으로 활동을 하였으며, 1998년 한국리눅스유저그룹(http://www.lug.or.kr) 커뮤니티를 오픈하였고, 지금 이 순간에도 리눅스를 사랑하는 수많은 동지분들을 만나고 있습니다. 그리고 지식 공유를 위한 LUG 공개 세미나를 매년 개최하고 있으며, 현재까지 12년간 총 12회를 진행하였습니다.

오픈소스인 리눅스 OS는 수많은 명령어들과 함께 이 명령어들을 조합하고 적재적소에 배치하여 활용하는 쉘 스크립트와 각종 환경 설정 파일들로 구성되어 있습니다. 모든 구성 파일들은 소스가 오픈되어 있기 때문에 학습용뿐만 아니라 활용도 측면에서 가장 훌륭한 운영 체제임을 그 누구도 부인하지 않습니다. 그리고 리눅스 OS를 공부하다 보면 인간 사회의 조직(체계)이라는 개념과 유사함을 어느 순간 깨닫게 될 것입니다.

본 도서에 앞서 필자는 리눅스 서버의 운영적인 측면에서 『CentOS 리눅스 구축관리 실무』 도서를 집필하였지만, 방대한 분량으로 인하여 쉘 스크립트 프로그래밍에 대한 내용을 담을 수 없었습니다. 그래서 지금 탐독하고 계신 본 쉘(/bin/sh)과 배시 쉘(/bin/bash)에 대한 쉘 스크립트 프로그래밍 입문 도서를 집필하게 되었습니다.

먼저 쉘 스크립트 프로그래밍을 공부하려면 리눅스 운영 체제의 구동 원리와 순서를 잘 알고 있어야 하기 때문에 이에 대한 내용도 정리해 두었습니다. 또한 리눅스 시스템에서 기본적으로 제공하는 각종 유용한 내부 명령(Built-In)들과 명령 라인에서 활용할 수 있는 애플리케이션들을 간단한 쉘 스크립트 예제와 함께 실습하고 응용할 수 있도록 구성하였습니다.

2008년 봄/여름, 대한민국 국민들은 국민의 주권을 표현하고 알리기 위하여 정부를 향해 촛불 문화제를 진행하였습니다. 국민이 정부와의 소통(커뮤니케이션)을 위해 많은 노력을 한 것과 마찬가지로 리눅스와 사용자 또는 관리자 사이의 원활한 커뮤니케이션을 위해 쉘 스크립트 프로그래밍을 공부하시는 데 본 도서가 조금이나마 도움이 되었으면 좋겠습니다.

마지막으로 본 도서가 세상에 태어날 수 있도록 도와주신 제이펍의 장성두 실장님과 관계자 여러분들께 감사드리며, 지구상의 모든 사람들이 리눅스를 경험해볼 수 있는 그날이 하루 빨리 왔으면 더할 나위 없겠습니다. 공학인 동지 여러분, 언제나 건강하시고 행복하십시오!

2009년 무더운 여름, 대구에서 **김태용**

http://www.lug.or.kr

이제는 공학인을 대통령, 국회의원으로 만들자!"

>> **한국리눅스유저그룹(LUG) 사이트** _ http://www.lug.or.kr

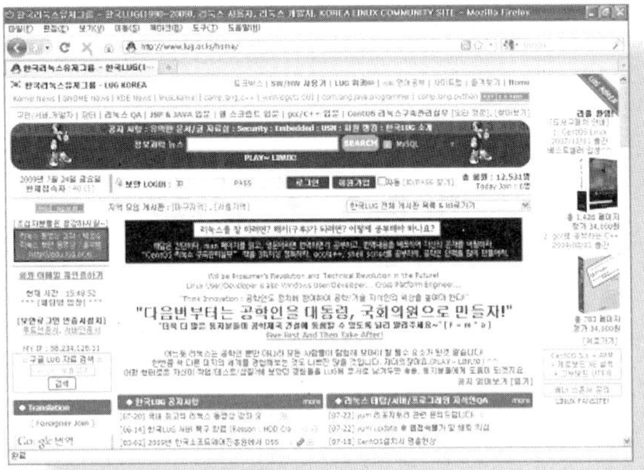

>> **리눅스 명령어 맨페이지 검색 사이트** _ http://www.linuxmanpages.com

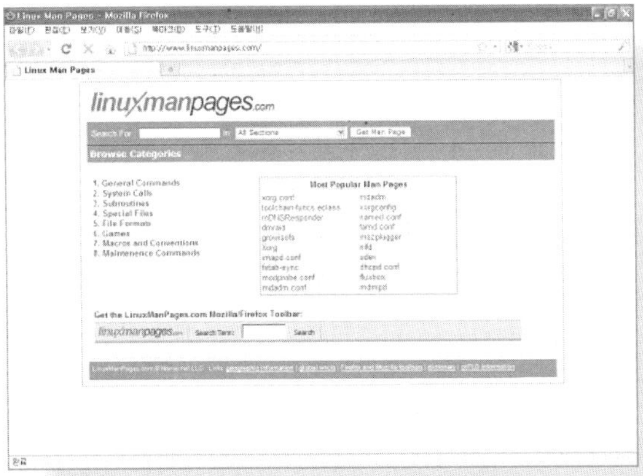

저자 소개

김태용

한국리눅스유저그룹(http://www.lug.or.kr) 회장

저자와 리누스 토발즈(2002년)

[학력 / 경력]

>> 경북대학교 산업대학원 컴퓨터공학과 석사
>> (주)LG전자 모니터사업부 기구설계 연구원 근무
>> 천리안 리눅스 동호회 활동
>> 엑셀 리눅스 참여
>> 한국소호진흥협회 운영위원
>> 한국리눅스협의회 운영위원, 기술위원
>> 대구디지털산업진흥원(DIP) 지역 공개SW 활성화 자문위원
>> 2009년 한국소프트웨어진흥원(KIPA) OSS 커뮤니티 지원사업 기업부문 심사위원장
>> (주)리눅스원 공개소프트웨어 공모전 평가 검수
>> 한국정보보호진흥원(KISA) 교육기관 리눅스 서버 스팸메일 대응 지원
>> 한국소프트웨어진흥원(KIPA) 공개소프트웨어 프로젝트 참여 3회
>> 대구디지털산업진흥원(DIP) 공개소프트웨어 프로젝트 참여 2회
>> (주)한글과컴퓨터, 정보통신부 리눅스 기술지원 프로젝트 참여
>> 한국 리눅스 표준화 선정작업 참여_정보통신부, TTA, KIPA, ETRI
>> 한국전자통신연구원(ETRI) 공개소프트 프로젝트(부요 리눅스) 런칭 참여
>> 2008년 제12회 한국LUG 세미나 개최_대구디지털산업진흥원(DIP)
>> 2009년 대구 LUG 공학인 모임 시작_대구디지털산업진흥원(DIP)

[강의 / 세미나 / 간담회]

>> 영진전문대학 CentOS 특강, 동대학 일본취업반 리눅스 특강
>> (주)KT 연수원 리눅스 특강
>> 한국산업인력공단 멕시코 연수생 공개소프트웨어(LINUX) 교육
>> 중소기업중앙회 '중소기업 사랑' 특강
>> 리눅스 세미나 지원(계명대학교, 동양대학교, 부산대학교, 연세대학교, 영진전문대학, 울산대학교, 전북대학교, 한밭대학교, 부산상공회의소, 대구디지털산업진흥원, 조달청 등)
>> 청와대, 행정자치부 외 100여 개(서울/대전) 공공기관/연구원 시스템 담당자 방문 간담회

>> 리누스 토발즈(리눅스 창시자/개발자) 간담회
>> KIPA 고현진 원장과의 공개소프트웨어 간담회
>> 2009년 현재, 영진전문대학 컴퓨터정보계열 강의

[저서]

>> 『CentOS 리눅스 구축관리 실무』, (2007)
>> 『김태용의 C++ 기초 입문: gcc로 공부하는 C++와 wxWidgets GUI』, (2009)
>> 『JSP 웹 프로그래밍 입문(출간예정)』, (2009)

[인생목표 프로젝트]

>> 공학/기술인의 위상을 높이고 공학과 기술 중심의 TechNation Korea 건설을 위한 공학정치 실현
>> 공학/기술인을 대한민국의 수장으로 만들기

이 책의 구성

1장 | 리눅스 쉘과 명령어 기초

쉘 스크립트를 공부하기 이전에 알아두어야 할 리눅스와 쉘에 대한 기초 명령어들과 리눅스의 디렉터리 구조, 입출력 리다이렉션, 파이프, 퍼미션, 잡 컨트롤, 시스템 관리자 명령어들에 대하여 공부한다.

2장 | 쉘 스크립트 맛보기

리눅스 OS의 부팅 과정과 로그인 쉘의 초기화 과정을 공부하고, 프로세스와 쉘, 시스템 콜, 변수와 본 쉘(/bin/sh)의 기본 문법, 배시 쉘(/bin/bash)의 기본 문법, 각종 메타 문자들에 대해 공부한다.

3장 | 정규표현식과 패턴 검색

리눅스 쉘에서 문자열 검색을 위하여 사용할 수 있는 정규표현식과 패턴, 각종 메타 문자들에 대해 공부한다.

4장 | grep 패턴 검색

입력되는 파일에서 주어진 패턴 목록과 매칭되는 라인을 검색하여 표준 출력으로 검색한 라인을 복사해서 출력해주는 grep 명령어와 egrep, fgrep에 대해 공부한다.

5장 | sed 유틸리티

sed는 비대화형 모드의 라인 단위 에디터이며, 표준 입력 또는 파일로부터 텍스트를 입력받아 주어진 라인들에 대해 한 번에 한 라인씩 어떤 처리를 한 다음, 그 결과를 표준 출력이나 파일로 보낸다. 이번 장에서는 sed 스트림 에디터에서 사용하는 연산자와 동작 원리, 메타 문자들, 정규표현식에 대해 공부한다. 일반적으로 vi(m) 편집기에서 유용하게 사용할 수 있다.

6장 | awk 프로그래밍

awk는 데이터를 조작하고 리포트를 생성하기 위해 사용하는 프로그래밍 언어이다. awk 프로그래밍 형식과 옵션들, 각종 변수들, 표현식, 연산자, 리다이렉션, 파이프, if 조건문, loop 순환문, 각종 함수들에 대해 공부한다.

7장 | bash 쉘 프로그래밍

이번 장에서는 앞서 공부한 명령어들과 유틸리티들을 사용하여 bash 쉘 스크립트 프로그래밍을 하기 위한 문법 사항과 관련 예제를 작성하고, 그 실행 결과를 화면으로 보면서 공부한다. 각종 변수와 연산자, 위치 파라미터, 명령 라인 아규먼트, 조건문, 루프문, 함수들에 대해 공부하고, 리눅스의 시작 스크립트를 분석하고 dialog 유틸리티를 사용하여 간단한 Text Based GUI 예제를 만들어본다.

8장 | vi(m) 편집기와 유용한 유틸리티

리눅스에서 없어서는 안 될 편집기인 vi(m)에 대해 공부한다. 보다 향상된 기능을 지원하는 vim의 Normal Mode, Command Mode, Visual Mode에서 사용할 수 있는 각종 명령들에 대해 공부하고 검색과 치환, 매크로, 여러 개의 편집창을 사용하는 방법에 대해 공부하며 기타 유용한 유틸리티에 대해 공부한다.

참고

- 리눅스 쉘 스크립트 프로그래밍에 대한 기본 사항들은 세월이 지나도 변하지 않는다. 다만, 새로운 유틸리티들이 지금 이 시간에도 얼굴 없는 공헌자에 의해 개발/배포되고 있다.
- 이 책에 대한 독자 A/S는 한국리눅스유저그룹(http://www.lug.or.kr)에서 이루어지고 있으니 문의할 사항이 있는 독자는 방문하기 바란다.

추천사

박재홍 _ 영진전문대학 컴퓨터정보계열 교수

이 책이 나오기까지 적지 않은 시간이 필요했고, 수많은 독자들이 때로는 출판 지연에 대한 불만을 표현할 정도로 학수고대해온 책이 드디어 출간되어 독자의 한 사람으로 너무나 반갑다는 생각이 먼저 든다. 더불어 매일 86,400초의 시간을 아끼고 아끼며 살고 있는 저자가 전 세계 리눅스 팬들을 위해 헌신적인 노력으로 『CentOS 리눅스 구축관리 실무』에 이어 리눅서들에게 또 하나의 바이블이 될 『김태용의 리눅스 쉘 스크립트 프로그래밍 입문』을 출간하게 됨을 축하드리고 감사드린다.

본서는 입문서라고 하지만 실제 다루고 있는 내용을 보면, 입문자에서부터 상위 레벨 개발자 또는 관리자에게도 반드시 지참하고 자주 참조해야 할 내용들이 방대하게 담겨져 있다. 이 책만 갖고 있으면 나머지는 본인의 노력으로 리눅스 운영과 개발에 대한 모든 것들을 해결할 수 있을 정도로 빠짐없이 전 분야를 다루고 있다.

리눅스는 UNIX를 PC에서 사용할 수 있게 해주었던 초창기의 역할에 비해 지금은 서버에서 개인용 PC에 이르기까지 사용 영역이 광범위하게 확대되었고, 최근 유비쿼터스 시대를 선도하고 있는 임베디드 시스템 분야에 가장 적합한 OS로 인식되면서 산업 전반에 있어 핵심 솔루션으로 부상하고 있다. 이처럼 리눅스에는 무한한 가능성이 있지만 익숙하지 않은 사용자들은 겁을 먹고 쉽게 포기하기도 한다. 하지만 본서에는 충분한 예제와 설명이 있어 '따라하기'만 해도 원하는 바를 얻을 수 있을 것이다. 실패를 두려워하지 말고 하나씩 해나간다면 어느덧 능력 있는 리눅서가 되어 있을 것이다. 말콤 글래드웰의 베스트셀러 『아웃라이어』에 따르면 최고의 성공을 이룬 사람은 여러 이유로 기회가 마련돼 1만 시간 이상 자신의 분야에서 노력한 사람이라고 하는데, 이 책으로 자신의 꿈에 한번 도전해볼 만하지 않을까 한다.

다시 한 번 이 책의 탄생을 위해 각고의 노력을 기울이신 김태용 회장님께 진심으로 축하와 감사를 전한다.

김병철 _ (사)한국인터넷호스팅협회 협회장, (주)스마일서브 대표이사

"가뭄에 단비 같은 책"

요즘 실력 있는 리눅스 엔지니어들이 줄어들고 있다는 사실에 마음이 아픕니다. 2009년 77 DDOS 사건이 발생했을 때 이런 생각이 들더군요. 정말 실력 있는 리눅스 엔지니어였다면 보안 장비의 도움 없이도 패킷 캡처와 분석을 통하여 룰셋을 만드는 등의 직접적인 조치가 가능한 공격이었으나, 현재 국내 현실에서는 그저 보안 장비의 도움에만 의존하려 하는 기본기가 없는 엔지니어들이 줄줄이 양산되고 있으며, 보안 장비 회사가 어떠한 솔루션을 제공해주지 못하자 공격에 그만 무릎 꿇고 말았다라는 생각이 듭니다.

고급 엔지니어가 양산되려면 뒷받침해 줄 서적의 저술 활동이 활발해져야 하고, 엔지니어들이 이를 바탕으로 열심히 공부하고 테스트해보고 자신의 경험을 공유하는 선순환 구조가 되어야 함은 당연한 순리이겠지만, 요즘 주위를 둘러보아도 이러한 움직임은 보이지 않습니다.

한국리눅스유저그룹 김태용 회장님께서 '쉘 스크립트 프로그래밍' 도서를 집필하셨다고 말씀하셔서 차분히 읽어보았습니다. 요즘같이 리눅스 관련 저술이 뜸하다 못해 희귀한 현상이 되어가는 이런 시점에 초보 엔지니어가 고급 엔지니어로 성장하기 위해 꼭 필요한 책을 저술하셨다는 느낌입니다. 엔지니어가 자신이 운영하는 시스템에서 필요한 정보를 원하는 시점에 추출해내고 원하는 목적으로 손쉽게 작동시키고 관리를 자동화하려면 쉘 프로그래밍은 필수입니다. 리눅스 시스템에 대한 체계적인 이해와 쉘 프로그래밍에 대한 초보 수준에서 고급 수준까지 짜임새 있는 구성을 해놓은 걸 보면서 "역시 김태용 회장님이군!"이란 생각이 듭니다.

마지막으로 가뭄에 단비 같은 책이 출판되었다라는 말을 남기고 싶습니다.

신민석 _ 한국소프트웨어진흥원 산업진흥단 공개SW사업팀 책임연구원

저자와 인연을 맺은 때가 2004년 한국소프트웨어진흥원에서 공개SW 사업 업무를 담당하면서부터였습니다. 당시 리눅스에 대해 아는 것이 별로 없던 제게 리눅스에 대한 지식과 경험을 알려주려는 모습에서 저자의 리눅스에 대한 열정과 사랑을 느낄 수 있었으며, 그것은 여전히 변함이 없고 더욱 공고해진 듯합니다.

리눅스를 비롯한 공개SW 산업과 더 크게는 국내 SW산업의 발전을 위해 산학연관 공동의 노력이 더욱 절실한 시점이며, 이 중 SW의 사용자, 그리고 개발자의 주축이 되는 커뮤니티의 역할은 더욱 중요합니다. 저자는 『CentOS 리눅스 구축관리 실무』, 『gcc로 공부하는 C++ 기초 입문』 등 다수의 저서와 리눅스 강의를 비롯하여, 1998년부터 한국리눅스유저그룹을 이끌어오면서 리눅스 보급, 활용 등 활성화를 위한 많은 활동을 해오고 있으며, 단지 1회성 이벤트가 아닌 지속적으로 리눅스 진영을 결집하도록 하는 힘을 보여주었습니다.

저자는 이 책에서 리눅스 시스템과 사용자 또는 관리자 사이의 원활한 커뮤니케이션을 위한 쉘 스크립트 프로그래밍을 내세우고 있습니다. 리눅스를 효율적으로 활용하기 좋게 상세한 설명과 더불어 다년간의 노하우가 녹아있는 이 책은 리눅스 실무에 있어서 리눅스 세계의 또 하나의 길잡이기 될 것입니다. 그 길에서 이 책이 리눅스에 대한 이해를 돕고 실제 리눅스를 사용하는 사용자와 관리자 분들의 좋은 지침서가 될 것으로 확신합니다. 마지막으로 이 책이 리눅스를 활용하는 사람들에게 SW 에반젤리스트, 시스템 관리자, 개발자 등의 SW사업의 다양한 분야로 진출하도록 돕는 좋은 등대가 되기를 기대합니다.

이영준 _ 대구디지털산업진흥원 책임연구원

저자가 1998년부터 2009년까지 12년간 운영 중인 한국의 리눅스 모임인 '한국리눅스유저그룹'은 리눅스와 관련된 많은 정보를 제공해주는 온오프라인 커뮤니티이며, 회원 수만 12,500명에 달하고 있습니다. 저 또한 '한국리눅스유저그룹'을 통해 저자와 인연을 맺게 되었으며, 리눅스 분야의 최고 전문가가 집필한 저서에 추천사를 쓰게 되어 개인적으로 영광으로 생각합니다.

최근 지식경제부를 비롯한 한국소프트웨어진흥원에서도 국제협력을 통한 공개SW 공조체제 마련 및 공개SW 적용 영역 확대를 위한 응용 솔루션 개발 등 공개SW 활성화를 위한 다양한 지원사업을 추진하고 있습니다. 또한, 대구디지털산업진흥원에서도 공개SW를 중심으로 한 특성화의 방향에 대한 공감대를 형성하고 공개SW산업의 활성화를 위한 기반을 조성하기 위해 2004년부터 '한국리눅스유저그룹'과 공동으로 공개세미나 및 커뮤니티 운영사업을 지속적으로 추진하고 있습니다. 국가산업의 패러다임이 '융복합 산업기술'로 바뀌는 가운데 공개SW 산업은 고부가가치 창출을 위한 기반 기술이 될 것이라 생각합니다.

이 책은 리눅스 쉘과 관련된 명령어에서부터 패턴 검색, awk 프로그래밍, bash 쉘 프로그래밍까지 다양한 예제를 통한 상세한 설명이 독자의 이해를 높여줄 수 있도록 구성되어 있습니다. 리눅스 쉘 스크립트 프로그래밍 분야에 입문하시는 개발자는 본 교재를 통해 리눅스 분야에서 글로벌 시장이 요구하는 실무기술을 습득할 수 있는 좋은 기회가 될 수 있을 것이라 확신합니다.

장기영 _ 방송통신인력개발센터 부장

진심으로 축하드립니다.

2001년 리눅스 자격시험을 개발하면서 저자와 첫 인연을 맺은 후 벌써 9년이란 세월이 흘렀나 하는 감회에 빠지게 합니다. 당시 '리눅스 제국 건설'을 주장하며 한국리눅스협의회, 세미나, 워크샵, 실태조사 등 열심히 활동하고 뛰어다니던 때가 새록새록 떠오릅니다. 지금 생각해보면 그때의 경험들이 '쉘 스크립트 프로그래밍'이라는 분야에서 이렇게 훌륭한 책으로 만들어지지 않았나 하는 생각이 듭니다.

그동안 국내 토종 리눅스 자격시험으로 국내 최고 점유율을 자랑하면서도 전문가(Developer)보다는 초급(End User), 중급(Admin) 레벨에 맞춘 자격시험을 운영하는 저희 기관으로서는 앞으로 '리눅스마스터' 자격시험이 나아가야 할 길을 제시하는 것 같아 많은 반성을 하게 합니다.

이 책은 그동안 저자의 땀과 노력이 어우러진 산출물로서 리눅서라면 반드시 한 번은 봐야 할 지침서 또는 활용서로서 적극 추천드리며, 앞으로도 리눅스 활성화를 위해 많은 활동 기대합니다.

박준규 _ (주)한글과컴퓨터 상무

저자의 리눅스에 대한 열정과 커뮤니티를 위한 헌신을 오랫동안 지켜보아 온 사람으로 그동안의 열정과 노력에 대한 또 하나의 결과물이 나오게 되었다는 데 대하여 진심으로 축하드립니다.

모쪼록 이러한 열정과 노력을 지속하여 또 다른 커다란 열매들이 알알이 맺어나가기를 즐거운 마음으로 지켜볼 것입니다.

김준수 _ (주)로그 연구소장

저자와 인연을 맺은 지는 그리 오래되지 않았지만 그동안 가까이 지켜본 모습에서 공개SW 리눅스에 대한 열정과 사랑은 그 누구보다 탁월하였습니다. 최근 저희 회사에도 리눅스 서버 시스템으로 일부 전환작업을 진행 중인데, 앞서 집필한 『CentOS 리눅스 구축관리 실무』 도서를 참고했으며, 바로 이 책 『김태용의 리눅스 쉘 스크립트 프로그래밍 입문』 도서도 참고할 예정입니다.

이 책은 리눅스 시스템 관리자들과 프로그래머들이 반드시 한 번씩 읽어보아야 할 도서이며, 망망대해(茫茫大海)의 확실한 등대가 되어줄 것임을 믿어 의심치 않습니다. 훌륭한 도서를 집필해주신 김태용 회장님께 추천사를 통하여 감사의 뜻을 대신합니다.

박수주 _ 야후코리아(주) 과장

4, 5년 전인가 그동안 경험했던 지식들을 공유해보자는 뜻을 가지고 책을 써보려 했지만 정말 고된 작업이라 스스로 포기했던 경험이 있습니다. 책을 집필한다는 게 어떤 것인지 알고 있기에 저자가 상당히 부럽고 약간의 시샘도 느끼게 합니다.

Linux를 알고 지낸 지 9년, 저자를 알고 지낸 지도 8년 정도 세월이 흘렀지만 저자가 그동안 리눅스라는 하나의 주제에 보여준 열정과 노력, 그 안에 흐르는 땀방울에 정말 칭찬을 아끼고 싶지 않을 정도입니다.

어찌 보면 정보의 바다인 인터넷에서 가장 흔하게 찾을 수 있고 스스로 배울 수 있겠지만, 한 줄 한 줄 세심하게 적어 놓은 내용을 따라한다면 셸 스크립트를 처음 접하시는 분들과 간단하게 자동화를 하고 싶어하는 엔지니어들에게는 가장 쉽게 일을 처리할 수 있는 능력을 배양할 수 있고, 또한 스스로에게 커다란 지식 자산이 될 수 있을 것입니다.

다시 한 번 저자의 노력에 찬사를 보내며, 앞으로도 그간 보여준 열정을 끊임 없이 보여주시길 바랍니다.

김재연 _ 미국 텍사스 오스틴 대학교 컴퓨터과학 박사과정

쉘 스크립트 프로그래밍은 리눅스 시스템 운영에 감초와 같은 역할을 합니다.

저자의 친절한 설명과 쉬운 예제들은 실무운영을 하는 리눅스 시스템 관리자와 리눅스에 이제 막 입문하는 초보자 누구에게나 최고의 안내서로서 큰 도움이 될 것입니다.

쉘 스크립트 프로그래밍에 대한 자신감을 가지고 싶은 분들에게 본 서적을 적극 추천합니다.

차성진 _ 호스트센터(주) 대표이사

"쉘 스크립트 프로그래밍을 제작하는 사람들을 위한 책"

리눅스 시스템관리를 직업으로 하는 엔지니어들은 시스템 프로그래밍에 대해 한 번쯤은 고민하게 됩니다. 시스템 엔지니어라는 직업의 특성상, 시스템 프로그래밍에 능숙한 사람과 그렇지 않은 사람과는 현격한 운영능력의 차이를 보입니다. 따라서 초급 엔지니어들도 시스템 프로그래밍을 항상 염두에 두어야 하며, 이때 가장 먼저 배우게 되는 것이 쉘 스크립트 프로그래밍입니다.

대부분의 프로그래밍 관련 도서 저자들은 독자가 이미 기본 사항들에 대해 어느 정도 숙지하고 있다는 전제하에 책을 집필하게 됩니다. 여기서부터 책의 레벨이 올라가기 마련입니다. 하지만, 이 책에서는 이런 전제의 오류를 범하지 않고 입문서라는 취지에 맞게, 입문자가 첫 장부터 끝 장까지 막힘 없이 한 장 한 장 쉽게 읽어나갈 수 있게 집필하였습니다.

친절한 스크린샷과 예제를 첨부하여 눈에 보이는 결과물을 나열함으로써 독자가 혼란 없이 쉽게 배울 수 있는 책입니다. 오랫동안 시스템 관리를 했어도 헷갈릴 수 있는 정규표현식과 패턴 검색, sed나 awk에 대해 많은 분량을 할애함으로써 두고두고 참고할 수 있는 좋은 참고서가 될 것 같습니다.

저자의 리눅스에 대한 열정과 애정이 묻어 있는 서적으로 리눅스 시스템 엔지니어들의 필독서가 될 것이라 생각하며, 끝으로 대한민국 리눅스 활성화를 위한 저자의 끊임없는 도전에 찬사를 보냅니다.

정경호 _ 경운대학교 컴퓨터공학과 교수

대학 캠퍼스에서 학생들을 지도하면서 세월이 너무 빨리 흐른다고 느꼈습니다. 특히, 컴퓨터 IT 관련 분야는 하루가 다르게 변화하고 있고, 그때마다 새로운 분야를 항상 접하게 됩니다. 리눅스 운영체제는 과거와는 달리 그 활용분야가 점점 더 넓어지고 있지만, 체계화되고 현실의 흐름에 발 맞춘 리눅스 강의를 위한 책들은 찾아보기 힘든 실정입니다.

저자 김태용 회장님은 이러한 부분을 잘 알고 있는 공학인이며, 그가 저술한『김태용의 쉘 스크립트 프로그래밍 입문』에서도 잘 나타나 있습니다. 진심으로 공학인을 대통령으로 만들고 싶어하는 한 사람으로서 감히 이 책을 추천합니다.

chapter 01

리눅스 쉘과 명령어 기초

1.1 | 리눅스와 쉘

본 도서에서는 독자분들 그리고 리눅스 동지들과 함께 리눅스 쉘 스크립트 프로그래밍에 대해 학습할 것이다. 학습에 앞서 리눅스 배포판을 선택해야 하는데, 필자는 리눅스 배포판 중 레드햇 엔터프라이즈기업용 서버 버전을 커뮤니티 공개버전으로 재구성하여 배포하는 CentOS 5.3 버전을 선택하였다. 물론 다른 종류의 배포판을 사용해도 되지만 배포판별로 부팅 관련 부분에서 조금씩 차이가 있을 수 있다.

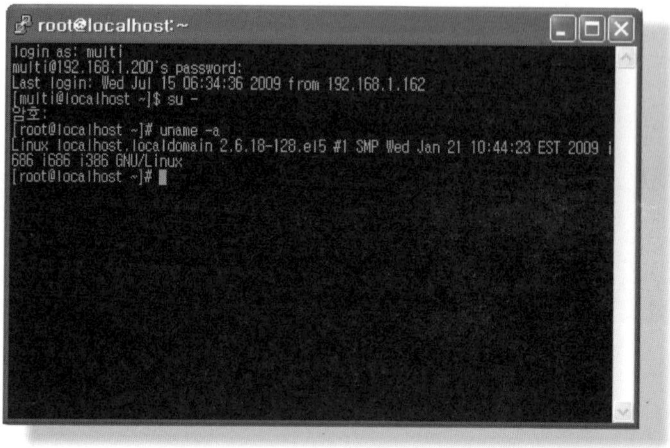

그림 1-1 • putty를 사용한 ssh 접속

일반적으로 리눅스 서버를 운영하면서 쉘 스크립트를 작성할 경우, 대부분 원격 ssh기본 22번 포트, Secure Shell로 접속하여 작업하기 때문에 본 도서에서는 공개소프트웨어 ssh 접속 애플리케이션인 putty를 사용하여 원격 리눅스 서버에 ssh 포트로 접속한 다음 모든 작업을 수행할 것이며, 각종 명령과 문법에 대한 간단한 예제와 결과를 리눅스 동지 여러분들의 눈으로 또는 타이핑으로 직접 확인하면서 학습해 나갈 수 있도록 집필할 것이다.

윈도우용 ssh 클라이언트인 putty는 아래의 사이트에서 다운로드하여 설치하기 바란다. 만약 원격 작업이 필요하지 않다면 리눅스 시스템 자체의 콘솔을 사용해도 무관하다.

[putty 한글: http://kldp.net/projects/iputty]

[putty 영문: http://www.chiark.greenend.org.uk/~sgtatham/putty/download.html]

공부에 앞서 가장 먼저 vim 에디터의 기본 설정을 다음과 같이 하자. vim의 기본 설정은 각 유저들의 홈디렉터리 아래의 .vimrc 파일에 설정한다.

```
[root@localhost ~]# vim ~/.vimrc
syntax on
set tabstop=4
set shiftwidth=4
set smartindent
set cindent
[root@localhost ~]#
```

각 옵션에 대한 설명은 다음과 같다.

① syntax on은 화면의 배경색에 따른 문법 색을 입히는 옵션이다.
② set tabstop=4는 탭의 공백 문자 개수를 4개로 지정하는 옵션이다. 기본값은 8개의 공백 문자이다.
③ set shiftwidth=4는 쉬프트 이동(<<, >>) 시 사용할 공백 문자의 개수를 4개로 지정하는 옵션이다. 기본값은 8이다.
④ set smartindent는 엔터를 입력하여 다음 라인으로 이동할 때 자동으로 들여쓰기를 한다.
⑤ set cindent는 C 언어 코드 작성 시 C 문법 스타일을 맞추어 준다.

만약 vim 기본 사용법에 대해 잘 모르고 있다면 8장을 먼저 공부하는 것도 좋은 방법이다.

이번에는 날짜 포맷을 설정하자. CentOS의 경우, 처음 설치 시 "ls -l" 명령을 사용하여 파일 목록을 출력하면 날짜 출력 부분에서 아래와 같이 "xx월 xx 시간:분" 형식으로 출력한다. 이와 같은 형식보다는 xxxx-xx-xx 형식의 날짜 포맷이 가독성이 좋기 때문에 ls 명령에 대해 alias 명령을 사용하여 long-iso 포맷으로 변경하고, color 옵션에서 auto로 지정하도록 한다. (alias ls='ls --color=auto **--time-style=long-iso**')

```
[root@localhost ~]# ls -l
합계 68
-rw------- 1 root root  1142  5월 23 05:08 anaconda-ks.cfg
-rw-r--r-- 1 root root 32811  5월 23 05:08 install.log
-rw-r--r-- 1 root root  4730  5월 23 05:07 install.log.syslog
-rw-r--r-- 1 root root   199  5월 23 05:13 scsrun.log
[root@localhost ~]#
```

ls 명령은 파일/디렉터리의 목록을 출력하기 위한 명령이며, -l소문자 엘 옵션은 위와 같이 긴 포맷long listing format으로 출력하는 옵션이다.

그림 1-2와 같이 /etc/bashrc 파일에 alias 명령을 추가하는 이유는 리눅스 시스템에서 유저가 로그인할 때 항상 /etc/bashrc 파일을 읽어들이기 때문인데, 유저의 로그인 매커니즘에 대한 사항은 2장에서 자세히 공부할 것이다.

alias명령란, 여러 가지 옵션을 가지는 명령을 짧은 이름으로 대체하는 것으로서 윈도우즈의 바로가기 아이콘 정도로 생각하면 되겠다. 파일/디렉터리에 있어서는 바로가기 아이콘과 유사한 기능으로 리눅스에서는 심볼릭 링크라는 개념을 사용한다. 심볼릭 링크와 하드 링크 개념에 대해서도 후반부에서 공부할 것이므로 이 정도만 알아두고 진행하도록 하자.

```
[root@localhost ~]# vim /etc/bashrc
```

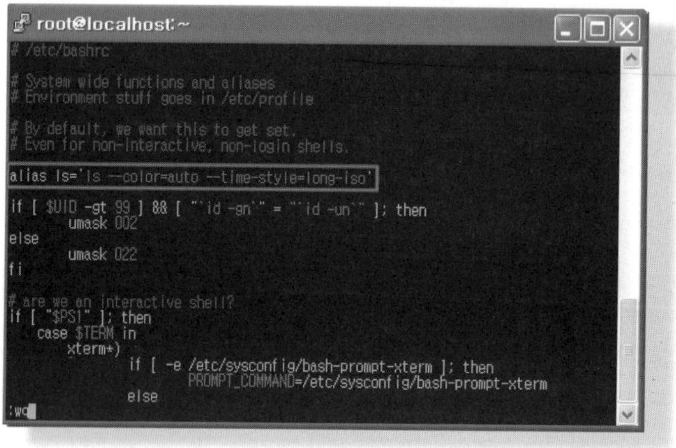

그림 1-2

vim 에디터로 수정한 다음, <Esc>키를 입력하고 :wq 명령으로 파일을 저장하면 쉘로 빠져나온다. 쉘로 돌아와서 다음 명령을 실행하도록 한다.

```
[root@localhost ~]# source /etc/bashrc
[root@localhost ~]# ls -l
합계 68
```

(계속)

```
-rw------- 1 root root  1142 2009-05-23 05:08 anaconda-ks.cfg
-rw-r--r-- 1 root root 32811 2009-05-23 05:08 install.log
-rw-r--r-- 1 root root  4730 2009-05-23 05:07 install.log.syslog
-rw-r--r-- 1 root root   199 2009-05-23 05:13 scsrun.log
[root@localhost ~]#
```

이것으로 "ls -l" 명령 실행 시 가독성이 좋은 형태의 날짜 포맷으로 출력할 수 있게 되었다.

마지막으로 한 가지 더 설정하도록 하자. CentOS 설치 시 한글로 설치를 하면 LANG 환경 변수의 값이 ko_KR.UTF8로 설정되는데, root의 경우 이 변수의 값을 en_US.UTF8로 변경하여 사용하도록 하자. 즉, root 쉘을 사용할 경우 영문으로 출력하고자 하는 것이다. 특히, 맨페이지 출력에 있어서 영문이지만 좀더 자세한 정보를 얻을 수 있으며, yum grouplist, yum groupinstall을 사용할 경우 영문으로 그룹 패키지를 출력하고, 원격 rpm 그룹 설치 시 영문을 지정해야 하기 때문에 기본 언어셋을 영어로 설정하기 바란다. 여하튼 root 쉘의 경우는 영어 UTF8 언어셋을 사용하기로 하자. 만약 영어 언어셋 설정 상황에서 한글 맨페이지를 보고자 한다면 현재 쉘에서 LANG 환경 변수의 값을 ko_KR.UTF8으로 설정하고 "man 명령" 형식을 실행하면 된다. 굳이 한글로 된 맨페이지를 봐야 한다면 일반유저로 접속하여 man 페이지를 출력하면 한글 맨페이지를 볼 수 있다.

영어 UTF8 언어셋을 사용하기 위해서는 root 사용자 디렉터리/root 아래의 .bashrc 파일에 다음과 같이 LANG=en_US.UTF-8을 추가해 주기만 하면 다음 번 로그인부터 기본 설정의 LANG 환경 변수의 값을 변경하여 적용하게 된다. 물론 곧바로 적용하기 위해서는 source 명령을 사용하면 된다.

```
[root@localhost ~]# env|grep LANG
LANG=ko_KR.UTF-8
[root@localhost ~]# vim ~/.bashrc
```

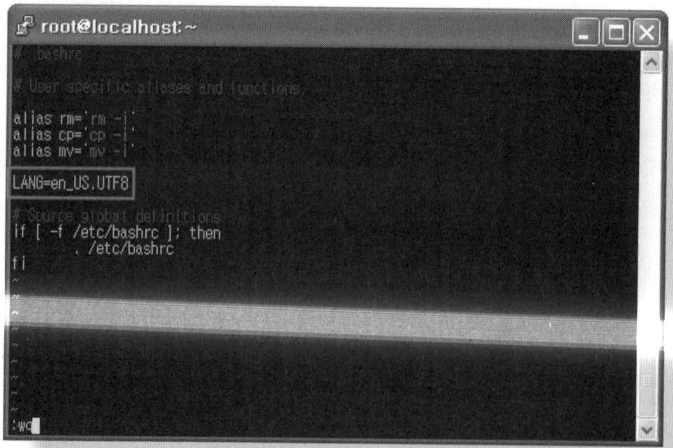

그림 1-3

```
[root@localhost ~]# source ~/.bashrc
[root@localhost ~]# env|grep LANG
LANG=en_US.UTF8
[root@localhost ~]# ls -l
total 68
-rw------- 1 root root  1142 2009-05-23 05:08 anaconda-ks.cfg
-rw-r--r-- 1 root root 32811 2009-05-23 05:08 install.log
-rw-r--r-- 1 root root  4730 2009-05-23 05:07 install.log.syslog
-rw-r--r-- 1 root root   199 2009-05-23 05:13 scsrun.log
[root@localhost ~]#
```

앞서 ls -l 명령의 결과로 total 부분이 한글로 나왔지만 영어 언어셋이 곧바로 적용되어 위의 화면에서는 total로 출력됨을 확인할 수 있다.

위의 세 가지의 간단한 설정을 마쳤다면 로그아웃을 하고 다시 로그인하여 날짜 포맷과 영어 메시지가 출력되는지 확인해 보기 바란다. 이와 같이 기본 환경 변수의 값이 변경되어 적용되는 이유는 앞으로 조금씩 공부해 나갈 것이다.

쉘Shell이란, 운영체제에서 제공하는 명령을 실행하는 프로그램이며 운영체제OS의 관리하에 있는 파일, 프린팅, 하드웨어 장치, 그리고 애플리케이션과의 인터페이스커뮤니케이션 채널를 제공한다. 즉, 운영체제에서 제공하는 각종 명령들을 쉘 인터페이스에서 실행하면 운영체제가 그 명령에 해당하는 일을 수행하게 되는 것이다.

참고

POSIX란?

서로 다른 운영체제와 프로그램들을 위한 소프트웨어 표준을 제공하기 위해 POSIX 표준공개 시스템 표준으로도 언급된다이 전개되었으며, IEEEthe Institute of Electrical and Electronics Engineering와 ISOthe International Organization for Standardization가 관련되어 있다. 이들의 목표는 서로 다른 플랫폼으로의 **프로그램 이식성을 향상시키기 위한 표준**을 만드는 것이며, **UNIX-like 컴퓨팅 환경**을 제공하는 것이다. 그래서 하나의 머신에서 새로운 프로그램이 작성되면 다른 하드웨어로 구성된 머신에서 컴파일하고 실행되어야 한다는 것이다. 예를 들어, BSD UNIX 머신에서 작성된 프로그램은 Solaris, Linux, HP-UX 머신에서도 실행되어야 한다는 것이다.

1998년 POSIX 1003.1이라고 불리는 첫 번째 표준이 채택되었다. 이 표준은 C 언어 표준을 제공하기 위한 목적이었다. 1992년 POSIX 그룹은 이식성이 좋은 쉘 스크립트를 개발하기 위하여 쉘과 유틸리티를 위한 IEEE 1003.2 표준을 만들었다. 대부분의 UNIX 벤더들은 POSIX 표준을 따르려고 하였지만 이 표준에는 강제성이 없었다. 쉘과 일반 UNIX 유틸리티들에 대해 토론할 때 POSIX compliancyPOSIX를 지킨다. 또는 따른다.라는 용어가 POSIX 위원회에 의해 제출되었는데, 이는 새로운 유틸리티 또는 기존 환경에서 환경이 추가되었을 때 표준을 따르자는 시도였다. 예를 들어, 우리가 앞으로 공부할 bash 쉘은 100% 이식성을 가지는 쉘이었다.

1974년 **Steven R. Bourne**이 **달러($) 프롬프트**를 기본으로 사용하는 **Bourne shell**(또는 sh)이라고 부르는 최초의 유닉스 쉘을 만들었다. 그리고 이 본 쉘은 리눅스 시스템의 GNU 프로젝트의 한 부분으로서 속도뿐만 아니라 여러 가지 면에서 개선된 버전의 본 쉘로 개발되었다. 이렇게 새로이 개선된 본 쉘을 **Bash**Bourne Again Shell라고 부른다. 그래서 오늘날의 리눅스 배포판들은 대부분 Bash 쉘을 기본 쉘로 탑재하고 있는 것이다.

쉘 스크립트 Shell Script란, **인터프리터**로서 다음과 같이 **리눅스 시스템에서 지원하는 명령어들의 집합을 묶어서 프로그램화한 것**을 말한다. 그리고 기본 명령어들과 함께 if 문, test 문 또는 loop 문 등의 쉘 내장명령어built-in들을 사용하기도 한다. 쉘 스크립트는 시스템 관리자의 시스템 관련 작업이나 반복적인 작업들에 있어서 아주 유용하게 사용되고 있다.

```
[root@localhost ~]# du -h * | sort -nr > $HOME/script.txt
[root@localhost ~]# ls
anaconda-ks.cfg  install.log  install.log.syslog  script.txt  scsrun.log
[root@localhost ~]# cat script.txt
```

(계속)

```
40K     install.log
12K     install.log.syslog
8.0K    scsrun.log
8.0K    anaconda-ks.cfg
0       script.txt
[root@localhost ~]#
```

일반적으로 bash 쉘에 접속하면 위와 같이 [root@localhost]# 형식의 문자열을 가장 먼저 보게 된다. 여기서 "root@localhost"의 의미는 현재 root 유저로 localhost라는 호스트에 접속해 있음을 표시해 주는 것이다.

배시 쉘 프롬프트에 출력되는 기본 문자열들의 의미는 다음 그림과 같다.

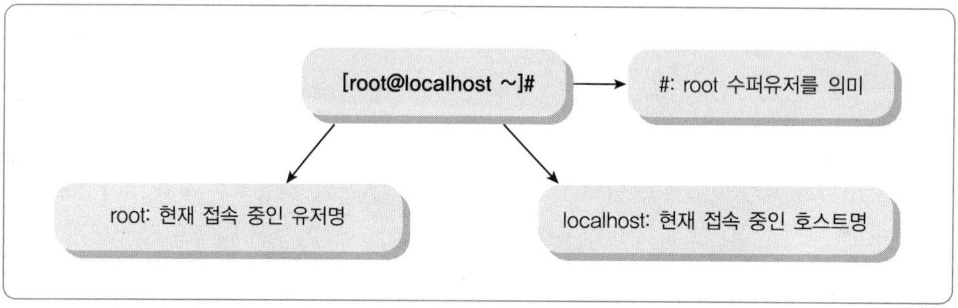

그림 1-4

앞서 실행했던 쉘 명령을 간단히 분석하면 다음과 같다.

```
[root@localhost ~]# du -h * | sort -nr > $HOME/script.txt
```

du 명령어는 용량을 알아보기 위한 명령이며, "|" 파이프키보드에서 '\' 위의 문자는 결과값을 다음 명령으로 연결하여 다음 명령의 아규먼트로 사용하도록 한다. sort 명령어는 알파벳 또는 숫자를 기준으로 정렬하는 명령이며, ">" 출력 리다이렉션redirection은 앞의 명령 결과를 다음에 나오는 파일명으로 저장한다. 생성된 script.txt 파일을 cat 명령으로 화면에 출력해 보면 위와 같이 파일의 용량 숫자를 기준으로 내림차순의 정렬된 파일 리스트를 저장하고 있음을 확인할 수 있다.

앞서 사용한 명령 중 sort 명령의 옵션에서 -n--numeric-sort 옵션은 숫자값을 기준으로 하여 오름차순으로 정렬하며, -r 옵션은 반대—rerverse의 순서, 즉 내림차순으로 정렬하는 옵션이다. 이 두 가지 옵션을 모두 사용하였기 때문에 숫자값을 기준으로 내림차순 정렬을 하게 된 것이다.

참고

리눅스의 bash 쉘에서 $ 표시는 일반유저의 쉘을 의미한다.
리눅스의 bash 쉘에서 # 표시는 수퍼유저root의 쉘을 의미한다.

```
[multi@localhost ~]$ echo "리눅스 쉘 스크립트"
리눅스 쉘 스크립트
[multi@localhost ~]$ su -
암호:
[root@localhost ~]# echo "리눅스 쉘 스크립트"
리눅스 쉘 스크립트
[root@localhost ~]#
```

위의 예제에서 사용된 echo 명령은 문자열을 모니터에 출력하기 위한 명령이며, su – 명령은 일반유저가 수퍼유저로 사용자 전환을 하기 위한 명령이고, – 옵션을 사용하면 전환할 유저의 환경 변수도 모두 넘겨 받게 된다. 즉, 사용자 전환su 시 모든 환경 변수들을 넘겨받아 새로 로그인하여 쉘을 얻은 것과 같은 효과를 얻게 된다. (**su: substitute**)

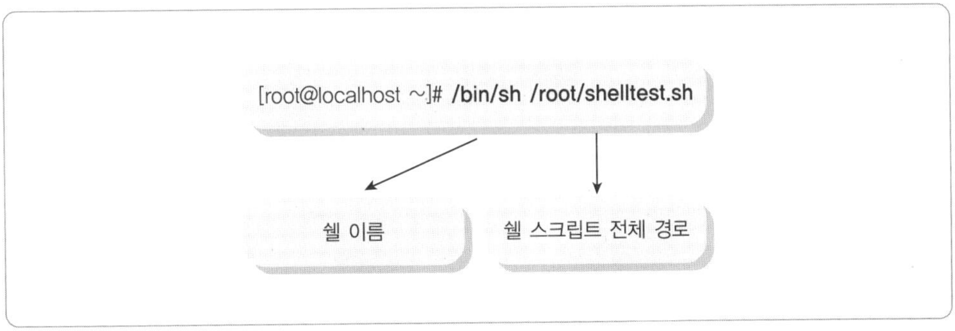

그림 1-5 • 본 쉘 스크립트 실행

배시 쉘은 본 쉘 기반이기 때문에 /bin/sh 또는 /bin/bash로 실행이 가능하다. 또한 "./스크립트 파일명" 형식을 사용해도 된다. 하지만, "./스크립트 파일명" 형식을 사용할 때에는 스크립트 파일명이 현재 쉘에 접근한 사용자에 대해 실행 권한이 주어져야 한다는 것이 특이사항이다. 파일에 대한 실행과 접근 권한에 대한 사항은 후반부에서 자세히 공부할 예정이다.

다음의 vim 에디터 사용법에 대한 내용은 본 도서의 마지막 장을 참고하기 바란다.

```
[root@localhost ~]# vim shelltest.sh
#!/bin/bash

echo "This is shell test!"
[root@localhost ~]# ls -l shelltest.sh
-rw-r--r-- 1 root root 40 2009-07-15 07:24 shelltest.sh
[root@localhost ~]# /bin/sh shelltest.sh
This is shell test!
[root@localhost ~]# /bin/bash shelltest.sh
This is shell test!
[root@localhost ~]# ./shelltest.sh
-bash: ./shelltest.sh: Permission denied
[root@localhost ~]# chmod 755 shelltest.sh
[root@localhost ~]# ls -l shelltest.sh
-rwxr-xr-x 1 root root 40 2009-07-15 07:24 shelltest.sh
[root@localhost ~]# ./shelltest.sh
This is shell test!
[root@localhost ~]#
```

쉘 스크립트를 작성할 때 스크립트의 최상단에 본 쉘일 경우 #!/bin/sh, 배시 쉘일 경우 #!/bin/bash, 파이썬일 경우 #!/usr/bin/python, 펄인 경우 #!/usr/bin/perl을 입력하여 스크립트를 실행할 언어를 지정해야 한다. 그리고 #!/bin/env bash 형태를 사용하기도 하는데, 이 경우에는 bash 실행 파일을 자동으로 검색하여 실행하기 위한 방법이다. 그리고 작성한 쉘 스크립트를 실행하기 위해서는 실행 퍼미션이 주어지지 않더라도 직접 쉘을 지정하여 스크립트를 실행할 수도 있다. 하지만, 쉘 스크립트에 실행 권한 퍼미션을 부여한 다음 실행하는 것이 바람직한 방법이다.

```
[root@localhost ~]# which bash
/bin/bash
```

```
[root@localhost ~]# whereis bash
bash: /bin/bash /usr/share/man/man1/bash.1.gz
[root@localhost ~]# which python
/usr/bin/python
[root@localhost ~]# which perl
/usr/bin/perl
[root@localhost ~]#
```

환경 변수에 지정된 PATH 변수의 경로 내에서 실행 파일의 이름을 검색하고자 할 때에는 "which 명령어" 형식을 사용한다. whereis 명령은 명령의 실행 파일, 소스, 맨페이지의 위치를 검색하는 명령이다. 물론 다음과 같이 find 명령을 사용할 수도 있다.

```
[root@localhost ~]# find /bin -name bash -exec ls -l '{}' \;
-rwxr-xr-x 1 root root 735004 Jan 22 10:14 /bin/bash
[root@localhost ~]#
```

1.2 | 리눅스 환경

1.2.1 리눅스의 탄생

리눅스는 핀란드 헬싱키 대학의 학생이었던 리누스 토발즈의 취미생활로 탄생되었다. 당시 토발즈는 유닉스 클론Clone OS인 미닉스minix에 흥미를 가지고 있었는데, 이 미닉스를 좀 더 유용하게 만들기 위해 개발하기 시작했다. 그리고 1991년 0.02 버전이 발표되면서 수많은 개발자들이 동참하게 되었으며, 그 후 1994년에 1.0 버전을 발표하였다.

그림 1-6 • 저자와 토발즈(2002년)

리눅스는 오픈소스OpenSource로 개발하고 배포하기 때문에 전 세계의 수많은 개발자들이 참여하고 있으며, 오늘날에도 여러 종류의 배포판들이 끊임없이 출시되고 있다.

참고

```
Redhat Enterprise Linux(http://www.redhat.com)
CentOS Linux(http://www.centos.org)
Fedora Linux(http://www.fedoraproject.org)
Debian Linux(http://www.debian.org)
Ubuntu Linux(http://www.ubuntu.com)
Mandriva Linux(http://www.mandriva.com)
Open Suse Linux(http://www.opensuse.org)
...
```

위의 대표적인 배포판 외에도 수많은 배포판들이 있다. 앞서도 언급하였지만 필자는 본 도서를 위해 대한민국에서 서버용으로 가장 많이 사용하고 있는 배포판이며, 라이선스 비용 부담이 없는 CentOSCommunity Enterprise Operating System Linux를 사용하고 있다.

1.2.2 리눅스의 특징

>> Free

리눅스는 Free이다. 즉, OS 구입에 따른 비용을 지출하지 않아도 된다. Windows, 상업용 Unix들은 OS 자체 구입에 비용을 지불해야 하지만 리눅스는 OS 구입에 따른 비용이 없다. 다만, 유형의 매체를 얻고자 한다면 그에 따른 비용을 지불하면 되고 또한 유지보수 등의 각종 서비스를 받고자 한다면 서비스 업체에 의뢰하면 된다.

여기서 자유라는 의미는 리눅스의 사용에 대한 자유를 의미한다. 예를 들어, 리눅스의 소스코드를 얻어서 자신의 입맛에 맞게 수정할 수 있다는 것이다.

그리고 수많은 자유소프트웨어 프로그래밍 언어와 개발툴 등의 애플리케이션들이 있으며, 이들 대부분의 소프트웨어들은 GNU 라이선스GUN Public License, GPL를 적용하고 있다.

참고

GNU - GNU is not UNIX

GNU 프로그램들은 공짜 프로그램만을 의미하지 않는다. 프로그래머는 자신이 노력한 만큼 돈을 받을 권리가 있다. 따라서 GNU 프로그램이라 하더라도 유료로 판매할 수 있는 것이다. 다만 돈이 없는 사람들이 사용하는 것까지 막는 행위를 해서는 안 된다는 의미이다. 또한 다른 사람이 원래의 프로그램을 고쳐서 사용하는 것을 막아서는 안 된다는 의미를 가지고 있다.

>> Unix Like

Bell LAB과 MIT & GENERAL ELECTRICS에서 1964년에 MULTICS(Multiplexed Information and Computing System)라는 OS를 만들었지만 성공적이지 못했다. 그래서 벨랩에 근무하고 있던 캔 톰슨(Ken Thompson)은 1969년에 어셈블러와 몇 가지 유틸리티를 가지는 PDP – 7 Computer OS를 만들었는데, 이것이 유닉스(Unix)의 모체였다. (1991년 토발즈의 Minix를 개선한 Linux 개발 – Kernel) 그리고 이 모체 OS는 이식성(Portable)이 좋지 않아 C 언어로 다시 개발되었다(1970~1971). 그 후로 유닉스는 대학에 배포되었고, 학생들과 교수들이 유닉스를 사용하기 시작하였으며, 더욱 더 인기가 높아져서 새로운 특징과 기능들이 추가되어 갔다. 미국의 군대에서 상호 네트워크를 위해 유닉스를 사용했으며, 이 네트워크가 확장되어 오늘날의 인터넷(Internet)이 만들어지게 된 것이다.

유닉스는 멀티유저, 멀티태스킹, 네트워크 OS이며, 유닉스와 비슷한(Unix Like) 리눅스는 다음과 같은 특징들을 가지고 있다.

① 유닉스처럼 리눅스는 C 언어로 작성되었다.
② 유닉스처럼 리눅스는 멀티유저/멀티태스킹을 지원하는 네트워크 OS이다.
③ 유닉스처럼 리눅스는 프로그래밍 개발환경에 매우 적합하다.
④ 유닉스처럼 다양한 하드웨어 플랫폼을 지원한다.

A. Intel x86 processor(Celeron/PII/PIII/PIV/Old-Pentiums/80386/80486)
B. Macintosh PC
C. Cyrix processor
D. AMD processor
E. Sun Microsystems Sparc processor
F. Alpha Processor(Compaq)

>> Open Source

리눅스는 GNU Public License 하에 개발되었다. GPL로서 일반적인 Copyright와 구별하기 위해 종종 Copyleft로 표시하기도 한다.

GPL로 개발된 소스코드는 모든 사람들에게 오픈되어 있다. 단, 몇 가지 제약이 있는데, 만약 GPL로 공개된 프로그램 소스를 변경하였다면 반드시 모든 사람들에게 소스코드를 오픈해야 한다는 것이다. (http://www.opensource.org)

참고

리눅스의 특징과 용도 정리

리눅스는 네트워크를 위한 운영체제로서 대부분 서버운영 용도로 많이 사용하고 있으며, 다음과 같은 특징을 가지고 있다.

① 안정성Stable
② 강건성Robust
③ 보안성Secure
④ 높은 성능High Performance

리눅스의 사용 용도는 다음과 같다.

① 데스크탑 컴퓨터
② 웹 서버
③ 소프트웨어 개발 워크스테이션
④ 네트워크 모니터링 워크스테이션
⑤ 워크그룹 서버
⑥ 킬러 네트워크 서비스(DHCP, Masquerade, Firewall, Router, FTP, SSH, Mail, Proxy, Proxy Cache server 등)

1.2.3 vi(m) 편집기

리눅스에서의 문서 편집기는 vi(m), pico, nano, ed 등 여러 종류가 있지만, 기본적으로는 vi(m) 편집기를 사용한다. 다음의 표에 vi(m) 기초 명령을 정리해 두었다. vi(m)의 추가적인 사용법 설명은 8장에서 자세히 공부할 것이다.

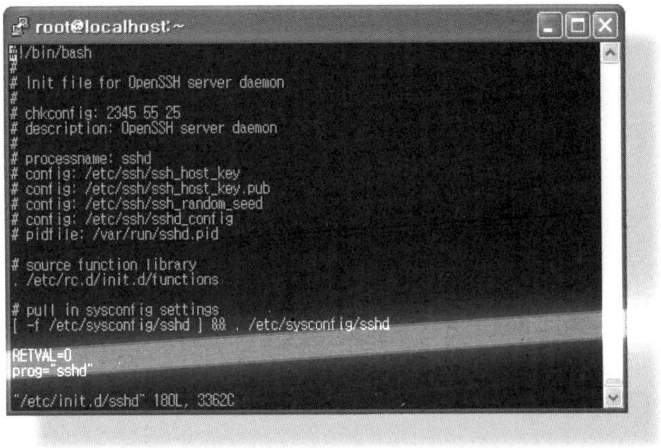

그림 1-7 • vi /etc/init.d/sshd

표 1-1 • vi(m) 기본 명령들

vi(m) 명령의 용도	vi(m) Syntax
텍스트 삽입	〈Esc〉 + i
파일 저장	〈Esc〉 + : + w
파일명을 지정하여 저장	〈Esc〉 + : + w "파일이름"
vi 편집기 종료	〈Esc〉 + : + q
vi 편집기 저장 없이 종료	〈Esc〉 + : + q!
저장 후 종료	〈Esc〉 + : + wq
앞으로(아래로) 단어 검색	〈Esc〉 + /단어
아래로(위로) 검색 계속	n[N]
뒤로(위로) 단어 검색	〈Esc〉 + ?단어
현재 커서의 한 줄 복사하기	〈Esc〉 + yy
현재 커서에 붙여넣기	〈Esc〉 + p
현재 커서의 한 줄 삭제하기	〈Esc〉 + dd
현재 커서의 위치부터 단어 삭제	〈Esc〉 + dw
주어진 단어를 찾아서 치환하기	〈Esc〉 + :%s/검색 단어/치환 단어/g 예) :%s/linux/centos/g
주어진 단어를 찾아서 치환하기(확인 작업)	esc + :%s/검색 단어/치환 단어/cg
vim에서 cp, date 등의 쉘 명령 수행하기	esc + :!쉘 명령 예) :!pwd

1.2.4 리눅스에서의 파일과 파일시스템

리눅스의 파일시스템은 윈도우즈와 다르다. 윈도우즈는 일반적으로 파티션별로 C, D, E와 같은 방식으로 구분을 하지만 리눅스는 디렉터리를 기준으로 파티션을 구성하는 방법을 사용한다.

리눅스에서 최상위 디렉터리[루트 디렉터리]는 /로 표시하고, 그 하위에 /root, /usr, /etc, /boot, /tmp 등으로 구분하며, 각 디렉터리들은 파티션으로도 구성될 수 있다. 즉, 하나의 파티션이 하나의 디렉터리가 될 수 있다는 의미이다. 이와 같이 파티션을 디렉터리에 매칭시키기 위해서는 mount라는 개념을 사용한다. 디렉터리 중 하드 디스크와 같은 디바이스 관련 파일이 있는 디렉터리는 /dev 디렉터리인데, 이 디렉터리를 보면 여러 가지 장치들이 디바이스 파일로 매칭되어 있음을 확인할 수 있다. 이 중에서 캐릭터 디바이스 파일은 쉘 프로그래밍에서 없어서는 안 될 디바이스 파일이다.

예를 들어, **/dev/null** 장치 파일은 어떤 문자를 이 장치로 보내면 black hole, 즉 보내온 문자를 모두 지워버린다[empty]는 것이다. 그리고 **/dev/zero** 장치 파일은 무한정의 0을 포함하고 있는데, 새로운 파일을 생성할 때 0으로 채우기 위해 사용된다.

표 1-2 • /dev 디렉터리 디바이스 장치

디바이스 장치명	의미
/dev/tty	프로그램이 실행되고 있는 터미널 윈도우 또는 콘솔
/dev/dsp	사운드 카드에 AU 사운드 파일을 실행하는 인터페이스
/dev/fd0	첫 번째 플로피 드라이버
/dev/hda1	IDE 하드 디스크의 첫 번째 파티션
/dev/sda1	SCSI, S-ATA 하드 디스크의 첫 번째 파티션

리눅스에서 파티션은 /dev/hda1, /dev/hda2와 같은 형식으로 하나의 하드 디스크에 여러 개의 파티션을 구성할 수 있으며, IDE 하드 디스크를 명명할 때 /dev/hda, /dev/hdb, /dev/hdc와 같은 형식을 사용한다. 그리고 SCSI, S-ATA 하드 디스크들은 /dev/sda, /dev/sdb, /dev/sdc 형식으로 사용한다.

만약 mount 명령으로 /dev/hda1 파티션을 /backup 디렉터리에 마운트하려면 다음과 같은 형식으로 입력하면 된다.

```
# mount -t ext3 /dev/hda1 /backup
```

쉘에서의 $ 표시는 일반유저를 의미하고, # 표시는 수퍼유저root, 관리자를 의미한다. -t 옵션은 파일시스템 타입을 의미하는데, 리눅스에서는 기본적으로 ext3 타입을 사용한다.

mount 명령의 간단한 도움말을 보기 위해서는 "mount --help" 명령을 실행하면 되는데, 다음과 같이 도움말을 화면에 출력해 준다. 좀더 자세한 도움말을 보고자 한다면 쉘에서 "man mount" 또는 "info mount"를 실행해서 읽어보면 된다. 맨페이지, info페이지에서 빠져나오기 위해서는 "q" 문자를 입력한다.

```
[root@localhost ~]# mount --help
Usage: mount -V                 : print version
       mount -h                 : print this help
       mount                    : list mounted filesystems
       mount -l                 : idem, including volume labels
So far the informational part. Next the mounting.
The command is 'mount [-t fstype] something somewhere'.
Details found in /etc/fstab may be omitted.
       mount -a [-t|-O] ...     : mount all stuff from /etc/fstab
       mount device             : mount device at the known place
       mount directory          : mount known device here
       mount -t type dev dir    : ordinary mount command
Note that one does not really mount a device, one mounts
a filesystem (of the given type) found on the device.
One can also mount an already visible directory tree elsewhere:
       mount --bind olddir newdir
or move a subtree:
       mount --move olddir newdir
One can change the type of mount containing the directory dir:
       mount --make-shared dir
       mount --make-slave dir
       mount --make-private dir
       mount --make-unbindable dir
One can change the type of all the mounts in a mount subtree
```

(계속)

```
containing the directory dir:
        mount --make-rshared dir
        mount --make-rslave dir
        mount --make-rprivate dir
        mount --make-runbindable dir
A device can be given by name, say /dev/hda1 or /dev/cdrom,
or by label, using  -L label  or by uuid, using  -U uuid .
Other options: [-nfFrsvw] [-o options] [-p passwdfd].
For many more details, say  man 8 mount .
[root@localhost ~]#
```

리눅스에서 자주 사용되는 파일 확장자는 다음과 같다.

표 1-3 • /리눅스에서의 파일 확장자명

파일 확장자명	의미
.sh	본 쉘, 배시 쉘 스크립트 파일
.txt	일반 텍스트 파일
.log	로그 파일
.html, .htm	html 정적 웹페이지 소스파일
.tgz, .tar.gz, .bz2	압축 파일
.php, .php3, .php4, .php5	php 소스파일
.h, .c, .cc, .cpp	c/c++ 소스파일(gcc/g++)
.py	python 소스파일

위의 파일 확장자 중 우리가 사용할 파일 확장자는 .sh로 끝나는 파일인데, 이 파일은 bash 쉘 스크립트로 프로그래밍된 파일이다. 즉, 확장자명이 .sh인 파일을 bash 쉘 스크립트 파일이라고 부른다. 물론 자신만의 다른 확장자를 직접 만들거나 확장자가 없어도 상관없지만 되도록이면 배시 쉘 스크립트를 작성할 때에는 .sh로 통일해서 작성하도록 하자.

이제 쉘 스크립트 프로그래밍을 위한 준비운동을 시작해 보자.

1.3 | 쉘 스크립트 준비운동

1.3.1 준비운동

쉘shell이란, 키보드로부터 명령을 입력받아 OS가 그 명령을 수행하도록 하는 프로그램이라고 앞에서 정의하였다.

쉘은 초창기 유닉스Unix에서만 사용할 수 있는 유저 인터페이스였지만 요즘은 CLICommand Line Interface뿐만 아니라 GUIGraphical User Interface도 가지고 있다.

리눅스 시스템에서는 기본적으로 **bash**Bourne Again SHell 쉘을 사용하는데, bash 쉘은 Steve Bourne의 오리지날 Bourne 쉘인 sh를 쉘 프로그래밍을 위해 업그레이드한 쉘이다. 이 밖에도 전통적인 리눅스 시스템에서 사용하는 ksh, tcsh, zsh와 같은 쉘이 있다.

리눅스에서 사용할 수 있는 쉘의 종류를 확인하려면 /etc/shells 파일을 출력해 보면 된다.

```
[root@localhost ~]# cat /etc/shells
/bin/sh
/bin/bash
/sbin/nologin
/bin/tcsh
/bin/csh
/bin/ksh
/bin/zsh
[root@localhost ~]#
```

위에서 출력된 각 쉘들의 특징들은 다음의 표와 같다.

표 1-4 • 쉘의 종류

쉘 이름	개발자	개발처	비고
BASH (Bourne-Again Shell)	Brian Fox and Chet Ramey	자유소프트웨어 재단(FSF) /bin/bash	리눅스에 기본 탑재된 일반적인 쉘로서 sh 본 쉘과 호환되기 때문에 대부분 sh와 bash에서 모두 작동한다.
CSH (C Shell)	Bill Joy	UC Berkeley 대학 (BSD Unix System) /bin/sh	C 프로그래밍 언어와 유사한 쉘 문법을 가지고 있다(관리자 중심이며 유닉스의 기본 쉘이다).
KSH (Korn Shell)	David Korn	AT & T Bell Labs /bin/ksh	유닉스 지식을 가지고 있는 사람들에게 인정받고 있는 쉘이며, 초심자를 위해 표준환경이 적용되어 있는 Bourne 쉘의 수퍼셋이다(사용자 중심).
TCSH	Ken Greer $ man tcsh	/bin/tcsh	일반적인 C 쉘이며 사용자 중심이고 속도가 빠르며 Berkeley UNIX C 쉘과 호환된다.

그러면 이제 현재 사용중인 쉘의 종류에 대해서 알아보자. 먼저 다음의 명령을 실행하면 쉘은 현재 사용중인 쉘 종류를 결과값으로 리턴해 준다.

```
[root@localhost ~]# echo $SHELL
/bin/bash
[root@localhost ~]# ps $$
  PID TTY      STAT   TIME COMMAND
 2624 pts/1    S      0:00 -bash
[root@localhost ~]# echo $$
2624
[root@localhost ~]#
```

echo 명령은 뒤이어 입력되는 문자열을 모니터로 출력해 주는 명령인데, 쉘 이름을 가지는 환경 변수인 SHELL 변수를 출력하기 위해 환경 변수명 앞에 달러사인[$]을 추가하여 입력하면, 즉 $SHELL을 아규먼트로 입력해 주면 현재 쉘 이름을 출력할 수 있다. 그리고 $ 변수는 현재 쉘의 프로세스 아이디[PID]를 가지는 변수이다.

여기서 한 가지 알아두어야 할 사항으로 리눅스에서의 모든 환경 변수는 모두 대문자로 구성되어 있다는 것이다. 환경 변수를 출력해 보기 위해서는 env 또는 printenv 명령을 사용하여 출력해 볼 수 있다.

```
[root@localhost ~]# env
HOSTNAME=localhost.localdomain
SHELL=/bin/bash
TERM=xterm
HISTSIZE=1000
USER=root
LS_COLORS=no=00:fi=00:di=00;34:ln=00;36:pi=40;33:so=00;35:bd=40;33;01:cd=40;33;01:or=01;05;37;41:mi=0
1;05;37;41:ex=00;32:*.cmd=00;32:*.exe=00;32:*.com=00;32:*.btm=00;32:*.bat=00;32:*.sh=00;32:*.csh=00;3
2:*.tar=00;31:*.tgz=00;31:*.arj=00;31:*.taz=00;31:*.lzh=00;31:*.zip=00;31:*.z=00;31:*.Z=00;31:*.gz=00
;31:*.bz2=00;31:*.bz=00;31:*.tz=00;31:*.rpm=00;31:*.cpio=00;31:*.jpg=00;35:*.gif=00;35:*.bmp=00;35:*.
xbm=00;35:*.xpm=00;35:*.png=00;35:*.tif=00;35:
MAIL=/var/spool/mail/root
PATH=/usr/kerberos/sbin:/usr/kerberos/bin:/usr/local/sbin:/usr/local/bin:/sbin:/bin:/usr/sbin:/usr/bi
n:/root/bin
INPUTRC=/etc/inputrc
PWD=/root
LANG=en_US.UTF-8
SSH_ASKPASS=/usr/libexec/openssh/gnome-ssh-askpass
SHLVL=1
HOME=/root
LOGNAME=root
CVS_RSH=ssh
LESSOPEN=|/usr/bin/lesspipe.sh %s
G_BROKEN_FILENAMES=1
_=/bin/env
[root@localhost ~]#
```

리눅스에서는 xterm, gnome-terminal, kconsole 등의 터미널을 제공하고 있으며, 이들을 **터미널 에뮬레이터**라고 부른다. 이 터미널 에뮬레이터들은 쉘과 연결되어 쉘 프로그래밍이 가능하도록 GUI를 제공하고 있으며, 대부분의 리눅스 배포판들은 xterm, rxvt, kvt, gnome-terminal, nxterm, eterm 등의 터미널 에뮬레이터를 제공하고 있다. Xwindow 매니저에서는 이와 같은 터미널 에뮬레이터를 통해서 쉘 세션에 접근하고 쉘 프로그래밍을 하도록 구성되어 있다.

표 1-5 • 터미널 에뮬레이터 종류

Xwindow 매니저 종류	GUI 메뉴에서 제공하는 터미널
KDE	kconsole
GNOME	gnome-terminal
GUI에서 SHELL 명령 사용	terminal xterm eterm rxvt

만약 리눅스를 서버로 사용한다면 대부분 원격에서 작업해야 하기 때문에 putty(공개소프트웨어)와 같은 ssh 접속툴을 사용하여 쉘에 접근하고 작업하게 된다. 물론 SecureCRT(상용) 프로그램을 사용해도 된다.

일반유저로 가장 먼저 쉘에 접근하면 다음과 같은 $ 문자를 접하게 되는데, 이것은 multi라는 일반유저로 호스트네임이 localhost라는 쉘에 접근해 있음을 알려주는 것이다. 아래 쉘에서 ~tilde 문자는 multi 유저의 홈디렉터리를 의미하며 /home/multi 디렉터리를 의미한다. 각 유저들에 대한 홈디렉터리 경로는 /etc/passwd 파일에 정의되어 있다. 그리고 su - 명령을 사용하여 수퍼유저root로 접근하면 #crosshatch/sharp 문자를 표시하게 된다.

```
[multi@localhost ~]$ su -
암호:
[root@localhost ~]#
```

위의 쉘에서 다음과 같은 문자열을 입력하고 엔터키를 누르면 에러를 출력해 준다. 즉, 쉘에서 사용할 수 있는인식할 수 있는 명령을 입력해 주지 않았기 때문이다.

```
[root@localhost ~]# ilikeyou
-bash: ilikeyou: command not found
[root@localhost ~]#
```

그리고 현재 상태에서 방향키의 up↑키를 누르면 이전에 실행했던 명령을 보여주게 되는데, 이처럼 쉘은 명령어 히스토리[history]를 저장한다. up↑키를 누른 다음 down↓키를 누르면 원래의 공백라인을 다시 볼 수 있다. 이러한 명령어 히스토리는 리눅스에서 쉘 작업을 할 때 키보드 작업에 있어서 매우 중요한 기능이며, 쉘 작업 시에는 없어서는 안 될 중요한 요소이다.

쉘은 명령라인 인터페이스[CLI]이지만 마우스를 사용할 수도 있다. 만약 터미널 인터페이스에서 3버튼 마우스를 사용하고 있을 때 마우스의 중간 휠 버튼을 누른 경우, 복사/붙여넣기 기능 등의 다른 용도로 설정할 수도 있다. 하지만 원격에서 리눅스 서버를 관리한다면 대부분 원격에서 서버로의 ssh 접속을 위해 윈도우용 putty 애플리케이션을 사용할 것이다. putty의 기본설정 상태로 마우스 왼쪽 버튼을 누르고 있는 상태에서 문자열을 드래그하면 드래그한 문자열이 복사되고 마우스 오른쪽 버튼을 누르면 붙여넣기할 수 있다.

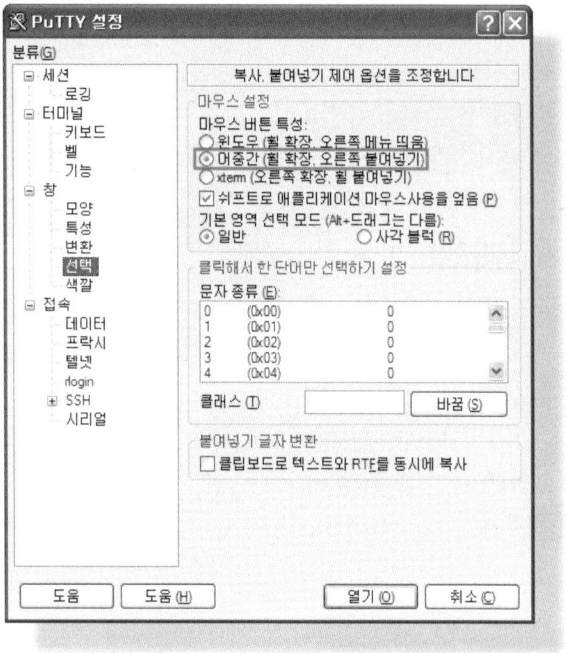

그림 1-8 • 한글 putty 설정화면

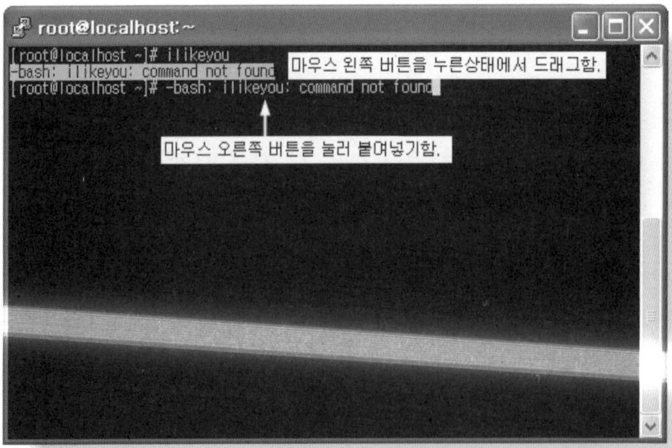

그림 1-9 : putty에서의 텍스트 복사와 붙여넣기

>> 쉘 스크립트 구성요소

① if~else와 for, while 등의 쉘 루프loop 명령어
② grep, awk, cut 등의 텍스트 처리 유틸리티
③ w, who, free 등의 바이너리 명령어

>> 쉘 스크립트를 사용하는 이유

① 쉘 스크립트는 유저 또는 파일로부터 입력을 받아서 모니터에 데이터를 출력한다.
② 동일한 작업을 반복하여 수행하고자 할 때 자동화할 수 있다.
③ 시간을 절약할 수 있다.
④ 자신만의 파워툴, 파워 유틸리티를 만들 수 있다.
⑤ 관리자 작업을 커스터마이징할 수 있다.
⑥ 서비스 환경 설정과 유저 추가와 같은 작업에서 에러를 줄일 수 있다.
⑦ 실제적인 쉘 스크립트 사용 예는 다음과 같다.
   A. 리눅스 시스템 모니터링
   B. 데이터 백업과 스냅샷 생성
   C. Oracle, MySQL 데이터베이스 백업을 위한 덤프 작업
   D. 시스템 경고메시지를 이메일로 받기
   E. 시스템 리소스를 잡아먹는 프로세스 찾아내기
   F. 여유 메모리와 사용량 찾아내기

G. 로그인한 모든 유저와 현재 무엇을 하고 있는지 찾아내기
H. 네트워크 서비스가 정상적인지 아닌지 알아보기. 예를 들어, 웹 서버 운영에 오류가 발생하면 관리자에게 이메일 발송하기 또는 sms 발송하기
I. 모든 실패한 로그인 정보 찾아내기. 예를 들어, 동일 네트워크 IP로부터 반복적인 로그인을 시도한다고 할 때 자동으로 방화벽에서 IP를 접속차단 시키도록 하기
J. 보안 정책에 따른 유저 관리
K. BIND[DNS 서버]의 서버환경에서 zone 엔트리 추가하기

만약 좀더 세밀한 프로그래밍이 필요한 경우에는 쉘 스크립트 대신 gcc(C/C++) 또는 python 언어를 사용하여 프로그래밍해야 한다.

>> 쉘 스크립트를 사용하면 안 될 때(C/C++/PYTHON 등의 프로그래밍 언어 사용 필수)

① 리소스에 민감한 작업들, 특히 속도가 중요한 요소일 때(정렬, 해쉬 등)
② 강력한 산술 연산 작업들, 특히 임의의 정밀도 연산[arbitrary precision]이나 복소수를 써야 할 때(C++를 사용하라)
③ 플랫폼 간 이식성이 필요할 때(C 언어를 사용하라)
④ 구조적 프로그래밍이 필요한 복잡한 애플리케이션(변수의 타입 체크나 함수 프로토타입 등이 필요할 때)
⑤ 업무에 아주 중요하거나 회사의 미래가 걸렸다는 확신이 드는 애플리케이션
⑥ 보안상 중요해서 시스템 무결성을 보장하기 위해 외부의 침입이나 크래킹, 파괴 등을 막아야 할 필요가 있을 때
⑦ 서로 의존적인 관계에 있는 여러 콤포넌트로 이루어진 프로젝트
⑧ 과도한 파일 연산이 필요할 때(Bash 쉘은 제한적인 직렬적 파일 접근을 하고, 특히 불편하고 불충분한 줄 단위 접근만 가능)
⑨ 다차원 배열이 필요할 때
⑩ 링크드 리스트나 트리 같은 데이터 구조가 필요할 때
⑪ 그래픽이나 GUI를 만들고 변경하는 등의 작업이 필요할 때
⑫ 시스템 하드웨어에 직접 접근해야 할 때
⑬ 포트나 소켓 I/O가 필요할 때
⑭ 예전에 쓰던 코드를 사용하는 라이브러리나 인터페이스를 써야 할 필요가 있을 때
⑮ 독점적이고 소스 공개를 안 하는 애플리케이션을 만들어야 할 때(쉘 스크립트는 오픈소스이다.)

>> [Bash Script Keyword]

!	esac	select	}
case	fi	then	[[
do	for	until	]]
done	function	while	
elif	if	time	
else	in	{	

위에 적어둔 bash 쉘 스크립트 키워드는 앞으로 공부하게 될 것이다.

1.3.2 맨페이지

리눅스에서는 기본적인 명령에 대한 도움말 매뉴얼을 제공하고 있으며, 이 매뉴얼을 보기 위해서는 man 명령을 사용한다.

형식	man [명령어]

man 명령에 대한 맨페이지를 보기 위해서는 쉘에서 "man man" 명령을 실행하면 된다.

또한 각종 명령에 대한 맨페이지를 모니터에 출력해서 보기 위해서는 아래 명령을 사용하면 된다.

```
man [명령어] | col -b | cat
```

앞서 영문 man 페이지를 보기 위해 LANG 환경 변수의 값을 en_US.UTF8로 설정하였다 다음의 한글 맨페이지 내용은 LANG=ko_KR.UTF8 환경에서 출력한 내용이다. 즉, **다음과 같이 맨페이지를 한글로 출력하길 원한다면 현재 쉘에서 간단히 LANG=ko_KR.UTF8을 실행하면 곧바로 적용된다.** 물론, 현재 쉘을 종료하고 재로그인하면 기본 설정으로 돌아간다.

[man 명령의 맨페이지]

```
[root@localhost ~]# man man | col -b | cat
man(1)                                                                          man(1)
```

이름

man - 온라인 매뉴얼 페이지를 형식화하고 표시

manpath - 맨페이지를 위해 사용자의 검색 경로를 결정

사용법

man [-acdfFhkKtwW] [-m system] [-p string] [-C config_file] [-M path]

[-P pager] [-S section_list] [section] name ...

설명

man은 온라인 매뉴얼 페이지를 형식화하고 표시한다. 이 버전은 MANPATH와 (MAN)PAGER 환경 변수를 인식한다. 그러므로 자신의 개인적인 맨페이지 집합을 가질 수 있고 형식화된 페이지를 표시하기 위해 좋아하는 프로그램을 선택할 수 있다. 만약 section이 지정되면 man은 단지 그 섹션에서만 매뉴얼을 찾아 보여준다. 명령행 옵션이나 환경 변수를 통해서 섹션 검색 순서와 소스파일에 대해 어느 전처리기를 사용할 것인지 지정할 수 있다. 만약 name이 /을 포함하면 이것은 파일명으로 먼저 처리된다. 그래서 man ./foo.5 혹은 man /cd/foo/bar.1.gz처럼 지정할 수 있다.

옵션

-C config_file

사용할 man.conf 파일을 지정; 기본값은 /etc/man.config이다. (man.config(5)보라.)

-M path

맨페이지 검색을 위한 디렉터리 리스트를 지정한다. 이 옵션이 주어지지 않으면 환경 변수 MANPATH를 사용한다. 만약 환경 변수를 발견하지 못하면 /etc/man.config에 의한 기본 리스트를 사용한다. MANPATH가 비어있으면 기본 리스트이다.

-P pager

사용할 페이지를 지정한다. 이 옵션은 MANPAGER 환경 변수보다 우선한다. environment variable, PAGER 변수보다도 우선한다. 기본 설정으로 man은 /usr/bin/less-is를 이용한다.

-S section_list

검색을 위한 매뉴얼 섹션의 리스트를 콜론으로 구분한 리스트. 이 옵션은 MANSECT 환경 변수보다 우선한다.

-a

기본 설정으로, man은 첫 번째 발견된 매뉴얼 페이지를 표시한 뒤 종료한다. 이 옵션을 사용하면 man은 첫 번째뿐만 아니라 name 에 맞는 모든 매뉴얼 페이지를 표시한다.

-c

최신의 cat 페이지가 존재하여도 소스 맨페이지를 재형식화한다. 만일 cat 페이지가 다른 수의 칼럼을 가진 스크린에 맞게 형식화되었거나, 혹은 만일 이전에 형식화된 페이지가 손상되면 이것은 의미가 있을 수 있다.

(계속)

-d

실제로 맨페이지를 표시하지 않고, 디버깅 정보의 덩어리를 프린트한다.

-D

표시와 디버깅 정보 둘 다 출력한다.

-f

whatis와 같다.

-F or --preformat

형식화만 하고 표시하지 않는다.

-h

간단한 도움말 메시지를 출력하고 종료한다.

-k

apropos와 같다.

-K

모든 맨페이지에서 지정한 문자열을 찾는다. 경고: 이것은 매우 느리다! 섹션을 지정하는 것이 좋다. (대체로, 나의 기계에서 500페이지를 검색하는 데 1분이 걸린다.)

-m system

주어진 시스템 이름에 의해서 검색하기 위해 대체 맨페이지 집합을 지정한다.

-p string

nroff or troff의 앞에 실행하는 전처리기의 차례를 지정한다. 모든 설치는 전처리기의 완전한 집합을 가지지 않을 것이다. 그들을 지적하기 위해 사용되는 몇개의 천처리기와 문자: eqn (e), grap (g), pic (p), tbl (t), vgrind (v), refer (r). 이 옵션은 MANROFFSEQ 환경 변수보다 우선한다.

-t

맨페이지의 형식화를 위해 /usr/bin/groff -Tps -mandoc를 사용하고 stdout에 출력한다. /usr/bin/groff -Tps -mandoc에서의 출력은 인쇄하기 전에 필터를 통과시킬 필요가 있을지도 모른다.

-w or --path

실제로 맨페이지를 표시하지 않고, 형식화 혹은 표시된 파일의 위치를 출력한다. 만약 인자가 없으면: man은 맨페이지를 검색하는 디렉토리의 리스트를 표시(표준 출력에)한다. 만약 manpath가 man에 연결되어 있으면 "manpath"는 "man --path"와 같다.

-W

-w와 비슷하지만, 추가 정보없이 한 행에 한 개씩 표시한다. 이것은 다음과 같이 쉘 명령에서 사용하면 편리하다.

man -aW man | xargs ls -l

CAT 페이지

Man은 형식화된 맨페이지를 다음에 그 페이지가 필요하게 되었을때 형식화 시간을 줄이기 위해 저장한다. 전통적으로, DIR/manX의 형식화된 페이지 버전은 DIR/catX에 저장된다. 하지만 man dir을 다른 cat dir에 매핑하는 방법으로 /etc/man.config 에 다른 값을 지정할 수 있다. cat 디렉터리가 존재하지 않으면 cat 페이지를 저장하지 않는다.

man을 사용자 man에 suid할 수 있다. 그러면 cat 디렉터리의 소유자가 man과 모드 0755(단지 man에 의해 쓰기가

(계속)

능), cat 파일 소유자가 man과 모드 0644 혹은 0444(단지 man에 의해 쓰기가능, 혹은 모두 쓰기불가)면, 보통 유저는 cat 페이지를 변경하거나, 다른 파일을 cat 디렉터리에 두거나 하는 것을 할 수 없다. 만약 man이 suid가 아니면, 모든 유저가 cat 페이지를 cat 디렉터리에 둘 수 있는 것처럼 cat 디렉터리의 모드를 0777로 해야 한다.

비록 최근의 cat 페이지가 존재하더라도 -c 을 사용하면 페이지를 재형식화한다.

환경

MANPATH

MANPATH가 설정되면, 이것을 매뉴얼 페이지 검색을 위한 경로로 사용한다.

MANROFFSEQ

MANROFFSEQ가 설정되면, 이것을 nroff와 troff의 앞에 실행하는 전처리기의 집합으로 결정하여 사용한다. 기본 설정은 nroff 앞에 전처리기를 통과시킨다.

MANSECT

MANSECT가 설정되면, 이것을 검색을 위한 매뉴얼 섹션으로 결정한다.

MANWIDTH

MANWIDTH가 설정되면, 이것을 표시하는 맨페이지의 폭으로 사용한다. 그렇지 않으면, 화면의 전체 폭 이상으로 표시될 수도 있다.

MANPAGER

MANPAGER가 설정되면, 이것을 맨페이지 표시기로 사용한다. 만약 없다면, PAGER가 사용된다. 만약 둘 다 값을 가지고 있지 않으면 /usr/bin/less -is를 사용한다.

LANG

LANG가 설정되면, 이값을 man은 맨페이지를 첫 번째로 보여주기 위한 하위 디렉터리의 이름으로 지정한다. 따라서, 'LANG=dk man 1 foo' 명령은 만약 file이 발견되지 않으면 .../man1/for.1을 찾는다. ...은 검색경로의 디렉터리이다.

NLSPATH, LC_MESSAGES, LANG

환경 변수 NLSPATH와 LC_MESSAGES(또는 후자가 지정되어 있지 않으면 LANG)는 메시지 카탈로그의 위치를 지정한다. (하지만 영어 메시지는 컴파일될 때 지정되고, 영어를 위한 카탈로그는 필요하지 않다.) man에 의해 호출되는 col(1)과 같은 프로그램은 LC_CTYPE을 사용하는 점에 주의해라.

PATH

PATH는 맨페이지를 위한 기본 검색 경로의 구성에 사용된다.

SYSTEM

SYSTEM은 기본 설정을 가져오는 대신에 시스템 이름을 사용한다. (-m 옵션과 함께 사용)

관련 항목

apropos(1), whatis(1), less(1), groff(1).

버그

-t 옵션은 troff와 같은 프로그램이 설치되어 있는 경우에만 수행한다. 만약 하이픈 대신에 \255 혹은 <AD>의 깜박

(계속)

```
    임을 보면, 'LESSCHARSET=latin1'을 환경에 넣어라.

팁
    (global-set-key [(f1)] (lambda () (interactive) (manual-entry (cur-rent-word))))를 .emacs 파일에
    추가하면, F1를 누를 때 현재의 커서 위치에서 라이브러리 호출을 위한 맨페이지를 보여 줄 것이다.

역자
    배성훈 <plodder@kldp.org>, 2000년 5월 5일
                        September 2, 1995                                          man(1)
[root@localhost ~]#
```

1.3.3 리눅스 기본 명령어들의 형식

이번에는 리눅스 기본 명령어들의 형식을 알아보기 위해 date 명령을 살펴보도록 하자.

```
[root@localhost ~]# date
Wed Jul 15 08:10:08 KST 2009
[root@localhost ~]#
```

위와 같이 쉘에서 현재 날짜와 시간을 출력하기 위해서는 date 명령을 입력하면 된다. 이때 date 명령은 소문자이다. 만약 대문자 DATE 명령을 입력하면 명령이 없다고 출력한다. 리눅스에서 환경 변수를 제외한 거의 모든 명령어들은 소문자로 구성되어 있으며, 윈도우즈와는 달리 대소문자를 구별한다.

```
[root@localhost ~]# DATE
-bash: DATE: command not found
[root@localhost ~]#
```

쉘 명령어들은 추가적인 정보를 출력하기 위해 아규먼트Argument를 사용할 수 있다. 현재의 시간과 분만 출력하려면 다음과 같이 아규먼트를 명령어 다음에 추가해 주면 된다. date 명령어의 아규먼트 또는 옵션 도움말을 보려면 "date --help"를 실행한다.

```
[root@localhost ~]# date '+%H:%M'
08:11
[root@localhost ~]#
```

만약 UTC 기준의 현재 시간을 출력하길 원한다면 다음과 같이 -u 또는 --utc, --universal 옵션을 사용하면 된다.

```
[root@localhost ~]# date -u
Tue Jul 14 23:11:50 UTC 2009
[root@localhost ~]# date --utc
Tue Jul 14 23:11:55 UTC 2009
[root@localhost ~]# date --universal
Tue Jul 14 23:12:00 UTC 2009
[root@localhost ~]#
```

-u와 같은 짧은 옵션뿐만 아니라 --utc와 --universal과 같은 긴 옵션도 동일한 결과를 출력해 준다. 대부분의 명령어들은 긴 옵션 형식으로 --help, --verbose, --version 등의 옵션을 제공한다.

또한 명령어 마지막에 다음과 같이 # 문자를 사용하여 코멘트를 작성할 수 있다.

```
[root@localhost ~]# date -u #utc 포맷의 시간을 보여준다.
Tue Jul 14 23:12:41 UTC 2009
[root@localhost ~]#
```

1.3.4 쉘의 편집모드

이제 쉘 명령라인의 편집모드에 대해 알아보자. 리눅스 쉘의 편집모드는 emacs 모드와 vi 모드가 있는데, 기본으로 설정되어 있는 편집모드는 emacs 편집모드이다. 현재 쉘의 편집모드를 알아보기 위해서 shopt -o emacs를 실행해 보자.

```
[root@localhost ~]# shopt -o emacs
emacs           on
[root@localhost ~]# shopt -o vi
vi              off
[root@localhost ~]#
```

만약 vi 편집모드를 사용하고자 한다면 shopt -os vi라고 입력하면 된다. 하지만 vi 편집모드는 특수키가 아닌 일반 문자를 사용하기 때문에 문제가 있다. 그래서 emacs 편집모드를 사용하는 것이 좋다. (-s 옵션은 set을 의미하고 두 개의 편집모드 중 하나가 설정(on)되면 자동적으로 다른 하나는 off가 된다.)

```
[root@localhost ~]# shopt -os vi
[root@localhost ~]# shopt -o vi
vi              on
[root@localhost ~]# shopt -o emacs
emacs           off
[root@localhost ~]#
```

다시 emacs 편집모드로 돌아가기 위해 shopt -os emacs라고 입력한다. emacs 편집모드와 vi 편집모드는 토글로 작동하기 때문에 emacs 편집모드를 사용하도록 지정하면 vi 편집모드는 자동으로 off가 된다.

```
[root@localhost ~]# shopt -os emacs
[root@localhost ~]# shopt -o emacs
emacs           on
[root@localhost ~]# shopt -o vi
vi              off
[root@localhost ~]#
```

참고로 shopt 옵션 중 -u 옵션[unset]이 있는데, 이 옵션은 편집모드를 해제하는 옵션이다. 만약 vi 편집모드를 해제[off]하려면 shopt -ou vi라고 입력하면 된다. 단, -u 옵션은 -s 옵션처럼 토글이 되지 않는다.

쉘의 편집모드에 상관없이 기본적으로 사용할 수 있는 키의 용도는 다음과 같다.

표 1-6

left(←)	왼쪽으로 커서 이동, 문자를 지우지 않고 문자 하나를 이동한다.
right(→)	오른쪽으로 커서를 이동, 문자 하나를 이동한다.
up(↑)	명령 히스토리(.history)에 있는 이전 명령어를 출력한다.
down(↓)	명령 히스토리(.history)에 있는 다음 명령어를 출력한다.

쉘의 emacs 편집모드에서 사용할 수 있는 키의 용도는 다음과 같다.

표 1-7

Ctrl+b	왼쪽으로 커서 이동, 문자를 지우지 않고 문자 하나를 이동한다.
Ctrl+f	오른쪽으로 커서를 이동, 문자 하나를 이동한다.
Ctrl+p	명령 히스토리(.history)에 있는 이전 명령어를 출력한다.
Ctrl+n	명령 히스토리(.history)에 있는 다음 명령어를 출력한다.
Tab Key	명령 문자열 전체가 아닌 일부분의 문자를 입력하고, 탭키를 누르면 매칭되는 파일명을 검색하여 자동으로 타이핑해 준다.

tab키 예제를 테스트하려면 다음과 같이 "dat"를 입력하고 tab키를 눌러보자.

```
[root@localhost ~]# dat
```

위의 상태에서 탭키를 누르면 date 명령이 완성된다. 그리고 탭키를 한 번 더 누르면 date로 시작되는 명령이 쉘에 출력된다.

```
[root@localhost ~]# date
date        dateconfig
```

쉘의 vi 편집모드에서 사용할 수 있는 키는 다음과 같으며, vi 에디터의 명령모드에서 사용하는 i^insert^, a^append^, x^delete^ 등을 수행할 수 있고, dd를 입력하여 명령라인의 모든 문자열을 삭제할 수 있다. 그리고 엔터를 치면 명령 실행과 함께 vi 편집모드를 빠져나오게 된다.

Esc	편집모드 들어가기
h	왼쪽으로 커서 이동, 문자를 지우지 않고 문자 하나를 이동한다.
l	오른쪽으로 커서를 이동, 문자 하나를 이동한다.
k	명령 히스토리(.history)에 있는 이전 명령어를 출력한다.
j	명령 히스토리(.history)에 있는 다음 명령어를 출력한다.

리눅스 설치 시 기본 편집모드는 emacs 모드이기 때문에 테스트 목적이 아니라면 vi 편집모드를 사용하지 말고 **기본 emacs 편집모드**를 사용하기 바란다. shopt의 다양한 설정들에 대해서는 쉘 프로그래밍 부분에서 다시 공부할 것이다.

```
[root@localhost ~]# shopt -os emacs
[root@localhost ~]# shopt -o emacs
emacs           on
[root@localhost ~]#
```

1.3.5 변수 지정과 메시지 출력(printf, echo)

변수 지정과 메시지 출력은 어떻게 하는지 간단하게 알아보자. 변수 지정은 다음과 같이 입력하면 되는데, 텍스트를 변수에 지정할 때에는 큰따옴표[illegible]로 묶어주는 것이 좋다. 왜냐하면 문자열 사이에 공백이 있으면 에러가 발생하기 때문이다.

```
[root@localhost ~]# FILENAME=test. txt
-bash: txt: command not found
[root@localhost ~]# FILENAME="test.txt"
[root@localhost ~]#
```

위에서 지정된 FILENAME 변수를 출력하고자 할 때에는 printf 명령에 서식포맷을 사용하여 출력할 수 있다. C 언어의 printf 함수와 유사하다.

```
[root@localhost ~]# printf "%s\n" $FILENAME
test.txt
[root@localhost ~]#
```

물론 echo 명령과 함께 아규먼트로 $변수명 형식을 입력하여 출력할 수도 있다.

```
[root@localhost ~]# echo $FILENAME
test.txt
[root@localhost ~]#
```

printf 명령은 서식포맷(%s는 문자열 서식을 의미)에 newline(\n)을 사용하여 출력하였지만 echo 명령의 경우에는 기본적으로 newline이 적용되기 때문에 따로 newline 포맷을 지정할 필요가 없다.

```
[root@localhost ~]# printf "Study Bash shell script programming.\n"
Study Bash shell script programming.
[root@localhost ~]# echo "Study Bash shell script programming."
Study Bash shell script programming.
[root@localhost ~]#
```

변수에 쉘 명령의 결과를 지정할 때에는 `**명령어**` 형식 또는 $(**명령어**) 형식을 사용할 수 있다. 다음 예제에서 변수 DATE에 지정되는 값은 date 명령을 수행했을 당시의 출력값을 DATE 변수에 저장해 두기 때문에 새롭게 변수 DATE를 선언하지 않는 한 변수의 값은 고정된 값이 된다. 하지만 이 변수의 존재는 현재의 쉘을 빠져나가면 사라지게 된다.

```
[root@localhost ~]# DATE=`date`
[root@localhost ~]# printf "%s\n" "$DATE"
Wed Jul 15 08:22:35 KST 2009
[root@localhost ~]# echo $DATE
Wed Jul 15 08:22:35 KST 2009
[root@localhost ~]# DATE=$(date)
[root@localhost ~]# printf "%s\n" "$DATE"
Wed Jul 15 08:22:53 KST 2009
[root@localhost ~]# logout
[multi@localhost ~]$ su -
암호:
[root@localhost ~]# echo $DATE

[root@localhost ~]#
```

현재의 쉘을 종료하기 위해서는 logout 또는 exit 명령 또는 Ctrl+D 키조합을 실행하면 되는데, 앞의 예제에서는 root 유저의 쉘을 종료하면서 multi 유저의 쉘로 돌아갔다. 그리고 다시 su - 명령을 사용하여 수퍼유저의 쉘로 접속했지만, 이전 쉘에서 정의한 DATA 변수의 값은 새로운 쉘에서 적용되지 않는 것을 확인할 수 있다.

1.3.6 다중 명령어 사용(;, &&, ||)

하나의 라인에서 여러 개의 명령을 실행하게 하려면 하나의 명령 다음에 세미콜론(;)를 추가해 주어 명령이 끝났음을 지정해 주면 된다. 단, 첫 번째 명령이 실패하여도 두 번째 명령은 반드시 실행된다는 점을 기억해두자. 다음의 두 번째 예제에서 linux라는 명령이 존재하지 않아 에러가 발생하였지만 두 번째의 date 명령이 정상적으로 실행됨을 확인할 수 있다.

```
[root@localhost ~]# printf "first command\n"; printf "second command\n"
first command
second command
[root@localhost ~]# linux;date
-bash: linux: command not found
Wed Jul 15 08:26:49 KST 2009
[root@localhost ~]#
```

만약 명령어 사이에 더블 엠퍼샌드(&&)를 사용하면 첫 번째 명령이 에러 없이 정상적으로 종료했을 경우에만 두 번째 명령을 수행하게 된다. 즉, 첫 번째 명령 실행에서 에러가 발생하면 두 번째 명령은 실행되지 않는다. 다음의 첫 번째 예제에서 date 'test' 명령에 에러가 발생하였기 때문에 두 번째의 printf 명령이 실행되지 않았다.

```
[root@localhost ~]# date 'test' && printf "second command\n"
date: invalid date `test'
[root@localhost ~]# date && printf "second command\n"
Wed Jul 15 08:27:54 KST 2009
second command
[root@localhost ~]#
```

첫 번째 명령의 결과에서 에러가 발생하더라도 각각의 모든 명령을 수행하도록 하기 위해서는 더블 버티컬바(||)를 사용하면 된다.

```
[root@localhost ~]# date 'test' || printf "second command\n"
date: invalid date `test'
second command
[root@localhost ~]#
```

물론 위의 3가지를 한 라인에 모두 연속적으로 사용할 수도 있다.

```
[root@localhost ~]# date 'test' || printf "first failed\n" && printf "second command\n"
date: invalid date `test'
first failed
second command
[root@localhost ~]#
```

1.3.7 명령 히스토리(.history, ↑, ↓, !)

배시 쉘은 최근에 실행한 명령들을 항상 저장해 둔다. 이전의 명령 히스토리를 찾아가려면 UP 방향키(**↑**), 다음의 명령 히스토리를 찾아가려면 DOWN 방향키(**↓**)를 누르면 된다. 그리고 쉘에서 최근에 실행한 명령을 다시 실행하기 위하여 !EXCLAMATION POINT를 사용한다. ! 다음에는 매칭되는 첫 번째 문자 또는 문자열을 지정해 주는데, 이 문자(열)와 히스토리에서 매칭되는 가장 최근의 명령을 찾아서 실행하게 된다.

```
[root@localhost ~]# ls
anaconda-ks.cfg  install.log.syslog  scsrun.log
install.log      script.txt          shelltest.sh
[root@localhost ~]# date
Wed Jul 15 08:30:54 KST 2009
[root@localhost ~]# !d
date
Wed Jul 15 08:30:57 KST 2009
[root@localhost ~]# !l
ls
anaconda-ks.cfg  install.log.syslog  scsrun.log
install.log      script.txt          shelltest.sh
[root@localhost ~]#
```

! 다음의 문자와 매칭되는 문자가 히스토리에 없다면 다음과 같이 해당하는 명령을 발견하지 못했다고 알려준다.

```
[root@localhost ~]# !x
-bash: !x: event not found
[root@localhost ~]#
```

!!와 같이 느낌표를 두 번 사용하면 가장 최근의 명령을 다시 실행시킨다.

```
[root@localhost ~]# ls
anaconda-ks.cfg  install.log.syslog  scsrun.log
install.log      script.txt          shelltest.sh
[root@localhost ~]# !!
ls
anaconda-ks.cfg  install.log.syslog  scsrun.log
install.log      script.txt          shelltest.sh
[root@localhost ~]#
```

!-1과 같이 마이너스 숫자를 지정할 수도 있다. 이때, 뒤의 숫자는 가장 최근 히스토리의 수를 뜻하는 것으로 !-1이라고 하면 가장 최근 명령을 말하기 때문에 !!와 같은 의미이다. 만약 !-2라고 입력했다면 가장 최근 명령부터 두 번째의 명령을 실행하라는 의미가 된다.

```
[root@localhost ~]# ls
anaconda-ks.cfg  install.log.syslog  scsrun.log
install.log      script.txt          shelltest.sh
[root@localhost ~]# printf "printf test\n"
printf test
[root@localhost ~]# date
Wed Jul 15 08:32:44 KST 2009
[root@localhost ~]# !-2
printf "printf test\n"
printf test
[root@localhost ~]# !-4
ls
anaconda-ks.cfg  install.log.syslog  scsrun.log
install.log      script.txt          shelltest.sh
[root@localhost ~]#
```

만약 명령을 두 번 실행해야 한다면 !#을 실행한다. 다음의 예제는 date 명령을 수행한 다음 2초를 기다리고 date 명령을 한 번 더 실행하게 된다.

```
[root@localhost ~]# date; sleep 2; !#
date; sleep 2; date; sleep 2;
Wed Jul 15 08:33:41 KST 2009
Wed Jul 15 08:33:43 KST 2009
[root@localhost ~]#
```

1.4 | 리눅스 디렉터리 여행

리눅스 디렉터리 여행을 하면서 자주 사용하는 명령은 다음과 같다.

- pwd: 현재 디렉터리 위치 보기print working directory
- ls: 파일과 디렉터리 목록 보기list files and directories
- cd: 현재 쉘의 디렉터리 변경, 이동change directory

- less, more, cat: 텍스트 파일 보기
- file: 파일 타입 보기

먼저 리눅스에서의 파일시스템 디렉터리 구조를 보면 아래와 같다. 필자의 리눅스 시스템은 현재 CentOS 5.3이므로 아래와 같은 디렉터리 tree 목록을 보여주고 있지만 대부분의 리눅스 배포판들도 이와 유사한 디렉터리 구조를 가지고 있다.

tree 명령은 디렉터리의 트리구조를 보여주는 명령인데, 옵션으로는 디렉터리 아래의 모든 것을 출력하기 위해 -a, 디렉터리만 출력하기 위해 -d, 파일만 출력하기 위해 -f 옵션을 사용할 수 있다. 또한 -L 옵션을 사용하면 디렉터리의 깊이[depth]를 지정하여 출력할 수 있다. 아래의 "tree -L 1 /" 명령은 최상위 루트 디렉터리(/)부터 깊이가 1(단계)인 디렉터리와 파일들을 출력하는 명령이다.

```
[root@localhost ~]# tree -L 1 /
/
|-- bin
|-- boot
|-- dev
|-- etc
|-- home
|-- lib
|-- lost+found
|-- media
|-- misc
|-- mnt
|-- net
|-- opt
|-- proc
|-- root
|-- sbin
|-- selinux
|-- srv
|-- sys
|-- tmp
```

(계속)

```
|-- usr
`-- var

21 directories, 0 files
[root@localhost ~]#
```

그림 1-10 • tree 명령

리눅스의 디렉터리 구조는 가장 최상위의 디렉터리를 루트 디렉터리(/)라고 부르며, 이 루트 디렉터리 하위에 수많은 디렉터리와 파일들이 위치하게 된다. 만약 디렉터리의 tree 단계를 더 많이 출력하고자 한다면 "tree -L 3 /" 명령을 실행하자. tree 명령 결과로 루트 디렉터리(/) 이하 3단계까지의 디렉터리를 모두 출력해 줄 것이다.

1.4.1 pwd: 현재 작업 디렉터리 위치 출력하기

쉘에서 자신의 현재 작업 디렉터리 위치를 출력하기 위해서는 pwd(present working directory) 명령을 사용한다. (cd 명령은 현재 작업 디렉터리의 위치를 변경하는 명령이며, "su -" 명령은 수퍼유저로 전환하기 위한 명령이다.)

```
[multi@localhost ~]$ su -
암호:
[root@localhost ~]# pwd
/root
[root@localhost /]# cd /usr
[root@localhost usr]# pwd
/usr
[root@localhost usr]# cd /usr/local
[root@localhost local]# pwd
/usr/local
[root@localhost ~]# pwd --help
-bash: pwd: --: invalid option
pwd: usage: pwd [-LP]
[root@localhost ~]#
```

일반적으로 시스템 관리자인 root 접속은 원격접속으로 직접 로그인하지 않으며, 일반유저로 로그인한 다음 "su -" 명령을 사용하여 수퍼유저root로 전환하게 된다. 이때 암호를 물으면 root 유저의 암호를 입력해 주면 된다.

root시스템 관리자로 쉘에 처음 로그인하면 자신의 홈디렉터리인 /root 디렉터리에 위치하게 되는데, root의 현재 작업 디렉터리 위치를 확인하기 위해 pwd 명령을 수행하면 /root를 출력해 준다. 즉, 현재 쉘의 위치가 /root 디렉터리라는 의미이다. 각 유저의 홈디렉터리는 /etc/passwd 파일에 지정되어 있다. pwd 명령에 대한 매뉴얼을 보기 위해서는 man 명령을 사용하여 "man pwd" 명령을 입력하도록 한다. (man 명령은 manual의 약자이다.)

[pwd 명령의 맨페이지]

```
[root@localhost ~]# man pwd
PWD(1L)                                                    PWD(1L)

이름
    pwd - 현재/작업 디렉터리명을 출력한다

개요
    pwd
```

(계속)

```
    pwd {--help,--version}

설명
    이 맨페이지는 GNU 버전의 pwd를 다룬다. pwd는 현재 디렉터리의 완전한 이름을 출력한다. 즉 출력된 이름의 모
    든 구성요소들이 실제 디렉터리를 의미한다. 심볼릭 링크가 아니다.

    대부분의 유닉스 쉘들은 내장 pwd 명령으로 비슷한 기능을 제공하고 있다. 따라서 대부분의 pwd 명령은 지금 이
    것이 아니라 내부에서 수행되는 것일 것이다.

옵션
    --help
    표준 출력으로 사용법을 출력하고 정상적으로 종료한다.
    --version
    표준 출력으로 버전정보를 출력하고 정상적으로 종료한다.
FSF                                 GNU 쉘 유틸리티                          PWD(1L)
```

1.4.2 ls : 현재 작업 디렉터리의 파일 목록 출력하기

현재 작업 디렉터리의 파일과 디렉터리 목록을 출력하기 위하여 ls[list files and directories] 명령을 사용한다.

형식	ls -[옵션] [디렉터리명]

```
[root@localhost ~]# ls
anaconda-ks.cfg  install.log.syslog  scsrun.log
install.log      script.txt          shelltoot.sh
[root@localhost ~]#
```

ls 명령은 여러 가지 옵션을 사용할 수 있는데, 다음의 예제를 보자. 먼저 숨겨진 모든 파일을 보기 위해서는 -a 옵션을 사용하고, 파일들의 자세한 정보를 보기 위해서는 -l[소문자 엘: long listing format] 옵션을 사용한다. 그리고 이 두 옵션을 함께 사용할 수도 있는데, -al 옵션을 사용하면 숨겨진 파일들을 포함한 모든 파일들의 자세한 정보를 볼 수 있다.

표 1-8 • ls 명령어 예제

ls 명령어 예제	
명령	**결과**
ls	작업 디렉터리의 파일 목록 보기
ls /usr	/usr 디렉터리 아래의 파일 목록 보기
ls –l	작업 디렉터리의 자세한 파일 목록 보기
ls –l /etc /usr	/usr 디렉터리와 /usr 디렉터리의 자세한 파일 목록 보기
ls –al	작업 디렉터리에 있는 .으로 시작되는 숨김파일을 포함한 모든 파일의 자세한 파일 목록 보기

ls -l 명령을 사용하여 파일 목록을 출력하면 여러 가지 형태의 정보를 출력해 주는데, 각각의 의미는 다음과 같다.

```
[root@localhost ~]# ls -l
total 76
-rw------- 1 root root  1142 2009-05-23 05:08 anaconda-ks.cfg
-rw-r--r-- 1 root root 32811 2009-05-23 05:08 install.log
-rw-r--r-- 1 root root  4730 2009-05-23 05:07 install.log.syslog
-rw-r--r-- 1 root root    89 2009-07-15 07:10 script.txt
-rw-r--r-- 1 root root   199 2009-05-23 05:13 scsrun.log
-rwxr-xr-x 1 root root    40 2009-07-15 07:24 shelltest.sh
[root@localhost ~]#
```

본 도서의 시작부분에서 ls 명령을 alias하여 "--time-style=long-iso" 옵션을 추가해 주었기 때문에 시간포맷이 xxxx-xx-xx 형식으로 출력되었다. 물론 쉘에서 직접 옵션을 지정해도 된다. 만약 시간포맷을 설치 시의 형태로 출력하고자 한다면 "--time-style=locale" 옵션을 사용하면 되고, "--time-style=full-iso" 옵션을 사용하면 가장 자세한 시간을 출력할 수 있다.

```
[root@localhost ~]# ls -l --time-style=locale
total 76
-rw------- 1 root root  1142 May 23 05:08 anaconda-ks.cfg
-rw-r--r-- 1 root root 32811 May 23 05:08 install.log
-rw-r--r-- 1 root root  4730 May 23 05:07 install.log.syslog
```

```
-rw-r--r-- 1 root root    89 Jul 15 07:10 script.txt
-rw-r--r-- 1 root root   199 May 23 05:13 scsrun.log
-rwxr-xr-x 1 root root    40 Jul 15 07:24 shelltest.sh
[root@localhost ~]# ls -l --time-style=iso
total 76
-rw------- 1 root root  1142 05-23 05:08 anaconda-ks.cfg
-rw-r--r-- 1 root root 32811 05-23 05:08 install.log
-rw-r--r-- 1 root root  4730 05-23 05:07 install.log.syslog
-rw-r--r-- 1 root root    89 07-15 07:10 script.txt
-rw-r--r-- 1 root root   199 05-23 05:13 scsrun.log
-rwxr-xr-x 1 root root    40 07-15 07:24 shelltest.sh
[root@localhost ~]# ls -l --time-style=full-iso
total 76
-rw------- 1 root root  1142 2009-05-23 05:08:31.000000000 +0900 anaconda-ks.cfg
-rw-r--r-- 1 root root 32811 2009-05-23 05:08:24.000000000 +0900 install.log
-rw-r--r-- 1 root root  4730 2009-05-23 05:07:13.000000000 +0900 install.log.syslog
-rw-r--r-- 1 root root    89 2009-07-15 07:10:08.000000000 +0900 script.txt
-rw-r--r-- 1 root root   199 2009-05-23 05:13:31.000000000 +0900 scsrun.log
-rwxr-xr-x 1 root root    40 2009-07-15 07:24:10.000000000 +0900 shelltest.sh
[root@localhost ~]#
```

그리고 각 파일들의 아이노드 정보를 출력하기 위해서는 -i 옵션을 사용하면 된다. 다음의 예제에서 가장 앞부분에 보이는 칼럼의 숫자들이 아이노드 번호이다.

```
[root@localhost ~]# ls -li
total 76
 131073 -rw------- 1 root root  1142 2009-05-23 05:08 anaconda-ks.cfg
1638402 -rw-r--r-- 1 root root 32811 2009-05-23 05:08 install.log
1638403 -rw-r--r-- 1 root root  4730 2009-05-23 05:07 install.log.syslog
1638423 -rw-r--r-- 1 root root    89 2009-07-15 07:10 script.txt
 131086 -rw-r--r-- 1 root root   199 2009-05-23 05:13 scsrun.log
1638425 -rwxr-xr-x 1 root root    40 2009-07-15 07:24 shelltest.sh
[root@localhost ~]#
```

ls -l 명령으로 출력된 칼럼column들의 의미는 다음과 같다.

```
[파일/디렉터리 퍼미션][하드 링크파일 수][소유자][그룹][파일 크기][수정 시간] [파일명]
```

>> 파일/디렉터리 퍼미션permission

파일 퍼미션은 파일에 대한 접근 권한을 설정하는 것으로서 첫 번째 문자에서 "-" 문자는 일반 파일을 의미하고, 'd' 문자는 디렉터리를, 'c' 문자는 캐릭터 디바이스를, 'b'는 블록 디바이스를, 'l'소문자 엘 문자는 심볼릭 링크 파일을, 's' 문자는 소켓 파일을 의미한다. 다음으로 3개의 문자 단위씩 구성되는데, 파일 소유자owner/user의 read읽기, write쓰기, execution실행을 표시하고, 그 다음으로 3개의 문자 단위는 그룹group의 read읽기, write쓰기, execution실행을 표시한다. 그리고 마지막 3개의 문자 단위는 others, 즉 모든 사용자에 대한 read읽기, write쓰기, execution실행을 표시한다. 보다 자세한 내용은 퍼미션 부분에서 공부할 것이다.

>> 하드 링크 파일 수

파일일 경우 이 칼럼에는 하드 링크 파일의 개수를 출력한다. **하드 링크**란, 리눅스상에서 **동일한 파일시스템 내의 파티션에서 동일한 inode 정보를 가지는 파일**을 말한다. 만약 하나의 파일이 존재하는데, **"ln 원본파일 하드링크파일명"** 명령을 사용하여 또 하나의 하드 링크 파일을 생성하면 원본 파일과 하드 링크 파일은 동일한 inode 정보를 가지게 되어 어느 하나의 파일이 변경되면 두 파일 모두 동일한 내용과 크기로 변경되는 형태이다. 이와 다르게 **심볼릭 링크**는 **"ln -s 원본파일 심볼릭링크파일명"** 명령을 사용하여 심볼릭 링크 파일을 생성하는데, 심볼릭 링크 파일은 단지 **원본 파일의 이름만 링크**하며, 하드 링크와 다르게 동일한 파티션이 아니라도 가능하다. 만약 심볼릭 링크 파일의 원본 파일을 삭제하면 심볼릭 링크 파일은 가리킬 파일명이 삭제되었기 때문에 의미없는 파일이 된다.

>> 소유자owner/user

파일의 소유자 아이디를 표시한다.

>> 그룹group

파일은 소유자뿐만 아니라 그룹 퍼미션도 가지고 있는데, 이 그룹 퍼미션을 표시한다.

>> 파일 크기byte

파일의 크기를 표시한다. 기본단위는 byte이다.

>> 수정 시간mtime

파일을 수정한 마지막 시간을 표시한다. 만약 마지막 수정일이 6개월이 넘었다면 날짜와 연도를 표시해 준다. 6개월 이전에 수정된 파일이라면 날짜와 시간만 표시한다.

>> 파일명

파일명 또는 디렉터리 이름을 의미한다.

[ls 명령어 맨페이지]

```
[root@localhost ~]# man ls
LS(1)                                                                    LS(1)

NAME
    ls, dir, vdir - 경로의 내용을 나열한다.

SYNOPSIS
    ls [-abcdfgiklmnpqrstuxABCFGLNQRSUX1] [-w cols] [-T cols] [-I pattern][--all] [--escape] [--directory]
    [--inode] [--kilobytes] [--numeric-uid-gid] [--no-group] [--hide-control-chars] [--reverse] [--size]
    [--width=cols] [--tabsize=cols] [--almost-all] [--ignore-backups] [--classify] [--file-type] [--full-
    time] [--ignore=pattern] [--derefer-ence] [--literal] [--quote-name] [--recursive] [--
    sort={none,time,size,extension}] [--format={long,verbose,com-mas,across,vertical,single-column}] [--
    time={atime,access,use, ctime,status}] [--help]  [--version] [--color[={yes,no,tty}]] [--
    colour[={yes,no,tty}]] [name...]

DESCRIPTION
    이 문서는 더 이상 최신 정보를 담고 있지 않다. 그래서 몇몇 틀릴 경우도 있고 부족한 경우도 있을 것이다. 완전한
    매뉴얼을 원하면 Texinfo 문서를 참조하기 바란다.

    이 매뉴얼 페이지는 ls 명령의 GNU 버전에 대한 것이다. dir과 vdir 명령은 ls 명령의 심볼릭 파일로그 출력 양식
    을 다르게 보여주는 풀그림들이다. 인자로 파일명이나 경로 이름이 사용된다. 경로의 내용은 초기값으로 알파벳 순
    으로 나열된다. ls의 경우는 출력이 표준 출력(터미널 화면)이면, 세로로 정열된 것이 가로로 나열된다. 다른 방식
    의 출력이면 한 줄에 하나씩 나열된다. dir의 경우는 초기값으로 ls와 같으나 모든 출력에서 세로로 정열해서 가로
    로 나열한다.(다른 방식의 출력에서도 항상 같음) vdir의 경우는 초기값으로 목록을 자세히 나열한다.

OPTIONS
-a, --all
    경로 안의 모든 파일을 나열한다. '.'으로 시작하는 파일들도 포함된다.
-b, --escape
    알파벳 형식을 사용하는 파일명 안에서 그래픽 문자가 아닌 문자들을 사용한다. C와 같이 여덟 가지 역슬래쉬 문자
    ('\')와 함께 오는 문자들을 사용한다.
```

(계속)

-c, --time=ctime, --time=status

파일 최근 변경 시간에 따라 정열해서 보여준다. 자세한 나열(-l 옵션)이면 그 파일의 최근 변경 시간을 보여준다.

-d, --directory

경로 안의 내용을 나열하지 않고, 그 경로를 보여준다.(이것은 쉘 스크립트에서 유용하게 쓰인다.)

-f

경로 내용을 정렬하지 않는다: 이것은 디스크에 저장된 순으로 보여준다. -a와 -U 옵션과 같은 뜻이며, -l, -s, -t 옵션과 반대 뜻이다.

--full-time

시간을 간략히 표시하지 않고 모두 보여준다.

-g

무시: 유닉스 호환을 위해서 있음.

-i, --inode

파일 왼쪽에 색인 번호를 보여준다.

-k, --kilobytes

파일 크기가 나열되면 kb 단위로 보여준다. 이 옵션은 POSIXLY_CORRECT 환경 변수를 무시한다.

-l, --format=long, --format=verbose

파일 나열에 있어, 파일 형태, 사용 권한, 하드 링크 번호, owner 이름, group 이름, 파일 크기, 시간(따로 지정하지 않으면 파일이 만들어진 날짜다)을 자세하게 나열한다. 시간은 여섯 달 이전 것이면 시간이 생략되고 파일의 연도가 포함된다.

-m, --format=commas

파일을 가로로 나열한다. 가로로 나열할 수 있는 만큼 최대한 나열한다.

-n, --numeric-uid-gid

이름의 나열에서 UID, GID 번호를 사용한다.

-p

파일 형태를 지시하는 문자를 각 파일에 추가한다.

-q, --hide-control-chars

파일명에 그래픽 문자가 아닌것이 있으면, '?'로 표시한다.

-r, --reverse

정열 순서를 내림차순으로 한다.

-s, --size

파일 크기를 1Kb 단위로 나타낸다. POSIXLY_CORRECT 환경 변수가 지정되면, 512b 단위로 지정된다.

-t, --sort=time

파일 시간 순으로 정열한다. 최근 파일이 제일 먼저.

-u, --time=atime, --time=access, --time=use

파일 사용 시간 순으로 정열한다. 자세한 나열이면 시간 표시는 만들어진 날짜 대신 사용된 날짜를 보여준다.

(계속)

-x, --format=across, --format=horizontal

정렬 방식을 가로로 한다.

-A, --almost-all

'.', '..' 경로를 제외하고 디렉터리 안의 모든 파일을 나열한다.

-B, --ignore-backups

파일 끝이 '~'인 파일은 목록 나열에 제외된다.

-C, --format=vertical

정열 방식을 세로로 한다.

-F, --classify

파일 형식을 알리는 문자를 각 파일 뒤에 추가한다. 일반적으로 실행 파일은 "*", 경로는 "/", 심볼릭 링크는 "@", FIFO는 "|", 소켓은 "=", 일반적인 파일은 없다.

-G, --no-group

자세한 목록 나열에서 group 정보를 제외한다.

-L, --dereference

심볼릭 링크 파일들을 그냥 파일로 보여준다.

-N, --literal

이름이 영문이 아닌 경우, C에서 사용하는 역슬래쉬 문자('\')와 함께 사용하는 표기 대신 그대로 출력한다.

-Q, --quote-name

-N 옵션과 반대.

-R, --recursive

하위 경로와 그 안에 있는 모든 파일들도 나열한다.

-S, --sort=size

파일 크기가 가장 큰 것부터 정열해서 나열한다.

-U, --sort=none

정렬을 하지 않고, 디스크에 저장된 순서대로 보여준다. 이 옵션은 -f 옵션을 사용할 수 없다. 유닉스용 ls -f는 -a 옵션은 가능하나, -l, -s, -t 옵션이 불가능하기 때문이다.

-X, --sort=extension

파일 확장자 순으로 정열한다. 확장자가 없는 파일이 제일 먼저 나열된다.

-1, --format=single-column

한 줄에 한 파일씩 나열.

-w, --width cols

가로 길이를 값으로 지정한다. 기본적으로는 한 화면의 가로 값이 된다. 또한 COLUMNS 환경 변수 값으로 지정할 수 있다. 초기값은 80이다.

-T, --tabsize cols

탭이 사용될 때, cols 값으로 지정한다. 초기값은 8이다. 0으로 지정되면 탭문자는 무시된다.

(계속)

-I, --ignore pattern

pattern 패턴으로 지정된 파일들은 목록에서 제외된다. 이때, 명령행에서 그 파일이 지정되면 물론 나열된다.

--color, --colour, --color=yes, --colour=yes

파일의 형태에 따라 그 파일의 색깔을 다르게 보여주는 기능을 한다. 자세한 이야기는 곧 나올 DISPLAY COLORIZATION 부분을 참조한다.

--color=tty, --colour=tty

--color 옵션과 같으나 단지 표준 출력에서만 색깔을 사용한다. 이 옵션은 칼라 제어 코드를 지원하지 않는 보기 풀그림을 사용하는 쉘 스크립트나 명령행 사용에서 아주 유용하게 쓰인다.

--color=no, --colour=no

색깔을 사용하지 않는다. 이것이 초기값이다. 이 옵션은 색깔 사용을 이미 하고 있다면 이 값을 무시한다.

--help

도움말을 보여주고 마친다.

--version

버전 정보를 보여주고 마친다.

DISPLAY COLORIZATION

--color 옵션을 사용할 때, 이 버전의 ls 명령은 파일명이나 파일 형태에 따라 파일의 색깔별로 나열할 수 있다. 이 칼라화는 초기값으로 파일 형태에 따라서만 사용된다. 사용되는 코드는 ISO 6429 (ANSI)이다.

이런 초기 색깔 지정은 LS_COLORS (또는 LS_COLOURS) 환경 변수 지정으로 바꿀 수 있다. 이 변수들의 형식은 termcap(5) 파일 포멧의 방식을 사용한다. 각 항목은 ":"으로 하며, 각 항목은 "xx=문자열"로 한다. xx에는 두 개의 문자가 오는데, 여기서 사용할 수 있는 문자는 다음과 같다.

no	0	파일명이 아닌 일반 텍스트
fi	0	일반 파일
di	32	경로
ln	36	심볼릭 링크
pi	31	FIFO(파이프)
so	33	소켓
bd	44;37	블럭 장치
cd	44;37	캐릭터 장치
ex	35	실행 파일
mi	(없음)	잃어버린 파일(초기값은 fi)
or	(없음)	심볼릭 링크 대상이 없는 파일(초기값은 ln)
lc	\e[	왼쪽 코드
rc	m	오른쪽 코드
ec	(없음)	마침 코드(lc+no+rc로 바뀜)

(계속)

색깔을 바꿀 경우는 그 해당 변수만 바꾸면 된다.

파일명은 파일의 확장자에 따라 색깔을 지정할 수 있다. LS_COLORS 환경 변수에 포함하면 되고, 그 사용법은 위와 같다. 문법은 "*ext=문자열"이다. 예를 들어, C 소스파일을 파란색으로 지정하려면 "*.c=34"이다.

제어 문자는 C에서와 같이 '\'문자로 시작하는 문자를 사용하거나 stty와 같이 '^'문자로 시작하는 문자를 사용할 수 있다. C 스타일일 경우는 \e는 Esc, _ 공백문자, \? Delete이다. 추가로, \ escape 문자는 \, ^, :, =의 초기 처리 방식을 무시하는 데 사용될 수 있다.

각 파일은 <lc> <색깔값> <rc> <파일명> <ec> 형태로 지정된다. 만약 <ec> 코드를 지원하지 않으면 <lc> <no> <rc>가 대치된다. 이 방법은 보다 많은 변환을 하지만 일반적인 방법은 아니다. 왼쪽, 오른쪽, 마지막 코드는 일반적인 ISO 6429 코드를 지원하지 않는 터미널을 위한 값으로 특별한 경우가 아니면 사용될 필요가 없다.

ISO 6429 코드일 경우 사용될 수 있는 코드값은 다음과 같다. (물론 lc, rc, ec 값은 제외된다.)

0	초기 색깔로 다시 돌린다.
1	강조색
4	밑줄
5	깜빡이는 글자
30	까만색 전경
31	빨간색 전경
32	녹색 전경
33	노란색(또는 갈색) 전경
34	파란색 전경
35	보라색 전경
36	청록색 전경
37	흰색(또는 회색) 전경
40	까만색 배경
41	빨간색 배경
42	녹색 배경
43	노란색(또는 갈색) 배경
44	파란색 배경
45	보라색 배경
46	청록색 배경
47	흰색(또는 회색) 배경

모든 명령이 모든 시스템이나 디스플레이 장치에서 제대로 동작하는 것은 아니다.

몇 터미널은 초기 마지막 코드(ec)가 인식되지 않을 수 있다. 만약 색들을 사용했다면 no, fi 값을 0으로 지정해

(계속)

```
        초기값으로 되돌려 놓아야 한다.

BUGS
        BSD 시스템에서는 -s 옵션이 HP-UX 시스템으로부터 NFS 마운트된 파일을 위한 파일 크기가 반으로 잘못 보여진다고
        한다. HP-UX 시스템에서는 BSD 시스템으로부터 NFS 마운트된 파일을 위한 파일의 크기가 반대로 두 배로 나타난다.
        이런 현상은 HP-UX ls 풀그림도 마찬가지라고 한다.

        영어권 문자셋을 사용할 경우는 별 문제가 없지만, 한국어와 같이 2바이트 문자권에서는 자국어로 된 파일명을 보기
        위해 특별한 옵션을 지정해 주어야 한다. "-N --color=tty" 옵션이 그 옵션이다.

FSF                          GNU File Utilities                          LS(1)
```

1.4.3 cd: 작업 디렉터리 변경

작업 디렉터리를 변경하기 위하여 cd(change directory) 명령을 사용한다.

형식	cd [디렉터리 경로명]

위의 형식에서 디렉터리 경로명 입력에는 두 가지 방법이 있는데, 첫 번째는 절대경로를 사용하는 방법으로서 최상위 루트 디렉터리(/)로부터 변경할 디렉터리까지의 경로를 모두 적어주는 방법이고, 두 번째는 현재 작업 디렉터리를 기준으로 상대경로를 적어주는 방법이다.

만약 현재 작업 디렉터리가 /root일 때, /usr/local 디렉터리로 이동하려면 다음과 같이 절대경로 방법과 상대경로 방법을 사용할 수 있다.

[절대경로 사용]

```
[root@localhost ~]# cd /usr/local
[root@localhost local]# pwd
/usr/local
[root@localhost local]#
```

[상대경로 사용 : 아래에서 사용한 "cd -" 명령은 바로 이전 디렉터리로 이동하는 명령이다.]

```
[root@localhost local]# cd -
/root
[root@localhost ~]# cd ../usr/local
[root@localhost local]# pwd
/usr/local
[root@localhost local]# cd ..
[root@localhost usr]# pwd
/usr
[root@localhost usr]# cd ./local
[root@localhost local]# pwd
/usr/local
[root@localhost local]#
```

절대경로를 사용하기 위해서는 루트 디렉터리(/)부터의 전체 경로를 적어주면 되지만 상대경로를 사용할 경우에는 현재 작업 디렉터리에서 /usr/local 디렉터리로 찾아가기 위해 먼저 루트 디렉터리(/)로 올라가야 하는데, ".." 문자열을 사용한다. 이 문자열은 현재 작업 디렉터리보다 한 단계 상위 디렉터리로 올라가라는 의미를 가지기 때문에 ".." 문자열로 인하여 루트 디렉터리(/)로 올라간 다음, /usr/local 디렉터리로 가라는 의미를 가진다. 현재 작업 디렉터리보다 한 단계 하위 디렉터리로 이동하려면 "./디렉터리명"을 사용하는데, 여기서 '.' 문자의 의미는 현재의 작업 디렉터리라는 의미를 가지며, 단순히 디렉터리명만 적어주어도 한 단계 하위의 디렉터리로 이동하게 된다.

```
[root@localhost local]# pwd
/usr/local
[root@localhost local]# cd bin
[root@localhost bin]# pwd
/usr/local/bin
[root@localhost bin]#
```

그리고 쉘에 접속한 유저 자신의 홈디렉터리로 이동하려면 "cd ~" 또는 옵션 없이 "cd" 명령을 수행하면 된다. 최상위 루트 디렉터리(/)로 이동하려면 "cd /" 명령을 사용한다.

```
[root@localhost bin]# pwd
/usr/local/bin
[root@localhost bin]# cd ~
[root@localhost ~]# pwd
/root
[root@localhost ~]# cd /
[root@localhost /]# pwd
/
[root@localhost /]# cd
[root@localhost ~]# pwd
/root
[root@localhost ~]#
```

만약 바로 이전의 작업 디렉터리로 돌아가려고 한다면 "cd -" 명령을 실행하도록 한다.

```
[root@localhost ~]# pwd
/root
[root@localhost ~]# cd ..
[root@localhost /]# pwd
/
[root@localhost /]# cd -
/root
[root@localhost ~]# pwd
/root
[root@localhost ~]#
```

앞에서도 잠깐 언급하였지만 리눅스에서는 디렉터리나 명령을 타이핑할 때 긴 단어를 입력해야 할 경우 모두 타이핑해 줄 필요는 없다. 즉, 앞의 문자 몇 개만 입력한 다음 <Tab> 키를 누르면 자동 입력이 된다. (쉘의 emacs 편집모드) 탭키를 잘 사용하면 타이핑하는 데 걸리는 시간을 줄일 수 있다. 단, 이때 탭키에 의해 자동으로 입력되는 명령은 환경 변수인 PATH 변수에 지정되어 있는 디렉터리 경로의 하위에 있는 명령이나 파일에만 적용된다는 것을 기억하자.

[cd 명령어 맨페이지]

```
[root@localhost ~]# man cd
BASH_BUILTINS(1)                                         BASH_BUILTINS(1)

이름
    bash, :, ., alias, bg, bind, break, builtin, case, cd, command, con-tinue, declare, dirs,
    disown, bash-echo, enable, eval, exec, exit, bash-export, fc, fg, for, getopts, hash, help,
    history, if, jobs, bash-kill, let, local, logout, popd, pushd, bash-pwd, read, readonly, return,
    set, shift, shopt, source, suspend, bash-test, times, trap, type, typeset, ulimit, umask,
    unalias, unset, until, wait, while - bash built-in 명령어들, bash(1)를 보세요.

BASH BUILTIN 명령어들
관련 항목
    bash(1), sh(1)
역자
    배성훈 <plodder@kldp.org>, 2000년 8월 20일
GNU                              1996 March 20
BASH_BUILTINS(1)
```

cd 명령의 맨페이지를 보려고 하면 위와 같이 bash 명령어를 읽어보라고 알려준다. bash 명령의 맨페이지는 분량이 많기 때문에 지면문제로 생략한다. 쉘에서 "man bash" 명령을 입력하여 읽어보기 바란다.

1.4.4 less, more, cat: 텍스트 파일 읽기

less 명령은 텍스트 파일의 내용을 모니터에 출력하기 위해 사용하며, 파일 내용은 vim 편집기로 보여준다. 종료를 위하여 q를 입력하면 명령을 수행했던 원래 쉘 위치의 다음 라인으로 돌아온다.

more 명령 또한 텍스트 파일의 내용을 모니터에 출력하기 위해 사용하며, 파일 내용이 쉘의 높이보다 길다면 vim 편집기로 보여준다. 종료를 위하여 q를 입력하더라도 원래의 쉘 위치로 돌아오지 않는 점이 less 명령과의 차이점이다.

cat 명령도 텍스트 파일의 내용을 모니터에 출력하기 위해 사용하는 명령어이며, 텍스트 파일을 표준 출력인 모니터로 출력해 주는 기능을 수행한다. 출력을 마치면 출력된 마지막

내용의 다음 줄에 쉘 프롬프트를 리턴해 준다.

형식	
	less [text_file] more [text_file] cat [text_file]

less 명령을 수행한 다음, viewer에서 사용하는 키보드 명령은 다음과 같다.

표 1-9 • less에서 사용하는 키보드 명령

less에서 사용하는 키보드 명령	
Page Up, b	한 페이지 뒤로 가기
Page Down, Space	한 페이지 앞으로 가기
G	텍스트 파일의 마지막으로 가기
1G	텍스트 파일의 처음으로 가기
/문자열	텍스트 파일 끝까지 문자열 찾기
n	하위로 한 번 더 검색 수행
N	상위로 한 번 더 검색 수행
q	less 종료하기

[less, more, cat 명령 맨페이지]

```
[root@localhost ~]# man less
[root@localhost ~]# man more
[root@localhost ~]# man cat
```

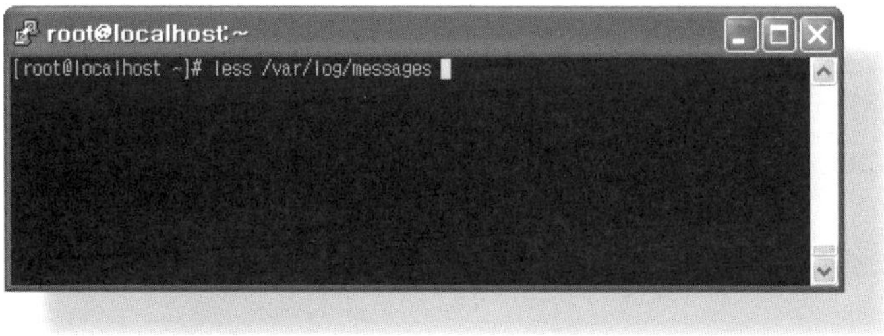

그림 1-11 • less 명령어로 파일 읽기 실행 화면

그림 1-12 • less 명령어로 파일 읽기 화면

그림 1-13 • less 명령으로 텍스트 파일을 읽은 다음 종료 후 되돌아온 쉘 화면

less 명령으로 텍스트 파일을 읽은 다음 종료하면 명령을 실행한 다음 라인으로 돌아오지만, more 명령으로 텍스트 파일을 읽은 다음 종료하면 가장 아래쪽 라인으로 돌아온다. 그리고 cat 명령은 표준 출력[모니터]으로만 출력해 주기 때문에 파일을 읽고 출력을 모두 마친 다음 파일의 끝으로 쉘을 돌려준다. 그래서 일반적으로 텍스트 파일을 읽을 경우에는 less 명령을 많이 사용하고, 파일을 리다이렉션(>)으로 저장할 경우에는 cat 명령을 사용한다. 리다이렉션에 대해서는 잠시 후에 공부할 것이다.

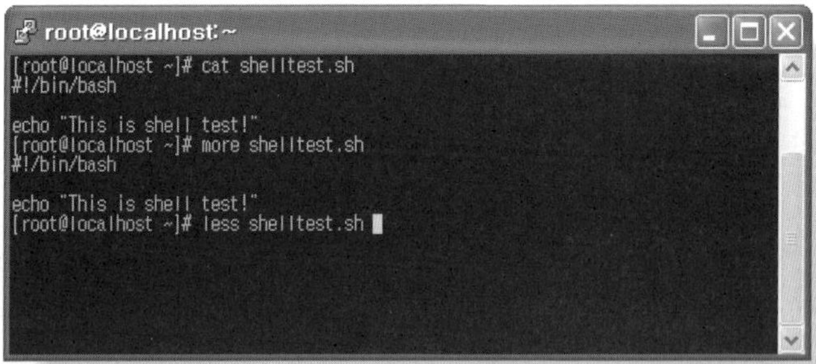

그림 1-14 • cat shelltest.sh, more shelltest.sh

그림 1-15 • less shelltest.sh

위의 그림에서 more 명령을 보면 shelltest.sh 파일의 라인 수가 현재 쉘 창의 높이보다 적기 때문에 cat 명령으로 출력한 것과 동일하게 현재 쉘에 곧바로 출력해 주고 있다. 만약 라인의 수가 현재 쉘의 높이보다 많다면 페이지 단위로 보여줄 것이다.

1.4.5 file: 파일 타입 정보 보기

file 명령은 파일 타입 정보를 알고자 할 때 사용한다.

형식	file [text_file]

다음에서 cat 명령은 텍스트 파일을 읽어서 화면상에 출력해 주는 명령이며, html과 txt 확장자의 파일들은 vim 에디터를 사용하여 필자가 미리 만들어 둔 파일들이다.

```
[root@localhost ~]# ls
anaconda-ks.cfg  install.log.syslog        scsrun.log    test0.txt
html0.html       mc-4.6.1a-35.el5.i386.rpm shelltest.sh  test1.txt
install.log      script.txt                tarfile.tgz   test2.txt
[root@localhost ~]# cat test0.txt
[root@localhost ~]# cat test1.txt
English only
[root@localhost ~]# cat test2.txt
```

(계속)

```
한글을 입력해 둡니다.
[root@localhost ~]# cat html0.html
<html>
</html>
[root@localhost ~]# file test0.txt
test0.txt: empty
[root@localhost ~]# file test1.txt
test1.txt: ASCII text
[root@localhost ~]# file test2.txt
test2.txt: UTF-8 Unicode text
[root@localhost ~]# file html0.html
html0.html: HTML document text
[root@localhost ~]# file install.log
install.log: UTF-8 Unicode text
[root@localhost ~]# file mc-4.6.1a-35.el5.i386.rpm
mc-4.6.1a-35.el5.i386.rpm: RPM v3 bin i386 mc-4.6.1a-35.el5
[root@localhost ~]# file tarfile.tgz
tarfile.tgz: gzip compressed data, from Unix, last modified: Wed Jul 15 09:56:39 2009
[root@localhost ~]# tar tvf tarfile.tgz
-rw-r--r-- root/root         0 2009-07-15 09:54:10 test0.txt
-rw-r--r-- root/root        13 2009-07-15 09:54:39 test1.txt
-rw-r--r-- root/root        31 2009-07-15 09:54:54 test2.txt
[root@localhost ~]# file /etc/rc.d/init.d/sshd
/etc/rc.d/init.d/sshd: Bourne-Again shell script text executable
[root@localhost ~]# file /usr/bin/gcc
/usr/bin/gcc: ELF 32-bit LSB executable, Intel 80386, version 1 (SYSV), for GNU/Linux 2.6.9,
dynamically linked (uses shared libs), for GNU/Linux 2.6.9, stripped
[root@localhost ~]# file /usr/lib/libstdc++.so.6.0.8
/usr/lib/libstdc++.so.6.0.8: ELF 32-bit LSB shared object, Intel 80386, version 1 (SYSV), stripped
[root@localhost ~]#
```

표 1-10 • 리눅스에서의 파일 타입

파일 타입	설명	텍스트 보기
ASCII text	아스키 텍스트 파일	가능
UTF-8 Unicode text	vim에서 한글이 저장되면 UTF-8 형식으로 저장된다.	가능
Bourne-Again shell script text	bash 쉘 스크립트	가능
ELF 32-bit LSB core file	코어덤프 파일 (crash 발생 시 생성됨)	불가능
ELF 32-bit LSB executable	실행 파일	불가능
ELF 32-bit LSB shared object	공유 오브젝트(공유 라이브러리)	불가능
GNU tar archive	tar로 묶어진 파일	tar tvf 명령으로 내부파일 목록 보기 가능
gzip compressed data	gzip으로 압축된 파일	불가능
HTML document text	웹페이지	가능
JPEG image data	압축 jpeg 그림 파일	불가능
PostScript document text	포스트스크립트 파일	가능
RPM	Redhat Package Management 파일	rpm -qlp 명령으로 rpm 파일 목록 보기 가능
Zip archive data	zip으로 압축된 파일	불가능

[file 명령어 맨페이지]

```
[root@localhost ~]# man file
```

1.4.6 리눅스의 기본 디렉터리 구성

리눅스의 기본 디렉터리 구성은 다음의 표와 같다.

표 1-11 • 리눅스의 기본 디렉터리 구성

디렉터리	설명
/	파일시스템의 시작인 루트 디렉터리(/)를 의미한다. 루트 디렉터리 아래에 여러 개의 서브 디렉터리가 존재한다.
/boot	리눅스 커널과 부트로더가 위치하는 디렉터리이다. 커널은 vmlinuz-* 파일이다.
/etc	시스템의 환경 설정 파일이 위치하는 디렉터리이며, 대부분의 파일들은 텍스트 파일이다. /etc/passwd: 유저의 각종 정보를 저장하고 있는 파일 /etc/shadow: 유저의 패스워드를 암호화하여 저장하고 있는 파일 /etc/fstab: 시스템이 부팅될 때 참고하는 마운트할 디바이스 테이블을 저장하고 있는 파일 /etc/hosts: 네트워크 호스트 이름과 IP 주소를 저장하는 파일 /etc/rc.d/init.d 또는 /etc/init.d: 이 디렉터리는 부팅 시 시작할 여러 가지 시스템 서비스 스크립트를 가지고 있는 디렉터리 /etc/resolv.conf: 시스템에서 외부로 접속할 때 참고할 네임서버를 지정해 두는 파일 /etc/sysconfig/i18n: 부팅 시 언어셋(LANG=ko_KR.UTF-8 또는 ko_KR.EUC-KR) 변수와 폰트 변수(SYSFONT)를 설정하는 파일 /etc/sysconfig/iptables: 리눅스 방화벽 iptables 환경 설정을 저장하고 있는 파일 /etc/sysconfig/network: 부팅 시 네트워크를 지원할 것인지와 호스트명을 설정하는 파일 /etc/sysconfig/network-scripts/ifcfg-eth0: 부팅 시 사용할 첫 번째 이더넷 카드의 정보를 저장하고 있는 파일
/bin, /usr/bin	실행 프로그램들이 저장되어 있는 디렉터리며, /bin 디렉터리에는 기본적인 실행 프로그램들이 위치하고, /usr/bin 디렉터리는 사용자들이 사용할 실행 프로그램들이 위치하고 있다.
/sbin, /usr/sbin	/sbin 디렉터리는 시스템 관리자를 위한 프로그램들이 위치하는데, 대부분 수퍼유저(root)를 위한 프로그램들이다.
/usr	사용자 애플리케이션을 지원하기 위한 다양한 파일들이 위치한다. /usr/share/X11: X Windows 시스템을 지원하는 파일들 /usr/share/dict: 스펠링 체크를 위한 사전 파일들 /usr/share/doc: 다양한 포맷의 문서 파일들 /usr/share/man: 리눅스 도움말인 맨페이지 파일들 /usr/src: 소스코드 파일들이 위치한다. 커널 소스코드 패키지를 보기 위해서는 이 디렉터리를 보면 된다.

(계속)

표 1-11 • 리눅스의 기본 디렉터리 구성(계속)

디렉터리	설명
/usr/local	/usr/local과 서브 디렉터리들에는 소프트웨어 설치 시 또는 로컬머신에서 사용할 파일들이 위치한다. 즉, 다운로드받은 소스파일들을 기본 옵션으로 컴파일하면 /usr/local 디렉터리가 기본 설치 위치가 되며, 이때 실행 파일은 /usr/local/bin 디렉터리에 위치하게 된다.
/var	운영 중인 시스템의 변화를 체크할 수 있는 각종 로그 파일들이 위치한다. /var/log: 로그 파일이 위치하는 디렉터리이다. 이 디렉터리의 로그 파일을 모니터링하면 시스템의 현재 상황을 파악할 수 있다. /var/spool: 메일 메시지와 프린트 작업과 같이 프로세스를 위한 큐를 잡아놓기 위해 사용되는 디렉터리이다. Sendmail MTA를 사용할 경우, 로컬 시스템에 유저의 메일이 도착했을 때 메일 메시지는 /var/spool/mail 디렉터리 아래의 각 유저명과 매칭되는 파일에 저장된다.
/lib	공유 라이브러리(shared library) 파일들이 위치한다. (윈도우의 dll 파일과 같은 공유 라이브러리)
/home	유저별 홈디렉터리가 존재하는 개인 홈디렉터리이다. useradd(adduser) 명령을 사용하여 유저를 생성하면 "/home/유저아이디" 형식으로 유저의 홈디렉터리가 생성된다. 이때 기본적으로 생성되는 파일들은 /etc/skel 디렉터리 아래의 파일들이다.
/root	수퍼유저(시스템 관리자)의 홈디렉터리이다.
/tmp	임시 파일들이 저장되는 디렉터리이다.
/dev	리눅스 시스템에서 사용하는 디바이스 장치 파일들이 위치한다. 디바이스를 읽고 쓰는 작업 시 이곳의 파일들을 사용하여 접근한다. 예를 들어, /dev/fd0는 첫 번째 플로피 디스크 드라이브를 말하고, /dev/sda(/dev/hda)는 첫 번째 SCSI 또는 SATA(IDE) 하드 디스크에 접근할 수 있는 디바이스 드라이브를 의미한다.
/proc	이 디렉터리에는 파일을 포함하지 않는다. 이 디렉터리는 실제로 존재하지 않는 것이다. 즉, 가상 파일시스템이라는 의미이다. /proc 디렉터리는 커널관련 정보를 가지는 파일들이 존재하며 운영 중인 시스템의 모든 프로세스에 대해 번호가 붙여진 그룹을 가진다. 예를 들어, 현재 시스템의 CPU 정보를 출력하기 위해서는 /proc/cpuinfo 파일을 출력해 보면 되고, 메모리 정보를 보기 위해서는 /proc/meminfo 파일을 출력해 보면 된다. [root@localhost ~]# cat /proc/cpuinfo [root@localhost ~]# cat /proc/meminfo

(계속)

표 1-11 • 리눅스의 기본 디렉터리 구성(계속)

디렉터리	설명
/media, /mnt	이 디렉터리는 마운트 포인트를 위해 사용되는 디렉터리이다. 다양한 물리적 저장장치(HDD, CDROM)를 마운트할 디렉터리이다. 마운트란, 디바이스 장치를 사용하기 위해 프로세스와 연결시키는 것을 말한다. 부팅 시 /etc/fstab 파일을 읽어서 목록에 있는 디바이스를 지정한 디렉터리에 마운트한다. 하지만 floppy, cdrom과 같은 이동형 저장장치는 /media 또는 /mnt 디렉터리를 사용한다. (/media/floppy, /media/cdrom) 아래와 같이 mount 명령을 입력하면 현재 마운트된 디렉터리를 출력해 볼 수 있다. [root@localhost ~]# mount /dev/hda1 on / type ext3 (rw) proc on /proc type proc (rw) sysfs on /sys type sysfs (rw) devpts on /dev/pts type devpts (rw,gid=5,mode=620) tmpfs on /dev/shm type tmpfs (rw) none on /proc/sys/fs/binfmt_misc type binfmt_misc (rw) sunrpc on /var/lib/nfs/rpc_pipefs type rpc_pipefs (rw) [root@localhost ~]#

1.4.7 파일과 디렉터리 다루기

- cp: 파일과 디렉터리 복사copy files and directories
- mv: 파일과 디렉터리 이동 또는 이름변경move (rename) files
- rm: 파일과 디렉터리 삭제remove files or directories
- mkdir: 디렉터리 생성make directories
- rmdir: 디렉터리 삭제remove empty directories

위의 명령어들은 매우 자주 사용되는 리눅스 명령들이다. 윈도우즈처럼 리눅스의 GUI 모드에서 파일을 마우스로 조작하여 복사, 이름 변경, 붙여넣기를 할 수 있다. 하지만 원격에서 서버를 관리해야 한다면 CLI 모드에서 쉘 명령을 사용할 수밖에 없다. 물론 VNC, FreeNX 같은 원격 데스크탑을 사용한 GUI 모드를 이용하여 관리할 수 있지만, 네트워크 속도 문제로 인하여 작업 속도가 현저히 저하되기 때문에 putty 같은 ssh 원격접속툴을 사용하여 텍스트 모드로 작업한다.

다음은 mkdir 명령으로 dest 디렉터리를 만들어 둔 다음, .txt 확장자를 가지는 모든 파일들을 dest 디렉터리로 복사하도록 작업한 것이다.

```
[root@localhost ~]# ls
anaconda-ks.cfg  install.log.syslog        scsrun.log   test0.txt
html0.html       mc-4.6.1a-35.el5.i386.rpm shelltest.sh test1.txt
install.log      script.txt                tarfile.tgz  test2.txt
[root@localhost ~]# ls *.txt
script.txt  test0.txt  test1.txt  test2.txt
[root@localhost ~]# mkdir dest
[root@localhost ~]# ls -l|grep ^d
drwxr-xr-x 2 root root    4096 2009-07-16 14:59 dest
[root@localhost ~]# cp *.txt dest
[root@localhost ~]# ls -l dest
total 12
-rw-r--r-- 1 root root 89 2009-07-16 14:59 script.txt
-rw-r--r-- 1 root root  0 2009-07-16 14:59 test0.txt
-rw-r--r-- 1 root root 13 2009-07-16 14:59 test1.txt
-rw-r--r-- 1 root root 31 2009-07-16 14:59 test2.txt
[root@localhost ~]#
```

위의 명령 중 "**ls -l|grep ^d**"를 사용하였는데, 이 명령은 파이프(|)를 사용한 명령으로 "ls -l" 명령의 결과로 출력된 내용을 grep 명령의 입력으로 사용하는 것으로 정규표현식에 사용되는 ^, 즉 시작 문자가 d인 라인을 찾아서 출력하라는 의미이다. 그래서 결국 파일 목록 출력 중 디렉터리 항목만 출력하고자 한 것이다. 결과를 보면 앞서 만들어 둔 dest 디렉터리 정보만 출력됨을 확인할 수 있다.

그리고 위와 같이 *(asterisk 와일드카드)를 사용하면 모든 문자의 파일을 의미하게 된다.

와일드카드 종류와 예제는 다음의 표를 참고하자.

표 1-12 • 와일드카드

와일드카드	설명	
*	매칭되는 모든 문자	
?	매칭되는 하나의 문자	
[characters]	아래의 문자 매칭	
	[:alnum:]	알파벳과 숫자
	[:alpha:]	알파벳 문자
	[:digit:]	숫자 번호
	[:upper:]	알파벳 대문자
	[:lower:]	알파벳 소문자
[!characters]	[characters]에 정의한 문자열이 아닌 문자	

표 1-13 • 와일드카드 예제

패턴	매칭
• 현재 디렉터리의 파일 상황 [root@localhost ~]# ls anaconda-ks.cfg install.log.syslog shelltest.sh test2.txt dest mc-4.6.1a-35.el5.i386.rpm tarfile.tgz html0.html script.txt test0.txt install.log scsrun.log test1.txt [root@localhost ~]#	
*	모든 파일
t*	"t"로 시작하는 모든 파일 [root@localhost ~]# ls t* tarfile.tgz test0.txt test1.txt test2.txt [root@localhost ~]#
t*.txt	"t"로 시작하는 모든 파일 중 확장자가 .txt인 모든 파일 [root@localhost ~]# ls t*.txt test0.txt test1.txt test2.txt [root@localhost ~]#
te???????	"te"로 시작하는 파일 중 7개의 문자가 추가로 존재하는 모든 파일, 즉 문자의 총 자릿수는 9자리가 된다. [root@localhost ~]# ls te??????? test0.txt test1.txt test2.txt [root@localhost ~]#

(계속)

표 1-13 • 와일드카드 예제(계속)

패턴	매칭
[ts]*	"t" 또는 "s"로 시작하는 모든 파일 [root@localhost ~]# ls [ts]* script.txt shelltest.sh test0.txt test2.txt scsrun.log tarfile.tgz test1.txt [root@localhost ~]#
[[:upper:]]*	대문자로 시작하는 모든 파일 다음 예제에서는 현재 디렉터리에 대문자로 시작하는 파일이 존재하지 않기 때문에 에러메시지를 출력해 주고 있다. [root@localhost ~]# ls [[:upper:]]* ls: [[:upper:]]*: No such file or directory [root@localhost ~]#
[![:upper:]].	파일명에서 대문자로 끝나지 않는 모든 파일, 즉 소문자로 끝나는 파일을 의미한다. [root@localhost ~]# ls *[![:upper:]].* anaconda-ks.cfg install.log.syslog scsrun.log test0.txt html0.html mc-4.6.1a-35.el5.i386.rpm shelltest.sh test1.txt install.log script.txt tarfile.tgz test2.txt [root@localhost ~]#

위의 표에서는 ls 명령에 대하여 와일드카드를 사용하는 예제를 보았지만, cp, mv 명령에서도 동일하게 적용하여 사용할 수 있다.

1.4.7.1 cp: 파일/디렉터리 복사하기

file1을 file2로 복사하려면 다음과 같이 cp 명령 형식을 사용한다.

형식

```
cp [file1] [file2]
```

그리고 파일 복사 시 file2가 이미 존재한다면 덮어쓰기를 할 것인지 물어보도록 하기 위해 -i 옵션을 사용할 수 있다. (--interaction)

```
cp -i [file1] [file2]
```

file1, file2, file3 파일 모두를 directory로 복사하려면 다음과 같은 형식을 사용한다.

```
cp [file1] [file2] [file3] directory
```

위의 명령은 directory 이름의 디렉터리가 미리 생성되어 있을 때 사용한다. 그래서 목적지 디렉터리가 존재하지 않는다면 오류가 발생하게 된다. 이런 상황에서는 목적지 디렉터리를 생성하면서 소스 디렉터리 안의 모든 파일을 복사하기 위하여 -R 또는 -r 옵션—recursive을 사용한다.

```
cp -R [source directory] [destination directory]
```

```
[root@localhost ~]# ls dest
script.txt  test0.txt  test1.txt  test2.txt
[root@localhost ~]# cp dest/*.txt backup
cp: target `backup' is not a directory
[root@localhost ~]# cp src backup
cp: cannot stat `src': No such file or directory
[root@localhost ~]# cp -R dest backup
[root@localhost ~]# ls backup
script.txt  test0.txt  test1.txt  test2.txt
[root@localhost ~]#
```

만약 -R(-r) 옵션을 사용할 때 목적지 디렉터리가 이미 존재한다면 목적지 디렉터리의 하위에 소스 디렉터리와 함께 모든 파일들이 복사된다. 다음의 예제에서 디렉터리 복사를 한 번 더 실행하였으며, 앞서 backup 디렉터리가 이미 생성되어 있기 때문에 backup 디렉터리 하위에 dest 디렉터리와 파일들이 복사된 것이다.

```
[root@localhost ~]# cp -r dest backup
[root@localhost ~]# ls backup
dest  script.txt  test0.txt  test1.txt  test2.txt
[root@localhost ~]# ls backup/dest
script.txt  test0.txt  test1.txt  test2.txt
[root@localhost ~]#
```

[cp 명령어 맨페이지]

```
[root@localhost ~]# man cp
CP(1)                                                                    CP(1)

NAME
     cp - 파일 복사

SYNOPSIS
     cp [options] source dest
     cp [options] source... directory
     Options:
     [-abdfilprsuvxPR] [-S backup-suffix] [-V {numbered,existing,simple}]
     [--backup] [--no-dereference] [--force] [--interactive] [--one-file-
     system] [--preserve] [--recursive] [--update] [--verbose] [--suf-
     fix=backup-suffix]        [--version-control={numbered,existing,simple}]
     [--archive] [--parents] [--link] [--symbolic-link] [--help] [--version]

DESCRIPTION
     이 문서는 더 이상 최신 정보를 담고 있지 않다. 그래서 몇몇 틀릴 경우도 있고 부족한 경우도 있을 것이다. 완전한
     매뉴얼을 원하면 Texinfo 문서를 참조하기 바란다.

     이 매뉴얼 페이지는 cp 명령의 GNU 버전에 대한 것이다. 마지막 명령행 인자로 경로가 지정되면 cp 명령은 지정한
     source 파일들을 그 경로 안으로 복사한다. 한편, 명령행 인자로 두 개의 파일명이 사용되면 첫 번째 파일을 두 번
     째 파일로 복사한다. 마지막 명령행 인자가 경로가 아니고 두 개 이상의 파일이 지정되면 오류 메시지를 보여준다.
     초기값으로 경로는 복사하지 않는다.

OPTIONS
      -a, --archive
         원본 파일의 속성, 링크 정보들을 그대로 유지하면서 복사한다. 이 옵션은 -dpR 옵션과 같은 역활을 한다.
      -b, --backup
         복사할 대상이 이미 있어 이것을 덮어쓰거나 지울 경우에 대비해 백업본을 만든다.
      -d, --no-dereference
         만약 복사할 원본이 심볼릭 파일이면 cp 명령은 그 심볼릭 대상이 되는 파일을 복사한다. 이렇게 하지 않고, 단
         지 그 심볼릭 파일 자체를 심볼릭 정보와 함께 복사하고자 할 때 이 옵션을 사용한다.
      -f, --force
         만약 복사 대상 파일이 이미 있으면 강제로 지우고 복사한다.
```

(계속)

-i, --interactive

만약 복사 대상 파일 이미 있으면 사용자에게 어떻게 처리할 것인지 물어보는 프롬프트를 나타나게 한다.

-l, --link

하드 링크 형식으로 복사한다. 물론 하드 링크 형식이기에 경로는 복사할 수 없다.

-P, --parents

원본 파일에 지정을 경로와 같이 했을 경우, 그 경로 그대로 복사된다. 이때 대상으로 사용될 수 있는 것은 경로 이름이어야만 한다. 예를 들어, 'cp --parents a/b/c existing_dir' 명령이 사용된다면 이것의 결과는 existing_dir/a/b/c 이런 식이 된다.

-p, --preserve

원본 파일의 소유주, 그룹, 권한, 시간 정보들이 그대로 보존되어 복사된다.

-r

일반 파일이면 그냥 복사되고, 만약 원본이 경로면 그 경로와 함께 경로 안에 있는 모든 하위 경로, 파일들이 복사된다.

-s, --symbolic-link

경로가 아닌 일반 파일을 심볼릭 링크 형식으로 복사한다. 이때는 복사할 원본 파일명은 절대경로('/'로 시작하는 경로)로 지정된 파일 이름이어야 한다. 심볼릭 링크를 지원하지 않는 시스템에서 이 옵션을 사용할 경우 오류 메시지를 보여준다.

-u, --update

복사할 대상이 이미 있는데 이 파일의 변경 날짜가 같거나 더 최근의 것이면 복사하지 않는다.

-v, --verbose

각 파일의 복사 상태를 자세히 보여준다.

-x, --one-file-system

원본과 대상 파일의 파일 시스템이 다를 경우에는 복사하지 않는다.

-R, --recursive

경로를 복사할 경우 그 안에 포함된 모든 하위 경로와 파일들을 모두 복사한다.

--help

도움말을 보여주고 마친다.

--version

버전 정보를 보여주고 마친다.

-S, --suffix backup-suffix

만약 복사 대상이 이미 있어 백업을 해야 할 경우, 그 백업 파일에서 사용할 파일명의 꼬리 문자를 지정한다. 이것은 이미 지정되어 있는 SIMPLE_BACKUP_SUFFIX 환경 변수를 무시하게 된다. 만약 이 환경 변수도 지정되어 있지 않고 이 옵션도 사용하지 않는다면 초기값으로 Emacs과 같이 '~' 문자를 사용한다.

-V, --version-control {numbered,existing,simple}

백업하는 방법을 지정하는데, 이 옵션은 이미 지정되어 있는 VERSION_CONTROL 환경 변수를 무시한다. 만약 이

(계속)

```
환경 변수도 지정되어 있지 않고 이 옵션도 사용하지 않는다면 초기값으로 'existing'을 사용한다. 여기서 사
용하는 백업 방법은 GNU Emacs의 'version-control' 값과 같다. 아래와 같이 보다 짧은 지시어들도 사용될
수 있다. 여기서 사용될 수 있는 백업 방법은 아래와 같다.
't' 또는 'numbered'
    항상 번호 있는 백업본을 만든다.
'nil' or 'existing'
    대상 파일이 이미 있을 경우에만 백업본을 만든다.
'never' or 'simple'
    간단한 백업을 만듦.
FSF                      GNU File Utilities                      CP(1)
```

1.4.7.2 mv: 파일/디렉터리 이동하기 및 파일/디렉터리명 변경하기

mv 명령은 어떻게 사용하는가에 따라 두 가지 방법으로 명령을 수행하게 된다. 첫 번째로 파일들을 다른 디렉터리로 이동할 수 있으며, 두 번째로 파일명 또는 디렉터리명을 변경할 수 있다.

파일명을 변경하려면 다음과 같은 형식을 사용한다.

형식	mv [filename1] [filename2]

만약 이동될 filename2가 이미 존재할 때 덮어쓰기를 할 것인지 질문하도록 하기 위해 -i 옵션--interactive을 사용한다.

형식	mv -i [filename1] [filename2]

파일을 디렉터리로 이동하려면 다음과 같은 형식을 사용한다.

형식	mv [filename1] [filename2] [filename3] directory

디렉터리의 모든 파일들을 이동하려면 다음과 같은 형식을 사용한다.

형식	mv directory1 directory2

위 명령에서 만약 directory2가 이미 존재하고 있다면 directory2 아래의 하위 디렉터리로 directory1이 이동된다.

```
[root@localhost ~]# ls
anaconda-ks.cfg  install.log                scsrun.log    test1.txt
backup           install.log.syslog         shelltest.sh  test2.txt
dest             mc-4.6.1a-35.el5.i386.rpm  tarfile.tgz
html0.html       script.txt                 test0.txt
[root@localhost ~]# mv dest backup2
[root@localhost ~]# ls backup2
script.txt  test0.txt  test1.txt  test2.txt
[root@localhost ~]# ls
anaconda-ks.cfg  install.log                scsrun.log    test1.txt
backup           install.log.syslog         shelltest.sh  test2.txt
backup2          mc-4.6.1a-35.el5.i386.rpm  tarfile.tgz
html0.html       script.txt                 test0.txt
[root@localhost ~]#
```

위의 예제에서는 dest 디렉터리명을 backup2 디렉터리명으로 변경한 것이다.

[mv 명령어 맨페이지]

```
[root@localhost ~]# man mv
MV(1)                                                                  MV(1)

NAME
    mv - 파일 옮기기

SYNOPSIS
    mv [options] source dest
    mv [options] source... directory
    Options:
    [-bfiuv]  [-S backup-suffix] [-V {numbered,existing,simple}] [--backup]
```

(계속)

```
[--force] [--interactive] [--update] [--verbose] [--suffix=backup-suffix]
[--version-control={numbered,existing,simple}] [--help] [--version]
```

DESCRIPTION

이 문서는 더 이상 최신 정보를 담고 있지 않다. 그래서, 몇몇 틀릴 경우도 있고, 부족한 경우도 있을 것이다. 완전한 매뉴얼을 원하면 Texinfo 문서를 참조하기 바란다.

이 매뉴얼 페이지는 mv 명령의 GNU 버전에 대한 것이다. 마지막 인자로 경로 이름이 사용되면 원본 파일을 그 경로로 이름을 똑같이 이동시킨다. 반면, 마지막 인자가 파일명이면 그 이름으로 바꾼다. 마지막 인자가 경로명이 아니거나 원본과 대상이 파일명이 아닌 경우는 오류 메시지를 보인다. mv 명령은 파일 시스템에 접근이 가능할 때만 사용될 수 있다. (일반 사용자는 DOS 파티션의 파일 시스템과 자신의 홈 경로 외에는 읽기 접근을 뺀 나머지는 불가능하다. 바로 이런 파일시스템으로 파일을 옮기고자 한다면 mv 명령은 오류 메시지를 낸다.)

만약 파일 모드가 읽기전용이고, 표준 입력이 tty이고, -f나 --force 옵션이 지정되지 않으면 mv 명령은 사용자에게 지정한 파일을 정말 지울 것인지 물어본다. 이때, 'y'나 'Y'를 입력해 주어야지만 그 파일을 옮긴다.

OPTIONS

-b, --backup

대상 파일이 이미 있어 지워지는 것을 대비해 백업 파일을 만든다.

-f, --force

대상 파일이 이미 있어도 사용자에게 어떻게 처리할지를 묻지 않는다.

-i, --interactive

대상 파일이 이미 있어 사용자에게 어떻게 처리할지를 물어 본다. 이때, 'y'나 'Y'를 입력해 주어야지만 그 파일을 옮긴다. (초기값)

-u, --update

대상 파일이 이미 있는데, 그 파일의 최근 변경시간(modification time)이 원본 파일보다 최근의 것이면 파일을 옮기지 않는다.

-v, --verbose

파일 옮기는 과정을 자세하게 보여준다.

--help

도움말을 보여주고 마친다.

--version

버전 정보를 보여주고 마친다.

S, --suffix backup-suffix

만약 이동 대상이 이미 있어 백업을 해야 할 경우, 그 백업 파일에서 사용할 파일명의 꼬리 문자를 지정한다. 이것은 이미 지정되어 있는 SIMPLE_BACKUP_SUFFIX 환경 변수를 무시하게 된다. 만약 이 환경 변수도 지정되어

(계속)

```
        있지 않고, 이 옵션도 사용하지 않는다면, 초기값으로 Emacs와 같이 '~' 문자를 사용한다.
    -V, --version-control {numbered,existing,simple}
        백업하는 방법을 지정하는데, 이 옵션은 이미 지정되어 있는 VERSION_CONTROL 환경 변수를 무시한다. 만약 이
        환경 변수도 지정되어 있지 않고, 이 옵션도 사용하지 않는다면 초기값으로 'existing'을 사용한다. 여기서
        사용하는 백업 방법은 GNU Emacs의 'version-control' 값과 같다. 아래와 같이 보다 짧은 지시어들도 사용될
        수 있다. 여기서 사용될 수 있는 백업 방법은 다음과 같다.
        't' 또는 'numbered'
            항상 숫자가 있는 백업본을 만든다.
        'nil' or 'existing'
            대상 파일이 이미 있을 경우에만 백업본을 만든다.
        'never' or 'simple'
            간단한 백업을 만듦.
FSF                         GNU File Utilities                    MV(1)
```

1.4.7.3 rm: 파일과 디렉터리 삭제

rm 명령은 파일과 디렉터리를 삭제하는 명령이다.

형식	파일 삭제 형식: rm [filename] 디렉터리 삭제 형식: rm -r directory

rm 명령의 옵션 중에서 자주 사용하는 옵션으로 -r과 -f가 있다. -r 옵션의 경우 일반 파일이면 그냥 삭제하고, 경로라면 그 하위 경로와 파일들을 한 번에 모두 삭제한다. -f 옵션은 아무런 경고 메시지를 보여주지 않고 강제로 삭제한다. 이 옵션들은 쉘 스크립트 안에서 자주 사용된다.

리눅스에는 undelete, 즉 삭제 취소 명령이 없다. 즉, rm 명령으로 삭제한 파일은 완전히 지워진다는 것이다. 그러므로 rm 명령을 사용할 때에는 항상 신중을 기해야 한다.

물론 파일을 삭제 하더라도 쉽게 복구할 수 있다. 단, ext3 파일시스템을 사용해야 하며, **ext3gerp** 유틸리티를 사용하면 된다. 이에 대한 내용은 시스템 관리에 대한 내용이므로 본 도서에는 추가하지 않는다. 필자가 한국LUG 사이트에 집필해 둔 내용을 참고하기 바란다.

(http://www.lug.or.kr/home/bbs/board.php?bo_table=centos_book&wr_id=498)
(유틸리티 제공 사이트: http://code.google.com/p/ext3grep/)

```
[root@localhost ~]# echo "remove" > remove.txt
[root@localhost ~]# ls
anaconda-ks.cfg  install.log                 script.txt    test0.txt
backup           install.log.syslog          scsrun.log    test1.txt
backup2          mc-4.6.1a-35.el5.i386.rpm   shelltest.sh  test2.txt
html0.html       remove.txt                  tarfile.tgz
[root@localhost ~]# rm remove.txt
rm: remove regular file `remove.txt'? y
[root@localhost ~]# ls
anaconda-ks.cfg  install.log                 scsrun.log    test1.txt
backup           install.log.syslog          shelltest.sh  test2.txt
backup2          mc-4.6.1a-35.el5.i386.rpm   tarfile.tgz
html0.html       script.txt                  test0.txt
[root@localhost ~]#
```

[rm 명령어 맨페이지]

```
[root@localhost ~]# man rm
RM(1)                                                                RM(1)

NAME
    rm - 파일 지우기

SYNOPSIS
    rm [-dfirvR] [--directory] [--force] [--interactive] [--recursive]
    [--help] [--version] [--verbose] name...

DESCRIPTION
    이 문서는 더 이상 최신 정보를 담고 있지 않다. 그래서 몇몇 틀릴 경우도 있고, 부족한 경우도 있을 것이다. 완전
    한 매뉴얼을 원하면 Texinfo 문서를 참조하기 바란다.

    이 매뉴얼 페이지는 rm 명령의 GNU 버전에 대한 것이다. rm 명령은 지정한 파일을 지운다. 초기값으로는 경로를 지
    우지 않는다.

    만약 파일 모드가 읽기전용이고, 표준 입력이 tty이고, -f나 --force 옵션이 지정되지 않으면, rm 명령은 사용자
    에게 지정한 파일을 정말 지울 것인지 물어본다. 이때, 'y'나 'Y'를 입력해 주어야지만 그 파일을 지운다.
```

(계속)

```
    GNU rm 명령과 같이 getopt(3) 함수를 사용하는 모든 풀그림에서는 ? 옵션 다음에 오는 것은 옵션이 아닌 것으로
    인식한다. 즉, 파일명이 '-f'라는 파일을 지우고자 한다면 다음의 두 방법을 사용한다.
       rm -- -f
    또는
       rm ./-f
    유닉스 rm 명령의 '-' 문자로 시작하는 옵션들 때문에 이런 기능들이 고안된 것이다.

OPTIONS
    -d, --directory
       'rmdir' 명령 대신에 'unlink'와 함께 경로를 지운다. unlink하기 전에 그 경로가 비어있는지 확인하지 않고,
       그냥 unlink해버린다. 이렇기 때문에, 만약에 그 지워지는 경로 안에 파일이 있다면 그 파일들의 종속성 문제
       가 생길 수 있다. (접근 불가능 현상, 미아 파일.)
       이 옵션을 사용한 후에서는 fsck(8)로 파일 시스템을 검사하기 바란다. 이 옵션은 시스템 관리자만이 사용할 수
       있다.
    -f, --force
       지울 파일이 없을 경우에 아무런 메시지를 보여주지 않고 그냥 넘어간다. 이 옵션은 쉘 스크립트 안에서 사용될
       때 유용하게 쓰인다.
    -i, --interactive
       각 파일을 하나씩 지울 것인지 사용자에게 일일이 물어본다. 이때 'y'나 'Y'를 눌러야지만 파일이 지워진다.
    -r, -R, --recursive
       일반 파일이면 그냥 지우고, 경로면 그 하위 경로와 파일을 모두 지운다.
    -v, --verbose
       각각의 파일 지우는 정보를 자세하게 모두 보여준다.
    --help
       도움말을 보여주고 마친다.
    --version
       버전 정보를 보여주고 마친다.
FCF                          GNU File Utilities                    RM(1)
```

1.4.7.4 mkdir: 디렉터리 생성

mkdir 명령은 디렉터리를 생성하는 명령이다. 명령어 형식은 다음과 같다.

형식	mkdir directory

```
[root@localhost ~]# ls
anaconda-ks.cfg  install.log                 scsrun.log    test1.txt
backup           install.log.syslog          shelltest.sh  test2.txt
backup2          mc-4.6.1a-35.el5.i386.rpm   tarfile.tgz
html0.html       script.txt                  test0.txt
[root@localhost ~]# mkdir make_directory
[root@localhost ~]# ls
anaconda-ks.cfg  install.log                 script.txt    test0.txt
backup           install.log.syslog          scsrun.log    test1.txt
backup2          make_directory              shelltest.sh  test2.txt
html0.html       mc-4.6.1a-35.el5.i386.rpm   tarfile.tgz
[root@localhost ~]#
```

[mkdir 명령어 맨페이지]

```
[root@localhost ~]# man mkdir
MKDIR(1)                                                              MKDIR(1)

NAME
    mkdir - 경로 만들기

SYNOPSIS
    mkdir  [-p]  [-m  mode]  [--parents] [--mode=mode] [--help] [--version]
    dir...

DESCRIPTION
    이 문서는 더 이상 최신 정보를 담고 있지 않다. 그래서, 몇몇 틀릴 경우도 있고, 부족한 경우도 있을 것이다. 완전
    한 매뉴얼을 원하면 Texinfo 문서를 참조하기 바란다.

    이 매뉴얼 페이지는 mkdir 명령의 GNU 버전에 대한 것이다. mkdir 명령은 주워진 이름으로 경로를 만든다. 초기값
    으로는 그 만들어지는 경로의 모드는 0777이다.

OPTIONS
    -m, --mode mode
        mode로 사용할 것은 chmod(1)에서 사용하는 기호형식이나 숫자형식이며, 이 값은 초기값으로 지정되는 모드를
        무시한다.
```

(계속)

```
-p, --parents
    필요한 경우에 상위 경로까지 만든다. 이 말은 가령 'mkdir~/dest/dir1' 명령을 사용했을 때, 만약 '~/dest'
    경로가 없다면 오류 메시지를 보인다. 하지만 이 옵션을 사용하면 '~/dest' 경로를 만들고, 그 다음 그 안에
    서 'dir1' 경로를 만든다. 만들어지는 상위 경로의 모드값은 'u+wx'이다.
--help
    도움말을 보여주고 마친다.
--version
    버전 정보를 보여주고 마친다.
FSF                        GNU File Utilities                        MKDIR(1)
```

1.4.7.5 rmdir: 빈 디렉터리 삭제

rmdir 명령은 빈 디렉터리를 삭제하는 명령이다. 명령어 형식은 다음과 같다.

형식	rmdir directory

일반적으로 rmdir 명령어는 잘 사용하지 않으며, **rm -rf** 명령을 사용하여 디렉터리를 삭제한다. rmdir 명령으로 디렉터리를 삭제할 경우에는 반드시 삭제될 디렉터리에 파일이 존재하지 않아야 한다. 즉, 비어있는 디렉터리만 삭제할 수 있다.

```
[root@localhost ~]# ls
anaconda-ks.cfg  install.log                 script.txt    test0.txt
backup           install.log.syslog          scsrun.log    test1.txt
backup2          make_directory              shelltest.sh  test2.txt
html0.html       mc-4.6.1a-35.el5.i386.rpm   tarfile.tgz
[root@localhost ~]# echo "test file" > make_directory/rmdir.txt #파일 생성
[root@localhost ~]# ls make_directory
rmdir.txt
[root@localhost ~]# rmdir make_directory
rmdir: make_directory: Directory not empty
[root@localhost ~]# rm -r make_directory
rm: descend into directory 'make_directory'? y
```

(계속)

```
rm: remove regular file 'make_directory/rmdir.txt'? y
rm: remove directory 'make_directory'? y
[root@localhost ~]# ls
anaconda-ks.cfg  install.log                scsrun.log     test1.txt
backup           install.log.syslog         shelltest.sh   test2.txt
backup2          mc-4.6.1a-35.el5.i386.rpm  tarfile.tgz
html0.html       script.txt                 test0.txt
[root@localhost ~]#
```

앞서 mkdir 명령을 사용하여 make_directory 이름의 디렉터리를 생성하였다. 그리고 이 디렉터리에 rmdir.txt 파일을 하나 생성하고 rmdir 명령으로 디렉터리를 삭제하면 삭제되지 않는다. 디렉터리 전체를 삭제하기 위해서는 rm -r 명령을 사용하였는데, 이때에는 디렉터리 내에 진입하여 디렉터리 내에 있는 파일을 삭제한 다음, 빈 디렉터리를 삭제하게 된다. 질문 없이 강제로 삭제하려면 rm -rf 명령을 사용한다.

[rmdir 명령어 맨페이지]

```
[root@localhost ~]# man rmdir
RMDIR(1)                                                          RMDIR(1)

NAME
    rmdir - 비어있는 경로를 지운다.

SYNOPSIS
    rmdir [-p] [--parents] [--help] [--version] dir...

DESCRIPTION
    이 문서는 더 이상 최신 정보를 담고 있지 않다. 그래서, 몇몇 틀릴 경우도 있고, 부족한 경우도 있을 것이다. 완전
    한 매뉴얼을 원하면 Texinfo 문서를 참조하기 바란다.

    이 매뉴얼 페이지는 rmdir 명령의 GNU 버전에 대한 것이다. rmdir 명령은 비어있는 경로를 지운다. 아무 옵션 없이
    사용되면 오류 번호를 돌려주고 종료된다.

OPTIONS
    -p, --parents
        상위 경로도 지운다. 이 명령은 그 상위 경로 안이 물론 비어있어야 가능하다.
```

(계속)

```
--help
    도움말을 보여주고 종료된다.
--version
    버전 정보를 보여주고 종료된다.

만약 비어있지 않으나 그 경로와 그 안에 포함된 모든 파일과 하위 경로들을 모조리 지우고자 한다면 rm -r 옵션을
사용한다.
FSF                          GNU File Utilities                    RMDIR(1)
```

1.5 | 입출력 리다이렉션과 파이프

앞서 파일 목록을 화면으로 출력하기 위한 명령으로 ls 명령을 공부했었다. 이와 같이 리눅스에서 명령의 결과를 모니터로 출력해 주는 명령어들은 그 결과를 파일로 저장할 수 있으며, 다른 명령의 입력용으로 사용할 파일로 지정할 수도 있다. (I/O Redirection)

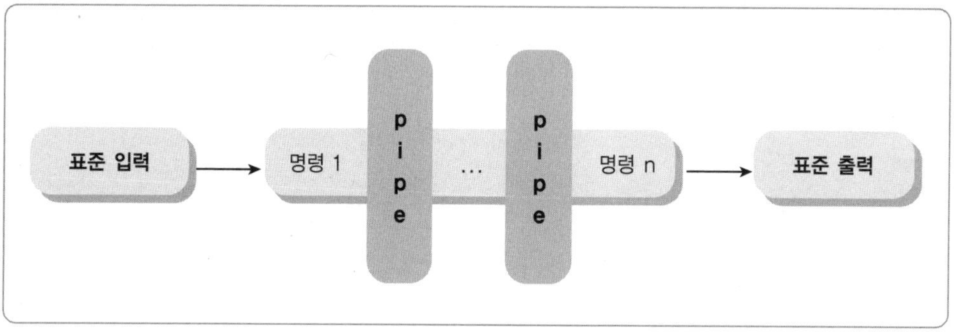

그림 1-16 • 표준 입력과 표준 출력

1.5.1 표준 출력

대부분의 커맨드 라인 프로그램들은 결과를 모니터에 출력한다. 이를 표준 출력Standard Output이라고 말하며, 파일 디스크립터 숫자값으로 1로 표기한다. 리눅스에서 표준 출력은 컨텐츠를 화면에 출력한다. 그리고 이 표준 출력을 파일로 리다이렉션하여 저장할 수도 있는데, 이런 경우 '>' 문자(greater than sign 혹은 right angle bracket)를 사용한다. 즉, 출력 리다이렉션을 위해 '>' 문자를 사용한다는 것이다.

형식	ls > [출력할 파일명]

```
[root@localhost ~]# ls
anaconda-ks.cfg  install.log                scsrun.log    test1.txt
backup           install.log.syslog         shelltest.sh  test2.txt
backup2          mc-4.6.1a-35.el5.i386.rpm  tarfile.tgz
html0.html       script.txt                 test0.txt
[root@localhost ~]# ls > ls.txt
[root@localhost ~]# cat ls.txt
anaconda-ks.cfg
backup
backup2
html0.html
install.log
install.log.syslog
ls.txt
mc-4.6.1a-35.el5.i386.rpm
script.txt
scsrun.log
shelltest.sh
tarfile.tgz
test0.txt
test1.txt
test2.txt
[root@localhost ~]#
```

위 예제에서 cat 명령은 텍스트 파일을 읽어서 화면에 출력하기 위한 명령이다. 위에서 보는 것과 같이 ls 명령의 출력값을 ls.txt 파일로 리다이렉션하여 출력(저장)하도록 하였다. 그리고 ls.txt 파일을 cat 명령으로 읽어보면 ls 명령의 결과값을 저장하고 있음을 확인할 수 있다. 즉, 명령의 출력에 대한 방향을 텍스트 파일로 지정하여 저장하고 있는 것이다. (ls 명령의 결과를 화면에 출력하지 않고 ls.txt 파일로 저장하게 된다.)

그런데 ls.txt 파일에 추가할 내용이 있어서 추가append하려고 하는 경우에는 어떻게 할까? 이런 경우에는 출력 리다이렉션 문자를 한 번 더 적어주면 된다. 즉, ">>" 문자를 사용하면 된다.

```
[root@localhost ~]# ls
anaconda-ks.cfg  install.log                 script.txt     test0.txt
backup           install.log.syslog          scsrun.log     test1.txt
backup2          ls.txt                      shelltest.sh   test2.txt
html0.html       mc-4.6.1a-35.el5.i386.rpm   tarfile.tgz
[root@localhost ~]# cat test1.txt
English only
[root@localhost ~]# cat test1.txt >> ls.txt
[root@localhost ~]# cat ls.txt
anaconda-ks.cfg
backup
backup2
html0.html
install.log
install.log.syslog
ls.txt
mc-4.6.1a-35.el5.i386.rpm
script.txt
scsrun.log
shelltest.sh
tarfile.tgz
test0.txt
test1.txt
test2.txt
English only
[root@localhost ~]# cat test1.txt >> lsls.txt
[root@localhost ~]# cat lsls.txt
English only
[root@localhost ~]#
```

cat 명령으로 현재 test1.txt 파일의 내용을 보면 "English only"라는 문자열이 저장되어 있다. 이 문자열을 기존 ls.txt 파일의 마지막에 추가하려고 할 때 위와 같이 cat 명령으로 test1.txt 파일을 출력한 다음, 이 내용을 ">>" 문자를 사용하여 ls.txt로 리다이렉션하면 test1.txt 파일의 내용이 ls.txt 파일의 마지막 라인에 추가된다. 만약 리다이렉션할 파일이 존재하지 않는다면 lsls.txt 파일처럼 지정한 새로운 이름의 파일이 생성된다.

만약 텍스트 파일의 내용을 모두 삭제하여 빈 파일로 만들고자 한다면 /dev/null 디바이스의 내용을 cat 명령으로 읽어서 해당 파일로 리다이렉션하면 된다. 물론 echo "" > lsls.txt를 사용해도 된다.

```
[root@localhost ~]# cat /dev/null > lsls.txt
[root@localhost ~]# ls -l lsls.txt
-rw-r--r-- 1 root root 0 2009-07-16 16:48 lsls.txt
[root@localhost ~]#
```

리눅스에서의 표준 입력, 표준 출력, 표준 에러에 해당하는 파일 디스크립터 숫자는 다음의 표와 같다.

표 1-14 • 표준 입출력 파일 디스크립터

표준 입출력	파일 디스크립터 숫자
표준 입력(stdin) – 키보드	0
표준 출력(stdout) – 모니터	1
표준 에러(stderr) – 모니터	2

2>&1의 의미는 표준 출력(1)이 전달되는 곳으로 표준 에러(2)도 전달하라는 의미이다. 일반적으로 **"명령 수행" > /dev/null 2>&1** 형태를 사용하여 표준 에러 메시지도 /dev/null 디바이스로 전달하는데, 명령 수행에 대한 모든 표준 에러와 표준 출력 메시지를 삭제하는 리다이렉션 예제이다.

2>&1 &의 의미는 표준 출력이 전달되는 곳으로 표준 에러를 전달하는데, 마지막에 &를 사용함으로써 현재 명령을 백그라운드로 실행하라는 의미이다.

```
# linuxer.txt 파일이 존재하지 않는 상황에서 출력을 수행하면 표준 에러 메시지를 모니터에 출력해 준다.

[root@localhost ~]# cat linuxer.txt
cat: linuxer.txt: No such file or directory

# 존재하지 않는 linuxer.txt 파일을 cat 명령으로 출력하면 표준 에러 메시지도 모니터에 출력하는데, 이때 표준 출력
내용만 /dev/null 디바이스로 리다이렉션했기 때문에 표준 에러 메시지는 모니터에 출력되어 남게 된다.

[root@localhost ~]# cat linuxer.txt > /dev/null
cat: linuxer.txt: No such file or directory

# 2>&1, 즉 표준 출력(1)으로 표준 에러(2)도 전달하라고 지정했기 때문에, 존재하지 않는 파일을 출력하기 위해 사용한
cat 명령에 의한 에러 메시지도 /dev/null 디바이스로 전달되어 모니터에는 아무런 메시지도 출력되지 않게 되며, 결국
모든 표준 출력, 표준 에러 메시지들은 사라지게 된다.

[root@localhost ~]# cat linuxer.txt > /dev/null 2>&1

# 존재하지 않는 linuxer.txt 파일을 삭제하려고 했기 때문에 모니터에 에러 메시지를 출력한다.

[root@localhost ~]# rm linuxer.txt
rm: cannot lstat `linuxer.txt': No such file or directory

# rm 명령의 출력값이 rm_error.txt에 저장되는데, 이때 rm 명령 결과의 표준 에러(2)도 표준 출력(1)으로 리다이렉션
하도록 하였으므로 에러 메시지가 rm_error.txt 파일에 저장되지만 모니터로는 출력되지 않는다.

[root@localhost ~]# rm linuxer.txt > rm_error.txt 2>&1
[root@localhost ~]# cat rm_error.txt
rm: cannot lstat `linuxer.txt': No such file or directory
[root@localhost ~]#
```

1.5.2 표준 입력

대부분의 리눅스 명령어들은 표준 입력Standard Input으로부터 입력을 받을 수 있다.

표준 입력은 키보드로부터 데이터를 입력받는 것을 말한다. 키보드를 대신하여 파일로부터 입력을 받을 수도 있는데, 이런 경우에는 '<' 문자(less than sign 또는 left angle bracket)를

사용한다. 그리고 파일 디스크립터 숫자값으로 0을 사용한다.

형식

```
sort < [입력받을 파일명]
```

예를 들어, 입력받을 파일의 내용을 정렬하여 화면에 출력하고자 할 때에는 sort 명령을 사용하는데, 이때 파일로부터 데이터를 입력받기 위해 '<' 문자를 사용하고 입력받을 파일명을 적어주면, 입력받은 파일의 내용을 정렬하여 화면에 출력해 준다. 앞서 출력 리다이렉션을 사용하여 만들었던 ls.txt 파일을 sort 명령의 입력 파일로 사용하여 정렬하면 다음과 같이 파일명의 첫 번째 문자의 오름차순으로 정렬하여 화면에 출력해 준다.

```
[root@localhost ~]# sort < ls.txt
anaconda-ks.cfg
backup
backup2
English only
html0.html
install.log
install.log.syslog
ls.txt
mc-4.6.1a-35.el5.i386.rpm
script.txt
scsrun.log
shelltest.sh
tarfile.tgz
test0.txt
test1.txt
test2.txt
[root@localhost ~]#
```

그리고 다음의 예제와 같이 sort 명령으로 정렬한 파일의 내용을 '>' (right angle bracket) 출력 리다이렉션을 사용하여 다른 파일로 저장할 수도 있다.

```
[root@localhost ~]# sort < ls.txt > sorted_ls.txt
[root@localhost ~]# cat sorted_ls.txt
anaconda-ks.cfg
backup
backup2
English only
html0.html
install.log
install.log.syslog
ls.txt
mc-4.6.1a-35.el5.i386.rpm
script.txt
scsrun.log
shelltest.sh
tarfile.tgz
test0.txt
test1.txt
test2.txt
[root@localhost ~]#
```

위의 예제에서는 ls.txt 파일의 정렬 결과를 sorted_ls.txt 파일로 저장한 다음, 이 파일을 cat 명령으로 화면에 출력해 보면 소팅된 결과가 저장된 것을 확인할 수 있다. **커맨드 라인에서의 모든 명령은 기본적으로 왼쪽부터 오른쪽으로 진행**되기 때문에 좌측의 입력 리다이렉션이 수행된 다음, 그 결과를 출력 리다이렉션을 통해서 sorted_ls.txt 파일로 저장하는 것이다.

1.5.3 파이프

리눅스 쉘에서 사용하는 대부분의 유용한 명령어들은 명령어들을 조합, 연결하여 많이 사용하는데, 이때 '|' (vertical bar) 문자(키보드에서 \문자 위에 적혀진 문자)를 사용하여 두 명령어를 연결해 주면 앞에서 실행한 명령의 결과값을 뒤에 적은 명령어의 입력으로 사용하게 된다. 이와 같은 것을 **파이프pipe**라고 말한다.

즉, 파이프로 연결된 하나의 표준 출력을 다른 명령의 표준 입력으로 사용하는 것이다.

형식	ls -l | less

위의 명령은 ls -l 명령으로 파일의 목록을 화면에 출력하는데, 파일 목록 출력 라인이 콘솔 터미널 높이보다 많을 경우 한 줄씩 내려가면서 볼 수 있도록 명령을 수행하게 된다. 여기서 '|' 문자는 파이프를 의미하며, ls -l 명령의 결과를 less 명령의 입력으로 사용하겠다는 의미이다. 만약 터미널의 높이가 다음의 그림과 같이 짧은 경우 위의 명령을 사용하면 유용할 것이다.

그림 1-17 • ls -l --color=never | less 파이프[1]

그림 1-18 • ls -l --color=never | less 파이프[2]

위의 그림에서 상/하 방향키를 누르면 위와 아래로 자유롭게 옮겨다닐 수 있다. 리눅스 콘솔 작업을 많이 하게 되면 이와 같은 파이프는 자주 사용하게 될 것이다.

표 1-15 • 파이프 예제

<table>
<tr><th>파이프 예제</th><th>설명</th></tr>
<tr><td>ls -lt | head</td><td>파일 목록 중 시간 단위로 최근의 파일을 화면에 출력하는데 head, 즉 10개의 라인만 출력하고자 했기 때문에 아래와 같이 출력해 준다.
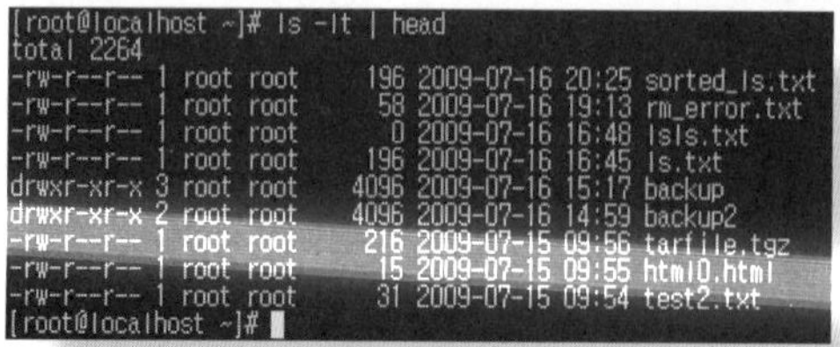
[root@localhost ~]# ls -lt | head
total 2264
-rw-r--r-- 1 root root 196 2009-07-16 20:25 sorted_ls.txt
-rw-r--r-- 1 root root 58 2009-07-16 19:13 rm_error.txt
-rw-r--r-- 1 root root 0 2009-07-16 16:48 lsls.txt
-rw-r--r-- 1 root root 196 2009-07-16 16:45 ls.txt
drwxr-xr-x 3 root root 4096 2009-07-16 15:17 backup
drwxr-xr-x 2 root root 4096 2009-07-16 14:59 backup2
-rw-r--r-- 1 root root 216 2009-07-15 09:56 tarfile.tgz
-rw-r--r-- 1 root root 15 2009-07-15 09:55 html0.html
-rw-r--r-- 1 root root 31 2009-07-15 09:54 test2.txt
[root@localhost ~]#</td></tr>
<tr><td>du -h | sort -nr</td><td>du 명령은 현재 디렉터리와 하위 디렉터리의 파일 용량을 표시해 주는데, -h 옵션을 사용하여 K, M, G 단위로 표시해 주도록 하였으며, 이 출력의 결과를 sort 명령의 입력으로 사용하여 화면에 정렬하도록 하였다. sort 명령에 사용된 -nr 옵션은 숫자값으로 소팅을 하는데 reverse, 즉 역순(내림차순)으로 정렬하라는 의미이므로 숫자 값이 큰 항목이 먼저 출력된다. (기본 소팅 방법은 오름차순이다.)

[root@localhost ~]# du -h | sort -nr
48K ./.mc
48K ./.gconf
40K ./.gconf/apps
32K ./backup
28K ./.gconf/apps/gnome-session
16K ./.gconf/apps/gnome-session/options
16K ./backup/dest
16K ./backup2
12K ./.mc/cedit
12K ./.gnome2
8.0K ./.lftp
8.0K ./.gnome2/accels
8.0K ./.gconfd
4.0K ./.gnome2_private
2.5M .
[root@localhost ~]#

아래 예제에서 du 명령의 옵션으로 "--max-depth 1"을 사용하였는데, 이것은 현재 디렉터리부터 깊이를 1만큼만 출력하라는 의미이다. 디렉터리를 출력하지 않고 현재 디렉터리의 전체 용량을 보려면 "--max-depth 0" 옵션을 사용하면 된다.
du -h --max-depth 1 | sort -nr
du -h --max-depth 0
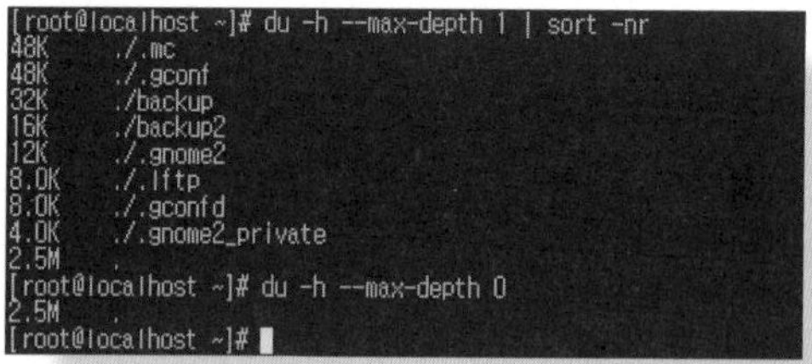
[root@localhost ~]# du -h --max-depth 1 | sort -nr
48K ./.mc
48K ./.gconf
32K ./backup
16K ./backup2
12K ./.gnome2
8.0K ./.lftp
8.0K ./.gconfd
4.0K ./.gnome2_private
2.5M .
[root@localhost ~]# du -h --max-depth 0
2.5M .
[root@localhost ~]#</td></tr>
</table>

(계속)

표 1-15 • 파이프 예제(계속)

파이프 예제	설명
find . –type f –print | wc –l	find 명령은 검색을 위한 명령인데, 디렉터리 부분에 '.'을 사용하였기 때문에 현재 디렉터리에서 검색하겠다는 의미이며, –type f 옵션을 사용하여 파일에 대해 –print 옵션을 사용하여 화면에 출력하기 때문에 현재 디렉터리와 하위 디렉터리들에 포함된 모든 파일들을 출력하고자 한 것이다. 그리고 이 명령의 결과를 wc –l(소문자 엘) 명령을 사용하여 출력되는 라인의 수를 카운트한 다음 화면에 출력되도록 한 파이프 사용 예제이다. 즉, 아래 예제에서 find 명령에 의해 출력되는 결과의 라인 수는 46개이므로 파일의 개수가 46개라는 의미이다. 그리고 /etc 디렉터리 아래에 있는 파일의 개수를 알고자 한다면 "." 문자를 "/etc"로 변경하면 된다. 현재 필자가 사용하고 있는 시스템에서 /etc 디렉터리 아래에 존재하는 파일의 총수가 1341개라는 것을 쉽게 알아낼 수 있다. # find /etc –type f –print | wc –l 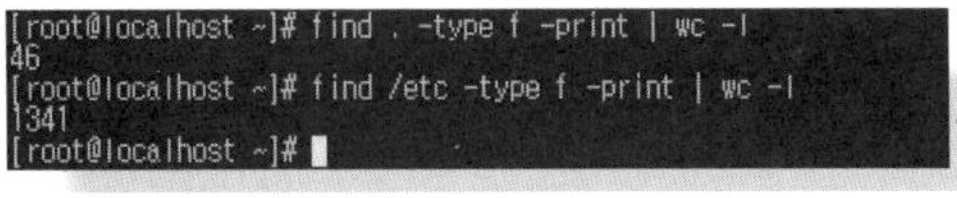

1.5.4 필터

앞서 공부한 파이프(|)에는 여러 가지 필터filter를 사용할 수 있는데, 필터는 표준 입력을 받아서 이 필터로 연산을 한 다음, 그 결과를 표준 출력으로 보내게 된다.

필터의 종류는 다음의 표를 참고하자.

표 1-16 • 필터 종류

필터 프로그램	설명
sort	표준 입력에 대해 정렬을 수행하여 그 결과를 표준 출력으로 출력한다.
uniq	표준 입력으로부터 정렬된 데이터를 받아서 중복된 항목을 제거하고 출력해 준다.
grep	표준 입력으로부터 받은 라인 단위의 데이터로부터 지정한 문자 패턴을 가지고 있는 라인을 찾아서 출력해 준다.
fmt	표준 입력으로부터 텍스트를 읽고 형식화된 텍스트를 표준 출력으로 출력해 준다.
pr	표준 입력으로부터 텍스트를 입력받아서 페이지 단위로 데이터를 잘라서 출력해 준다.
head	입력된 파일에서 앞의 10개의 라인만 출력해 준다.
tail	입력된 파일에서 마지막 10개의 라인만 출력해 준다. 로그파일의 최근 로그를 출력해 보고자 할 때 유용하다.

(계속)

표 1-16 • 필터 종류(계속)

필터 프로그램	설명
tr	입력된 문자를 변경(대/소문자)하거나, 반복, 삭제하여 출력해 준다. 예를 들면, DOS용 텍스트 파일을 UNIX용 텍스트 파일로 컨버팅할 때 사용하기도 한다.
sed	스트림 에디터로써 tr 명령보다 다양한 문자 변경을 사용할 수 있다. 이 부분은 뒷장에서 자세히 공부할 것이다.
awk	강력한 필터로서 프로그래밍 언어라고 할 수 있다. 이 부분은 뒷장에서 자세히 공부할 것이다.

>> 파이프 필터 예제

- cat test.txt | fmt | pr | lpr

  명령라인 쉘에서 프린트를 하기 위해서는 표준 입력을 받아서 lpr이라고 하는 프로그램에게 보내면 되는데, 위에서는 test.txt 파일의 내용을 입력받아서 fmt로 형식화한 다음, pr로 페이지 단위로 나누고, lpr 프린터로 프린팅하도록 한 것이다.

- cat unsorted_list.txt | sort | uniq | pr | lpr

  소팅되지 않은 파일을 sort 명령으로 오름차순으로 정렬을 한 다음, uniq로 중복된 항목을 제거하고, pr로 페이지 단위로 나누고, lpr 프린터로 프린팅하도록 한 것이다.

- tar -tvzf tarfile.tgz | less

  tar와 gzip으로 압축된 파일의 목록을 보기 위해 -tvzf 옵션을 사용하였으며, 그 결과를 less 명령의 입력으로 사용하여 출력하도록 한 것이다.

```
[root@localhost ~]# tar -tvzf tarfile.tgz | less
```

그림 1-19

1.6 | 퍼미션

리눅스와 같은 멀티태스킹, 멀티유저를 지원하는 UNIX 시스템에서는 파일 및 디렉터리에 대해 퍼미션permission이라는 접근 권한을 사용한다.

이와 같이 여러 사람이 하나의 시스템에서 작업을 하기 때문에 각 유저마다 자신의 영역이 필요하고 자신만의 파일을 가지게 된다. 자신의 파일을 다른 유저가 소유자의 허락 없이 접근하여 삭제하고 수정한다면 시스템은 통제가 되지 않을 것이다. 이러한 상황을 방지하기 위하여 리눅스에서는 파일 및 디렉터리에 대해 접근 권한을 지정할 수 있도록 퍼미션 개념을 제공하고 있다.

퍼미션과 관련된 명령어는 다음과 같다.

- chmod: 파일, 디렉터리에 대한 접근 권한을 변경하는 명령
- su: 일시적으로 수퍼유저 또는 다른 유저로 전환하는 명령
- chown: 파일, 디렉터리의 소유자를 변경하는 명령
- chgrp: 파일, 디렉터리의 그룹 소유자를 변경하는 명령

1.6.1 파일과 디렉터리 퍼미션

파일 퍼미션에는 read, write, execute, 즉 읽기, 쓰기, 실행에 대한 권한을 지정하게 된다. 다음의 파일을 보도록 하자.

```
[root@localhost ~]# ls -l /bin/bash
-rwxr-xr-x 1 root root 735004 2009-01-22 10:14 /bin/bash
[root@localhost ~]#
```

위의 /bin/bash 파일을 보면 앞부분에 -rwxr-xr-x로 표기되어 있다. 이 부분이 파일에 대한 퍼미션이 설정되어 있는 부분인데, 가장 앞의 한 문자는 파일 타입을 표시하는 문자이며, 'd' 문자로 표시되어 있으면 디렉터리를, '-' 문자로 표시되어 있으면 일반 파일을, 'c' 문자로 표시되어 있으면 캐릭터 디바이스를, 'b' 문자로 표시되어 있으면 블록 디바이스를, 'l' 소문자 엘 문자로 표시되어 있으면 심볼릭 링크 파일, 's' 문자로 표시되어 있으면 네트워크 소켓 파일을 의미한다.

표 1-17 • 퍼미션의 첫 문자로 파일 종류 구분하기

퍼미션의 첫 문자	의미
d	디렉터리
-	텍스트 파일, 쉘 스크립트 파일, 실행 파일
c	캐릭터(문자) 디바이스
b	블록 디바이스(저장 장치)
l(소문자 엘)	심볼릭 링크 파일
s	네트워크 소켓 파일

그리고 다음에 표기되는 9자리 문자열은 3자리씩 끊어서 user, group, others의 접근 권한을 의미한다. 즉, 파일 소유자인 root는 "rwx"이므로 읽기, 쓰기, 실행하기가 가능하다는 의미이고, 파일에 지정된 root 그룹에 속해 있는 유저들은 "r-x"이므로 읽기와 실행이 가능하다. 그리고 나머지 3자리 문자열인 "r-x"는 others(everybody), 즉 모든 사용자들이 읽기와 실행이 가능하도록 설정되어 있는 상태이다.

그리고 "root root" 부분에서 앞부분은 파일의 소유자(owner/user)를 표시하는 부분이며, 뒷부분은 파일이 소속되어 있는 그룹명(group)을 표시하는 부분이다.

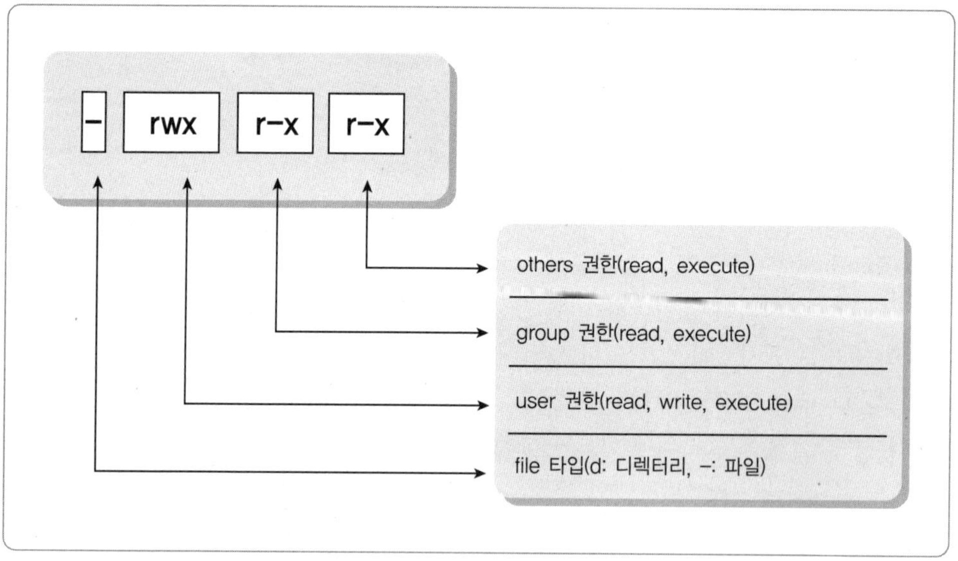

그림 1-20

1.6.2 chmod

chmod 명령은 파일이나 디렉터리의 퍼미션을 변경하는 명령이다.

앞서 본 것과 같이 “rwx” 3자리 문자는 2진수로 표시하여 2^n으로 인식한다. 즉, 첫 번째 r은 2^2, 두 번째 w는 2^1, 세 번째 x는 2^0이 된다. 그래서 rwx는 2진수 111 또는 십진수 7로 표시할 수 있다.

```
rwx rwx rwx = 111 111 111 = 777
rw- rw- rw- = 110 110 110 = 666
rwx --- ---  = 111 000 000 = 700

rwx = 111 , binary = 7
rw- = 110 , binary = 6
r-x = 101 , binary = 5
r-- = 100 , binary = 4
```

퍼미션은 기본 4자리 8진수로 구성되어 있다. 여기서 가장 앞쪽의 의미는 다음의 표와 같으며, 앞자리 수가 0이면 생략할 수 있다.

표 1-18 • 퍼미션 예제

8진수	설명	mode set	mod set 설명
4700	사용자 ID 상태로 set	-rws------	유저에 있으므로 **setuid**
2700	그룹 ID 상태로 set	-rwxrws---	그룹에 있으므로 **setgid**
1777	sticky bit로 set	-rwxrwxrwt	**stiky bit**
0400	유저에 대한 read	-r--------	유저에 대해 read만 허용

가장 앞자리의 값은 4/2/1로 구성되는데, **-rws/rws/rwt** 형태로 들어가게 된다. 4로 시작하여 4755가 되면 s가 user의 실행 퍼미션에 설정되어 setuid가 되고, 퍼미션 4755-rwsr-xr-x로 표현된다. 이와 같이 setuid로 설정된 실행 파일은 실행 시 파일의 소유자 권한을 가지고 실행된다. 물론 setgid로 설정된 실행 파일은 실행 시 파일의 그룹 권한을 가지고 실행된다.

그러면 이제 touch 명령을 사용하여 빈 공백 파일인 perm.txt를 만들고 퍼미션을 확인한 다음, 다른 퍼미션으로 변경해 보자. 퍼미션을 변경할 때에는 앞서 공부한 바이너리 숫자로 지정할 수 있으며, 또한 user에 대해서는 u, group에 대해서는 g, others에 대해서는 o 문자를 사용하여 여기에 + 또는 − 연산을 이용해서 r, w, x를 추가 또는 삭제할 수도 있다.

```
[root@localhost ~]# touch perm.txt
[root@localhost ~]# ls -l perm.txt
-rw-r--r-- 1 root root 0 2009-07-17 00:51 perm.txt
[root@localhost ~]# chmod 777 perm.txt
[root@localhost ~]# ls -l perm.txt
-rwxrwxrwx 1 root root 0 2009-07-17 00:51 perm.txt
[root@localhost ~]# chmod o-rwx perm.txt
[root@localhost ~]# ls -l perm.txt
-rwxrwx--- 1 root root 0 2009-07-17 00:51 perm.txt
[root@localhost ~]# chmod g-x perm.txt
[root@localhost ~]# ls -l perm.txt
-rwxrw---- 1 root root 0 2009-07-17 00:51 perm.txt
[root@localhost ~]# chmod o+r perm.txt
[root@localhost ~]# ls -l perm.txt
-rwxrw-r-- 1 root root 0 2009-07-17 00:51 perm.txt
[root@localhost ~]# chmod 770 perm.txt
[root@localhost ~]# ls -l perm.txt
-rwxrwx--- 1 root root 0 2009-07-17 00:51 perm.txt
[root@localhost ~]#
```

리눅스에서 touch 또는 vim을 사용하여 파일을 생성하면 기본 퍼미션이 644(rw-r--r--)로 설정된다. 리눅스에서의 기본 퍼미션은 umask로 설정되어 있는데, 이 설정은 /etc/bashrc에 설정되어 있다.

```
[root@localhost ~]# cat /etc/bashrc
# /etc/bashrc

# System wide functions and aliases
# Environment stuff goes in /etc/profile
```

(계속)

```
# By default, we want this to get set.
# Even for non-interactive, non-login shells.

alias ls='ls --color=auto --time-style=long-iso'

if [ $UID -gt 99 ] && [ "`id -gn`" = "`id -un`" ]; then
        umask 002
else
        umask 022
fi
...중략...
```

유저가 쉘에 로그인하면 /etc/bashrc 파일을 자동으로 읽어서 환경 설정을 하게 된다. 위의 /etc/bashrc 파일을 보면 if 구문이 보인다. 여기서 UID 값이 99번보다 크면 umask를 002로 설정하고, 99번보다 작으면 umask를 022로 설정하도록 정의하고 있다.

```
[root@localhost ~]# id
uid=0(root) gid=0(root)
groups=0(root),1(bin),2(daemon),3(sys),4(adm),6(disk),10(wheel)
[root@localhost ~]#
```

위의 root 유저의 uid가 0 이므로, root가 생성하는 파일에는 umask 022로 설정된다.

umask란, 8진수의 보수complement로서 파일과 디렉터리에 작용하는 마스크인데, 리눅스 시스템에서는 기본적으로 파일이 실행 권한(x)을 가지고 생성되지 못하도록 하고 있다. 디렉터리의 경우에는 실행 권한(x)이 그 디렉터리의 접근 권한을 의미하기 때문에 실행 권한을 생성과 동시에 가질 수 있다.

umask 값에 의한 파일 생성 퍼미션은 기본값인 666에서 umask 값을 빼주면 되고, 디렉터리 생성 퍼미션은 기본값인 777에서 umask 값을 빼주면 된다. 즉, 앞서 root 유저로 로그인하면 자동으로 umask 값이 022로 설정되기 때문에 666 - 022가 되어 644(-rw-r--r--)의 퍼미션으로 파일이 생성되며, 디렉터리는 777 - 022가 되어 755(drwxr-xr-x)로 생성된다.

만약 일반유저라면 uid가 500 이상이므로 umask 값이 002로 설정된다. 따라서 기본 파일 생성 퍼미션은 666 - 002가 되어 664가 되고, 디렉터리 생성 퍼미션은 777 - 002가 되어 775가 된다.

표 1-19 • UID와 umask 값에 따른 파일/디렉터리 생성 퍼미션

UID 구분	umask 값	파일 생성 퍼미션 (666 - umask)	디렉터리 생성 퍼미션 (777 - umask)
UID 〉 99 (일반유저)	002	666 - 002 = 664	777 - 002 = 775
UID 〈 99 (root 유저)	022	666 - 022 = 644	777 - 022 = 755

다음 예제에서 root 유저가 생성한 perm2.txt 파일의 퍼미션이 644이며, 생성한 perm2 디렉터리의 퍼미션이 755임을 확인할 수 있다.

```
[root@localhost ~]# touch perm2.txt
[root@localhost ~]# mkdir perm2
[root@localhost ~]# ls -l | grep perm2
drwxr-xr-x 2 root root    4096 2009-07-17 02:05 perm2
-rw-r--r-- 1 root root       0 2009-07-17 02:04 perm2.txt
[root@localhost ~]#
```

현재 설정된 umask값을 확인하려면 umask 명령어를 실행하면 된다. 물론 기본 설정된 umask 값은 umask 명령어를 사용하여 변경할 수 있다. 하지만, 다음 번 로그인 시 다시 /etc/bashrc 파일을 읽어들이기 때문에 자동으로 root 유저의 umask 값은 022가 될 것이다. (umask 명령에 의한 출력값은 8진수 4자릿수로 보여준다.)

```
[root@localhost ~]# umask
0022
[root@localhost ~]# umask 002
[root@localhost ~]# umask
0002
[root@localhost ~]# umask 022
[root@localhost ~]# umask
0022
[root@localhost ~]#
```

리눅스에서 useradd 명령을 사용하여 유저를 생성하면 생성된 유저에게 uid를 500번부터 부여한다. 일반유저인 multi로 유저 전환을 해 보았다. multi 유저는 UID 값이 99보다 크기 때문에 기본 umask 값이 002임을 확인할 수 있으며, 파일 생성 시 666에서 umask 002를 뺀 664(rw-rw-r--)로 설정됨을 확인할 수 있다. (umask 명령에 의한 출력값은 8진수 4자릿수로 보여준다.)

```
[root@localhost ~]# su - multi
[multi@localhost ~]$ id
uid=500(multi) gid=500(multi) groups=500(multi)
[multi@localhost ~]$ umask
0002
[multi@localhost ~]$ touch perm2.txt
[multi@localhost ~]$ mkdir perm2
[multi@localhost ~]$ ls -l | grep perm2
drwxrwxr-x 2 multi multi 4096 2009-07-17 02:07 perm2
-rw-rw-r-- 1 multi multi    0 2009-07-17 02:07 perm2.txt
[multi@localhost ~]$ exit
```

참고로 find 명령을 잠시 소개한다. 만약 /etc 디렉터리 아래의 파일들 중 umask라는 단어를 포함하고 있는 라인을 검색하려면 어떻게 해야 할까? 다음의 명령을 사용하면 된다.

```
[root@localhost ~]# find /etc | xargs grep umask
```

위에서 사용한 xargs 명령은 표준 입력으로부터 입력된 라인들을 xargs 다음에 나오는 명령을 수행할 때 아규먼트인자로 사용하도록 하는 명령이다. 즉, find로 찾은 모든 파일들의 이름라인별을 파이프를 사용하여 넘길 때, 다음 명령으로 나오는 grep 명령의 아규먼트로 각 라인의 파일명을 넘겨서 각각의 파일 내용 중 umask 문자열을 가지고 있는 라인을 검색하여 출력하도록 한 것이다.

표 1-20 • 파일에 대한 chmod 값 설명

chmod 값	설명
777	(-rwxrwxrwx) 모든 접근에 대해 제한을 두지 않는다. 누구나 읽기, 쓰기, 실행이 가능하다.
755	(-rwxr-xr-x) 파일 소유자는 읽기, 쓰기, 실행이 가능하고, 파일에 지정된 그룹과 누구나 읽기, 실행이 가능하다.
700	(-rwx------) 파일의 소유자만 읽기, 쓰기, 실행이 가능하고, 소유자 이외의 누구도 접근이 불가능하다. 이 모드는 시스템 관리자만 실행하는 프로그램이나 보안이 필요한 프로그램에 설정한다.
666	(-rw-rw-rw-) 모든 사용자가 읽기, 쓰기가 가능하도록 설정한다.

(계속)

표 1-20 • 파일에 대한 chmod 값 설명(계속)

chmod 값	설명
644	(-rw-r--r--) 파일의 소유자는 읽기, 쓰기가 가능하지만, 다른 유저들은 읽기만 가능하다. 즉, 소유자만 파일의 내용 변경이 가능하게 된다.
600	(-rw-------) 파일의 소유자만 읽기와 쓰기가 가능하고, 다른 유저들은 접근이 불가능하다.

이번에는 디렉터리 퍼미션에 대해 알아보자. chmod 명령은 파일뿐만 아니라 디렉터리의 퍼미션도 변경이 가능하다.

```
[root@localhost ~]# mkdir dir
[root@localhost ~]# cd dir
[root@localhost dir]# pwd
/root/dir
[root@localhost dir]# mkdir testdir
[root@localhost dir]# ls -l
total 4
drwxr-xr-x 2 root root 4096 2009-07-17 02:30 testdir
[root@localhost dir]# chmod 777 testdir
[root@localhost dir]# ls -l
total 4
drwxrwxrwx 2 root root 4096 2009-07-17 02:30 testdir
[root@localhost dir]# chmod o-rwx testdir
[root@localhost dir]# ls -l
total 4
drwxrwx--- 2 root root 4096 2009-07-17 02:30 testdir
[root@localhost dir]#
```

표 1-21 • 디렉터리에 대한 chmod 값

chmod 값	설명
777	(drwxrwxrwx) 누구나 읽기, 쓰기, 실행이 가능하도록 설정한다. 일반적으로 웹프로그래밍 시 익명에 의한 파일 업로드 디렉터리에 설정한다.
755	(drwxr-xr-x) 디렉터리의 소유자는 읽기, 쓰기, 실행이 가능하고, 다른 유저들은 읽기와 실행만 가능하게 설정한다. 그러므로 다른 유저들은 이 디렉터리 안에 파일을 생성할 수 없다.
700	(drwx------) 디렉터리의 소유자만 읽기, 쓰기, 실행이 가능하고, 다른 유저들은 접근 자체가 제한되기 때문에 디렉터리 소유자의 개인적인 파일만 이 디렉터리에 생성할 수 있게 된다.

참고로, su - 명령으로 수퍼유저로 전환한 다음 작업을 완료하고 원래의 일반유저로 되돌아오는 방법에 대해 언급한다. 앞서 공부한 파일이나 디렉터리의 접근 권한을 모두 가지는 최고관리자는 root 유저[수퍼유저]인데, 일반유저도 임시적으로 수퍼유저가 될 수 있다. 다음과 같이 "su -" 명령을 입력한 다음 root 유저의 비밀번호를 입력하면 된다.

```
[multi@localhost ~]$ id
uid=500(multi) gid=500(multi) groups=500(multi)
[multi@localhost ~]$ su -
암호:
[root@localhost ~]# id
uid=0(root) gid=0(root) groups=0(root),1(bin),2(daemon),3(sys),4(adm),6(disk),10(wheel)
[root@localhost ~]# exit
logout
[multi@localhost ~]$
```

위의 예제에서 id 명령은 현재 쉘에 접속되어 있는 유저의 정보를 출력하기 위한 명령으로 현재 쉘에 접속해 있는 유저의 uid, gid 등을 볼 수 있다.

root로 작업을 마친 다음, root 쉘에서 원래의 일반유저로 빠져 나가기 위해서는 exit 또는 logout 명령을 실행하거나 <Ctrl-D>키를 누르면 된다.

그리고 한 가지 알아둘 사항으로 su 명령을 – 옵션이 없이 단독으로 사용하면 유저 전환

이전의 유저가 가지고 있던 환경 변수를 그대로 사용하게 되며, su - 명령을 사용하면 새롭게 전환된 유저의 환경 변수를 적용하게 되기 때문에 **수퍼유저로 전환 시에는 반드시 su - 명령을 사용**하도록 한다.

1.6.3 chown, chgrp

이번에는 파일 및 디렉터리의 소유자와 그룹을 변경할 수 있는 chown 명령에 대해 알아보자. (change file owner and group)

일단 명령어 자체를 보아도 쉽게 유추가 가능할 것이다. chown은 change owner의 약자이며, chown 명령은 수퍼유저root만 사용할 수 있다.

형식	chown [소유자][.또는:][그룹] [파일명 또는 디렉터리명]

```
[multi@localhost ~]$ su -
암호:
[root@localhost ~]# ls -l perm.txt
-rwxrwx--- 1 root root 0 2009-07-17 02:03 perm.txt
[root@localhost ~]# chown multi.multi perm.txt
[root@localhost ~]# ls -l perm.txt
-rwxrwx--- 1 multi multi 0 2009-07-17 02:03 perm.txt
[root@localhost ~]# chown root:root perm.txt
[root@localhost ~]# ls -l perm.txt
-rwxrwx--- 1 root root 0 2009-07-17 02:03 perm.txt
[root@localhost ~]#
```

만약 파일의 그룹만 변경하고자 한다면 chgrp 명령을 사용할 수 있다.

형식	chgrp [그룹명] [파일명 또는 디렉터리명]

```
[root@localhost ~]# ls -l perm.txt
-rwxrwx--- 1 root root 0 2009-07-17 02:03 perm.txt
[root@localhost ~]# chgrp multi perm.txt
[root@localhost ~]# ls -l perm.txt
-rwxrwx--- 1 root multi 0 2009-07-17 02:03 perm.txt
[root@localhost ~]#
```

1.6.4 lsattr, chattr

리눅스에서는 일반적인 퍼미션뿐만 아니라 파일들에 대한 특정한 속성attribution을 부여할 수 있다. 이와 같은 파일들의 속성을 출력해 보기 위해서는 lsattr 명령을 사용하고, 속성을 변경하기 위해서는 chattr 명령을 사용한다.

```
[root@localhost ~]# mkdir attribute
[root@localhost ~]# cd attribute
[root@localhost attribute]# pwd
/root/attribute
[root@localhost attribute]# echo "file attribution" > attribution.txt
[root@localhost attribute]# ls -l
total 4
-rw-r--r-- 1 root root 17 2009-07-17 03:29 attribution.txt
[root@localhost attribute]# lsattr
------------- ./attribution.txt
[root@localhost attribute]#
```

위와 같이 기본적으로 파일을 생성하고 lsattr 명령으로 확인하면 어떠한 속성도 부여되지 않는다. 이제 attribution.txt 파일에 chattr 명령으로 i 속성을 추가할 것이다. 속성 추가를 위해서는 + 연산자를 사용하고 속성 제거는 – 연산자를 사용한다. (chattr +i [파일명])

```
[root@localhost attribute]# chattr +i attribution.txt
[root@localhost attribute]# lsattr
----i-------- ./attribution.txt
[root@localhost attribute]#
```

attribution.txt 파일의 속성에 i 속성을 추가하고 lsattr로 속성을 확인하면, i 속성이 추가되었음을 확인할 수 있다.

이와 같이 파일에 i 속성immutable이 추가되면 수퍼유저라도 파일의 변경, 삭제 등의 어떠한 조작도 불가능하게 된다. 그리고 a 속성append only을 추가할 수 있는데, a 속성이 추가되면 파일에 내용은 추가할 수 있지만, 수퍼유저라도 파일 삭제는 불가능하도록 속성을 지정하는 것이다.

표 1-22 • 파일 속성 추가/삭제

파일 속성 추가/삭제 명령	설명
chattr +i / chattr -i	파일 속성에서 i 속성을 추가/삭제한다. i 속성을 가지는 파일은 수퍼유저라도 변경, 삭제 등의 어떠한 조작도 불가능하다. (immutable)
chattr +a / chattr -a	파일 속성에서 a 속성을 추가/삭제한다. a 속성을 가지는 파일은 내용 추가는 가능하지만, 수퍼유저라도 파일 삭제는 불가능하다. (append only)

다음 예제에서 앞서 i 속성이 부여된 attribution.txt 파일을 삭제하려고 했지만, 삭제가 되지 않는 것을 확인할 수 있다. 이런 경우에는 먼저 lsattr 명령을 사용하여 현재의 파일 속성 상태를 확인한 다음, i 또는 a 속성을 제거하고 파일을 삭제해야 한다. 즉, 이 파일을 삭제하기 위해서는 먼저 chattr -i 명령을 사용하여 i 속성을 제거한 다음 삭제할 수 있다는 것이다.

```
[root@localhost attribute]# lsattr
----i-------- ./attribution.txt
[root@localhost attribute]# rm -f attribution.txt
rm: cannot remove `attribution.txt': Operation not permitted
[root@localhost attribute]# chattr -i attribution.txt
[root@localhost attribute]# lsattr
------------- ./attribution.txt
[root@localhost attribute]# rm -f attribution.txt
[root@localhost attribute]# ls -l
total 0
[root@localhost attribute]#
```

이번에는 a 속성에 대한 예제를 보도록 하자.

```
[root@localhost attribute]# echo "a attribution" > attribution2.txt
[root@localhost attribute]# cat attribution2.txt
a attribution
[root@localhost attribute]# chattr +a attribution2.txt
[root@localhost attribute]# lsattr
-----a------- ./attribution2.txt
[root@localhost attribute]# echo "append test" >> attribution2.txt
[root@localhost attribute]# cat attribution2.txt
a attribution
append test
[root@localhost attribute]# rm -f attribution2.txt
rm: cannot remove `attribution2.txt': Operation not permitted
[root@localhost attribute]# chattr -a attribution2.txt
[root@localhost attribute]# lsattr
------------- ./attribution2.txt
[root@localhost attribute]# rm -f attribution2.txt
[root@localhost attribute]# ls -l
total 0
[root@localhost attribute]#
```

위의 예제에서 확인해 보았듯이 파일 속성에서 a 속성은 append only, 즉 파일에 내용을 추가할 수는 있지만, 수퍼유저라도 파일을 삭제할 수는 없는 속성임을 확인할 수 있다. 물론 파일 삭제를 위해서는 chattr -a [파일명] 형식을 사용하여 a 속성을 제거한 다음 삭제하면 된다.

참고

rm -f 명령으로 파일 삭제가 되지 않을 때

만약, 운영 중인 리눅스 시스템에서 수퍼유저도 삭제할 수 없는 파일이 있다면 lsattr 명령을 사용하여 파일 속성을 확인한 다음, 해당 파일 속성을 chattr 명령을 사용하여 제거하고 파일을 삭제하도록 하자.

1.7 | 잡 컨트롤

앞서 리눅스 멀티 유저 시스템에서의 파일과 디렉터리의 접근 권한 설정방법에 대해 공부하였다. 이번에는 리눅스 멀티 태스킹Job에 대해 공부하도록 하자.

리눅스 멀티 태스킹이라고 하면 여러 개의 작업, 즉 여러 개의 프로세스를 동시에 사용하는 것을 말한다. 사실상 하나의 프로세서를 가지고 있는 컴퓨터는 한 번에 하나의 프로세스만 실행할 수 있다. 하지만, 리눅스 커널은 동시에 실행되는 각 프로세서들을 관리할 수 있도록 구성되어 있으며, 다음과 같은 명령어들을 사용하여 프로세스를 통제, 관리할 수 있다.

- ps: 시스템에서 실행되고 있는 프로세스 목록 보기
- kill: 하나 또는 여러 개의 프로세스에게 kill 시그널 보내기(kill [프로세스 번호])
- jobs: 현재 쉘에서 자신의 프로세스 목록 보기
- bg: 프로세스를 백그라운드로 보내기(background)
- fg: 프로세스를 포그라운드로 가져오기(foreground)

1.7.1 bg

Xwindow GUI상에서 터미널을 하나 오픈하고 쉘에서 "xload &"라고 입력하면 시스템 로드를 보여주는 GUI 프로그램이 실행된다. 이와 같이 명령어 다음에 '&' 문자를 붙여주면 백그라운드로 실행하라는 의미를 가진다.

```
[multi@localhost ~]$ xload &
[1] 3084
[multi@localhost ~]$ ls
Desktop
[multi@localhost ~]$
```

xload 프로그램을 백그라운드로 실행하면 실행과 동시에 다음의 그림과 같은 GUI 화면이 나타나고, 터미널에는 xload 프로그램이 실행되면서 OS로부터 부여받은 프로세스 번호를 출력해 준다. 즉, xload 프로그램의 프로세스 넘버가 3084번이라는 의미이다.

그림 1-21 • xload

이와 같이 프로그램을 백그라운드로 실행시키면 하나의 쉘에서 추가적인 다른 명령을 수행할 수 있다. 일반적으로 명령어만 입력하여('&' 문자를 붙이지 않은) 포그라운드로 실행하면 실행한 쉘은 추가적인 작업을 할 수 없다.

만약 포그라운드로 xload를 실행해 두었는데, 동일 쉘에서 뭔가 다른 작업을 수행해야 할 경우라면 <Ctrl-Z>키를 눌러서 현재 실행되고 있는 xload 프로그램을 잠시 멈추게 할 수 있다. 여기서 멈춘다는 의미는 프로세스가 소멸되는 것이 아니라 "idle 상태"라는 의미이다. 이렇게 멈추도록 한 다음, 필요한 명령을 수행하고 다시 xload 프로그램을 진행하기 위해서는 bg 명령을 사용해서 백그라운드에서 수행하도록 하면, xload 프로세스도 다시 진행되고 현재의 쉘에서 다른 명령을 계속해서 사용할 수 있게 된다.

```
[multi@localhost ~]$ xload

[1]+  Stopped                 xload
[multi@localhost ~]$ ls
Desktop
[multi@localhost ~]$ bg
[1]+ xload &
[multi@localhost ~]$
```

1.7.2 jobs, ps, kill

앞에서 xload를 실행하였는데, 현재의 쉘에서 백그라운드로 수행되고 있는 프로세스들을 출력하고자 할 경우에는 jobs 명령을 사용한다.

```
[multi@localhost ~]$ jobs
[1]+  Running                 xload &
[multi@localhost ~]$
```

jobs 명령보다 좀더 파워풀한 명령으로 ps를 사용할 수 있다. ps 명령에서는 프로세스 아이디, 즉 PID를 출력해 준다. ps 명령에 대한 옵션으로는 ps aux 또는 ps -ef를 많이 사용하며, ps aux --forest 형태로 사용하면 프로세스 목록을 트리 형태로 출력해 볼 수 있다. 또한 프로세스 트리만 보기 위해서는 pstree 명령을 사용할 수 있다.

```
[multi@localhost ~]$ ps
  PID TTY          TIME CMD
 3044 pts/2    00:00:00 bash
 3104 pts/2    00:00:00 xload
 3154 pts/2    00:00:00 ps
[multi@localhost ~]$
```

이제 xload 프로그램을 종료, 즉 이 프로세스를 제거하려고 한다면 kill 명령을 사용하여 프로세스를 제거할 수 있다.

jobs에 나타난 프로세스를 제거하기 위해서는 "kill %[번호]"를 사용하고 ps 명령으로 출력되는 프로세스를 제거하기 위해서는 PID를 사용하여 "kill [PID 번호]"를 실행하면 된다.

[jobs, kill]

```
[multi@localhost ~]$ jobs
[1]+  Running                 xload &
[multi@localhost ~]$ kill %1
[multi@localhost ~]$ ps
  PID TTY          TIME CMD
 3044 pts/2    00:00:00 bash
 3163 pts/2    00:00:00 ps
[1]+  종료됨                  xload
[multi@localhost ~]$
```

[ps, kill]

```
[multi@localhost ~]$ xload &
[1] 3166
[multi@localhost ~]$ ps
  PID TTY          TIME CMD
 3044 pts/2    00:00:00 bash
 3166 pts/2    00:00:00 xload
 3167 pts/2    00:00:00 ps
[multi@localhost ~]$ kill 3166
[multi@localhost ~]$ ps
  PID TTY          TIME CMD
 3044 pts/2    00:00:00 bash
 3168 pts/2    00:00:00 ps
[1]+  종료됨              xload
[multi@localhost ~]$
```

kill 명령은 프로세스에게 시그널을 보내는 역할을 하는데, 이러한 시그널을 받은 OS는 이 시그널에 맞는 동작을 수행하게 된다.

[kill 명령어 맨페이지]

```
[root@localhost ~]# man kill
KILL(1)                    Linux Programmer's Manual                    KILL(1)

NAME
    kill - 프로세스 종료시키기

SYNOPSIS
    kill [ -s signal | -p ]  [ -a ] pid ...
    kill -l [ signal ]

DESCRIPTION
    kill 명령은 지정한 프로세스에 지정한 시그널을 보낸다. 지정한 시그널이 없으면 TERM 시그널을 보낸다. 이 시그
    널은 프로세스를 종료시킬 것이다. TERM 시그널로 종료되지 않는 프로세스는 필요하다면, KILL (9) 시그널을 보낼
    수도 있다.
```

(계속)

```
    대부분의 요즘 쉘들은 내장 kill 함수를 가지고 있다. (그래서 이 명령을 사용할 경우가 잘 없지만, 한 프로세스를
    비정상적으로 종료해야 할 경우에 이 명령을 사용한다.)

OPTIONS
    pid ...
        종료시킬 프로세스 ID나 프로세스 이름.
    -s  특별히 보낼 시그널 지정, 여기에는 시그널 이름이나 번호가 온다.
    -p  프로세스 ID를 지정했을 경우 그 프로세스에 시그널을 정말 보내지는 않고, 단지 그 프로세스의 이름만 보여준다.
    -l  시그널로 사용할 수 있는 시그널 이름들을 보여준다. 이것은 /usr/include/linux/signal.h 파일에서도 알 수
        있다.

SEE ALSO
    bash(1), tcsh(1), kill(2), sigvec(2)

AUTHOR
    Taken from BSD 4.4.  The ability to translate process names to  process
    ids was added by Salvatore Valente <svalente@mit.edu>.

Linux Utilities                 14 October 1994                   KILL(1)
```

시그널이란, 비동기식 이벤트 처리 메커니즘을 제공하는 소프트웨어 인터럽트를 말한다. 이러한 이벤트는 사용자가 주로 <Ctrl-C>키와 같은 인트럽트 문자를 생성하는 경우처럼 시스템 외부에서 발생할 수 있으며, 프로세스가 0으로 나누기divide by zero를 수행하는 경우처럼 프로그램이나 커널 내부 작업 과정에서 발생할 수도 있다. 또한 프로세스 간 통신InterProcess Communication, IPC의 기초적인 형태로서 한 프로세스가 다른 프로세스에게 시그널을 보낼 수도 있다. 본 도서에서는 시스템 프로그래밍을 공부하는 것이 아니기 때문에 kill 명령을 사용하여 해당 프로세스에게 시그널 보내는 사항에 대해서만 기술한다.

kill 명령으로 OS에게 보낼 수 있는 시그널의 종류을 출력하려면 kill -l 명령을 실행하면 되는데, 총 64개의 시그널을 확인할 수 있다. 결과에서와 같이 시그널 문자열뿐만 아니라 시그널 번호도 지정되어 있다.

```
[multi@localhost ~]$ kill -l
 1) SIGHUP       2) SIGINT       3) SIGQUIT      4) SIGILL
 5) SIGTRAP      6) SIGABRT      7) SIGBUS       8) SIGFPE
 9) SIGKILL     10) SIGUSR1     11) SIGSEGV     12) SIGUSR2
13) SIGPIPE     14) SIGALRM     15) SIGTERM     16) SIGSTKFLT
17) SIGCHLD     18) SIGCONT     19) SIGSTOP     20) SIGTSTP
21) SIGTTIN     22) SIGTTOU     23) SIGURG      24) SIGXCPU
25) SIGXFSZ     26) SIGVTALRM   27) SIGPROF     28) SIGWINCH
29) SIGIO       30) SIGPWR      31) SIGSYS      34) SIGRTMIN
35) SIGRTMIN+1  36) SIGRTMIN+2  37) SIGRTMIN+3  38) SIGRTMIN+4
39) SIGRTMIN+5  40) SIGRTMIN+6  41) SIGRTMIN+7  42) SIGRTMIN+8
43) SIGRTMIN+9  44) SIGRTMIN+10 45) SIGRTMIN+11 46) SIGRTMIN+12
47) SIGRTMIN+13 48) SIGRTMIN+14 49) SIGRTMIN+15 50) SIGRTMAX-14
51) SIGRTMAX-13 52) SIGRTMAX-12 53) SIGRTMAX-11 54) SIGRTMAX-10
55) SIGRTMAX-9  56) SIGRTMAX-8  57) SIGRTMAX-7  58) SIGRTMAX-6
59) SIGRTMAX-5  60) SIGRTMAX-4  61) SIGRTMAX-3  62) SIGRTMAX-2
63) SIGRTMAX-1  64) SIGRTMAX
[multi@localhost ~]$
```

그리고 시그널에 대한 기본 정의는 /usr/include/asm/signal.h 헤더 파일에 정의되어 있다.

```
[multi@localhost ~]$ cat /usr/include/asm/signal.h
#define NSIG            32
typedef unsigned long sigset_t;
#define SIGHUP           1
#define SIGINT           2
#define SIGQUIT          3
#define SIGILL           4
#define SIGTRAP          5
#define SIGABRT          6
#define SIGIOT           6
#define SIGBUS           7
#define SIGFPE           8
#define SIGKILL          9
```

(계속)

```
#define SIGUSR1         10
#define SIGSEGV         11
#define SIGUSR2         12
#define SIGPIPE         13
#define SIGALRM         14
#define SIGTERM         15
#define SIGSTKFLT       16
#define SIGCHLD         17
#define SIGCONT         18
#define SIGSTOP         19
#define SIGTSTP         20
#define SIGTTIN         21
#define SIGTTOU         22
#define SIGURG          23
#define SIGXCPU         24
#define SIGXFSZ         25
#define SIGVTALRM       26
#define SIGPROF         27
#define SIGWINCH        28
#define SIGIO           29
#define SIGPOLL         SIGIO
/*
#define SIGLOST         29
*/
#define SIGPWR          30
#define SIGSYS          31
#define SIGUNUSED       31

/* These should not be considered constants from userland.  */
#define SIGRTMIN        32
#define SIGRTMAX        _NSIG
...중략...
```

표 1-23 • kill과 함께 자주 사용하는 시그널

시그널 번호	시그널명	설명
1	SIGHUP	hangup 로그아웃 또는 접속을 종료할 때 발생하는 시그널로서 특정 프로세스가 이용하는 설정 파일을 변경시키고 변화된 내용을 곧바로 적용하고자 할 때 사용된다. 예를 들면, 아파치 웹 서버 서비스를 하고 있는 상황에서 httpd.conf 파일을 부득이하게 변경하고 서비스를 다시 시작해야 할 경우가 있다. 이런 상황에서는 killall -HUP httpd 명령을 사용하면 아파치 서비스를 재시작할 수 있게 된다.
2	SIGINT	interrupt 현재 작동 중인 프로세스의 동작을 멈출 때 사용한다. 일반적으로 <Ctrl-C>키를 눌렀을 때 발생하며 실행 중인 프로그램을 종료하게 된다.
3	SIGQUIT	quit SIGINT와 같이 사용자가 터미널에서 종료키(quit)를 누를 때 커널에 의해 보내지는데, 일반적인 값은 <Ctrl-\>이다. 이 시그널에 의해 비정상적으로 종료하게 되므로 코어 파일을 생성하고 종료한다. 이때 생성되는 코어 파일은 gdb 등의 디버거로 분석할 수 있는 프로세스 이미지 파일이다.
9	SIGKILL	kill 해당 프로세스의 실행을 강제로 중지한다. 가장 많이 사용되는 시그널로서 어떤 프로세스를 강제로 종료시키고자 할 때 사용한다. TERM 시그널로 종료되지 않는 프로세스도 이 시그널로 강제 종료할 수 있다.
11	SIGSEGV	segmentation violation 메모리 접근이 잘못되었을 때, 즉 프로세스가 포인터를 잘못 사용하여 정해진 영역 이외의 메모리 영역를 침범했을 때 발생한다.
15	SIGTERM	terminate 정상적인 종료 프로세스에 정의되어 있는 정상적인 종료 방법에 의해 프로세스를 종료하게 한다. kill 명령에서 시그널을 특별히 지정하지 않으면 이 시그널을 이용하여 프로세스를 종료한다. 만약 이 시그널로 종료되지 않는 프로세스라면 KILL 시그널을 이용하여 강제로 종료시킬 수 있다.

다음은 SIGTERM과 SIGKILL에 대한 간단한 예제이다.

[SIGTERM]

```
[multi@localhost ~]$ jobs
[SIGTERM]
[multi@localhost ~]$ firefox &
[1] 22849
[multi@localhost ~]$ ps
  PID TTY          TIME CMD
 3044 pts/2    00:00:00 bash
22849 pts/2    00:00:00 firefox
22863 pts/2    00:00:00 run-mozilla.sh
22868 pts/2    00:00:01 firefox-bin
22874 pts/2    00:00:00 ps
[multi@localhost ~]$ kill -SIGTERM 22868
[multi@localhost ~]$ ps
  PID TTY          TIME CMD
 3044 pts/2    00:00:00 bash
22875 pts/2    00:00:00 ps
[1]+  Exit 143                firefox
[multi@localhost ~]$
```

[SIGKILL]

```
[SIGKILL]
[multi@localhost ~]$ firefox &
[1] 22877
[multi@localhost ~]$ ps
  PID TTY          TIME CMD
 3044 pts/2    00:00:00 bash
22877 pts/2    00:00:00 firefox
22891 pts/2    00:00:00 run-mozilla.sh
22896 pts/2    00:00:01 firefox-bin
22901 pts/2    00:00:00 ps
[multi@localhost ~]$ kill -SIGKILL 22896
[multi@localhost ~]$ ps
  PID TTY          TIME CMD
 3044 pts/2    00:00:00 bash
22902 pts/2    00:00:00 ps
[1]+  Exit 137                firefox
[multi@localhost ~]$
```

앞의 두 예제와 같이 프로세스를 종료할 수도 있지만, 단순히 kill [프로세스 ID]만 입력해도 프로세스를 종료할 수 있다. 물론 프로세스를 강제로 종료하려면 **kill -9 [프로세스 ID]** 명령을 사용하도록 한다.

```
SIGTERM → kill 22868
SIGKILL → kill 22896
```

1.8 | 시스템 관리자 명령어 정리

리눅스는 수많은 명령어들을 제공하고 있다. 지면의 제한으로 인하여 모두 수록하지 못하지만 보다 상세한 내용들은 man 명령을 사용하여 맨페이지를 항상 읽어보아야 할 것이다.

형식	# man [명령어]

리눅스 명령의 맨페이지를 웹사이트에서 검색하고자 한다면 리눅스 맨페이지 검색 사이트를 방문해보기 바란다. (http://www.linuxmanpages.com, http://linux.die.net/man)

1.8.1 유저와 그룹

1.8.1.1 users

이 명령은 현재 로그인하고 있는 유저들을 출력한다. 의미가 같은 명령으로 who -q 명령이 있다.

```
[root@localhost ~]# users
linux multi
[root@localhost ~]# who -q
multi linux
# users=2
[root@localhost ~]# who
multi    pts/1        2009-07-17 11:55 (192.168.1.10)
linux    pts/2        2009-07-17 11:58 (192.168.1.10)
[root@localhost ~]#
```

1.8.1.2 groups

현재 쉘에 접속해 있는 유저가 속해 있는 그룹을 출력한다. 출력 내용은 GROUPS 환경 변수가 가지고 있는 값과 동일하다. 하지만 GROUPS 환경 변수는 그룹 이름이 아니라 그룹 번호만 가지고 있다.

```
[root@localhost ~]# groups
root bin daemon sys adm disk wheel
[root@localhost ~]# echo $GROUPS
0
[root@localhost ~]#
```

```
[linux@localhost ~]$ groups
linux
[linux@localhost ~]$ echo $GROUPS
501
[linux@localhost ~]$
```

1.8.1.3 chown, chgrp

앞서 공부한 내용이지만 간단하게 정리해 보자. chown 명령은 파일/디렉터리의 소유자를 변경하기 위해 사용하며, chgrp 명령은 파일의 소유 그룹을 변경하기 위한 명령이다.

```
[root@localhost ~]# ls -l install.log
-rw-r--r-- 1 root root 32811 2009-05-23 05:08 install.log
[root@localhost ~]# chown linux.linux install.log
[root@localhost ~]# ls -l install.log
-rw-r--r-- 1 linux linux 32811 2009-05-23 05:08 install.log
[root@localhost ~]# chgrp multi install.log
[root@localhost ~]# ls -l install.log
-rw-r--r-- 1 linux multi 32811 2009-05-23 05:08 install.log
[root@localhost ~]#
```

1.8.1.4 useradd, userdel

useradd 명령은 유저를 추가할 때 사용하는 명령이며, userdel 명령은 유저를 삭제할 때 사용하는 명령이다. 유저를 추가할 때 adduser 명령도 사용할 수 있다. adduser 명령은 useradd 명령에 심볼릭 링크되어 있다. 일반적으로 유저를 추가한 다음, passwd [유저 아이디] 명령을 사용하여 패스워드를 지정한다.

```
[root@localhost ~]# useradd centos
[root@localhost ~]# passwd centos
Changing password for user centos.
New UNIX password:
Retype new UNIX password:
passwd: all authentication tokens updated successfully.
[root@localhost ~]# cat /etc/passwd|grep ^centos
centos:x:502:502::/home/centos:/bin/bash
[root@localhost ~]# which adduser | xargs ls -l
lrwxrwxrwx 1 root root 7 May 23 04:49 /usr/sbin/adduser -> useradd
[root@localhost ~]# userdel centos
[root@localhost ~]# cat /etc/passwd|grep centos
[root@localhost ~]# ls -al /home/centos
total 32
drwx------ 3  502  502 4096 2009-07-17 12:04 .
drwxr-xr-x 5 root root 4096 2009-07-17 12:04 ..
-rw-r--r-- 1  502  502   33 2009-07-17 12:04 .bash_logout
-rw-r--r-- 1  502  502  176 2009-07-17 12:04 .bash_profile
-rw-r--r-- 1  502  502  124 2009-07-17 12:04 .bashrc
drwxr-xr-x 4  502  502 4096 2009-07-17 12:04 .mozilla
-rw-r--r-- 1  502  502  658 2009-07-17 12:04 .zshrc
[root@localhost ~]#
```

위의 예제에서 centos 유저를 생성하였다. 그리고 centos 유저를 삭제하기 위해 userdel 명령을 사용하였지만, centos 유저의 홈디렉터리에는 파일이 그대로 남아있다. 즉, 아무런 옵션 없이 userdel 명령을 사용하면 해당 유저의 디렉터리가 삭제되지 않는다. 만약 유저의 홈디렉터리를 모두 삭제하길 원한다면 -r 옵션을 사용하도록 한다. userdel -r centos 명령을 실행하여 유저를 삭제하면 centos 유저의 홈디렉터리, 즉 유저가 생성될때 기본적으로 생성되는 홈디렉터리인 /home/centos 디렉터리를 모두 삭제한다.

```
[root@localhost ~]# userdel -r centos
[root@localhost ~]# ls -l /home/centos
ls: /home/centos: No such file or directory
[root@localhost ~]#
```

1.8.1.5 usermod, groupmod

usermod 명령은 유저의 각종 정보를 변경할 때 사용하며 groupmod 명령은 그룹 이름이나 그룹 아이디를 변경할 때 사용한다.

```
[root@localhost ~]# usermod -g multi linux
[root@localhost ~]# groups linux
linux : multi
[root@localhost ~]# groupmod -n shellscript multi
[root@localhost ~]# groups linux
linux : shellscript
[root@localhost ~]# groupmod -n multi shellscript
[root@localhost ~]# groups linux
linux : multi
[root@localhost ~]#
```

groupmod 명령에서 -n 옵션 다음에 새로운 그룹명을 지정하고 뒤이어 변경할 기존의 그룹명을 지정하면, -n 옵션 다음에 지정한 새로운 그룹명으로 변경할 수 있다.

1.8.1.6 id

id 명령은 유저의 아이디와 그룹아이디, 소속되어 있는 그룹명 등을 출력해 준다. bash 쉘의 환경 변수인 UID, EUID, GROUPS 변수의 값을 출력한다.

```
[root@localhost ~]# id
uid=0(root) gid=0(root)
groups=0(root),1(bin),2(daemon),3(sys),4(adm),6(disk),10(wheel)
[root@localhost ~]# echo $UID
0
[root@localhost ~]# echo $EUID
0
[root@localhost ~]# echo $GROUPS
0
[root@localhost ~]# id multi
uid=500(multi) gid=500(multi) groups=500(multi)
[root@localhost ~]#
```

1.8.1.7 lid

lid 명령은 list id라는 의미로 유저가 소속되어 있는 그룹을 출력한다.

```
[root@localhost ~]# lid multi
 multi(gid=500)
[root@localhost ~]# lid daemon
 bin(gid=1)
 daemon(gid=2)
 adm(gid=4)
 lp(gid=7)
[root@localhost ~]#
```

1.8.1.8 who

who 명령은 현재 로그인되어 있는 유저 목록을 출력한다. -m 옵션을 사용하면 현재 쉘을 사용하고 있는 유저의 접속 정보를 출력한다. whoami 명령을 사용하면 현재 쉘을 사용하고 있는 유저의 아이디를 출력한다. 아래 예제에서 현재 root로 쉘에 접속해 있는데, who -m 명령을 사용했을 때 multi가 출력되는 이유는 multi 유저로 원격에서 로그인한 다음 su - 명령을 사용하여 수퍼유저로 접근했기 때문에 현재 쉘은 multi 유저의 쉘에서 생성된 서브쉘임을 알 수 있다. 그리고 whoami 명령은 단순히 현재 쉘을 사용하고 있는 유저명을 출력하는데, id -un 명령을 사용하는 것과 동일하다.

```
[root@localhost ~]# who
multi    pts/1        2009-07-17 11:55 (192.168.1.10)
linux    pts/2        2009-07-17 11:58 (192.168.1.10)
[root@localhost ~]# who -m
multi    pts/1        2009-07-17 11:55 (192.168.1.10)
[root@localhost ~]# whoami
root
[root@localhost ~]# id -un
root
[root@localhost ~]#
```

1.8.1.9 w

w 명령은 로그인한 모든 유저에 대한 정보를 출력한다. 이 명령은 who 명령의 확장 명령이며, 일반적으로 현재 접속 중인 유저들의 실행 중인 명령을 검색하기 위해 grep 명령과 파이프로 연결하여 사용하기도 한다.

```
[root@localhost ~]# w
 12:13:00 up 26 min,  2 users,  load average: 0.00, 0.00, 0.00
USER     TTY      FROM              LOGIN@   IDLE   JCPU   PCPU WHAT
multi    pts/1    192.168.1.10      11:55    0.00s  0.32s  0.05s sshd: multi [pr
linux    pts/2    192.168.1.10      11:58   12:19   0.05s  0.05s -bash
[root@localhost ~]# w|grep sshd
multi    pts/1    192.168.1.10      11:55    0.00s  0.31s  0.05s sshd: multi [pr
[root@localhost ~]#
```

1.8.1.10 logname

logname 명령은 현재 유저의 로그인명을 출력하는데, /var/run/utmp 파일에서 찾아낸다. utmp 파일은 바이너리 데이터 파일이다.

```
[multi@localhost ~]$ logname
multi
[multi@localhost ~]$ whoami
multi
[multi@localhost ~]$ su -
암호:
[root@localhost ~]# logname
multi
[root@localhost ~]# whoami
root
[root@localhost ~]# file /var/run/utmp
/var/run/utmp: data
[root@localhost ~]#
```

su - 명령을 사용하여 수퍼유저로 로그인한 다음, logname 명령을 실행해 보면 쉘의 표기는 root로 되어 있지만, 현재 쉘에 최초로 로그인한 유저명은 multi이므로 결과값으로 multi가 출력된다. whoami 명령은 현재 쉘을 사용하고 있는 프로세스의 유저를 출력하기 때문에 root가 출력된다.

1.8.1.11 su

su[substitute] 명령은 한 유저가 잠시 다른 유저로 전환할 수 있도록 해주는데, 실제 사용자 ID, 그룹 ID로 쉘을 실행한다. 유저가 주어지지 않으면 기본적으로 수퍼유저인 root로 설정된다. 실행되는 쉘은 유저의 패스워드 목록에서 찾아오거나, 없으면 /bin/sh를 수행한다. 만약 유저에 패스워드가 지정되어 있다면 su 명령은 실제 사용자 ID가 0[수퍼유저]이 아닌 한 전환할 유저의 패스워드를 묻는다.

```
[multi@localhost ~]$ pwd
/home/multi
[multi@localhost ~]$ su
암호:
[root@localhost multi]# pwd
/home/multi
[root@localhost multi]#
```

옵션이 없이 su 명령만 사용하면 현재 디렉터리를 변경하지 않으며 기존 유저의 환경 변수를 그대로 가지게 된다. 즉, 새로운 로그인 쉘이 아니다.

```
[multi@localhost ~]$ pwd
/home/multi
[multi@localhost ~]$ su -
암호:
[root@localhost ~]# pwd
/root
[root@localhost ~]#
```

su - 명령을 실행하면 쉘을 로그인 쉘로 만들며 전환한 수퍼유저[root]의 환경 변수를 적용하고 root의 홈디렉터리로 이동하게 된다.

1.8.1.12 sudo

수퍼유저 또는 다른 유저로 명령을 실행하도록 한다.

sudo에 대한 설정내용은 /etc/sudoers 파일에 정의되어 있다.

```
## Sudoers allows particular users to run various commands as
## the root user, without needing the root password.
```

아래와 같이 sudo 명령을 사용하여 /root 디렉터리의 파일 목록을 읽으려고 하면 패스워드를 묻는다. 이때 root 패스워드가 아니라 자신의 패스워드를 입력한다. 하지만 현재 multi 유저는 /etc/sudoers 파일에 sudo 사용자로 지정하지 않았기 때문에 에러가 발생한다.

```
[multi@localhost ~]$ sudo ls /root
암호:
multi is not in the sudoers file.  This incident will be reported.
[multi@localhost ~]$
```

이제 /etc/sudoers 파일을 vim 에디터로 오픈하여 아래의 볼드체 부분과 같이 multi 유저를 등록하는 설정을 추가하고 저장한다.

```
[root@localhost ~]# vim /etc/sudoers
...
## Allow root to run any commands anywhere
root    ALL=(ALL)       ALL
multi   ALL=(ALL)       ALL
...
[root@localhost ~]#
```

그리고 multi 유저로 로그인하여 sudo 명령을 사용하면 패스워드를 묻는데, 이때 multi 유저 **자신의 패스워드**를 입력하면 아무런 문제없이 sudo 명령을 사용할 수 있으며, sudo 명령을 사용하고 있기 때문에 root 유저 권한으로 ls 명령을 실행하고 있는 상태여서 /root 디렉터리의 목록을 출력할 수 있게 된다.

```
[multi@localhost ~]$ sudo ls /root
암호:
anaconda-ks.cfg  install.log                  perm2         sorted_ls.txt
attribute        install.log.syslog           perm2.txt     tarfile.tgz
backup           ls.txt                       rm_error.txt  test0.txt
backup2          lsls.txt                     script.txt    test1.txt
dir              mc-4.6.1a-35.el5.i386.rpm    scsrun.log    test2.txt
html0.html       perm.txt                     shelltest.sh
[multi@localhost ~]$
```

만약 root 유저가 일반유저로 명령을 실행하고자 한다면 다음과 같이 -u 옵션을 사용한다. 다음 예제에서는 multi 유저가 기본적으로 root 유저의 디렉터리인 /root 디렉터리에 접근할 수 없기 때문에 접근 허가가 거부된다.

```
[root@localhost ~]# sudo -u multi ls /root
ls: /root: 허가 거부됨
[root@localhost ~]#
```

1.8.1.13 passwd

passwd 명령은 유저의 패스워드를 생성/변경하기 위해 사용한다.

```
[root@localhost ~]# passwd
Changing password for user root.
New UNIX password:
Retype new UNIX password:
passwd: all authentication tokens updated successfully.
[root@localhost ~]#
```

1.8.1.14 ac

ac 명령은 /var/log/wtmp 파일로부터 유저의 로그인 시간을 시간hour 단위로 출력한다.

```
[root@localhost ~]# ac
        total       23.38
[root@localhost ~]# ac -d
May 23  total        1.05
Jul 16  total        0.79
Jul 15  total        2.00
Jul 16  total       13.18
Today   total        6.37
[root@localhost ~]#
```

1.8.1.15 last

last 명령은 /var/log/wtmp 파일로부터 모든 유저의 마지막 로그인 시간을 출력한다. 아규먼트 없이 실행하면 모든 유저를 출력하고, reboot 아규먼트를 사용하면 reboot한 날짜와 시간을 출력해 준다. 아규먼트로 multi를 사용하면 multi 유저에 대한 로그인 시간을 출력할 수 있다.

```
[root@localhost ~]# last | head -n 5
multi    pts/3        192.168.1.10     Fri Jul 17 12:33 - 12:58  (00:25)
multi    pts/3        192.168.1.10     Fri Jul 17 12:31 - 12:31  (00:00)
multi    pts/3        192.168.1.10     Fri Jul 17 12:25 - 12:30  (00:04)
linux    pts/2        192.168.1.10     Fri Jul 17 11:58   still logged in
multi    pts/1        192.168.1.10     Fri Jul 17 11:55   still logged in
[root@localhost ~]# last reboot | head -n 5
reboot   system boot  2.6.18-128.el5   Fri Jul 17 11:47          (01:13)
reboot   system boot  2.6.18-128.el5   Fri Jul 17 11:27          (00:18)
reboot   system boot  2.6.18-128.el5   Fri Jul 17 00:25          (11:19)
reboot   system boot  2.6.18-128.el5   Thu Jul 16 21:48          (13:57)
reboot   system boot  2.6.18-128.el5   Thu Jul 16 14:33          (06:53)
[root@localhost ~]#
```

1.8.1.16 newgrp

newgrp 명령은 자신이 소속된 그룹을 새 그룹으로 변경/추가하지만, 현재 쉘을 빠져나오면 초기화된다.

```
[root@localhost ~]# id
uid=0(root) gid=0(root)
groups=0(root),1(bin),2(daemon),3(sys),4(adm),6(disk),10(wheel)
[root@localhost ~]# newgrp multi
[root@localhost ~]# id
uid=0(root) gid=500(multi)
groups=0(root),1(bin),2(daemon),3(sys),4(adm),6(disk),10(wheel),500(multi)
[root@localhost ~]# groups
multi root bin daemon sys adm disk wheel
[root@localhost ~]# exit
exit
[root@localhost ~]# id
uid=0(root) gid=0(root)
groups=0(root),1(bin),2(daemon),3(sys),4(adm),6(disk),10(wheel)
[root@localhost ~]#
```

1.8.2 터미널

1.8.2.1 tty

tty 명령은 현재 유저의 터미널을 출력한다.

```
[root@localhost ~]# w
 13:03:40 up  1:17,  2 users,  load average: 0.00, 0.00, 0.00
USER     TTY      FROM              LOGIN@   IDLE   JCPU   PCPU WHAT
multi    pts/1    192.168.1.10     11:55    0.00s  0.42s  0.06s sshd: multi [pr
linux    pts/2    192.168.1.10     11:58   18:40   0.10s  0.10s -bash
[root@localhost ~]# tty
/dev/pts/1
[root@localhost ~]#
```

1.8.2.2 stty

stty 명령을 사용하면 터미널 설정을 출력하거나 변경할 수 있다.

```
[root@localhost ~]# stty
speed 38400 baud; line = 0;
-brkint -imaxbel
[root@localhost ~]# stty -a
speed 38400 baud; rows 24; columns 80; line = 0;
intr = ^C; quit = ^\; erase = ^?; kill = ^U; eof = ^D; eol = <undef>;
eol2 = <undef>; swtch = <undef>; start = ^Q; stop = ^S; susp = ^Z; rprnt = ^R;
werase = ^W; lnext = ^V; flush = ^O; min = 1; time = 0;
-parenb -parodd cs8 -hupcl -cstopb cread -clocal -crtscts -cdtrdsr
-ignbrk -brkint -ignpar -parmrk -inpck -istrip -inlcr -igncr icrnl ixon -ixoff
-iuclc -ixany -imaxbel -iutf8
opost -olcuc -ocrnl onlcr -onocr -onlret -ofill -ofdel nl0 cr0 tab0 bs0 vt0 ff0
isig icanon iexten echo echoe echok -echonl -noflsh -xcase -tostop -echoprt
echoctl echoke
[root@localhost ~]#
```

위의 결과값을 보면 각 키값들에 대한 설정을 볼 수 있다. 다음의 예제를 그대로 따라해 보면 앞서 적은 내용들은 <Ctrl-U>키를 누르는 순간 모든 내용이 지워지고 마지막 hello centos 문자열만 입력되게 된다. 그리고 엔터를 친 다음, <Ctrl-D>키를 누르면 파일의 끝을 의미하여 종료하게 된다.

```
[root@localhost ~]# cat > filex
linu<Ctrl-W>x<Ctrl-H>foo bar<Ctrl-U>hello centos<ENTER>
<Ctrl-D>
[root@localhost ~]# cat filex
hello centos
[root@localhost ~]# wc -c < filex
13
[root@localhost ~]#
```

wc -c 명령을 사용하면 해당 파일의 byte count를 출력할 수 있다.

1.8.2.3 setterm

setterm 명령은 터미널의 설정값을 변경할 때 사용하는 명령이다. 다음의 예제와 같이 -cursor 옵션을 사용하여 off라고 설정하면 터미널에서 커서 모양이 보이지 않게 되며, on으로 설정하면 다시 커서 모양이 나타난다.

그림 1-22 • setterm −cursor off

그림 1-23 • setterm −cursor on

1.8.2.4 tset

tset 명령은 터미널 설정을 초기화하고 터미널 타입을 출력한다.

```
[root@localhost ~]# tset -r
Terminal type is xterm.
[root@localhost ~]#
```

1.8.2.5 setserial

시리얼 포트 파라미터들을 설정하거나 출력한다. 이 명령은 root로만 실행할 수 있으며, 시스템 설정 스크립트에서 볼 수 있다.

1.8.2.6 getty, agetty

터미널을 위한 프로세스 초기화를 위하여 getty 또는 agetty를 사용하는데, 로그인명과 /bin/login 명령을 호출하기 위한 tty 포트, 프롬프트를 오픈한다. 일반적으로 init에 의해 호출되며, 유저의 쉘 스크립트에서는 사용할 수 없다.

1.8.2.7 mesg

mesg 명령은 다른 유저가 자신의 터미널에 접근하는 것을 제어하는데, 일반적으로 write 명령에 의해서 발생되는 메시지들을 자신의 터미널에 보여지게 할 것인지 제어한다.

mesg y: 자신의 터미널에 쓰기 허용, 기본 설정
mesg n: 자신의 터미널에 쓰기 불허

옵션이 없으면 현재 메시지 수신 상태를 보여준다.

```
[root@localhost ~]# mesg
is y
[root@localhost ~]#
```

1.8.2.8 wall, write

wall 명령은 접속해 있는 모든 유저에게 메시지를 전송할 때 사용한다. 일반적으로 시스템을 재부팅하거나 셧다운하기 전에 알림 메시지 용도로 사용한다.

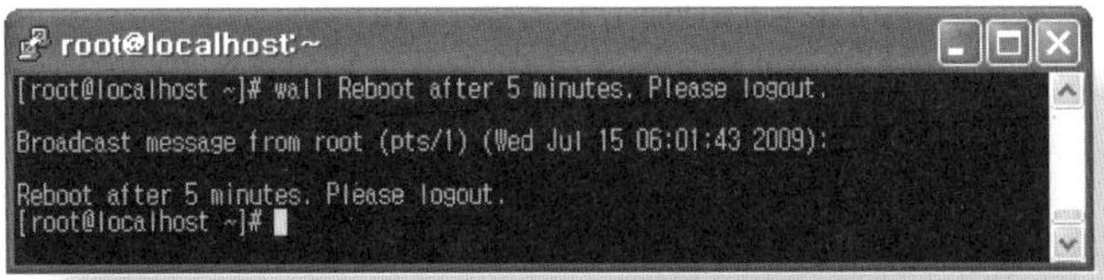

그림 1-24 • wall

앞의 그림은 메시지를 발송하는 화면이며, 다음의 그림은 linux 유저의 쉘에 출력되는 메시지 화면이다.

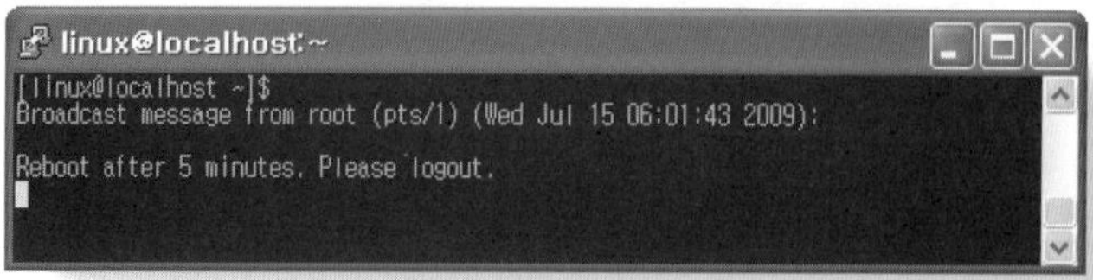

그림 1-25 • linux 유저 화면 – wall

유저를 지정하여 메시지를 발송하고자 한다면 write 명령을 사용하면 된다.

형식	write [유저명]

그림 1-26 • write linux

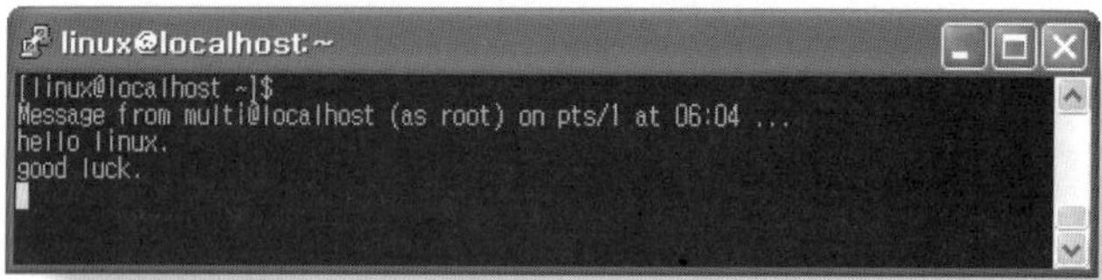

그림 1-27 • linux 유저 화면 – write

메시지 발송을 종료하려면 <Ctrl-C>키를 누르면 된다.

1.8.3 정보와 통계

1.8.3.1. uname

uname 명령을 사용하면 커널 정보와 같은 시스템 정보를 출력해 볼 수 있다.

```
[root@localhost ~]# uname --help
Usage: uname [OPTION]...
Print certain system information.  With no OPTION, same as -s.

  -a, --all                print all information, in the following order,
                             except omit -p and -i if unknown:
  -s, --kernel-name        print the kernel name
  -n, --nodename           print the network node hostname
  -r, --kernel-release     print the kernel release
  -v, --kernel-version     print the kernel version
  -m, --machine            print the machine hardware name
  -p, --processor          print the processor type or "unknown"
  -i, --hardware-platform  print the hardware platform or "unknown"
  -o, --operating-system   print the operating system
      --help     display this help and exit
      --version  output version information and exit

Report bugs to <bug-coreutils@gnu.org>.
[root@localhost ~]# uname
Linux
[root@localhost ~]# uname -a
Linux localhost 2.6.18-128.1.16.el5 #1 SMP Tue Jun 30 06:10:28 EDT 2009 i686 i686 i386 GNU/Linux
[root@localhost ~]#
```

1.8.3.2 arch

arch 명령을 실행하면 시스템 아키텍처를 출력해 준다. uname -m 명령과 동일하다.

```
[root@localhost ~]# arch
i686
[root@localhost ~]# uname -m
i686
[root@localhost ~]#
```

1.8.3.3 lastlog

lastlog 명령은 /var/log/lastlog 파일을 참고하여 모든 유저의 마지막 로그인 시간을 출력한다.

```
[root@localhost ~]# lastlog | head -n 5
Username         Port     From             Latest
root             tty2                      Sat May 23 14:43:23 +0900 2009
bin                                        **Never logged in**
daemon                                     **Never logged in**
adm                                        **Never logged in**
[root@localhost ~]# lastlog|grep multi
multi            pts/3    192.168.1.10     Fri Jul 17 13:18:32 +0900 2009
[root@localhost ~]#
```

1.8.3.4 lsof

lsof 명령은 오픈된 파일의 목록을 출력한다. -i 옵션을 사용하면 오픈되어 있는 네트워크 소켓 파일들을 출력할 수 있다.

```
[root@localhost ~]# lsof | head -n 5
COMMAND     PID      USER   FD      TYPE     DEVICE     SIZE       NODE NAME
init          1      root  cwd       DIR        3,1     4096          2 /
init          1      root  rtd       DIR        3,1     4096          2 /
init          1      root  txt       REG        3,1    38652     720993 /sbin/init
init          1      root  mem       REG        3,1    93508     262356 /lib/libselinux.so.1
[root@localhost ~]# lsof -an -i tcp|grep IPv4
portmap   1798  rpc    4u  IPv4  4921      TCP *:sunrpc (LISTEN)
rpc.statd 1831  root   7u  IPv4  5030      TCP *:netgw (LISTEN)
hpiod     2070  root   0u  IPv4  5586      TCP 127.0.0.1:2208 (LISTEN)
python    2075  root   4u  IPv4  5604      TCP 127.0.0.1:2207 (LISTEN)
cupsd     2101  root   4u  IPv4  5677      TCP 127.0.0.1:ipp (LISTEN)
sendmail  2121  root   4u  IPv4  5755      TCP 127.0.0.1:smtp (LISTEN)
[root@localhost ~]#
```

1.8.3.5 strace

strace 명령은 주어진 명령을 실행할 때 호출하는 시스템 콜과 시그널을 추적하는 명령이다.

```
[root@localhost ~]# strace df
execve("/bin/df", ["df"], [/* 19 vars */]) = 0
brk(0)                                  = 0x865e000
access("/etc/ld.so.preload", R_OK)      = -1 ENOENT (No such file or directory)
open("/etc/ld.so.cache", O_RDONLY)      = 3
…중략…
exit_group(0)                           = ?
[root@localhost ~]#
```

1.8.3.6 ltrace

ltrace 명령은 주어진 명령을 실행할 때 호출하는 라이브러리 콜을 추적하는 명령이다.

```
[root@localhost ~]# ltrace df
__libc_start_main(0x804a7a0, 1, 0xbfdfe914, 0x804fb80, 0x804fb70 <unfinished ...>
setlocale(6, "")                                  = "en_US.UTF8"
bindtextdomain("coreutils", "/usr/share/locale")  = "/usr/share/locale"
…중략…
fclose(0xcb24c0)                                  = 0
+++ exited (status 0) +++
[root@localhost ~]#
```

1.8.3.7 nc

nc 명령은 TCP와 UDP 포트 커넥션과 리슨을 출력한다. 포트 접속을 위해서는 호스트명과 포트번호를 아규먼트로 사용하면 되고, -z 옵션과 포트번호 범위를 지정하면 포트로 접속이 가능한 상태인지 체크할 수 있으며, 검색할 포트 범위는 1-80 형식을 사용하는데 1번 포트부터 80번 포트까지 검색하겠다는 의미이다. 즉, nc 명령으로도 포트 스캔을 할 수 있다.

```
[root@localhost ~]# nc localhost 25
220 localhost.localdomain ESMTP Sendmail 8.13.8/8.13.8; Fri, 17 Jul 2009 13:53:20 +0900
<Ctrl-C>
[root@localhost ~]# nc -z localhost 1-80
Connection to localhost 22 port [tcp/ssh] succeeded!
Connection to localhost 25 port [tcp/smtp] succeeded!
[root@localhost ~]#
```

1.8.3.8 free

메모리와 캐시 사용량을 Byte 단위로 출력한다.

```
[root@localhost ~]# free
             total       used       free     shared    buffers     cached
Mem:        255552     219096      36456          0      30924     120132
-/+ buffers/cache:      68040     187512
Swap:      1052248        156    1052092
[root@localhost ~]#
```

만약 현재 사용하고 있지 않은 메모리, 즉 사용할 수 있는 여유 메모리를 출력하고자 한다면 다음과 같이 awk 명령을 사용하여 파이프로 연결하면 된다. awk 명령에 대해서는 6장에서 자세히 공부할 예정이다.

```
[root@localhost ~]# free | grep Mem | awk '{ print $4 }'
36500
[root@localhost ~]#
```

1.8.3.9 procinfo

/proc 파일 시스템에 대한 정보를 출력한다.

만약 procinfo 명령이 존재하지 않는다면 yum 원격 설치 명령을 사용하여 인스톨한다.

```
[root@localhost ~]# procinfo
-bash: procinfo: command not found
[root@localhost ~]# yum install procinfo -y
[root@localhost ~]# procinfo
Linux 2.6.18-128.el5 (mockbuild@builder16) (gcc 4.1.2 20080704 ) #1 1CPU [localhost]

Memory:      Total        Used        Free      Shared     Buffers
Mem:        255556      219972       35584           0       15884
Swap:      1052248           0     1052248

Bootup: Fri Jul 17 11:46:27 2009    Load average: 0.07 0.03 0.00 1/92 3543

user  :       0:00:24.64   0.3%  page in :          0
nice  :       0:00:05.11   0.1%  page out:          0
```

```
system:     0:02:19.73   1.8%  swap in :      0
idle  :     2:08:49.71  97.8%  swap out:      0
steal :     0:00:00.00   0.0%
uptime:     2:11:41.82         context :  324457

irq  0:   7856567 timer              irq  9:         1 acpi, ahci, Intel 82
irq  1:        11 i8042              irq 10:         4 vboxadd
irq  2:         0 cascade [4]        irq 11:     20782 ehci_hcd:usb1, eth0
irq  5:         0 ehci_hcd:usb2      irq 12:       124 i8042
irq  6:         4 floppy [2]         irq 14:     19341 ide0
irq  8:         1 rtc                irq 15:     78341 ide1

[root@localhost ~]#
```

1.8.3.10 lsdev

lsdev 명령은 설치된 디바이스 장치들의 목록을 출력한다.

```
[root@localhost ~]# lsdev
Device           DMA   IRQ  I/O Ports
------------------------------------------------
0000:00:01.1                d000-d00f
0000:00:03.0                d020-d03f
0000:00:04.0                d040-d05f
0000:00:05.0                d100-d1ff d200-d23f
0000:00:0d.0                d240-d247 d250-d257 d260-d26f
82801AA-ICH              9
ACPI                        4000-4003 4004-4005 4008-400b 4020-4021
cascade            4     2
dma                         0080-008f
dma1                        0000-001f
dma2                        00c0-00df
eth0                    11
floppy             2     6  03f2-03f5 03f7-03f7
fpu                         00f0-00ff
i8042                 1 12
ide0                    14  01f0-01f7 03f6-03f6 d000-d007
```

```
ide1                    15  0170-0177 0376-0376 d008-d00f
Intel                       d100-d1ff d200-d23f
keyboard                    0060-0060 0064-0064
ohci_hcd:usb2            5
PCI                         0cf8-0cff
pcnet32_probe_pci            d020-d03f
pic1                        0020-0021
pic2                        00a0-00a1
rtc                      8  0070-0077
timer                    0
timer0                      0040-0043
timer1                      0050-0053
vboxadd                 10
vga+                        03c0-03df
[root@localhost ~]#
```

1.8.3.11 du

du 명령은 디스크의 파일 사용량을 출력한다. 재귀적으로 출력하며 특정 디렉터리를 지정할 수도 있다. 킬로바이트 단위로 출력하기 위해서는 -h 옵션을 사용하며, 현재 디렉터리 아래의 전체 용량을 출력하려면 -sh 옵션을 사용한다.

```
[root@localhost ~]# du -h
4.0K    ./.gnome2_private
4.0K    ./attribute
8.0K    ./.gconfd
4.0K    ./dir/testdir
8.0K    ./dir
12K     ./.mc/cedit
44K     ./.mc
16K     ./backup2
4.0K    ./perm2
8.0K    ./.lftp
8.0K    ./.gnome2/accels
12K     ./.gnome2
16K     ./backup/dest
32K     ./backup
```

```
16K     ./.gconf/apps/gnome-session/options
28K     ./.gconf/apps/gnome-session
40K     ./.gconf/apps
48K     ./.gconf
2.5M    .
[root@localhost ~]#
```

1.8.3.12 df

df 명령은 파일시스템의 파티션 사용량을 출력한다. -h 옵션을 사용하면 M메가바이트, G기가바이트 단위로 출력해 준다.

```
[root@localhost ~]# df -h
Filesystem            Size  Used Avail Use% Mounted on
/dev/hda1             6.8G  3.2G  3.3G  50% /
tmpfs                 125M     0  125M   0% /dev/shm
[root@localhost ~]#
```

1.8.3.13 dmesg

dmesg 명령은 부팅 시 콘솔에 출력된 메시지들을 출력한다.

```
[root@localhost ~]# dmesg | grep hda
    ide0: BM-DMA at 0xd000-0xd007, BIOS settings: hda:DMA, hdb:pio
hda: VBOX HARDDISK, ATA DISK drive
hda: max request size: 128KiB
hda: 16777216 sectors (8589 MB) w/256KiB Cache, CHS=16644/16/63, UDMA(33)
hda: cache flushes supported
 hda: hda1 hda2
EXT3 FS on hda1, internal journal
Adding 1052248k swap on /dev/hda2.  Priority:-1 extents:1 across:1052248k
[root@localhost ~]#
```

1.8.3.14 stat

stat 명령은 주어진 파일의 각종 정보(block, inode 등)를 출력한다.

```
[root@localhost ~]# stat install.log
  File: `install.log'
```

```
  Size: 32811           Blocks: 80         IO Block: 4096   regular file
Device: 301h/769d       Inode: 1638402     Links: 1
Access: (0644/-rw-r--r--)  Uid: (  501/   linux)   Gid: (  500/   multi)
Access: 2009-07-15 09:59:01.000000000 +0900
Modify: 2009-05-23 05:08:24.000000000 +0900
Change: 2009-07-17 12:03:22.000000000 +0900
[root@localhost ~]# ls -l install.log
-rw-r--r-- 1 linux multi 32811 2009-05-23 05:08 install.log
[root@localhost ~]#
```

ls -l 명령으로 출력한 install.log 파일의 시간 표시와 stat 명령으로 본 시간 표시를 비교하면 ls -l 명령으로 출력되는 시간은 파일의 Modify 시간임을 확인할 수 있다. 리눅스에서의 파일은 atime^access, mtime^modify, ctime^change을 가지고 있다.

아규먼트로 입력한 파일이 존재하지 않는다면 다음과 같은 메시지를 출력한다.

```
[root@localhost ~]# stat nonexist.file
stat: cannot stat `nonexist.file': No such file or directory
[root@localhost ~]#
```

1.8.3.15 vmstat

vmstat 명령은 버추얼 메모리 통계를 출력한다.

```
[root@localhost ~]# vmstat
procs -----------memory---------- ---swap-- -----io---- --system-- -----cpu------
 r  b   swpd   free   buff  cache   si   so    bi    bo   in   cs us sy id wa st
 0  0      0  34324  16184 151848    0    0    21     8 1009   41  0  2 98  0  0
[root@localhost ~]#
```

1.8.3.16 netstat

netstat 명령은 현재 네트워크 통계와 정보를 출력한다. 만약 현재 오픈되어 있는 포트 목록을 출력하고자 한다면 -lptu 옵션을 사용하면 된다.

```
[root@localhost ~]# netstat -lptu
Active Internet connections (only servers)
Proto Recv-Q Send-Q Local Address               Foreign Address             State       PID/Program name
```

```
tcp        0      0 localhost.localdomain:2208    *:*            LISTEN      2070/hpiod
tcp        0      0 *:netgw                       *:*            LISTEN      1831/rpc.statd
tcp        0      0 *:sunrpc                      *:*            LISTEN      1798/portmap
tcp        0      0 localhost.localdomain:ipp     *:*            LISTEN      2101/cupsd
tcp        0      0 localhost.localdomain:smtp    *:*            LISTEN      2121/sendmail: acce
tcp        0      0 localhost.localdomain:2207    *:*            LISTEN      2075/python
tcp        0      0 *:ssh                         *:*            LISTEN      2090/sshd
udp        0      0 *:39701                       *:*                        2235/avahi-daemon:
udp        0      0 *:735                         *:*                        1831/rpc.statd
udp        0      0 *:738                         *:*                        1831/rpc.statd
udp        0      0 *:mdns                        *:*                        2235/avahi-daemon:
udp        0      0 *:sunrpc                      *:*                        1798/portmap
udp        0      0 *:ipp                         *:*                        2101/cupsd
udp        0      0 *:49609                       *:*                        2235/avahi-daemon:
udp        0      0 *:mdns                        *:*                        2235/avahi-daemon:
[root@localhost ~]#
```

1.8.3.17 uptime

uptime 명령은 현재 시간과 시스템이 종료/재부팅되지 않고 계속 운영되고 있는 기간, 현재 접속자수, 평균 부하를 출력한다. load average가 3 이상이면 시스템 성능이 현저히 떨어진다.

```
[root@localhost ~]# uptime
 14:10:19 up  2:23,  2 users,  load average: 0.00, 0.00, 0.00
[root@localhost ~]#
```

1.8.3.18 hostname

hostname 명령은 시스템의 호스트명을 출력한다. HOSTNAME 변수의 값은 /etc/sysconfig/network 파일에 지정되어 있어서 부팅 시 자동으로 설정된다.

```
[root@localhost ~]# hostname
localhost.localdomain
[root@localhost ~]# uname -n
localhost.localdomain
[root@localhost ~]# echo $HOSTNAME
localhost.localdomain
[root@localhost ~]# cat /etc/sysconfig/network
```

```
NETWORKING=yes
NETWORKING_IPV6=no
HOSTNAME=localhost.localdomain
[root@localhost ~]#
```

1.8.3.19 hostid

hostid 명령은 호스트 머신을 32비트 16진수 숫자의 식별자로 출력한다.

```
[root@localhost ~]# hostid
007f0100
[root@localhost ~]# cat /etc/hosts
# Do not remove the following line, or various programs
# that require network functionality will fail.
127.0.0.1               localhost.localdomain localhost
::1             localhost6.localdomain6 localhost6
[root@localhost ~]#
```

1.8.3.20 readelf

readelf 명령은 elf 바이너리 파일의 정보를 출력한다.

```
[root@localhost ~]# readelf -h /bin/bash
ELF Header:
  Magic:   7f 45 4c 46 01 01 01 00 00 00 00 00 00 00 00 00
  Class:                             ELF32
  Data:                              2's complement, little endian
  Version:                           1 (current)
  OS/ABI:                            UNIX - System V
  ABI Version:                       0
  Type:                              EXEC (Executable file)
  Machine:                           Intel 80386
  Version:                           0x1
  Entry point address:               0x805c7c0
  Start of program headers:          52 (bytes into file)
  Start of section headers:          733764 (bytes into file)
  Flags:                             0x0
  Size of this header:               52 (bytes)
```

```
  Size of program headers:          32 (bytes)
  Number of program headers:        8
  Size of section headers:          40 (bytes)
  Number of section headers:        31
  Section header string table index: 30
[root@localhost ~]#
```

1.8.3.21 size

size 명령은 바이너리 실행 파일 또는 아카이브 파일의 세그먼트 크기를 출력한다.

```
[root@localhost ~]# size /bin/bash
   text    data     bss     dec     hex filename
 708096   19380   19452  746928   b65b0 /bin/bash
[root@localhost ~]#
```

1.8.4 시스템 로그

1.8.4.1 logger

logger 명령은 시스템 로그를 기록하는 명령이며, 로그는 /var/log/messages 시스템 로그 기록 파일에 저장된다.

형식	logger [-is] [-f file] [-p pri] [-t tag] [message ...]

참고

옵션

-i: 매 라인마다 logger의 프로세스 ID를 기록한다.

-s: system log와 같이 메시지를 표준 오류 장치에 기록한다.

-f file: 기록 파일을 지정한다.

-p pri: 우선권이 있는 메시지를 지정한다. pri에는 숫자형식으로 오거나, "facility.level" 식으로도 올 수 있다. 예를 들어, "-p local3.info" 옵션은 local3 facility에서 informational 수준으로 메시지가 기록된다. 초기값은 "user.notice"이다.

-t tag: tag를 매 라인마다 기록한다.

message: message를 기록한다. 만약 이것이 지정되지 않고 -f 옵션을 사용하지 않으면 표준 입력에서 기록할 내용을 입력받는다.

logger 프로그램은 오류 없이 끝나면 0, 오류가 있으면 0보다 큰 수를 리턴한다.

```
[root@localhost ~]# logger
로그파일 테스팅 #좌측의 문자열을 입력하고 엔터, <Ctrl-D>키를 입력하여 종료한다.
[root@localhost ~]# tail -n 3 /var/log/messages
Jul 17 13:19:42 localhost yum: net-tools-1.60-78.el5.i386: ts_done state is net-tools-1.60-78.el5.i386
20 should be erase net-tools
Jul 17 13:58:05 localhost yum: Installed: procinfo-18-19.i386
Jul 17 14:14:36 localhost multi: 로그파일 테스팅 #좌측의 문자열을 입력하고 엔터, <Ctrl-D>키를 입력하여 종료한다.
[root@localhost ~]#
```

위의 예제에서 logger 명령만 실행하면 입력을 기다리게 된다. 이때 원하는 문자열을 입력하고 <Ctrl-D>키를 누르고 종료한 다음, /var/log/messages 파일을 출력해 보면 조금 전에 입력했던 문자열이 마지막 라인에 추가된 것을 확인할 수 있다.

참고로 tail 명령에서 -n 3 옵션을 사용하면 마지막 3개의 라인만 출력하라는 의미이다.

1.8.4.2 logrotate

logrotate 명령은 시스템 로그 파일을 관리하기 위해 사용하며, 로테이트, 압축, 삭제, 이메일 발송 등의 기능을 사용할 수 있다. 일반적으로 cron을 사용하여 주기적으로 logrotate를 실행하여 로그 파일을 관리한다. 환경 설정 파일로는 /etc/logrotate.conf 파일을 사용한다.

```
[root@localhost ~]# cat /etc/logrotate.conf
# see "man logrotate" for details
# rotate log files weekly
# 1주일 단위로 로그를 잘라서 보관한다.
weekly

# keep 4 weeks worth of backlogs
# 1주일 단위의 4개의 파일만 보관한다.
rotate 4

# create new (empty) log files after rotating old ones
# 이전 로그파일을 로테이드한 다음, 새로운 로그 파일을 생성한다.
create
```

(계속)

```
# uncomment this if you want your log files compressed
# 로그 파일을 압축할 것인지 설정한다.
#compress

# RPM packages drop log rotation information into this directory
# 로그 로테이트 설정파일들의 위치를 지정하여 현재 파일에 포함한다.
include /etc/logrotate.d

# no packages own wtmp -- we'll rotate them here
# 1개월 단위로 로테이트할 최소 용량을 1M로 지정한다.
# 즉, 로그 파일이 1M가 되지 않으면 로테이트하지 않는다.
# 로그 파일 생성 시 퍼미션은 0644, root 유저와 utmp 그룹의 소유로 지정한다.
# 그리고 1개월 단위로 1개의 파일만 보관, 유지한다.
/var/log/wtmp {
    monthly
    minsize 1M
    create 0664 root utmp
    rotate 1
}

# system-specific logs may be also be configured here.
[root@localhost ~]#
```

1.8.5 잡 컨트롤

1.8.5.1 ps

ps 명령은 앞서 공부하였지만 간단히 정리하도록 하자. ps 명령은 현재 실행 중인 프로세스 통계(PID, 프로세스 실행 시간, 실행 유저 등)를 출력한다. ps 명령에는 많은 옵션들이 있는데, 옵션들에 대해서는 맨페이지를 참고하기 바라며, 트리형식으로 출력하기 위해서는 --forest 옵션을 사용한다.

```
[root@localhost ~]# ps -ef|grep sshd
root      2090     1  0 11:47 ?        00:00:00 /usr/sbin/sshd
root      2490  2090  0 11:55 ?        00:00:00 sshd: multi [priv]
multi     2492  2490  0 11:55 ?        00:00:06 sshd: multi@pts/1
root      2562  2090  0 11:58 ?        00:00:00 sshd: linux [priv]
```

```
linux      2564  2562  0 11:58 ?         00:00:00 sshd: linux@pts/2
root       3630  3325  0 14:18 pts/1     00:00:00 grep sshd
[root@localhost ~]#
```

1.8.5.2 pgrep, pkill

이 명령들은 이름 또는 다른 속성을 사용하여 시그널 프로세스를 검색한다.

```
[root@localhost ~]# pgrep sshd
2090
2490
2492
2562
2564
[root@localhost ~]# ps -ef | grep sshd
root       2090     1  0 11:47 ?         00:00:00 /usr/sbin/sshd
root       2490  2090  0 11:55 ?         00:00:00 sshd: multi [priv]
multi      2492  2490  0 11:55 ?         00:00:06 sshd: multi@pts/1
root       2562  2090  0 11:58 ?         00:00:00 sshd: linux [priv]
linux      2564  2562  0 11:58 ?         00:00:00 sshd: linux@pts/2
root       3635  3325  0 14:18 pts/1     00:00:00 grep sshd
[root@localhost ~]#
```

- root가 실행 중인 httpd 데몬의 프로세스 아이디를 검색하려면?

```
pgrep -u root httpd
```

- 프로세스 실행유저가 root 또는 daemon인 프로세스 아이디를 검색하려면?

```
pgrep -u root,daemon
```

- syslog 데몬을 다시 시작하려면? (환경 설정 파일을 다시 읽으려면?)

```
pkill -HUP syslogd
```

1.8.5.3 pstree

pstree 명령은 프로세스 목록을 트리 형식으로 출력하기 위해 사용한다. -p 옵션을 사용하면 프로세스 아이디도 출력할 수 있다.

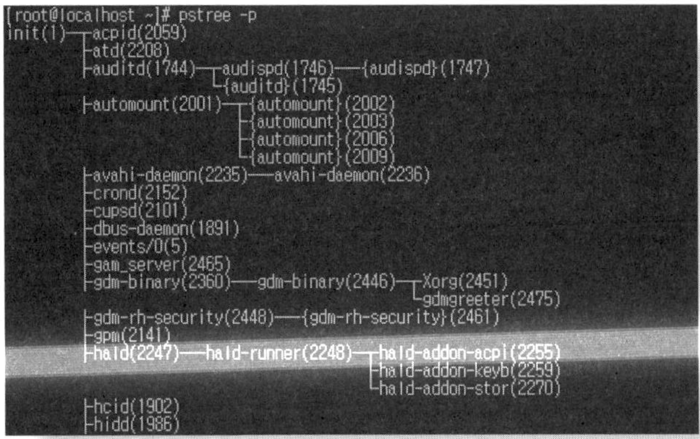

그림 1-28 • pstree -p

1.8.5.4 top

top 명령은 전반적인 시스템 상황을 출력해 주며 기본값으로 3초마다 한 번씩 리프래시된다.

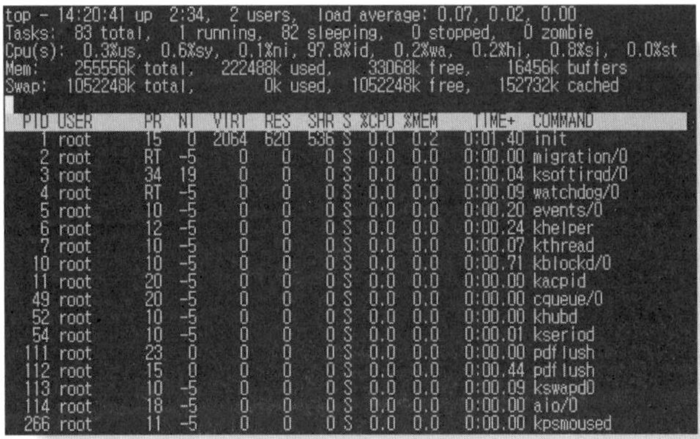

그림 1-29 • top

1.8.5.5 nice

nice 명령은 스케줄링 우선권을 조정하여 프로그램을 실행하는 명령이다.

아무런 옵션도 주어지지 않을 경우 nice는 상속받은 현재의 스케줄링 우선권을 출력한다. 옵션이 있다면 주어진 명령을 조정된 스케줄링 우선권으로 실행한다. 조정수치가 생략되면 명령의 nice 값은 10이 된다. 수퍼유저는 음의 조정수치를 부여할 수 있으며, nice에 의해 조정될 수 있는 범위는 -20가장 높은 우선권에서 19가장 낮은우선권까지이다.

또한 renice 명령으로 실행 중인 프로세스의 우선권을 변경할 수 있으며, skill, snice 명령으로 시그널을 보내거나 프로세스 상황을 리포팅할 수 있다.

형식	nice [-n 조정수치] [-adjustment] [--adjustment=조정수치] [--help] [--version] [command [arg...]]

참고로 프로세스 목록을 출력하기 위한 ps 명령에서 NI, 즉 nice 값을 출력하기 위해서는 l 소문자 엘 옵션을 사용한다는 것도 알아두자.

```
[root@localhost ~]# nice telnet
telnet>
```

옵션이 없이 nice telnet 명령을 수행한 다음, 새 터미널을 오픈하여 프로세스의 NI 값을 확인하면 10으로 설정되어 실행되었음을 확인할 수 있다.

```
[root@localhost ~]# ps axl|grep telnet
0     0  3318  3152  26  10   3796   948 -      SN+  pts/2      0:00 telnet
0     0  3350  3320  18   0   5016   664 -      R+   pts/3      0:00 grep telnet
[root@localhost ~]#
```

그리고 -n 옵션을 사용하여 nice 값을 -20으로 설정하여 실행하면 최상위 우선권으로 실행됨을 확인할 수 있다. 즉, 최상위 우선권이 주어지기 때문에 다른 프로세스들보다 CPU의 resource를 더 많이 할당받게 되어 보다 신속한 처리가 가능하게 된다.

```
[root@localhost ~]# nice -n -20 telnet
telnet>

[root@localhost ~]# ps axl|grep telnet
4     0  3351  3152   0 -20   3796   948 -      S<+  pts/2      0:00 telnet
```

```
0     0 3357  3320  18   0   5016   668 -       R+    pts/3       0:00 grep telnet
[root@localhost ~]#
```

1.8.5.6 nohup

nohup 명령은 아규먼트로 적은 명령에 대하여 Hangup 신호를 무시한 채 수행하도록 하는 명령이다. 만약 표준 출력이 tty였다면 명령의 표준 출력과 표준 에러는 "nohup.out"이라는 파일에 추가된다. 만약 쓰기 작업이 불가능한 경우에는 "$HOME/nohup.out" 파일에 추가된다. 이것도 불가능한 경우에는 실행이 되지 않는다.

nohup은 "nohup.out" 또는 "$HOME/nohup.out" 파일을 생성하고 그룹/타인에게는 접근 권한을 부여하지 않는다. 만약 이미 존재한다면 기존의 허가권을 변화시키지는 않으며, 출력 내용을 nohup.out 파일에 추가append해 준다.

nohup은 실행한 명령을 자동으로 백그라운드로 보내지 않기 때문에 명령행 뒤에 "&" 문자를 추가하여 실행하거나 명시적으로 백그라운드로 실행하기도 한다.

```
[root@localhost ~]# nohup find / -name sshd &
[1] 4162
[root@localhost ~]# nohup: appending output to 'nohup.out'

[1]+  Done                    nohup find / -name sshd
[root@localhost ~]# ls -l nohup.out
-rw------- 1 root root 133 2009-07-17 15:46 nohup.out
[root@localhost ~]# cat nohup.out
/etc/rc.d/init.d/sshd
/etc/pam.d/sshd
/usr/sbin/sshd
/usr/share/logwatch/scripts/services/sshd
/var/lock/subsys/sshd
/var/empty/sshd
[root@localhost ~]# nohup find / -name bash &
[1] 4165
[root@localhost ~]# nohup: appending output to `nohup.out'

[1]+  Done                    nohup find / -name bash
[root@localhost ~]# cat nohup.out
/etc/rc.d/init.d/sshd
```

```
/etc/pam.d/sshd
/usr/sbin/sshd
/usr/share/logwatch/scripts/services/sshd
/var/lock/subsys/sshd
/var/empty/sshd
/bin/bash
[root@localhost ~]#
```

최근의 리눅스 bash 쉘에서는 실행 파일을 실행한 터미널의 연결이 끊어져도 실행이 계속 되도록 옵션이 기본으로 설정되어 있기 때문에 실행 파일을 백그라운드로 실행(&)하고 현재 쉘을 종료하여도 실행 파일의 수행이 중단되지 않는다.

```
[root@localhost ~]# shopt | grep huponexit
huponexit       off
[root@localhost ~]#
```

bash 쉘 옵션 중 huponexit은 현재 쉘을 빠져나갈 때 SIGHUP 시그널정지 신호을 모든 job에게 보내는 옵션인데, 이 옵션이 기본값으로 off로 되어 있기 때문에 현재 쉘을 종료하더라도 백그라운드로 실행된 프로세스는 종료되지 않고 계속 실행된다. 그래서 nohup 명령을 사용하지 않고 실행 파일을 단순히 백그라운드로 실행(&)하기만 하면 실행한 유저가 로그아웃을 하여 쉘을 벗어나더라도 백그라운드로 계속 수행할 수 있다.

1.8.5.7 pidof

pidof 명령은 실행 중인 프로세스 아이디PID를 검색, 출력한다.

```
[root@localhost ~]# pidof sshd
4006 4004 2564 2562 2492 2490 2090
[root@localhost ~]#
```

1.8.5.8 fuser

fuser 명령은 파일 또는 소켓을 사용하고 있는 프로세스PID/USER 등를 출력한다.

```
[root@localhost ~]# pidof sshd
4006 4004 2564 2562 2492 2490 2090
[root@localhost ~]# which sshd
/usr/sbin/sshd
[root@localhost ~]# fuser -u /usr/sbin/sshd
```

```
/usr/sbin/sshd:          2090e(root)  2490e(root)  2492e(multi)  2562e(root)  2564e(linux)  4004e(root)
4006e(multi)
[root@localhost ~]# fuser -u /dev/null
/dev/null:               369(root)  1744(root)  1746(root)  1798(rpc)  1831(root)  1872(root)  1891(dbus)
1902(root)  1913(root)  1966(root)  1986(root)  2001(root)  2047(root)  2059(root)  2075(root)
2090(root)  2121(root)  2129(smmsp)  2152(root)  2187(xfs)  2208(root)  2235(avahi)  2236(avahi)
2247(haldaemon)  2248(root)  2255(haldaemon)  2259(haldaemon)  2270(root)  2338(root)  2360(root)
2446(root)  2448(root)  2463(root)  2465(root)  2475(gdm)  2490(root)  2492(multi)  2562(root)
2564(linux)  4004(root)  4006(multi)
[root@localhost ~]#
```

간혹 시디 드라이버와 같은 장치를 umount할 때 device is busy 메시지를 출력하기도 하는데, 이런 경우는 다른 유저 또는 프로세스에서 시디 드라이버를 사용하고 있는 경우이다. 하지만 강제로 사용을 중지하기 위해서 fuser -um /dev/[디바이스명] 명령으로 프로세스 아이디를 검색한 다음 kill -9 [PID] 명령을 사용하여 프로세스를 강제종료하고, umount /dev/[디바이스명] 명령을 사용하여 마운트를 해제할 수 있다.

그리고 fuser 명령에서 -n 옵션을 사용하면 포트를 지정하여 검색할 수 있다.

```
[root@localhost ~]# fuser -un tcp 25
25/tcp:              2121(root)
[root@localhost ~]# ps ax | grep 2121 | grep -v grep
 2121 ?        Ss     0:00 sendmail: accepting connections
[root@localhost ~]#
```

1.8.5.9 cron

cron은 수퍼유저용/일반유저용 스케줄러이며, 일반유저도 자신만의 cron 스케줄러를 사용할 수 있다. 일반적으로 리눅스에서는 crond 데몬을 사용하여 통합관리하며, 각 유저들은 crontab -e 명령을 사용하여 자신만의 스케줄러를 사용할 수 있다.

crond 설정 파일은 /etc/crontab 파일이며, 각 설정별 실행할 파일들은 /etc/cron.hourly, /etc/cron.daily, /etc/cron.weekly, /etc/cron.monthly 디렉터리에 위치해 있으며, 시간별, 일별, 주별, 월별로 주기적으로 실행할 쉘 스크립트 파일을 작성하여 각 디렉터리에 넣어두면 된다.

```
[root@localhost ~]# ls -l /etc | grep cron*
-rw-r--r--  1 root root    298 2007-03-28 14:47 anacrontab
drwx------  2 root root   4096 2009-05-23 04:52 cron.d
drwxr-xr-x  2 root root   4096 2009-05-23 04:57 cron.daily
-rw-r--r--  1 root root      0 2009-05-23 04:51 cron.deny
drwxr-xr-x  2 root root   4096 2007-01-06 22:13 cron.hourly
drwxr-xr-x  2 root root   4096 2009-05-23 04:48 cron.monthly
-rw-r--r--  1 root root    255 2007-01-06 22:13 crontab
drwxr-xr-x  2 root root   4096 2009-05-23 04:50 cron.weekly
-rw-r--r--  1 root root    103 2007-03-15 08:53 scrollkeeper.conf
[root@localhost ~]#
```

1.8.6 프로세스 관리와 부팅

1.8.6.1 init

init 프로세스는 모든 프로세스의 부모 프로세스[PID 1번]이며, 부팅 시 /etc/inittab 파일에 설정된 런레벨을 결정한다. init 명령과 함께 런레벨을 지정하여 실행하면 해당 런레벨로 시스템을 변경하게 된다. init 명령의 심볼릭 링크로 구성되어 있는 telinit 명령도 동일하며, init 명령은 수퍼유저[root]만 사용할 수 있다.

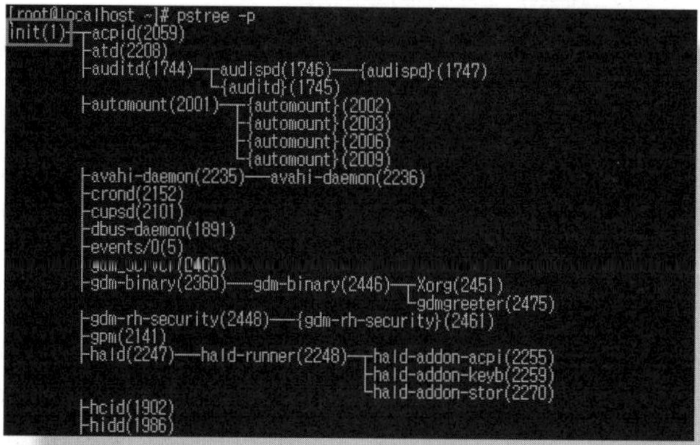

그림 1-30 • pstree -p 명령에서의 init 프로세스 번호

런레벨 0번을 사용하면 시스템을 종료하고, 1번을 사용하면 싱글 유저모드, 2번은 네트워

크를 제외한 멀티 유저모드, 3번은 완전 멀티 유저모드, 4번은 사용되지 않고, 5번은 Xwindow GUI 모드, 6번을 사용하면 재부팅 모드가 되며, 총 7개의 런레벨을 제공하고 있다. 다음과 같이 /etc/inittab 파일을 출력해 보면 런레벨에 대한 설명이 명시되어 있다.

```
[root@localhost ~]# cat /etc/inittab
#
# inittab       This file describes how the INIT process should set up
#               the system in a certain run-level.
#
# Author:       Miquel van Smoorenburg, <miquels@drinkel.nl.mugnet.org>
#               Modified for RHS Linux by Marc Ewing and Donnie Barnes
#

# Default runlevel. The runlevels used by RHS are:
#   0 - halt (Do NOT set initdefault to this)
#   1 - Single user mode
#   2 - Multiuser, without NFS (The same as 3, if you do not have networking)
#   3 - Full multiuser mode
#   4 - unused
#   5 - X11
#   6 - reboot (Do NOT set initdefault to this)
#
# 현재 기본 런레벨 설정이 5번으로 되어 있어서 GUI 모드로 부팅을 한다.
id:5:initdefault:

# System initialization.
si::sysinit:/etc/rc.d/rc.sysinit

l0:0:wait:/etc/rc.d/rc 0
l1:1:wait:/etc/rc.d/rc 1
l2:2:wait:/etc/rc.d/rc 2
l3:3:wait:/etc/rc.d/rc 3
l4:4:wait:/etc/rc.d/rc 4
l5:5:wait:/etc/rc.d/rc 5
```

(계속)

```
l6:6:wait:/etc/rc.d/rc 6

# Trap CTRL-ALT-DELETE
ca::ctrlaltdel:/sbin/shutdown -t3 -r now

# When our UPS tells us power has failed, assume we have a few minutes
# of power left.  Schedule a shutdown for 2 minutes from now.
# This does, of course, assume you have powerd installed and your
# UPS connected and working correctly.
pf::powerfail:/sbin/shutdown -f -h +2 "Power Failure; System Shutting Down"

# If power was restored before the shutdown kicked in, cancel it.
pr:12345:powerokwait:/sbin/shutdown -c "Power Restored; Shutdown Cancelled"

# Run gettys in standard runlevels
1:2345:respawn:/sbin/mingetty tty1
2:2345:respawn:/sbin/mingetty tty2
3:2345:respawn:/sbin/mingetty tty3
4:2345:respawn:/sbin/mingetty tty4
5:2345:respawn:/sbin/mingetty tty5
6:2345:respawn:/sbin/mingetty tty6

# Run xdm in runlevel 5
x:5:respawn:/etc/X11/prefdm -nodaemon
[root@localhost ~]#
```

```
[root@localhost ~]# which init | xargs ls -l
-rwxr-xr-x 1 root root 38652 Jan 21 17:22 /sbin/init
[root@localhost ~]# which telinit | xargs ls -l
lrwxrwxrwx 1 root root 4 May 23 04:50 /sbin/telinit -> init
[root@localhost ~]#
```

1.8.6.2 runlevel

runlevel 명령을 사용하면 이전과 현재의 런레벨을 출력한다. 다음의 예제에서는 먼저 N 5 라고 출력되었으므로 Xwindow GUI 모드로 부팅되었음을 알 수 있다. 만약 서버용 멀티

유저모드로 수행하고자 한다면 init 3 명령을 실행하면 되고, 실행 후 런레벨을 확인해 보면 5 3, 즉 이전 런레벨 5에서 현재 런레벨 3으로 진행되었음을 확인할 수 있다. 일반적으로 서버의 경우 런레벨 3으로 운영한다.

```
[root@localhost ~]# runlevel
N 5
[root@localhost ~]# init 3
[root@localhost ~]# runlevel
5 3
[root@localhost ~]#
```

1.8.6.3 halt, shutdown, poweroff, reboot

halt와 shutdown, poweroff(halt 명령에 심볼릭 링크되어 있음) 명령은 시스템을 종료하는 명령이며, reboot 명령은 재부팅하기 위한 명령이다. 일반적으로 즉시 종료하기 위하여 shutdown -h now 명령을 사용하며, 재부팅을 위하여 reboot 명령을 많이 사용한다. shutdown -r now 명령을 사용해도 재부팅한다.

```
[root@localhost ~]# shutdown --help
shutdown: invalid option -- -
Usage:    shutdown [-akrhHPfnc] [-t secs] time [warning message]
              -a:      use /etc/shutdown.allow
              -k:      don't really shutdown, only warn.
              -r:      reboot after shutdown.
              -h:      halt after shutdown.
              -P:      halt action is to turn off power.
              -H:      halt action is to just halt.
              -f:      do a 'fast' reboot (skip fsck).
              -F:      Force fsck on reboot.
              -n:      do not go through "init" but go down real fast.
              -c:      cancel a running shutdown.
              -t secs: delay between warning and kill signal.
              ** the "time" argument is mandatory! (try "now") **
[root@localhost ~]#
```

[즉시 종료]

```
[root@localhost ~]# shutdown -h now
```

[재부팅]

```
[root@localhost ~]# reboot
```

1.8.6.4 service

service 명령은 시스템 서비스를 시작하고 중지하기 위해 사용한다. 리눅스의 시작스크립트 원본 경로는 /etc/rc.d/init.d 또는 심볼릭 링크된 /etc/init.d이며, 부팅 시 7개의 런레벨별 시작스크립트심볼릭 링크 파일 위치는 /etc/rc.d 디렉터리 아래에 런레벨별 디렉터리명rc?.d으로 존재한다.

만약 현재 시스템에 vsftpdftp 서버가 설치되어 있지 않다면 yum install vsftpd -y 명령을 사용하여 설치하도록 한다.

```
[root@localhost ~]# yum install vsftpd -y
[root@localhost ~]# ls -l /etc/rc.d/
total 112
drwxr-xr-x 2 root root  4096 2009-07-17 17:59 init.d
-rwxr-xr-x 1 root root  2255 2008-11-14 00:48 rc
drwxr-xr-x 2 root root  4096 2009-07-17 17:59 rc0.d
drwxr-xr-x 2 root root  4096 2009-07-17 17:59 rc1.d
drwxr-xr-x 2 root root  4096 2009-07-17 17:59 rc2.d
drwxr-xr-x 2 root root  4096 2009-07-17 17:59 rc3.d
drwxr-xr-x 2 root root  4096 2009-07-17 17:59 rc4.d
drwxr-xr-x 2 root root  4096 2009-07-17 17:59 rc5.d
drwxr-xr-x 2 root root  4096 2009-07-17 17:59 rc6.d
-rwxr-xr-x 1 root root   220 2008-11-14 00:48 rc.local
-rwxr-xr-x 1 root root 27420 2009-03-06 08:54 rc.sysinit
[root@localhost ~]# service vsftpd start
vsftpd에 대한 vsftpd을 시작 중:                          [  OK  ]
[root@localhost ~]# service vsftpd stop
vsftpd를 종료 중:                                         [  OK  ]
[root@localhost ~]#
```

1.8.7 네트워크

1.8.7.1 ifconfig

ifconfig 명령은 네트워크 인터페이스 환경을 출력하고 튜닝하는 유틸리티이다. eth0는 첫 번째 이더넷 카드를 의미하고, lo는 로컬호스트 루프백을 의미한다.

```
[root@localhost ~]# ifconfig
eth0      Link encap:Ethernet  HWaddr 08:00:27:80:A7:E2
          inet addr:192.168.1.200  Bcast:192.168.1.255  Mask:255.255.255.0
          inet6 addr: fe80::a00:27ff:fe80:a7e2/64 Scope:Link
          UP BROADCAST RUNNING MULTICAST  MTU:1500  Metric:1
          RX packets:47921 errors:5 dropped:0 overruns:0 frame:0
          TX packets:42284 errors:0 dropped:0 overruns:0 carrier:0
          collisions:0 txqueuelen:1000
          RX bytes:16676460 (15.9 MiB)  TX bytes:6203801 (5.9 MiB)
          Interrupt:11 Base address:0xd020

lo        Link encap:Local Loopback
          inet addr:127.0.0.1  Mask:255.0.0.0
          inet6 addr: ::1/128 Scope:Host
          UP LOOPBACK RUNNING  MTU:16436  Metric:1
          RX packets:1153 errors:0 dropped:0 overruns:0 frame:0
          TX packets:1153 errors:0 dropped:0 overruns:0 carrier:0
          collisions:0 txqueuelen:0
          RX bytes:1813610 (1.7 MiB)  TX bytes:1813610 (1.7 MiB)

[root@localhost ~]#
```

이더넷 카드의 네트워크 사용을 중지하려면 다음의 명령을 사용한다.

```
[root@localhost ~]# ifconfig eth0 down
```

이더넷 카드의 네트워크 사용을 시작하려면 다음의 명령을 사용한다.

```
[root@localhost ~]# ifconfig eth0 up
```

또한 ifup eth0 명령으로 eth0를 활성화할 수 있으며, ifdown eth0 명령으로 eth0를 비활성화할 수 있다.

원격접속 시 위의 ifconfig eth0 down 명령을 사용하여 이더넷 카드를 down시키지 않도록 주의해야 한다. 원격접속에서 이더넷 카드 작동이 멈추면 접속이 곧바로 네트워크가 단절되어 더 이상 작업이 불가능하기 때문이다. 이더넷 카드의 활성화/비활성화를 재시작하려면 다음의 /etc/init.d/network 시작스크립트를 사용하기 바란다. network 시작스크립트를 사용하면 보다 쉽게 이더넷 카드 작동을 시작/중지/재시작할 수 있다.

```
[root@localhost /]# /etc/init.d/network
사용법: /etc/init.d/network {start|stop|restart|reload|status}
[root@localhost ~]# /etc/init.d/network restart
인터페이스 eth0 (을)를 종료 중:                          [  OK  ]
loopback 인터페이스를 종료 중:                           [  OK  ]
loopback 인터페이스를 활성화 중:                         [  OK  ]
eth0 인터페이스 활성화 중:                               [  OK  ]
[root@localhost ~]#
```

1.8.7.2 iwconfig

iwconfig 명령은 무선랜 네트워크 인터페이스 환경을 출력해 주는 명령이며, ifconfig와 유사하지만 무선랜 장치만 보여준다.

```
[root@localhost ~]# iwconfig
lo        no wireless extensions.

eth0      no wireless extensions.

sit0      no wireless extensions.

[root@localhost ~]#
```

위의 결과에서 보는 것과 같이 이 호스트에는 eth0과 lo, sit0이라는 3개의 인터페이스가 있는 것을 알 수 있으며, 현재의 리눅스 시스템에는 무선랜 장치는 존재하지 않는다. eth0는 이더넷 카드 인터페이스이고, lo는 루프백loop back 인터페이스, sit0은 IPv6와 IPv4의 통신을 위한 터널링 프로토콜을 의미한다. IPv6는 주소 표현법의 차이로 IPv4와 직접적으로 통신이 불가능하기 때문에 sit0이라는 특수 목적의 가상장치를 이용한다.

1.8.7.3 ip

ip 명령은 라우팅, 디바이스 그리고 라우팅과 터널 정책을 출력하고 조작할 때 사용한다.

```
[root@localhost ~]# ip link show
1: lo: <LOOPBACK,UP,LOWER_UP> mtu 16436 qdisc noqueue
    link/loopback 00:00:00:00:00:00 brd 00:00:00:00:00:00
2: eth0: <BROADCAST,MULTICAST,UP,LOWER_UP> mtu 1500 qdisc pfifo_fast qlen 1000
    link/ether 08:00:27:80:a7:e2 brd ff:ff:ff:ff:ff:ff
3: sit0: <NOARP> mtu 1480 qdisc noop
    link/sit 0.0.0.0 brd 0.0.0.0
[root@localhost ~]# ip route list
192.168.1.0/24 dev eth0  proto kernel  scope link  src 192.168.1.200
169.254.0.0/16 dev eth0  scope link
default via 192.168.1.1 dev eth0
[root@localhost ~]#
```

1.8.7.4 route

route 명령을 사용하면 커널 라우팅 테이블 정보를 출력하거나 변경할 수 있다. 앞서 사용한 ip route list 명령과 동일한 내용을 출력해 준다.

```
[root@localhost ~]# route
Kernel IP routing table
Destination     Gateway         Genmask         Flags Metric Ref    Use Iface
192.168.1.0     *               255.255.255.0   U     0      0        0 eth0
169.254.0.0     *               255.255.0.0     U     0      0        0 eth0
default         192.168.1.1     0.0.0.0         UG    0      0        0 eth0
[root@localhost ~]#
```

1.8.7.5 chkconfig

chkconfig 명령을 사용하면 시스템 서비스를 위한 런레벨 정보를 업데이트하고 검색할 수 있다. /etc/rc?.d 디렉터리에서 부팅 시 시작되는 런레벨별 시스템 서비스를 출력하고 관리할 수 있다.

```
[root@localhost ~]# chkconfig --help
chkconfig version 1.3.30.1 - Copyright (C) 1997-2000 Red Hat, Inc.
This may be freely redistributed under the terms of the GNU Public License.

usage:   chkconfig --list [name]
         chkconfig --add <name>
         chkconfig --del <name>
         chkconfig [--level <levels>] <name> <on|off|reset|resetpriorities>
[root@localhost ~]# chkconfig --list | grep vsftpd
vsftpd          0:off   1:off   2:off   3:off   4:off   5:off   6:off
[root@localhost ~]# chkconfig --level 35 vsftpd on
[root@localhost ~]# chkconfig --list | grep vsftpd
vsftpd          0:off   1:off   2:off   3:on    4:off   5:on    6:off
[root@localhost ~]#
```

위의 예제에서 vsftpd 서비스의 런레벨별 환경 설정을 출력해 보면 기본 설정으로 모두 off되어 있다. 이러한 런레벨 상태를 3번과 5번 런레벨에서만 부팅 시 서비스를 시작하도록 활성화on하기 위해 --level 35 vsftpd on 옵션을 사용하여 3번과 5번 런레벨의 값을 on으로 설정하였다. 즉, 런레벨 3번인 텍스트 멀티유저 모드와 5번인 GUI 멀티유저 모드로 부팅 시 자동으로 vsftpd 서비스를 시작하도록 설정한 것이다.

1.8.7.6 tcpdump

tcpdump 명령을 사용하면 네트워크 패킷을 실시간으로 출력해 볼 수 있다. 옵션 없이 실행하면 모든 네트워크 패킷을 출력해 준다. tcpdump tcp port 21 명령을 실행하면 21번 포트로 통신하는 패킷들을 출력해 볼 수 있다. 실행을 중지하기 위해서는 <Ctrl-C>키를 누르면 된다.

```
[root@localhost ~]# /etc/init.d/vsftpd start
vsftpd에 대한 vsftpd을 시작 중:                          [  OK  ]
[root@localhost ~]# tcpdump tcp port 21
tcpdump: verbose output suppressed, use -v or -vv for full protocol decode
listening on eth0, link-type EN10MB (Ethernet), capture size 96 bytes
18:28:07.894840 IP 192.168.1.10.4169 > 192.168.1.200.ftp: S 2098434402:2098434402(0) win 65535 <mss 1460,nop,nop,sackOK>
18:28:08.001485 IP 192.168.1.200.ftp > 192.168.1.10.4169: S 3074825676:3074825676(0) ack 2098434403 win 5840 <mss 1460,nop,nop,sackOK>
```

```
18:28:07.895458 IP 192.168.1.10.4169 > 192.168.1.200.ftp: . ack 1 win 65535
18:28:07.914397 IP 192.168.1.200.ftp > 192.168.1.10.4169: P 1:21(20) ack 1 win 5840
...중략...
<Ctrl-C>
23 packets captured
23 packets received by filter
0 packets dropped by kernel
[root@localhost ~]#
```

1.8.8 파일 시스템

1.8.8.1 mount

mount 명령은 파일 시스템을 마운트하기 위해 사용한다. 파일 시스템을 가지는 디바이스로는 하드 디스크의 파티션, 플로피 디스크나 CDROM, USB 같은 외장 디바이스, 램디스크 등이 해당된다. /etc/fstab 파일을 보면 여러 가지 설정 내용을 볼 수 있는데, 이 설정 파일을 부팅 시 자동으로 읽어들여 마운트하고 부팅 후 파일 시스템과 디바이스를 지정하지 않고 수동으로 마운트하기 위해 사용된다. /etc/mtab 파일에는 현재 마운트되어 있는 파일 시스템 또는 파티션 정보가 저장되어 있다.

형식	mount [-fnrvw] [-t 파일시스템유형] [-o 옵션] 장치명 디렉터리명

- CDROM을 마운트하기 위해서는 다음과 같은 형식으로 실행한다.

```
# mkdir /media/cdrom
# mount -t iso9660 /dev/cdrom /media/cdrom
```

- CD 이미지 파일을 마운트하기 위해서는 다음과 같은 형식으로 실행한다.

```
# mkdir /media/cdimg
# mount -o loop -t iso9660 -r cd_image.iso /media/cdimg
```

- usb 메모리vfat를 마운트하기 위해서는 다음과 같은 형식으로 실행한다.

```
[root@localhost ~]# cat /etc/fstab
LABEL=/1                /                       ext3    defaults        1 1
tmpfs                   /dev/shm                tmpfs   defaults        0 0
devpts                  /dev/pts                devpts  gid=5,mode=620  0 0
sysfs                   /sys                    sysfs   defaults        0 0
proc                    /proc                   proc    defaults        0 0
LABEL=SWAP-sda2         swap                    swap    defaults        0 0
[root@localhost ~]# mkdir /mnt/usb
[root@localhost ~]# mount -t vfat /dev/sdb1 /mnt/usb
[root@localhost ~]# df -h
Filesystem            Size  Used Avail Use% Mounted on
/dev/sda1              39G  3.8G   34G  11% /
tmpfs                 252M     0  252M   0% /dev/shm
/dev/sdb1             972M   78M  894M   9% /mnt/usb
[root@localhost ~]# cat /etc/mtab
/dev/sda1 / ext3 rw 0 0
proc /proc proc rw 0 0
sysfs /sys sysfs rw 0 0
devpts /dev/pts devpts rw,gid=5,mode=620 0 0
tmpfs /dev/shm tmpfs rw 0 0
none /proc/sys/fs/binfmt_misc binfmt_misc rw 0 0
sunrpc /var/lib/nfs/rpc_pipefs rpc_pipefs rw 0 0
/dev/sdb1 /mnt/usb vfat rw 0 0
[root@localhost ~]# mount
/dev/sda1 on / type ext3 (rw)
proc on /proc type proc (rw)
sysfs on /sys type sysfs (rw)
devpts on /dev/pts type devpts (rw,gid=5,mode=620)
tmpfs on /dev/shm type tmpfs (rw)
none on /proc/sys/fs/binfmt_misc type binfmt_misc (rw)
sunrpc on /var/lib/nfs/rpc_pipefs type rpc_pipefs (rw)
/dev/sdb1 on /mnt/usb type vfat (rw)
[root@localhost ~]#
```

1.8.8.2 umount

umount 명령은 마운트된 파일 시스템을 즉시 마운트 해제할 때 사용한다. 언마운트와 동시에 시디롬 드라이브에서 시디롬을 꺼내려면 eject 명령을 사용하면 된다.

```
# umount /mnt/usb
# umount /mnt/cdrom
# eject
```

1.8.8.3 sync

sync 명령은 업데이트된 모든 버퍼의 데이터를 강제로 하드 드라이버에 즉시 저장하게 한다. 즉, 버퍼와 하드 드라이버 동기화를 수행한다.

1.8.8.4 losetup

losetup 명령은 루프 장치를 정규 파일 또는 블럭 장치와 연결, 루프 장치와 분리, 루프 장치의 상태 파악을 하는 데 사용된다. 루프 장치 인자만 줄 경우에 해당하는 루프 장치의 상태를 보여준다.

루프 장치 파일을 만들고 ext3 파일 시스템으로 포맷한 다음, /mnt/loop 디렉터리에 마운트하는 예제를 보자. 0으로 채워진 파일을 만들기 위해 /dev/zero 디바이스를 이용한다. 파일을 생성하였으면 losetup 명령을 사용하여 /dev/loop0 디바이스에 방금 생성한 file을 연결한다. 그리고 mkfs.ext3 명령을 사용하여 /dev/loop0 디바이스를 포맷하고, "mount -o loop [디바이스명] [디렉터리명]" 형식을 사용하여 /mnt/loop 디렉터리에 마운트한다. 그리고 마운트한 /dev/loop0 디바이스를 언마운트하기 위해서는 "umount /mnt/loop" 명령을 실행하면 된다.

```
[root@localhost ~]# mkdir /mnt/loop
[root@localhost ~]# head -c 1000000 < /dev/zero > file
[root@localhost ~]# ls -l file
-rw-r--r-- 1 root root 1000000 2009-07-17 19:39 file
[root@localhost ~]# losetup /dev/loop0 file
[root@localhost ~]# losetup /dev/loop0
/dev/loop0: [0301]:1638439 (file)
[root@localhost ~]# mkfs.ext3 /dev/loop0
mke2fs 1.39 (29-May-2006)
Filesystem label=
OS type: Linux
Block size=1024 (log=0)
```

```
Fragment size=1024 (log=0)
128 inodes, 976 blocks
48 blocks (4.92%) reserved for the super user
First data block=1
Maximum filesystem blocks=1048576
1 block group
8192 blocks per group, 8192 fragments per group
128 inodes per group

Writing inode tables: done

Filesystem too small for a journal
Writing superblocks and filesystem accounting information: done

This filesystem will be automatically checked every 24 mounts or
180 days, whichever comes first.  Use tune2fs -c or -i to override.
[root@localhost ~]# mount -o loop /dev/loop0 /mnt/loop
[root@localhost ~]# df -h
Filesystem            Size  Used Avail Use% Mounted on
/dev/hda1             6.8G  3.3G  3.2G  51% /
tmpfs                 125M     0  125M   0% /dev/shm
/dev/loop0            955K   17K  890K   2% /mnt/loop
[root@localhost ~]# echo "loop device" > /mnt/loop/loop.txt
[root@localhost ~]# ls -l /mnt/loop/
total 13
-rw-r--r-- 1 root root    12 2009-07-17 19:52 loop.txt
drwx------ 2 root root 12288 2009-07-17 19:43 lost+found
[root@localhost ~]# umount /dev/loop0
[root@localhost ~]# df -h
Filesystem            Size  Used Avail Use% Mounted on
/dev/hda1             6.8G  3.3G  3.2G  51% /
tmpfs                 125M     0  125M   0% /dev/shm
[root@localhost ~]#
```

1.8.8.5 mkswap, dd

mkswap 명령은 스왑 파일 또는 스왑 파티션을 생성할 때 사용한다.

```
[root@localhost ~]# dd if=/dev/zero of=swapfile bs=1024 count=8192
8192+0 records in
8192+0 records out
8388608 bytes (8.4 MB) copied, 0.128979 seconds, 65.0 MB/s
[root@localhost ~]# ls -l swapfile
-rw-r--r-- 1 root root 8388608 2009-07-17 20:51 swapfile
[root@localhost ~]# mkswap swapfile 8192
Setting up swapspace version 1, size = 8384 kB
[root@localhost ~]# sync
[root@localhost ~]# free
             total       used       free     shared    buffers     cached
Mem:        255556     236820      18736          0       4844     164224
-/+ buffers/cache:      67752     187804
Swap:      1052248        156    1052092
[root@localhost ~]# swapon swapfile
[root@localhost ~]# free
             total       used       free     shared    buffers     cached
Mem:        255556     237028      18528          0       4860     164368
-/+ buffers/cache:      67800     187756
Swap:      1060432        156    1060276
[root@localhost ~]#
```

위의 예제에서 dd 명령을 사용하여 0으로 가득 찬 8.4MB 용량의 파일을 만들었다. 이 파일을 mkswap 명령을 사용하여 스왑 파일로 만든 다음, sync 명령으로 동기화하고 free 명령으로 메모리 상황을 보면 현재 전체 Swap 용량은 **1052248**이다. 이 상태에서 swapon swapfile 명령을 실행하여 스왑에 추가하고, free 명령으로 메모리 상황을 보면 방금 추가한 swapfile의 용량만큼 전체 Swap 용량(1060432)이 증가된 것을 확인할 수 있다.

1.8.8.6 swapon, swapoff

앞서 사용했던 swapon 명령은 파일이나 파티션을 스왑으로 사용하도록 하는 명령이며, swapoff 명령은 파일이나 파티션을 스왑으로 사용하지 않도록 하는 명령이다.

형식	swapon[swapoff] [파일명 또는 파티션 디바이스]

다음의 예제에서 swapoff 명령을 사용하여 swapfile의 스왑 사용을 중지하였기 때문에 free 명령의 결과에서 swap 용량이 원래의 용량인 **1052248** 용량으로 되돌아간 것을 확인할 수 있다.

```
[root@localhost ~]# swapoff swapfile
[root@localhost ~]# free
             total       used       free     shared    buffers     cached
Mem:        255556     217848      37708          0       5152     153688
-/+ buffers/cache:      59008     196548
Swap:      1052248        156    1052092
[root@localhost ~]#
```

1.8.8.7 mkfs.ext3

mkfs.ext3 명령은 파티션이나 파일을 ext3 파일 시스템으로 만들 때 사용한다. mkfs 명령과 함께 -t 옵션type 값으로 ext3를 지정하여 파일 시스템을 생성할 수도 있다.

형식	mkfs.ext3 [디바이스명] mkfs -t ext3 [디바이스명]

mkfs.ext3 명령은 앞서 mkswap 명령에서 사용해 보았다.

1.8.8.8 hdparm

hdparm 명령을 사용하여 하드 디스크의 설정을 보여주거나 설정을 조정할 수 있다.

```
[root@localhost ~]# hdparm --help
hdparm - get/set hard disk parameters - version v6.6

Usage:  hdparm  [options] [device] ..

Options:
 -a   get/set fs readahead
 -A   set drive read-lookahead flag (0/1)
 -b   get/set bus state (0 == off, 1 == on, 2 == tristate)
```

(계속)

```
-B    set Advanced Power Management setting (1-255)
-c    get/set IDE 32-bit IO setting
-C    check IDE power mode status
-d    get/set using_dma flag
--direct  use O_DIRECT to bypass page cache for timings
-D    enable/disable drive defect management
-E    set cd-rom drive speed
-f    flush buffer cache for device on exit
-g    display drive geometry
-h    display terse usage information
-i    display drive identification
-I    detailed/current information directly from drive
--Istdin  read identify data from stdin as ASCII hex
--Istdout write identify data to stdout as ASCII hex
-k    get/set keep_settings_over_reset flag (0/1)
-K    set drive keep_features_over_reset flag (0/1)
-L    set drive doorlock (0/1) (removable harddisks only)
-M    get/set acoustic management (0-254, 128: quiet, 254: fast) (EXPERIMENTAL)
-m    get/set multiple sector count
-n    get/set ignore-write-errors flag (0/1)
-p    set PIO mode on IDE interface chipset (0,1,2,3,4,...)
-P    set drive prefetch count
-q    change next setting quietly
-Q    get/set DMA tagged-queuing depth (if supported)
-r    get/set device  readonly flag (DANGEROUS to set)
-R    register an IDE interface (DANGEROUS)
-S    set standby (spindown) timeout
-t    perform device read timings
-T    perform cache read timings
-u    get/set unmaskirq flag (0/1)
-U    un-register an IDE interface (DANGEROUS)
-v    defaults; same as -mcudkrag for IDE drives
-V    display program version and exit immediately
-w    perform device reset (DANGEROUS)
-W    set drive write-caching flag (0/1) (DANGEROUS)
-x    tristate device for hotswap (0/1) (DANGEROUS)
```

(계속)

```
-X   set IDE xfer mode (DANGEROUS)
-y   put IDE drive in standby mode
-Y   put IDE drive to sleep
-Z   disable Seagate auto-powersaving mode
-z   re-read partition table
--security-help  display help for ATA security commands
```

```
[root@localhost ~]# hdparm /dev/hda1
```

```
/dev/hda1:
 multcount     = 128 (on)
 IO_support    =  0 (default 16-bit)
 unmaskirq     =  0 (off)
 using_dma     =  1 (on)
 keepsettings  =  0 (off)
 readonly      =  0 (off)
 readahead     = 256 (on)
 geometry      = 16644/16/63, sectors = 14667282, start = 63
[root@localhost ~]#
```

1.8.8.9 fdisk

fdisk 명령을 사용하여 저장용 디바이스의 파티션 테이블을 생성하거나 변경할 수 있다.

형식	fdisk [디바이스명]

fdisk는 하드 디스크 파티션 테이블을 지정, 변환, 검사할 때 사용한다. 디바이스명으로 사용될 값은 다음과 같다.

/dev/hda: 첫 번째 IDE 하드 드라이브
/dev/hdb: 두 번째 IDE 하드 드라이브
/dev/sda: 첫 번째 SATA, SCSI 하드 드라이브
/dev/sdb: 두 번째 SATA, SCSI 하드 드라이브

파티션 값은 장치이름 값의 파티션 번호를 말한다. 예를 들어, /dev/hda1 값은 첫 번째 IDE 하드 디스크의 첫 번째 파티션을 말한다. 물론 SATA 하드 디스크의 첫 번째 파티션이

라면 /dev/sda1이 된다.

fdisk 명령만 실행하면 다음과 같이 사용법을 출력해 준다.

```
[root@localhost ~]# fdisk

Usage: fdisk [-l] [-b SSZ] [-u] device
E.g.: fdisk /dev/hda  (for the first IDE disk)
  or: fdisk /dev/sdc  (for the third SCSI disk)
  or: fdisk /dev/eda  (for the first PS/2 ESDI drive)
  or: fdisk /dev/rd/c0d0  or: fdisk /dev/ida/c0d0  (for RAID devices)
  ...
```

필자는 fdisk 명령을 테스트하기 위하여 S-ATA 100MB 하드 디스크를 장착하였다. 장착을 완료하면 /dev/sda로 인식하는데, 지금부터 장착한 /dev/sda 디바이스의 파티션 작업을 진행하도록 하겠다.

/dev/sda 디바이스 파티션 작업을 하려면 아래와 같이 입력하고 실행한다. 프롬프트가 보이고 m을 입력하면 각 명령에 대한 설명을 출력해 주며, p를 입력하면 현재 설정되어 있는 파티션 정보를 출력해 준다. l[소문자 엘]을 입력하면 사용 가능한 파티션 타입을 출력해 볼 수 있다. 리눅스 파티션 타입은 83번이며, 리눅스 스왑 파티션 타입은 82번임을 알 수 있다. n을 입력하여 파티션을 생성하면 자동으로 83번 타입인 리눅스 파티션이 생성된다. p를 입력하여 생성이 완료된 것을 확인하였으면 w를 입력하여 설정한 파티션 정보를 저장하면 된다.

```
[root@localhost ~]# fdisk /dev/sda

Command (m for help): m
Command action
   a   toggle a bootable flag
   b   edit bsd disklabel
   c   toggle the dos compatibility flag
   d   delete a partition
   l   list known partition types
   m   print this menu
   n   add a new partition
   o   create a new empty DOS partition table
```

```
   p   print the partition table
   q   quit without saving changes
   s   create a new empty Sun disklabel
   t   change a partition's system id
   u   change display/entry units
   v   verify the partition table
   w   write table to disk and exit
   x   extra functionality (experts only)

Command (m for help): p

Disk /dev/sda: 104 MB, 104857600 bytes
255 heads, 63 sectors/track, 12 cylinders
Units = cylinders of 16065 * 512 = 8225280 bytes

   Device Boot      Start         End      Blocks   Id  System

Command (m for help): n
Command action
   e   extended
   p   primary partition (1-4)
p
Partition number (1-4): 1
First cylinder (1-12, default 1): 1
Last cylinder or +size or +sizeM or +sizeK (1-12, default 12): 12

Command (m for help): p

Disk /dev/sda: 104 MB, 104857600 bytes
255 heads, 63 sectors/track, 12 cylinders
Units = cylinders of 16065 * 512 = 8225280 bytes
   Device Boot      Start         End      Blocks   Id  System
/dev/sda1               1          12       96358+  83  Linux
```

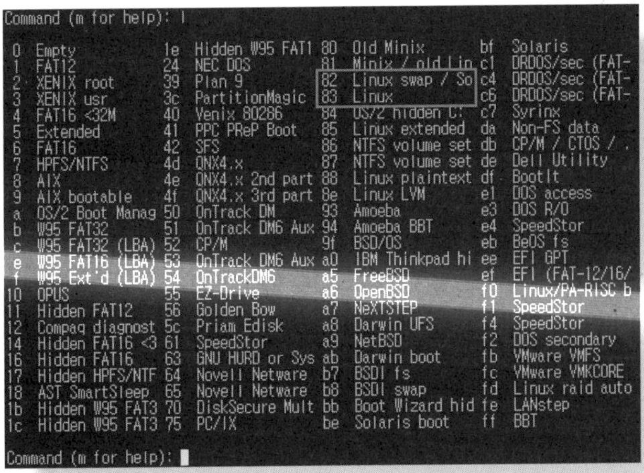

그림 1-31 • 파티션 타입

```
Command (m for help): w
The partition table has been altered!


Calling ioctl() to re-read partition table.
Syncing disks.
[root@localhost ~]#
```

fdisk 명령으로 /dev/sda 하드 디스크의 파티션을 생성하였으면 조금 전에 공부했던 mkfs.ext3 명령으로 /dev/sda1 파티션을 ext3 파일 시스템을 생성하고, mkdir 명령을 사용하여 /backup 디렉터리를 생성해두고, mount 명령으로 /dev/sda1 파티션을 /backup 디렉터리로 마운트하면 다음과 같이 구성된다.

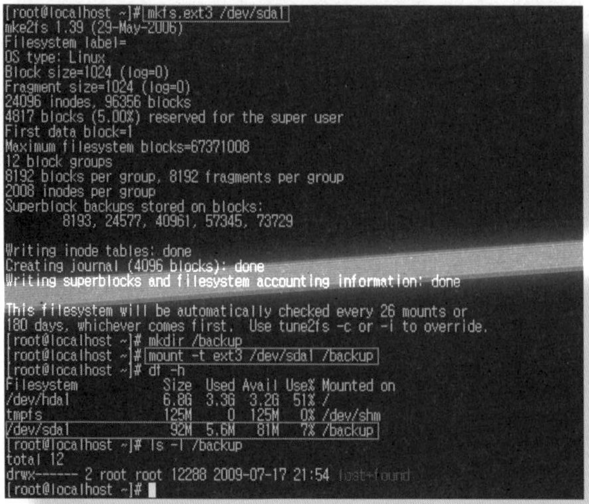

```
[root@localhost ~]# mkfs.ext3 /dev/sda1
mke2fs 1.39 (29-May-2006)
Filesystem label=
OS type: Linux
Block size=1024 (log=0)
Fragment size=1024 (log=0)
24096 inodes, 96356 blocks
4817 blocks (5.00%) reserved for the super user
First data block=1
Maximum filesystem blocks=67371008
12 block groups
8192 blocks per group, 8192 fragments per group
2008 inodes per group
Superblock backups stored on blocks:
        8193, 24577, 40961, 57345, 73729

Writing inode tables: done
Creating journal (4096 blocks): done
Writing superblocks and filesystem accounting information: done

This filesystem will be automatically checked every 26 mounts or
180 days, whichever comes first.  Use tune2fs -c or -i to override.
[root@localhost ~]# mkdir /backup
[root@localhost ~]# mount -t ext3 /dev/sda1 /backup
[root@localhost ~]# df -h
Filesystem            Size  Used Avail Use% Mounted on
/dev/hda1             6.8G  3.3G  3.2G  51% /
tmpfs                 125M     0  125M   0% /dev/shm
/dev/sda1              92M  5.6M   81M   7% /backup
[root@localhost ~]# ls -l /backup
total 12
drwx------ 2 root root 12288 2009-07-17 21:54 lost+found
[root@localhost ~]#
```

그림 1-32 • mount -t ext3 /dev/sda1 /backup

1.8.8.10 fsck.ext3

fsck.ext3 명령은 ext3 파일 시스템을 체크, 수리, 디버그할 수 있는 명령이다. 단, mount된 파티션에 대해 파일 시스템 체크를 하면 해당 파티션에 문제가 발생할 수 있으므로 반드시 해당 파티션의 마운트를 해제한 다음, 파일 시스템 체크를 하기 바란다.

형식	fsck.ext3 [디바이스명] 또는 fsck -t ext3 [디바이스명]

예제를 위하여 조금 전에 생성하였던 /dev/sda1 파티션의 파일 시스템을 체크해 보자.

```
[root@localhost ~]# df -h
Filesystem            Size  Used Avail Use% Mounted on
/dev/hda1             6.8G  3.3G  3.2G  51% /
tmpfs                 125M     0  125M   0% /dev/shm
/dev/sda1              92M  5.6M   81M   7% /backup
[root@localhost ~]# umount /backup
[root@localhost ~]# df -h
Filesystem            Size  Used Avail Use% Mounted on
/dev/hda1             6.8G  3.3G  3.2G  51% /
tmpfs                 125M     0  125M   0% /dev/shm
```

```
[root@localhost ~]# fsck.ext3 /dev/sda1
e2fsck 1.39 (29-May-2006)
/dev/sda1: clean, 11/24096 files, 8713/96356 blocks
[root@localhost ~]#
```

/dev/sda1 파티션의 ext3 파일 시스템을 체크하였지만 아무런 오류도 발견되지 않았다. 즉, 정상이라는 의미이다.

1.8.8.11 badblocks

badblocks 명령은 저장 디바이스의 물리적인 배드 블록을 체크한다.

형식	badblocks [디바이스명]

```
[root@localhost ~]# badblocks /dev/sda1
[root@localhost ~]#
```

/dev/sda1 파티션에 대해 배드 블록을 체크하였지만, 아무런 메시지도 출력하지 않았다. 즉, 배드 블록이 없이 정상적인 파티션이라는 의미이다.

1.8.8.12 lsusb

장착되어 있는 USB 디바이스 목록을 출력한다.

```
[root@localhost ~]# lsusb
Bus 001 Device 001: ID 0000:0000
Bus 002 Device 001: ID 0000:0000
[root@localhost ~]#
```

1.8.8.13 lspci

장착되어 있는 pci 디바이스 목록을 출력한다.

```
[root@localhost ~]# lspci
00:00.0 Host bridge: Intel Corporation 440FX - 82441FX PMC [Natoma] (rev 02)
00:01.0 ISA bridge: Intel Corporation 82371SB PIIX3 ISA [Natoma/Triton II]
00:01.1 IDE interface: Intel Corporation 82371AB/EB/MB PIIX4 IDE (rev 01)
```

```
00:02.0 VGA compatible controller: InnoTek Systemberatung GmbH VirtualBox Graphics Adapter
00:03.0 Ethernet controller: Advanced Micro Devices [AMD] 79c970 [PCnet32 LANCE] (rev 40)
00:04.0 System peripheral: InnoTek Systemberatung GmbH VirtualBox Guest Service
00:05.0 Multimedia audio controller: Intel Corporation 82801AA AC'97 Audio Controller (rev 01)
00:06.0 USB Controller: Apple Computer Inc. KeyLargo/Intrepid USB
00:07.0 Bridge: Intel Corporation 82371AB/EB/MB PIIX4 ACPI (rev 08)
00:0b.0 USB Controller: Intel Corporation 82801FB/FBM/FR/FW/FRW (ICH6 Family) USB2 EHCI Controller
00:0d.0 SATA controller: Intel Corporation 82801HBM/HEM (ICH8M/ICH8M-E) SATA AHCI Controller (rev 02)
[root@localhost ~]#
```

1.8.8.14 mkbootdisk

시스템 구동을 위한 독립적인stand-alone 부트 플로피 디스크를 만든다. --iso 옵션을 사용하면 부팅이 가능한 iso 파일을 만들수 있으며 cdrom으로 구울 수 있다. 간단히 mkisofs 명령을 사용해도 된다.

1.8.8.15 mkisofs

mkisofs 명령을 사용하면 iso9660 파일 시스템, 즉 CD 이미지를 만들수 있다.

예를 들어, /bin 디렉터리 아래의 파일들을 bin.iso 파일로 만들어 보자.

```
[root@localhost ~]# mkisofs -o bin.iso -J -V backup /bin
[root@localhost ~]# ls -l bin.iso
-rw-r--r-- 1 root root 8087552 2009-07-17 22:21 bin.iso
[root@localhost ~]#
```

[사용된 옵션]
-o: 생성될 ISO 이미지 파일명
-J: 윈도우즈 호환 Joliet Filesystem으로 64자의 파일명을 허용
-V: Volume ID 생성

bin.iso 파일을 만들었다. 이번에는 bin.iso 파일을 마운트해 보자.

```
[root@localhost ~]# mkdir /mnt/cdrom
[root@localhost ~]# mount -o loop -t iso9660 bin.iso /mnt/cdrom/
[root@localhost ~]# df -h
Filesystem            Size  Used Avail Use% Mounted on
```

```
/dev/hda1             6.8G  3.3G  3.2G  51% /
tmpfs                 125M     0  125M   0% /dev/shm
/root/bin.iso         7.8M  7.8M     0 100% /mnt/cdrom
[root@localhost ~]# ls /mnt/cdrom
alsacard              echo           ls             setserial
alsaunmute            ed             mail           sleep
...
[root@localhost ~]# umount /mnt/cdrom
[root@localhost ~]# ls /mnt/cdrom
[root@localhost ~]#
```

1.8.8.16 chroot

chroot 명령은 root 디렉터리를 변경하는데, 지정한 루트 디렉터리를 사용하여 명령과 인터렉티브 쉘을 실행한다. chroot를 사용하면 보안적인 측면에서 유용하다.

chroot로 지정한 디렉터리 아래에서 사용할 수 있는 명령을 복사할 때 그 명령의 공유 라이브러리도 함께 복사해 주어야 한다. 각 명령에 대한 공유 라이브러리 목록은 ldd 명령을 사용하면 쉽게 알 수 있다.

chroot /aaa/bbb /bin/ls 명령은 /aaa/bbb 디렉터리가 root 디렉터리가 되어 /aaa/bbb/bin/ls 명령을 실행하게 된다는 의미이다. 그리고 접속하는 유저의 ~/.bashrc 파일에 alias XX 'chroot /aaa/bbb /bin/ls' 로 앨리아스를 지정해 주면, 사용자가 XX 명령을 실행할 때 chroot에 의해 /aaa/bbb 디렉터리가 최상위 루트(/) 디렉터리가 되어 그 아래의 /bin/ls 명령을 실행하게 된다.

1.8.8.17 lockfile

lockfile 명령은 procmail 패키지에 포함되어 있다. lockfile 명령으로 세마포어 잠금 파일, 디바이스, 리소스 등을 생성하여 파일 접근을 관리할 수 있다. 잠금 파일이 존재하면 다른 프로세스의 접근이 제한된다. 일반적으로 애플리케이션들은 /var/lock 디렉터리에 잠금 파일을 생성하고 체크하며 rm -f [잠금파일명] 명령으로 삭제할 수 있다.

```
[root@localhost ~]# rpm -ql procmail | grep lockfile
/usr/bin/lockfile
/usr/share/man/man1/lockfile.1.gz
[root@localhost ~]# ls -l /var/lock
total 32
drwxr-xr-x 2 root root 4096 2009-01-21 20:13 dmraid
drwx------ 2 root root 4096 2007-03-15 02:14 iptraf
-rw-r--r-- 1 root root    0 2009-07-17 21:33 irqbalance
drwx------ 2 root root 4096 2009-05-23 04:52 lvm
drwxr-xr-x 2 root root 4096 2009-07-17 21:33 subsys
[root@localhost ~]#
```

1.8.8.18 flock

lockfile보다 크게 유용하지 않지만 지정한 명령을 완료할 때까지 잠금 설정을 하여 다른 프로세스의 접근, 사용을 차단한다. 단, lockfile 명령과 다르게 flock 명령은 자동으로 잠금 파일을 생성하지 않는다.

1.8.8.19 mknod

mknod 명령은 FIFO, 캐릭터 특수 파일character special file, 블럭 특수 파일 등을 만드는 데 사용한다. 초기값으로 만들어지는 파일의 모드는 0666이다.

1.8.8.20 MAKEDEV

MAKEDEV 명령은 디바이스 파일을 생성하기 위해 사용하며, /dev 디렉터리 안에서 root만 사용할 수 있는 명령이다. mknod보다 옵션이 많으며 보다 유용한 고급 명령이다

1.8.8.21 tmpwatch

지정한 기간 동안 접근되지 않은 파일들을 자동으로 삭제하는 명령이다. 일반적으로 cron을 사용하여 임시 파일을 관리한다.

```
[root@localhost ~]# cat /etc/cron.daily/tmpwatch
flags=-umc
/usr/sbin/tmpwatch "$flags" -x /tmp/.X11-unix -x /tmp/.XIM-unix \
        -x /tmp/.font-unix -x /tmp/.ICE-unix -x /tmp/.Test-unix 240 /tmp
```

```
/usr/sbin/tmpwatch "$flags" 720 /var/tmp
for d in /var/{cache/man,catman}/{cat?,X11R6/cat?,local/cat?}; do
    if [ -d "$d" ]; then
        /usr/sbin/tmpwatch "$flags" -f 720 "$d"
    fi
done
[root@localhost ~]#
```

1.8.9 백업

1.8.9.1 dump, restore

dump 명령은 정교한 파일 시스템(ext2/ext3) 백업 유틸리티이며, -f 옵션을 사용하여 네트워크 파일 시스템도 백업할 수 있다. dump 명령은 저수준 디스크 파티션을 읽고 바이너리 포맷의 백업 파일을 만든다. 디스크, 테잎 드라이브 등의 다양한 저장 미디어에 백업된 파일들은 restore 명령을 사용하여 복원할 수 있다.

1.8.9.2 fdformat

플로피 디스크를 로우레벨 저수준으로 포맷한다. (/dev/fd0*)

형식	fdformat [-n] 장치명

1.8.10 시스템 리소스

1.8.10.1 ulimit

시스템 리소스 사용의 상한 제한값upper limit을 설정한다. -f 옵션을 사용하면 파일 크기를 제한하며(ulimit -f 1000: 1M의 파일크기), -c 옵션을 사용하면 코어덤프 크기를 제한하고(ulimit -c 0), -a 옵션을 사용하면 현재 시스템의 상한값을 출력해 볼 수 있다.

```
[root@localhost ~]# ulimit -a
core file size          (blocks, -c) 0
data seg size           (kbytes, -d) unlimited
scheduling priority             (-e) 0
file size               (blocks, -f) unlimited
```

```
pending signals                 (-i) 4095
max locked memory       (kbytes, -l) 32
max memory size         (kbytes, -m) unlimited
open files                      (-n) 1024
pipe size            (512 bytes, -p) 8
POSIX message queues     (bytes, -q) 819200
real-time priority              (-r) 0
stack size              (kbytes, -s) 10240
cpu time               (seconds, -t) unlimited
max user processes              (-u) 4095
virtual memory          (kbytes, -v) unlimited
file locks                      (-x) unlimited
[root@localhost ~]#
```

1.8.10.2 quota

유저와 그룹의 디스크 사용량 제한값을 출력한다. (quotaon, quotaoff)

1.8.10.3 setquota

명령라인에서 유저와 그룹의 디스크 쿼타를 설정한다.

1.8.10.4 umask

유저의 파일 생성 퍼미션 마스크를 설정한다. umask 022 명령을 실행하면 새로 생성되는 파일은 644 퍼미션(666 - 022 = 644)을 가지게 되며, 새로 생성되는 디렉터리는 755 퍼미션(777 - 022 = 755)을 가지게 된다. 물론 chmod 명령을 사용하여 퍼미션을 수정할 수 있다.

1.8.10.5 rdev

형식

```
rdev [ -rsvh ] [ -o offset ] [ image [ value [ offset ] ] ]
rdev [ -o offset ] [ image [ root_device [ offset ] ] ]
swapdev [ -o offset ] [ image [ swap_device [ offset ] ] ]
ramsize [ -o offset ] [ image [ size [ offset ] ] ]
vidmode [ -o offset ] [ image [ mode [ offset ] ] ]
rootflags [ -o offset ] [ image [ flags [ offset ] ] ]
```

단독으로 rdev 명령을 실행하면 /etc/mtab 파일에서 root 파일 시스템 부분을 찾아 그 정보를 보여준다. 단독으로 swapdev, ramsize, vidmode, rootflags 명령을 실행하면 그 사용법을 보여준다. 리눅스 커널을 위한 부트 이미지 안에는 root 장치, 비디오 모드, RAM 디스크 크기, 스왑 장치를 지정하는 여러 개의 바이트가 있다. 초기값으로 이 바이트들은 다음과 같이 커널 이미지 안의 504(십진수) 옵셋에서 시작한다.

```
[root@localhost ~]# rdev
/dev/root /
[root@localhost ~]#
```

```
498 Root flags
(500 and 502 Reserved)
504 RAM 디스크 크기
506 VGA 모드
508 Root 장치
(510 Boot Signature)
```

rdev 명령으로 이들 값을 변경할 수 있다.

image 인자는 리눅스 커널 이미지를 말하는데, 이것은 일반적으로 다음 중 하나이다.

```
/vmlinux
/vmlinux.test
/vmunix
/vmunix.test
/dev/fd0
/dev/fd1
```

rdev나 swapdev 명령을 사용할 때 root_device나 swap_device 인자 값으로 사용될 수 있는 장치는 일반적으로 다음과 같다.

```
/dev/hda[1-8]
/dev/hdb[1-8]
/dev/sda[1-8]
/dev/sdb[1-8]
```

ramsize 명령에서 사용되는 size 인자 값은 RAM 디스크의 KB 단위의 크기이다.

rootflags 명령에서 사용되는 flags 인자 값은 root 파일 시스템을 마운트할 때 추가적인 정보를 담고 있는 값이다. 일반적으로 flags 값이 0이 아니라면 이 값은 커널이 root 파일 시스템을 읽기전용으로 마운트하도록 한다.

vidmode 명령에서 사용되는 mode 인자 값은 다음과 같은 비디오 모드를 지정한다:

```
-3 = Prompt
-2 = Extended VGA
-1 = Normal VGA
0 = as if "0" was pressed at the prompt
1 = as if "1" was pressed at the prompt
2 = as if "2" was pressed at the prompt
n = as if "n" was pressed at the prompt
```

value 인자 값이 지정되지 않으면 image 인자 값은 단지 현재 설정을 알기 위해서 사용된다.

참고

옵션

-s: rdev 명령을 swapdev 명령으로 사용한다.

-r: rdev 명령을 ramsize 명령으로 사용한다.

-R: rdev 명령을 rootflags 명령으로 사용한다.

-v: rdev 명령을 vidmode 명령으로 사용한다.

-h: 도움말을 보여주고 마친다.

1.8.11 모듈

1.8.11.1 lsmod

설치된 커널 모듈 목록을 출력한다. cat /proc/modules 명령을 사용해도 된다.

```
[root@localhost ~]# lsmod | head -n 10
Module                  Size  Used by
nls_utf8                6209  1
loop                   19017  2
vboxvfs                45728  0
autofs4                24261  2
hidp                   23105  2
rfcomm                 42457  0
```

```
l2cap                  29505  10 hidp,rfcomm
bluetooth              53797  5 hidp,rfcomm,l2cap
sunrpc                144765  1
[root@localhost ~]#
```

1.8.11.2 insmod

insmod 명령은 커널 모듈을 강제로 추가하는 명령이다. 가능하면 modprobe 명령을 사용하길 권장한다.

1.8.11.3 rmmod

커널 모듈을 강제로 제거한다.

1.8.11.4 modprobe

형식

```
modprobe  [  -v  ]  [ -V ] [ -C config-file ] [ -n ] [ -i ] [ -q ] [ -o
modulename ] [ modulename ] [ module parameters ... ]
modprobe [ -r ] [ -v ] [ -n ] [ -i ] [ modulename ... ]
modprobe [ -l ] [ -t dirname ] [ wildcard ]
modprobe [ -c ]
```

커널 모듈을 추가, 제거하는 명령이며, 일반적으로 시작스크립트에서 자동으로 호출되는 모듈 로더이다. insmod보다 modprobe 명령을 사용하여 모듈을 설치하는 것이 바람직하다. 부팅 시 자동으로 추가되는 모듈들은 /etc/modprobe.conf에 저장되어 있다.

```
[root@localhost ~]# cat /etc/modprobe.conf
alias scsi_hostadapter ata_piix
alias snd-card-0 snd-intel8x0
options snd-card-0 index=0
options snd-intel8x0 index=0
remove snd-intel8x0 { /usr/sbin/alsactl store 0 >/dev/null 2>&1 || : ; }; /sbin/modprobe -r --ignore-
remove snd-intel8x0
alias eth0 pcnet32
[root@localhost ~]#
```

1.8.11.5 depmod

모듈 의존성 파일을 생성한다. 일반적으로 시작스크립트에서 호출하여 사용한다.

1.8.11.6 modinfo

로드할 수 있는 모듈에 대한 정보를 출력한다.

```
[root@localhost ~]# modinfo cdrom
filename:       /lib/modules/2.6.18-128.el5/kernel/drivers/cdrom/cdrom.ko
license:        GPL
srcversion:     F6B75B512215F7107DD93CF
depends:
vermagic:       2.6.18-128.el5 SMP mod_unload 686 REGPARM 4KSTACKS gcc-4.1
parm:           debug:bool
parm:           autoclose:bool
parm:           autoeject:bool
parm:           lockdoor:bool
parm:           check_media_type:bool
parm:           mrw_format_restart:bool
module_sig:
883f3504977493f4f3f897cd3dced2112e47309f4685e07514774d9e1f6246352dd68bf2b920d2e60a084c27
da4190e322f21d4578bf64fecf293bc342
[root@localhost ~]#
```

1.8.12 기타 명령어

1.8.12.1 env

환경 변수를 출력하거나 프로그램을 다른 환경에서 실행한다. 쉘 스크립트 상단에 스크립트 언어를 지정할 때 사용하기도 한다. 만약 php 언어를 인터프리터로 지정하기 위해서 전체 경로를 적어주어도 되지만, #!/bin/env php라고 적어주면 환경 변수 PATH에 지정된 경로에서 php 실행 파일을 자동으로 검색하게 된다. 배시 쉘의 경우에는 #!/bin/env bash 라고 적어주면 된다.

```
[root@localhost ~]# env
HOSTNAME=localhost.localdomain
SHELL=/bin/bash
TERM=xterm
```

```
HISTSIZE=1000
USER=root
LS_COLORS=no=00:fi=00:di=00;34:ln=00;36:pi=40;33:so=00;35:bd=40;33;01:cd=40;33;01:or=01;05;37;41:mi=
01;05;37;41:ex=00;32:*.cmd=00;32:*.exe=00;32:*.com=00;32:*.btm=00;32:*.bat=00;32:*.sh=00;32:*.csh=00;
32:*.tar=00;31:*.tgz=00;31:*.arj=00;31:*.taz=00;31:*.lzh=00;31:*.zip=00;31:*.z=00;31:*.Z=00;31:*.gz=
00;31:*.bz2=00;31:*.bz=00;31:*.tz=00;31:*.rpm=00;31:*.cpio=00;31:*.jpg=00;35:*.gif=00;35:*.bmp=00;
35:*.xbm= 00;35:*.xpm=00;35:*.png=00;35:*.tif=00;35:
MAIL=/var/spool/mail/root
PATH=/usr/kerberos/sbin:/usr/kerberos/bin:/usr/local/sbin:/usr/local/bin:/sbin:/bin:/usr/sbin:/usr
/bin:/ root/bin
INPUTRC=/etc/inputrc
PWD=/root
LANG=en_US.UTF-8
SSH_ASKPASS=/usr/libexec/openssh/gnome-ssh-askpass
SHLVL=1
HOME=/root
LOGNAME=root
CVS_RSH=ssh
LESSOPEN=|/usr/bin/lesspipe.sh %s
G_BROKEN_FILENAMES=1
_=/bin/env
OLDPWD=/etc/cron.daily
[root@localhost ~]#
```

다음의 /etc/rc.d/init.d/vsftpd 시작스크립트를 보면 첫 번째 라인에 #!/bin/bash이라고 명시되어 있는데, env 명령을 사용하여 **#!/bin/env bash**라고 입력해두어도 같은 의미를 가진다.

```
[root@localhost ~]# cat /etc/rc.d/init.d/vsftpd
#!/bin/bash
#
# vsftpd      This shell script takes care of starting and stopping
#             standalone vsftpd.
#
# chkconfig: 35 60 50
# description: Vsftpd is a ftp daemon, which is the program \
#              that answers incoming ftp service requests.
# processname: vsftpd
```

```
# config: /etc/vsftpd/vsftpd.conf


# Source function library.
. /etc/rc.d/init.d/functions


# Source networking configuration.
. /etc/sysconfig/network


# Check that networking is up.
...중략...
[root@localhost ~]#
```

1.8.12.2 ldd

실행 파일에 대한 공유 라이브러리 의존성을 출력해 준다. 공유 라이브러리에 대해서는 gcc 프로그래밍을 공부하기 바란다.

리눅스에서의 정적static 라이브러리는 .a의 확장자를 가지며 공유shared 라이브러리는 .so 확장자를 가진다.

```
[root@localhost ~]# ldd /bin/ls
        linux-gate.so.1 =>  (0x00491000)
        librt.so.1 => /lib/librt.so.1 (0x00d8f000)
        libacl.so.1 => /lib/libacl.so.1 (0x00183000)
        libselinux.so.1 => /lib/libselinux.so.1 (0x00101000)
        libc.so.6 => /lib/libc.so.6 (0x00bec000)
        libpthread.so.0 => /lib/libpthread.so.0 (0x00d61000)
        /lib/ld-linux.so.2 (0x00bc9000)
        libattr.so.1 => /lib/libattr.so.1 (0x0017c000)
        libdl.so.2 => /lib/libdl.so.2 (0x00d5b000)
        libsepol.so.1 => /lib/libsepol.so.1 (0x0011b000)
[root@localhost ~]#
```

1.8.12.3 watch

지정한 명령을 지정한 시간 단위로 재실행하며 풀스크린으로 결과값을 출력한다. watch 상태를 빠져나오기 위해서는 <Ctrl-C>키를 누르면 된다.

다음의 예제는 5초마다 /var/log/messages 파일의 내용을 화면에 출력하는 명령이다.

```
[root@localhost ~]# watch -n 5 tail /var/log/messages
```

60초마다 메일을 확인하려면 다음과 같은 명령을 실행한다.

```
[root@localhost ~]# watch -n 60 from
```

디렉터리 내의 변경된 파일을 감시하고자 할 경우에는 다음과 같은 명령을 실행한다.

```
[root@localhost ~]# watch -d ls -l
```

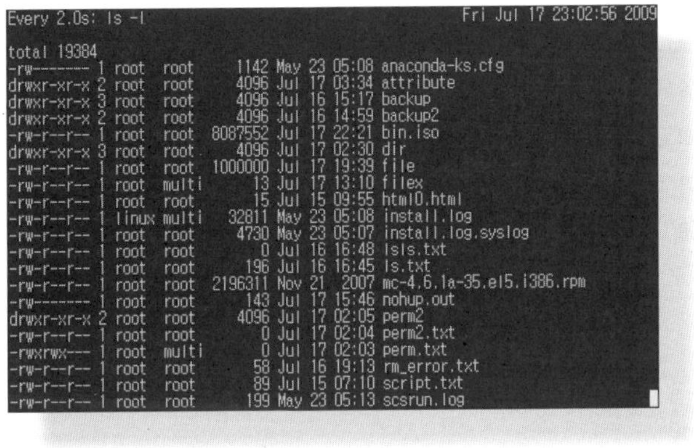

그림 1-33

1.8.12.4 nm

strip되지 않은 컴파일된 오브젝트 파일의 심볼 목록을 보여준다.

```
[root@localhost ~]# mkdir gcc
[root@localhost ~]# cd gcc
[root@localhost gcc]# vim test.c
#include <stdio.h>

int main() {
        printf("Hello Linuxer!\n");
        return 0;
}
[root@localhost gcc]# gcc test.c
[root@localhost gcc]# ls -l
```

```
total 12
-rwxr-xr-x 1 root root 4728 2009-07-17 23:06 a.out
-rw-r--r-- 1 root root   75 2009-07-17 23:06 test.c
[root@localhost gcc]# ./a.out
Hello Linuxer!
[root@localhost gcc]# ./a.out
Hello Linuxer!
[root@localhost gcc]# nm a.out
080494a8 d _DYNAMIC
08049574 d _GLOBAL_OFFSET_TABLE_
08048478 R _IO_stdin_used
         w _Jv_RegisterClasses
08049498 d __CTOR_END__
08049494 d __CTOR_LIST__
080494a0 D __DTOR_END__
0804949c d __DTOR_LIST__
08048490 r __FRAME_END__
080494a4 d __JCR_END__
080494a4 d __JCR_LIST__
08049590 A __bss_start
0804958c D __data_start
08048430 t __do_global_ctors_aux
08048300 t __do_global_dtors_aux
0804847c R __dso_handle
08049494 d __fini_array_end
08049494 d __fini_array_start
         w __gmon_start__
08048429 T __i686.get_pc_thunk.bx
08049494 d __init_array_end
08049494 d __init_array_start
080483b0 T __libc_csu_fini
080483c0 T __libc_csu_init
         U __libc_start_main@@GLIBC_2.0
08049494 d __preinit_array_end
08049494 d __preinit_array_start
08049590 A _edata
08049598 A _end
```

```
08048458 T _fini
08048474 R _fp_hw
0804824c T _init
080482b0 T _start
080482d4 t call_gmon_start
08049594 b completed.5788
0804958c W data_start
08049590 b dtor_idx.5790
08048360 t frame_dummy
08048384 T main
         U puts@@GLIBC_2.0
[root@localhost gcc]#
```

1.8.12.5 strip

오브젝트 파일의 디버깅 심볼 레퍼런스를 제거하여 파일 크기를 줄인다. 하지만 추후 디버깅은 할 수 없다.

```
[root@localhost gcc]# ls -l
total 12
-rwxr-xr-x 1 root root 4728 2009-07-17 23:06 a.out
-rw-r--r-- 1 root root   75 2009-07-17 23:06 test.c
[root@localhost gcc]# strip a.out
[root@localhost gcc]# ls -l
total 8
-rwxr-xr-x 1 root root 2944 2009-07-17 23:09 a.out
-rw-r--r-- 1 root root   75 2009-07-17 23:06 test.c
[root@localhost gcc]# nm a.out
nm: a.out: no symbols
[root@localhost gcc]#
```

이상으로 1장의 내용을 마치도록 한다. 이번 장에서는 쉘 스크립트 프로그래밍 공부에 앞서 리눅스에서 제공하는 여러 가지 명령과 기초 사항들에 대해 공부하였다. 다음 장부터는 쉘 스크립트 프로그래밍을 위해 알아두어야 할 리눅스의 시스템적인 기초 지식과 함께 쉘 스크립트 프로그래밍 기초 문법, 정규표현식, grep, sed, awk, bash 쉘 프로그래밍, vim 편집기에 대해 공부할 것이다. 자주 사용하는 명령들과 중요한 문법 사항들은 2장부터 7장까지 여러번 반복적으로 설명할 것이므로 차근차근 학습하도록 하자.

chapter 02

쉘 스크립트 맛보기

이번 장에서는 리눅스의 부팅 과정과 기본적인 리눅스 쉘 스크립트 프로그래밍 문법을 공부하기로 한다. 본 도서를 위해 사용한 리눅스 배포판은 CentOS 5.3 버전이다. 물론 레드햇 기반의 다른 배포판을 사용해도 크게 다르지 않으며, 기본 문법 사항들은 동일하고 변하지 않는다.

2.1 | 리눅스의 부팅 과정과 로그인 쉘

2.1.1 리눅스의 부팅과 종료, 리부팅

리눅스 시스템을 부팅하면 가장 먼저 init라는 첫 번째 프로세스가 시작되고, init 프로세스와 연결된 수많은 프로세스들이 자신만의 프로세스 아이디[PID]를 가지고 생성되기 시작한다. init 프로세스가 첫 번째 프로세스이기 때문에 PID는 당연히 1이다. 여기서 PID는 프로세스를 구분하기 위한 식별자이다. init 프로세스가 시스템을 초기화하고 터미널 라인을 오픈하기 위한 작업을 시작하고, 표준 입력[stdin]과 표준 출력[stdout], 표준 에러[stderr]를 설정한다. 표준 입력은 키보드로부터 입력받는 것이고, 표준 출력과 표준 에러는 모니터로 출력하는 것이다. 이러한 작업이 수행되고 나면 로그인 프롬프트를 보여준다.

리눅스에서의 init 프로세스는 /etc/rc.d/init.d 디렉터리에 런레벨별로 설정되어 있는 쉘 스크립트를 실행하는데, 이 쉘 스크립트들은 chkconfig 명령을 사용하여 부팅 시 자동으로 실행할 것인지, 실행하지 않을 것인지 설정할 수 있다. 그리고 부팅 시 수행할 런레벨은 /etc/inittab 파일에 설정되어 있다.

```
[root@localhost ~]# cat /etc/inittab
#
# inittab       This file describes how the INIT process should set up
#               the system in a certain run-level.
#
# Author:       Miquel van Smoorenburg, <miquels@drinkel.nl.mugnet.org>
#               Modified for RHS Linux by Marc Ewing and Donnie Barnes
#

# Default runlevel. The runlevels used by RHS are:
```

(계속)

```
#   0 - halt (Do NOT set initdefault to this)
#   1 - Single user mode
#   2 - Multiuser, without NFS (The same as 3, if you do not have networking)
#   3 - Full multiuser mode
#   4 - unused
#   5 - X11
#   6 - reboot (Do NOT set initdefault to this)
# 현재 이 시스템은 런레벨 3으로 부팅한다. 즉, 풀 멀티 유저 텍스트 모드를 사용한다.
id:3:initdefault:

# System initialization.
si::sysinit:/etc/rc.d/rc.sysinit

l0:0:wait:/etc/rc.d/rc 0
l1:1:wait:/etc/rc.d/rc 1
l2:2:wait:/etc/rc.d/rc 2
l3:3:wait:/etc/rc.d/rc 3
l4:4:wait:/etc/rc.d/rc 4
l5:5:wait:/etc/rc.d/rc 5
l6:6:wait:/etc/rc.d/rc 6

# Trap CTRL-ALT-DELETE
ca::ctrlaltdel:/sbin/shutdown -t3 -r now

# When our UPS tells us power has failed, assume we have a few minutes
# of power left.  Schedule a shutdown for 2 minutes from now.
# This does, of course, assume you have powerd installed and your
# UPS connected and working correctly.
pf::powerfail:/sbin/shutdown -f -h +2 "Power Failure; System Shutting Down"

# If power was restored before the shutdown kicked in, cancel it.
pr:12345:powerokwait:/sbin/shutdown -c "Power Restored; Shutdown Cancelled"


# Run gettys in standard runlevels
```

(계속)

```
1:2345:respawn:/sbin/mingetty tty1
2:2345:respawn:/sbin/mingetty tty2
3:2345:respawn:/sbin/mingetty tty3
4:2345:respawn:/sbin/mingetty tty4
5:2345:respawn:/sbin/mingetty tty5
6:2345:respawn:/sbin/mingetty tty6

# Run xdm in runlevel 5
x:5:respawn:/etc/X11/prefdm -nodaemon
[root@localhost ~]#
```

위의 /etc/inittab 파일을 보면 런레벨이 0번부터 6번까지 있는 것을 확인할 수 있다. 여기서 텍스트 모드 런레벨인 3번과 그래픽 모드 런레벨인 5번을 주로 사용한다.

표 2-1 • 리눅스 런레벨 종류

런레벨 종류	의미
0	시스템 종료 모드
1	싱글 유저 모드
2	NFS를 사용하지 않는 멀티 유저 모드
3	풀 멀티 유저 모드(텍스트 모드) – 서버용
4	사용하지 않음
5	X11 GUI 모드 – 데스크탑용
6	재부팅 모드

위의 표에서 보는 것과 같이 서버로 사용할 경우에는 런레벨 3을 사용하고 GUI 화면의 데스크탑 사용을 위해서는 런레벨 5를 사용한다. **서버 운영 시에는 런레벨 3을 사용한다.**

리눅스에서 시스템 종료를 하려면 shutdown -h now, halt, poweroff 명령을 사용하고 리부팅을 하려면 shutdown -r now 또는 reboot 명령을 사용하는데, 위의 /etc/inittab 파일에서 보는 것과 같이 init 6 명령으로도 리부팅을 할 수 있다.

```
[시스템 종료]
shutdown -h now, halt, poweroff
[시스템 리부팅]
shutdown -r now, reboot, init6
```

이제 로그인 프롬프트에서 유저명을 입력하면 패스워드를 입력할 프롬프트를 보여준다. 이때 로그인 유저의 패스워드를 입력하면 된다. 로그인 프롬프트에서 /bin/login 프로그램이 /etc/passwd(/etc/shadow) 파일에 있는 첫 번째 필드를 체크하기 위해 유저 아이디를 먼저 검증하고, 만약 유저 아이디가 존재한다면 패스워드를 검증하게 된다. 패스워드가 맞다면 login 프로그램은 /etc/passwd 파일에 정의되어 있는 HOME, SHELL, USER, LOGNAME등의 다양한 변수들로 초기화를 진행한다. 여기서 HOME 변수에는 홈디렉터리를, /etc/passwd 파일의 마지막에 설정되어 있는 SHELL 변수에는 로그인 쉘을, USER와 USERNAME 변수에는 로그인 이름을 할당한다. 로그인이 끝나면 /etc/passwd 파일에서 유저 라인의 마지막 단계에 입력되어 있는 프로그램을 실행한다. 일반적으로 이 프로그램은 배시 쉘(/bin/bash)로 설정되어 있기 때문에 배시 쉘이 시작된다. 만약 다른 쉘을 사용하고자 한다면 원하는 쉘로 변경해 두면 다음 번 접속부터는 지정한 쉘을 사용할 수 있다.

쉘이 시작된 후 시스템 관리자에 의해 설정된 파일들을 초기화하고 홈디렉터리를 체크한다. 이때 Gnome, KDE와 같은 Xwindow 환경을 시작할 수 있다. 일반적으로 서버를 사용한다면 런레벨 3을 사용하기 때문에 일반유저로 로그인했을 경우 다음과 같이 $ 표시를 가지는 쉘 프롬프트를 보여주게 된다.

```
[multi@localhost ~]$
```

2.1.2 쉘 초기화 파일들

2.1.2.1 /etc/profile: 시스템 전역 쉘 변수 초기화

유저가 쉘에 로그인하면 가장 먼저 /etc/profile 파일을 읽어들인다. 이 파일에는 PATH, USER, LOGNAME, MAIL, HOSTNAME, HISTSIZE, INPUTRC 등의 쉘 변수들이 선언되어 있다.

이와 같은 시스템 전역 쉘 변수들을 초기화한다. 그리고 명령라인의 벨 스타일을 설정할 수 있는 전역 리드라인 초기화 파일인 /etc/inputrc 파일을 읽어들이도록 되어 있으며, 특별한 프로그램들의 전역 환경을 설정하는 파일을 포함하고 있는 /etc/profile.d 디렉터리를 읽어들이도록 구성되어 있다.

```
[root@localhost ~]# cat /etc/profile
# /etc/profile

# System wide environment and startup programs, for login setup
# Functions and aliases go in /etc/bashrc

pathmunge () {
        if ! echo $PATH | /bin/egrep -q "(^|:)$1($|:)" ; then
           if [ "$2" = "after" ] ; then
              PATH=$PATH:$1
           else
              PATH=$1:$PATH
           fi
        fi
}

# ksh workaround
if [ -z "$EUID" -a -x /usr/bin/id ]; then
        EUID='id -u'
        UID='id -ru'
fi

# Path manipulation
if [ "$EUID" = "0" ]; then
        pathmunge /sbin
        pathmunge /usr/sbin
        pathmunge /usr/local/sbin
fi

# No core files by default
ulimit -S -c 0 > /dev/null 2>&1
```

(계속)

```
if [ -x /usr/bin/id ]; then
        USER="`id -un`"
        LOGNAME=$USER
        MAIL="/var/spool/mail/$USER"
fi

HOSTNAME=`/bin/hostname`
HISTSIZE=1000

if [-z "$INPUTRC" -a ! -f "$HOME/.inputrc"]; then
    INPUTRC=/etc/inputrc
fi

export PATH USER LOGNAME MAIL HOSTNAME HISTSIZE INPUTRC

for i in /etc/profile.d/*.sh ; do
    if [ -r "$i" ]; then
        . $i
    fi
done

unset i
unset pathmunge
[root@localhost ~]#
```

```
[root@localhost ~]# cat /etc/inputrc
# do not bell on tab-completion
#set bell-style none

set meta-flag on
set input-meta on
set convert-meta off
set output-meta on

# Completed names which are symbolic links to
```

(계속)

```
# directories have a slash appended.
set mark-symlinked-directories on

$if mode=emacs

# for linux console and RH/Debian xterm
"\e[1~": beginning-of-line
"\e[4~": end-of-line
"\e[5~": beginning-of-history
"\e[6~": end-of-history
"\e[3~": delete-char
"\e[2~": quoted-insert
"\e[5C": forward-word
"\e[5D": backward-word
"\e[1;5C": forward-word
"\e[1;5D": backward-word

# for rxvt
"\e[8~": end-of-line

# for non RH/Debian xterm, can't hurt for RH/DEbian xterm
"\eOH": beginning-of-line
"\eOF": end-of-line

# for freebsd console
"\e[H": beginning-of-line
"\e[F": end-of-line
$endif
```

```
[root@localhost ~]#
```

```
[root@localhost ~]# ls /etc/profile.d/
colorls.csh  glib2.sh               krb5-devel.sh         lang.sh   mc.sh
colorls.sh   gnome-ssh-askpass.csh  krb5-workstation.csh  less.csh  vim.csh
cvs.sh       gnome-ssh-askpass.sh   krb5-workstation.sh   less.sh   vim.sh
glib2.csh    krb5-devel.csh         lang.csh              mc.csh    which-2.sh
```

```
[root@localhost ~]#
```

2.1.2.2 /etc/bashrc: 쉘 함수와 앨리아스를 위한 시스템 전역 변수 정의

/etc/profile에서 쉘 환경과 프로그램 시작 설정을 찾을 수 있으며, /etc/bashrc 파일에서는 쉘 함수와 앨리아스들을 위한 시스템 전역 정의들을 포함하고 있다.

```
[root@localhost ~]# cat /etc/bashrc
# /etc/bashrc

# System wide functions and aliases
# Environment stuff goes in /etc/profile

# By default, we want this to get set.
# Even for non-interactive, non-login shells.

alias ls='ls --color=auto --time-style=long-iso'

if [ $UID -gt 99 ] && [ "`id -gn`" = "`id -un`" ]; then
        umask 002
else
        umask 022
fi

# are we an interactive shell?
if [ "$PS1" ]; then
     case $TERM in
        xterm*)
              if [ -e /etc/sysconfig/bash-prompt-xterm ]; then
                        PROMPT_COMMAND=/etc/sysconfig/bash-prompt-xterm
              else
              PROMPT_COMMAND='echo -ne "\033]0;${USER}@${HOSTNAME%%.*}:${PWD/#$HOME/~}"; echo -ne "\007"
             fi
             ;;
      screen)
             if [ -e /etc/sysconfig/bash-prompt-screen ]; then
                       PROMPT_COMMAND=/etc/sysconfig/bash-prompt-screen
             else
```

(계속)

```
            PROMPT_COMMAND='echo -ne "\033_${USER}@${HOSTNAME%%.*}:${PWD/#$HOME/~}"; echo -ne "\033\\"'
            fi
            ;;
        *)
            [ -e /etc/sysconfig/bash-prompt-default ] && PROMPT_COMMAND=/etc/sysconfig/bash-prompt-default
            ;;
    esac
    # Turn on checkwinsize
    shopt -s checkwinsize
    [ "$PS1" = "\\s-\\v\\\$ " ] && PS1="[\u@\h \W]\\$ "
fi

if ! shopt -q login_shell ; then # We're not a login shell
        # Need to redefine pathmunge, it get's undefined at the end of /etc/profile
    pathmunge () {
            if ! echo $PATH | /bin/egrep -q "(^|:)$1($|:)" ; then
                    if [ "$2" = "after" ] ; then
                            PATH=$PATH:$1
                    else
                            PATH=$1:$PATH
                    fi
            fi
        }

        for i in /etc/profile.d/*.sh; do
                if [ -r "$i" ]; then
                        . $i
        fi
        done
        unset i
        unset pathmunge
fi
# vim:ts=4:sw=4
```

```
[root@localhost ~]#
```

2.1.2.3 ~/.bash_profile: 유저 개인의 환경 설정 파일

이 파일은 유저 개인의 환경 설정 파일로서, 시스템 전역이 아닌 유저 자신만의 PATH와 시작 프로그램을 추가적으로 설정할 수 있는 파일이다.

```
[root@localhost ~]# cat ~/.bash_profile
# .bash_profile

# Get the aliases and functions
if [ -f ~/.bashrc ]; then
        . ~/.bashrc
fi

# User specific environment and startup programs

PATH=$PATH:$HOME/bin

export PATH
unset USERNAME
[root@localhost ~]#
```

2.1.2.4 ~/.bashrc: 유저 개인의 앨리아스 및 변수 설정 파일

이 파일에서는 유저 자신의 개인적인 명령어 앨리아스를 정의할 수 있으며, /etc/bashrc 파일에서 시스템 전역 변수를 읽은 다음, 특별한 프로그램을 위한 변수를 설정할 수 있다.

```
[root@localhost ~]# cat ~/.bashrc
# .bashrc

# User specific aliases and functions

alias rm='rm -i'
alias cp='cp -i'
alias mv='mv -i'
```

(계속)

```
LANG=en_US.UTF-8


# Source global definitions
if [ -f /etc/bashrc ]; then
        . /etc/bashrc
fi
[root@localhost ~]#
```

2.1.2.5 ~/.bash_logout: 로그아웃 설정파일

이 파일은 각 유저의 자신에 대한 로그아웃 절차를 포함하고 있다. 예를 들어, 로그아웃을 하면 터미널 윈도우가 사라진다.

```
[root@localhost ~]# cat ~/.bash_logout
# ~/.bash_logout


clear
[root@localhost ~]#
```

2.1.2.6 source 명령: 쉘 환경 설정 파일 즉시 적용하기

형식	source [환경 설정 파일명]

앞의 보는 환경 설정 파일들을 수정한 다음, 리부팅 또는 재접속 없이 수정된 새로운 환경 설정 내용을 즉시 적용하기 위해서 source 명령을 사용한다. '.' 명령을 사용해도 된다.

./bashrc 파일에 ls 명령어의 앨리아스로 사용할 multi를 추가한 다음 곧바로 적용해 보자.

```
[root@localhost ~]# vim ~/.bashrc
```

```
# .bashrc

# User specific aliases and functions

alias rm='rm -i'
alias cp='cp -i'
alias mv='mv -i'
# 앨리아스(별칭)를 추가함
alias multi='ls'

LANG=en_US.UTF-8

# Source global definitions
if [ -f /etc/bashrc ]; then
        . /etc/bashrc
fi
```

```
[root@localhost ~]# multi
-bash: multi: command not found
[root@localhost ~]# source ~/.bashrc
[root@localhost ~]# multi
anaconda-ks.cfg   gcc                          perm2            swapfile
attribute         html0.html                   perm2.txt        tarfile.tgz
backup            install.log                  perm.txt         test0.txt
backup2           install.log.syslog           rm_error.txt     test1.txt
bin.iso           lsls.txt                     script.txt       test2.txt
dir               ls.txt                       scsrun.log
file              mc-4.6.1a-35.el5.i386.rpm    shelltest.sh
filex             nohup.out                    sorted_ls.txt
[root@localhost ~]#
```

2.2 | 명령라인 파싱

쉘 프롬프트에 명령을 타이핑했을 때 쉘은 입력 라인을 읽고 명령라인을 파싱한다. 토큰이라고 불리는 단어로 분리된다.

참고

파싱이란?

파싱(syntactic) parsing은 일련의 문자열을 의미있는 토큰token으로 분해하고 이들로 이루어진 파스 트리parse tree를 만드는 과정을 말한다.

토큰은 공백 또는 탭으로 분리되며 명령라인은 새 라인newline으로 종결된다. 쉘은 첫 번째 단어가 빌트인 명령인지, 디스크에 위치한 실행 가능한 프로그램인지 체크한다. 만약 빌트인 명령이라면 내부적으로 명령을 실행할 것이고, 그렇지 않다면 쉘은 프로그램의 위치를 검색하기 위해 패스PATH 변수에 지정된 디렉터리를 검색할 것이다. 필요하다면 종료된 프로그램의 상태를 알려줄 것이다. 그리고 프롬프트가 나타나고 모든 절차는 다시 시작될 것이다.

다음은 **명령라인 프로세싱의 순서**이다.

① 히스토리 치환이 수행된다.
② 명령라인은 토큰 또는 단어 단위이다.
③ 히스토리가 업데이트 된다.
④ 인용이 진행된다.
⑤ 앨리어스 치환과 함수가 정의된다.
⑥ 리다이렉션, 백그라운드, 파이프가 설정된다.
⑦ 변수 치환($user, $name, etc.)이 수행된다.
⑧ 명령 치환(echo "Today is 'date'")이 수행된다.
⑨ globbing(cat abc.??, rm *.c, etc.)이라는 파일명 치환이 수행된다.
⑩ 명령이 실행된다.

2.3 | 명령어 타입

앨리아스, 함수, 빌트인 명령 또는 디스크(저장장치)에 있는 실행 프로그램 등의 명령들이 쉘에서 실행된다. 앨리아스는 C, TC, bash 쉘에서 실행할 수 있는 명령들을 위한 닉네임 단축형이다. 함수는 본 쉘, 배시 쉘에서 사용되며 앨리아스와 함수는 쉘의 메모리에 정의되어 있다. 빌트인 명령어는 쉘에서 내부 루틴이고 디스크 저장장치에는 실행 파일이 존재한다. 쉘은 명령이 실행되기 전 자식 프로세스를 찾고 실행 프로그램의 위치를 찾기 위해 PATH 변수를 사용한다. 이때 검색시간이 소요된다.

자식 프로세스가 명령을 실행할 준비가 되면 다음의 순서에 따라 명령 타입을 알아낸다.

① 앨리아스
② 키워드
③ 함수
④ 빌트인 내장명령
⑤ 실행 파일

예를 들어, goodmorning이라는 명령이 있다고 할 때 쉘은 **가장 먼저 앨리아스인지 체크**하고 앨리아스가 아니라면 키워드인지, 그리고 함수인지, 빌트인 명령인지 체크하고 이것도 아니라면 디스크 저장장치에 있는 실행 파일이라고 판단하고 디스크에 있는 실행 파일을 찾게 된다. 이때 쉘은 실행 파일을 실행하기 위해 디렉터리 구조의 위치 중 실행 파일이 어디에 위치해 있는지 검색하기 위해 PATH 변수에 정의된 경로에서 검색하게 된다.

정리하면 다음의 그림과 같으며 쉽게 이해할 수 있을 것이다.

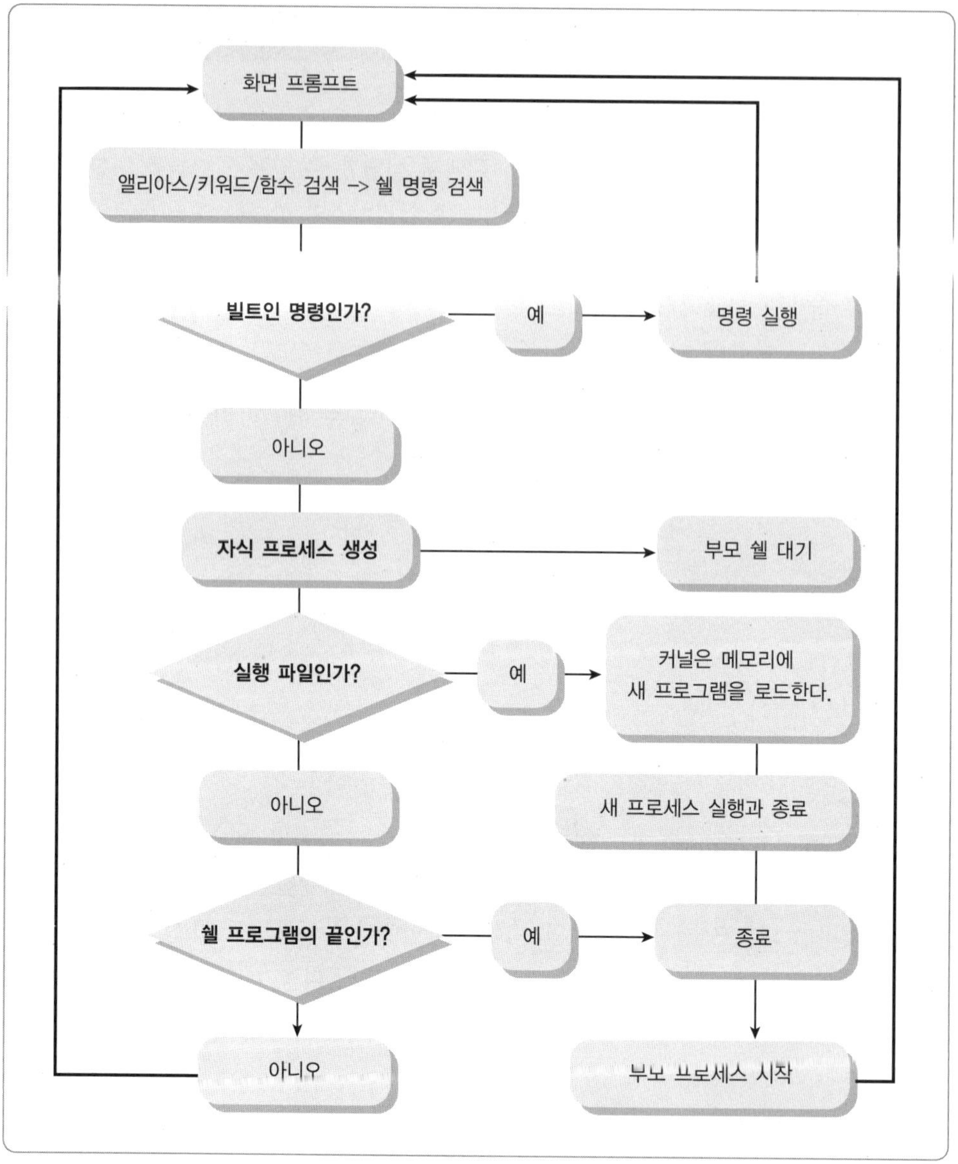

그림 2-1 • 쉘과 명령 실행순서

2.4 | 프로세스와 쉘

앞서 리눅스 부팅 과정과 명령어 타입에 대해서 간단히 알아보았다. 이번에는 프로세스와 쉘의 관계에 대하여 공부하도록 하자.

프로세스란, 유일한 PID 번호에 의해 식별될 수 있는 실행 프로그램이다. 커널은 프로세스를 제어하고 관리한다. 프로세스는 실행 프로그램의 데이터와 스택, 프로그램 포인터와 스택 포인터 그리고 프로그램을 실행하기 위해 필요한 모든 정보들로 구성되어 있다. 쉘은 로그인 프로세스를 완료했을 때 시작하는 특별한 프로그램이다. 즉, 쉘은 프로세스인 것이다. 쉘은 PID 그룹에 의해 식별되는 그룹 프로세스에 소속된다. 오직 하나의 프로세스 그룹은 하나의 터미널을 제어한다. 이 말은 포그라운드에서 실행될 수 있다는 뜻이다. 로그인을 했을 때 쉘은 터미널의 관리를 받고 있으며 프롬프트에서 명령을 타이핑받기 위해 기다린다.

로그인했을 때 시스템은 GUI를 보여줄 수 있고 쉘 프롬프트를 보여주는 터미널을 시작할 수도 있다. 만약 GUI 사용자라면 쉘은 Xwindow 시스템을 시작하기 위한 프로세스를 시작한다. Xwindow가 시작되면 윈도우 매니저 프로세스(gdm, kdm 등)가 실행되고 가상 데스크탑을 제공하게 된다. Xwindow가 실행되면 각 윈도우 매니저에서 제공하는 터미널을 사용하여 쉘에 접근할 수 있다.

다중 프로세스들은 리눅스 커널에 의해 실행되고 모니터링되며, 각 프로세스들은 유저의 눈에 띄지 않고 CPU의 작은 조각에 할당된다.

2.4.1 실행 중인 프로세스는 어떤 프로세스인가?

앞장에서 ps 명령에 대한 소개는 잠시 했었다.

ps 명령은 현재 실행되고 있는 프로세스들의 목록을 보여주는데, 많은 옵션들을 가지고 있다. 아래 예제는 리눅스에서 유저에 의해 실행되고 있는 모든 프로세스를 출력하기 위한 옵션들이다.

```
# ps aux
# ps aux --forest
# ps -ef
```

```
[root@localhost ~]# ps -ef | head
UID        PID  PPID  C STIME TTY          TIME CMD
root         1     0  0 08:49 ?        00:00:07 init [3]
root         2     1  0 08:49 ?        00:00:00 [migration/0]
root         3     1  0 08:49 ?        00:00:00 [ksoftirqd/0]
root         4     1  0 08:49 ?        00:00:00 [watchdog/0]
```

```
root         5      1  0 08:49 ?        00:00:00 [events/0]
root         6      1  0 08:49 ?        00:00:00 [khelper]
root         7      1  0 08:49 ?        00:00:00 [kthread]
root        10      7  0 08:49 ?        00:00:00 [kblockd/0]
root        11      7  0 08:49 ?        00:00:00 [kacpid]
[root@localhost ~]#
```

위의 ps 명령의 결과에서 init 프로세스의 PID 번호가 1번인 것을 확인할 수 있다.

프로세스 목록을 트리형식으로 보기 위해서는 pstree 명령을 사용할 수 있으며, pstree 명령을 사용하면 부모 프로세스와 자식 프로세스들 간의 관계를 쉽게 파악할 수 있다.

만약 ps 명령과 함께 프로세스 트리를 보고자 한다면, ps aux --forest 명령을 실행하면 될 것이다.

pstree 명령으로 프로세스 트리를 보면 최상위 부모 프로세스인 init 프로세스로부터 수많은 프로세스들이 자식 프로세스로 생성되어 있는 것을 확인할 수 있으며, 각 자식 프로세스들 또한 자신들만의 자식 프로세스를 가지고 있는 것을 확인할 수 있다. (아래 예제에서 pstree의 결과값이 너무 길어 상단의 15개 라인만 출력하였음)

```
[root@localhost ~]# pstree -p | head -n 15
init(1)-+-acpid(2291)
        |-atd(2505)
        |-auditd(1881)-+-audispd(1883)---{audispd}(1884)
        |              `-{auditd}(1882)
        |-automount(2218)-+-{automount}(2219)
        |                 |-{automount}(2220)
        |                 |-{automount}(2223)
        |                 `-{automount}(2226)
        |-avahi-daemon(2537)---avahi-daemon(2538)
        |-crond(2432)
        |-cupsd(2348)
        |-dbus-daemon(2083)
        |-events/0(5)
        |-gam_server(2708)
        |-gpm(2416)
[root@localhost ~]#
```

2.4.2 시스템 콜이란 무엇인가?

쉘은 다른 프로세스를 생성할 수 있다. 프롬프트 또는 쉘 스크립트로부터 명령을 실행 했을 때 쉘은 빌트인 내부 코드에서 또는 디스크 저장장치에서 명령을 찾고 실행된 명령을 성립한다. 이와 같은 작업은 커널에 의해 이루어지는데, 이것을 **시스템 콜**이라고 한다.

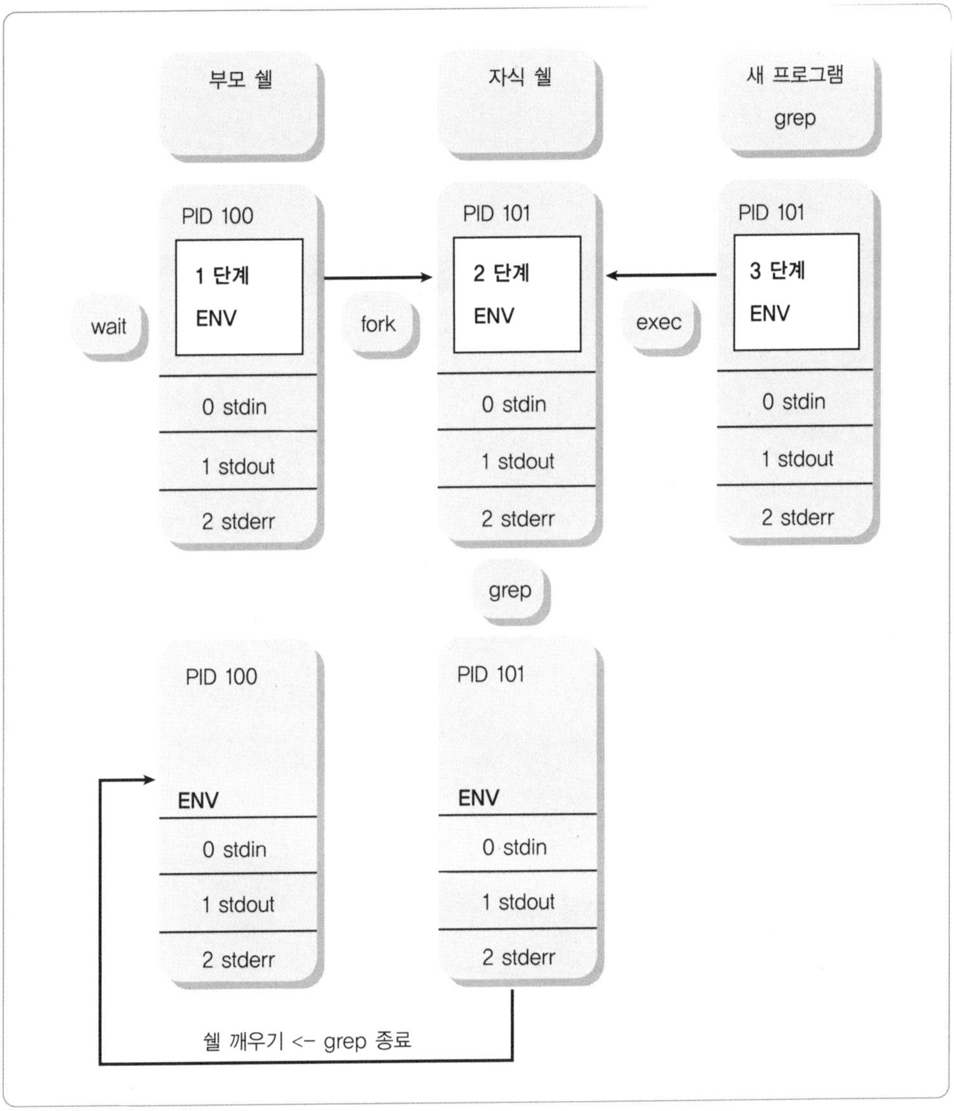

그림 2-2 • 시스템 콜(부모 프로세스와 자식 프로세스) ENV: 환경 설정 값

시스템 콜은 커널 서비스를 요청하고 시스템의 하드웨어에 접근할 수 있는 유일한 프로세스이며, 다수의 시스템 콜들은 프로세스들을 생성하고 실행하고 종료할 수 있다.

참고

grep 명령은 "grep [옵션] [패턴]" 형식을 사용하여 패턴에 맞는 문자를 가지고 있는 라인을 찾아내는 명령어이다(print lines matching a pattern). 이와 유사한 명령으로는 egrep와 fgrep가 있다. 지금은 grep 관련으로 "man grep" 명령을 사용하여 맨페이지를 참고하기 바라며, 4장의 'grep 패턴 검색'에서 좀더 자세히 공부할 것이다.

현재 쉘의 환경 변수값은 env 또는 printenv 명령을 사용하면 출력해 볼 수 있다.

```
[root@localhost ~]# env
HOSTNAME=localhost.localdomain
SHELL=/bin/bash
TERM=xterm
HISTSIZE=1000
USER=root
LS_COLORS=no=00:fi=00:di=00;34:ln=00;36:pi=40;33:so=00;35:bd=40;33;01:cd=40;33;01:or=01;05;37;41:mi=0
1;05;37;41:ex=00;32:*.cmd=00;32:*.exe=00;32:*.com=00;32:*.btm=00;32:*.bat=00;32:*.sh=00;32:*.csh=00;3
2:*.tar=00;31:*.tgz=00;31:*.arj=00;31:*.taz=00;31:*.lzh=00;31:*.zip=00;31:*.z=00;31:*.Z=00;31:*.gz=00
;31:*.bz2=00;31:*.bz=00;31:*.tz=00;31:*.rpm=00;31:*.cpio=00;31:*.jpg=00;35:*.gif=00;35:*.bmp=00;35:*.
xbm=00;35:*.xpm=00;35:*.png=00;35:*.tif=00;35:
MAIL=/var/spool/mail/root
PATH=/usr/kerberos/sbin:/usr/kerberos/bin:/usr/local/sbin:/usr/local/bin:/sbin:/bin:/usr/sbin:/usr/bi
n:/root/bin
INPUTRC=/etc/inputrc
PWD=/root
LANG=en_US.UTF-8
SSH_ASKPASS=/usr/libexec/openssh/gnome-ssh-askpass
SHLVL=1
HOME=/root
LOGNAME=root
```

(계속)

```
CVS_RSH=ssh
LESSOPEN=|/usr/bin/lesspipe.sh %s
G_BROKEN_FILENAMES=1
_=/bin/env
[root@localhost ~]#
```

2.4.3 프로세스 생성과 시스템 콜

>> fork 시스템 콜

리눅스 시스템에서는 fork 시스템 콜에 의해 프로세스가 생성된다. **fork 시스템 콜은 콜 프로세스의 복사본을 생성**한다. 새로운 프로세스는 부모 프로세스로부터 생성된 자식 프로세스가 되며, 자식 프로세스는 fork가 호출된 다음 실행을 시작하고 이 두 프로세스는 CPU를 공유하게 된다. 자식 프로세스는 부모 프로세스의 환경, 오픈된 파일, 실제적인 유저 ID, umask, 현재 작업 디렉터리, 시그널의 복사본을 가지게 된다.

명령을 실행했을 때 쉘은 명령라인을 파싱하고 첫 번째 단어가 빌트인 명령인지 디스크에 존재하는 실행 명령인지 판단한다. 이때 빌트인 명령이라면 쉘은 곧바로 처리하고 만약 디스크에 존재한다면 쉘은 부모 쉘의 복사본을 만들기 위해 fork 시스템 콜을 호출한다. 자식 프로세스는 명령을 찾기 위해 패스그(PATH 변수)에 정의되어 있는 경로들을 검색하고 리다이렉션, 파이프, 명령 치환, 백그라운드 프로세싱을 위한 파일 디스크립터를 설정한다. 자식 프로세스가 동작하는 동안 부모 프로세스는 잠시 멈춘다wait.

fork 시스템 콜은 다음의 그림을 참고하자.

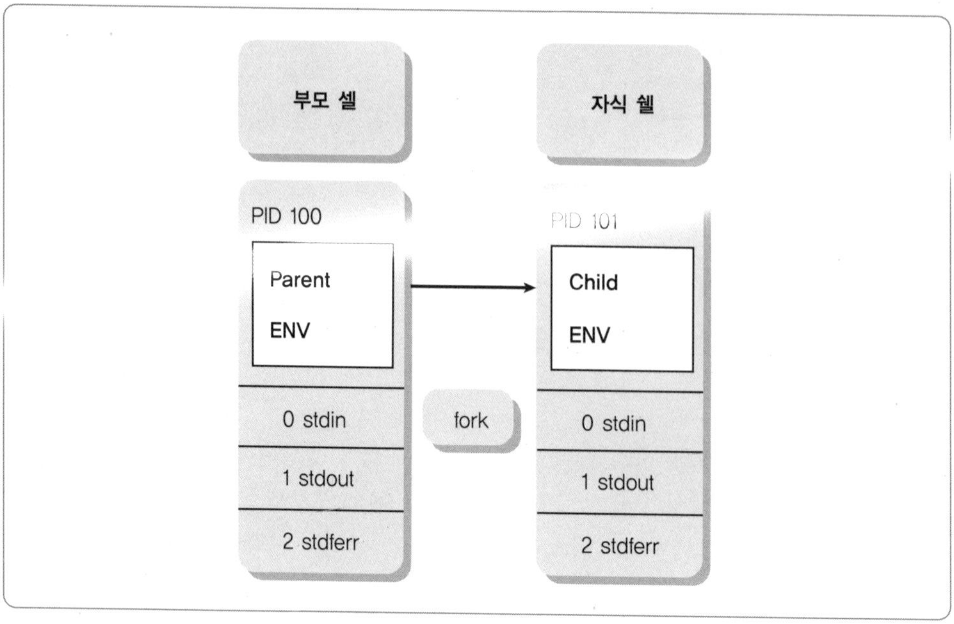

그림 2-3 • fork 시스템 콜

>> wait 시스템 콜

부모 쉘은 자식 쉘이 리다이렉션, 파이프, 백그라운드 프로세싱 등을 수행하는 동안 잠시 대기상태로 된다. wait 시스템 콜은 자식 프로세스 하나가 종료될 때까지 부모 프로세스를 대기상태로 유지한다. 만약 wait가 성공한다면 자식 프로세스가 종료되고, 종료상태를 가지고 있는 자식 프로세스의 PID를 리턴한다. 만약 자식 프로세스가 종료되기 전에 부모 프로세스가 종료된다면, init 프로세스는 자식 프로세스를 고아가 된 좀비 프로세스(부모 프로세스가 없다)로 만들어 버린다. wait 시스템 콜은 부모를 대기상태로 만드는 것뿐만 아니라, 프로세스가 정상적으로 종료하도록 보증하는 역할을 한다.

>> exec 시스템 콜

터미널에 명령을 수행한 다음, 쉘은 새로운 쉘 프로세스를 fork한다(자식 프로세스). 앞서 언급한 것과 같이 자식 쉘은 타이핑된 명령을 수행해야 한다. 이것을 exec 시스템 콜이라고 부른다. 사용자 명령은 실행 가능한 명령임을 기억하자. 쉘은 새로운 프로그램을 위해 패스PATH를 검색한다. 만약 프로그램이 발견되면 쉘은 명령의 이름과 함께 exec 시스템 콜을 호출한다. 커널은 이 새로운 프로그램을 메모리에 로드하며 자식 쉘은 새 프로그램으로 오버랩된다. 새 프로그램은 자식 프로세스가 되고 실행을 시작한다. 새 프로세스가 자신만의 로컬 변수들과 모든 환경 변수, 오픈 파일, 시그널을 가지고 있지만 현재 작업 디렉터리는 새 프로세스에게 넘어간다. 이 작업이 끝나면 자식 프로세스는 종료하고 부모 쉘은 대기상태wait를 벗어나서 다시 시작된다.

>> exit 시스템 콜

새 프로그램은 exit 시스템 콜을 실행하여 언제라도 중지할 수 있다. 자식 프로세스를 종료할 때 자식 프로세스는 sigchild 시그널을 보내고 자식의 종료상태를 부모 프로세스가 받아들이도록 대기한다. 종료상태는 0에서 255까지의 숫자이다. 종료상태 0은 프로그램이 성공적으로 실행되었다는 의미이며, 0이 아닌 종료상태라면 프로그램 실행이 실패하였다는 의미이다.

예를 들어, 명령라인에 ls 명령을 타이핑했다면 부모 쉘은 자식 프로세스를 fork하고 대기상태가 된다. 그리고 자식 쉘은 ls 프로그램을 exec 시스템 콜로 호출한다. ls 프로그램은 자식 쉘에서 실행되고 부모로부터 모든 환경 변수, 오픈 파일, 유저 정보, 상태 정보 등을 물려받는다. 새 프로세스의 실행이 끝나면 자식 쉘은 종료되고 부모 쉘은 다시 깨어나게 된다wake up. 이제 프롬프트가 모니터에 보여지고 쉘은 다른 명령을 위해 기다리게 된다. 쉘은 종료된 마지막 명령의 종료상태를 가지고 있는 특별한 빌트인 변수를 가지기 때문에 이 변수를 출력해 보면 프로그램의 종료상태를 알 수 있다. 리눅스 쉘에서 가장 마지막에 실행한 프로그램의 종료상태 변수의 값을 알고 싶다면 "echo $?" 명령을 실행하면 된다.

다음의 예제를 보자.

```
[root@localhost ~]# cp ls.txt lscopy.txt
[root@localhost ~]# echo $?
0
[root@localhost ~]# cp 2009 2010
cp: cannot stat `2009': No such file or directory
[root@localhost ~]# echo $?
1
[root@localhost ~]#
```

위 예제에서 cp 명령은 파일을 복사하기 위한 명령이다. 현재 존재하는 ls.txt 파일을 lscopy.txt로 복사한 다음, 종료상태를 출력하기 위해 "echo $?" 명령을 실행해 보면 0을 출력해 주고 있다. 종료상태가 0이므로 프로그램이 정상적으로 실행되었고 종료되었음을 알 수 있다. 그리고 현재 디렉터리에 존재하지 않는 2009 파일을 2010 파일로 복사하려고 했지만, 파일이 존재하지 않기 때문에 에러메시지를 출력한다. 그리고 종료상태를 출력해 보면 1을 출력해 주기 때문에 앞서 실행한 명령은 정상적으로 실행, 종료되지 않았음을 알 수 있다.

>> 프로세스 종료하기

앞장에서 잠시 언급한 내용이다. 프로세스는 <Ctrl-C> 또는 <Ctrl-\>키를 사용하여 종료할 수 있으며, kill 명령을 사용해서 종료할 수도 있다. kill 명령은 백그라운드 job을 종료할 때와 터미널이 반응이 없을 때 프로그램을 종료할 수 있다. kill 명령은 PID, job 컨트롤, job 번호 등을 아규먼트로 사용하여 프로세스를 종료할 수 있는 빌트인 쉘 명령어이다. PID 번호를 찾기 위해서는 ps 명령을 사용하면 된다.

다음의 예제를 보자.

```
[root@localhost ~]# sleep 120&
[1] 3760
[root@localhost ~]# ps
  PID TTY          TIME CMD
 2710 pts/0    00:00:00 su
 2711 pts/0    00:00:00 bash
 3760 pts/0    00:00:00 sleep
 3761 pts/0    00:00:00 ps
[root@localhost ~]# kill 3760
[root@localhost ~]# ps
  PID TTY          TIME CMD
 2710 pts/0    00:00:00 su
 2711 pts/0    00:00:00 bash
 3762 pts/0    00:00:00 ps
[1]+  Terminated              sleep 120
[root@localhost ~]#
```

먼저 아무 작업도 하지 않는 sleep 명령을 사용하여 120초 동안 멈추도록 백그라운드로 실행하면 결과에서 보는 것과 같이 백그라운드로 실행된 프로세스 번호를 보여준다. ps 명령으로 프로세스 번호를 출력해 보면 3760번 PID로 sleep 명령이 실행되고 있음을 알 수 있으며, kill 3760을 실행하여 3760번 PID 번호를 가지는 프로세스를 종료하고 있다. 마지막으로 ps를 실행해 보면 sleep 120 명령이 종료되었다고 알려주고 있다.

kill 명령의 다양한 옵션과 시그널에 대해서는 앞장을 참고하자.

시스템 콜에는 다음과 같은 함수들이 기본으로 제공된다.

```
[A]
accept - 소켓으로부터 연결을 받아들인다.
access - 파일의 권한을 체크한다.
alarm - 시그널을 전달하기 위한 알람을 설정한다.

[B]
bind - 소켓에 특성을 부여한다.

[C]
chmod - 파일의 권한을 변경한다.
chown - 파일의 소유자를 변경한다.
close - 열린 파일을 닫는다.
connect - 소켓 연결을 시도한다.
creat - 파일을 생성한다.
chroot - 루트 디렉터리를 변경한다.
chdir - 작업 디렉터리를 변경한다.

[D]
dup2 - 파일 지정자를 복사한다.
dup - 파일 지정자를 복사한다.

[E]
epoll_create - epoll 파일을 연다.
epoll_wait - epoll에 입출력 이벤트를 기다린다.
epoll_ctl - epoll을 제어하기 위한 인터페이스
```

(계속)

```
[F]
flock - 열린 파일에 대한 권고잠금을 만들거나 제거한다.
fork - 자식 프로세스를 생성한다.
fstat - 파일의 상태를 얻는다.
fchown - 파일의 권한을 변경한다.
free - 할당된 메모리 공간을 해제한다.
ftruncate - 지정된 길이로 파일을 자른다
fstatfs - 파일 시스템 통계를 가져온다.
fchdir - 작업 디렉터리를 변경한다.

[G]
getgid - 그룹 식별자(identity)를 알아낸다.
getpid - 프로세스 식별값(identification)을 얻는다.
getppid - 프로세스 식별값(identification)을 얻는다.
getrlimit - 자원(resource)의 제한값과 사용값을 알아내거나 설정한다.
getsockname - 소켓 정보를 얻어온다.
gettimeofday - 현재 시간을 가져오고 시스템의 시간값을 설정한다.
getuid - 유저 ID를 얻어온다.
geteuid - 유저 ID를 얻어온다.
getrusage - 자원(resource)의 제한값과 사용값을 알아내거나 설정한다.
gethostname - 호스트 이름을 얻어오거나 설정한다

[K]
kill - 프로세스에 시그널을 보낸다.

[L]
link - 파일에 대한 새로운 이름을 만든다.
listen - 소켓의 연결을 위한 대기열을 만든다.
lstat - 파일 상태를 얻는다.
lseek - 읽기/쓰기 파일 오프셋(offset)을 재배치한다.

[M]
msgget - 메시지 큐 식별자를 가져온다.
mmap, munmap - 파일이나 장치를 메모리에 대응시킨다.
mkdir - 디렉터리를 생성한다.
```

(계속)

[O]

open - 파일이나 장치를 열거나 생성한다.

[P]

pause - signal을 기다린다.

pipe - 파이프를 생성한다.

popen - 프로세스 입출력

[R]

read - 열린 파일기술자로부터 데이터를 읽어들인다.

readlink - 심볼릭 링크가 연결되어 있는 원본의 파일명을 얻는다.

recvfrom - 소켓으로부터 메시지를 읽어들인다.

rename - 파일의 이름이나 위치를 변경한다.

recvmsg - 소켓으로부터 메시지를 받는다.

[S]

select - 입출력 다중화

sendto - 소켓을 통해 데이터를 전송한다.

seteuid - 실제 혹은 유효 사용자 ID를 설정한다.

setuid - 사용자 identity를 설정한다.

signal - ANSI C 시그널을 처리한다.

sigqueue - 대기열 기반 시그널 전송

socket - 네트워크 통신을 위한 endpoint 소켓을 생성한다.

stat - 파일의 상태 정보를 얻어온다.

stime - 시스템의 시간을 설정한다.

symlink - 파일에 대한 심볼릭 링크를 만든다.

sync - 캐쉬를 디스크에 쓴다.

sysinfo - 시스템정보 얻어오기

socketpair - 연결된 소켓 쌍을 생성한다.

statfs - 파일 시스템 통계를 가져온다.

sigwaitinfo - 대기열의 시그널을 기다린다.

sigtimedwait - 대기열의 시그널을 기다린다.

settimeofday - 시간을 알아내거나 설정한다.

setsid - 세션을 만들고 프로세스 그룹 아이디를 설정한다.

setrlimit - 시스템 자원의 값을 얻어오거나 설정한다.

(계속)

```
sigaction - 시그널을 처리한다.
sigprocmask - POSIX 시그널 처리 함수
sigpending - POSIX 시그널 처리 함수
sigsuspend - POSIX 시그널 처리 함수
syscall - 시스템 콜
semget - 세마포어 설정을 확인한다.
shmget - 공유 메모리 세그먼트를 할당한다.
shmat - 공유 메모리 관련 연산을 한다.
sethostname - 호스트의 이름을 알아내거나 설정한다.
setsockopt - 소켓의 옵션을 얻고 설정한다.

[T]
time - 시간을 얻어온다.
truncate - 파일을 지정된 크기로 자른다.
ttyname - 터미널의 이름을 얻어온다.
times - 프로세스 타임을 얻어온다.

[U]
uname - 시스템의 정보를 얻어온다.
unlink - 지정된 파일을 삭제한다.
utime - 파일에 대한 access time과 수정 시간을 변경한다.
umask - 사용자 파일 생성 마스크를 모드로 설정한다.
ustat - 파일 시스템 통계를 얻는다.

[W]
write - 파일에 쓴다. 다른 사용자에게 메시지를 보낸다.
wait - 프로세스 종료를 기다린다.
waitpid - 프로세스 종료를 기다린다.
```

2.5 | 변수(본 쉘)

2.5.1 변수 타입

일반적으로 쉘 변수들은 대문자로 정의되며, 두 가지의 변수 타입을 가지고 있다.

2.5.1.1 전역 변수

전역 변수 또는 환경 변수들은 모든 쉘에서 사용할 수 있으며, env 명령과 printenv 명령을 사용하면 환경 변수들을 출력해 볼 수 있다. 이 두 명령은 CentOS 리눅스의 coreutils 패키지에 포함되어 있다.

which 명령어는 실행 파일의 위치를 알아보기 위한 명령이며, "rpm -qf [파일명]"은 파일이 어떤 rpm 패키지에 포함되어 있는지 검색하는 명령이다.

```
[root@localhost ~]# whereis env
env: /bin/env /usr/bin/env /usr/share/man/man1/env.1.gz /usr/share/man/man1p/env.1p.gz
[root@localhost ~]# which printenv
/usr/bin/printenv
[root@localhost ~]# rpm -qf /bin/env
coreutils-5.97-19.el5
[root@localhost ~]# rpm -qf /usr/bin/env
coreutils-5.97-19.el5
[root@localhost ~]# env
HOSTNAME=localhost.localdomain
SHELL=/bin/bash
TERM=xterm
HISTSIZE=1000
USER=root
LS_COLORS=no=00:fi=00:di=00;34:ln=00;36:pi=40;33:so=00;35:bd=40;33;01:cd=40;33;01:or=01;05;37;41:mi=01;
05;37;41:ex=00;32:*.cmd=00;32:*.exe=00;32:*.com=00;32:*.btm=00;32:*.bat=00;32:*.sh=00;32:*.csh=00;32:
*.tar=00;31:*.tgz=00;31:*.arj=00;31:*.taz=00;31:*.lzh=00;31:*.zip=00;31:*.z=00;31:*.Z=00;31:*.gz=00;31:
*.bz2=00;31:*.bz=00;31:*.tz=00;31:*.rpm=00;31:*.cpio=00;31:*.jpg=00;35:*.gif=00;35:*.bmp=00;35:*.xbm=00;
35:*.xpm=00;35:*.png=00;35:*.tif=00;35:
MAIL=/var/spool/mail/root
PATH=/usr/kerberos/sbin:/usr/kerberos/bin:/usr/local/sbin:/usr/local/bin:/sbin:/bin:/usr/sbin:/usr/bin:/
root/bin
INPUTRC=/etc/inputrc
PWD=/root
LANG=en_US.UTF-8
SSH_ASKPASS=/usr/libexec/openssh/gnome-ssh-askpass
SHLVL=1
HOME=/root
```

```
LOGNAME=root
CVS_RSH=ssh
LESSOPEN=|/usr/bin/lesspipe.sh %s
G_BROKEN_FILENAMES=1
_=/bin/env
[root@localhost ~]#
```

앞서 rpm 명령을 사용하였는데, rpm은 redhat package management의 줄임말이다. rpm 명령의 맨페이지는 man rpm 명령을 사용하여 출력해 볼 수 있다.

```
[root@localhost ~]# man rpm | col -b | cat
rpm(8)                    레드햇 리눅스                    rpm(8)


이름
    rpm - 레드햇 패키지 관리자

개요
    rpm [옵션들]

설명
    rpm은 강력한 패키지 관리자로서 각각의 소프트웨어 패키지를 만들고 설치하고 질문하고 검증하고 갱신하며 제거할
    수 있다. 패키지란 설치할 파일들과 이름, 버전, 설명 등을 포함하는 패키지 정보를 지닌 저장 파일이다.

     기본적인 7 가지 동작 모드가 있으며 각각 다른 옵션들을 갖는다. 설치, 질문, 검증, 서명 확인, 제거, 제작,
     그리고 데이터베이스 재건설이 바로 그것이다.

     설치 모드:
         rpm -i [설치옵션] <패키지 파일>+
     질문 모드:
         rpm -q [질문옵션]
     검증 모드:
         rpm -V|-y|--verify [검증옵션]
     서명 확인 모드:
```

(계속)

rpm --checksig <패키지파일>+

제거 모드:

rpm -e <패키지명>+

제작 모드:

rpm -bO [제작옵션] <패키지스펙>+

일반적 옵션

다음 옵션들은 각각 다른 모드에서도 사용 가능하다.

-vv

아주 자세하게 디버깅 정보를 출력한다.

--keep-temps

임시 파일을 지우지 않는다. (/tmp/rpm-*). rpm 을 디버깅할 때만 주로 사용한다.

--quiet

최대한 출력을 자제하며 오로지 에러 메시지만 출력한다.

--help

좀더 긴 사용법 설명서를 출력한다.

--version

사용 중인 rpm의 버전을 한 줄로 표시한다.

--rcfile <파일>

/etc/rpmrc 또는 $HOME/.rpmrc를 사용하지 않고 <file>을 사용하도록 한다.

--root <dir>

모든 동작에 대하여 최상위 디렉터리를 주어진 디렉터리로 설정하고 작업한다. 예를 들어 설치 시 주어진 디렉터리를 /라고 생각하고 그것을 기준으로 설치해 나간다.

설치 옵션

rpm 설치 명령의 일반적인 형태는 다음과 같다.

rpm -i [설치옵션들] <패키지파일>+

--force

--replacepkgs, --replacefiles, --oldpackage를 모두 사용한 것과 같다.

-h, --hash

패키지를 풀때 해쉬마크(#)를 표시한다. 총 개수는 50개이다. 좀더 나은 출력을 위해서는 -v를 함께 사용하라.

--oldpackage

새로운 패키지를 지우고 더 예전 패키지로 교체할 때 사용한다.

--percent

패키지 파일을 풀때 퍼센트 표시를 한다. 다른 도구로부터 rpm을 이용할 때 사용할 목적으로 만들어졌다.

(계속)

--replacefiles

이미 설치된 다른 패키지의 파일을 덮어쓰면서라도 패키지를 강제로 설치한다.

--replacepkgs

패키지가 이미 설치되어 있다 하더라도 다시 설치한다.

--root <디렉터리>

<디렉터리>를 루트로 하는 시스템에 설치를 수행한다. 데이터베이스는 <디렉터리>밑에서 갱신되고 pre 또는 post 스크립트는 <디렉터리>로 chroot()한 후 실행됨을 의미한다.

--noscripts

preinstall, postinstall 스크립트를 실행하지 않는다.

--excludedocs

문서라고 표시되어 있는 파일(맨페이지와 texinfo 문서)은 설치하지 않는다.

--includedocs

문서 파일을 포함한다. 이 옵션은 rpmrc 파일에 excludedocs: 1 이라는 것이 명시되어 있을 때만 필요하다.

--nodeps

패키지를 설치하기 전에 의존성을 검사하지 않는다.

--test

패키지를 실제로 설치하지는 않고 충돌 사항이 있는지 점검하고 보고한다.

-U, --upgrade

현재 설치되어 있는 패키지를 새로운 버전의 RPM으로 업그레이드하라. 인스톨과 같지만 예전 버전의 것이 자동으로 지워진다는 것이 다르다.

질문 옵션

rpm 질문 옵션의 일반적인 형식은 다음과 같다.

```
rpm -q [질문옵션]
```

여러분은 패키지 정보가 표시될 형식을 결정해 주어야 한다. -queryformat 옵션 뒤에 형식 문자열을 적어주면 된다.

질문 형식은 표준 printf(3) 형식을 약간 변형한 것이다. 형식은 정적 문자열과(개행문자, 탭, 그리고 다른 특수문자에 대한 표준 C 문자 이스케이프 표기) printf(3) 형식지정자로 구성되어 있다. rpm은 이미 출력 형태를 알고 있으므로 타입 지정자는 생략하고 {} 문자로 묶어서 헤더 태그의 이름으로 바꾸어 주어야 한다. 태그명 중 RPMTAG_ 부분은 생략해야 하며 태그명 앞에는 - 문자를 적어주어야 한다.

예를 들어, 질문 대상 패키지의 이름만 출력하고자 하는 경우 여러분은 %{NAME}을 형식 문자열로 사용해야 한다. 패키지명과 배포판 정보를 두 개의 칼럼으로 표시하고자 할 때는 %-30{NAME}%{DISTRIBUTION}라고 적는다.

(계속)

rpm은 --querytags 옵션을 주면 인식하고 있는 모든 태그의 목록을 보여준다.

질문 옵션에는 2가지 세트가 있다: 패키지 선택과 정보 선택

패키지 선택 옵션:

<패키지명>

<package_name>라는 이름의 패키지에 대한 질문를 수행한다.

-a

모든 패키지에 대하여 질문를 수행한다.

-whatrequires <기능>

제대로 작동하기 위해서는 <기능>을 필요로 하는 모든 패키지에 대하여 질문을 수행한다.

-whatprovides <가상>

<virtual>기능을 제공하는 모든 패키지에 대하여 질문을 수행한다.

-f <파일>

<파일>을 포함하는 패키지에 대하여 질문을 수행한다.

-F

-f와 같지만 파일명을 표준 입력에서 읽는다.

-p <패키지파일>

설치된 또는 설치되지 않은 <패키지파일>에 대하여 질문을 수행한다.

-P

-p와 같지만 패키지 파일명을 표준 입력에서 읽는다.

정보 선택 옵션:

-i 패키지 이름, 버전, 설명 등의 정보를 출력한다. 만약 --queryformat이 주어져 있다면 그것을 이용하여 출력한다.

-R 현재 패키지가 의존하고 있는 패키지 목록을 보여준다. (--requires와 같음)

--provides

패키지가 제공하는 기능을 보여준다.

-l 패키지 안의 파일을 보여준다.

-s 패키지 안에 든 파일의 상태를 보여준다. (-l은 포함) 각 파일의 상태는 normal(정상), not installed (설치되지 않음), replaced된 것으로 교체됨)의 값을 갖는다.

-d 문서 파일만 보여준다. (-l은 포함)

-c 설정 파일만 보여준다. (-l은 포함)

--scripts

설치, 제거 과정에 사용되는 쉘 스크립트가 있다면 그 내용을 출력한다.

(계속)

--dump

다음과 같은 파일 정보를 덤프한다: 경로 크기 수정일, MD5 체크섬, 모드, 소유자, 그룹, 설정 파일 여부, 문서 파일 여부, rdev, 심볼릭 링크 여부. 최소한 -l, -c, -d 이들 옵션 중 하나가 사용되어야 한다.

검증 옵션

rpm 검증 옵션의 일반적인 형태는 다음과 같다.

```
rpm -V|-y|--verify [검증옵션]
```

설치되어 있는 파일들에 대하여 rpm 데이터베이스에 저장된 내용과 오리지널 패키지의 내용을 비교한다. 검증 내용은 크기, MD5 체크섬, 퍼미션, 타입, 소유자, 그룹 등이다. 차이점이 발견되면 출력한다. 패키지 지시 옵션은 패키지 질문옵션에서와 같다.

출력 형식은 8자의 문자열이다. "c"는 설정 파일을 의미하며 파일명이 나타난다. 각각의 8개 문자는 RPM 데이터베이스에 저장된 속성과 비교한 결과를 나타낸다. "." (피리어드) 문자는 이상 없음을 나타낸다. 비교 결과 문제점이 발견되면 다음과 같은 문자가 나타난다.

5	MD5 체크섬
S	파일 크기
L	심볼릭 링크
T	갱신일
D	장치
U	사용자
G	그룹
M	퍼미션과 파일 타입을 포함한 모드

서명 확인

rpm 서명 확인 명령은 다음과 같다.

```
rpm --checksig <패키지파일>+
```

패키지의 오리지널 여부를 가려내기 위하여 패키지 안에 든 PGP 서명을 점검한다. PGP 설정 정보는 /etc/rpmrc에서 읽어온다. 세부사항은 "PGP 서명" 섹션을 보기 바란다.

(계속)

제거 옵션

rpm 제거 명령의 일반적인 형태는 다음과 같다.

```
rpm -e <패키지파일>+
```

--noscripts

preuninstall, postuninstall 스크립트를 실행하지 않는다.

--nodeps

패키지 제거 시 의존성을 검사하지 않는다.

--test

실제로 패키지를 제거하는 것은 아니고 테스트해본다. -vv 옵션.

제작 옵션

rpm 제작 명령의 일반적 형식은 다음과 같다.

```
rpm -bO [제작옵션] <패키지 스펙>+
```

-bO는 제작 단계와 제작할 패키지를 나타내는 것으로서 다음 중 하나의 값을 갖는다:

-bp 스펙 파일의 "%prep" 단계를 실행한다. 보통 소스를 풀고 패치를 가하는 작업이다.

-bl "목록 점검"을 한다. "%files" 섹션은 확장 매크로이다. 이 파일들이 존재하는지 여부를 알아본다.

-bc "%build" 단계를 수행한다. (prep 단계를 한 후) 보통 make에 해당하는 일을 해낸다.

-bi "%install" 단계를 수행한다. (prep, build 단계를 거친 후) 보통 make install에 해당하는 일을 한다.

-bb 바이너리 패키지를 만든다. (prep, build, install 단계를 수행한 후)

-ba 바이너리와 소스 패키지를 만든다. (prep, build, install 단계를 수행한 후)

다음 옵션도 사용 가능하다:

--short-circuit

중간 단계를 거치지 않고 지정한 단계로 직접 이동한다. -bc와 -bi하고만 쓸 수 있다.

--timecheck

"시간점검"을 0(불가능)으로 설정한다. 이 값은 rpmrc에서 "timecheck:"로 설정할 수 있다. 시간점검 값은 초로 표시되는데, 파일이 패키징되는 데 걸리는 최대시간을 정한다. 시간을 초과하는 파일들에 대하여 경고 메시지가 출력된다.

(계속)

--clean

패키지를 만든 후 build 디렉터리를 지운다.

--test

어떠한 build 단계를 거치지 않는다. 스펙 파일을 테스트할 때 유용하다.

--sign

패키지 안에 PGP 서명을 넣는다. 패키지를 누가 만들었는지 확인할 수 있다. /etc/rpmrc에 대한 설명은 PGP 서명 섹션을 읽어보라.

재제작, 재컴파일 옵션

단 두 가지만 있을 뿐이다:

rpm --recompile <소스패키지파일>+

rpm --rebuild <소스패키지파일>+

rpm은 주어진 소스 패키지를 설치하고 prep, 컴파일, 설치를 해준다. --rebuild는 새로운 바이너리 패키지도 만들어 준다. 제작을 마치면 build 디렉터리는 --clean 옵션에서와 마찬가지로 지워진다. 패키지로부터 나온 소스와 스펙파일은 삭제된다.

기존의 RPM에 서명하기

rpm --resign <바이너리패키지파일>+

패키지 파일에 새로운 서명을 한다. 기존의 서명은 삭제된다.

PGP 서명

서명 기능을 사용하기 위해서는 PGP를 사용할 수 있어야 한다. (여러분의 패스가 걸린 디렉터리에 설치되어 있어야 한다.) 그리고 RPM 공개키를 포함하는 공개키 링을 찾을 수 있어야 한다. 기본적으로 RPM은 PGPPATH에서 지시하는 PGP 기본 설정을 사용한다. PGP가 기본적으로 사용하는 키링을 갖고 있지 않을 때는 /etc/rpmrc 파일에 다음과 같이 설정해두어야 한다.

pgp_path

/usr/lib/rpm 대신 쓰일 경로명. 여러분의 키링을 포함해야 한다.

여러분이 만든 패키지에 서명을 하려면, 여러분은 자신의 공개키와 비밀키 한 쌍을 만들어두어야 한다. (PGP 매뉴얼 참고) /etc/rpmrc에 적는 것 말고도 다음 사항을 추가해야 한다:

signature

서명 유형. 현재로서는 pgp만 지원된다.

(계속)

```
    pgp_name
          여러분의 패키지에 서명할 user 명을 적는다.

    패키지 제작 시 --sign 옵션을 추가한다. 여러분의 입력을 받고 나면 패키지가 만들어지고 동시에 서명된다.

데이터베이스 재생성 옵션
    rpm 데이터베이스를 다시 만드는 명령은 다음과 같다.

        rpm --rebuilddb

    이 모드와 사용되는 옵션으로는 --dbpath 와 --root 둘 뿐이다.

관련 파일
    /etc/rpmrc
    ~/.rpmrc
    /var/lib/rpm/packages
    /var/lib/rpm/pathidx
    /var/lib/rpm/nameidx
    /tmp/rpm*

참고
    glint(8), rpm2cpio(8), http://www.redhat.com/rpm

저자
    Marc Ewing <marc@redhat.com>
    Erik Troan <ewt@redhat.com>

번역자
    이 만 용 <geoman@nownuri.nowcom.co.kr>
             <freeyong@soback.kornet.nm.kr>

레드햇 소프트웨어          1996년 7월 15일                rpm(8)
[root@localhost ~]#
```

2.5.1.2 지역 변수

지역 변수는 현재의 쉘에서만 사용할 수 있다. 옵션 없이 set 빌트인 명령을 사용하면 환경 변수를 포함하여 모든 변수들과 함수들의 목록을 보여준다. 이때 정렬된 상태로 출력한다.

```
[root@localhost ~]# set
BASH=/bin/bash
BASH_ARGC=()
BASH_ARGV=()
BASH_LINENO=()
BASH_SOURCE=()
BASH_VERSINFO=([0]="3" [1]="2" [2]="25" [3]="1" [4]="release" [5]="i686-redhat-linux-gnu")
BASH_VERSION='3.2.25(1)-release'
COLORS=/etc/DIR_COLORS.xterm
COLUMNS=80
CVS_RSH=ssh
DIRSTACK=()
EUID=0
GROUPS=()
G_BROKEN_FILENAMES=1
HISTFILE=/root/.bash_history
HISTFILESIZE=1000
HISTSIZE=1000
HOME=/root
HOSTNAME=localhost.localdomain
HOSTTYPE=i686
IFS=$' \t\n'
INPUTRC=/etc/inputrc
LANG=en_US.UTF-8
LESSOPEN='|/usr/bin/lesspipe.sh %s'
LINES=24
LOGNAME=root
LS_COLORS='no=00:fi=00:di=00;34:ln=00;36:pi=40;33:so=00;35:bd=40;33;01:cd=40;33;01:or=01;
05;37;41:mi=01;05;37;41:ex=00;32:*.cmd=00;32:*.exe=00;32:*.com=00;32:*.btm=00;32:*.bat=00;32:*.sh=00;
32:*.csh=00;32:*.tar=00;31:*.tgz=00;31:*.arj=00;31:*.taz=00;31:*.lzh=00;31:*.zip=00;31:*.z=00;31:*.Z=
```

(계속)

```
00;31:*.gz=00;31:*.bz2=00;31:*.bz=00;31:*.tz=00;31:*.rpm=00;31:*.cpio=00;31:*.jpg=00;35:*.gif=00;35:*
.bmp=00;35:*.xbm=00;35:*.xpm=00;35:*.png=00;35:*.tif=00;35:'
MACHTYPE=i686-redhat-linux-gnu
MAIL=/var/spool/mail/root
MAILCHECK=60
OPTERR=1
OPTIND=1
OSTYPE=linux-gnu
PATH=/usr/kerberos/sbin:/usr/kerberos/bin:/usr/local/sbin:/usr/local/bin:/sbin:/bin:/usr/sbin:/usr/bi
n:/root/bin
PIPESTATUS=([0]="0")
PPID=2710
PROMPT_COMMAND='echo -ne "\033]0;${USER}@${HOSTNAME%%.*}:${PWD/#$HOME/~}"; echo -ne "\007"'
PS1='[\u@\h \W]\$ '
PS2='> '
PS4='+ '
PWD=/root
SHELL=/bin/bash
SHELLOPTS=braceexpand:emacs:hashall:histexpand:history:interactive-comments:monitor
SHLVL=1
SSH_ASKPASS=/usr/libexec/openssh/gnome-ssh-askpass
TERM=xterm
UID=0
USER=root
_=clear
consoletype=pty
[root@localhost ~]#
```

2.5.1.3 변수 내용에 의한 변수 분류

다음의 변수들에 대한 자세한 사항들은 배시 쉘 프로그래밍 부분에서 공부할 것이다.

- 문자열 변수
- 정수형 변수
- 상수형 변수
- 배열 변수

2.5.2 변수 생성

변수들은 상황에 따라 다양하며 기본적으로 대문자로 생성한다. 지역 변수를 소문자로 생성하기도 하지만 혼란을 가져올 수 있기 때문에 대문자로 생성하는 것이 좋다.

변수들은 숫자를 포함할 수 있지만 숫자로 시작할 수 없다.

```
[root@localhost ~]# export 1no=1
-bash: export: `1no=1': not a valid identifier
[root@localhost ~]#
```

쉘에서 변수를 생성하려면 아래와 같은 방법으로 입력한다. 단, 변수를 생성할 때 주의할 사항은 = 앞뒤로 공백이 없어야 한다는 것이다. 즉, 변수와 =, =와 값 사이는 항상 붙여쓰기해야 한다. 그리고 생성한 변수를 제거하기 위해서는 unset 명령을 사용한다.

```
[root@localhost ~]# VAR="value"
[root@localhost ~]# VAR1 = "value"
-bash: VAR1: command not found
[root@localhost ~]# VAR-2="2"
-bash: VAR-2=2: command not found
[root@localhost ~]# echo $VAR
value
[root@localhost ~]# MY_NAME="TAEYONG KIM"
[root@localhost ~]# echo $MY_NAME
TAEYONG KIM
[root@localhost ~]# unset MY_NAME
[root@localhost ~]# echo $VAR $MY_NAME

[root@localhost ~]#
```

변수를 생성한 다음 변수를 출력할 경우에는 echo 명령을 사용한다.

```
[root@localhost ~]# VAR="value"
[root@localhost ~]# echo $VAR
value
[root@localhost ~]# echo "$VAR"
value
[root@localhost ~]# echo "${VAR}"
value
[root@localhost ~]#
```

2.5.3 지역 변수를 환경 변수로 만들기

앞서 현재 쉘에서 만든 변수들은 현재 쉘에서만 사용할 수 있다. 즉, 지역 변수라는 의미이다. 이 지역 변수를 자식 프로세스들이 사용할 수 있도록 하려면 환경 변수가 되어야 한다. 이때 사용하는 명령이 export 빌트인 명령인데, 이 명령을 사용하면 지역 변수를 환경 변수로 만들 수 있다.

```
export VAR="value"
```

자식 쉘은 부모로부터 상속받은 변수를 변경할 수 있지만 자식 쉘에 의한 변경은 부모 쉘에 영향을 주지 못한다. 다음의 예제를 보자.

```
[root@localhost ~]# MY_NAME="TAEYONG KIM"
[root@localhost ~]# pstree -p | grep bash
        |-sshd(2332)---sshd(2486)---sshd(2678)---bash(2679)---su(4347)---bash(4348)-+-grep(4378)
[root@localhost ~]# bash # 자식 쉘 시작
[root@localhost ~]# pstree -p | grep bash
        |-sshd(2332)---sshd(2486)---sshd(2678)---bash(2679)---su(4347)---bash(4348)---bash(4381)-+-
grep(4398)
[root@localhost ~]# echo "$MY_NAME"

[root@localhost ~]# exit # 부모 쉘로 복귀
exit
[root@localhost ~]# pstree -p | grep bash
        |-sshd(2332)---sshd(2486)---sshd(2678)---bash(2679)---su(4347)---bash(4348)-+-grep(4400)
[root@localhost ~]# export MY_NAME
[root@localhost ~]# bash # 자식 쉘 시작
[root@localhost ~]# pstree -p | grep bash
        |-sshd(2332)---sshd(2486)---sshd(2678)---bash(2679)---su(4347)---bash(4348)---bash(4401)-+-
grep(4418)
[root@localhost ~]# echo "$MY_NAME"
TAEYONG KIM
[root@localhost ~]# export MY_NAME="GILDONG HONG"
```

(계속)

```
[root@localhost ~]# echo "$MY_NAME"
GILDONG HONG
[root@localhost ~]# exit # 부모 쉘 복귀
exit
[root@localhost ~]# pstree -p | grep bash
        |-sshd(2332)---sshd(2486)---sshd(2678)---bash(2679)---su(4347)---bash(4348)-+-grep(4420)
[root@localhost ~]# echo "$MY_NAME"
TAEYONG KIM
[root@localhost ~]#
```

위의 예제에서 현재 쉘의 PID는 **bash(4348)**이다. 현재 쉘에서 MY_NAME 변수를 생성한 다음, bash 명령으로 자식 쉘을 시작하고 MY_NAME 변수를 출력하면 출력이 되지 않는다. exit 명령을 사용하여 다시 부모 쉘로 돌아와서 export 명령을 사용하여 MY_NAME 변수를 환경 변수로 만들고 다시 자식 쉘을 시작한 다음, MY_NAME 변수를 출력하면 정상적으로 출력이 된다. 그리고 현재 자식 쉘에서 MY_NAME 변수의 값을 변경하고 자식 쉘에서 출력해 보면 변경된 값이 출력되지만, export 명령을 사용한다고 해서 부모 쉘에 영향을 주지는 못한다. 이제 부모 쉘로 돌아와서 MY_NAME 변수를 출력하면 기존의 부모 쉘에서 생성한 MY_NAME 변수의 값이 출력되는 것을 확인할 수 있다.

즉, 부모 쉘에서 export 명령을 사용하여 변수를 환경 변수화하면 자식 쉘에서 동일한 변수를 사용할 수 있지만, 자식 쉘에서 export 명령을 사용한다고 해서 부모 쉘에 영향을 주지는 못하며 이 자식 쉘을 부모로 가지는 자식의 자식(손자) 쉘에게만 영향을 미치게 된다.

2.5.4 예약 변수

2.5.4.1 본 쉘 예약 변수들

배시 쉘은 본 쉘과 동일한 방법으로 쉘 변수를 사용한다. 다음의 표는 본 쉘 예약 변수들이다.

표 2-2 • 본 쉘 예약 변수들

본 쉘 변수명	정의
CDPATH	cd 빌트인 명령을 검색하기 위해 패스로 사용되는 콜론(:)으로 분리된 디렉터리의 목록
HOME	현재 유저의 홈디렉터리. 이 변수의 값은 ~(틸드)로도 사용된다.
IFS	필드 분리자의 문자 목록으로서 각 단어별로 분리할 때 사용할 필드 분리자를 지정한다.
MAIL	이 변수에 파일명을 지정하여 수신한 메일이 저장될 파일을 할당한다.
MAILPATH	메일이 왔는지 점검하기 위해 사용하는 경로명을 콜론(:)으로 구분하여 설정한다.
OPTARG	getopts 내장명령에 의해 처리된 마지막 옵션 인수의 값
OPTIND	getopts 내장명령에 의해 처리된 마지막 옵션 인수의 인덱스
PATH	쉘이 명령을 찾아볼 디렉터리 목록을 콜론(:)으로 구분하여 지정한다.
PS1	주 프롬프트 문자열로서 기본값으로 "'[\u@\h \W]\$ '"이다.
PS2	2차 프롬프트 문자열로서 기본값으로 "'> '"이다.

2.5.4.2 배시 쉘 예약 변수들

표 2-3 • 배시 쉘 예약 변수들

배시 쉘 변수명	정의
auto_resume	쉘이 사용자와 작업 제어에 대한 상호 대화를 어떻게 할 것인지 관리한다.

BASH	배시의 현재 인스턴스를 실행하는 전체 경로명이 할당된다.
	`[root@localhost ~]# echo $BASH`
	`/bin/bash`

BASH_ENV	쉘 스크립트를 실행하기 위해 배시가 호출되었을 때 변수가 설정된다면 값이 확장되고 스크립트를 실행하기 이전에 읽기 위하여 시작 파일의 이름으로 사용된다.

BASH_VERSION	배시의 현재 인스턴스의 버전 번호가 할당된다.
	`[root@localhost ~]# echo $BASH_VERSION`
	`3.2.25(1)-release`

BASH_VERSINFO	배시 인스턴스의 버전 정보를 가지고 있는 읽기만 가능한 배열 변수이다.
	`[root@localhost ~]# echo $BASH_VERSINFO`
	`3`

COLUMNS	select 빌트인 명령으로 설정된 터미널의 너비를 가지는 변수이다.
COMP_CWORD	현재 커서 위치를 포함하고 있는 단어의 인덱스
COMP_LINE	현재 명령라인

(계속)

표 2-3 • 배시 쉘 예약 변수들(계속)

배시 쉘 변수명	정의
COMP_POINT	현재 명령의 시작과 관련된 현재 커서의 위치 인덱스
COMP_WORDS	현재 명령라인에서 개별적인 단어들을 가지는 배열 변수
COMPREPLY	프로그램의 완료 수단으로 호출되는 쉘 함수에 의해서 생성되는 완료 가능성을 읽어들이는 배열 변수
DIRSTACK	디렉터리 스택의 현재 내용을 포함하는 배열 변수
EUID	현재 유저의 유효 UID 숫자값을 가지는 변수
FCEDIT	fc 빌트인 명령에 –e 옵션을 사용한 내장명령의 기본 편집기
FIGNORE	파일명 완성을 수행할 때 무시할 꼬리말의 목록을 콜론(:)으로 구분하여 나열한다.
FUNCNAME	현재 실행 중인 쉘 함수의 이름
GLOBIGNORE	파일명 완성을 수행할 때 콜론(:)으로 분리된 패턴 중 무시할 파일명을 설정한다.
GROUPS	현재 유저의 그룹 목록을 포함하는 배열 변수
histchars	히스토리 확장과 토큰화를 제어하는 둘 또는 세 개의 문자
HISTCMD	현재 명령의 히스토리 번호 또는 히스토리 인덱스
HISTCONTROL	명령이 히스토리 파일에 추가될 것인지 아닌지 정의한다. ignorespace라는 값으로 설정하면 스페이스 문자로 시작하는 행은 히스토리 목록에 넣지 않는다. ignoredups로 설정하면 마지막 히스토리 행과 일치하는 행은 히스토리 목록에 넣지 않는다. ignoreboth는 두 옵션을 합한 것과 같다. unset하거나 위에서 말한 값이 아닌 값으로 설정하면 파서(parser)에서 읽어들인 모든 행을 히스토리 목록에 저장한다.
HISTFILE	명령 히스토리를 저장할 파일명 기본값은 ~/.bash_history 파일이다.
HISTFILESIZE	히스토리 파일의 최대 행의 개수이며 기본값은 1000이다.
HISTIGNORE	히스토리 목록에 저장될 명령라인을 결정하는 데 사용되는 콜론(:)으로 구분된 패턴의 목록
HISTSIZE	히스토리 목록에 기억될 명령의 최대 개수, 기본값은 1000이다.
HOSTFILE	/etc/hosts와 같은 형식의 파일로서 쉘이 호스트 이름을 완성할 때 사용한다.
HOSTNAME	현재 호스트의 이름
HOSTTYPE	배시가 실행되고 있는 머신을 기술한 문자열
IGNOREEOF	입력행에 EOF 문자만 입력되었을 때 쉘이 어떤 행동을 보일 것인지 제어한다.
INPUTRC	기본값인 ~/.inputrc 대신 readline 초기 파일로 사용할 파일명
LANG	LC_로 시작하는 변수로 특별히 지정되지 않은 로케일 카테고리를 지정하기 위해 사용한다.

(계속)

표 2-3 • 배시 쉘 예약 변수들(계속)

배시 쉘 변수명	정의
LC_ALL	이 변수는 LANG의 값을 덮어쓰고 다른 LC_ 형태의 변수들은 로케일 카테고리를 지정한다.
LC_COLLATE	이 변수는 파일명 확장의 결과를 정렬하고 범위 표현식 수행, 동치 클래스를 정의할 때 사용되는 대조 순서를 결정하는 변수이며, 파일명 확장과 패턴 매칭에서의 대조 순서를 결정하는 변수이다.
LC_CTYPE	이 변수는 문자들의 해석과 파일명 확장, 패턴 매칭에서 문자 클래스들의 행동을 결정한다.
LC_MESSAGES	이 변수는 $ 기호로 시작되는 큰따옴표로 둘러싸인 문자열을 해석하기 위해 사용될 로케일을 결정한다.
LC_NUMERIC	이 변수는 숫자 포맷을 위해 사용될 로케일 카테고리를 결정한다.
LINENO	현재 실행되고 있는 스크립트 또는 쉘 함수에서의 라인 번호
LINES	선택 목록을 프린팅할 컬럼 길이를 결정하기 위한 빌트인을 선택하는 데 사용된다.
MACHTYPE	표준 GNU CPU-COMPANY-SYSTEM 포맷에서 배시가 실행되는 시스템 타입 전체를 기술하는 문자열
MAILCHECK	MAILPATH 또는 MAIL 변수에 지정된 파일에서 메일을 체크해야 할 주기를 초단위로 설정한다.
OLDPWD	cd 빌트인 명령에 의해 설정된 이전 작업 디렉터리
OPTERR	1로 설정하면 배시는 getopts 빌트인 명령에 의해서 에러 메시지를 생성하고 출력한다.
OSTYPE	배시가 실행되고 있는 운영체제를 기술하는 문자열이다.
PIPESTATUS	가장 최근에 포그라운드 파이프라인으로 실행된 프로세스의 종료상태값 또는 목록을 포함하고 있는 배열 변수이다.
POSIXLY_CORRECT	이 변수는 배시가 시작되었을 때의 환경이라면 쉘은 POSIX 모드로 동작한다.
PPID	쉘의 부모 프로세스의 프로세스 아이디
PROMPT_ COMMAND	이 값이 설정되면 각 프라이머리 프롬프트(PS1)의 출력 이전에 실행할 명령으로 해석된다.
PS3	이 변수의 값은 명령을 선택하기 위한 프롬프트로 사용된다. 기본값으로 "'#? '"이다.
PS4	이 값은 -x 옵션이 설정되었을 때 명령라인이 출력되기 이전에 프린팅되는 프롬프트이다. 기본값으로 "'+ '"이다.
PWD	현재 작업 디렉터리
RANDOM	이 파라미터가 참조될 때에는 0에서 32767까지의 랜덤 정수값이 생성된다. 즉, 변수에 랜덤 정수값을 생성하여 할당하게 된다.

(계속)

표 2-3 • 배시 쉘 예약 변수들(계속)

배시 쉘 변수명	정의
REPLY	read 빌트인 명령으로 읽어들인 값을 위한 기본 변수이다.
SECONDS	이 변수는 쉘이 시작될 때까지의 초단위 시간으로 확장된다.
SHELLOPTS	쉘 옵션으로 가능한 콜론(:) 구분자 목록
SHLVL	배시 인스턴스를 실행할 때마다 1씩 증가하는 변수
TIMEFORMAT	이 파라미터의 값은 출력될 시간정보를 어떤 문자열 포맷을 사용하여 지정할 것인지 결정한다.
TMOUT	0보다 큰 값으로 설정하면 프라이머리 프롬프트가 표시된 후 설정한 값만큼의 초를 기다린다. 그동안 아무런 입력도 없으면 Bash는 종료한다.
UID	숫자값을 가지는 현재 유저의 실제 유저 ID

2.5.5 특수 파라미터 변수들

쉘은 몇 가지의 특수한 파라미터 변수들을 처리한다.

표 2-4 • 특수 파라미터 변수들

특수 파라미터 변수	정의
$*	이 파라미터 변수는 1부터 시작하는 위치 파라미터의 확장이며, 큰따옴표로 구분하고, IFS 특수 변수의 첫 번째 문자로 구분되는 각 파라미터의 값으로 하나의 단어를 확장하며, 전체 파라미터값을 가지고 있다. 만약 IFS가 널이거나 해제되어 있으면 파라미터는 스페이스로 구분한다.
$@	이 파라미터 변수는 1부터 시작하는 위치 파리미터의 확장이며, 큰따옴표로 확장되면 각 파라미터는 하나의 구분 단어로 확장되고, 전체 파라미터값을 가진다.
$#	이 파라미터 변수는 십진수의 위치 파라미터 전체 개수를 의미한다.
$?	가장 최근에 실행된 포그라운드 파이프라인의 종료상태를 가지고 있다.
$-	실행하자마자 set 내장명령을 통해 또는 쉘 자체에 의해(예를 들어, -i 플래그) 설정된 현재 옵션 플래그로 확장한다.
$$	현재 쉘의 프로세스 ID를 가지고 있다.
$!	가장 최근에 백그라운드로 실행된 프로세스의 ID를 가지고 있다.
$0	쉘 또는 쉘 스크립트의 이름을 가지고 있다.
$_	이 변수는 쉘이 시작되면 설정되는데, 아규먼트 목록을 사용하여 실행된 쉘 스크립트의 절대경로를 가지고 있다. 어떤 명령이 이전에 실행되었다면 이전에 실행된 명령에서 사용한 마지막 아규먼트의 절대경로를 가지게 된다.

```
[root@localhost ~]# vim test.sh
#!/bin/bash

POS1="$1"
POS2="$2"
POS3="$3"

echo "첫 번째 위치 파라미터: $1"
echo "두 번째 위치 파라미터: $2"
echo "세 번째 위치 파라미터: $3"

echo "아규먼트 위치 파라미터 총 개수 : $#"
echo "아규먼트의 내용들 : $@"
```

```
[root@localhost ~]# bash test.sh 구글 다음
첫 번째 위치 파라미터: 구글
두 번째 위치 파라미터: 다음
세 번째 위치 파라미터:
아규먼트 위치 파라미터 총 개수: 2
아규먼트의 내용들: 구글 다음
[root@localhost ~]# bash test.sh 구글 다음 네이버
첫 번째 위치 파라미터: 구글
두 번째 위치 파라미터: 다음
세 번째 위치 파라미터: 네이버
아규먼트 위치 파라미터 총 개수: 3
아규먼트의 내용들: 구글 다음 네이버
[root@localhost ~]# bash test.sh 구글 다음 네이버 야후
첫 번째 위치 파라미터: 구글
두 번째 위치 파라미터: 다음
세 번째 위치 파라미터: 네이버
아규먼트 위치 파라미터 총 개수: 4
아규먼트의 내용들: 구글 다음 네이버 야후
[root@localhost ~]# bash test.sh "쉘 스크립트" 구글 다음 네이버 야후
첫 번째 위치 파라미터: 쉘 스크립트
두 번째 위치 파라미터: 구글
세 번째 위치 파라미터: 다음
```

```
아규먼트 위치 파라미터 총 개수: 5
아규먼트의 내용들: 쉘 스크립트 구글 다음 네이버 야후
[root@localhost ~]#
```

위 예제에서 보는 것과 같이 공백이 있는 아규먼트는 큰따옴표(" ")를 사용하여 문자열을 감싸주어야 한다. 그리고 파라미터의 총 개수를 알아보기 위해 $# 변수를 사용하고 있으며, 아규먼트의 내용들을 모두 출력하기 위해서 $@ 변수를 사용하고 있다.

```
[root@localhost ~]# grep dictionary /usr/share/dict/words
antidictionary
benedictionary
dictionary
dictionary-proof
extradictionary
nondictionary
[root@localhost ~]# echo $_
/usr/share/dict/words
[root@localhost ~]# echo $$
6554
[root@localhost ~]#
```

$_ 변수를 출력하면 앞서 실행한 명령의 마지막 아규먼트 파일의 절대경로를 가지게 되므로 /usr/share/dict/words 문자열을 출력해 준다. 그리고 현재 쉘의 프로세스 ID를 출력하기 위해 $$ 변수를 출력하고 있다.

```
[root@localhost ~]# rpm -qa | grep kernel
kernel-2.6.18-128.el5
kernel-devel-2.6.18-128.el5
kernel-devel-2.6.18-128.1.10.el5
kernel-headers-2.6.18-128.1.10.el5
[root@localhost ~]# echo $?
0
[root@localhost ~]#
```

$? 변수를 출력해 보면 0을 출력한다. 즉, 앞의 명령이 에러 없이 정상적으로 종료(실행)되었기 때문에 종료상태가 0이 되었다.

```
[root@localhost ~]# ps ax | grep bash
 6352 pts/0    Ss     0:00 -bash
 6554 pts/0    S      0:00 -bash
 6631 pts/0    R+     0:00 grep bash
[root@localhost ~]# echo $$
6554
[root@localhost ~]#
```

현재 배시 쉘을 실행하고 있는 프로세스 ID를 ps와 grep를 사용하여 검색해 보면 두 개의 프로세스를 찾을 수 있다. 여기서 현재 쉘의 프로세스 ID를 보기 위해 $$ 변수를 출력하면 **6554**번임을 알 수 있다. 그러므로 현재 쉘은 앞서 검색한 프로세스 ID 중 두 번째의 6554번 프로세스임을 알 수 있다. 6352번의 프로세스는 su - 명령을 수행하기 위해 시스템에 접속했었던 일반유저의 배시 쉘 프로세스이다.

```
[root@localhost ~]# echo $0
-bash
[root@localhost ~]#
```

$0 변수를 출력하면 현재 쉘의 이름이 배시 쉘임을 알 수 있다.

2.6 | 본 쉘

2.6.1 본 쉘 shbang 라인

본 쉘용 스크립트를 실행하기 위해서는 쉘 스크립트의 첫 번째 라인에 #!/bin/sh를 입력해 주어서 커널에게 이 파일은 본 쉘 스크립트라고 인지하도록 해야 한다.

```
#!/bin/sh
```

2.6.2 코멘트 주석

본 쉘에서 코멘트를 작성하기 위해서는 # 문자를 주석 처리할 라인 앞에 입력해 주면 된다.

```
# 이 줄은 쉘에 의해 인터프리트
# 되지 않습니다.
```

2.6.3 와일드카드

*, ?, [ ]는 파일명 확장을 위해 사용되고 <, >, 2>, >>, | 문자들은 표준 I/O를 위해 사용된다. 문자들이 인터프리터에 의해 해석되지 않도록 하기 위해서는 인용부호(', ")로 감싸주면 된다.

```
rm *;
ls ??;
cat file[1-3];

[root@localhost ~]# echo "* > 감사합니다."
* > 감사합니다.
[root@localhost ~]#
```

2.6.4 모니터 출력

문자를 모니터로 출력하기 위해서는 echo 명령을 사용할 수 있으며, 공백을 포함하는 문자열이라면 인용부호(큰따옴표/작은따옴표)로 감싸주면 가독성이 좋아진다.

```
[root@localhost ~]# echo "나는 리눅스를 사랑합니다."
나는 리눅스를 사랑합니다.
[root@localhost ~]#
```

2.6.5 지역 변수

지역 변수는 현재 쉘 스크립트에서만 사용할 수 있으며, 스크립트가 끝나면 더 이상 사용할 수 없다.

```
var=value
name="TaeYong Kim"
x=100
y=200
```

```
[root@localhost ~]# vim var.sh
#!/bin/sh

name="TAEYONG KIM"
echo $name
```

```
[root@localhost ~]# chmod +x var.sh
[root@localhost ~]# ./var.sh
TAEYONG KIM
[root@localhost ~]# echo $name

[root@localhost ~]#
```

2.6.6 전역 변수

전역 변수는 환경 변수라고도 부른다. 실행 중인 쉘과 이 쉘로부터 생성되는 어떤 자식 프로세스에서도 사용할 수 있다. 단, 스크립트가 종료되면 사용할 수 없다.

```
var=value
export var

PATH=/bin:/usr/bin:.
export PATH
```

```
[root@localhost ~]# vim var1.sh
#!/bin/sh

name="TAEYONG KIM"
export name
echo $name
```

```
[root@localhost ~]# chmod +x var1.sh
[root@localhost ~]# ./var1.sh
TAEYONG KIM
[root@localhost ~]# echo $name

[root@localhost ~]#
```

위 예제에서 사용한 export 명령은 현재 쉘에서 정의한 변수를 자식 쉘 프로세스에서도 사용할 수 있도록 하는 명령이다. 하지만, 쉘 스크립트 내에서 사용하면 쉘 스크립트가 끝남과 동시에 변수도 소멸된다.

2.6.7 변수로부터 값 읽기

변수로부터 값을 읽기 위해서는 변수명 앞에 달러($) 문자를 붙여주면 된다.

```
echo $var
echo $name
echo $PATH
```

```
[root@localhost ~]# name="TAEYONG KIM"
[root@localhost ~]# echo $name
TAEYONG KIM
[root@localhost ~]# echo $PATH
/usr/kerberos/sbin:/usr/kerberos/bin:/usr/local/sbin:/usr/local/bin:/sbin:/bin:/usr/sbin:/usr/bin:/root
/bin
[root@localhost ~]#
```

2.6.8 사용자 입력 읽기

read 명령은 사용자의 입력을 읽고 read 명령의 오른쪽에 적는 변수에 사용자 입력값을 할당한다. 변수의 수는 여러 개를 적을 수도 있다.

```
echo "TaeYong Kim"
read name
read name1 name2 …
```

```
[root@localhost ~]# read linux
CentOS #입력한값
[root@localhost ~]# echo $linux
CentOS #입력한값
[root@localhost ~]#
```

2.6.9 아규먼트 인자

아규먼트들은 명령라인에서 스크립트로 전달된다. 위치 파라미터들은 스크립트 안에서 각각의 값들을 받을 때 사용한다.

[명령라인에서]

```
# scriptname arg1 arg2 arg3
```

[스크립트 내에서]

```
echo $1 $2 $3 # 위치 파라미터들 출력
echo $* # 모든 위치 파라미터들 출력
echo $# # 위치 파라미터의 수 출력
```

2.6.10 배열

본 쉘은 배열을 지원하며, 단어 목록은 빌트인 set 명령을 사용하여 생성할 수 있고, 단어들은 각 위치 순서에 할당된다. 9개까지의 위치 파라미터를 사용할 수 있다.

빌트인 shift 명령은 목록의 좌측에 있는 첫 번째 단어로 이동한다. 각 단어들은 1부터 시작하여 각 위치의 값으로 접근한다.

```
set word1 word2 word3
echo $1 $2 $3 # word1, word2, word3의 값을 출력한다.

[root@localhost ~]# set apple orange banana
[root@localhost ~]# shift
[root@localhost ~]# echo $1
orange
[root@localhost ~]# echo $2
banana
[root@localhost ~]#
```

2.6.11 명령 치환

리눅스 명령의 결과를 변수로 할당하기 위해서 또는 명령의 결과를 문자열로 사용하기 위해서는 백쿼터(` `)를 사용하여 명령을 감싸주어야 한다.

```
var=`command`
echo $var
```

```
[root@localhost ~]# vim comm.sh
#/bin/sh

now=`date`
echo $now
echo "오늘은 `date`이다"
```

```
[root@localhost ~]# chmod +x comm.sh
```

```
[root@localhost ~]# ./comm.sh
Sat Jul 18 17:08:54 KST 2009
오늘은 Sat Jul 18 17:08:54 KST 2009이다
[root@localhost ~]#
```

2.6.12 산술 계산

본 쉘은 산술 계산을 지원하지 않기 때문에 리눅스의 계산 명령을 사용한다.

```
[root@localhost ~]# vim plus.sh
#!/bin/sh

n='expr 100 + 100'
echo $n
```

```
[root@localhost ~]# chmod +x plus.sh
[root@localhost ~]# ./plus.sh
200
[root@localhost ~]#
```

2.6.13 연산자

본 쉘은 수와 문자열을 테스트하기 위해 빌트인 test 명령을 사용한다

>> 동치

= 문자열

!= 문자열

-eq 숫자

-ne 숫자

>> 논리

-a: and

-o: or

!: not

>> 관계

-gt: 보다 크다.

-ge: 보다 크거나 같다.

-lt: 보다 작다.

-le: 보다 작거나 같다.

2.6.14 조건문

조건문을 위해서는 if~then 문장을 사용하며, if 문의 끝에는 반드시 fi를 적어 주어서 if 문이 끝났음을 표시해 주어야 한다.

형식

[if~then]	[if/else]

if 명령
then
    명령 문장 블록
fi
 	
if [표현식]
then
    block of statements
fi
	if [표현식]
	then
	    명령 문장 블록
	else
	    명령 문장 블록
	fi

(계속)

[if/elif/else]	[case]

<pre>if 명령
then
    명령 문장 블록
elif 명령
then
    명령 문장 블록
elif 명령
then
    명령 문장 블록
else
    명령 문장 블록
fi
 	
if [표현식]
then
    명령 문장 블록
elif [표현식]
then
    명령 문장 블록
elif [표현식]
then
    명령 문장 블록
else
    명령 문장 블록
fi</pre>
	<pre>case 변수명 in
	    패턴1)
	        문장
	      ;;
	    패턴2)
	        문장
	      ;;
	    패턴3)
	        ;;
	    *) 기본값 지정을 위한 문장
	      ;;
	esac
	
	case "$color" in
	  blue)
	     echo $color is blue
	     ;;
	  green)
	     echo $color is green
	     ;;
	  red|orange)
	     echo $color is red or orange
	     ;;
	  *) echo "Not a color" # default
	esac</pre>

2.6.15 루프문

루프loop문에는 while, until, for 3가지 종류가 있다.

while 루프는 뒤에 오는 명령이나 표현식이 true이면 계속해서 do와 done 사이의 문장을 실행한다.

until 루프는 while 루프와 비슷하지만, until 뒤에 오는 명령이 false가 될 때까지 계속해서 do와 done 사이의 문장을 실행한다. 거의 사용하지 않는다.

for 루프는 단어목록을 통해서 반복되는데, 한 단어를 프로세싱하고 다음 단어를 프로세싱하기 위해 다음으로 이동한다. 목록의 모든 단어로 이동하면 끝이 난다. for 다음으로 변수 이름이 오고, in 키워드 다음에 단어 목록이 온다. 그리고 do와 done 키워드 사이의 문장을 수행한다.

[while 루프 형식]

```
while <test-com> do <coms> done
```

[root@localhost ~]# vim while.sh

```
#!/bin/sh

number=0
while [ $number -lt 10 ]
do
echo "$number"
number='expr $number + 1'
done
echo "script complete."
```

```
[root@localhost ~]# chmod +x while.sh
[root@localhost ~]# ./while.sh
0
1
2
3
4
5
6
7
8
9
script complete.
[root@localhost ~]#
```

[until 루프 형식]

```
until <test-com> do <coms> done
```

[for 루프 형식]

```
for <loop-index> in <arg-list> do <coms> done
```

[root@localhost ~]# vim for.sh

```
#!/bin/sh

for fruit in apples oranges pears bananas
do
echo $fruit
done
echo "script complete."
```

```
[root@localhost ~]# chmod +x for.sh
[root@localhost ~]# ./for.sh
apples
oranges
pears
bananas
script complete.
[root@localhost ~]#
```

2.6.16 파일 테스팅

본 쉘은 상태 표현식을 판단하기 위해 test 명령을 사용한다. test 명령은 파일, 디렉터리, plain 텍스트, 읽을 수 있는 파일 등의 속성을 테스트하기 위해 여러 가지 옵션을 가지고 있다.

[test 명령 맨페이지]

```
[root@localhost ~]# man test | col -b | cat
TEST(1L)                                                    TEST(1L)


이름
       test - 파일 유형을 점검하고 값을 비교한다.

개요
       test [표현식]
       test {--help,--version}

설명
       이 맨페이지는 GNU 버전의 test를 다룬다. 대부분의 쉘은 같은 이름, 같은 기능의 내장명령을 지니고 있을 것이다.

       test 조건 표현식의 평가에 따라 0(참) 또는 1(거짓)의 상태를 반환한다. expr은 단항식(unary) 또는 이항식
       (binary)이 될 수 있다. 단항식은 보통 파일의 상태를 조사하는 데 사용된다. 문자열 연산자와 수치 비교 연산자도
       있다.

        -b 파일
             만약 파일이 존재하며 블럭 장치이면 참
        -c 파일
             만약 파일이 존재하고 문자 장치이면 참
        -d 파일
             만약 파일이 존재하고 디렉터리이면 참
        -e 파일
             만약 파일이 존재하면 참
        -f 파일
             만약 파일이 존재하고 보통의 파일이면 참
        -g 파일
             만약 파일이 존재하고 set-group-id이면 참
        -k 파일
             만약 파일이 "sticky" 비트 설정을 가지고 있으면 참
        -L 파일
             만약 파일이 존재하고 심볼릭 링크이면 참
```

(계속)

-p 파일

만약 파일이 존재하고 명명된 파이프이면 참

-r 파일

만약 파일이 존재하고 읽기 가능이면 참

-s 파일

만약 파일이 존재하고 0보다 큰 크기를 가지면 참

-S 파일

만약 파일이 존재하고 소켓이면 참

-t [fd]

만약 fd가 터미널 상에서 오픈된 것이면 참. 만약 fd가 생략되면 기본값은 1(표준 출력)이다.

-u 파일

만약 파일이 존재하고 set-user-id 비트 설정을 가지면 참

-w 파일

만약 파일이 존재하고 쓰기 가능이면 참

-x 파일

만약 파일이 존재하고 실행 가능이면 참

-O 파일

만약 파일이 존재하고 유효 사용자 ID의 소유이면 참

-G 파일

만약 파일이 존재하고 유효 그룹 ID의 소유이면 참

파일1 -nt 파일2

만약 파일1이 (수정일에 의거하여) 파일2보다 최근에 생겼다면 참

파일1 -ot 파일2

만약 파일1이 파일2보다 오래된 것이면 참

파일1 -ef 파일2

만약 파일1과 파일2가 같은 장치, 같은 아이노드 번호를 갖는다면 참

-z 문자열

만약 문자열의 길이가 0이면 참

-n 문자열

string 문자열의 길이가 0이 아니라면 참

문자열1 = 문자열2

두 문자열이 같으면 참

문자열1 != 문자열2

두 문자열이 같지 않으면 참

! 표현식

표현식이 거짓이면 참

(계속)

```
    표현식1 -a 표현식2
        표현식1과 표현식2가 둘 다 참이면 참
    표현식1 -o 표현식2
        표현식1 또는 표현식2 둘 중 하나라도 참이면 참
    인수1 OP 인수2
        여기서 OP는 다음 중 하나이다. -eq, -ne, -lt, -le, -gt, 또는 -ge. 이러한 수치 이항 연산자들은 각
        각 만약 인수1이 인수2보다 같거나, 같지 않거나, 작거나, 작거나 같거나, 크거나, 크거나 같을 때 참을
        반환한다. 인수1과 인수2는 양의 정수, 음의 정수 또는 문자열의 길이를 평가하는 -l 문자열 표현식이 될
        수 있다.

  옵션
    GNU test가 단 한 개의 인수로 시작하면 다음 옵션이 인식된다:
    --help 표준 출력으로 사용법을 출력하고 정상적으로 종료한다.
    -version
        표준 출력으로 버전정보를 출력하고 정상적으로 종료한다.

번역자
    이 만 용 <geoman@nownuri.nowcom.co.kr>
           <freeyong@soback.kornet.nm.kr>

FSF                          GNU 쉘 유틸리티                     TEST(1L)
```

```
[root@localhost ~]#
```

[자주 사용하는 test 명령 옵션들]

-d: 파일이 아니라 디렉터리인지 테스트

-f: 디렉터리가 아니라 파일인지 테스트

-r: 현재 사용자가 읽을 수 있는 파일인지 테스트

-s: 파일 크기가 0보다 큰지 테스트

-w: 현재 사용자가 파일에 쓰기가 가능한지 테스트

-x: 현재 사용자가 파일을 실행할 수 있는지 테스트

```
[root@localhost ~]# vim testcommand.sh
#!/bin/sh

if [ -f file ]
then
    echo "file exists"
else
    echo "file not found"
fi

if [ -d file ]
then
    echo "file is a directory"
else
    echo "file is not a directory"
fi

if [ -s file ]
then
    echo "file is not of zero length"
else
    echo "file size is zero length"
fi

if [ -r file -a -w file ]
then
    echo "file is readable and writable"
else
    echo "file is not read/write"
fi
```

```
[root@localhost ~]# chmod +x testcommand.sh
[root@localhost ~]# touch file
[root@localhost ~]# ./testcommand.sh
file exists
file is not a directory
```

```
file size is zero length
file is readable and writable
[root@localhost ~]#
```

위의 예제는 test 명령을 위한 예제인데, touch 명령으로 내용이 없는 빈 파일을 만든 다음, 자주 사용하는 옵션을 확인해 본 스크립트 예제이다.

2.6.17 함수

본 쉘은 함수로 쉘 코드의 섹션을 정의할 수 있으며 이름을 정할 수 있다. 함수의 이름을 실행하면 함수가 호출된다.

```
function_name() {
        block of code
}
```

위의 예제가 정의되어 있는 상태에서 쉘에 함수명인 function_name을 입력하고 실행하면 함수가 호출된다.

[root@localhost ~]# vim testfunc.sh

```
#!/bin/sh
lister() {
    echo "현재 디렉터리는 'pwd' 입니다."
   echo "현재 디렉터리의 파일들은 아래와 같습니다."
   ls
}
lister
```

```
[root@localhost ~]# chmod +x testfunc.sh
[root@localhost ~]# ./testfunc.sh
현재 디렉터리는 /root 입니다.
현재 디렉터리의 파일들은 아래와 같습니다.
anaconda-ks.cfg    file          install.log.syslog    testcommand.sh    var1.sh
chapter1           for.sh        plus.sh               testfunc.sh       var.sh
comm.sh            install.log   scsrun.log            test.sh           while.sh
[root@localhost ~]#
```

2.7 | 배시 쉘 문법과 구조

본 쉘의 문법과 구조는 앞에서 살펴 보았다. 지금부터는 배시(/bin/bash) 쉘에 대해 공부하도록 하자.

대부분의 리눅스에서 기본 쉘로 bash[Bourne Again SHell] 쉘을 사용하고 있다. 본 도서를 위해 사용하고 있는 CentOS 5.3도 기본 쉘로 배시 쉘을 사용하고 있다. 그리고 배시 쉘은 본 쉘의 업그레이드 버전이므로 본 쉘의 문법을 모두 사용할 수 있다.

2.7.1 배시 쉘 소개

2.7.1.1 배시 쉘 버전 알아보기

배시[bash] 쉘은 1998년 1월 10일에 태어났으며, 현재 설치되어 있는 배시 쉘의 버전을 알아보기 위해서는 --version 옵션을 사용하면 된다.

```
[root@localhost ~]# bash --version
GNU bash, version 3.2.25(1)-release (i686-redhat-linux-gnu)
Copyright (C) 2005 Free Software Foundation, Inc.
[root@localhost ~]#
```

그리고 BASH_VERSION 환경 변수의 값으로도 버전을 확인할 수 있다.

```
[root@localhost ~]# echo $BASH_VERSION
3.2.25(1)-release
[root@localhost ~]#
```

2.7.1.2 배시 쉘의 시작

배시 쉘을 로그인 쉘로 사용한다면 쉘 프롬프트가 화면에 보여지기 전에 다음과 같은 프로세스를 진행한다.

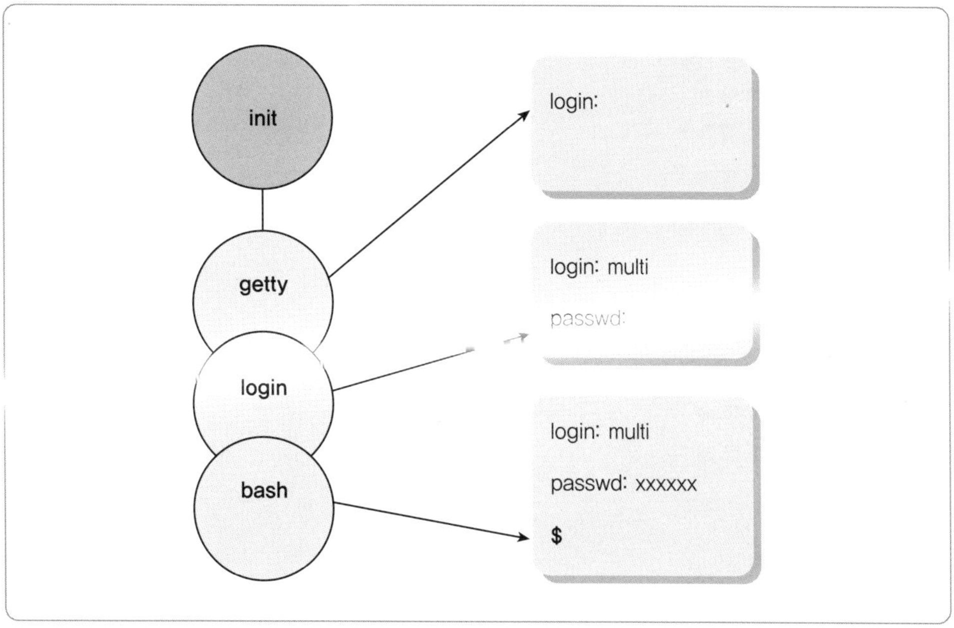

그림 2-4 • 로그인 과정

리눅스가 부팅되면 init라는 첫 번째 프로세스가 생성된다. 이때 이 프로세스의 프로세스 ID는 1번이 된다. 그리고 자식 프로세스로 getty 프로세스를 생성하는데, 이 프로세스를 사용하여 터미널 포트를 오픈하고 모니터에 로그인 프롬프트를 보여준다. 그리고 /bin/login 프로그램이 실행되고 로그인 아이디를 입력하면 로그인 프로그램의 프롬프트는 패스워드 입력을 기다린다. 입력받은 패스워드가 정확하다면 환경 설정이 초기화되고 로그인 쉘을 시작한다. 이때 bash 프로세스는 /etc/profile 시스템 파일을 찾아서 명령라인에서 실행하게 된다. 다음으로 유저의 홈디렉터리에 있는 유저의 초기 파일인 .bash_profile 파일을 찾아서 실행한다. .bash_profile 실행 시에는 .bashrc라는 환경 파일을 실행하게 되고 마지막으로 디폴트 달러($) 기호를 모니터에 보여주며 유저의 명령을 기다리게 된다.

만약 다른 쉘을 사용하고 있을 때 배시 쉘 사용으로 전환하려면 명령라인에 bash라고 입력하면 된다. 이때 새로운 프로세스가 생성되는데, 이전으로 빠져나가려면 exit 명령을 입력하면 된다.

```
[root@localhost ~]# ps
  PID TTY          TIME CMD
 6645 pts/0    00:00:00 su
 6646 pts/0    00:00:00 bash
 6746 pts/0    00:00:00 ps
[root@localhost ~]# sh
sh-3.2# ps
  PID TTY          TIME CMD
 6645 pts/0    00:00:00 su
 6646 pts/0    00:00:00 bash
 6747 pts/0    00:00:00 sh
 6748 pts/0    00:00:00 ps
sh-3.2# bash
[root@localhost ~]# ps
  PID TTY          TIME CMD
 6645 pts/0    00:00:00 su
 6646 pts/0    00:00:00 bash
 6747 pts/0    00:00:00 sh
 6749 pts/0    00:00:00 bash
 6765 pts/0    00:00:00 ps
[root@localhost ~]# exit
exit
sh-3.2# exit
exit
[root@localhost ~]# ps
  PID TTY          TIME CMD
 6645 pts/0    00:00:00 su
 6646 pts/0    00:00:00 bash
 6767 pts/0    00:00:00 ps
[root@localhost ~]#
```

2.7.2 배시 쉘 환경

2.7.2.1 배시 쉘 초기화 파일들

>> /etc/profile

/etc/profile 파일은 유저가 로그인했을 때 가장 먼저 읽어들이는 시스템 초기화 파일이다. 또한 bash 명령을 실행했을 때에도 실행되는 파일이다.

```
[root@localhost ~]# cat /etc/profile
# /etc/profile

# System wide environment and startup programs, for login setup
# Functions and aliases go in /etc/bashrc

pathmunge () {
        if ! echo $PATH | /bin/egrep -q "(^|:)$1($|:)" ; then
           if [ "$2" = "after" ] ; then
              PATH=$PATH:$1
           else
              PATH=$1:$PATH
           fi
        fi
}

# ksh workaround
if [ -z "$EUID" -a -x /usr/bin/id ]; then
        EUID=`id -u`
        UID=`id -ru`
fi

# Path manipulation
if [ "$EUID" = "0" ]; then
        pathmunge /sbin
        pathmunge /usr/sbin
```

(계속)

```
        pathmunge /usr/local/sbin
fi

# No core files by default
ulimit -S -c 0 > /dev/null 2>&1

if [ -x /usr/bin/id ]; then
        USER="`id -un`"
        LOGNAME=$USER
        MAIL="/var/spool/mail/$USER"
fi

HOSTNAME=`/bin/hostname`
HISTSIZE=1000

if [ -z "$INPUTRC" -a ! -f "$HOME/.inputrc" ]; then
    INPUTRC=/etc/inputrc
fi

export PATH USER LOGNAME MAIL HOSTNAME HISTSIZE INPUTRC

for i in /etc/profile.d/*.sh ; do
    if [ -r "$i" ]; then
        . $i
    fi
done

unset i
unset pathmunge
```

```
[root@localhost ~]#
```

pathmunge () 함수를 정의하고 있다. 이 함수는 $PATH 환경 변수에 아규먼트로 사용된 경로를 추가하기 위한 함수이며 ,아래쪽에서 id 명령을 사용하여 id 번호를 검색한 다음 0 이면 root 수퍼유저이므로 sbin 디렉터리들을 $PATH 변수에 추가하고 있다. 그리고 각종 환경 변수들을 설정하고 있으며 export 명령을 사용하여 각 변수들을 서브쉘로 전달하고 있다. 마지막으로 /etc/profile 디렉터리 아래의 .sh 파일을 검색하고 있으며 검색된 파일을 실행한다. 이 파일들은 언어셋과 폰트셋을 지정하는 파일들인데, 대표적으로 lang.sh와 mc.sh[Midnight Commander] 파일이 있으며 아래에 출력해 두었다. 그리고 스크립트에서 사용된 i 변수와 pathmunge 함수를 해제하고 있다.

USER 변수는 유저명으로 할당된다. (id -un)

LOGNAME 변수는 앞서 설정한 USER 변수로 할당된다.

MAIL 변수는 유저[USER]의 메일이 저장된 메일 스풀러 경로가 할당된다.

HOSTNAME 변수는 유저의 호스트 머신 이름이 할당된다.

HISTSIZE 변수는 1000으로 설정되는데, 이 변수는 쉘 메모리에 저장되는 명령 히스토리 목록수를 말하며 쉘이 종료되면 히스토리 파일에 저장된다.

```
[root@localhost ~]# ls /etc/profile.d/
colorls.csh  glib2.sh                krb5-devel.sh            lang.sh   mc.sh
colorls.sh   gnome-ssh-askpass.csh   krb5-workstation.csh     less.csh  vim.csh
cvs.sh       gnome-ssh-askpass.sh    krb5-workstation.sh      less.sh   vim.sh
glib2.csh    krb5-devel.csh          lang.csh                 mc.csh    which-2.sh
[root@localhost ~]#
```

위와 같이 /etc/profile.d 디렉터리 아래에 보면 여러 가지 쉘 스크립트를 볼 수 있으며, .sh로 끝나는 파일들은 모두 /etc/profile 파일에서 읽어들일 스크립트 파일들이다.

>> .bash_profile

유저의 홈디렉터리를 보면 디폴트로 .bash_profile 파일을 가지고 있다. 이 파일은 /etc/profile 파일을 실행한 다음 실행하게 되어 있는데, 만약 .bash_profile 파일이 없다면 .bash_login 파일을 실행하고, 또한 .bash_login 파일이 없다면 .profile을 읽게 된다. 즉, 홈디렉터리의 .bash_profile, .bash_login, .profile 순서로 실행한다는 것이다. 다음으로 .bashrc 파일이 존재한다면 이 파일도 실행하게 된다. 홈디렉터리 내의 '.' 으로 시작하는 파일들은 숨겨진 파일이며 유저 자신만의 환경 설정 파일들이다.

```
[root@localhost ~]# cat ~/.bash_profile
# .bash_profile

# Get the aliases and functions
if [ -f ~/.bashrc ]; then
        . ~/.bashrc
fi

# User specific environment and startup programs

PATH=$PATH:$HOME/bin

export PATH
unset USERNAME
[root@localhost ~]#
```

각 유저들의 .bash_profile 파일의 코드를 보면 먼저 홈디렉터리 내에 .bashrc 파일이 있으면 실행하고, PATH 환경 변수는 앞서 /etc/profile에서 설정한 경로와 함께 유저 자신의 홈디렉터리 아래의 bin 디렉터리도 추가하고 있다($HOME/bin). 그리고 PATH 변수를 export 명령을 사용하여 환경 변수로 만들고 USERNAME 변수는 이제 사용하지 않을 것이므로 unset 명령으로 변수를 제거하고 있다.

참고

유저들의 홈디렉터리 아래에 존재하는 "."으로 시작되는 숨김 파일들은 useradd 명령으로 유저를 생성할 때 /etc/skel 디렉터리 아래의 파일들이 복사된 파일들이다.

```
[root@localhost ~]# ls -al /etc/skel
total 64
drwxr-xr-x   3 root root  4096 2009-05-23 05:00 .
drwxr-xr-x 106 root root 12288 2009-07-28 19:56 ..
-rw-r--r--   1 root root    33 2009-01-22 10:14 .bash_logout
-rw-r--r--   1 root root   176 2009-01-22 10:14 .bash_profile
-rw-r--r--   1 root root   124 2009-01-22 10:14 .bashrc
drwxr-xr-x   4 root root  4096 2009-05-23 05:00 .mozilla
-rw-r--r--   1 root root   658 2007-01-07 20:31 .zshrc
[root@localhost ~]#
```

>> .bashrc

```
[root@localhost ~]# cat ~/.bashrc
# .bashrc

# User specific aliases and functions

alias rm='rm -i'
alias cp='cp -i'
alias mv='mv -i'
# 앨리아스(별칭)를 추가함
alias multi='ls'

LANG=en_US.UTF-8

# Source global definitions
if [ -f /etc/bashrc ]; then
        . /etc/bashrc
fi
[root@localhost ~]#
```

앞서 ~/.bash_profile에서 .bashrc 파일을 "." 명령으로 실행하도록 하고 있기 때문에 .bashrc 파일이 위와 같이 존재하면 이 파일도 실행된다. .bashrc 파일을 보면 앨리아스 설정과 /etc/bashrc 파일이 존재하면 /etc/bashrc 파일도 실행하도록 구성되어 있다.

앨리아스란, 긴 명령을 짧은 명령으로 대체하여 보다 간결하게 명령을 수행하기 위한 것이다. 내용 중에서 alias rm= 'rm -i' 라고 적혀 있는데, 이것의 의미는 rm 명령을 실행할 때 항상 -i 옵션을 수행하도록 하여 정말 삭제할 것인지 묻도록 앨리아스한 것이다.

>> /etc/bashrc

/etc/bashrc 파일은 시스템 전역 함수들과 앨리아스들을 설정하고 있다.

```
[root@localhost ~]# cat /etc/bashrc
# /etc/bashrc

# System wide functions and aliases
# Environment stuff goes in /etc/profile

# By default, we want this to get set.
# Even for non-interactive, non-login shells.

alias ls='ls --color=auto --time-style=long-iso'

if [ $UID -gt 99 ] && [ "`id -gn`" = "`id -un`" ]; then
        umask 002
else
        umask 022
fi

# are we an interactive shell?
if [ "$PS1" ]; then
    case $TERM in
        xterm*)
                if [ -e /etc/sysconfig/bash-prompt-xterm ]; then
                        PROMPT_COMMAND=/etc/sysconfig/bash-prompt-xterm
                else
             PROMPT_COMMAND='echo -ne "\033]0;${USER}@${HOSTNAME%%.*}:${PWD/#$HOME/~}"; echo -ne "\007"'
             fi
             ;;
        screen)
             if [ -e /etc/sysconfig/bash-prompt-screen ]; then
                      PROMPT_COMMAND=/etc/sysconfig/bash-prompt-screen
             else
                    PROMPT_COMMAND='echo -ne "\033_${USER}@${HOSTNAME%%.*}:${PWD/#$HOME/~}"; echo -ne
"\033\\"'
             fi
             ;;
```

(계속)

```
        *)
            [ -e /etc/sysconfig/bash-prompt-default ] && PROMPT_COMMAND=/etc/sysconfig/bash-prompt-
default
            ;;
    esac
    # Turn on checkwinsize
    shopt -s checkwinsize
    [ "$PS1" = "\\s-\\v\\\$ " ] && PS1="[\u@\h \W]\\$ "
fi

if ! shopt -q login_shell ; then # We're not a login shell
        # Need to redefine pathmunge, it get's undefined at the end of /etc/profile
    pathmunge () {
                if ! echo $PATH | /bin/egrep -q "(^|:)$1($|:)" ; then
                        if [ "$2" = "after" ] ; then
                                PATH=$PATH:$1
                        else
[root@localhost ~]#
                                PATH=$1:$PATH
                        fi
                fi
        }

        for i in /etc/profile.d/*.sh; do
                if [ -r "$i" ]; then
                        . $i
        fi
        done
        unset i
        unset pathmunge
fi
# vim:ts=4:sw=4
[root@localhost ~]#
```

이 파일에서는 umask를 설정하고 있으며, PS1 변수, PATH 변수를 설정하고 있다. 백슬래시 시퀀스에 대한 내용은 다음의 표를 참고하자.

표 2-5 • 백슬래시 시퀀스

백슬래시 시퀀스	의미
\d	날짜를 "요일 월 일" 형식으로 표시한다. (Tue Jul 28)
\h	호스트 이름
\n	newline 개행문자
\nnn	8진수 nnn에 해당하는 문자
\s	쉘의 이름, $0의 베이스 이름 (-bash)
\t	24시간 단위의 현재 시간을 HH:MM:SS 형식으로 표시
\u	현재 유저의 유저명
\w	현재 작업 디렉터리
\W	현재 작업 디렉터리의 베이스 이름
\#	이 명령의 명령 번호
\!	이 명령의 히스토리 번호
\$	유효 UID가 0이면 #, 그렇지 않으면 $
\\	백슬래시
\[	비출력 문자의 시퀀스를 시작한다. 프롬프트에 터미널 제어 시퀀스를 넣을 때 사용한다.
\]	비출력 문자의 시퀀스를 마친다.
	배시 2.x버전 이상
\a	아스키 벨 문자
\e	아스키 이스케이프 문자
\H	호스트 이름
\T	12시간 단위의 현재 시간
\v	배시 버전 (3.2)
\V	배시 릴리즈 버전 (3.2.25)
\@	12시간 단위 AM/PM 형태의 현재 시간 (11:29 PM)

2.7.3 배시 쉘 옵션 설정을 위한 set, shopt 명령

set 명령어는 특수한 빌트인 내장 옵션들을 켜고, 끄는 역할을 한다.

형식	
	set -o option: 옵션을 사용한다. set +o option: 옵션을 사용하지 않는다. set -[a-z]: 옵션을 사용하는 단축형 set +[a-z]: 옵션을 사용하지 않는 단축형

표 2-6 • set 명령 옵션

set 명령 옵션	짧은 옵션	의미
allexport	-a	설정을 해제할 때까지 뒤이어서 나올 명령의 환경으로 export 하기 위해 수정 또는 생성할 변수를 자동으로 표기한다.
braceexpand	-B	브레이스 확장이 가능하며 기본값으로 설정되어 있다.
emacs		이맥스 스타일의 명령행 편집 인터페이스를 사용하며, 기본값으로 설정되어 있다.
errexit	-e	명령이 0 아닌 상태값을 갖고 종료하면 즉시 종료한다. 만약 실패한 명령이 until 또는 while 루프의 일부, if 문의 일부, &&의 일부, || 목록의 일부이거나 또는 명령의 반환값이 !로 반전되면 종료하지 않는다.
histexpand	-H	! 스타일의 히스토리 치환을 사용한다. 쉘이 대화형 모드이면 기본으로 켜지는 플래그이다.
history		명령라인 히스토리를 가능하게 설정하며, 기본값으로 설정되어 있다.
ignoreeof		쉘을 빠져나오기 위해 〈Ctrl-d〉를 눌러 EOF하지 못하도록 한다. 이때에는 exit 명령을 사용해야 한다. 쉘 명령 'IGNOREEOF=10'을 실행한 것과 같은 효과를 발휘한다.
keyword	-k	명령을 위한 환경에서 키워드 아규먼트를 배치한다.
interactive-comments		인터렉티브 쉘에서 이 옵션을 사용하지 않으면 # 주석을 사용할 수 없다. 기본값으로 설정되어 있다.
monitor	-m	잡 컨트롤을 허용한다.
noclobber	-C	리다이렉션이 사용될 때 덮어쓰기로부터 파일을 보호한다.
noexec	-n	명령을 읽지만 실행하지 않으며, 스크립트의 문법을 체크하기 위해 사용된다. 인터렉티브로 실행했을 때에는 이 옵션이 적용되지 않는다.
noglob	-d	경로명 확장을 할 수 없다. 와일드카드가 적용되지 않는다.
notify	-b	백그라운드 잡이 종료되었을 때 유저에게 알려준다.

(계속)

표 2-6 • set 명령 옵션(계속)

set 명령 옵션	짧은 옵션	의미
nounset	-u	변수 확장이 설정되지 않았을 때 에러를 출력해 준다.
onecmd	-t	하나의 명령을 읽고, 실행한 다음 종료한다.
physical	-P	이 옵션이 설정되면 cd 또는 pwd를 입력했을 때 심볼릭 링크는 가져오지 못한다. 물리적인 디렉터리만 보여준다.
posix		기본 연산이 POSIX 표준과 매칭되지 않으면 쉘의 행동이 변경된다.
privileged	-p	이 옵션이 설정되었을 때 쉘은 .profile 또는 ENV 파일을 읽지 않으며, 쉘 함수는 환경으로부터 상속되지 않는다.
verbose	-v	쉘에서 행 입력을 받을 때마다 그 입력행을 출력한다.
vi		명령라인 에디터로 vi 에디터를 사용한다.
xtrace	-x	각각의 간단한-명령을 확장한 다음, bash PS4의 확장값을 표시하고 명령과 확장된 인수를 표시한다.

set -o allexport: 모든 변수들을 자동으로 서브쉘에 전달한다.

set +o allexport: 모든 변수들을 자동으로 서브쉘에 전달하지 않으며, 현재 쉘에서 로컬 변수로만 사용한다.

set -a: set -o allexport 명령과 동일함

set +a: set +o allexport 명령과 동일함

현재 쉘의 설정값을 출력하기 위해서는 set -o 명령을 실행하면 된다.

```
[root@localhost ~]# set -o
allexport       off
braceexpand     on
emacs           on
errexit         off
errtrace        off
functrace       off
hashall         on
histexpand      on
history         on
ignoreeof       off
```

```
interactive-comments    on
keyword         off
monitor         on
noclobber       off
noexec          off
noglob          off
nolog           off
notify          off
nounset         off
onecmd          off
physical        off
pipefail        off
posix           off
privileged      off
verbose         off
vi              off
xtrace          off
[root@localhost ~]#
```

noclobber 옵션은 디폴트로 설정되어 있지 않기 때문에 리다이렉션을 사용한 파일의 덮어쓰기가 허용된다. 만약 이 옵션을 on하면 리다이렉션을 사용한 파일 덮어쓰기는 불가능하다. 물론 짧은 옵션 –C를 사용하여 on으로 설정할 수 있으며, +C 옵션을 사용하여 off로 설정할 수 있다.

```
[root@localhost ~]# set -o noclobber
[root@localhost ~]# set -o | grep noclobber
noclobber       on
[root@localhost ~]# date > datefile
[root@localhost ~]# ls > datefile
-bash: datefile: cannot overwrite existing file
[root@localhost ~]# set +o noclobber
[root@localhost ~]# set -o | grep noclobber
noclobber       off
[root@localhost ~]# ls > datefile
[root@localhost ~]# set -C
[root@localhost ~]# set -o | grep noclobber
noclobber       on
```

```
[root@localhost ~]# set +C
[root@localhost ~]# set -o | grep noclobber
noclobber       off
[root@localhost ~]#
```

>> shopt

shopt 명령은 배시 쉘에서 사용되는 set 명령으로서 새로운 버전의 쉘 옵션 내장명령어이다. shopt 명령은 –p 옵션을 사용하여 모든 옵션들을 출력해 볼 수 있으며, –u 옵션을 사용하여 옵션 설정을 off할 수 있고 –s 옵션을 사용하여 on할 수 있다.

표 2-7 • shopt 옵션

shopt 옵션	의미
cdable_vars	이 변수를 설정하면 cd 내장명령의 인수로 디렉터리가 아닐 때 이동하고자 하는 디렉터리를 값으로 갖고 있는 변수 이름으로 간주한다.
cdspell	cd 명령에서 디렉터리명 스펠링의 작은 에러를 교정한다. 교환 문자, 빠진 문자 그리고 너무 많은 문자를 체크하는데, 교정이 되면 교정된 경로가 프린트되고 명령을 처리한다. 단, 인터렉티브 쉘에서만 사용된다.
checkhash	배시는 명령을 실행하기 전에 존재하는 해시 테이블에 명령이 있는지 체크한다. 만약 명령이 존재하지 않으면 일반 경로 검색을 수행한다.
checkwinsize	배시는 각 명령 다음에 윈도우 사이즈를 체크하고 필요하다면 LINES와 COLUMNS 변수의 값을 업데이트한다.
cmdhist	배시는 동일한 히스토리 엔트리에서 다중라인 명령의 모든 라인을 저장하려고 한다. 이 옵션을 사용하여 다중 라인 명령을 쉽게 재편집할 수 있다.
dotglob	배시는 파일명 확장 결과에서 dot(.)으로 시작하는 파일명을 포함한다.
execfail	비대화형 쉘은 exec 명령을 위한 아규먼트로 지정한 파일을 실행할 수 없으면 종료하지 못할 것이다. 대화형 쉘은 exec 명령이 실패하면 종료하지 않는다.
expand_aliases	앨리아스가 확장된다. 기본값이다.
extglob	확장된 패턴 매칭 특징이 가능하다. (정규표현식 메타문자들은 파일명 확장을 위해 Korn쉘로부터 가져왔다.)
histappend	쉘이 종료할 때 히스토리 목록을 파일에 덮어쓰지 않고 HISTFILE 변수의 값으로 명명된 파일에 추가한다.
histreedit	readline이 사용되면 유저는 실패한 히스토리 치환을 재편집할 수 있는 기회를 갖는다.

(계속)

표 2-7 • shopt 옵션(계속)

shopt 옵션	의미
histverify	이 옵션이 설정되면 readline이 사용되고 히스토리 치환이 쉘 파서에게 즉시 전달되지 않는다. 결과 라인이 readline 편집 버퍼에 로드되는 대신 나중에 수정할 수 있도록 허용한다.
hostcomplete	이 옵션이 설정되면 readline이 사용되고 배시는 @를 포함하는 단어가 완성될 때 호스트명 완성을 수행하려고 한다.
huponexit	이 옵션이 설정되면 배시는 인터렉티브 로그인 쉘이 종료되었을 때 모든 잡(job)에게 SIGHUP 시그널을 보낸다.
interactive_comments	#으로 시작하는 단어가 인터렉티브 쉘 라인에 남아있는 모든 단어와 문자를 무시하도록 한다. 기본값으로 설정되어 있다.
lithist	이 옵션이 설정되고 cmdhist 옵션이 설정되면 다중 라인 명령은 임베디드 newline과 함께 히스토리에 저장된다.
mailwarn	이 옵션이 설정되면 배시는 체크된 마지막 시간의 메일까지 접근된 메일을 체크한다. 읽혀진 메일 파일의 메일이 출력된다.
nocaseglob	이 옵션이 설정되면 파일명 확장을 수행할 때 배시는 case-insensitive 방식으로 파일명을 매칭한다.
nullglob	이 옵션이 설정되면 배시는 파일명 패턴이 널 문자열을 확장하는 파일을 매칭하지 않는다.
promptvars	이 옵션이 설정되면 프롬프트 문자열은 확장된 다음 변수와 파라미터 확장을 한다. 기본값으로 설정되어 있다.
restricted_shell	만약, 쉘이 제한적 모드로 시작되면 쉘은 이 옵션이 설정되고 값은 변경될 수 없다. 시작 파일이 실행되었을 때 재설정되지 않고 쉘이 제한 모드인지 아닌지만 인식하도록 허용한다.
shift_verbose	이 옵션이 설정되면 위치 파라미터의 수를 초과하는 shift 카운트일 때 shift 빌트인은 에러 메시지를 출력한다.
sourcepath	이 옵션이 설정되면 source 빌트인은 아규먼트로 입력되는 파일을 포함하고 있는 디렉터리를 검색하기 위해 PATH 변수의 값을 사용한다. 기본값으로 설정되어 있다.
source	dot (.)의 별칭이다.

```
[root@localhost ~]# shopt -p
shopt -u cdable_vars
shopt -u cdspell
shopt -u checkhash
shopt -s checkwinsize
shopt -s cmdhist
shopt -u dotglob
shopt -u execfail
shopt -s expand_aliases
shopt -u extdebug
shopt -u extglob
shopt -s extquote
shopt -u failglob
shopt -s force_fignore
shopt -u gnu_errfmt
shopt -u histappend
shopt -u histreedit
shopt -u histverify
shopt -s hostcomplete
shopt -u huponexit
shopt -s interactive_comments
shopt -u lithist
shopt -s login_shell
shopt -u mailwarn
shopt -u no_empty_cmd_completion
shopt -u nocaseglob
shopt -u nocasematch
shopt -u nullglob
shopt -s progcomp
shopt -s promptvars
shopt -u restricted_shell
shopt -u shift_verbose
shopt -s sourcepath
shopt -u xpg_echo
[root@localhost ~]# shopt -s cdspell
[root@localhost ~]# shopt -p cdspell
shopt -s cdspell
```

```
[root@localhost ~]# cd /heme
/home
[root@localhost home]# pwd
/home
[root@localhost home]# cd /us/loca
/usr/local
[root@localhost local]# pwd
/usr/local
[root@localhost local]# shopt -u cdspell
[root@localhost local]# shopt -p cdspell
shopt -u cdspell
[root@localhost local]#
```

현재 쉘의 옵션을 알아보기 위해 –p 옵션을 사용하였으며, 잘못 적은 cd 명령의 디렉터리명을 자동으로 알아서 찾아주도록 하기 위해 shopt –s 옵션을 사용하여 cdspell 옵션을 on 시켜두었다. 그리고 /home 디렉터리로 이동하기 위해 cd /heme를 실행하였지만, 쉘이 자동으로 비슷한 스펠링의 디렉터리인 /home 디렉터리를 자동으로 찾아서 현재 쉘의 디렉터리를 변경해 주고 있다. 앞서 사용했던 cdspell 옵션을 off하기 위해 -u 옵션을 사용하여 shopt -u cdspell 명령을 실행하였다.

2.7.4 쉘 프롬프트

쉘 프롬프트가 보이면 명령을 입력할 수 있다. 배시 쉘은 4가지의 프롬프트를 제공하는데, 첫 번째 $와 두 번째 >, 그리고 PS3, PS4가 있다. PS1 변수는 첫 번째 프롬프트를 포함하는 문자열로 설정되며, 달러($) 기호는 유저가 로그인했을 때 보여진다. PS2 변수는 두 번째 프롬프트인데, 디폴트로 > 문자로 설정된다. 이 두 프롬프트는 변경이 가능하다.

>> 첫 번째 프롬프트(PS1)

달러($) 기호는 디폴트 프라이머리 프롬프트이며 변경이 가능하다. 일반적으로 프롬프트는 /etc/bashrc 또는 사용자 초기화 파일인 .bash_profile 파일에 정의되어 있다.

```
[root@localhost ~]# cat /etc/bashrc | grep PS1
if [ "$PS1" ]; then
    [ "$PS1" = "\\s-\\v\\\$ " ] && PS1="[\u@\h \W]\\$ "
[root@localhost ~]#

[root@localhost ~]# uname -n
localhost.localdomain
[root@localhost ~]# PS1="$(uname -n) > "
localhost.localdomain >
```

쉘의 디폴트 프라이머리 기호는 $이다. 예제에서는 수퍼유저로 로그인되어 있으므로 #으로 표시되고 있다. PS1 변수를 uname -n의 결과값인 localhost와 > 문자로 할당하면 쉘 프롬프트가 지정한 형식의 문자열로 변경되게 된다. 재로그인하면 원상태로 복원된다.

>> 특수 이스케이프 시퀀스와 프롬프트 설정

```
[root@localhost ~]# uname -n
localhost.localdomain
[root@localhost ~]# PS1="$(uname -n) > "
localhost.localdomain > PS1="[\u@\h \W]\\$ "
[root@localhost ~]# PS1="\W:\d> "
~:Sat Jul 18> PS1="[\u@\h \W]\\$ "
[root@localhost ~]#
```

프라이머리 배쉬 프롬프트는 백슬래시 또는 이스케이프 시퀀스를 사용하여 커스터마이징할 수 있다. \u는 유저의 로그인 이름을, \h는 호스트 네임을, \W는 현재 작업 디렉터리의 basename을 의미한다. 그리고 두 개의 백슬래시가 있다(\\$). 첫 번째 백슬래시는 두 번째 백슬래시를 이스케이프하며 그 결과 \$ 문자열이 된다. 여기서 $ 문자는 역슬래시에 의해 $ 문자 그대로 인식되고 출력되는데, 예제에서는 수퍼유저로 접속한 상태이므로 # 문자가 표시된다.

PS1="\W:\d> "에서 프라이머리 프롬프트가 \W로 할당되었으며 현재 작업 디렉터리의 basename을 의미한다. 그리고 \d는 오늘 날짜를 의미한다.

```
[multi@localhost ~]$ PS1="$(uname -n) > "
localhost.localdomain > PS1="[\u@\h \W]\\$ "
[multi@localhost ~]$
```

>> 두 번째 프롬프트(PS2)

PS2 변수는 두 번째 프롬프트 문자열로 할당되며 이 값은 모니터에 표준 에러로 출력된다. 두 번째 프롬프트는 명령을 완료하지 않았거나 입력할 내용이 더 있다면 출력된다. 디폴트 세컨드리 프롬프트는 >이다.

```
[root@localhost ~]# echo "Hello
> Linux"
Hello
Linux
[root@localhost ~]# PS2="----> "
[root@localhost ~]# echo "Hello
---->
---->
----> Linux"
Hello


Linux
[root@localhost ~]# PS2="\s:PS2 > "
[root@localhost ~]# echo 'Hello
-bash:PS2 >
-bash:PS2 > Linux'
Hello

Linux
[root@localhost ~]#
```

echo 명령에서 출력할 문자 지정시 큰따옴표(")을 열고나서 닫아주지 않고 엔터를 누르면 다음 라인으로 입력을 요구한다. 이때 PS2 프롬프트를 출력하면서 입력 요구를 하게 된다. PS2 프롬프트가 보이는 상태에서 한 번 더 엔터를 누르면 다음 라인의 PS2 프롬프트로 진행되고 문자열을 입력후 큰따옴표를 닫아주면 입력이 완료된다.

2.7.5 검색 경로

배시 쉘은 명령라인에 타이핑된 명령의 위치를 찾기 위해 PATH 변수를 사용한다. 이 변수의 값은 디렉터리 목록을 콜론(:)으로 분리하여 정의한다. 디폴트 경로는 시스템에 의존적이며 bash를 설치한 관리자에 의해 설정되고 좌에서 우로 검색하게 된다. 여기서 dot(.)은 현재 작업 디렉터리를 의미한다. 만약 명령이 PATH 변수에 지정된 디렉터리 목록에 없다면 쉘은 표준 에러 메시지를 보낸다(filename: command not found). 일반적으로 배시 쉘을 사용할 때 PATH 변수는 .bash_profile에 설정되며 본 쉘(sh)을 사용할 때에는 .profile에 설정된다. 만약 dot(.)이 PATH 변수에 없다면 실행 시에는 반드시 "./프로그램명" 형식으로 스크립트를 실행해야 쉘이 프로그램을 찾을 수 있다.

<PATH 변수 출력>

```
[root@localhost ~]# echo $PATH
/usr/kerberos/sbin:/usr/kerberos/bin:/usr/local/sbin:/usr/local/bin:/sbin:/bin:/usr/sbin:/usr/bin:
/root/bin
[root@localhost ~]#
```

<PATH 변수 설정>

```
[root@localhost ~]# vim aaa.sh
#!/bin/bash
echo "Hello Linux"
[root@localhost ~]# chmod 755 aaa.sh
[root@localhost ~]# aaa.sh
-bash: aaa.sh: command not found
[root@localhost ~]# ./aaa.sh
Hello Linux
[root@localhost ~]# PATH=$PATH:.
[root@localhost ~]# echo $PATH
/usr/kerberos/sbin:/usr/kerberos/bin:/usr/local/sbin:/usr/local/bin:/sbin:/bin:/usr/sbin:/usr/bin:
/root/bin:.
[root@localhost ~]# aaa.sh
Hello Linux
[root@localhost ~]#
```

디폴트 PATH 변수에는 dot(.)이 없기 때문에 쉘 스크립트를 실행할 경우에는 "./쉘 스크립트명" 형식으로 실행해야 한다. 하지만 PATH 변수에 dot(.)을 추가한 다음에는 쉘 스크립트를 "./"를 사용할 필요 없이 파일명만으로 실행할 수 있다.

2.7.6 hash 명령

hash 명령은 명령을 좀더 효과적으로 검색하기 위해 내부 해시 테이블을 관리한다. PATH 변수로부터 명령을 매번 검색하는 대신 처음으로 명령을 타이핑하면 쉘은 명령을 찾기 위해 검색 경로를 검색하고 쉘 메모리의 테이블에 저장해 둔다. 다음 번에 같은 명령을 사용하면 쉘은 메모리에 저장해둔 hash 테이블을 사용하여 명령을 보다 빨리 찾게 된다. 자주 사용하는 명령이 있다면 hash 테이블에 추가할 수 있으며 삭제할 수도 있다. hash 명령을 실행하면 명령이 hash 테이블로부터 얼마나 검색되었는지, 명령의 전체 경로가 어떻게 되는지 보여준다. hash 명령에서 -r 옵션을 사용하면 hash 테이블을 초기화한다. 해싱은 배시 쉘에서 자동으로 호출된다.

```
[root@localhost ~]# hash
hits    command
   1    /root/aaa.sh
   1    /usr/bin/clear
[root@localhost ~]# hash -r
[root@localhost ~]# hash
hash: hash table empty
[root@localhost ~]# hash find
[root@localhost ~]# hash
hits    command
   0    /usr/bin/find
[root@localhost ~]#
```

2.7.7 source 또는 dot(.) 명령

source 명령은 빌트인 내장 bash 명령이며 dot(.) 명령은 source 명령과 동일하다. 이 두 명령은 아규먼트로 스크립트 이름을 사용하며, 현재 쉘의 환경 내에서 실행되며, 자식 프로세스는 시작되지 않는다. 스크립트 내에 설정된 모든 변수들은 현재 쉘 환경의 부분이 된다. source(.) 명령은 일반적으로 초기화 파일(.bash_profile, .profile 파일이 변경되었을 때)을 재실행할 때 사용한다. 그래서 각종 환경 설정파일들을 변경한 다음 변경한 내용을 즉시 적용하기 위해 source(.) 명령을 사용한다.

```
[root@localhost ~]# source ~/.bash_profile
[root@localhost ~]# . ~/.bash_profile
[root@localhost ~]#
```

2.8 | 명령라인

리눅스 시스템에 로그인하면 배시 쉘은 프라이머리 프롬프트를 출력하고 유저인 경우 달러($) 기호를 보여준다. 쉘은 명령어 인터프리터이며 터미널로부터 명령을 읽고 워드 단위로 명령라인을 잘라서 읽어들인다. 명령라인은 하나 이상의 워드토큰로 구성되며, 공백이나 탭으로 분리되고, newline으로 종료되며, 엔터키를 누르면 명령라인에 타이핑된 명령을 실행한다. 명령라인에서 첫 번째 단어가 명령어이고 그 뒤에 명령어의 아규먼트들이 위치한다. 명령어는 ls와 date 같은 실행 가능한 프로그램이며, 사용자정의형 함수, cd나 pwd 같은 빌트인 내장명령들, 쉘 스크립트들이다. 명령은 특수 문자들을 포함할 수 있는데, 명령라인을 파싱하는 동안 쉘이 인터프리트해야 하는 메타문자가 있다. 만약 명령라인이 너무 길면 백슬래시(\) 메타문자를 입력하여 다음 라인에 이어서 입력할 수 있다. 이때 세컨드리 프롬프트(기본값은 > 문자)는 명령라인이 종료될 때까지 출력된다.

2.8.1 명령 처리 순서

명령라인에서의 첫 번째 단어는 명령어로 실행된다. 이때 명령어는 키워드, 앨리아스, 함수, 특수 빌트인 명령 또는 유틸리티, 실행 가능한 프로그램, 쉘 스크립트가 될 수 있다.

다음과 같은 명령어 타입들이 실행된다.

- 앨리아스
- 키워드(if, function, while, until 등)
- 함수
- 빌트인 내장명령
- 실행 가능한 프로그램과 쉘 스크립트

특수 빌트인 내장명령과 함수는 쉘에서 정의되며 현재의 쉘 내에서 빠르게 실행된다. 디스크에 저장되어 있는 스크립트와 ls, date 같은 실행 가능한 프로그램은 PATH 환경 변수에 정의된 디렉터리 구조 내에서 위치를 찾아낸다. 그리고 스크립트를 실행할 새로운 쉘을 포크fork한다. 즉, 자식 프로세스를 생성한다. 그리고 명령어의 타입을 알아보기 위해서는 type 내장명령을 사용할 수 있다.

```
[root@localhost ~]# type ls
ls is aliased to 'ls --color=auto --time-style=long-iso'
[root@localhost ~]# type pwd
pwd is a shell builtin
[root@localhost ~]# type cd
cd is a shell builtin
[root@localhost ~]# type clear
clear is hashed (/usr/bin/clear)
[root@localhost ~]# type bc
bc is /usr/bin/bc
[root@localhost ~]# type if
if is a shell keyword
[root@localhost ~]# type --path cal
/usr/bin/cal
[root@localhost ~]# type which
which is aliased to `alias | /usr/bin/which --tty-only --read-alias --show-dot --show-tilde'
[root@localhost ~]# mkdir ./bin
[root@localhost ~]# vim ./bin/hello
#!/bin/bash
hello() {
        echo "Hello Linuxer!"
}
[root@localhost ~]# type hello
hello is /root/bin/hello
[root@localhost ~]#
```

2.8.2 빌트인 명령과 help 명령

빌트인 명령들은 쉘을 위한 내부 소스코드의 일부인 명령이다. alias, cd, exit, logout, pwd 등의 명령들은 빌트인 명령으로서 쉘 내장명령들이다. 실행 시 디스크 조작을 하지 않기 때문에 오버헤드가 적으며, 빌트인 명령들은 디스크상에서 프로그램이 실행되기 전에 쉘에 의해 실행된다. 배시 쉘은 도움말 시스템을 포함하고 있으며, 빌트인 명령들은 모두 도움말을 제공하고 있다. help 명령 또한 빌트인 내장명령이다.

```
[root@localhost ~]# type help
help is a shell builtin
[root@localhost ~]# help help
help: help [-s] [pattern ...]
    Display helpful information about builtin commands.  If PATTERN is
    specified, gives detailed help on all commands matching PATTERN,
    otherwise a list of the builtins is printed.  The -s option
    restricts the output for each builtin command matching PATTERN to
    a short usage synopsis.
[root@localhost ~]# help pwd
pwd: pwd [-LP]
    Print the current working directory.  With the -P option, pwd prints
    the physical directory, without any symbolic links; the -L option
    makes pwd follow symbolic links.
[root@localhost ~]# type pwd
pwd is a shell builtin
[root@localhost ~]#
```

리눅스에서의 빌트인 명령어는 다음의 표에 정리해 두었다.

표 2-8 • 빌트인 명령어

빌트인 명령어	설명
: [인수들]	아무런 효과도 없다. 인수들을 확장하고 명시된 리다이렉션을 행하는 것을 제외하고 아무일도 하지 않는다. 종료상태값 0을 리턴한다.
. 파일명 [인수들] source 파일명 [인수들]	파일에서 명령을 읽고 현재 쉘 환경 내에서 실행한다. 파일에서 읽고 수행한 마지막 명령의 종료상태값을 리턴한다. 파일명에 슬래시(/)가 없으면 PATH 변수에 포함되어 있는 경로명을 사용하여 파일명을 검색한다. PATH 변수에서 찾는 파일이 실행 파일일 필요는 없다. PATH에서 파일을 찾을 수 없으면 현재 디렉터리를 찾는다. 인수들을 적으면 파일을 실행할 때 위치 매개변수로 사용한다. 그렇지 않으면 위치 매개변수는 변하지 않는다. 스크립트 내에서 종료한 마지막 명령의 상태값을 리턴하고(아무 명령도 실행되지 않았으면 0) 파일명을 찾을 수 없으면 거짓을 리턴한다.

(계속)

표 2-8 • 빌트인 명령어(계속)

빌트인 명령어	설명
alias [이름[=값] ...]	앨리아스는 별칭을 가지는 명령을 생성하기 위해 사용한다. 아무런 인수 없이 alias를 실행하면 표준 출력에 이름=값의 형식으로 앨리어스 목록을 출력해 준다. 인수를 제공하면 각각의 이름에 대하여 값을 앨리어스로 정의한다. 값 뒤에 스페이스를 두면 앨리어스 확장 시 그 다음 단어에 대해서도 앨리어스 확장이 가능한지 점검하도록 할 수 있다. 인수 목록에서 값을 주지 않은 이름에 대해서는 앨리어스의 이름과 값을 출력한다. 주어진 이름에 대한 앨리어스가 정의되어 있지 않은 경우가 아니라면 참값을 리턴한다.
bg [작업명세]	백그라운드로 job을 실행하기 위해 사용한다. &를 붙여 실행한 것처럼 작업명세가 가리키는 작업을 백그라운드로 보낸다. 작업명세가 없으면 현재 작업에 해당하는 작업이 사용된다. bg 작업명세는 작업 제어가 불가능한 상태에서 실행하거나, 작업 제어는 가능하지만 작업명세를 찾을 수 없거나, 작업 제어 없이 시작한 경우를 제외하고 0을 리턴한다.
bind [-m 키맵] [-lvd] [-q 이름]	readline의 현재 키, 함수 바인딩을 표시하거나, readline 함수나 매크로에 키 시퀀스를 결합한다. 바인딩 문법은 .inputrc의 문법과 같지만 각 바인딩을 개별적인 인수로 전달해야 한다. 옵션을 적는 경우에는 다음과 같은 의미를 가진다. -m 키맵 뒤이어 나오는 바인딩에 의해 영향을 받는 키맵으로 키맵을 사용한다. 가능한 키맵 이름으로는 emacs, emacs-standard, emacs-meta, emacs-ctlx, vi, vi-move, vi-command, 그리고 vi-insert가 있다. vi는 vi-command와 같다. emacs는 emacs-standard와 같다. -l 모든 readline 함수의 이름을 나열한다. -v 현재 함수 이름과 바인딩을 나열한다. -d 다시 읽을 수 있는 형태로 함수 이름과 바인딩을 덤프한다. -f 파일명 파일로부터 키 바인딩을 읽는다. -q 함수 함수를 실행시키는 키에 대하여 알아본다. 알 수 없는 옵션이 주어졌거나 에러가 발생한 경우가 아닐 때에는 0이 리턴된다.

(계속)

표 2-8 • 빌트인 명령어(계속)

빌트인 명령어	설명
break [n]	for, while, until 루프 안에서 탈출한다. n을 명시하면 n 레벨을 탈출한다. n은 n ≥ 1이어야 한다. n 값이 둘러 싸고 있는 루프의 개수보다 크면 모든 루프를 탈출한다. break가 실행될 때 루프를 실행 중이 아닌 경우를 제외하고 0을 리턴한다.
builtin 쉘 내장명령 [인수들]	명시한 쉘 내장명령에 인수들을 주어 실행하고 종료상태값을 리턴한다. 쉘 내장명령과 같은 이름의 함수를 정의하고 그 함수 내에서 내장명령의 기능을 활용하고자 할 때 유용하다. 보통 cd 내장명령은 이런 식으로 재정의하곤 한다. 쉘 빌트인이 쉘 내장명령이 아닐 때 거짓을 리턴한다.
cd [디렉터리]	현재 디렉터리를 [디렉터리]로 변경한다. HOME 변수의 값이 기본 디렉터리 값이다. CDPATH 변수는 디렉터리를 포함하는 디렉터리에 대한 검색 경로를 정의한다. 서로 다른 디렉터리는 콜론(:)으로 구분한다. CDPATH에 널 디렉터리 이름을 넣으면 현재 디렉터리, 즉 "."과 같다. 디렉터리가 슬래시(/)로 시작하면 CDPATH는 사용되지 않는다. 전달인수로 –를 사용하면 $OLDPWD와 같다. 성공적으로 디렉터리를 변경하면 참, 그렇지 않으면 거짓을 리턴한다.
command [–pVv] 명령 [인수 ...]	일반적인 쉘 함수 찾아보기를 하지 않고 명령을 인수와 함께 실행한다. 내장명령 또는 PATH에서 찾을 수 있는 명령만을 실행한다. –p 옵션을 주면 PATH의 기본값을 사용하여 명령에 대한 검색을 하므로 표준 유틸리티를 찾을 수 있도록 보장해 준다. –V 또는 –v 옵션을 주면 명령에 대한 설명을 출력한다. –v 옵션은 명령을 호출할 때 사용할 명령 또는 경로명을 가리키는 간단한 단어를 출력한다. –V 옵션은 좀더 자세한 설명을 출력한다. ––를 전달 인수로 적으면 나머지 인수에 대한 옵션 점검을 하지 않는다. –V 또는 –v 옵션을 주었을 때 종료상태값은 명령이 발견되면 0, 그렇지 않으면 1이 된다. 두 옵션 모두 없고 에러가 발생하거나 명령을 찾을수 없으면 종료상태값은 127이 된다. 그렇지 않을 경우 command 내장명령의 종료상태값은 해당 명령의 종료상태값이다.
continue [n]	둘러싸여 있는 for, while, until 루프의 다음 순차 작업을 재개한다. n을 명시하면 n번째 루프를 재개한다. n은 n ≥ 1이어야 한다. n이 둘러싸여 있는 루프 개수보다 크면 가장 바깥쪽의 루프("최상위 레벨" 루프)를 재개한다. continue 명령을 실행할 때 쉘이 루프를 실행하고 있지 않은 경우가 아니라면 리턴값은 0이다.
declare [var]	모든 변수를 출력하거나 옵션 속성과 함께 변수를 정의한다.

(계속)

표 2-8 • 빌트인 명령어(계속)

빌트인 명령어	설명
dirs [-l] [+/-n]	현재까지 기억하고 있는 디렉터리 목록을 표시한다. 디렉터리를 목록에 추가할 때에는 pushd 명령을 사용한다. popd 명령은 목록으로부터 최근 디렉터리를 꺼내고 그 디렉터리로 이동하도록 한다. +n 옵션은 아무 옵션 없이 dirs를 실행했을 때 보이는 목록의 왼쪽부터 세어 n번째 항목을 보여준다. 0부터 시작한다. -n 옵션은 아무 옵션 없이 dirs를 실행했을 때 보이는 목록의 오른쪽부터 세어 n번째 항목을 보여준다. 0부터 시작한다. -l 옵션은 긴 목록을 만들어 보여준다. 기본 목록 나열 형식에서는 홈디렉터리를 나타낼 때 틸드(~)를 사용한다. 잘못된 옵션을 주거나 n이 디렉터리 스택 범위를 넘어서는 경우가 아니라면 리턴값은 0이 된다.
disown	job 테이블로부터 활성 job을 삭제한다.
echo [-neE] [인수 ...]	스페이스로 구분되어 있는 인수들을 출력한다. 리턴값은 항상 0이다. -n을 명시하면 끝에 개행문자를 출력하지 않는다. -e 옵션을 주면 백슬래시 이스케이프 문자를 해석할 수 있도록 해준다. -E 옵션은 시스템에서 기본적으로 이스케이프 문자를 해석하는 상황이라 할지라도 이스케이프 문자를 해석하지 않도록 지시한다. \a 경고(벨) \b 백스페이스 \c 마지막 개행문자를 생략함 \f 폼 피드 \n 개행문자 \r 캐리지 리턴 \t 수평 탭 \v 수직 탭 \\ 백슬래시 \nnn ASCII 코드가 nnn(8진수)인 문자
enable [-n] [-all] [이름 ...]	쉘 내장명령을 켜거나 끈다. 이 기능을 사용하면 쉘 내장명령과 같은 이름을 갖는 디스크 명령에 대하여 완전한 경로명을 적지 않고도 실행할 수 있다. -n을 사용하면 각 이름의 사용을 끈다. 그렇지 않으면 이름의 사용을 켠다. 예를 들어, 쉘 내장명령 버전 대신 PATH에서 찾을 수 있는 test 바이너리를 사용하려면 "enable -n test"라고 실행한다. 인수가 없으면 사용 가능한 모든 쉘 내장명령 목록을 출력한다. -n만 주면 사용 불능 상태의 내장명령 목록을 출력한다. -all만 주면 내장명령에 대하여 가능, 불가능 여부를 표시하여 모두 출력해 준다. enable 명령은 -all 대신 -a도 받아들인다. 이름이 쉘 내장명령이 아닌 경우를 제외하고 리턴값은 0이다.

(계속)

표 2-8 • 빌트인 명령어(계속)

빌트인 명령어	설명
eval [인수 ...]	모든 인수를 읽어 하나의 명령으로 결합한다. 그 다음 이 명령을 읽어 쉘에서 실행하고 종료상태값을 eval 명령의 리턴값으로 돌려준다. 인수가 하나도 없거나 널 인수이면 eval은 참을 리턴한다.
exec [[-] 명령 [인수]]	명령을 명시하면 그 명령으로 쉘 프로세스를 교체한다. 새로운 프로세스는 만들어지지 않는다. 인수는 명령의 인수가 된다. 첫 번째 인수가 -이면 쉘은 명령에 전달하는 0번째 인수에 대시를 넣는다. 이 과정은 로그인이 하는 일과 같다. 어떤 이유에서든 파일을 실행할 수 없으면 쉘 변수 no_exit_on_failed_exec가 존재하여 거짓을 리턴하는 경우를 제외하고 비대화형 쉘은 종료한다. 파일을 실행할 수 없을 때 대화형 쉘은 거짓을 리턴한다. 명령을 명시하지 않으면 현재 쉘에서 리다이렉션만 효력을 발휘하고 리턴값은 0이 된다.
exit [n]	상태값 n을 가지고 쉘을 종료한다. n을 생략하면 실행한 마지막 명령의 종료상태값을 갖는다. 쉘을 종료하기 전에 exit에 대한 트랩(trap) 루틴이 실행된다.
export [var]	나열한 이름을 그 다음에 나오는 명령들의 환경에 자동적으로 export 되도록 기억해 둔다. -f 옵션을 주면 이름은 함수를 가리킨다. 아무런 이름도 적지 않거나 또는 -p 옵션을 주면 쉘에서 export되는 모든 이름 목록을 출력한다. -n 옵션은 주어진 이름의 변수로부터 export 속성을 제거하도록 한다. -- 인수를 주면 그 나머지 인수에 대한 옵션 점검을 하지 않도록 한다. 잘못된 옵션을 만나거나 이름이 적법한 쉘 변수 이름이 아니거나 또는 함수가 아닌 이름에 대하여 -f 옵션을 준 경우가 아니라면 export는 종료상태값 0을 리턴한다.
fc -s [패턴=치환텍스트] [명령] fc [-e 편집기이름] [-nlr] [처음] [마지막]	명령을 수정한다. (Fix Command) 첫 번째 형식에서 명령의 범위는 처음부터 마지막 범위에 있는 명령을 히스토리 목록에서 선택한다. 처음과 마지막은 문자열(그 문자열로 시작하는 최근 명령을 찾고자 할 때) 또는 숫자(히스토리 목록의 인덱스로 사용하며 음수일 때에는 현재 명령 번호로부터 떨어진 만큼을 뜻한다)로 명시할 수 있다. 마지막을 명시하지 않으면 현재 명령으로 설정되고(따라서 fc -l -10은 최근 10개의 명령을 출력하게 된다) 그렇지 않으면 처음까지 출력한다. 처음을 명시하지 않으면 편집을 위해 이전 명령으로 설정하고 표시를 위해 -16을 플래그는 명령의 표시 순서를 반대로 한다. -l 플래그가 있으면 명령을 설정한다.

(계속)

표 2-8 • 빌트인 명령어(계속)

빌트인 명령어	설명
fc -s [패턴=치환텍스트] [명령] fc [-e 편집기이름] [-nlr] [처음] [마지막]	-n 플래그를 적으면 나열할 때 명령 번호가 나타나지 않게 한다. -r 플래그는 명령의 표시 순서를 반대로 한다. -l 플래그가 있으면 명령을 표준 출력에 나열한다. 그렇지 않을 때에는 기본 편집기에서 이 명령들을 포함하는 파일을 열면서 시작한다. 기본 편집기 이름이 없으면 FCEDIT 변수의 값을 사용하며 FCEDIT가 설정되어 있지 않을 때에는 EDITOR 변수의 값을 사용한다. 둘 다 설정되어 있지 않으면 vi를 사용한다. 편집을 마친 후에는 편집한 명령들이 화면에 표시되고 실행된다. 두 번째 형태에서 명령은 패턴이 치환 텍스트로 교체된 후에 다시 실행된다. 유용한 앨리어스로는 "r=fc -s"가 있다. 앨리어스 적용 후 "r cc"라고 입력하면 "cc"로 시작하는 최근 명령을 실행하고 "r"이라고 입력하면 마지막 명령을 다시 실행하게 된다. 첫 번째 형태를 사용하면 잘못된 옵션이 있거나 처음 또는 마지막이 히스토리 행 범위를 벗어나지만 않으면 리턴값 0을 갖는다. -e 옵션을 주면 마지막 실행 명령의 값이 반환값이 되거나 명령의 임시 파일에서 오류가 발생하는 경우 실패 값을 가진다. 두 번째 형태를 사용하면 명령이 유효한 히스토리 행을 가리키지 못하여 fc가 실패를 리턴하는 경우가 아니라면 재실행한 명령의 리턴값을 리턴값으로 사용한다.
fg [작업스펙]	작업스펙이 가리키는 바를 포그라운드에 놓고 현재 작업이 진행되도록 한다. 작업스펙이 존재하지 않으면 쉘에서 현재 작업이라고 부르는 것을 사용한다. 리턴값은 포그라운드에 놓인 명령의 리턴값이거나 작업 제어 불가능 상태에서 실행된 경우에는 실패이다. 그리고 작업 제어 가능한 상태에서도 작업스펙이 유효한 작업을 가리키지 않거나 작업스펙이 작업 제어 없이 실행된 작업을 가리킬 때에도 실패이다.
getopts 옵션문자열 이름 [인수]	getopts는 위치 매개변수를 파싱하기 위해 사용하는 쉘 프로시져이다. 옵션 문자열은 인식하고자 하는 옵션 문자를 포함한다. 문자 뒤에 콜론이 오면 옵션 다음에 화이트 스페이스로 분리된 인수가 온다는 뜻이다. 매번 실행될 때마다 getopts는 다음 옵션을 쉘 변수 이름에 넣는다. 이름이 존재하지 않을 때에는 초기화한다. 그리고 처리할 다음 인수의 인덱스는 OPTIND 변수에 넣는다. OPTIND는 쉘 또는 쉘 스크립트가 실행될 때마다 1로 초기화된다. 옵션에서 인수를 필요로 할 때에는 getopts에서 그 인수를 OPTARG 변수에 넣는다. 쉘이 자동으로 OPTIND 변수를 재설정하지는 않는다. 같은 쉘 실행 상태에서 새로운 매개변수 집합을 사용하려면 getopts를 부를 때마다 수동으로 재설정해 주어야 한다.

(계속)

표 2-8 • 빌트인 명령어(계속)

빌트인 명령어	설명
getopts 옵션문자열 이름 [인수]	getopts는 두 가지 방식으로 오류를 보고할 수 있다. 옵션 문자열의 첫 번째 문자가 콜론이면 조용한 오류 보고가 사용된다. 정상 동작 상태에서는 잘못된 옵션 또는 누락된 인수의 경우 증상을 설명하는 메시지가 출력된다. OPTERR 변수를 0으로 설정하면 옵션 문자열의 첫 번째 문자가 콜론이 아니라 하더라도 오류 메시지를 출력하지 않는다. 잘못된 옵션을 만나면 getopts는 이름에 ?(물음표)를 넣고, 조용하게 보고하는 상태가 아닌 경우, 오류 메시지를 출력하고 OPTARG를 unset한다. getopts가 조용한 모드에 있는 경우 찾아낸 옵션 문자를 OPTARG에 넣고 증상 설명 메시지를 출력하지 않는다. 필요한 인수를 찾을 수 없으며 getopts가 조용한 모드에 있지 않을 때에는 물음표(?)를 이름에 넣고 OPTARG를 unset하며 증상 설명 메시지를 출력한다. getopts가 조용한 모드에 있으면 콜론(:)을 이름에 넣고 OPTARG을 찾아낸 옵션 문자로 설정한다. getopts는 보통 위치 매개변수를 파싱하지만 인수 부분에 더 많은 인수를 주면 getopts는 대신 그 인수를 파싱한다. getopts는 명시한 것이든 명시하지 않은 것이든 옵션을 찾으면 참을 리턴한다. 옵션의 끝이거나 에러가 발생하면 거짓을 리턴한다.
hash [-r] [이름]	각 이름에 대하여 그 이름이 가리키는 명령의 완전한 경로명을 결정하여 기억해둔다. -r 옵션을 주면 기억해둔 위치를 모두 잊도록 지시한다. 아무런 인수도 적지 않으면 기억해 둔 명령에 대한 정보를 출력한다. --라는 인수를 주면 그 뒤에 있는 인수에 점검을 하지 않도록 지시한다. 이름이 없거나 잘못된 옵션이 주어진 경우가 아닌 경우에는 참을 리턴한다.
help [패턴]	내장명령에 대한 도움말을 출력한다. 패턴을 적으면 help는 패턴과 일치하는 모든 명령에 대하여 자세한 도움말을 보여준다. 패턴을 적지 않으면 모든 내장명령 목록을 출력한다. 패턴과 일치하는 명령이 없는 경우를 제외하고 리턴값은 0이다.
history	옵션이 없으면 행 번호와 함께 명령 히스토리 목록을 표시한다. * 표시가 있는 행은 수정한 적이 있다는 의미이다. n 인수를 주면 최근 n 행만을 표시한다. 옵션이 아닌 인수를 적으면 히스토리 파일명으로 간주하며 히스토리 파일명이 존재하지 않으면 HISTFILE 변수의 값을 사용한다. 옵션이 있는 경우 다음과 같은 뜻을 갖는다.

(계속)

표 2-8 • 빌트인 명령어(계속)

빌트인 명령어	설명
history	-a 히스토리 파일에 새로운 히스토리 행(현재 bash 세션의 시작부터 입력한 히스토리 행)을 추가한다. -n 히스토리 파일로부터 현재 히스토리 목록으로 아직 읽어들이지 않은 히스토리 행을 읽어들인다. 현재 bash 세션 시작부터 히스토리 파일에 추가한 행을 말한다. -r 히스토리 파일의 내용을 읽어 현재 히스토리로 사용한다. -w 현재 히스토리를 히스토리 파일의 기존 내용에 덮어쓴다. 옵션을 잘못 적거나 히스토리 파일을 읽거나 쓰는 도중 오류가 발생한 경우를 제외하고 리턴값은 0이다.
jobs [-lnp] [작업스펙 ...] jobs -x 명령 [인수 ...]	첫 번째 형태는 현재 활동 중인 작업을 나열한다. -l 옵션을 더하면 일반적인 정보에 프로세스 ID까지 더하여 나열하도록 한다. -p 옵션은 작업의 프로세스 그룹 리더의 프로세스 ID만 나열하도록 한다. -n 옵션은 지난번 통보 이후 상태 변화를 일으킨 작업만 표시하도록 한다. 작업스펙을 적으면 작업스펙에 맞는 작업에 대한 정보만으로 출력을 제한한다. 잘못된 옵션을 적거나 잘못된 작업스펙을 적은 경우가 아니라면 리턴값은 0이다. -x 옵션을 붙이면 jobs 명령은 명령 또는 인수 안에서 작업스펙을 발견할 때마다 해당 프로세스 그룹 ID로 치환하고 명령에 인수를 주어 실행하고 그 종료상태값을 리턴한다.
kill [- signal process]	pid 또는 작업스펙이 가리키는 프로세스에게 시그널스펙이 가리키는 시그널을 보낸다. 시그널스펙은 SIGKILL과 같은 시그널 이름 또는 시그널 번호이다. 시그널스펙이 시그널 이름인 경우 대소문자는 구별하지 않으며, SIG라는 접두어를 적어도 되고 적지 않아도 된다. 시그널스펙이 없으면 SIGTERM이라고 가정한다. -l 인수를 적으면 시그널 이름을 나열해 준다. -l이 있을 때에는 어떤 인수가 있으면 특정 시그널의 이름을 나열하고 리턴값은 0이다. -- 인수를 주면 그 후 나머지 인수에 대한 옵션 점검을 하지 않도록 한다. 최소한 한 개의 시그널을 성공적으로 전송했으면 참을 리턴한다. 오류가 발생하거나 잘못된 옵션을 만나면 거짓을 리턴한다.

(계속)

표 2-8 • 빌트인 명령어(계속)

빌트인 명령어	설명
let 인수	각각의 인수는 계산한 수치 표현식이다. 마지막 인수를 평가하여 그 결과가 0이면 let은 1을 리턴한다. 나머지 경우에는 0을 리턴한다.
local	각 인수에 대하여 지역 변수를 만들고 값을 할당한다. local을 함수 안에서 사용하면 이름 변수의 가시 범위(scope)를 그 함수와 자식 함수로 제한한다. 피연산자가 없으면 local은 지역 변수 목록을 표준 출력으로 출력한다. local을 함수 안에서 사용하지 않는 것은 오류이다. local을 함수 외부에서 사용했거나 잘못된 이름을 석은 경우가 아니라면 리턴 상태값은 0이다.
logout	로그인 쉘을 종료한다.
popd [+/−n]	디렉터리 스택에서 항목을 제거한다. 인수가 없으면 스택의 최상위 디렉터리를 제거하고 새로운 상위 디렉터리로 교환한다. +n dirs 명령 결과에서 보이는 목록의 왼쪽부터 세기 시작하여 n번째 항목을 제거한다. 단, 0부터 센다. 예를 들어, "popd +0"은 첫 번째 디렉터리를, "popd +1"은 두 번째 디렉터리를 제거한다. −n dirs 명령 결과에서 보이는 목록의 오른쪽부터 세기 시작하여 n번째 항목을 제거한다. 단, 0부터 센다. 예를 들어, "popd −0"은 맨 마지막 디렉터리를, "popd −1"는 맨 마지막 바로 이전 디렉터리를 제거한다. popd 명령이 성공하면 dirs 명령도 실행하며 리턴 상태값은 0이다. popd는 잘못된 옵션을 적거나, 디렉터리 스택이 비어있거나, 존재하지 않는 디렉터리 스택 항목을 명시하거나, 디렉터리 이동이 실패할 경우 거짓을 리턴한다.
pushd [디렉터리] pushd +/−n	디렉터리를 디렉터리 스택의 맨 위에 추가하거나, 스택을 회전시켜 스택의 최상위 항목을 현재 작업 디렉터리로 만든다. 인수가 없으면 최상위 두 디렉터리를 교환한다. 디렉터리 스택이 비어있지 않으면 0을 리턴한다. +n n번째 디렉터리(dirs 명령이 보여주는 목록의 맨 왼쪽부터 센다)가 맨 위에 놓이도록 스택을 회전시킨다. −n n번째 디렉터리(오른쪽부터 센다)가 맨 위에 놓이도록 스택을 회전시킨다. 디렉터리 지정 디렉터리를 디렉터리 스택 맨 위에 추가하여 새로운 작업 디렉터리가 되도록 한다.

(계속)

표 2-8 • 빌트인 명령어(계속)

빌트인 명령어	설명
pushd [디렉터리] pushd +/-n	pushd 명령이 성공하면 dirs 명령도 수행한다. 첫 번째 형식을 사용하면 pushd는 디렉터리로 교환하는 것을 실패하지 않는 한, 0을 리턴한다. 두 번째 형식을 사용하면 pushd는 디렉터리 스택이 비어 있거나, 존재하지 않는 디렉터리 스택 항목을 선택하거나, 지정한 새 현재 디렉터리로 이동하는 데 실패한 경우가 아니면 0을 리턴한다.
pwd	현재 디렉터리의 절대 경로명을 출력한다. set 내장명령의 -P 옵션이 설정되어 있으면 경로명에 심볼릭 링크를 포함하지 않는다. 현재 디렉터리의 경로명을 읽는 도중 오류가 발생하지 않았다면 결과 리턴값은 0이다.
read [-r] [이름 ...]	표준 입력으로부터 한 라인을 읽어들여 그 첫 번째 단어를 첫 번째 이름에 할당하고, 두 번째 단어를 두 번째 이름에 할당하고, 나머지 남은 단어들을 마지막 이름에 할당한다. IFS에 있는 단어만을 단어 구분자로 인식한다. 아무런 이름도 적지 않으면 읽어들인 행을 REPLY 변수에 할당한다. 파일 끝 문자를 만난 경우를 제외하고 리턴값은 0이다. -r 옵션을 주면 백슬래시-개행 문자 쌍을 무시하지 않고 백슬래시를 행의 일부로 인식한다.
readonly [var]	주어진 이름들을 읽기전용으로 표기하고 다음에 나올 대입문에 의해 이름들의 값이 바뀌지 않도록 해준다. -f 옵션을 더하면 이름에 해당하는 함수를 읽기전용으로 표기한다. 아무런 인수도 없거나 -p 옵션이 주어져 있는 경우에는 모든 읽기전용 변수 목록을 출력한다. -- 인수는 나머지 인수에 대한 점검을 하지 않도록 지시한다. 잘못된 옵션이 있거나 이름들 중 하나라도 적절한 쉘 변수 이름이 아닌 경우 또는 -f 다음에 나온 이름이 함수가 아닌 경우를 제외하고는 리턴 상태값이 0이다.
return [n]	함수를 상태 반환값 n을 가지고 종료하도록 한다. n을 생략하면 함수 몸체 안에서 실행한 마지막 명령의 반환 상태값을 사용한다. 함수 밖에서 사용했지만 .(source) 명령으로 실행한 스크립트에서 사용하면 쉘은 그 스크립트 실행을 멈추고, n 또는 스크립트에서 실행한 마지막 명령의 종료상태값을 스크립트의 종료상태값으로 리턴한다. 함수 밖에서 사용하고 dot(.)으로 실행한 스크립트가 아니라면 리턴 상태값은 거짓이 된다.
set	옵션과 위치 파라미터를 설정한다.

(계속)

표 2-8 • 빌트인 명령어(계속)

빌트인 명령어	설명
shift [n]	n+1부터의 위치 매개변수 이름을 $1 ....로 변경한다. $#부터 $#-n+1까지의 매개변수는 unset된다. n이 0이면 매개변수의 변화는 없다. n이 주어지지 않으면 1로 간주한다. n은 $#보다 작거나 같은 음수 아닌 숫자이어야 한다. n이 $#보다 크면 위치 매개변수의 변화는 없다. n이 $#보다 크거나 0보다 작으면 리턴 상태값은 0보다 크다. 그렇지 않으면 0이다.
suspend [-f]	SIGCONT 시그널을 받을 때까지 쉘의 실행을 정지시킨다. -f 옵션은 로그인 쉘이라 할지라도 불만 메시지를 출력하지 않도록 한다. 어찌되었든 일시 정지한다. 쉘이 로그인 쉘이면서 -f가 없거나 또는 작업 제어 기능이 작동 중인 상태가 아니면 리턴 상태값은 0이 된다.
test [표현식]	조건 표현식을 평가하여 0(참) 또는 1(거짓)을 상태값으로 리턴한다. 표현식은 일항 또는 이항 표현식일 수 있다. 일항 표현식은 주로 파일의 상태를 점검할 때 사용한다. 문자열 연산자와 수치 비교 연산자도 있다. 각 연산자와 피연산자는 개별적인 인수 형태를 가져야 한다. 파일이 /dev/fd/n의 형태일 때에는 파일 기술자 n을 점검한다.
times	쉘과 쉘로부터 실행한 프로세스들에 대하여 사용자 영역에서의 소요시간, 시스템 영역에서의 소요시간을 출력한다. 리턴값은 0이다.
trap [-l] [인수] [시그널스펙]	쉘이 시그널스펙이 가리키고 있는 시그널을 받으면 인수로 주어진 명령을 읽어 실행하도록 한다. 인수가 없거나 -이면 제시한 모든 시그널에 대하여 원래의 값으로 돌아간다(즉, 쉘을 시작했을 때의 값). 인수가 널 문자열이면 쉘과 쉘이 실행한 명령이 그 시그널을 무시해버린다. 시그널스펙은 <signal.h>에 정의되어 있으며 시그널 이름이거나 시그널 번호이다. 시그널스펙이 exit(0)이면 인수로 주어진 명령을 쉘 종료 시에 실행한다. 아무런 인수도 없으면 trap은 각 시그널 번호와 연관된 명령 목록을 출력한다. -l 옵션을 주면 시그널 이름과 해당하는 번호 목록을 출력한다. 인수는 그 뒤에 나오는 인수에 대한 옵션 점검을 하지 않도록 한다. 쉘을 시작할 때 무시한 시그널에 대해서는 가로채거나 재설정할 수 없다. 가로챈 시그널은 자식 프로세스가 새롭게 생성될 때 원래의 값으로 재설정된다. 가로채기 이름 또는 번호가 유효하지 않으면 거짓이고 그렇지 않으면 trap은 참을 리턴한다.

(계속)

표 2-8 • 빌트인 명령어(계속)

빌트인 명령어	설명
type [name]	옵션 없이 사용하면 이름을 명령 이름으로 사용하였을 때 어떻게 해석할 것인지 알려 준다. -type 플래그를 사용하면 type은 이름이 각각 앨리어스, 쉘의 예약된 단어, 함수, 내장함수, 또는 디스크 파일일 때 alias, keyword, function, builtin 그리고 file 중 하나를 출력한다. 이름을 찾을 수 없으면 아무것도 출력하지 않고 리턴값은 거짓이 된다. -path 플래그를 사용하면 type은 이름이 명령 이름으로 사용되었을 때 실행될 디스크 파일명을 반환하거나 -type이 file을 반환하지 않을 때에는 아무것도 리턴하지 않는다. 명령이 해시된 상태이면 -path는 PATH상에서 처음으로 나오는 파일이 아니라 해시값을 반환할 것이다. -all 플래그를 사용하면 type은 name이라는 이름을 포함하는 실행 파일이 포함된 모든 장소를 포함한다. -path 플래그를 함께 사용하지 않을 때에만 앨리어스와 함수를 포함한다. -all을 사용할 때에는 해시 명령 테이블을 참조하지 않는다. type은 -all, -type과 -path 대신 각각 -a, -t와 -p를 받아들인다. -- 인수는 그 뒤에 나오는 인수에 대한 옵션 점검을 하지 않도록 한다. type은 인수를 발견했을 때에만 참을 리턴하고 발견하지 못했을 때에는 거짓을 리턴한다.
typeset	declare와 같다. 변수를 설정하고 속성을 부여한다.
ulimit	프로세스 리소스 제한을 설정하고 출력한다.
umask [octal digits]	사용자 파일 생성 마스크를 모드로 설정한다. 모드가 숫자로 시작하면 8진수로 해석한다. 그렇지 않으면 chmod와 비슷한 심볼릭 마스크로 해석한다. 모드를 생략하거나 -S 옵션을 적으면 현재의 마스크 값을 출력한다. -S 옵션은 마스크 값을 심볼릭 형태로 출력하도록 한다. 기본 출력 형태는 8진수이다. -- 인수는 뒤에 나오는 인수에 대한 옵션 점검을 하지 않도록 한다. 모드를 성공적으로 변경하거나 아무런 모드 값도 적지 않으면 리턴 상태값은 0이고 그 나머지 경우에 대해서는 거짓이다.
unalias	정의된 앨리어스 목록에서 이름을 제거한다. -a 옵션을 적으면 모든 앨리어스 정의를 제거한다. 적은 이름이 정의되어 있는 앨리어스가 아닌 경우를 제외하고 리턴값은 참이다.
unset [name]	각각의 이름에 대하여 해당하는 변수를 제거하거나 -f 옵션의 경우 함수를 제거한다. -- 인수는 뒤에 나오는 인수에 대한 옵션 점검을 하지 않도록 한다. PATH, IFS, PPID, PS1, PS2, UID 그리고 EUID는 unset할 수 없다. RANDOM, SECONDS, LINENO 또는 HISTCMD 중 하나를 unset하면 그 값은 나중에 다시 설정한다 할지라도 고유의 특성을 잃게 된다. 이름이 존재하지 않거나 unset할 수 없는 것이 아닌 한 종료 상태값은 참이다.

(계속)

표 2-8 • 빌트인 명령어(계속)

빌트인 명령어	설명
wait [pid#n]	특정 프로세스를 기다리다가 종료값을 리턴한다. n은 프로세스 ID이거나 작업스펙이다. 작업스펙이면 그 작업의 파이프라인에 존재하는 모든 프로세스를 기다린다. n을 적지 않으면 현재 활성 중인 모든 프로세스를 기다리며 리턴값은 0이다. n이 존재하지 않는 프로세스 또는 작업을 가리키는 경우 리턴 상태값은 127이다. 그렇지 않으면 리턴값은 기다렸던 마지막 프로세스 또는 작업의 종료상태값이 된다.

2.8.3 명령라인 처리 순서 변경

bash는 명령라인 처리 순서를 변경할 수 있는 command, builtin, enable 3가지의 빌트인 명령을 제공한다.

command 빌트인 명령은 처리 순서에서 검색되는 앨리아스와 함수를 제거한다. builtin 명령은 빌트인에서만 검색하며 패스에서 검색된 함수와 실행 가능한 파일들은 무시한다.

enable 빌트인 명령은 빌트인을 켜고 끌 때 사용한다. 디폴트로 enable이다. 만약 disable이 되면 실행 가능한 명령어의 전체 경로를 지정하지 않고 실행할 수 있다(일반적인 처리에서 bash는 디스크의 실행 가능한 명령을 검색하기 이전에 빌트인을 먼저 검색한다). 빌트인은 -n 옵션을 사용하여 disable할 수 있다. 예를 들어, test 명령은 빌트인 명령어인데 enable -n test를 실행하면 test 명령은 빌트인이 disable된다.

```
[root@localhost ~]# enable
enable .
enable :
enable [
enable alias
enable bg
enable bind
enable break
enable builtin
enable caller
enable cd
enable command
enable compgen
```

```
enable complete
enable continue
enable declare
enable dirs
enable disown
enable echo
enable enable
enable eval
enable exec
enable exit
enable export
enable false
enable fc
enable fg
enable getopts
enable hash
enable help
enable history
enable jobs
enable kill
enable let
enable local
enable logout
enable popd
enable printf
enable pushd
enable pwd
enable read
enable readonly
enable return
enable set
enable shift
enable shopt
enable source
enable suspend
enable test
enable times
```

```
enable trap
enable true
enable type
enable typeset
enable ulimit
enable umask
enable unalias
enable unset
enable wait
[root@localhost ~]# enable -n test
[root@localhost ~]# enable | grep test
[root@localhost ~]# enable test
[root@localhost ~]# enable | grep test
enable test
[root@localhost ~]# function cd { builtin cd; echo "cd 명령 대체"; }
[root@localhost ~]# cd
cd 명령 대체
[root@localhost ~]#
```

예제에서 enable 빌트인 내용을 보려면 옵션 없이 enable 명령을 실행하면 되고, -n 옵션을 사용하여 test 명령을 disable하면 enable 명령에서 제거된다. 그리고 enable test 명령을 실행하면 enable 빌트인에 포함된다. function cd { builtin cd; echo "cd 명령 대체"; } 부분은 빌트인 cd 명령에 대해 문자열을 출력하는 명령으로 재정의한 것이다. 그래서 쉘에서 cd 명령을 실행해 보면 명령을 검색할 때 빌트인을 먼저 검색하기 때문에 앞서 지정해 준 cd 함수가 실행됨을 알 수 있다. 물론 현재 쉘을 빠져나갔다가 다시 들어오면 기본 설정값으로 복귀된다.

2.8.4 종료상태

명령이나 프로그램이 종료되면 부모 프로세스에게 종료상태를 리턴하게 된다. 종료상태는 0에서 255 사이의 숫자값이며, 프로그램이 종료될 때 0을 리턴하면 정상적으로 프로그램을 실행했다는 의미이며, 0 이외의 숫자를 리턴하면 명령 실행이 실패했다는 의미이다. 만약 쉘에서 명령이 검색되지 않으면 종료상태는 127이 되며, 명령을 종료하기 위해 강제 종료와 같은 시그널(<Ctrl-C>)이 발생되면 종료상태는 시그널의 값에 128을 더한 값을 가지게 된다.

```
[root@localhost ~]# grep multi /etc/passwd
multi:x:500:500::/home/multi:/bin/bash
[root@localhost ~]# echo $?
0
[root@localhost ~]# grep script /etc/passwd
[root@localhost ~]# echo $?
1
[root@localhost ~]# grep script /good
grep: /good: No such file or directory
[root@localhost ~]# echo $?
2
[root@localhost ~]# grip multi /etc/passwd
-bash: grip: command not found
[root@localhost ~]# echo $?
127
[root@localhost ~]# find / -name core # 검색도중 <Ctrl-C> 입력
/proc/sys/net/core
/lib/modules/2.6.18-128.el5/kernel/net/core
/lib/modules/2.6.18-128.el5/kernel/drivers/infiniband/core
/lib/modules/2.6.18-128.el5/kernel/sound/core
/usr/src/kernels/2.6.18-128.el5-i686/include/config/serial/core
/usr/src/kernels/2.6.18-128.el5-i686/net/core
/usr/src/kernels/2.6.18-128.el5-i686/drivers/infiniband/core
<Ctrl-C>
[root@localhost ~]# echo $?
130
[root@localhost ~]#
```

마지막에 실행한 명령인 "find / -name core"를 수행하는 중에 강제 종료를 하기 위해 <Ctrl-C>키를 누르고 echo $?를 사용하여 종료상태를 출력해 보면 130이라는 숫자가 출력된다. 이 숫자는 SIGINT <Ctrl-C> 시그널의 값 2와 원래의 상태 에러값 128을 더한 값으로 130이라는 결과가 출력되는 것이다.

```
[root@localhost ~]# kill -l
 1) SIGHUP       2) SIGINT       3) SIGQUIT      4) SIGILL
 5) SIGTRAP      6) SIGABRT      7) SIGBUS       8) SIGFPE
 9) SIGKILL     10) SIGUSR1     11) SIGSEGV     12) SIGUSR2
13) SIGPIPE     14) SIGALRM     15) SIGTERM     16) SIGSTKFLT
17) SIGCHLD     18) SIGCONT     19) SIGSTOP     20) SIGTSTP
21) SIGTTIN     22) SIGTTOU     23) SIGURG      24) SIGXCPU
25) SIGXFSZ     26) SIGVTALRM   27) SIGPROF     28) SIGWINCH
29) SIGIO       30) SIGPWR      31) SIGSYS      34) SIGRTMIN
35) SIGRTMIN+1  36) SIGRTMIN+2  37) SIGRTMIN+3  38) SIGRTMIN+4
39) SIGRTMIN+5  40) SIGRTMIN+6  41) SIGRTMIN+7  42) SIGRTMIN+8
43) SIGRTMIN+9  44) SIGRTMIN+10 45) SIGRTMIN+11 46) SIGRTMIN+12
47) SIGRTMIN+13 48) SIGRTMIN+14 49) SIGRTMIN+15 50) SIGRTMAX-14
51) SIGRTMAX-13 52) SIGRTMAX-12 53) SIGRTMAX-11 54) SIGRTMAX-10
55) SIGRTMAX-9  56) SIGRTMAX-8  57) SIGRTMAX-7  58) SIGRTMAX-6
59) SIGRTMAX-5  60) SIGRTMAX-4  61) SIGRTMAX-3  62) SIGRTMAX-2
63) SIGRTMAX-1  64) SIGRTMAX
[root@localhost ~]#
```

2.8.5 명령라인에서 다중 명령어

명령라인은 다중 명령어를 가질 수 있다. 각 명령은 세미콜론(;)으로 분리되며 명령라인은 newline에 의해 종료된다. 이때 종료상태는 마지막 명령의 종료상태가 된다.

```
[root@localhost ~]# pwd; date; cal
/root
Sat Jul 18 23:51:46 KST 2009
     July 2009
Su Mo Tu We Th Fr Sa
          1  2  3  4
 5  6  7  8  9 10 11
12 13 14 15 16 17 18
19 20 21 22 23 24 25
26 27 28 29 30 31

[root@localhost ~]# echo $?
0
[root@localhost ~]#
```

2.8.6 명령의 그룹화

명령들은 파이프 또는 리다이렉션을 사용하여 그룹화할 수 있다.

```
[root@localhost ~]# (pwd; date; cal) > grouping
[root@localhost ~]# cat grouping
/root
Sun Jul 19 00:00:22 KST 2009
     July 2009
Su Mo Tu We Th Fr Sa
          1  2  3  4
 5  6  7  8  9 10 11
12 13 14 15 16 17 18
19 20 21 22 23 24 25
26 27 28 29 30 31

[root@localhost ~]#
```

2.8.7 명령의 조건 실행

조건 실행에 있어서 두 개의 명령 문자열들은 특수 메타문자인 더블 엠퍼센드&&와 더블 버티컬 바||로 분리된다. 이때 메타문자의 오른쪽에 있는 명령은 왼쪽 명령의 종료상태에 따라 실행될 수도 있고 실행되지 않을 수도 있다.

```
[root@localhost ~]# pwd && cal
/root
     July 2009
Su Mo Tu We Th Fr Sa
          1  2  3  4
 5  6  7  8  9 10 11
12 13 14 15 16 17 18
19 20 21 22 23 24 25
26 27 28 29 30 31

[root@localhost ~]# pwdd && cal
-bash: pwdd: command not found
[root@localhost ~]#
```

&&로 구성된 명령 조합에서 첫 번째 명령이 성공하면, 즉 종료상태가 0이면 && 뒤의 명령을 실행한다.

```
[root@localhost ~]# pwdd || cal
-bash: pwdd: command not found
     July 2009
Su Mo Tu We Th Fr Sa
          1  2  3  4
 5  6  7  8  9 10 11
12 13 14 15 16 17 18
19 20 21 22 23 24 25
26 27 28 29 30 31

[root@localhost ~]#
```

||로 구성된 명령 조합에서 첫 번째 명령이 실패하더라도 두 번째 명령은 반드시 실행된다.

2.8.8 백그라운드로 명령 실행

일반적으로 명령을 실행할 때 포그라운드로 실행되며, 명령이 실행을 완료할 때까지 프롬프트는 나타나지 않는다. 명령이 완료될 때까지 기다리지 않고 쉘 프롬프트에서 다른 명령을 사용하고자 할 경우에는 명령어 뒤에 엠퍼센드(&)를 붙여준다. 그러면 쉘 프롬프트는 즉시 출력되고 실행한 명령은 백드라운드로 처리된다. 즉, 쉘 프롬프트에 추가적인 명령을 사용해야 할 경우 &를 사용하면 앞서 실행한 명령이 종료할 때까지 기다릴 필요가 없다. 앞서 실행한 명령이 종료하게 되면 결과를 쉘에 리턴해 준다.

```
[root@localhost ~]# man bash | lp &
[1] 28251
[root@localhost ~]# kill -9 $!
```

bash 명령의 맨페이지를 프린터로 출력하기 위해 백그라운드로 실행하였다. 그리고 백그라운드로 실행되어 있는 이전 프로세스를 제거하기 위해 kill -9 명령과 함께 $! 변수를 사용하였다.

2.9 | 잡 컨트롤

잡 컨트롤[job control]은 선택적으로 프로그램을 실행시킬 수 있는 것으로서 jobs라고 부르고, 백그라운드와 포그라운드가 있다. 실행 중인 프로그램을 프로세스 또는 잡[job]이라고 부르며, 각 프로세스는 PID라는 고유의 프로세스 아이디를 가지고 있다. 일반적으로 명령라인에 타이핑되는 명령은 포그라운드로 실행되고, <Ctrl-C> 또는 <Ctrl-\>를 눌러 종료 시그널을 보내기 이전까지 계속 실행된다. 잡 컨트롤에서 job을 백그라운드로 보내고 실행 상황을 유지할 수 있도록 할 수 있다. job을 중지하기 위해서는 <Ctrl-Z>키를 누르면 된다. 백그라운드에 있는 job을 포그라운드로 가져올 수도 있으며, 백그라운드 또는 포그라운드에서 실행되고 있는 job을 제거할 수도 있다. 다음의 job 관련 명령어들을 참고하자.

표 2-9 • 잡 컨트롤 관련 명령과 아규먼트

job 명령	의미
bg	백그라운드에서 중지된 잡을 실행하도록 한다.
fg	백그라운드 잡을 포그라운드로 가져온다.
jobs	실행되고 있는 모든 잡 목록을 보여준다.
kill	지정된 잡에게 kill 시그널을 보낸다.
stop	백그라운드 잡을 멈춘다.
stty tostop	백그라운드 잡이 터미널로 출력을 보내면 멈춘다.
wait [n]	지정된 잡을 멈추고 종료상태값을 리턴한다. n은 PID 또는 잡 번호이다.
^Z (Ctrl-Z)	잡을 멈춘다. 프롬프트가 모니터에 나타난다.
아규먼트	**의미**
%n	n은 잡 번호
%sting	문자열로 시작되는 잡 이름
%?string	문자열을 포함하는 잡 이름
%%	현재 잡
%+	현재 잡
%-	현재 잡의 이전 잡
-r	실행되고 있는 모든 잡의 목록
-s	멈춰진 모든 잡의 목록

2.9.1 잡 컨트롤 명령과 옵션들

리눅스 설치 시 기본적으로 잡 컨트롤이 설정되어 있으며, 다음과 같은 명령을 사용하여 재설정할 수도 있다.

형식

```
set -m # 모니터(감시) 모드. 작업 제어를 사용한다.
set -o monitor # 모니터(감시) 모드. 작업 제어를 사용한다.
bash -m -i # 모니터(감시) 모드. 작업 제어를 사용한다.
```

```
[root@localhost ~]# vim&
[1] 3920
[root@localhost ~]# sleep 3600&
[2] 3921

[1]+  Stopped                 vim
[root@localhost ~]# jobs
[1]+  Stopped                 vim
[2]-  Running                 sleep 3600 &
[root@localhost ~]# jobs -l
[1]+  3920 Stopped (tty output)    vim
[2]-  3921 Running                 sleep 3600 &
[root@localhost ~]# jobs %%
[1]+  Stopped                 vim
[root@localhost ~]# jobs -x echo %1
3920
[root@localhost ~]# jobs -x echo %2
3921
[root@localhost ~]# kill %2
[root@localhost ~]# jobs
[1]+  Stopped                 vim
[2]-  Terminated              sleep 3600
[root@localhost ~]# fg %1
```

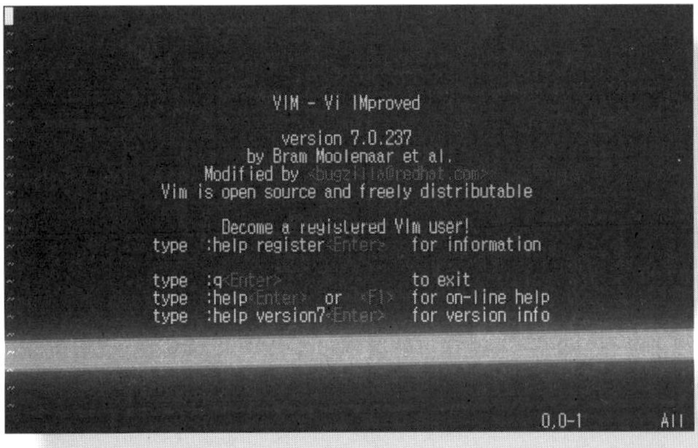

그림 2-5

먼저 vim을 백그라운드로 실행해두기 위해 &를 명령어 뒤에 붙여주었다. &를 붙여주면 백그라운드로 실행되는데, vim 화면을 보는 상태에서도 <Ctrl-Z>키를 사용하여 백그라운드로 보낼 수 있다. 그리고 sleep 명령을 사용하여 3600초로 지정한 다음, jobs 명령을 사용하여 현재 job 목록을 출력해 보면 vim과 sleep 명령이 백그라운드로 실행되고 있음을 알 수 있다. 각 잡들의 프로세스 아이디를 알아보기 위해서는 jobs -l 옵션을 사용하면 출력해 볼 수 있으며, jobs -x echo %1과 같은 형식을 사용해도 된다. 여기서 -x 옵션은 job의 PID 번호를 출력할 때 사용하는데, %1은 1번 job을 의미하고 %2라면 2번 job을 의미한다. 2번 job을 종료하려면 kill 명령을 사용하여 kill %2와 같이 2번 job을 지정해 주면 되고, 1번 job을 다시 포그라운드로 불러오려면 fg %1과 같이 fg 명령과 함께 job 번호를 지정해 주면 된다.

jobs의 옵션 중에는 현재 실행 중인 job 목록을 출력해 주는 -r 옵션과, 멈춘 상태의 job 목록을 출력해 주는 -s 옵션이 있다.

```
[root@localhost ~]# jobs
[1]+  Stopped                 vim
[2]-  Running                 sleep 3600 &
[root@localhost ~]# jobs -s
[1]+  Stopped                 vim
[root@localhost ~]# jobs -r
[2]-  Running                 sleep 3600 &
[root@localhost ~]#
```

>> disown 빌트인 명령

disown 명령은 job 테이블에서 지정한 job을 삭제하는 명령이다.

```
[root@localhost ~]# jobs
[1]+  Stopped                 vim
[2]-  Running                 sleep 3600 &
[root@localhost ~]# disown %1
-bash: warning: deleting stopped job 1 with process group 3956
[root@localhost ~]# jobs
[2]+  Running                 sleep 3600 &
[root@localhost ~]#
```

2.10 | 명령라인 숏컷

2.10.1 명령과 파일명 완성

배시 쉘에서 명령어 또는 파일명의 일부 문자를 입력하고 <Tab>키를 누르면, 배시 쉘은 문자열를 완성하기 위해 입력한 문자열을 포함하는 명령어와 파일명을 검색하여 찾아준다. 만약 파일명 또는 명령어를 찾지 못하면 명령이 존재하지 않음을 의미하며, 찾을 경우에는 명령어의 마지막에 커서가 위치하게 된다. 만약 찾은 명령어, 파일명이 많다면 검색한 목록을 출력해 준다.

```
[root@localhost ~]# mkdir shell
[root@localhost ~]# cd shell/
[root@localhost shell]# ls
[root@localhost shell]# touch file file1 file2 foo food
[root@localhost shell]# ls
file  file1  file2  foo  food
[root@localhost shell]# ls f<Tab><Tab>
file   file1  file2  foo    food
[root@localhost shell]# ls fo<Tab><Tab><Tab>
foo   food
[root@localhost shell]# ls fi<Tab><Tab><Tab>
file   file1  file2
[root@localhost shell]# ls file<Tab><Tab>
```

```
file   file1  file2
[root@localhost shell]#
```

2.10.2 히스토리

히스토리 메카니즘은 명령라인에서 입력한 명령에 번호를 부여해서 순서대로 저장해 두는 것으로 명령 히스토리를 유지하는 것이다. 로그인 세션 동안 입력한 명령들은 쉘 메모리에 저장되고 명령을 종료하면 히스토리 파일에 추가된다. 저장된 히스토리 파일을 사용하여 명령을 리콜할 수 있으며, 명령을 재입력하지 않고 재실행할 수 있다. history 빌트인 명령은 히스토리 목록을 보여준다. 히스토리 파일을 저장하기 위한 디폴트 파일명은 .bash_history이며, 각 유저별 홈디렉터리 아래에 위치한다.

bash가 히스토리 파일에 접근할 때 HISTSIZE 변수에 할당된 라인 수만큼 히스토리 파일에 복사한다. 디폴트 값은 1000이며 이 값은 /etc/profile에 지정되어 있다. 그리고 히스토리 파일에 명령어들이 저장되는 시점은 로그인 세션이 종료되는 시점이다.

fc -l 명령을 입력하면 히스토리 목록을 출력해 볼 수 있다.

```
[root@localhost shell]# fc -l
1045     jobs -x echo %2
1046     kill %2
1047     jobs
1048     fg %1
1049     jobs
1050     vim&
1051     sleep 3600 &
1052     jobs
1053     disown %1
1054     jobs
1055     mkdir shell
1056     cd shell
1057     ls
1058     touch file file1 file2 foo food
1059     ls
1060     man history
[root@localhost shell]#
```

표 2-10 • 히스토리 관련 변수들

히스토리 변수	설명
FCEDIT	fc 내장명령의 기본 편집기.
HISTCMD	현재 명령의 히스토리 번호 또는 히스토리 리스트에서의 인덱스. HISTCMD를 unset하면 특별한 속성을 잃게 된다. 그 뒤에 다시 설정해도 잃은 속성은 돌아오지 않는다.
HISTCONTROL	ignorespace라는 값으로 설정하면 스페이스 문자로 시작하는 행은 히스토리 목록에 넣지 않는다. ignoredups로 설정하면 마지막 히스토리 행과 일치하는 행은 히스토리 목록에 넣지 않는다. ignoreboth는 두 옵션을 합한 것과 같다. unset 하거나 위에서 말한 값이 아닌 값으로 설정하면 파서(parser)에서 읽어들인 모든 행을 히스토리 목록에 저장한다.
HISTFILE	명령 히스토리를 저장할 파일명. 기본값은 ~/.bash_history이며 unset하면 대화형 쉘이 종료할 때 명령 히스토리를 저장하지 않는다.
HISTFILESIZE	히스토리 파일의 최대 행 개수. 값을 지정하면 필요한 경우 그 값에 맞게 파일을 잘라 쓴다(truncate). 기본값은 1000.
HISTIGNORE	패턴의 콜론(:) 구분자 목록은 히스토리 목록에 저장되어야 할 명령라인을 결정하기 위해 사용된다. 각 패턴은 라인의 시작에 도달하고 쉘 패턴 매칭 문자로 구성된다. &는 히스토리 명령이 복사되지 않는 패턴으로 사용될 수 있다. 예를 들어, ty??:&는 ty로 시작하고, 두 개의 문자가 오는 명령을 매칭하고, &를 사용하여 히스토리에 복사하지 않도록 한 것이다. 즉, 이들 명령들은 히스토리 목록에 저장되지 않는다.
HISTSIZE	명령 히스토리에서 기억해 둘 명령의 개수. 기본값은 1000.

2.10.3 히스토리 파일에 접근하는 명령들

>> 화실표 방향키

히스토리 파일로부터 이전 명령어들에 접근하기 위해서 키보드의 화살표키를 사용할 수 있으며 히스토리 명령에 접근한 다음 수정도 가능하다.

↑	히스토리 목록 중 이전 명령어 접근
↓	히스토리 목록 중 다음 명령어 접근
→	히스토리 명령어 오른쪽으로 커서 이동
←	히스토리 명령어 왼쪽으로 커서 이동

>> history 빌트인 명령

history 명령을 실행하면 .bash_history 파일에 저장된 명령어들과 함께 번호를 붙여서 출력해 준다.

```
[root@localhost shell]# history | tail -n 5
 1061  fc -l
 1062  echo $HISTFILESIZE
 1063  man history
 1064  history | tail -n 5
 1065  history | tail -n 5
[root@localhost shell]#
```

>> fc 명령

fc[Fix Command] 명령은 두 가지 방법으로 사용될 수 있다. 먼저 히스토리 목록으로부터 명령을 선택할 수 있으며, 다음으로 vim 등의 편집기로 명령을 편집할 수 있다.

fc -l 명령은 히스토리 목록에서 특정 라인 또는 범위를 선택할 수 있다. -l 옵션을 사용했을 때 결과가 모니터에 출력된다. 예를 들어, fc -l을 실행하면 히스토리 목록에서 최근 16개의 명령만 출력해 주는데, fc -l 10으로 아규먼트를 지정해 주면 히스토리 목록 중 10번째 명령부터 출력할 수 있다. 또한 fc -l -3을 실행하면 가장 최근에 실행한 3개의 명령만 출력할 수 있다. -n 옵션을 사용하면 숫자를 출력하지 않게 되며, -r 옵션을 사용하면 명령의 출력순서가 반대로 출력된다.

```
[root@localhost shell]# fc -l
1052     jobs
1053     disown %1
1054     jobs
1055     mkdir shell
1056     cd shell/
1057     ls
1058     touch file file1 file2 foo food
1059     ls
1060     man history
1061     fc -l
1062     echo $HISTFILESIZE
1063     man history
```

```
1064    history | tail -n 5
1065    history | tail -n 5
1066    fc -l | tail -n 5
1067    clear
[root@localhost shell]# fc -l -3
1066    fc -l | tail -n 5
1067    clear
1068    fc -l
[root@localhost shell]# fc -ln
        jobs
        mkdir shell
        cd shell/
        ls
        touch file file1 file2 foo food
        ls
        man history
        fc -l
        echo $HISTFILESIZE
        man history
        history | tail -n 5
        history | tail -n 5
        fc -l | tail -n 5
        clear
        fc -l
        fc -l -3
[root@localhost shell]# fc -l -3
1068    fc -l
1069    fc -l -3
1070    fc -ln
[root@localhost shell]# fc -ln -3 > fcsave
[root@localhost shell]# cat fcsave
        fc -l -3
        fc -ln
        fc -l -3
[root@localhost shell]# fc -l 1060
1060    man history
1061    fc -l
```

```
1062    echo $HISTFILESIZE
1063    man history
1064    history | tail -n 5
1065    history | tail -n 5
1066    fc -l | tail -n 5
1067    clear
1068    fc -l
1069    fc -l -3
1070    fc -ln
1071    fc -l -3
1072    fc -ln -3 > fcsave
1073    cat fcsave
[root@localhost shell]# fc -l 1070 1073
1070    fc -ln
1071    fc -l -3
1072    fc -ln -3 > fcsave
1073    cat fcsave
[root@localhost shell]#
```

표 2-11 • fc 명령의 옵션

fc 옵션	의미
–e editor	에디터에 히스토리 목록을 입력한다.
–l n m	n부터 m까지 범위의 명령어 목록
–n	히스토리 목록 출력에서 숫자 표시를 없앤다.
–r	히스토리 목록의 순서를 뒤집어서 출력한다.
–s string	지정한 문자열로 시작되는 명령어에 접근한다.

fc 명령에서 -s 옵션을 사용하면 문자열 패턴은 이전 명령을 재실행하는 데 사용된다. 예를 들어, fc -s ls라고 하면 히스토리에 저장된 명령 중 ls로 시작하는 가장 최근의 명령이 재실행된다. 이와 같은 기능을 배시 셸에 사용하기 위해 .bashrc 파일에 앨리아스로 r을 만들어 두기도 한다(alias r='fc -s'). 앨리아스를 만들어두고 r vim 명령을 수행하면 히스토리의 마지막에 저장되어 있는 vim 명령이 아규먼트를 포함하여 재실행된다.

```
[root@localhost shell]# history 10
  996  man fc
  997  history 10
  998  clear
  999  history
 1000  history 10
 1001  ps aux
 1002  date
 1003  ls
 1004  clear
 1005  history 10
[root@localhost shell]# fc -s da
date
Sun Jul 19 07:48:32 KST 2009
[root@localhost shell]# alias r="fc -s"
[root@localhost shell]# date +%T
07:48:54
[root@localhost shell]# r d
date +%T
07:49:00
[root@localhost shell]#
```

히스토리에 저장된 명령어 10개를 출력하기 위해 history 10을 실행하였으며, da 문자열로 시작되는 히스토리 명령 중 가장 최근의 명령을 재실행하면 date 명령이 실행된다. 그리고 앨리아스로 r을 fc -s로 할당해두고 date 명령을 사용하여 현재 시간을 출력한 다음, r d 명령을 실행해 보면 좀 전에 실행했던 date +%T 명령이 실행됨을 알 수 있다.

>> 히스토리 목록 명령의 재실행(!!): 이벤트 지시자

히스토리 목록으로부터 재실행을 위하여 사용하는 ! 이벤트 지시자가 있다. 만약 !!bang bang을 실행하면 히스토리 목록에서 가장 최근에 실행된 명령을 재실행한다. 또한 ! 뒤에 숫자를 적으면 재실행될 번호의 히스토리가 재실행된다. 그리고 ! 뒤에 문자나 문자열을 적으면 히스토리 목록 중에서 적어준 문자나 문자열로 시작하는 가장 최근의 명령이 재실행된다. ^캐럿은 이전 명령의 문자를 치환하기 위한 단축어로 사용할 수 있다.

```
[root@localhost shell]# date
Sun Jul 19 07:55:42 KST 2009
[root@localhost shell]# !!
date
Sun Jul 19 07:55:46 KST 2009
[root@localhost shell]# history 2
 1012  date
 1013  history 2
[root@localhost shell]# !1012
date
Sun Jul 19 07:56:03 KST 2009
[root@localhost shell]# !d
date
Sun Jul 19 07:56:08 KST 2009
[root@localhost shell]# datr
-bash: datr: command not found
[root@localhost shell]# ^r^e
date
Sun Jul 19 07:56:21 KST 2009
[root@localhost shell]#
```

먼저 date 명령을 실행하였으며, history 2 명령을 사용하여 가장 최근에 실행했던 2개의 명령을 출력하였다. 그리고 date 명령을 재실행하기 위해 !와 함께 date 명령이 저장된 히스토리 번호를 입력하여 실행하였다. 또한 !와 가장 최근에 d문자로 시작하는 명령을 재실행하였다. date 명령을 수행하려고 했으나, datr 문자열을 입력하여 실행에 실패하였다. 그래서 ^캐럿을 사용하여 앞서 실행한 명령어에서 r로 잘못 입력한 문자를 e문자로 치환하여 재실행하도록 함으로써 date 명령을 재실행하였다.

표 2-12 • 재실행 이벤트

재실행 이벤트	의미
!	뒤에 공백, 개행문자, = 또는 (가 나오는 경우를 제외하고 히스토리 치환을 시작하도록 한다.
!!	이전 명령을 가리킨다. "!-1"과 동일하다.
!n	n번 명령행을 가리킨다.
!-n	현재 명령행에서 n을 뺀 행을 가리킨다.
!문자열	문자열로 시작하는 가장 최근 명령을 가리킨다.
!?문자열[?]	문자열을 포함하는 가장 최근 명령을 가리킨다.
!?string?%	문자열을 포함하는 히스토리 목록에서 가장 최근 명령의 아규먼트를 재실행한다.
!$	현재 명령라인에서 가장 최근 히스토리 명령으로부터 가장 최근(마지막)의 아규먼트를 사용한다.
!#	지금까지 입력한 전체 명령행
!! 문자열	문자열을 추가하여 이전 명령을 실행한다.
!n 문자열	문자열을 추가하여 히스토리 목록의 n번째 명령을 실행한다.
!n:s/old/new/	이전 n번째 명령에서 처음 검색되는 old 문자열을 new 문자열로 치환한다.
!n:gs/old/new/	이전 n번째 명령에서 old 문자열 모두를 new 문자열로 치환한다.
^old^new^	최근 히스토리 명령에서 old 문자열을 new 문자열로 치환한다.
command !n:wn	command 명령을 실행하면서 이전 n번째 명령에서의 wn 아규먼트를 추가한다. wn은 0, 1, 2 등의 숫자로 시작한다. 0은 command 자신이며, 1은 첫 번째 아규먼트이다.

```
[root@localhost shell]# pwd
/root/shell
[root@localhost shell]# ls file file1 file2
file  file1  file2
[root@localhost shell]# vim !:1
vim file
[root@localhost shell]#
```

vim !:1 명령에서 !:1은 가장 최근 히스토리 명령에서 첫 번째 아규먼트를 의미한다.

```
[root@localhost shell]# ls file file1 file2
file  file1  file2
[root@localhost shell]# ls !:2
ls file1
file1
[root@localhost shell]#
```

ls !:2 명령에서 !:2는 가장 최근 히스토리 명령에서 두 번째 아규먼트를 의미한다.

```
[root@localhost shell]# ls file file1 file2
file  file1  file2
[root@localhost shell]# ls !:3
ls file2
file2
[root@localhost shell]#
```

ls !:3 명령에서 !:3은 가장 최근 히스토리의 명령에서 세 번째 아규먼트를 의미한다.

```
[root@localhost shell]# echo a s d f
a s d f
[root@localhost shell]# echo !$
echo f
f
[root@localhost shell]#
```

echo !$ 명령에서 !$는 가장 최근 히스토리의 명령에서 가장 최근(마지막)의 아규먼트를 의미한다.

```
[root@localhost shell]# echo a s d f
a s d f
[root@localhost shell]# echo !^
echo a
a
[root@localhost shell]#
```

echo !^ 명령에서 !^는 가장 최근 히스토리의 명령에서 첫 번째 아규먼트를 의미한다.

```
[root@localhost shell]# echo a s d f
a s d f
[root@localhost shell]# echo !*
echo a s d f
a s d f
[root@localhost shell]#
```

echo !* 명령에서 !*는 가장 최근 히스토리의 명령에서 모든 아규먼트를 의미한다.

2.10.4 명령라인에서의 편집

배시 쉘은 두 가지의 빌트인 에디터를 제공하는데, emacs와 vi가 있다. 명령라인에서 readline 함수는 함수를 수행할 키를 설정한다. 예를 들어, emacs 모드인 경우 <Ctrl-P>키는 명령라인에서의 상위 히스토리를 보여주며, vi 모드인 경우 <k>키가 상위 히스토리를 보여준다.

CentOS 리눅스에서는 emacs 빌트인 에디터가 디폴트 명령라인 에디터이다.

```
# set -o vi
```

위의 명령은 vi 빌트인 에디터를 명령라인의 히스토리 목록 에디터로 설정하기 위한 방법이다. 다시 emacs로 설정하려면 set -o emacs를 실행하면 된다. 특별한 이유가 없다면 디폴트인 emacs을 사용하도록 한다.

>> vi 빌트인 에디터

vi 빌트인 에디터를 사용할 경우에는 히스토리 목록을 편집하기 위해서는 명령라인으로 가서 <Esc>키를 누르고, 상위 히스토리 목록을 보기 위해서는 <k>키를 누르고, 하위 히스토리 목록을 보기 위해서는 <j>키를 누르면 된다.

표 2-13 • vi 빌트인 에디터

명령	설명
히스토리 파일에서의 이동	
Esc k or +	히스토리 목록에서 상위로 이동한다.
Esc j or -	히스토리 목록에서 하위로 이동한다.
G	히스토리 목록에서 첫 번째 라인으로 이동한다.
5G	히스토리 파일에서 다섯 번째 명령으로 이동한다.
/문자열	히스토리 파일에서 문자열을 검색한다.
?	히스토리 파일에서 하위로 문자열을 검색한다.
라인에서의 이동	
h	라인에서 좌측으로 이동한다.
l	라인에서 우측으로 이동한다.
b	한 단어 뒤로 이동한다.
e or w	한 단어 앞으로 이동한다.
^ or 0	라인에서 시작하는 첫 문자로 이동한다.
$	라인의 마지막으로 이동한다.
vi 편집기에서의 편집	
a A	텍스트 덧붙여 추가하기(append)
i I	텍스트 추가하기(insert)
dd dw x	버퍼에 있는 텍스트 삭제하기(라인, 워드, 문자)(delete)
cc C	텍스트 변경하기(change)
u U	되돌아가기(undo)
yy Y	버퍼에 복사하기(yank)
p P	복사 또는 삭제된 라인을 붙여넣기(copy)
r R	라인에서 문자 또는 텍스트를 치환하기(replace)

>> emacs 빌트인 에디터

emacs 빌트인 에디터의 사용법은 vi와 비슷하다. 상위 히스토리 명령으로 가기 위해 <Ctrl-P>를 누르면 되고, 하위 히스토리 명령으로 가기 위해 <Ctrl-N>을 누르면 된다.

표 2-14 • emacs 빌트인 에디터

명령	설명
Ctrl-P	히스토리 파일에서 상위로 이동한다.
Ctrl-N	히스토리 파일에서 하위로 이동한다.
Ctrl-B	한 문자 뒤로 이동한다.
Ctrl-R	문자 검색 시 이전 목록 방향으로 검색한다.
Esc B	한 단어 뒤로 이동한다.
Ctrl-F	한 문자 앞으로 이동한다.
Esc F	한 단어 앞으로 이동한다.
Ctrl-A	라인의 시작으로 이동한다.
Ctrl-E	라인의 끝으로 이동한다.
Esc <	히스토리 파일의 첫 번째 라인으로 이동한다.
Esc >	히스토리 파일의 마지막 라인으로 이동한다.
emacs로 편집하기	
Ctrl-U	라인을 삭제한다.
Ctrl-Y	마지막에 삭제한 것 되살리기
Ctrl-K	커서 위치부터 라인 끝까지 삭제한다.
Ctrl-D	한 문자 삭제하기
Esc D	한 단어 앞으로 삭제하기
Esc H	한 단어 뒤로 삭제하기
Esc space	커서 위치에 마크를 설정한다.
Ctrl-X Ctrl-X	커서 위치와 마크 위치를 교체한다.
Ctrl-P	한 줄 위로 이동한다.
Ctrl-N	한 줄 아래로 이동한다.

필자의 경우 리눅스 텍스트 에디터로 emacs를 사용하지 않고 vim만 사용한다.

>> FCEDIT와 명령어 편집

fc 명령에 -e 옵션을 사용하면 히스토리 목록에서 선택한 히스토리 명령을 포함하는 명령들을 호출한다. 예를 들어, "fc -e vi -1 -3" 명령을 실행하면 vi 에디터를 호출하게 되며 히스토리 목록에서 최근 3개의 명령을 /tmp 디렉터리에 임시파일로 생성한다. 이때 vi 에디터 상에서 수정 또는 주석처리할 수 있다.

```
[root@localhost shell]# fc -e vi -1 -3
```

그림 2-6

그림 2-7

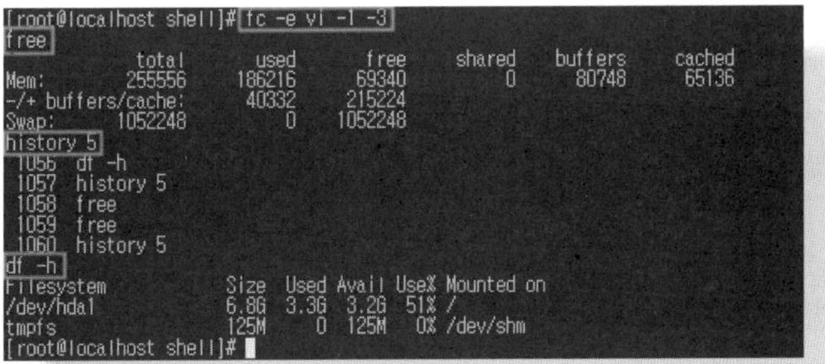

그림 2-8

앞의 예제에서 "fc -e vi -1 -3" 명령을 실행하면 vi 에디터가 실행되며 최근 실행한 3개의 명령이 나열된다. 이때 명령어들을 수정할 수 있으며, 주석처리할 경우에는 # 문자를 사용한다. 그리고 저장 또는 빠져나오면 vi 에디터에 나열되었던 명령들을 실행하게 된다. CentOS 리눅스에서 -e vi 옵션을 사용하지 않아도 디폴트로 vi 에디터가 실행된다.

2.11 | 앨리아스

앨리아스는 명령어를 위한 단축형 사용자정의다. 실행할 명령의 옵션과 아규먼트가 많고 기억하기 어려울 만큼 명령이 길다면 앨리아스를 사용하는 것이 좋다. 명령라인에서 설정한 앨리아스는 서브쉘로 상속되지 않는다. 일반적으로 새로운 쉘이 시작되면 앨리아스들은 리셋되기 때문에 .bashrc 파일에 설정하는데, 이 파일에 설정하는 이유는 새로운 쉘이 시작될 때 항상 .bashrc 파일을 실행하기 때문이다.

2.11.1 앨리아스 목록

alias 빌트인 내장명령을 사용하면 앨리아스로 설정된 모든 명령들을 출력해 준다. alias 명령 다음이 앨리아스 이름이며, 실제 명령은 = 기호 다음에 작은따옴표('')로 둘러싸인 부분이다.

```
[root@localhost shell]# alias
alias cp='cp -i'
alias l.='ls -d .* --color=tty'
alias ll='ls -l --color=tty'
alias ls='ls --color=auto --time-style=long-iso'
alias mc='. /usr/share/mc/bin/mc-wrapper.sh'
alias multi='ls'
alias mv='mv -i'
alias r='fc -s'
alias rm='rm -i'
alias which='alias | /usr/bin/which --tty-only --read-alias --show-dot --show-tilde'
[root@localhost shell]#
```

2.11.2 앨리아스 생성하기

alias 명령을 사용하여 앨리아스를 만들 수 있다. 첫 번째 아규먼트는 앨리아스 이름이며 명령의 닉네임이다. 그리고 = 기호 다음에 적은 문자열은 앨리아스로 지정된 이름을 실행하면 실행될 명령이다. 배시 쉘에서의 앨리아스는 아규먼트를 가지지 않으며, 다중 명령은 세미콜론(;)으로 분리하고, 공백과 메타문자를 포함하는 명령들은 작은따옴표(' ')로 묶어 주어야 한다.

```
[root@localhost shell]# alias m=more
[root@localhost shell]# alias morr=more
[root@localhost shell]# alias lF='ls -alF'
[root@localhost shell]# alias r='fc -s'
[root@localhost shell]# alias
alias cp='cp -i'
alias l.='ls -d .* --color=tty'
alias lF='ls -alF'
alias ll='ls -l --color=tty'
alias ls='ls --color=auto --time-style=long-iso'
alias m='more'
alias mc='. /usr/share/mc/bin/mc-wrapper.sh'
alias morr='more'
alias multi='ls'
alias mv='mv -i'
alias r='fc -s'
alias rm='rm -i'
alias which='alias | /usr/bin/which --tty-only --read-alias --show-dot --show-tilde'
[root@localhost shell]#
```

2.11.3 앨리아스 삭제하기

unalias 명령은 앨리아스를 삭제할 때 사용한다.

```
[root@localhost shell]# alias
alias cp='cp -i'
alias l.='ls -d .* --color=tty'
alias lF='ls -alF'
alias ll='ls -l --color=tty'
```

```
alias ls='ls --color=auto --time-style=long-iso'
alias m='more'
alias mc='. /usr/share/mc/bin/mc-wrapper.sh'
alias morr='more'
alias multi='ls'
alias mv='mv -i'
alias r='fc -s'
alias rm='rm -i'
alias which='alias | /usr/bin/which --tty-only --read-alias --show-dot --show-tilde'
[root@localhost shell]# unalias multi
[root@localhost shell]# unalias which
[root@localhost shell]# unalias mv
[root@localhost shell]# unalias rm
[root@localhost shell]# unalias mc
[root@localhost shell]# unalias ls
[root@localhost shell]# unalias ll
[root@localhost shell]# unalias l.
[root@localhost shell]# unalias cp
[root@localhost shell]# alias
alias lF='ls -alF'
alias m='more'
alias morr='more'
alias r='fc -s'
[root@localhost shell]#
```

앞의 예제에서 앞서 직접 생성한 앨리아스를 제외한 모든 앨리아스를 unalias 명령을 사용하여 삭제하였다. 그리고 alias 명령을 실행해 보면 직접 생성해 두었던 앨리아스 4개만 남아있는 것을 확인할 수 있다. 물론 다시 재로그인하면 초기 상태로 복귀한다.

2.12 | 디렉터리 스택 조작

pushd 빌트인 명령은 스택에 디렉터리를 집어넣고, popd 명령은 스택에 들어있는 디렉터리를 꺼낸다. 스택은 디렉터리의 목록인데, 스택에 들어간 가장 최근 디렉터리가 좌측에 있는 디렉터리며, 스택에 들어간 디렉터리들은 dirs 명령으로 목록을 출력해 볼 수 있다.

2.12.1 dirs 명령

dirs 명령에서 -l 옵션을 사용하면 디렉터리 스택의 전체 경로를 출력한다. -l 옵션을 사용하지 않으면 홈디렉터리를 틸드(~)로 출력한다. +n 옵션을 사용하면 디렉터리 목록에서 좌측부터 n번째 디렉터리를 출력하는데, 시작은 0부터 시작한다. -n 옵션을 사용하면 +n 옵션과 비슷하지만 우측에서 0부터 시작한다.

```
[root@localhost shell]# dirs
~/shell
[root@localhost shell]# dirs -l
/root/shell
[root@localhost shell]#
```

2.12.2 pushed와 popd 명령

pushd 명령은 아규먼트로 디렉터리를 가지며 디렉터리 스택에 새 디렉터리를 추가한다. 아규먼트로 +n을 사용할 때 n은 숫자이며, pushd는 스택에서 왼쪽부터 n번째 디렉터리 스택을 순회하고 스택의 탑top에 추가한다. -n 옵션을 사용하면 +n 옵션과 비슷하지만 오른쪽부터 n번째 디렉터리를 순회한다. 아규먼트가 없으면 pushd는 디렉터리 스택의 최상위top 두 개의 요소를 교체한다.

popd 명령은 스택의 최상위top에 있는 디렉터리를 제거하는 명령이며 디렉터리를 변경한다. +n 옵션에서 n은 숫자이며, popd는 dirs 명령으로 출력되는 좌측부터 시작하여 n번째 요소를 제거한다.

```
[root@localhost shell]# su - multi
[multi@localhost ~]$ pwd
/home/multi
[multi@localhost ~]$ pushd ..
/home ~
[multi@localhost home]$ pwd
/home
[multi@localhost home]$ pushd
~ /home
[multi@localhost ~]$ pwd
/home/multi
[multi@localhost ~]$ mkdir www
```

```
[multi@localhost ~]$ pushd www
~/www ~ /home
[multi@localhost www]$ dirs
~/www ~ /home
[multi@localhost www]$ dirs -l
/home/multi/www /home/multi /home
[multi@localhost www]$ popd
~ /home
[multi@localhost ~]$ pwd
/home/multi
[multi@localhost ~]$ popd
/home
[multi@localhost home]$ pwd
/home
[multi@localhost home]$ popd
-bash: popd: directory stack empty
[multi@localhost home]$ exit
[root@localhost shell]#
```

먼저 pwd를 사용하여 현재 작업 디렉터리를 출력하였다. 그리고 pushd .. 명령을 사용하여 디렉터리 스택에 상위 디렉터리를 추가하였다. pwd로 현재 작업 디렉터리를 출력해 보면 /home을 출력한다. 디렉터리를 지정하지 않고 pushd를 실행하면 디렉터리 스택의 top에 틸드(~)가 추가되고, pushd www를 실행하면 ~/www가 추가된다. dirs 명령을 실행해 보면 현재 디렉터리 스택 현황을 볼 수 있다. dirs -l을 실행하면 틸드(~) 대신 전체 경로를 보여준다. 이제 popd를 두 번 실행하면 /home만 남게 되고, 한 번 더 popd를 실행하면 디렉터리 스택이 모두 삭제되기 때문에 삭제할 수 없다는 에러메시지를 출력한다.

2.13 메타문자들

메타문자들은 특수한 의미를 가지는 특수 문자들이며 쉘 메타문자들은 와일드카드라고도 부른다.

표 2-15 • 쉘 메타문자

쉘 메타문자	의미
\	뒤에 나오는 문자를 문자 그대로 해석한다.
&	백그라운드에서 실행하도록 한다.
;	명령을 구분한다.
$	변수를 치환한다.
?	한 문자와 매칭한다.
[abc]	문자들 중 하나의 문자와 매칭한다. 예) a, b 또는 c
[!abc]	문자들 중 하나의 문자도 매칭하지 않는다. 예) a, b 또는 c가 아니다.
*	0개 이상의 문자(모든 문자)들과 매칭한다.
(cmds)	서브쉘에서 명령을 실행한다.
{cmds}	서브쉘에서 명령들을 실행한다.

2.14 | 파일명 치환하기

명령라인을 해석할 때 쉘은 문자 집합들에 매칭되는 단축형 파일명 또는 경로명을 지정하기 위하여 메타문자를 사용한다. 만약 메타문자가 사용되고 매칭되는 파일명을 찾지 못하면 쉘은 메타문자를 상수형 문자로 취급한다. 파일명 치환을 위한 메타문자들은 다음의 표와 같다.

표 2-16 • 파일명 치환을 위한 메타문자

치환 메타문자	의미
*	0개 이상의 문자(모든 문자)들과 매칭한다.
?	오직 하나의 문자만 매칭한다.
[abc]	a, b, c에서 하나의 문자와 매칭한다.
[!abc]	a, b, c 문자 이외의 문자와 매칭한다.
{a,ile,ax}	한 문자 또는 문자 집합과 매칭한다.
[a-z]	a에서 z까지 범위의 문자 중 한 문자와 매칭한다.
[!a-z]	a에서 z까지 범위의 문자 이외의 문자와 매칭한다.
\	메타문자를 문자 그대로 해석하도록 한다.

2.14.1 아스테리스크(*)

아스테리스크(*)는 파일명에서 0개 이상의 모든 문자를 매칭하기 위한 와일드카드이다.

```
[root@localhost shell]# touch aaa  abc  asdf  fcsave  file1.bak  file2.bak  file3  foo  food
[root@localhost shell]# ls
aaa  asdf    file   file1.bak  file2.bak  foo
abc  fcsave  file1  file2      file3      food
[root@localhost shell]# ls *.bak
file1.bak  file2.bak
[root@localhost shell]# echo a*
aaa abc asdf
[root@localhost shell]#
```

ls 명령에서 아스테리스크(*)를 아규먼트로 사용하면 현재 디렉터리에 있는 모든 파일 목록을 출력해 준다. *.bak를 아규먼트로 사용하면 .bak로 끝나는 파일 목록이 모두 출력된다. 그리고 echo a* 명령을 실행하면 a로 시작하는 모든 파일들을 출력해 준다.

2.14.2 물음표(?)

물음표(?) question mark는 파일명에서 하나의 문자와 매칭하는데, 쉘에서 파일명 부분에 물음표(?)를 사용하면 하나의 문자를 의미한다. 즉, 어떠한 문자든지 하나의 문자가 존재하면 매칭되는 것이다. 하나의 ? 문자에 하나의 문자가 매칭되므로 ???라면 3개의 문자를 의미한다.

```
[root@localhost shell]# ls
aaa  abc  asdf  fcsave  file1  file1.bak  file2  file2.bak  file3  foo  food
[root@localhost shell]# ls ab?
abc
[root@localhost shell]# ls ???
aaa  abc  foo
[root@localhost shell]# ls ??
ls: ??: 그런 파일이나 디렉터리가 없음
[root@localhost shell]# echo ab?
abc
[root@localhost shell]# echo ???
aaa abc foo
```

```
[root@localhost shell]# echo ??
??
[root@localhost shell]#
```

ls ab?라면 ab로 시작되는 파일명으로 전체 3개의 문자로 구성되어 있으며, 마지막 세 번째에 어떠한 문자라도 존재하는 파일을 출력하고자 한 것이다. ls ??? 명령은 총 3개의 문자로 구성된 파일명은 모두 출력하고자 한 것이며, ls ?? 명령을 사용하여 총 2개의 문자로 구성된 파일명을 모두 출력하고자 했지만 현재 디렉터리에는 2개의 문자로 구성된 파일명이 없으므로 위와 같은 에러 메시지를 출력해 준다. echo 명령에서도 마찬가지이며, 검색의 결과가 없으면 문자열을 그대로 출력해 준다.

2.14.3 스퀘어 브라켓([ ])

스퀘어 브라켓square bracket은 하나의 문자 또는 문자 범위를 포함하고 있는 파일명을 검색한다.

```
[root@localhost shell]# ls
aaa  abc  asdf  fcsave  file1  file1.bak  file2  file2.bak  file3  foo  food
[root@localhost shell]# ls file[12]
file1  file2
[root@localhost shell]# ls file[1-3]
file1  file2  file3
[root@localhost shell]# ls [!f-z]??
aaa  abc
[root@localhost shell]#
```

ls file[12] 명령을 실행하면 file 문자열로 시작하는 파일명 중에서 다섯 번째 문자가 1 또는 2로 이루어진 파일명을 출력한다. ls file[1-3] 명령을 실행하면 file 문자열로 시작하는 파일명 중에서 다섯 번째 문자가 1, 2, 3으로 이루어진 파일명을 출력한다. 즉, 하이픈(-)은 범위를 의미한다. ls [!f-z]?? 명령을 실행하면 f에서 z까지의 문자가 아닌 문자로 시작되는 파일에서 3개의 문자로 구성된 파일명들을 출력한다.

2.14.4 컬리 브레이스 확장({ })

컬리 브레이스curly brace를 사용할 때 콤마(,) 분리자를 사용하여 찾고자 하는 문자(열) 목록을 작성한다. 이때 작성된 각각의 문자열에 매칭되는 파일명들이 검색된다.

```
[root@localhost shell]# ls
aaa  asdf    file   file1.bak  file2.bak  foo
abc  fcsave  file1  file2      file3      food
[root@localhost shell]# ls a{aa,bc,sdf}
aaa  abc  asdf
[root@localhost shell]# ls a{aa, bc, sdf}
ls: a{aa,: No such file or directory
ls: bc,: No such file or directory
ls: sdf}: No such file or directory
[root@localhost shell]# ls f{ile?,oo}
file1  file2  file3  foo
[root@localhost shell]# echo f{ile?,oo}
file1 file2 file3 foo
[root@localhost shell]# mkdir {1000,2000,3000}
[root@localhost shell]# ls
1000  3000  abc   fcsave  file1      file2      file3  food
2000  aaa   asdf  file    file1.bak  file2.bak  foo
[root@localhost shell]#
```

컬리 브레이스는 mkdir 명령 등 모든 명령에서 아규먼트가 필요할 때 사용할 수 있다. 다만, 컬리 브레이스 안에서 공백이 있으면 공백도 하나의 문자로 취급하기 때문에 콤마(,) 사이에는 공백을 넣지 않아야 한다.

2.14.5 이스케이프 메타문자(\)

상수형 문자로 메타문자를 사용할 경우에는 백슬래시(\)를 사용한다. 즉, 메타문자 앞에 백슬래시(\)를 넣어주면 메타문자로 인식하지 않고 문자 그대로 인식하게 된다.

```
[root@localhost shell]# echo How are you?
How are you?
[root@localhost shell]# echo How are you? $0
How are you? -bash
[root@localhost shell]# echo How are you? \$0
How are you? $0
[root@localhost shell]# echo How are you? \
> Fine.
How are you? Fine.
[root@localhost shell]#
```

echo 명령에서 일반 문자들은 그대로 출력된다. 하지만 $0는 현재 쉘 이름의 변수이기 때문에 -bash를 출력한다. 이때 $문자 앞에 백슬래시(\)를 붙여주면 $0를 문자 그대로 인식하게 된다. 그리고 echo 명령에서 문자열 마지막에 백슬래시(\)를 사용하면 다음 라인에서 계속 입력하겠다는 의미이다.

2.14.6 틸드(~)와 하이픈(–) 확장

틸드 문자(~)는 배시 쉘에서 사용자 홈디렉터리의 전체 경로를 나타낸다. 틸드 문자는 유저명 앞에 사용된다.

틸드(~)에 (+)문자를 붙이면 pwd의 결과값을 출력해 주고, OLDPWD 변수는 이전 작업 디렉터리를 저장하고 있다. 그리고 하이픈(–)을 사용하면 이전 디렉터리를 의미하고, cd - 명령을 사용하면 이전 디렉터리로 이동하게 된다.

```
[root@localhost shell]# pwd
/root/shell
[root@localhost shell]# echo ~
/root
[root@localhost shell]# echo ~+
/root/shell
[root@localhost shell]# echo $OLDPWD
/root
[root@localhost shell]# cd -
/root
[root@localhost ~]# echo ~-
/root/shell
[root@localhost ~]# cd -
/root/shell
[root@localhost shell]#
```

2.14.7 와일드카드 관리

set 명령을 사용하여 noglob를 설정하는 것은 -f 옵션을 사용하여 파일명을 치환하는 것과 같다. 즉, noglob로 쉘을 설정하면 와일드카드들은 일반문자 그대로 인식된다. 이렇게 하면 grep, sed, awk와 같은 프로그램에서 메타문자를 포함하는 패턴을 검색할 때 유용하다. 만약 글로빙이 설정되어 있지 않으면(noglob) 모든 메타문자들은 와일드카드 해석을 피하기 위해 백슬래시를 사용할 필요가 없다. set 명령에서 noglob를 설정하기 위해서는 -o 옵션을 사용하며 noglob를 해제하기 위해서는 +o 옵션을 사용한다.

```
[root@localhost shell]# ls *.*
file1.bak  file2.bak
[root@localhost shell]# set -o noglob #또는 set -f
[root@localhost shell]# echo $SHELLOPTS
braceexpand:emacs:hashall:histexpand:history:interactive-comments:monitor:noglob
[root@localhost shell]# ls *.*
ls: *.*: No such file or directory
[root@localhost shell]# set +o noglob #또는 set +f
[root@localhost shell]# echo $SHELLOPTS
braceexpand:emacs:hashall:histexpand:history:interactive-comments:monitor
[root@localhost shell]#
```

set -o noglob 또는 set -f 명령을 실행하면 쉘 옵션($SHELLOPTS)에 noglob가 추가되고, 와일드카드(*)는 일반 문자로 그대로 인식된다. 그리고 noglob 옵션을 해제하기 위해서는 set +o noglob 또는 set +f 명령을 사용한다.

또한 쉘 옵션을 설정하는 shopt 명령을 사용할 수 있다. shopt -s dotglob 명령을 실행하면 shopt에서 출력되는 dotglob가 on된다. 즉, 와일드카드(*)가 dot(.)으로 시작하는 파일을 포함하여 검색하게 된다. dotglob 옵션을 off하기 위해서는 shopt -u dotglob 명령을 실행하면 된다.

```
[root@localhost shell]# cd ~
[root@localhost ~]# pwd
/root
[root@localhost ~]# ls *bash*
ls: *bash*: No such file or directory
[root@localhost ~]# shopt -s dotglob
[root@localhost ~]# shopt | grep dotglob
dotglob         on
[root@localhost ~]# ls *bash*
.bash_history  .bash_logout  .bash_profile  .bashrc
[root@localhost ~]# shopt -u dotglob
[root@localhost ~]# shopt | grep dotglob
dotglob         off
[root@localhost ~]# cd -
/root/shell
[root@localhost shell]#
```

2.14.8 확장된 파일명 글로빙

extglob를 설정하기 위해서는 set -s extglob 명령을 실행하면 된다. extglob를 설정하면 정규표현식을 사용할 수 있다.

```
[root@localhost shell]# shopt | grep extglob
extglob         off
[root@localhost shell]# touch file122 file123 file4 file5
[root@localhost shell]# ls
1000  3000  abc   fcsave  file1      file122  file2      file3  file5  food
2000  aaa   asdf  file    file1.bak  file123  file2.bak  file4  foo
[root@localhost shell]# shopt -s extglob
[root@localhost shell]# shopt | grep extglob
extglob         on
[root@localhost shell]# ls file?(1|2)
file  file1  file2
[root@localhost shell]# ls file*([1-3])
file  file1  file122  file123  file2  file3
[root@localhost shell]# ls file+([0-5])
file1  file122  file123  file2  file3  file4  file5
[root@localhost shell]# ls file@(1.bak|2)
file1.bak  file2
[root@localhost shell]# ls file!([3-5])
file  file1  file1.bak  file122  file123  file2  file2.bak
[root@localhost shell]# shopt -u extglob
[root@localhost shell]# shopt | grep extglob
extglob         off
[root@localhost shell]#
```

extglob 옵션하에서 ls file?(1|2) 명령을 실행하면 file로 시작하고, 뒤이어서 문자가 없거나 1 또는 2가 있는 파일명을 검색하므로 file, file1, file2가 출력된다.

ls file*([1-3]) 명령을 실행하면 file로 시작하고, 뒤이어서 문자가 없거나 1에서 3까지의 숫자가 오는 모든 파일명을 검색하므로 file, file1, file122, file123, file2, file3이 출력된다.

ls file+([0-5]) 명령을 실행하면 file로 시작하고, 뒤이어서 0에서 5사이의 숫자가 하나라도 나오는 파일명을 검색하므로 file1, file122, file123, file2, file3, file4, file5가 출력된다.

ls file@(1.bak|2) 명령을 실행하면 file로 시작하고, 뒤이어서 괄호 안의 문자열과 매칭되는 문자열을 검색하므로 file1.bak, file2가 출력된다.

ls file!([3-5]) 명령을 실행하면 file로 시작하고, 뒤이어서 3에서 5 사이의 숫자가 위치하지 않는 파일명을 검색하므로 file, file1, file1.bak, file122, file123, file2, file2.bak가 출력된다.

마지막으로 shopt -u extglob 명령을 실행하여 extglob 옵션을 off하였다.

아래에는 자주 사용하는 정규표현식을 간략하게 정리하였다. 참고하도록 하자.

표 2-17 • 자주 사용하는 정규표현식

정규표현식	의미
abc?(2|9)1	? 메타문자는 괄호 안의 패턴 중 매칭되는 패턴이 없거나 하나라도 있는지 검색한다. 버티컬 바(|)는 or를 의미한다. 주어진 정규표현식에 매칭되는 문자열로는 abc21, abc91, abc1이 된다.
abc*([0-9])	* 메타문자는 괄호 안의 패턴 중 매칭되는 패턴이 없거나 그 이상이 있는지 검색한다. 주어진 정규표현식에 의하여 abc로 시작하고 숫자가 없거나, 하나라도 숫자가 있는 문자열을 매칭한다. 매칭되는 문자열로는 abc, abc1234, abc3, abc2 등이 될 수 있다.
abc+([0-9])	+ 메타문자는 괄호 안의 패턴 중 매칭되는 패턴이 하나이거나 그 이상이 있는지 검색한다. 주어진 정규표현식에 의하여 abc로 시작하고 그 뒤로 숫자가 하나 또는 그 이상인 문자열을 매칭한다. 매칭되는 문자열로는 abc3, abc123 등이 될 수 있다.
no@(one|ne)	@ 메타문자는 괄호 안의 패턴 중 정확히 하나의 패턴이 있는지 검색한다. 주어진 정규표현식에 매칭되는 문자열로는 noone, none가 된다.
no!(thing|where)	! 메타문자는 괄호 안의 패턴 중 매칭되는 패턴을 포함하지 않는 문자열을 검색한다. no, nobody, noone은 검색 대상이지만, nothing, nowhere는 검색 대상이 아니다.

2.15 | 변수(배시 쉘)

2.15.1 변수의 타입

변수의 타입에는 로컬 변수와 환경 변수(전역 변수)가 있다. 로컬 변수는 생성된 쉘에서만 사용이 가능하지만, 환경 변수는 생성된 쉘로부터 자식으로 생성된 자식 프로세스에서도 사용이 가능하다.

2.15.2 변수명

변수명은 알파벳 또는 '_' 문자로 시작해야 하며, 시작 문자 이후에는 알파벳, 숫자, '_' 등 모두 올 수 있다. 변수에 값을 할당할 때 '=' 기호 앞뒤로 공백이 있어서는 안 된다.

형식	variable=value

```
[root@localhost shell]# 119="긴급전화"
-bash: 119=긴급전화: command not found
[root@localhost shell]# _119="긴급전화"
[root@localhost shell]# echo $_119
긴급전화
[root@localhost shell]# linux = "CentOS Linux"
-bash: linux: command not found
[root@localhost shell]# linux="CentOS Linux"
[root@localhost shell]# echo $linux
CentOS Linux
[root@localhost shell]#
```

2.15.3 declare 명령

변수를 생성하기 위해서는 declare, typeset 두 가지의 빌트인 명령을 사용한다. 이 두 가지는 거의 동일하며 일반적으로 declare 명령을 주로 사용한다. declare 명령에서 아규먼트가 없으면 설정된 모든 변수들의 목록을 출력한다. 읽기전용 변수들은 값을 재할당할 수 없으며 설정을 해제할 수 없다. 만약 읽기전용 변수가 declare 명령으로 생성되면 unset할 수 없다. 하지만 재할당은 할 수 있다. 정수형 타입 변수는 declare 명령으로 재할당할 수 있다.

형식	declare variable=value

```
declare name=TYKim
```

표 2-18 • declare 옵션

declare 옵션	의미
-a	배열로 변수를 취급
-f	함수명과 정의 목록 출력
-F	함수명 목록만 출력
-i	정수형 타입 변수 만들기
-r	읽기전용 변수 만들기
-x	서브쉘에 변수명을 전달하기(export)

2.15.4 로컬 변수와 사용 범위

쉘에서 로컬 변수의 사용 범위는 변수가 생성된 쉘에만 한정된다. 변수에 값을 할당할 때 '=' 기호 앞뒤로 공백을 사용해서는 안 된다. 값을 널null로 설정하기 위하여 '=' 기호 뒤에 newline을 추가하면 되는데, 엔터키를 입력하면 된다. 달러($) 기호는 변수에 저장되어 있는 값을 출력하기 위하여 변수 앞에 붙여준다.

로컬 함수는 로컬 변수를 생성하기 위해 사용할 수 있다. 하지만 생성된 변수는 함수 안에서만 사용된다.

>> 로컬 변수 설정

로컬 변수는 변수명에 값을 할당하여 설정하거나 declare 빌트인 함수를 사용하여 생성한다.

```
[root@localhost shell]# linux=CentOS # 또는 declare linux=CentOS
[root@localhost shell]# echo $linux
CentOS
[root@localhost shell]# name="TY KIM"
[root@localhost shell]# echo $name
TY KIM
[root@localhost shell]# y=
[root@localhost shell]# echo $y

[root@localhost shell]# file.txt="$HOME/multi"
-bash: file.txt=/root/multi: No such file or directory
[root@localhost shell]#
```

linux 로컬 변수를 생성하기 위해 '=' 기호 다음에 CentOS 문자열을 할당해 주어도 되고 declare linux=CentOS 형식을 사용해도 된다. 그리고 linux 변수의 값을 출력하기 위해 변수명 앞에 $ 기호를 붙여주었다. 그리고 "TY KIM"처럼 공백이 있는 문자열을 할당할 경우에는 큰따옴표(" ")로 문자열을 감싸주어야 한다. 마지막으로 file.txt 변수를 생성하려고 했지만 에러가 발생했다. 왜냐하면 변수명에는 숫자와 문자와 '_' 문자만 허용하기 때문이다. 그래서 이 문자열은 명령으로 인식하게 되고 실행하게 되는데, 명령이 존재하지 않으므로 에러 메시지를 출력해 준다.

```
[root@localhost shell]# echo $$
2929
[root@localhost shell]# linux=CentOS
[root@localhost shell]# echo $linux
CentOS
[root@localhost shell]# bash #서브쉘 시작
[root@localhost shell]# echo $$
3762
[root@localhost shell]# echo $linux

[root@localhost shell]# exit #서브쉘 종료
exit
[root@localhost shell]# echo $$
2929
[root@localhost shell]# echo $linux
CentOS
[root@localhost shell]#
```

먼저 현재 쉘의 프로세스 번호를 출력하기 위해 $$ 변수를 출력해 보면 2929번임을 알 수 있다. 현재 쉘에서 linux 변수를 생성하고 출력한 다음, bash 명령을 실행하여 서브쉘을 시작하고 $$ 변수를 사용하여 프로세스 번호를 출력해 보면 3762번임을 알 수 있다. 그리고 앞서 생성했던 linux 변수를 출력해 보면 아무런 내용도 출력되지 않는다. 즉, 이전에 생성되었던 linux 변수는 로컬 변수이므로 2929번 PID를 가지는 쉘에서만 사용이 가능함을 알 수 있다. 이제 exit 명령을 사용하여 서브쉘을 종료하고 원래의 2929번 PID의 쉘로 돌아온 다음 linux 변수를 출력하면 "CentOS" 문자열이 정상적으로 출력된다.

>> 읽기전용 변수 설정하기

읽기전용 변수는 재정의 또는 설정을 해제할 수 없는 특수 변수이다.

형식	readonly 변수명 declare -r 변수명=문자열

```
[root@localhost shell]# name=TYKIM
[root@localhost shell]# readonly name
[root@localhost shell]# echo $name
TYKIM
[root@localhost shell]# unset name
-bash: unset: name: cannot unset: readonly variable
[root@localhost shell]# name=MULTI
-bash: name: readonly variable
[root@localhost shell]# declare -r city'=Daegu City'
[root@localhost shell]# unset city
-bash: unset: city: cannot unset: readonly variable
[root@localhost shell]# declare city='Seoul City'
-bash: declare: city: readonly variable
[root@localhost shell]# echo $city
Daegu City
[root@localhost shell]#
```

위 예제에서 readonly 또는 declare -r 명령을 사용하여 name 변수를 읽기전용으로 지정한 다음, 재정의 또는 설정 해제를 해보면 에러 메시지를 출력한다.

2.15.5 환경 변수

환경 변수는 쉘과 서브쉘에서 어디서든지 사용할 수 있는 변수이다. 이 환경 변수는 로컬 변수지역 변수와 구별하기 위해 글로벌 변수전역 변수라고도 한다. 환경 변수는 지역 변수와 구별하기 위해 일반적으로 대문자로 정의하며, export 빌트인 명령을 사용하여 지역 변수를 전역 변수화할 수 있다.

변수가 생성된 쉘은 부모 쉘이라고 부르고, 만약 부모 쉘로부터 새로운 쉘이 시작되면 이 쉘을 자식 쉘이라고 부른다. 부모 쉘에서 설정된 환경 변수는 자식 쉘로 전달되기 때문에 자식 쉘에서 사용할 수 있다. 하지만 반대로 자식 쉘에서 생성된 환경 변수는 부모 쉘에서 사용할 수 없다. HOME, LOGNAME, PATH, SHELL과 같은 환경 변수들은 /bin/login 프로그램으로 로그인하기 이전에 설정된다. 일반적으로 환경 변수들은 /etc/profile 또는 유저의 홈디렉터리에 있는 .bash_profile 파일에 정의되고 저장된다.

표 2-19 • bash 환경 변수

환경 변수	의미

_ (underscore)	이전 명령에서 사용한 마지막 아규먼트를 가지는 변수이다.
	`[root@localhost ~]# ls /usr/local`
	`bin  etc  games  include  lib  libexec  sbin  share  src`
	`[root@localhost ~]# echo $_`
	`/usr/local`
	`[root@localhost ~]#`

BASH	현재 실행 중인 bash를 실행할 때 사용한 완전한 전체 경로명을 가지는 변수이다.
	`[root@localhost ~]# echo $BASH`
	`/bin/bash`
	`[root@localhost ~]#`

BASH_ENV	ENV 변수와 동일하지만 bash에서만 설정된다.

BASH_VERSINFO	bash 버전에 대한 정보를 가지는 변수이다.
	`[root@localhost ~]# echo $BASH_VERSINFO`
	`3`
	`[root@localhost ~]#`

BASH_VERSION	bash 인스턴스의 전체 버전 번호를 가지는 변수이다.
	`[root@localhost ~]# echo $BASH_VERSION`
	`3.2.25(1)-release`
	`[root@localhost ~]#`

CDPATH	cd 명령에서 사용하는 검색 경로이다. cd 명령에서 사용한 목적지 디렉터리를 검색할 디렉터리를 콜론(;)으로 구분하여 적는다. 예를 들어, ".:~:/usr"와 같은 값으로 설정한다.

COLUMNS	이 변수의 값을 설정하면 쉘 편집모드와 명령 선택을 위한 편집 윈도우의 너비를 정의하는 것이다.
	`[root@localhost ~]# echo $COLUMNS`
	`80`
	`[root@localhost ~]#`

(계속)

표 2-19 • bash 환경 변수(계속)

환경 변수	의미

DIRSTACK	bash 스택 디렉터리의 현재 내용을 가지는 변수이다.
	`[root@localhost ~]# echo $DIRSTACK`
	`~`
	`[root@localhost ~]#`

EDITOR	vi, emacs, gemacs 등의 빌트인 에디터를 위한 경로명을 가지는 변수이다.
ENV	bash가 쉘 스크립트를 실행할 때 매개변수가 설정되어 있으면 그 값은 .bashrc와 같이 쉘을 초기화하는 명령을 담고 있는 파일의 이름으로 해석한다. ENV 변수의 값은 경로명으로 해석되기 전에 매개변수 확장, 명령 치환, 연산 확장을 거쳐 설정된다. 결과로 나오는 경로명 검색에서 PATH는 사용하지 않는다.

EUID	현재 사용자의 유효 사용자 ID로 확장되고 쉘 시작 시 초기화된다. root의 EUID는 0이다.
	`[root@localhost ~]# echo $EUID`
	`0`
	`[root@localhost ~]#`

FCEDIT	fc 내장명령의 기본 편집기 이름을 가지는 변수이다.
FIGNORE	파일명 완성을 수행할 때 무시할 꼬리말의 목록을 콜론으로 구분하여 나열한다. FIGNORE에 설정되어 있는 꼬리말을 가진 파일명은 일치하는 파일명 목록으로부터 제외된다. 예를 들어, ".o:~"와 같은 값을 사용할 수 있다.
FORMAT	명령 파이프라인에서 예약된 단어들의 시간 결과값 형식을 위해 사용된다.
GLOBIGNORE	파일명을 확장하는 동안 파일 목록을 무시하고자 할 경우 사용하는 변수이다.

GROUPS	현재 유저가 속한 그룹의 배열을 가지는 변수이다. root 그룹은 0번이다.
	`[root@localhost ~]# echo $GROUPS`
	`0`
	`[root@localhost ~]#`

HISTCMD	현재 명령의 히스토리 번호 또는 히스토리 리스트에서의 인덱스를 가지는 변수이다. HISTCMD를 unset하면 특별한 속성을 잃게 된다. 그 뒤에 다시 설정해도 한번 잃은 속성은 돌아오지 않는다.
HISTCONTROL	ignorespace라는 값으로 설정하면 스페이스 문자로 시작하는 행은 히스토리 목록에 넣지 않는다. ignoredups로 설정하면 마지막 히스토리 행과 일치하는 행은 히스토리 목록에 넣지 않는다. ignoreboth는 두 옵션을 합한 것과 같다. unset하거나 위에서 말한 값이 아닌 값으로 설정하면 파서(parser)에서 읽어들인 모든 행을 히스토리 목록에 저장한다.

(계속)

표 2-19 • bash 환경 변수(계속)

<table>
<tr><th>환경 변수</th><th>의미</th></tr>
<tr><td>HISTFILE</td><td>명령 히스토리를 저장할 파일명을 가지는 변수이며 기본값은 ~/.bash_history이다. unset하면 대화형 쉘이 종료할 때 명령 히스토리를 저장하지 않는다.

[root@localhost ~]# echo $HISTFILE
/root/.bash_history
[root@localhost ~]#</td></tr>
<tr><td>HISTFILESIZE</td><td>히스토리 파일의 최대 행 개수를 가지는 변수이며, 값을 지정하면 필요한 경우 그 값에 맞게 파일을 잘라 쓴다(truncate). 기본값은 1000이다.

[root@localhost ~]# echo $HISTFILESIZE
1000
[root@localhost ~]#</td></tr>
<tr><td>HISTSIZE</td><td>명령 히스토리에서 기억해둘 명령의 개수를 가지는 변수이다. 기본값은 1000이다.

[root@localhost ~]# echo $HISTSIZE
1000
[root@localhost ~]#</td></tr>
<tr><td>HOME</td><td>유저의 홈디렉터리를 가지는 변수이다.

[root@localhost ~]# echo $HOME
/root
[root@localhost ~]#</td></tr>
<tr><td>HOSTFILE</td><td>/etc/hosts와 같은 형식의 파일로서 쉘이 호스트 이름을 완성할 때 사용한다. 파일명은 그때 그때 변경할 수 있다. 다음 번에 호스트 이름 완성을 시도할 때 bash는 새로운 파일의 내용을 기존 데이터베이스에 추가한다.</td></tr>
<tr><td>HOSTTYPE</td><td>자동으로 bash가 실행 중인 머신의 타입을 기술하는 고유한 문자열로 지정된다. 기본값은 시스템에 따라 다르다.

[root@localhost ~]# echo $HOSTTYPE
i686
[root@localhost ~]#</td></tr>
<tr><td>IFS</td><td>내부 필드 구분자(Internal Field Separator)는 확장 후에 단어를 분리하고 read 내장명령으로 읽은 행을 분리할 때 사용된다. 기본값은 "〈스페이스〉〈탭〉〈개행문자〉"이다.</td></tr>
</table>

(계속)

표 2-19 • bash 환경 변수(계속)

환경 변수	의미
IGNOREEOF	입력행에 EOF 문자만 입력되었을 때 쉘이 어떤 행동을 보일 것인지 제어한다. 이 변수를 설정하면 값으로 지정한 횟수만큼 입력행의 처음에 EOF 문자가 연속적으로 입력될 때 bash를 빠져나간다. 변수는 존재하지만 숫자 값이 아니거나 아무런 값도 갖지 않을 때에는 기본값 10을 사용한다. 존재하지 않으면 EOF는 쉘에게 입력의 끝을 의미한다. 대화형 쉘에서만 효과를 지닌다.

INPUTRC	기본값인 ~/.inputrc 내신 readline 시작 파일로 사용할 파일명을 가지는 변수이다.
	`[root@localhost ~]# echo $INPUTRC`
	`/etc/inputrc`
	`[root@localhost ~]#`

LANG	LC_로 시작하는 변수의 값을 지정하지 않은 경우 로케일 카테고리를 결정하기 위해 사용한다.
LC_ALL	LANG와 LC_ 변수의 값을 오버라이드한다.
LC_COLLATE	경로명 확장, 표현식, 동치 클래스 범위의 행동 결과를 정렬할 때 사용될 대조 순서를 결정하고 경로명과 패턴을 매칭시킬 때 대조 순서를 결정한다.
LC_MESSAGES	큰따옴표로 둘러싸인 $ 문자로 시작되는 문자들을 해석하기 위해 사용될 로케일을 결정한다.
LINENO	참조할 때마다 쉘은 이 변수를 스크립트 또는 함수 내에서 현재 시점에서의 순차적인 행 번호(1부터 시작)를 십진수로 치환해 준다. 스크립트나 함수 안이 아닌 경우, 이 값은 의미가 없다. 함수 안에서의 값은 명령이 소스에서 위치하는 행 번호가 아니며 (이 정보는 함수가 실행될 때 사라진다.) 현재 함수 내에서 실행된 간단한 명령의 개수에 대한 근사값이라고 생각하면 된다. LINENO를 unset하면 특별한 속성을 잃게 된다. 그 뒤에 다시 설정해도 잃은 속성은 돌아오지 않는다.

MACHTYPE	bash가 실행되는 시스템의 머신 타입을 가지는 변수이다.
	`[root@localhost ~]# echo $MACHTYPE`
	`i686-redhat-linux-gnu`
	`[root@localhost ~]#`

MAIL	이 파라미터가 파일명으로 설정되어 있고 MAILPATH 변수가 설정되어 있지 않으면, bash는 그 파일을 보고 메일의 도착 여부를 사용자에게 알려준다.
MAIL_WARNING	이 변수가 설정되어 있고 bash가 메일을 점검할 때 사용하는 파일을 지난 번 점검 시간 이후 접근한 적이 있다면, "The mail in [filename where mail is stored] has been read"라는 메시지가 출력된다.

(계속)

표 2-19 • bash 환경 변수(계속)

환경 변수	의미
MAILCHECK	얼마나 자주(초 단위로) bash가 메일을 점검할 것인지 결정한다. 기본값은 60초(1분)이다. 메일을 점검할 때가 되면 프롬프트를 보여주기 전에 실행한다. 변수를 unset하면 메일 점검을 하지 않는다.
MAILPATH	메일이 왔는지 점검하기 위해 사용하는 경로명을 콜론(:)으로 구분하여 설정한다. 출력할 메시지는 경로명 다음에 "?"를 적고 그 다음에 적어 설정할 수 있다. $_는 현재 사용하고 있는 메일 파일의 이름을 표시한다. `MAILPATH='/usr/spool/mail/multi?"You have mail":~/shell-mail?"$_ has mail!"'` bash가 이 변수에 대한 기본값을 제공하지만, 사용자 메일 파일의 위치는 시스템에 따라 다르다. (예를 들어, /usr/spool/mail/$USER)
OLDPWD	cd 명령에 의해 설정되며 바로 이전 작업 디렉터리를 의미한다.
OPTARG	getopts 내장명령에 의해 처리된 마지막 옵션 인수의 값을 의미한다.
OPTERR	1로 설정하면 bash는 getopts 내장명령에서 발생한 에러 메시지를 표시한다. 쉘이 실행되거나 쉘 스크립트가 실행될 때 OPTERR은 1로 초기화된다.
OPTIND	getopts 내장명령에 의해 처리된 다음 인수의 인덱스를 의미한다.
OSTYPE	자동으로 bash가 실행 중인 운영체제의 타입을 기술하는 고유한 문자열로 지정된다. 기본값은 시스템에 따라 다르다.
PATH	명령을 검색할 검색경로이다. 쉘이 명령을 검색할 디렉터리 목록을 콜론(:)으로 구분하여 지정한다. 기본값은 시스템에 따라 다르며 bash를 설치하는 관리자가 설정할 수 있다. 일반적으로"/usr/local/sbin:/usr/local/bin:/sbin:/bin:/usr/sbin:/usr/bin:"이라는 값을 갖는다.
PIPESTATUS	파이프라인에서 가장 최근에 실행된 포그라운드 잡을 처리하는 것으로부터 종료 상태값의 목록을 가지고 있는 배열을 의미한다.
PPID	쉘의 부모 프로세스 ID를 의미한다.
PROMPT_COMMAND	이 변수를 설정하면 주 프롬프트를 출력하기 전에 지정한 명령을 실행한다.
PS1	이 변수의 값을 확장하여 주 프롬프트 문자열로 사용한다. 기본값은 "$"이다.
PS2	이 변수의 값을 확장하여 2차 프롬프트 문자열로 사용한다. 기본값은 ">"이다.
PS3	이 변수의 값을 확장하여 select 명령의 프롬프트로 사용한다. 기본값은 "#?"이다.
PS4	이 변수의 값을 확장하여 실행 추적(디버깅) 중 bash가 각 명령을 표시하기 전에 이 값을 사용한다. PS4의 첫 번째 문자는 여러 레벨을 표시하기 위해 필요한 만큼 반복하여 표시한다. 기본값은 "+"이다. 실행 추적은 set -x 명령으로 on할 수 있다.

(계속)

표 2-19 • bash 환경 변수(계속)

환경 변수	의미

PWD	cd 명령으로 설정된 현재 작업 디렉터리를 의미한다.
	`[root@localhost ~]# echo $PWD`
	`/root`
	`[root@localhost ~]#`

RANDOM	이 변수를 참조할 때마다 무작위 랜덤 정수가 발생된다. 무작위 정수의 순서는 RANDOM에 값을 지정하면 초기화된다. RANDOM을 unset하면 특별한 속성을 잃게 된다. 그 뒤에 다시 설정해도 잃은 속성은 돌아오지 않는다.
REPLY	인수가 제공되지 않은 경우 read 내장명령으로 읽어들인 입력 행으로 설정된다.

SECONDS	이 변수를 참조할 때마다 쉘이 시작한 시점부터 경과된 시간을 반환한다. SECONDS에 값을 지정하면 그 다음부터는 지정한 시점으로부터 경과한 시간을 더한 값이 반환된다. SECONDS를 unset하면 특별한 속성을 잃게 된다. 그 뒤에 다시 설정해도 잃은 속성은 돌아오지 않는다.
	`[root@localhost ~]# echo $SECONDS`
	`8471`
	`[root@localhost ~]# echo $SECONDS`
	`8476`
	`[root@localhost ~]#`

SHELL	쉘이 호출되었을 때 이 변수에 설정된 쉘의 환경 변수들을 가져와서 사용하게 된다.
	`[root@localhost ~]# echo $SHELL`
	`/bin/bash`
	`[root@localhost ~]#`

SHELLOPTS	braceexpand, hashall, monitor 등과 같은 쉘 옵션 목록을 포함하고 있는 변수이다.
SHLVL	bash 인스턴스를 실행할 때마다 1씩 증가하는 변수이다.
TMOUT	0보다 큰 값으로 설정하면 주 프롬프트가 표시된 후 설정한 값만큼의 초를 기다린다. 그동안 아무런 입력도 없으면 bash는 종료한다.
UID	현재 사용자의 사용자 ID로 확장한다. 쉘 시작 시 초기화된다.

>> 환경 변수 설정

지역 변수를 환경 변수로 만들기 위해서는 변수에 값을 할당한 다음, export 명령을 사용한다. 그리고 declare 명령어와 함께 -x 옵션을 사용해서 환경 변수를 설정할 수 있다.

표 2-20 • export 명령 옵션

export 옵션	값
--	옵션 프로세싱의 끝을 마크한다. 남아있는 파라미터들은 아규먼트들이며 나머지 인수에 대한 옵션 점검을 하지 않도록 한다.
-f	변수가 아니라 함수로 취급된다.
-n	전역 변수를 지역 변수로 만들기 때문에 변수는 자식 프로세스에 전달되지 않는다.
-p	모든 전역 변수를 출력한다.

[현재의 환경 변수 보기]

```
[root@localhost ~]# export -p
declare -x CVS_RSH="ssh"
declare -x G_BROKEN_FILENAMES="1"
declare -x HISTSIZE="1000"
declare -x HOME="/root"
declare -x HOSTNAME="localhost.localdomain"
declare -x INPUTRC="/etc/inputrc"
declare -x LANG="en_US.UTF-8"
declare -x LESSOPEN="|/usr/bin/lesspipe.sh %s"
declare -x LOGNAME="root"
declare -x LS_COLORS="no=00:fi=00:di=00;34:ln=00;36:pi=40;33:so=00;35:bd=40;33;01:cd=40;33;01:or=01;0
5;37;41:mi=01;05;37;41:ex=00;32:*.cmd=00;32:*.exe=00;32:*.com=00;32:*.btm=00;32:*.bat=00;32:*.sh=00;3
2:*.csh=00;32:*.tar=00;31:*.tgz=00;31:*.arj=00;31:*.taz=00;31:*.lzh=00;31:*.zip=00;31:*.z=00;31:*.Z=0
0;31:*.gz=00;31:*.bz2=00;31:*.bz=00;31:*.tz=00;31:*.rpm=00;31:*.cpio=00;31:*.jpg=00;35:*.gif=00;35:*.
bmp=00;35:*.xbm=00;35:*.xpm=00;35:*.png=00;35:*.tif=00;35:"
declare -x MAIL="/var/spool/mail/root"
declare -x OLDPWD
declare -x PATH="/usr/kerberos/sbin:/usr/kerberos/bin:/usr/local/sbin:/usr/local/bin:/sbin:/bin:/usr/
sbin:/usr/bin:/root/bin"
declare -x PWD="/root"
declare -x SHELL="/bin/bash"
```

(계속)

```
declare -x SHLVL="1"
declare -x SSH_ASKPASS="/usr/libexec/openssh/gnome-ssh-askpass"
declare -x TERM="xterm"
declare -x USER="root"
```

```
[root@localhost ~]#
```

형식

```
export 변수명=값
변수명=값; export 변수명
declare -x 변수명=값
```

```
export NAME="TY KIM"
PS1='\d:\W:$USER> ' ; export PS1
declare -x TERM=myterm

[root@localhost shell]# export TERM=myterm
[root@localhost shell]# NAME="TY KIM"
[root@localhost shell]# export NAME
[root@localhost shell]# echo $NAME
TY KIM
[root@localhost shell]# echo $$
3886
[root@localhost shell]# bash
[root@localhost shell]# echo $$
3917
[root@localhost shell]# echo $NAME
TY KIM
[root@localhost shell]# declare -x NAME="multikty@gmail.com"
[root@localhost shell]# echo $NAME
multikty@gmail.com
[root@localhost shell]# exit
exit
[root@localhost shell]# echo $$
3886
[root@localhost shell]# echo $NAME
TY KIM
[root@localhost shell]#
```

먼저 export 명령을 사용하여 NAME 변수를 환경 변수로 만들었으며, 현재 쉘의 PID를 출력하기 위해 $$ 변수를 출력하여 3886번의 PID임을 알 수 있다. 그리고 서브쉘을 시작하기 위해 bash 명령을 실행하였다. 이 서브쉘의 PID를 알아보면 3917번이다. 앞서 환경 변수로 설정한 NAME 변수를 호출하면 정상적으로 출력이 되며, declare -x 명령을 사용하여 서브쉘에서 다시 NAME 변수를 정의하였다. 서브쉘에서 NAME 변수를 출력하면 조금 전에 변경했던 문자열이 출력되지만, exit 명령을 사용하여 서브쉘을 빠져나간 다음 NAME 변수를 출력해 보면 서브쉘에서 변경한 사항은 적용되지 않음을 확인할 수 있다.

2.15.6 변수 설정 해제

로컬 변수와 환경 변수는 읽기전용이 아니라면 unset 명령을 사용하여 설정을 해제할 수 있다. 즉, 쉘 메모리에서 변수를 제거할 수 있다는 것이다.

형식	unset 변수명

```
[root@localhost shell]# echo $TERM
xterm
[root@localhost shell]# export TERM=myterm
[root@localhost shell]# echo $TERM
myterm
[root@localhost shell]# unset TERM
[root@localhost shell]# echo $TERM
[root@localhost shell]# clear
TERM environment variable not set.
[root@localhost shell]# export TERM=xterm
```

2.15.7 변수의 값 출력하기

echo 빌트인 명령은 아규먼트를 표준 출력으로 출력하는 명령이다. echo 명령에서 -e 옵션을 사용하면 몇 가지 이스케이프 시퀀스를 사용할 수 있다. 다음의 표를 참고하자.

표 2-21 • echo 옵션

echo 옵션	설명
-e	문자열에서 다음 백슬래시로 이스케이프된 문자를 번역하도록 한다.
-E	기본적으로 해석되어야 하는 곳에서도 이스케이프 문자 해석이 불가능하다.
-n	마지막에 개행문자를 출력하지 않는다.
-e 옵션 사용 시 이스케이프 시퀀스	
\a	경고음(벨)
\b	백스페이스
\c	마지막 개행문자를 사용하지 않는다
\f	폼 피드
\n	개행문자, newline
\r	캐리지 리턴
\t	수평 탭
\v	수직 탭
\\	백슬래시
\nnn	ASCII 코드가 nnn(8진수)인 문자

echo 명령에서 이스케이프 시퀀스를 사용하고자 한다면 반드시 -e 옵션을 사용해야 한다.

```
[root@localhost shell]# echo "유저 이름은 $LOGNAME"

유저 이름은 root
[root@localhost shell]# echo -e "\t\t안녕하세요\n"
                안녕하세요
[root@localhost shell]# echo -n "안녕하세요\n"
안녕하세요\n[root@localhost shell]#
```

>> printf 명령

printf 명령은 포맷을 지정하여 출력할 수 있으며 C 언어의 printf 함수와 동일한 방법을 사용한다. 포맷을 지정하기 위해 % 뒤에 여러 가지 지시자(diouxXfeEgGcs)를 사용한다. %f는 실수형, %d는 십진수 정수형 포맷을 의미한다.

형식 `printf: usage: printf [-v var] format [arguments]`

```
[root@localhost shell]# type printf
printf is a shell builtin
[root@localhost shell]# printf "실수는 %.3f\n" 10
실수는 10.000
[root@localhost shell]# printf "%-20s%-15s%10.2f\n" "리눅스" "CentOS" 10
리눅스          CentOS              10.00
[root@localhost shell]# printf "|%-20s|%-15s|%10.2f|\n" "리눅스" "CentOS" 10
|리눅스          |CentOS         |     10.00|
[root@localhost shell]# printf "%s의 평균은 %.2f%%이다\n" "홍길동" $(( (80+40+100)/3))
홍길동의 평균은 73.00%이다
[root@localhost shell]#
```

표 2-22 • printf 포맷 지시자

printf 포맷	의미
\"	큰따옴표(더블 쿼터)
\0NNN	0개에서 3개의 숫자를 의미하는 NNN, 8진수 문자
\\	백슬래시
\a	경고 또는 비프음
\b	백스페이스
\c	\c 이후에 더 이상 출력하지 않는다.
\f	폼 피드
\n	개행문자, newline
\r	캐리지 리턴
\t	수평 탭
\v	수직 탭
\xNNN	1개에서 3개까지의 숫자를 의미하는 NNN, 16진수 문자
%%	하나의 %
%b	형식 문자열에 있는대로 인수 문자열을 "\" 이스케이프로 출력한다.

2.15.8 변수 확장 변경자

변수는 특수한 변경자에 의해 테스트되고 수정될 수 있다. 변경자는 변수가 설정되었는지 체크하기 위해 사용되고 test의 결과를 기초로 변수에 값을 할당한다.

표 2-23 • 변수 확장 변경자

확장 변경자	값
${variable:-word}	변수가 설정되고 널(null)이 아니라면 변수의 값을 치환하고, 변수가 설정되어 있지 않으면 주어진 단어로 치환한다.
${variable:=word}	변수가 설정되고 널(null)이 아니라면 변수의 값을 치환하고, 그렇지 않으면 주어진 단어로 설정한다. 변수의 값은 영구적으로 치환된다. 위치 파라미터는 이 방법으로 할당되지 않을 수도 있다.
${variable:+word}	변수가 설정되고 널(null)이 아니라면 단어로 임시 치환하고, 그렇지 않으면 아무것도 치환하지 않는다.
${variable:-word}	변수가 설정되고 널(null)이 아니라면 변수의 값을 치환하고, 그렇지 않으면 단어를 출력하고 쉘에서 빠져나온다. 만약 단어가 생략되면 파라미터 널(null) 또는 미설정 메시지를 출력한다.
${variable:offset}	문자열은 0번부터 옵셋을 시작하는데, 변수의 값에서 옵셋으로 지정된 옵셋부터 시작하는 값으로 치환한다.
${variable:offset:length}	문자열은 0번부터 옵셋을 시작하는데, 변수의 값에서 시작 옵셋부터 지정한 문자의 길이를 가지는 옵셋에서 시작하는 값으로 치환한다.

콜론(:)과 함께 변경자(-, =, +, ?)를 사용하면 변수가 설정되지 않았는지, 널null인지 체크한다. 만약 콜론이 없다면 변수는 널null로 설정된다.

```
[root@localhost shell]# fruit=apple
[root@localhost shell]# echo ${fruit:-abc}
apple
[root@localhost shell]# echo ${newfruit:-banana}
banana
[root@localhost shell]# echo $newfruit

[root@localhost shell]# echo $EDITOR

[root@localhost shell]# echo ${EDITOR:-/bin/vi}
```

```
/bin/vi
[root@localhost shell]# echo $EDITOR

[root@localhost shell]# name=
[root@localhost shell]# echo ${name-Tom}

[root@localhost shell]# echo ${name:-Tom}
Tom
[root@localhost shell]#
```

먼저 fruit 변수에 apple을 할당하였다. 그리고 변경자를 사용하였는데, 이 변경자는 fruit 변수가 설정되어 있는지 체크한다. 만약 fruit 변수가 설정되어 있다면 그 값이 출력될 것이고, 설정되어 있지 않다면 abc가 fruit 변수를 대신하여 출력될 것이다. newfruit 변수가 설정되어 있는지 체크하고 설정되어 있지 않다면 banana를 출력하도록 지정하면, 현재 newfruit 변수가 설정되어 있지 않기 때문에 banana가 출력된다.

변수 newfruit는 아직 설정되지 않았으므로 아무것도 출력되지 않는다. EDITOR 변수도 마찬가지이다.

name 변수에 아무것도 할당하지 않고 echo ${name-Tom}에서 name 다음에 콜론(:)이 없기 때문에 name은 null로 설정되며, 다음 라인에서 name 변수를 출력하면 null 값으로 출력된다. 마지막으로 콜론을 사용하여 echo ${name:-Tom} 명령을 실행하면 앞서 name 변수의 값이 null이기 때문에 Tom이 출력된다.

```
[root@localhost shell]# name=
[root@localhost shell]# echo ${name:=홍길동}
홍길동
[root@localhost shell]# echo $name
홍길동
[root@localhost shell]# echo ${EDITOR:=/bin/vi}
/bin/vi
[root@localhost shell]# echo $EDITOR
/bin/vi
[root@localhost shell]#
```

:=의 경우 변수명이 설정되어 있는지 체크하는데, 만약 설정되어 있다면 변경되지 않고, 설정되어 있지 않거나 null 값이면 = 기호 이후의 값이 설정된다.

먼저 name 변수를 null 값으로 만들었다. 그리고 name:=홍길동 형식을 사용하여 출력하면 홍길동을 출력한다. 이 경우에는 name 변수에 홍길동이 할당되기 때문에 아래 라인에서 name 변수를 출력해 보면 홍길동 문자열이 할당되어 있는 것을 확인할 수 있다. 아래의 EDITOR 변수도 마찬가지이다.

```
[root@localhost shell]# linux=CentOS
[root@localhost shell]# echo ${linux:+Fedora}
Fedora
[root@localhost shell]# echo $linux
CentOS
[root@localhost shell]#
```

linux 변수에 CentOS 문자열을 할당하였다. :+ 변경자는 변수가 설정되어 있는지 체크하며 만약 설정되어 있다면 :+ 뒤의 값이 임시로 치환되고, 설정되어 있지 않다면 null 값을 리턴한다. linux 변수를 다시 출력해 보면 기존 값이 저장되어 있음을 확인할 수 있다.

```
[root@localhost shell]# echo ${namex:?"namex 변수가 설정되어 있지 않습니다."}
-bash: namex: namex 변수가 설정되어 있지 않습니다.
[root@localhost shell]# echo ${y?}
-bash: y: parameter null or not set
[root@localhost shell]#
```

:? 변경자는 변수가 설정되어 있는지 체크하며 설정되어 있지 않다면 :? 다음의 문자열이 변수명 다음에 표준 에러로 출력된다. 스크립트인 경우에는 스크립트를 종료한다. ? 다음에 메시지를 제공하지 않으면 쉘은 표준 에러에 디폴트 메시지를 보낸다.

```
[root@localhost shell]# var=notebook
[root@localhost shell]# echo ${var:0:4}
note
[root@localhost shell]# echo ${var:4:4}
book
[root@localhost shell]# echo ${var:0:7}
noteboo
[root@localhost shell]#
```

문자열은 배열 형태로 0번 옵셋부터 시작한다. 즉, notebook에서 n은 0번 옵셋이다. var 변수에 notebook을 할당하였다. 그리고 ${var:0:4} 형식을 사용하여 var 변수의 0번째 옵셋부터 길이가 4(네 번째)인 문자(e)까지 출력하도록 하였다. 그러므로 note가 출력된다. 이번에는 ${var:4:4}를 사용하여 4번 옵셋부터 시작하여 길이가 4가 되는 문자까지 출력하도록 했으므로 book이 출력된다. 마지막으로 ${var:0:7}의 의미는 0번 옵셋부터 길이가 7인 문자까지 출력하도록 한 것이므로 noteboo가 출력된다.

2.15.9 문자열을 자르기 위한 변수 확장자

표 2-24 • 문자열을 자르기 위한 변수 확장자

문자열 자르기 표현식	기능
${variable%pattern}	변수의 값 뒷부분부터 % 뒤의 패턴과 일치하는 값을 좁은 부분에서 잘라낸다.
${variable%%pattern}	변수의 값 뒷부분부터 % 뒤의 패턴과 일치하는 값을 넓은 부분에서 잘라낸다.
${variable#pattern}	변수의 값 앞부분부터 # 뒤의 패턴과 일치하는 값을 좁은 부분에서 잘라낸다.
${variable##pattern}	변수의 값 앞부분부터 # 뒤의 패턴과 일치하는 값을 넓은 부분에서 잘라낸다.
${#variable}	변수에 할당된 값의 문자 개수를 치환한다. 만약 * 또는 @라면 개수(길이)는 위치 파라미터의 개수이다.

```
[root@localhost shell]# pathname="/usr/bin/local/bin"
[root@localhost shell]# echo ${pathname%/bin*}
/usr/bin/local
[root@localhost ~]# echo ${pathname%%/bin*}
/usr
[root@localhost ~]#
```

로컬 변수 pathname에 /usr/bin/local/bin을 할당하였다. %는 pathname에서 /bin 패턴이 포함되는 뒷부분부터 좁은 부분을 잘라내게 된다. 그래서 결국 가장 뒷부분의 /bin 문자열이 잘려나가고 /usr/bin/local이 남게 된다. 그리고 %%는 pathname에서 /bin 패턴이 포함되는 뒷부분부터 넓은 부분을 잘라내게 되므로 /bin/local/bin 문자열이 잘려나가고 /usr 문자열만 남게 된다.

```
[root@localhost shell]# pathname="usr/bin/local/bin"
[root@localhost shell]# echo ${pathname%%/bin*}
usr
[root@localhost shell]#
```

pathname 변수에 usr/bin/local/bin을 할당하였다. %%는 뒷부분부터 /bin 패턴을 포함하

는 넓은 부분을 잘라내게 되므로 /bin/local/bin 문자열이 잘려나가고 결국 usr 문자열만 출력된다.

```
[root@localhost shell]# pathname=/home/multi/.bashrc
[root@localhost shell]# echo ${pathname#/home}
/multi/.bashrc
[root@localhost shell]#
```

로컬 변수 pathname에 /home/multi/.bashrc를 할당하였다. 그리고 #을 사용하여 앞부분부터 /home 패턴을 포함하는 좁은 부분을 잘라내게 했으므로 /home 문자열만 잘려나가고 /multi/.bashrc 문자열을 출력하게 된다.

```
[root@localhost shell]# pathname=/home/multi/.bashrc
[root@localhost shell]# echo ${pathname##*/}
.bashrc
[root@localhost shell]#
```

pathname 변수에 /home/multi/.bashrc를 할당하였으며, ##을 사용하여 앞부분부터 pathname에서 마지막 /를 포함하는 이전의 모든 문자열을 잘라내도록 하였다. 그래서 .bashrc만 출력된다.

```
[root@localhost shell]# name="TAEYONG KIM"
[root@localhost shell]# echo ${#name}
11
[root@localhost shell]#
```

name 변수를 정의한 다음, ${#변수}형식을 사용하여 name 변수에 할당된 문자열에서 전체 문자의 수를 출력하도록 하였다. name 변수를 구성하는 문자의 수는 11개이므로 11이 출력되었다.

2.15.10 위치 파라미터들

일반적으로 특수 빌트인 변수는 위치 파라미터라고도 부르는데, 명령라인으로부터 아규먼트로 전달할 때 쉘 스크립트에서 사용하거나 함수로 전달된 아규먼트의 값을 유지하기 위해 함수 안에서 사용한다. 이 변수들을 위치 파라미터라고 부르는 이유는 숫자값(1, 2, 3 등)으로 참조되며, 파라미터 목록에서 각각의 위치를 의미하기 때문이다.

표 2-25 • 위치 파라미터들

위치 파라미터 표현식	의미
$0	0번 파라미터, 즉 현재 쉘 스크립트의 이름을 가진다.
$1-$9	1~9번까지의 위치 파라미터의 값을 가진다.
${10}	열 번째 위치 파라미터의 값을 의미한다. 두 자릿수의 파라미터 위치는 중괄호({ })로 감싸준다.
$#	위치 파라미터의 값을 평가한다.
$*	모든 위치 파라미터들을 평가한다.
$@	큰따옴표(" ")를 사용한 것을 제외하고 $*과 같다.
"$*"	"$1, $2, $3" 형태로 평가한다.
"$@"	"$1" "$2" "$3" 형태로 평가한다.

```
[root@localhost shell]# set linux fedora centos excellent
[root@localhost shell]# echo $*
linux fedora centos excellent
[root@localhost shell]# echo $1
linux
[root@localhost shell]# echo $2
fedora
[root@localhost shell]# echo $3 $4
centos excellent
[root@localhost shell]# set a b c d e f g h i j k l m
[root@localhost shell]# echo $10
a0
[root@localhost shell]# echo ${10} ${11}
j k
[root@localhost shell]# echo $#
13
[root@localhost shell]# echo $*
a b c d e f g h i j k l m
[root@localhost shell]# set file1 file2 file3
[root@localhost shell]# echo \$$#
$3
[root@localhost shell]# eval echo \$$#
file3
```

```
[root@localhost shell]# set --
[root@localhost shell]# echo $*

[root@localhost shell]#
```

set 명령은 위치 파라미터에 값을 할당하는 명령이다. $* 특수 변수는 모든 파라미터 셋을 가지고 있다. 첫 번째 위치 파라미터[$1]인 linux를 출력하고 두 번째 위치 파라미터[$2]인 fedora를 출력한다. 그리고 세 번째[$3]와 네 번째 파라미터[$4]인 centos excellent를 모두 출력한다.

$# 특수 변수는 현재 설정된 위치 파라미터의 수를 가지고 있다. set 명령은 모든 위치 파라미터들을 재설정하며 기존 파라미터 목록은 모두 제거된다. 두 자리 숫자의 위치 파라미터 값을 출력하기 위해서는 컬리 브레이스({ })를 사용해야 한다. 브레이스를 사용하지 않으면 첫 번째 위치 파라미터의 값이 출력되고 숫자가 뒤이어서 출력된다. echo \$$# 명령에서 첫 번째 $ 기호를 이스케이프(\)했으므로 $ 문자 자체가 출력되고, $#에 의해 전체 파라미터의 수가 출력된다(3). eval echo \$$# 명령에서 eval 명령은 명령을 실행하기 전에 명령라인을 파싱하는데, 먼저 쉘에 의해 파싱되고 $3을 출력한 다음 echo 명령으로 $3의 값을 출력하므로 file3이 출력된다.

마지막으로 set 명령과 함께 -- 옵션을 사용하면 앞서 설정된 파라미터들은 모두 제거된다.

2.15.11 기타 특수 변수들

쉘은 하나의 문자를 가지는 특수 변수들을 가지고 있는데, 달러[$] 기호는 변수에 저장된 값에 접근하기 위해 사용한다.

```
[root@localhost shell]# echo 현재 쉘의 PID값은 :  $$
현재 쉘의 PID값은 : 6386
[root@localhost shell]# echo 현재 쉘의 옵션은 :  $-
현재 쉘의 옵션은 : himBH
[root@localhost shell]# grep multi /etc/passwd
multi:x:500:500::/home/multi:/bin/bash
[root@localhost shell]# echo $?
0
[root@localhost shell]# sleep 60&
[1] 7268
[root@localhost shell]# echo $!
7268
[root@localhost shell]#
```

$ 변수는 프로세스의 PID값을 가지고 있으며, - 변수는 배시 쉘의 모든 옵션 목록을 가지고 있다. grep 명령은 /etc/passwd 파일에서 multi 문자열이 존재하는 라인을 검색하며, ? 변수는 마지막으로 실행한 명령의 종료상태값을 가지고 있다. 종료상태값이 0이면 정상적인 종료, 1이면 비정상 종료를 의미한다. ! 변수는 백그라운드로 실행되고 있는 마지막 명령의 PID값을 가지고 있으며, sleep 명령에서 사용한 &는 백그라운드로 sleep 명령을 실행하라는 의미이다.

표 2-26 • 기타 특수 변수들

특수 변수	의미
$	쉘의 프로세스 아이디(PID)
?	배시 쉘의 모든 옵션 목록
?	마지막으로 실행한 명령의 종료상태값
!	백그라운드로 실행되고 있는 마지막 명령의 PID값

2.16 | 인용부호

인용부호는 인터프리터로부터 특수 메타문자와 파라미터 확장을 보호하기 위해 사용한다. 세 가지의 인용부호 사용법이 있는데 백슬래시(\), 작은따옴표(' '), 큰따옴표(" ")가 있다. 아래표의 메타문자들은 인용부호로 감싸주어야 문자 그대로 인식한다.

표 2-27 • 메타문자들

메타문자	의미
;	명령 구분자
&	백그라운드 프로세싱
( )	명령 그룹화, 서브쉘 생성함
{ }	명령 그룹화, 서브쉘 생성하지 않음
|	파이프
〈	입력 리다이렉션
〉	출력 리다이렉션
newline	명령 종료

(계속)

표 2-27 • 메타문자들(계속)

메타문자	의미
space/tab	단어 경계 구분
$	변수 치환 문자
* [ ] ?	파일명 확장을 위한 쉘 메타문자들

작은따옴표와 큰따옴표는 매칭되어야 하며, 작은따옴표는 $, *, ?, |, >, < 등의 특수 메타문자들을 인터프리터로부터 보호한다. 큰따옴표도 특수 메타문자들을 인터프리터로부터 보호하지만 처리되는 변수와 명령 치환 문자들을 허용한다. 작은따옴표는 큰따옴표를 보호하고 큰따옴표는 작은따옴표를 보호한다.

본 쉘과 다르게 배시 쉘은 잘못된 인용부호를 사용하면 알려준다. 만약 인용부호가 매칭되지 않으면 두 번째 프롬프트를 보여주고, 쉘 스크립트라면 파일이 스캔되고, 인용부호가 매칭되지 않으면 쉘은 다음에 사용 가능한 인용부호를 매칭시키려고 한다. 쉘이 다음 번 인용부호와 매칭할 수 없으면 프로그램은 중지되고 에러 메시지를 출력한다.

2.16.1 백슬래시(\)

백슬래시는 인터프리터로부터 하나의 문자를 인용부호화하거나 이스케이프한다. 백슬래시는 작은따옴표가 있다면 인터프리트되지 않는다. 백슬래시는 달러($) 기호, 백쿼터(` `)를 보호하고 큰따옴표로 둘러싸여지면 인터프리터로부터 백슬래시를 보호한다.

```
[root@localhost shell]# echo Where are you from\?
Where are you from?
[root@localhost shell]# echo 시작 라인이며 \
> 다음 라인이다.
시작 라인이며 다음 라인이다.
[root@localhost shell]# echo '\$10.00'
\$10.00
[root@localhost shell]# echo "\$10.00"
$10.00
[root@localhost shell]# echo 'Don\'t you need $10.00?'
>
> '
Don\t you need 0.00?

[root@localhost shell]#
```

백슬래시는 물음표(?)에 의한 파일명 치환으로부터 셸을 보호한다. 백슬래시는 newline을 이스케이프하고 현재 라인의 부분으로서 다음 라인을 보호한다. 이것은 백슬래시 자체가 특수 문자이기 때문에 인터프리터로부터 백슬래시 이후의 문자를 보호하게 된다. 백슬래시는 작은따옴표로 둘러싸여지면 인터프리터에 의해 해석되지 않는다. 작은따옴표 안의 모든 문자들은 상수로 취급되며 백슬래시는 문자 그대로 인식된다. 큰따옴표로 둘러싸여진 문자들 중에서 백슬래시는 변수 치환을 위한 인터프리터 해석으로부터 달러($) 기호를 보호한다. 마지막 명령에서 백슬래시는 작은따옴표 안에서 인터프리트되지 않기 때문에 셸은 3개의 작은따옴표로 해석하므로 작은따옴표 수가 매칭되지 않고 다음 라인의 프롬프트를 보여주는데, 이때 작은따옴표가 입력되기를 기다린다. 셸이 작은따옴표로 닫아준 것을 확인하면 모든 인용부호를 제거하고 echo 명령에 따라 문자열을 출력해 준다. 앞의 두 인용부호는 매칭이 되고 t you need $10.00? 문자열이 인식된다. 그런데 마지막에 작은따옴표가 있기 때문에 작은따옴표를 하나 더 추가해 주어야 입력이 완료된다. 이때 $1을 해석하여 null값이 되고 0.00?를 출력한다.

2.16.2 작은따옴표(' ')

작은따옴표는 앞뒤로 매칭이 되어야 하며 인터프리터로부터 모든 메타문자를 보호한다. 작은따옴표를 출력하기 위해서는 큰따옴표로 둘러싸거나 백슬래시로 이스케이프해야 한다.

```
[root@localhost shell]# echo '안녕하세요?
> 예, 안녕하세요?
> 어디 가세요?
> 마트 가요.
> 예.'
안녕하세요?
예, 안녕하세요?
어디 가세요?
마트 가요.
예.
[root@localhost shell]# echo Don\'t you need '$10.00?'
Don't you need $10.00?
[root@localhost shell]# echo '무엇을 공부하고 계세요?, "리눅스 쉘 스크립트요."'
무엇을 공부하고 계세요?, "리눅스 쉘 스크립트요."
[root@localhost shell]#
```

echo '안녕하세요? 문장에서 작은따옴표는 매칭되지 않는다. 이렇게 되면 배시 쉘은 다음 라인을 보여주고 작은따옴표를 입력할 때까지 기다린다. 작은따옴표는 인터프리터로부터 모든 메타문자들을 보호하는데, Don't 에서 어포스트로피(')는 백슬래시에 의해 이스케이프된다. 어포스트로피(')가 이스케이프되지 않으면 이 작은따옴표는 $ 기호 앞의 작은따옴표와 매칭되기 때문에 마지막의 작은따옴표는 매칭되는 작은따옴표가 하나 더 필요하게 되어 다음 라인으로 넘어가게 될것이다. $ 기호와 ? 기호는 작은따옴표로 둘러싸여져 있기 때문에 쉘 인터프리터로부터 보호받게 되어 상수로 인식되므로 Don't you need $10.00? 문자열을 출력하게 된다. 작은따옴표는 문자열에서 큰따옴표를 보호한다.

2.16.3 큰따옴표(" ")

큰따옴표는 매칭되어야 하는데, 변수와 명령 치환을 허용하고 쉘에 의해 인터프리트되지 않도록 특수 메타문자들을 보호한다.

```
[root@localhost shell]# name=홍길동
[root@localhost shell]# echo "안녕하세요? $name님, 만나서 반가워요."
안녕하세요? 홍길동님, 만나서 반가워요.
[root@localhost shell]# echo "안녕하세요? $name님, 현재 시간은 $(date)입니다."
안녕하세요? 홍길동님, 현재 시간은 Sun Jul 19 23:49:08 KST 2009입니다.
[root@localhost shell]#
```

먼저 name 로컬 변수에 홍길동을 할당하였다. 그리고 echo 명령과 큰따옴표를 사용하여 문자열을 출력하는데, 앞서 할당한 name 변수를 출력하기 위해 $name을 입력하면 name 변수의 값을 출력할 수 있다. 즉, 큰따옴표 안에서는 변수의 값을 출력할 수 있다. 변수 치환과 명령 치환은 큰따옴표로 둘러싸여졌을 때 가능하다. 변수 name의 값이 치환되고 괄호 안의 date 명령이 실행되어 출력된다.

2.17 | 명령 치환

변수를 명령의 결과값으로 할당할 때 또는 문자열에서 명령의 결과를 치환할 때 명령 치환이 사용된다. 모든 쉘은 명령 치환을 수행하기 위해 백쿼터(``)를 사용한다. 배시 쉘은 두 가지 형태를 사용할 수 있는데, 백쿼터 내에 명령을 넣어서 명령을 실행할 수 있으며, $ 기호와 함께 괄호 안에 명령$(command)을 넣어서 실행할 수 있다. 이때 배시 쉘은 명령을 실행

한 다음 표준 출력으로 결과를 리턴하게 된다. 명령 치환을 위해 백쿼터(` `)를 사용할 때 백슬래시(\)를 사용하면 $, `, \ 문자를 제외하고 상수의 의미를 가지게 된다. $(command) 형식을 사용할 때 괄호 안의 모든 문자들은 명령으로 인식되며 특수하게 인식되지 않는다.

형식	
	`linux command` #백쿼터를 사용한 실행
	$(linux command) #$와 괄호를 사용한 실행

>> 백쿼터(` `) 형식 사용 예제

```
[root@localhost shell]# echo "현재 시간은 `date +%H`시 입니다."
현재 시간은 00시 입니다.
[root@localhost shell]# cat file
홍길동: 100
장길산: 200
정약용: 300
[root@localhost shell]# name=`awk -F: '{print $1}' file`
[root@localhost shell]# echo $name
홍길동 장길산 정약용
[root@localhost shell]# ls `echo /usr/local/share`
info  man
[root@localhost shell]# set `date`
[root@localhost shell]# echo $*
Mon Jul 20 00:20:45 KST 2009
[root@localhost shell]# echo $2 $6
Jul 2009
[root@localhost shell]# pwd
/root/shell
[root@localhost shell]# echo `basename \`pwd\``
shell
[root@localhost shell]#
```

date 명령에서 %H를 사용하여 시간 부분만 출력하도록 하였다. 그리고 name 변수를 정의하면서 awk 명령의 결과값을 할당하였는데, file에서 필드 분리자로 콜론(:)를 사용하여 필드를 분리하고 각 라인의 1번 필드를 name 변수에 할당하였다. 그리고 name 변수를 echo 명령을 사용하여 출력하면 세 문자의 이름만 출력하게 된다. echo 명령의 결과값인

/usr/local/share 문자열을 ls 명령의 디렉터리로 사용하여 /usr/local/share 디렉터리 아래의 디렉터리와 파일 목록을 출력하였다. set 명령은 date 명령을 실행한 결과값을 위치 파라미터로 할당하였으며, $* 변수를 출력하면 $*는 모든 파라미터를 의미하기 때문에 앞서 date 명령의 결과값으로 저장된 set 명령의 모든 파라미터들(공백으로 분리된다)이 출력된다. 그리고 2번 파라미터와 6번 파라미터를 출력하면 Jul 2009가 출력된다. 마지막으로 basename 명령의 결과값은 경로명의 마지막 요소인데, 여기서 pwd 명령을 실행한 결과값을 파라미터로 사용하려고 한 것이다. 즉, 여기서 이야기하고자 하는 것은 백쿼터(` `) 안에서 또 다른 명령을 수행하기 위해서는 백슬래시(\)를 사용하여 백쿼터(` `)를 이스케이프해 주어야 명령이 실행될 수 있다는 것을 보여준 것이다.

>> $( ) 형식 사용 예제

```
[root@localhost shell]# d=$(date)
[root@localhost shell]# echo $d
Mon Jul 20 00:25:12 KST 2009
[root@localhost shell]# line=$(cat file)
[root@localhost shell]# echo $line
홍길동: 100 장길산: 200 정약용: 300
[root@localhost shell]# echo 현재 시간은 $(date +%H)
현재 시간은 00
[root@localhost shell]# machine=$(uname -n)
[root@localhost shell]# echo $machine
localhost.localdomain
[root@localhost shell]# pwd
/root/shell
[root@localhost shell]# dirname="$(basename $(pwd))"
[root@localhost shell]# echo $dirname
shell
[root@localhost shell]# echo $(cal)
July 2009 Su Mo Tu We Th Fr Sa 1 2 3 4 5 6 7 8 9 10 11 12 13 14 15 16 17 18 19 20 21 22 23 24 25 26 27
28 29 30 31
[root@localhost shell]# echo "$(cal)"
    July 2009
Su Mo Tu We Th Fr Sa
          1  2  3  4
 5  6  7  8  9 10 11
```

```
12 13 14 15 16 17 18
19 20 21 22 23 24 25
26 27 28 29 30 31
[root@localhost shell]#
```

date 명령을 실행하기 위해 $(date)형식을 사용하였다. 그리고 명령의 결과를 d 변수에 할당하고 echo 명령으로 출력하였다. cat file 명령의 결과를 line 변수에 저장하고 line 변수를 출력해 보면 한 줄로 출력된다. date 명령을 괄호를 사용하여 실행한 다음 현재 시간을 얻기 위해 +%H를 사용하였다. machine 변수에 uname -n의 결과값을 할당하고 호스트명을 출력하기 위해 machine 변수를 출력하였다. pwd 명령의 결과는 /root/shell이다. dirname 변수에 basename $(pwd) 명령의 결과값을 저장하였다. basename 명령에 의해 pwd 명령의 가장 오른쪽 디렉터리명이 dirname 변수에 저장되며, dirname 변수를 출력해 보면 shell이 출력된다.

마지막으로 cal 명령을 사용하여 이번 달의 달력을 출력하였다. cal 명령의 결과값은 newline을 가지고 있지만, $(cal)형태로 실행하면 명령이 치환될 때 newline은 삭제되므로 echo로 출력하면 newline이 삭제되고 한 줄에 모두 출력된다. $()형태로 명령을 실행할 때 큰따옴표로 감싸주면 newline은 삭제되지 않고 유지된다. 그래서 cal 명령을 쉘에서 실행했을 때처럼 newline이 그대로 보존되어 동일한 결과가 출력된다.

2.18 | 산술 확장

쉘은 산술 표현식을 해석할 때 산술 확장을 수행한다. 나눗셈의 경우 결과값에서 나머지는 버려지고 정수값만 출력된다.

형식	$[산술 표현식] $((산술 표현식))

```
[root@localhost shell]# echo $[10+3-5]
8
[root@localhost shell]# echo $[10+3*5]
25
[root@localhost shell]# echo $[(10+3)*5]
65
[root@localhost shell]# echo $((10+3))
13
[root@localhost shell]# echo $((18/3))
6
[root@localhost shell]# echo $((18/4))
4
[root@localhost shell]# echo $((18/0))
-bash: 18/0: division by 0 (error token is "0")
[root@localhost shell]#
```

2.19 | 쉘 확장 순서

① 브레이스({ }) 확장
② 틸드(~) 확장
③ 파라미터 확장
④ 변수 치환
⑤ 명령 치환
⑥ 산술 확장
⑦ 단어 자르기
⑧ 경로명 확장

2.20 | 배열

배시 쉘은 1차원 배열 생성을 지원한다. 배열array은 하나의 변수 이름에 숫자 목록, 이름 목록, 파일 목록 등의 단어 목록 집합을 할당할 수 있다. 배열은 빌트인 함수 declare -a로 x[0]형태로 생성한다. 인덱스 값은 정수값 0부터 시작한다. 배열에서 최대 크기 제한은 없다. 배열의 요소를 가져올 때에는 ${배열명[index]} 형식을 사용하며, declare 명령과 -a와 -r 옵션을 사용하면 읽기전용 배열이 생성된다.

형식	declare -a 변수명 변수명=(아이템1, 아이템2, 아이템3, …)

```
declare -a numbers=(11,22,33,44,55)
declare -ar numbers #읽기전용 배열 생성
names=(홍길동 장길산 정약용)
cities=(대구 [3]=부산 서울)
x[0]=99
n[5]=990

[root@localhost shell]# declare -a names
[root@localhost shell]# names=(홍길동 장길산 정약용)
[root@localhost shell]# echo ${names[0]}
홍길동
[root@localhost shell]# echo ${names[1]}
장길산
[root@localhost shell]# echo ${names[2]}
정약용
[root@localhost shell]# echo "name 배열의 값은 ${names[*]}"
name 배열의 값은 홍길동 장길산 정약용
[root@localhost shell]# echo "name 배열 요소의 개수는 ${#names[*]}"
name 배열 요소의 개수는 3
[root@localhost shell]# unset names #unset ${names[*]}
[root@localhost shell]# echo ${names[0]}

[root@localhost shell]#
```

declare 빌트인 명령은 배열을 선언하기 위해 사용된다. 하지만 declare 명령을 사용하지 않아도 배열을 정의할 수 있다. 배열의 변수값 접근은 "배열 변수명[인덱스 번호]" 형식을 사용한다. 먼저 names 배열 변수에 홍길동, 장길산, 정약용의 3개의 요소를 할당하였다. 그리고 names[0]을 사용하여 0번 인덱스 요소를 출력하였으며, names[1]을 사용하여 1번 인덱스 요소를 출력하였고, names[2]를 사용하여 2번 인덱스 요소를 출력하였다. ${name[*]}

를 사용하면 배열의 모든 요소를 의미하고, ${#names[*]}를 사용하면 배열 요소의 개수를 의미한다. 그리고 배열 변수를 제거하기 위해서는 "unset 배열 변수명" 형식을 사용한다.

```
[root@localhost shell]# x[5]=100
[root@localhost shell]# echo ${x[*]}
100
[root@localhost shell]# echo ${x[0]}
```

```
[root@localhost shell]# echo ${x[5]}
100
[root@localhost shell]# cities=(대구 [3]=부산 서울)
[root@localhost shell]# echo ${cities[*]}
대구 부산 서울
[root@localhost shell]# echo ${cities[0]}
대구
[root@localhost shell]# echo ${cities[1]}

[root@localhost shell]# echo ${cities[2]}

[root@localhost shell]# echo ${cities[3]}
부산
[root@localhost shell]# echo ${cities[4]}
서울
[root@localhost shell]#
```

배열명과 함께 배열의 인덱스를 사용하여 값을 할당할 수 있다. x라는 배열명의 5번 인덱스에 100을 할당하기 위해 x[5]=100을 실행하였다. 현재 배열 요소에는 5번 인덱스 하나만 존재하게 된다. 그리고 cities 배열 요소 중 3번 인덱스에 부산을 할당하기 위해 "[3]=부산"을 사용하였다. 이렇게 인덱스를 지정하여 배열요소를 할당하면 그 뒤로 나오는 요소들은 3번 인덱스 다음의 4번 인덱스부터 시작된다. ${cities[*]}를 사용하면 배열의 모든 요소를 의미하고, cities 배열에는 0번, 3번, 4번 인덱스만 존재하게 된다.

2.21 | 함수

bash 함수는 현재 쉘의 컨텍스트 안에 명령들의 그룹 이름을 사용한다(자식 프로세스가 생성되지 않는다). 함수function는 스크립트처럼 효율적이다. 일단 함수가 한번 정의되면 쉘 메모리에 적재되기 때문에 함수가 호출될 때 디스크로부터 읽어들일 필요가 없다. 종종 함수는 스크립트의 모듈을 향상시키기 위해 사용된다. 한번 정의되면 함수는 계속해서 사용할 수 있다. 함수는 실행될 때 프롬프트에서 정의될 수 있지만 대부분 유저의 초기화 파일(.bash_profile)에 정의한다. 그리고 함수는 호출되기 이전에 반드시 정의되어야 한다.

2.21.1 함수 정의

bash 함수의 정의 방법에는 두 가지가 있다. 하나는 본 쉘 방식인데, 함수명을 적고 빈 괄호를 적은 다음(( )), 함수를 정의한다. 또 다른 함수 정의 방법은 function 키워드를 사용하는 것으로 function을 적고 함수명을 적은 다음, 함수 정의 부분은 컬리 브레이스({ })로 감싸주면 된다. 함수의 정의부분은 세미콜론(;)으로 분리된 명령어들로 구성되며, 마지막 명령어는 세미콜론(;)으로 끝나야 하고, **컬리 브레이스({ }) 앞뒤에는 반드시 공백이 있어야 한다.** 함수로 전달된 아규먼트들은 함수 내에서 위치 파라미터들로 처리된다. 함수에서 위치 파라미터들은 함수에서의 로컬인데, local 빌트인 함수는 함수 정의 내에서 로컬 변수를 생성할 때 사용한다. 함수는 재귀호출될 수 있으며 무제한적으로 재귀호출될 수도 있다.

형식

```
함수명() { commands ; command; }
function 함수명 { commands; commands; }
function 함수명() { commands; commands; }
```

```
[root@localhost shell]# function hello { echo "$LOGNAME님 안녕하세요. 오늘은 $(date +%Y"년 "%m"월 "%d"일")
입니다."; }
[root@localhost shell]# hello
root님 안녕하세요. 오늘은 2009년 07월 20일입니다.
[root@localhost shell]# hello1() { echo "$LOGNAME님 안녕하세요. 오늘은 $(date +%Y"년 "%m"월 "%d"일")입니
다."; }
[root@localhost shell]# hello1
root님 안녕하세요. 오늘은 2009년 07월 20일입니다.
[root@localhost shell]# declare -f
hello ()
{
    echo "$LOGNAME님 안녕하세요. 오늘은 $(date +%Y"년 "%m"월 "%d"일")입니다."
```

```
}
hello1 ()
{
    echo "$LOGNAME님 안녕하세요. 오늘은 $(date +%Y"년 "%m"월 "%d"일")입니다."
}
[root@localhost shell]# declare -F
declare -f hello
declare -f hello1
[root@localhost shell]# export -f hello
[root@localhost shell]# bash #서브쉘 시작
[root@localhost shell]# hello
root님 안녕하세요. 오늘은 2009년 07월 20일입니다.
[root@localhost shell]#
```

function 키워드 다음에 hello 함수명을 입력하였다. 이 함수의 정의는 컬리 브레이스({ }) 로 둘러싸여 있다. 여기서 **컬리 브레이스가 오픈되는 부분의 앞뒤에는 반드시 공백이 하나씩 존재해야 한다**. 한 라인에 있는 문장들은 세미콜론(;)을 사용하여 종료한다. hello 함수가 호출될 때 컬리 브레이스로 감싸진 명령들이 현재 쉘의 컨텍스트에서 실행된다. hello1 함수는 본 쉘 문법을 사용하여 정의하였다. declare 명령과 함께 -f 옵션을 사용하면 현재 쉘에서 정의된 모든 함수들의 목록과 내용을 보여주며, -F 옵션을 사용하면 함수 이름 목록만 보여준다. export 명령과 -f 옵션을 사용하면 전역 함수로 만들 수 있다. 이렇게 hello 함수를 전역 함수로 만들면 서브쉘에서도 사용할 수 있다. 이제 bash 서브쉘을 시작하고 hello 함수를 호출해도 hello 함수가 실행된다.

```
[root@localhost shell]# function myfunc {
> echo "현재 디렉터리는 $PWD이다"
> echo "현재 디렉터리의 파일 목록은 아래와 같다"
> ls
> echo "오늘은 $(date +%A).";
> }
[root@localhost shell]# myfunc
현재 디렉터리는 /root/shell이다
현재 디렉터리의 파일 목록은 아래와 같다
1000  3000  abc   fcsave  file1      file122  file2      file3  file5  food
2000  aaa   asdf  file    file1.bak  file123  file2.bak  file4  foo
오늘은 월요일.
```

```
[root@localhost shell]# function welcome { echo "$1님, $2님 안녕하세요?"; }
[root@localhost shell]# welcome 홍길동 장길산
홍길동님, 장길산님 안녕하세요?
[root@localhost shell]# set n1 n2 n3
[root@localhost shell]# echo $*
n1 n2 n3
[root@localhost shell]# welcome 김유신 이순신
김유신님, 이순신님 안녕하세요?
[root@localhost shell]# echo $1 $2
n1 n2
[root@localhost shell]# unset -f welcome
[root@localhost shell]# welcome 리눅스
-bash: welcome: command not found
[root@localhost shell]#
```

먼저 myfunc 함수를 정의하였다. function 키워드 다음에 함수명과 컬리 브레이스로 둘러싸인 명령들의 목록이 위치한다. 명령들은 라인별로 분리되어 입력되었다. 함수 내의 명령의 끝을 표시하기 위하여 세미콜론(;)을 사용한다. **컬리 브레이스 시작({) 앞뒤로 공백이 하나씩 필요하며 공백이 없으면 실행 시 에러 메시지를 보여줄 것이다.** 함수가 호출되면 스크립트처럼 실행되고 함수 안의 명령들이 실행된다. welcome 함수 호출에서 사용된 두 개의 위치 파라미터들은 $1과 $2에 전달되어 출력된다. 명령라인에서 set 명령을 사용하여 3개의 위치 파라미터를 설정하였다. 이들 변수들은 하는 일이 아무것도 없다. 그리고 $*를 출력하면 위치 파라미터로 설정된 값을 출력해 준다. 이제 welcome 함수를 호출하면서 위치 파라미터로 김유신과 이순신을 사용하였다. 명령라인에서 할당된 위치 변수는 함수 안에 설정된 위치값($1, $2)에 영향을 주지 않는다. 그리고 명령라인에서 $1, $2를 출력해 보면 앞서 set 명령으로 설정한 위치 파라미터가 출력되며, unset -f 명령으로 welcome 함수를 제거하였다. 이제 welcome 함수가 삭제되었기 때문에 welcome 함수를 호출하면 에러 메시지를 출력하게 된다.

2.21.2 함수 목록과 설정 해제

함수 목록과 함수 정의를 위해서 declare 명령을 사용한다. 배시 쉘에서 declare -F 명령을 실행하면 정의되어 있는 함수명을 출력할 수 있으며, "unset -f 함수명"을 사용하여 현재 쉘에서 정의한 함수를 제거할 수 있다.

2.22 | 표준 입출력과 리다이렉션

쉘이 시작되면 stdin, stdout, stderr 3개의 파일들이 상속된다. 키보드로부터 표준 입력을 받고 표준 출력과 표준 에러는 모니터로 보내진다. 파일로부터의 입력을 읽기 원할 경우 또는 출력과 에러를 파일로 보내야 할 경우가 있다. 이런 경우 입출력 리다이렉션을 사용한다.

```
[root@localhost shell]# vim UPPER
HELLO LINUXER!
[root@localhost shell]# tr '[A-Z]' '[a-z]' < UPPER
hello linuxer!
[root@localhost shell]# ls a* > lsafile
[root@localhost shell]# cat lsafile
aaa
abc
asdf
[root@localhost shell]# date >> lsafile
[root@localhost shell]# cat lsafile
aaa
abc
asdf
Mon Jul 20 11:38:27 KST 2009
[root@localhost shell]# vim err.c
#include <stdio.h>

int main() {
        printf(%s,linux);
        roturn 0;
}
[root@localhost shell]# gcc err.c 2> errfile
[root@localhost shell]# cat errfile
err.c: In function 'main':
err.c:4: error: expected expression before '%' token
[root@localhost shell]# find . -name *.c -print > foundit 2> /dev/null
[root@localhost shell]# cat foundit
./err.c
[root@localhost shell]# find . -name *.c -print >& foundit
```

```
[root@localhost shell]# cat foundit
./err.c
[root@localhost shell]# find . -name *.c -print > foundit1 2>&1
[root@localhost shell]# cat foundit1
./err.c
[root@localhost shell]# echo "표준 출력을 표준 에러로 보낸다." 1>&2
표준 출력을 표준 에러로 보낸다.
[root@localhost shell]#
```

표준 입력으로 키보드를 사용하지 않고 파일을 사용하고자 할 경우에는 입력 리다이렉션(<)을 사용한다. tr 명령을 사용하면 표준 입력으로부터 문자열을 변경하여 출력할 수 있다. tr '[A-Z]' '[a-z]' < UPPER 명령을 사용하면 UPPER 텍스트 파일에 저장되어 있는 내용 중 대문자를 소문자로 변경하여 표준 출력으로 출력해 준다. 입력에 대해 표준 출력으로 출력하는 대신 파일로 출력할 수도 있다. 이때 출력 리다이렉션(>)을 사용한다. ls *a 명령의 결과를 lsafile 파일로 출력하였다. "2> 파일명" 형식은 에러 메시지를 파일명의 파일에 출력하고자 할 때 사용한다. find 명령은 검색할 문자열을 가지는 파일을 검색하여 출력하는 명령인데, 예제에서는 dot(.) 현재 디렉터리 하위에서 -name 이름이 *.c로 매칭되는 파일이 있으면 > foundit 파일로 출력하고, 2> 에러 메시지는 /dev/null로 만들도록 하였다. find . -name *.c -print >& foundit 명령은 현재 디렉터리 하위에서 이름이 .c로 끝나는 모든 파일을 검색해서 >& foundit 검색된 파일 및 에러 메시지를 foundit 파일에 출력하도록 한 것이다. ">&"는 복제 연산자이다. find . -name *.c -print > foundit1 2>&1 명령은 현재 디렉터리 하위에서 이름이 .c로 끝나는 모든 파일을 검색해서 foundit1 파일에 출력하는데, 에러 메시지와 검색 결과 모두를 foundit1 파일에 출력하도록 한 것이다. **일반적으로 명령 실행으로 출력될지 모르는 에러 메시지를 제거해야 할 필요가 있을 때 "명령 > /dev/null 2>&1" 형식을 사용한다**. echo "표준 출력을 표준 에러로 보낸다." 1>&2 명령에서는 echo 명령으로 출력되는 문자열을 입력으로 받아서 표준 출력을 표준 에러로 보내도록 한 것인데, 표준 에러도 기본설정으로 모니터 스크린이기 때문에 모니터에 출력된다.

여러 가지 리다이렉션 연산자에 대해서는 다음의 표를 참고하자.

표 2-28 • 리다이렉션 연산자

리다이렉션 연산자	의미 (0:표준 입력, 1:표준 출력, 2:표준 에러)
< filename	입력 리다이렉션
> filename	출력 리다이렉션
>> filename	출력 추가
2> filename	에러 리다이렉션
2>> filename	에러 리다이렉션 추가
&> filename	출력 리다이렉션과 에러
>& filename	출력 리다이렉션과 에러
2>&1	에러도 출력으로 리다이렉션
1>&2	출력을 에러로 리다이렉션
>|	출력 리다이렉션 시 noclobber를 오버라이드한다.
<> filename	디바이스 파일이라면 표준 입력과 표준 출력으로서 파일을 사용한다.

tr 명령에 대한 도움말은 tr --help를 실행하여 얻을 수 있다.

```
[root@localhost ~]# tr --help
사용법: tr [<옵션>]... <집합1> [<집합2>]
Translate, squeeze, and/or delete characters from standard input,
writing to standard output.

  -c, -C, --complement    first complement SET1
  -d, --delete            delete characters in SET1, do not translate
  -s, --squeeze-repeats   replace each input sequence of a repeated character
                            that is listed in SET1 with a single occurrence
                            of that character
  -t, --truncate-set1     first truncate SET1 to length of SET2
      --help     이 도움말을 표시하고 끝냅니다
      --version  버전 정보를 출력하고 끝냅니다

SETs are specified as strings of characters.  Most represent themselves.
Interpreted sequences are:
```

(계속)

```
  \NNN            8진수 값 NNN의 문자 (1개에서 3개의 8진수 숫자)
  \\              백슬래시
  \a              소리나는 BEL
  \b              백스페이스
  \f              폼피드
  \n              줄바꿈
  \r              리턴
  \t              수평 탭
  \v              수직 탭
  CHAR1-CHAR2     CHAR1에서 CHAR2까지의 (커지는 순서대로) 모든 문자
  [CHAR*]         <집합2>에서, <집합1>의 길이만큼 CHAR를 복사
  [CHAR*REPEAT]   CHAR의 REPEAT번 반복, REPEAT가 0으로 시작하면 8진수
  [:alnum:]       모든 문자 및 숫자
  [:alpha:]       모든 문자
  [:blank:]       모든 수평 공백문자들
  [:cntrl:]       모든 컨트롤 문자
  [:digit:]       모든 숫자
  [:graph:]       모든 표시 가능한 문자, 공백은 포함하지 않음
  [:lower:]       모든 소문자
  [:print:]       모든 표시 가능한 문자, 공백 포함
  [:punct:]       모든 문장 기호 문자
  [:space:]       모든 수평 및 수직 공백문자
  [:upper:]       모든 대문자
  [:xdigit:]      모든 16진수 숫자
  [=CHAR=]        CHAR와 동일한 모든 문자

-d가 주어지지 않고 <집합1>과 <집합2>가 있는 경우에 문자를 옮깁니다.
-t는 옮김의 경우에만 쓸 수 있습니다. <집합2>는 마지막 문자를 필요한 만큼 반복해 <집합1>의 길이만큼 확장됩니다.
<집합2>의 문자가 더 많으면 더 많은 문자들은 무시됩니다. [:lower:]와 [:upper]만이 계속 값이 커지면서 확장됩니다;
옮김의 경우 <집합2>에서 그렇게 되며, 이는 대소문자 변환을 지정할 경우에만 사용됩니다. 옮김이나 지움 어느 것도 아
닌 경우에 -s는 <집합1>을 사용합니다; 그 외에 줄임은 <집합2>를 사용하며 옮김이나 지움 이후에 일어납니다.

<bug-coreutils@gnu.org>(으)로 버그를 알려 주십시오.
[root@localhost ~]#
```

2.22.1 exec 명령과 리다이렉션

exec 명령은 새로운 프로세스를 시작하지 않고 현재 프로그램을 대신하여 사용될 수 있다. 표준 출력 또는 표준 입력은 서브쉘을 생성하지 않고 exec 명령으로 변경될 수 있다. 만약 파일이 exec 명령으로 오픈되면 파일의 끝까지 한 라인씩 읽게 된다.

표 2-29 exec 명령과 리다이렉션

exec 명령	의미
exec ls	쉘에서 ls 명령을 실행하는데, ls 명령 실행이 완료되면 명령이 실행된 쉘을 빠져나온다.
exec 〈 filea	표준 입력을 읽기 위해 filea를 오픈한다.
exec 〉 filex	표준 출력을 쓰기 위한 filex를 오픈한다.
exec 3〈 datfile	입력을 읽기 위해 파일 디스크립터 3번으로 datfile을 오픈한다.
sort 〈&3	앞서 정의한 datfile(fd 3)이 정렬된다.
exec 4〉newfile	쓰기 위해 파일 디스크립터 4번으로 newfile을 오픈한다.
ls 〉&4	ls 명령의 결과를 앞서 정의한 newfile(fd 4)로 리다이렉션한다.
exec 5〈&4	fd 4의 복사본으로 fd 5를 만든다.
exec 3〈&-	fd 3을 닫는다.

```
[multi@localhost ~]$ su -
암호:
[root@localhost ~]# exec date
Mon Jul 20 11:48:39 KST 2009
[multi@localhost ~]$
```

root 쉘에서 exec date 명령을 실행하면 자식 쉘을 생성하지 않고 현재 쉘에서 date 명령을 실행한 다음 date 명령이 종료되면 현재의 쉘도 종료된다. 그래서 예제를 실행하고 나면 su - 명령을 사용하여 수퍼유저로 접속한 multi 유저 자신의 쉘로 빠져나오게 된다. 만약 유저의 쉘에서 exec 명령을 사용하게 되면 명령 실행을 완료한 다음 로그아웃된다.

```
[root@localhost shell]# exec > temp
[root@localhost shell]# pwd
[root@localhost shell]# echo Hello Linuxer!
[root@localhost shell]# exec > /dev/tty
```

```
[root@localhost shell]# echo Hello!
Hello!
[root@localhost shell]# cat temp
/root/shell
Hello Linuxer!
[root@localhost shell]#
```

예제에서 exec 명령은 현재 쉘에서 temp 파일을 만들기 위하여 표준 출력을 오픈하고 pwd, echo Hello Linuxer! 명령을 실행하는데, 이 명령들은 모니터 스크린에 결과를 출력하지 않고 temp 파일에 저장하게 된다. 다음의 그림을 참고하자.

이제 "exec > dev/tty"를 실행하여 터미널에서 표준 출력(/dev/tty)을 재오픈하였다. 지금부터 출력은 모니터 스크린에 다시 보여질 것이다.

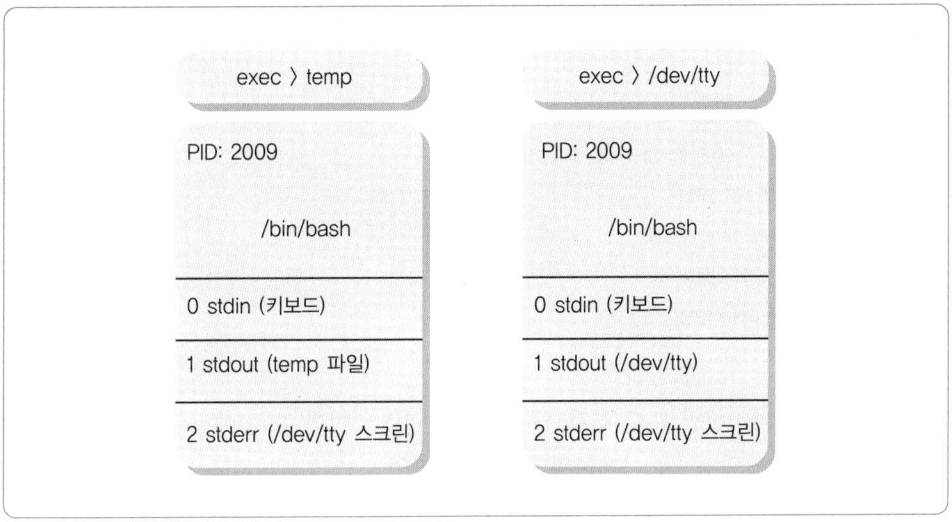

그림 2-9

```
[root@localhost shell]# vim exec_doit
pwd
echo Hello!
echo Today : $(date)
[root@localhost shell]# exec < exec_doit
[root@localhost shell]# pwd
```

```
/root/shell
[root@localhost shell]# echo Hello!
Hello!
[root@localhost shell]# echo Today : $(date)
Today : Mon Jul 20 11:49:21 KST 2009
[root@localhost shell]# logout
[multi@localhost ~]$
```

위의 예제는 실행할 명령들을 exec_doit 파일에 저장해두고 exec 명령의 입력으로 사용해 보았다. exec < exec_doit을 실행하면 exec_doit 파일에 적어둔 명령들을 실행한 다음, logout 명령을 실행하여 로그아웃하는 것을 볼 수 있다.

```
[root@localhost shell]# exec 3>filex
[root@localhost shell]# who >& 3
[root@localhost shell]# date >& 3
[root@localhost shell]# exec 3>&-
[root@localhost shell]# exec 3<filex
[root@localhost shell]# cat <&3
multi    pts/0        2009-07-20 11:33 (192.168.1.11)
Mon Jul 20 11:50:35 KST 2009
[root@localhost shell]# exec 3<&-
[root@localhost shell]# date >& 3
-bash: 3: Bad file descriptor
[root@localhost shell]#
```

파일 디스크립터가 0이면 표준 입력, 1이면 표준 출력, 2이면 표준 에러를 의미한다. 예제에서는 파일 디스크립터 3을 사용하였다. filex에 파일 디스크립터 3(fd 3)을 할당하였다.

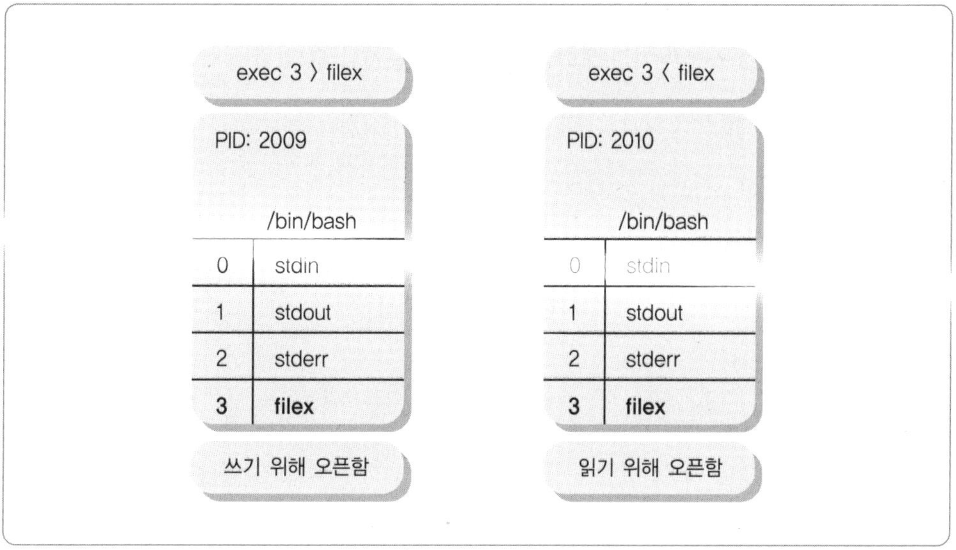

그림 2-10

who 명령의 결과를 fd 3인 filex로 보내고 date 명령의 결과를 fd 3인 filex로 보냈다. 그리고 fd 3 파일 디스크립터를 닫아주었다(exec 3>&-). exec 명령으로 filex를 입력으로 읽어들이면 fd 3을 읽어들인다. 그리고 cat 명령을 사용하여 filex로 할당된 fd 3을 읽어보면 앞서 실행했던 who 명령과 date 명령의 결과값이 출력된다. exec 3<&- 명령으로 fd 3을 닫아준 다음, date >& 3 명령을 사용하여 fd 3으로 결과를 보내면 fd 3은 이미 닫았기 때문에 사용할 수 없으므로 "-bash: 3: Bad file descriptor"라는 에러 메시지를 출력해 준다.

2.23 | 파이프

파이프는 파이프 심볼(|)의 왼쪽 명령의 결과를 가져와서 오른쪽 명령의 입력으로 사용하도록 한다. 하나의 라인에 파이프 심볼(|)을 여러 개 사용할 수 있다.

```
[root@localhost shell]# who > tmp
[root@localhost shell]# wc -l tmp
1 tmp
[root@localhost shell]# rm tmp
rm: remove regular file 'tmp'? y
[root@localhost shell]#
```

앞서 나왔던 여러 개의 명령을 한 줄로 구성할 수 있다. 파이프 심볼(|)을 사용하면 디스크에 저장할 필요도 없으며 타이핑 또는 연산 시간을 절약할 수 있다.

```
[root@localhost shell]# who | wc -l
1
[root@localhost shell]# du .. | sort -n | sed -n '$p'
19768   ..
[root@localhost shell]# ( du -h /bin | sort -n | sed -n '$p') 2> /dev/null
7.7M    /bin
[root@localhost shell]#
```

위의 예제를 보면 who 명령과 wc -l 명령을 파이프 심볼로 연결해 주고 있다. 이렇게 하면 who 명령의 결과값을 wc -l 명령의 입력값으로 사용하여 who 명령 결과값의 라인 수를 얻을 수 있다. 즉, 현재 접속 중인 유저는 1명이라는 의미이다.

다음의 그림과 같이 파이프는 3단계의 처리를 수행한다. who 명령의 결과값이 커널 버퍼로 보내지고, wc -l 명령은 버퍼로부터 데이터를 읽은 다음 결과를 모니터 스크린으로 보낸다.

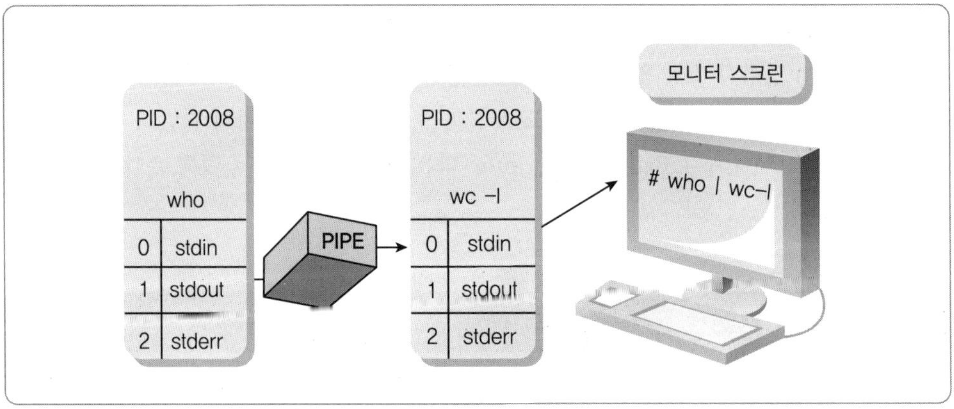

그림 2-11 • pipe(1)

du 명령의 결과는 디렉터리마다 사용된 디스크 용량을 보여주는데, ..을 사용하여 부모 디렉터리를 지정하였다. 그리고 결과값을 sort 명령의 입력으로 넘겨주고 정렬하였다. 마지막으로 sed 명령을 사용하여 전달받은 결과의 마지막 라인을 출력하였다.

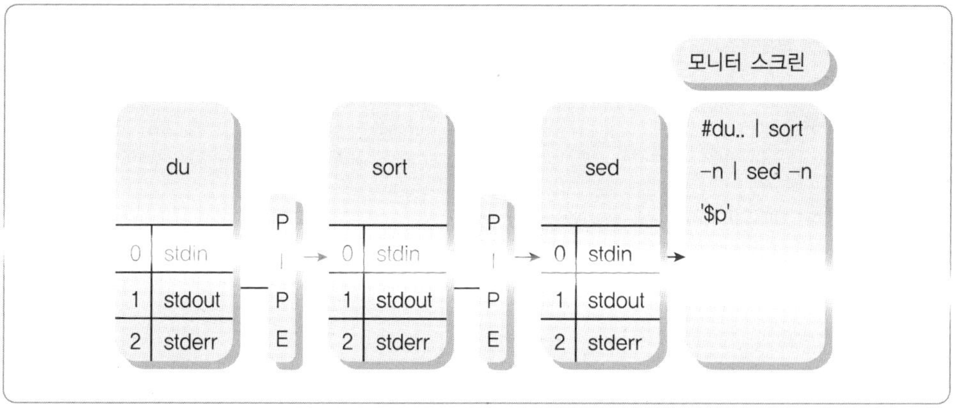

그림 2-12 • pipe(2)

예제의 마지막에서 (du -h /bin | sort -n | sed -n '$p') 2> /dev/null 명령을 실행하였는데, du -h /bin 명령은 /bin 디렉터리 하위의 각 디렉터리 용량 형식을 킬로바이트, 메가바이트, 기가바이트 형식으로 출력하기 위한 것이며, 이 결과값을 sort -n의 입력값으로 사용하여 정렬한 다음, 정렬 결과를 sed -n '$p' 의 입력값으로 사용하였다. 그리고 괄호 안의 전체 결과값 중 에러가 있으면 에러 메시지들은 /dev/null로 보내어 출력되지 않도록 하였다.

2.23.1 here 다큐먼트와 리다이렉트 입력

here 다큐먼트는 특수 인용폼이며, 사용자정의형 종결자가 입력될 때까지 입력을 받고자 할 경우에 사용한다. 입력을 받을 명령은 << 심볼을 사용하고 뒤에 사용자정의형 단어나 심볼을 입력하고 newline(엔터)을 입력한다. 엔터를 치면 그 다음 라인에 입력할 내용을 타이핑하고 입력을 종료하기 위해서는 위에서 정의한 종결자를 입력한다. 만약 입력 내용을 타이핑하던 중 입력을 중지하려면 <Ctrl-D>키를 누르면 된다. 일반적으로 배시 쉘 스크립트에서 cat 명령으로 출력할 내용이 여러 줄일 경우 사용한다.

```
[root@localhost shell]# vim here.sh
#!/bin/bash
cat <<End-of-message
-----------------------------------
메시지의 첫 번째 줄입니다.
메시지의 두 번째 줄입니다.
```

(계속)

```
메시지의 세 번째 줄입니다.
------------------------------------
End-of-message
exit 0
```

```
[root@localhost shell]# chmod a+x here.sh
[root@localhost shell]# ./here.sh
------------------------------------
메시지의 첫 번째 줄입니다.
메시지의 두 번째 줄입니다.
메시지의 세 번째 줄입니다.
------------------------------------
[root@localhost shell]#
```

<<- 연산자를 사용하면 입력 내용 중 <Tab>키 사용을 제거해 준다. 이 연산자는 쉘 프롬프트에서 테스할 수 없으며, 쉘 스크립트 파일을 작성하여 테스트할 수 있다.

```
[root@localhost shell]# cat << FINISH
> $LOGNAME님 안녕하세요.
> 현재 시간은 $(date +%T)시입니다.
> 열심히 공부하세요.
> FINISH
root님 안녕하세요.
현재 시간은 11:52:56시입니다.
열심히 공부하세요.
[root@localhost shell]# cat << FINISH
> FINISH 앞에 공백을 넣어보자.
>  FINISH
> FINISH
FINISH 앞에 공백을 넣어보자.
 FINISH
[root@localhost shell]#
```

"cat << FINISH"를 실행하면 cat 프로그램은 한 라인에서 FINISH 단어가 나타날 때까지 입력을 받는다. 다음 라인에서 cat 명령을 위해 입력받을 텍스트를 입력하는데, 변수 치환은 here 다큐먼트 안에서 수행된다. $(date +%T) 명령 치환은 here 다큐먼트 안에서 수행되는데, 본 쉘 형식인 'date +T' 를 사용해도 된다. cat 명령 입력의 끝을 명시하기 위해서는

앞서 지정한 사용자정의형 종결자인 FINISH를 사용해야 한다. 단, 입력 종료를 위하여 FINISH를 입력하는 라인에서 FINISH 문자열 앞에 공백이 있어서는 안 되며 FINISH 단어만 존재해야 한다. FINISH를 입력하면 cat 프로그램은 종료하고 입력했던 문자열이 모니터 에 출력되고 쉘프롬프트가 나타난다.

```
[root@localhost shell]# vim DONE.sh
#!/bin/bash
cat <<- DONE
	지금 몇 시에요?
	현재 시간은 'date +%H시%M분%S초'입니다.
	DONE
```

```
[root@localhost shell]# chmod a+x DONE.sh
[root@localhost shell]# ./DONE.sh
지금 몇 시에요?
현재 시간은 12시12분36초입니다.
[root@localhost shell]#
```

위의 예제에서 <<- 연산자를 사용하였다. 이 연산자는 here 다큐먼트 내의 <Tab>키를 제거해 주기 때문에 3개의 <Tab>키가 모두 제거되어 출력된다. 만약 <<- 대신 << 연산자를 사용했다면 다음과 같이 <Tab>키가 정상적으로 출력될 것이다.

```
[root@localhost shell]# vim DONE1.sh
#!/bin/bash
cat << DONE
	지금 몇 시에요?
	현재 시간은 'date +%H시%M분%S초'입니다.
	DONE
```

```
[root@localhost shell]# chmod a+x DONE1.sh
[root@localhost shell]# ./DONE1.sh
	지금 몇 시에요?
	현재 시간은 12시15분17초입니다.
	DONE
[root@localhost shell]#
```

2.24 | 쉘 호출 옵션

bash 명령을 사용하여 쉘을 시작할 경우 쉘을 조작하기 위한 여러 가지 옵션들을 사용할 수 있다. 이 옵션에는 문자 하나로 된 옵션과 여러 개의 문자로 된 옵션의 두 가지 형태가 있다. 하나의 문자 형태는 "-문자"이며 다중 문자 형태는 "--문자열"이다. 다중 문자 형태 옵션은 하나의 문자 형태 옵션보다 앞에 입력되어야 한다. 로그인 쉘은 일반적으로 -i(인터렉티브 쉘), -s(표준 입력으로부터 읽기), -m(잡 컨트롤 사용) 옵션으로 시작된다.

표 2-30 • 쉘 호출 옵션

쉘 호출 옵션	의미
-c string	-c 플래그가 있으면 문자열로부터 명령을 읽어들인다. 문자열 뒤에 전달인수가 있으면 그 전달인수는 $0부터 시작하여 위치 매개변수로 지정된다.
-D	$로 시작되고 큰따옴표로 인용된 문자열들의 목록은 표준 출력으로 출력된다. 현재 로케일이 C 또는 POSIX가 아닐 때 이 문자열들은 언어 번역을 위한 제목이다.
-i	-i 플래그가 있으면 쉘은 대화형(interactive) 모드로 동작한다.
-s	-s 플래그가 있을 때 또는 옵션 처리 후에 남은 인수가 없을 때에는 표준 입력으로부터 명령을 읽어들인다. 이 옵션을 사용하여 대화형 쉘을 실행시킬 때 위치 매개변수를 설정할 수 있다.
-r	제한된 쉘을 시작한다.
- --	옵션의 마지막 시그널이며 옵션 프로세싱을 더 이상 할 수 없다. -- 또는 - 옵션 이후의 아규먼트들은 파일명과 아규먼트로 취급된다.
--dump-strings	-D 옵션과 같다.
--help	빌트인 명령을 위한 사용법 메시지를 출력하고 종료한다.
--login	bash가 마치 로그인 쉘로 시작된 것처럼 행동하게 한다.
--noediting	bash가 대화형 모드로 실행 중일 때 readline 라이브러리를 사용하지 않는다.
--noprofile	시스템 전역 시동 파일인 /etc/profile 또는 ~/.bash_profile, ~/.bash_login, ~/.profile 파일과 같은 모든 개인 초기화 파일을 읽지 않도록 한다. bash가 로그인 쉘로 실행될 때에는 기본적으로 이 모든 파일을 읽는다.
--norc	쉘이 대화형 모드일 때 유저 개인의 초기화 파일인 ~/.bashrc 파일을 실행하지 않도록 한다. 쉘을 실행할 때 bash(sh)라는 이름으로 실행하면 기본적으로 이 옵션이 켜진다.
--posix	기본적으로 POSIX 1003.2 표준과 다른 bash의 행동 방식을 바꾸어 표준에 부합되도록 지시한다.

(계속)

표 2-30 • 쉘 호출 옵션(계속)

쉘 호출 옵션	의미
--quiet	쉘을 시작할 때 상세한 정보를 보여주지 않는다. 즉, 쉘 버전과 기타 정보를 표시하지 않는다. 기본값이다.
--rcfile file	쉘이 대화형 모드일 때 표준적인 개인 초기화 파일인 ~/.bashrc 대신 파일의 명령을 실행한다.
--restricted	제한된 쉘을 시작한다. -r 옵션과 같다.
--verbose	verbose 옵션을 켠다. -v 옵션과 같다.
--version	배시 쉘에 대한 버전 정보를 표시하고 종료한다.

2.24.1 set 명령과 옵션

set 명령과 아규먼트를 사용하여 쉘 옵션을 on/off할 수 있다. 쉘 옵션을 on하기 위하여 옵션 앞에 – 기호를 사용하고 off하기 위하여 옵션 앞에 + 기호를 사용한다. 또한 shopt 명령을 사용하여 쉘 옵션을 변경할 수 있다.

```
[root@localhost shell]# set -f
[root@localhost shell]# ls *.*
ls: *.*: No such file or directory
[root@localhost shell]# set +f
[root@localhost shell]# echo *.*
DONE1.sh DONE.sh err.c file1.bak file2.bak here.sh
[root@localhost shell]#
```

set -f 명령을 실행하면 파일명 확장이 불가능하도록 설정하기 때문에 아스테리스크(*)가 확장되지 않는다. set +f 명령을 실행하면 파일명 확장이 가능하므로 echo *.* 결과값으로 dot(.)을 포함하는 모든 파일 목록을 보여준다.

표 2-31 • set 명령 옵션

set 명령 옵션	짧은 옵션	의미
allexport	-a	설정을 해제할 때까지 뒤이어서 나올 명령의 환경으로 export하기 위해 수정 또는 생성할 변수를 자동으로 표기한다.
braceexpand	-B	브레이스 확장이 가능하며 기본값으로 설정되어 있다.

(계속)

표 2-31 • set 명령 옵션(계속)

set 명령 옵션	짧은 옵션	의미
emacs		emacs 스타일의 명령행 편집 인터페이스를 사용하며 기본값으로 설정되어 있다.
errexit	-e	명령이 0 아닌 상태값을 가지고 종료하면 즉시 종료한다. 만약 실패한 명령이 until 또는 while 루프의 일부, if 문의 일부, &&의 일부, || 목록의 일부이거나 또는 명령의 반환값이 !로 반전되면 종료하지 않는다.
	-f	패스(파일)명 확장을 사용할 수 없다.
histexpand	-H	! 스타일의 히스토리 치환을 사용한다. 쉘이 대화형 모드이면 기본으로 켜지는 플래그이다.
history		명령라인 히스토리를 가능하게 설정하며 기본값으로 설정되어 있다.
ignoreeof		쉘을 빠져나오기 위해 〈Ctrl-D〉를 눌러 EOF하지 못하도록 한다. 이때에는 exit 명령을 사용해야 한다. 쉘 명령 'IGNOREEOF=10'을 실행한 것과 같은 효과를 발휘한다.
keyword	-k	명령을 위한 환경에서 키워드 아규먼트를 배치한다.
interactive-comments		인터렉티브 쉘에서 이 옵션을 사용하지 않으면 # 주석을 사용할 수 없다. 기본값으로 설정되어 있다.
monitor	-m	잡 컨트롤을 허용한다.
noclobber	-C	리다이렉션이 사용될 때 덮어쓰기로부터 파일을 보호한다.
noexec	-n	명령을 읽지만 실행하지 않으며 스크립트의 문법을 체크하기 위해 사용된다. 인터렉티브로 실행했을 때에는 이 옵션이 적용되지 않는다.
noglob	-d	경로명 확장을 할 수 없다. 와일드카드가 적용되지 않는다.
notify	-b	백그라운드 잡이 종료되었을 때 유저에게 알려준다.
nounset	-u	변수 확장이 설정되지 않았을 때 에러를 출력해 준다.
onecmd	-t	하나의 명령을 읽고 실행한 다음 종료한다.
physical	-P	이 옵션이 설정되면 cd 또는 pwd를 입력했을 때 심볼릭 링크는 가져오지 못한다. 물리적인 디렉터리만 보여준다.
posix		기본 연산이 POSIX 표준과 매칭되지 않으면 쉘의 행동이 변경된다.
privileged	-p	이 옵션이 설정되었을 때 쉘은 .profile 또는 ENV 파일을 읽지 않으며 쉘 함수는 환경으로부터 상속되지 않는다.
verbose	-v	쉘에서 행 입력을 받을 때마다 그 입력행을 출력한다.
vi		명령라인 에디터로 vi 에디터를 사용한다.
xtrace	-x	각각의 간단한 명령을 확장한 다음, bash PS4의 확장값을 표시하고 명령과 확장된 인수를 표시한다.

chapter 03

정규표현식과 패턴 검색

3.1 정규표현식

3.1 | 정규표현식

3.1.1 정규표현식이란?

리눅스에는 수많은 유틸리티들이 존재한다. 리눅스를 사용하면서 ls, vi(m), ps, free, pwd, who 등의 명령들은 항상 사용하게 된다. 수많은 유틸리티 중에서 검색을 위해 사용하는 프로그램들이 있다. grep, sed, awk 프로그램인데 이번 장에서는 정규표현식Regular Expressions을 공부하고 다음 장부터 grep, sed, awk에 대해 공부하도록 하자. 리눅스에서는 텍스트 검색을 최적화하기 위해서 정규표현식이란 것을 사용한다.

정규표현식이란, 검색에서 사용할 매칭되는 같은 문자들의 패턴을 말한다.

3.1.2 정규표현식 메타문자들

정규표현식에서는 문자 그대로의 의미 이상으로 해석되는 **메타문자**metacharacters라고 부르는 문자들의 집합을 사용한다. 정규표현식의 메타문자들은 다음의 표를 참고하자.

표 3-1 • 정규표현식 메타문자들

연산자	효과
.	newline을 제외한 오직 하나의 문자와 일치한다. (dot) 예를 들어, "1..e" 정규표현식은 1을 포함하고 두 개의 문자 다음에 e 문자가 나오는 라인을 의미한다.
?	자신 앞에 나오는 정규표현식이 0개이거나 1개인 것과 일치하고 대부분 하나의 문자와 매칭할 때 사용한다.
*	바로 앞의 문자열이나 정규표현식에서 0개 이상 반복되는 문자를 의미한다. (asterisk)
+	자신 앞에 나오는 하나 이상의 정규표현식과 일치한다. *와 비슷하게 동작하지만 반드시 하나 이상과 일치한다.
{N}	정확히 N번 일치한다.
{N,}	N번 또는 그 이상 일치한다.
{N,M}	적어도 N번 일치하지만 M번 일치를 넘지 않는다.
-	목록에서 처음과 마지막을 제외한 범위를 의미하거나 목록의 마지막 지점을 의미한다.
^	라인의 시작에서의 공백 문자열을 의미한다. 또한 목록의 범위에 없는 문자들을 의미한다. (carat) ^linux는 linux 문자열로 시작하는 모든 라인을 의미한다.

(계속)

표 3-1 • 정규표현식 메타문자들(계속)

연산자	효과
$	라인 마지막에서의 공백 문자열을 의미한다. (dollar sign) linux$는 linux 문자열로 끝나는 모든 라인을 의미한다.
^$	빈 줄과 일치한다.
[···]	대괄호(bracket)는 단일 정규표현식에서 문자들을 집합으로 묶어준다. [xyz]: x, y, z 중 한 문자와 일치한다. [c-n]: c에서 n 사이에 속하는 한 문자와 일치한다. [B-Pk-y]: B에서 P까지 또는 k에서 y까지의 한 글자와 일치한다. [a-z0-9]: 소문자나 숫자 중 한 문자와 일치한다. [^b-d]: b에서 d 사이의 문자를 제외한 모든 문자를 나타낸다. ^은 바로 뒤에 나오는 정규표현식의 의미를 반대로 해석하도록 한다. (다른 문맥에서 !의 의미와 유사하다)
\	특수문자를 원래의 문자 의미대로 해석한다. (백슬리시, escape) 즉, 메타문자들 앞에 백슬래시(\) 문자를 붙이면 문자 그대로 해석하는 것이다. \$: $ 문자 그대로 해석한다. \\: \ 문자 그대로 해석한다.
\b	단어 끝의 공백 문자열을 의미한다.
\B	단어 끝이 아닌 곳에서의 공백 문자열을 의미한다.
\<	단어 시작에서의 공백 문자열을 의미한다. \<linux: linux 문자열로 시작하는 단어를 포함하고 있는 라인(vi(m), grep)
\>	단어 끝에서의 공백 문자열을 의미한다. linux\>: linux 문자열로 끝나는 단어를 포함하고 있는 라인(vi(m), grep)

다음의 표는 정규표현식에서 사용하는 정규표현식 확장 브래킷들이다.

표 3-2 • 정규표현식 확장 브래킷

브래킷	의미
[:alnum:]	[A-Za-z0-9] 알파벳 문자와 숫자로 이루어진 문자열
[:alpha:]	[A-Za-z] 알파벳 문자
[:blank:]	[\x09] 스페이스와 탭
[:cntrl:]	컨트롤 제어 문자
[:digit:]	[0-9] 숫자
[:graph:]	[!-~] 공백이 아닌 문자(스페이스, 제어 문자들을 제외한 문자)

(계속)

표 3-2 • 정규표현식 확장 브래킷(계속)

브래킷	의미
[:lower:]	[a-z] 소문자
[:print:]	[-~] [:graph:]와 유사하지만 스페이스 문자를 포함
[:punct:]	[!-/:-@[-'{-~] 문장 부호 문자
[:space:]	[\t\v\f] 모든 공백 문자(newline 줄바꿈, 스페이스, 탭)
[:upper:]	[A-Z] 대문자
[:xdigit:]	[0-9a-fA-F] 16진수에서 사용할 수 있는 숫자(0-9a-fA-F)

정규표현식은 vim 편집기에서 사용할 수 있으므로 예제는 vim을 사용하고 결과는 그림으로 캡쳐해 놓았다. 그림에서 노란색(흑백 음영처리) 부분이 정규표현식으로 검색된 내용들이다.

먼저 vim을 사용하여 한글 검색을 테스트하기 위해 애국가 가사를 사용하였다.

```
1절
동해물과 백두산이 마르고 닳도록
하느님이 보우하사 우리나라 만세
무궁화 삼천리 화려강산
대한 사람 대한으로 길이 보전하세

2절
남산 위에 저 소나무 철갑을 두른 듯
바람서리 불변함은 우리 기상일세
무궁화 삼천리 화려강산
대한 사람 대한으로 길이 보전하세

3절
가을 하늘 공활한데 높고 구름 없이
밝은 달은 우리 가슴 일편단심일세
무궁화 삼천리 화려강산
대한 사람 대한으로 길이 보전하세

4절
이 기상과 이 맘으로 충성을 다하여
```

(계속)

괴로우나 즐거우나 나라 사랑하세
무궁화 삼천리 화려강산
대한 사람 대한으로 길이 보전하세

vim 편집기에서 검색을 하려면 <Esc>키를 누르고 노멀 모드로 진입한 다음 **"/검색할 문자열"** 형태를 입력하고 엔터를 누르면 된다. 그리고 검색된 문자열들은 노란색(음영처리)으로 배경이 처리되어 육안으로 쉽게 확인할 수 있다.

```
[root@localhost ~]# vim regular.txt
```

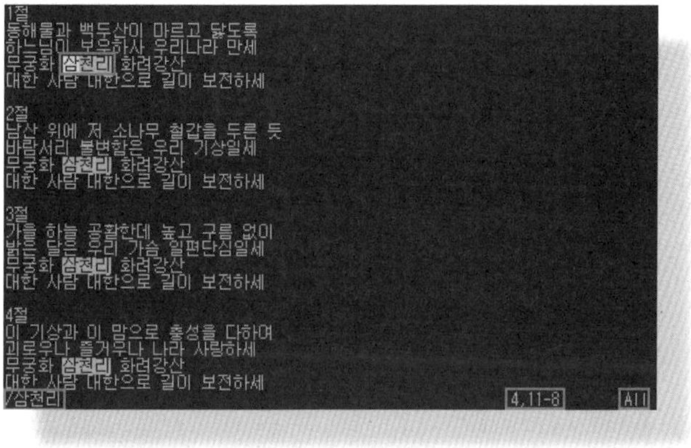

그림 3-1 • 정확히 매칭되는 문자열 검색
"삼천리" 문자열 검색

그림 3-2 • ^ 메타문자 사용
"무" 문자로 시작하는 문자열 검색

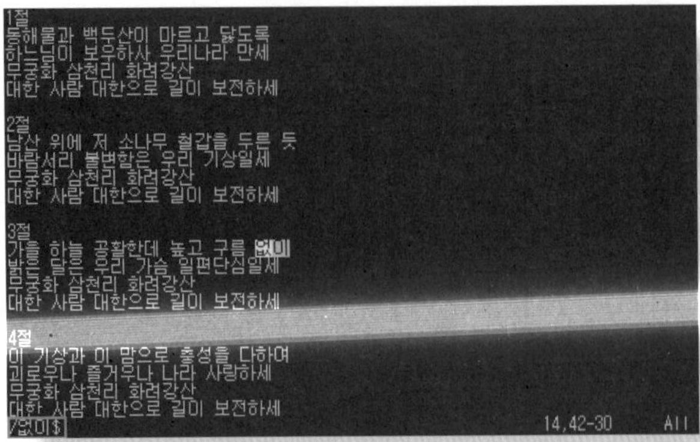

그림 3-3 • $ 메타문자 사용
"없이" 문자로 끝나는 문자열 검색

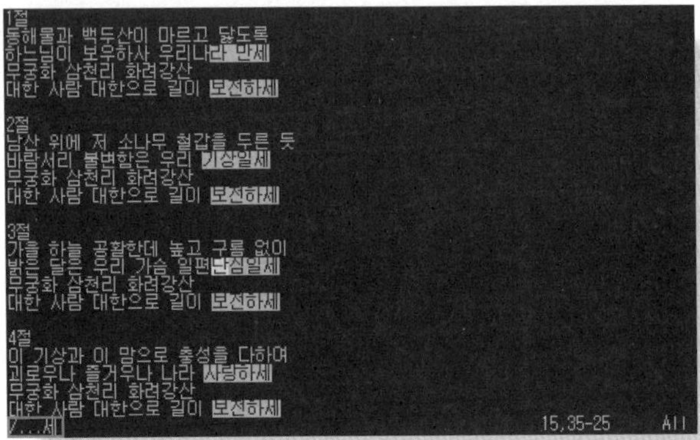

그림 3-4 • 메타문자 사용
4개 문자로 구성된 문자열 중 마지막 문자가 "세"로 끝나는 문자열 검색

```
[root@localhost ~]# vim regular1.txt
```

```
I love you.
You love me?


loooove
loove
My Lover
```

이와 같이 regular1.txt 파일을 작성한 다음 vim의 노멀 모드에서 o*ve 문자열을 검색하였다. 여기서 사용한 * 메타문자는 정규표현식에서 0개 이상 반복되는 문자를 의미하기 때문에 o로 시작되는 문자부터 시작하여 가운데 문자와 상관없이 ve로 끝나는 문자열을 모두 검색한다. 다음의 그림을 보면 5개의 문자열들이 검색되었는데, 검색된 각 문자열들은 배경이 노란색(음영)으로 채워져 있음을 확인할 수 있다.

그림 3-5 • * 메타문자 사용
"o" 문자로 시작하여 "ve"로 끝나는 문자열 검색

다음의 그림은 [Ll]ove 정규표현식을 사용하여 검색한 화면이다. 즉, 4개의 문자로 구성된 Love 또는 love 문자열을 검색하고자 한 것이며, 주어진 텍스트 파일에서 노란색(음영) 배경이 채워진 3개의 문자열이 검색된 것을 확인할 수 있다.

그림 3-6 • [Ll] 메타문자 사용
대문자 L 또는 소문자 l로 시작해서 "ove"를 포함하는 문자열 검색

다음의 그림은 ove[a-z] 정규표현식을 사용하여 4개의 문자로 구성된 문자열 중에서 ove로 시작되고 a부터 z까지의 문자로 끝나는 문자열을 검색하여 1개의 문자열을 찾은 화면이다.

그림 3-7 • [a-z] 메타문자 사용
"ove" 문자열 다음 a부터 z까지의 문자 중 하나로 끝나는 문자열 검색

다음의 그림은 ove[^a-zA-Z0-9] 정규표현식을 사용하여 4개의 문자로 구성된 문자열을 검색한 것으로서 ove로 시작하고, 네 번째 문자는 공백을 포함하여 어떤 문자라도 존재하는 문자열을 검색하여 2개의 문자열을 찾은 화면이다.

그림 3-8 • ove[^a-zA-Z0-9] 메타문자 사용
"ove" 문자열로 시작하고 다음에 공백을 포함하여 어떤 문자라도 존재하는 문자열 검색

다음의 예제는 GNU에 대한 텍스트 내용을 vim 편집기를 사용하여 gnu.txt 파일에 저장해두고, 두 가지의 정규표현식을 테스트한 예제이다.

```
[root@localhost ~]# vim gnu.txt
What is GNU?
The GNU Project was launched in 1984 to develop a complete Unix-like operating
system which is free software: the GNU system.

GNU's kernel wasn't finished, so GNU is used with the kernel Linux. The
combination of GNU and Linux is the GNU/Linux operating system, now used by
millions. (Sometimes this combination is incorrectly called Linux.)

There are many variants or "distributions" of GNU/Linux. We recommend the
GNU/Linux distributions that are 100% free software; in other words, entirely
freedom-respecting.

The name "GNU" is a recursive acronym for "GNU's Not Unix"; it is pronounced
g-noo, as one syllable with no vowel sound between the g and the n.

What is Free Software?
"Free software" is a matter of liberty, not price. To understand the concept,
you should think of "free" as in "free speech", not as in "free beer".

Free software is a matter of the users' freedom to run, copy, distribute,
study, change and improve the software. More precisely, it refers to four
kinds of freedom, for the users of the software:

The freedom to run the program, for any purpose (freedom 0).
The freedom to study how the program works, and adapt it to your needs
(freedom 1). Access to the source code is a precondition for this.
The freedom to redistribute copies so you can help your neighbor (freedom 2).
The freedom to improve the program, and release your improvements to the
public, so that the whole community benefits (freedom 3). Access to the source
code is a precondition for this.
```

먼저 vim 편집기의 노멀 모드에서 \<software\> 정규표현식을 사용하였다. 여기서 사용된 \< 정규표현식은 단어 시작에서의 공백 문자를 의미하기 때문에 s로 시작하는 단어를 의미하게 되며, \> 정규표현식은 단어 끝에서의 공백 문자를 의미하기 때문에 e로 끝나는 단어를 의미하게 된다. 그래서 software라는 단어를 검색하는 정규표현식이 된다.

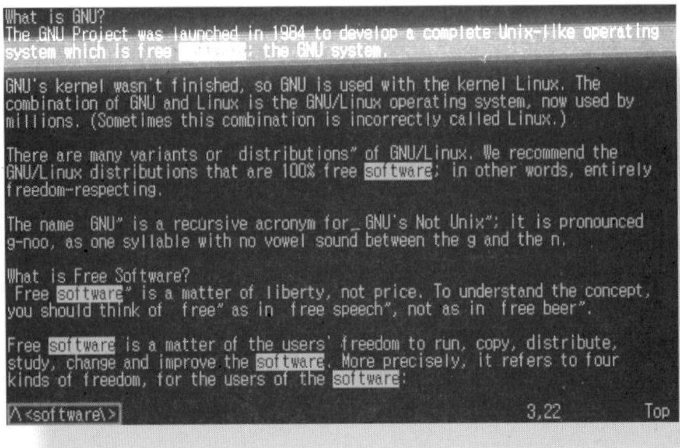

그림 3-9 • (\〈단어의 시작, \〉단어의 끝)

다음의 예제에서는 \<s.*re\> 정규표현식을 사용하였다. 공백과 함께 s로 시작하는 단어 중에서 하나 이상의 문자를 중간에 포함하고 있으며, 문자열의 끝부분에 re로 끝나는 문자열과 마지막에 공백을 가지는 단어까지 검색하는 정규표현식이다. 그래서 결과 화면을 보면 software뿐만 아니라 system which is free software 문장까지도 검색하고 있다.

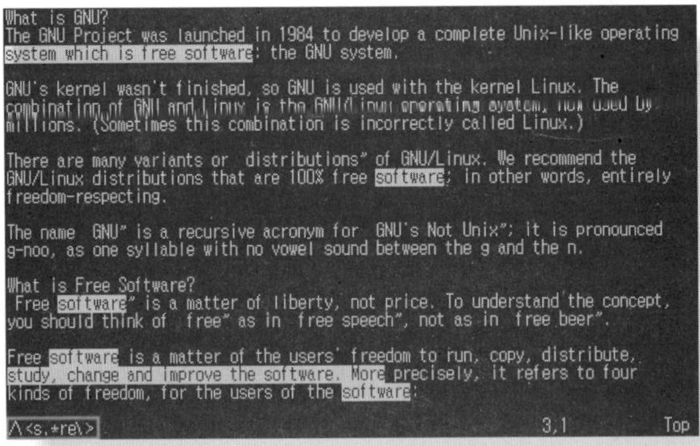

그림 3-10 • \〈s.*re\〉

chapter 04

grep 패턴 검색

4.1 | grep

4.1.1 grep란?

grep 명령어는 입력되는 파일에서 주어진 패턴 목록과 매칭되는 라인을 검색한 다음 표준 출력으로 검색된 라인을 복사해서 출력해 준다. 또한 정렬 관련 옵션을 사용하면 정렬하여 출력할 수도 있다.

grep의 검색 범위는 메모리 제한을 넘어가지 않는 범위에서 입력 라인의 제한이 없다. 또한 하나의 라인 안의 전체적인 문자들도 매칭할 수 있다. 입력 파일의 마지막 바이트가 newline이 아니라면 grep는 작업을 수행한다. newline은 패턴 목록을 분리하기 때문에 텍스트에서 newline 문자열을 매칭할 방법은 없다.

[grep 형식]

```
grep [옵션] [패턴] [파일명]
```

[grep 옵션]

표 4-1 • grep 일반 옵션

옵션	설명

-b	검색된 라인에 블록 번호를 붙여서 출력한다.
	`[root@localhost shell]# grep -b root /etc/passwd`
	`0:root:x:0:0:root:/root:/bin/bash`
	`416:operator:x:11:0:operator:/root:/sbin/nologin`
	`[root@localhost shell]#`

-c	매칭된 라인을 디스플레이하지 않고 매칭된 라인의 수를 출력한다.
	`[root@localhost shell]# grep -c root /etc/passwd`
	`2`
	`[root@localhost shell]#`

-h	파일명은 출력하지 않는다.

(계속)

표 4-1 • grep 일반 옵션(계속)

옵션	설명

-i	패턴에 사용되는 문자열의 대소문자를 무시하고 검색한다. 즉, 대문자, 소문자를 모두 검색하고 출력해 준다.
	
	`[root@localhost shell]# grep -i Root /etc/passwd`
	`root:x:0:0:root:/root:/bin/bash`
	`operator:x:11:0:operator:/root:/sbin/nologin`
	`[root@localhost shell]#`

-l	패턴에 의해 매칭된 라인이 하나라도 있는 파일의 이름만 출력한다. 출력 시 각 파일명들은 newline으로 분리된다.
	
	`[root@localhost shell]# grep -l root /etc/passwd /etc/hosts /etc/services`
	`/etc/passwd`
	`/etc/services`
	`[root@localhost shell]#`

-n	매칭된 라인을 출력할 때 파일상의 라인 번호를 함께 출력한다.
	
	`[root@localhost shell]# grep -n root /etc/passwd`
	1:`root:x:0:0:root:/root:/bin/bash`
	12:`operator:x:11:0:operator:/root:/sbin/nologin`
	`[root@localhost shell]#`

-s	조용히 진행한다. 즉, 에러 메시지를 출력하지 않는다.
	
	`[root@localhost shell]# grep root /etc/passwdpasswd`
	`grep: /etc/passwdpasswd: No such file or directory`
	`[root@localhost shell]# grep -s root /etc/passwdpasswd`
	`[root@localhost shell]#`

-v	패턴과 매칭되지 않는 라인만 출력한다.
	
	`[root@localhost shell]# grep -v nologin /etc/passwd`
	`root:x:0:0:root:/root:/bin/bash`
	`sync:x:5:0:sync:/sbin:/bin/sync`
	`shutdown:x:6:0:shutdown:/sbin:/sbin/shutdown`
	`halt:x:7:0:halt:/sbin:/sbin/halt`
	`news:x:9:13:news:/etc/news:`
	`multi:x:500:500:multi:/home/multi:/bin/bash`
	`linux:x:501:500::/home/linux:/bin/bash`
	`[root@localhost shell]#`

-w	\<과 \>로 둘러싸인 하나의 단어로 표현식을 검색한다.

[grep 옵션 도움말 보기 – man grep 또는 grep --help]

```
[root@localhost shell]# grep --help
Usage: grep [OPTION]... PATTERN [FILE] ...
Search for PATTERN in each FILE or standard input.
Example: grep -i 'hello world' menu.h main.c

Regexp selection and interpretation:
  -E, --extended-regexp       PATTERN is an extended regular expression
  -F, --fixed-strings         PATTERN is a set of newline-separated strings
  -G, --basic-regexp          PATTERN is a basic regular expression
  -P, --perl-regexp           PATTERN is a Perl regular expression
  -e, --regexp=PATTERN        use PATTERN as a regular expression
  -f, --file=FILE             obtain PATTERN from FILE
  -i, --ignore-case           ignore case distinctions
  -w, --word-regexp           force PATTERN to match only whole words
  -x, --line-regexp           force PATTERN to match only whole lines
  -z, --null-data             a data line ends in 0 byte, not newline

Miscellaneous:
  -s, --no-messages           suppress error messages
  -v, --invert-match          select non-matching lines
  -V, --version               print version information and exit
      --help                  display this help and exit
      --mmap                  use memory-mapped input if possible

Output control:
  -m, --max-count=NUM         stop after NUM matches
  -b, --byte-offset           print the byte offset with output lines
  -n, --line-number           print line number with output lines
      --line-buffered         flush output on every line
  -H, --with-filename         print the filename for each match
  -h, --no-filename           suppress the prefixing filename on output
      --label=LABEL           print LABEL as filename for standard input
  -o, --only-matching         show only the part of a line matching PATTERN
  -q, --quiet, --silent       suppress all normal output
```

(계속)

```
      --binary-files=TYPE           assume that binary files are TYPE
                                    TYPE is 'binary', 'text', or 'without-match'
  -a, --text                        equivalent to --binary-files=text
  -I                                equivalent to --binary-files=without-match
  -d, --directories=ACTION          how to handle directories
                                    ACTION is 'read', 'recurse', or 'skip'
  -D, --devices=ACTION              how to handle devices, FIFOs and sockets
                                    ACTION is 'read' or 'skip'
  -R, -r, --recursive               equivalent to --directories=recurse
      --include=PATTERN             files that match PATTERN will be examined
      --exclude=PATTERN             files that match PATTERN will be skipped.
      --exclude-from=FILE           files that match PATTERN in FILE will be skipped.
  -L, --files-without-match only print FILE names containing no match
  -l, --files-with-matches          only print FILE names containing matches
  -c, --count                       only print a count of matching lines per FILE
  -Z, --null                        print 0 byte after FILE name

Context control:
  -B, --before-context=NUM          print NUM lines of leading context
  -A, --after-context=NUM           print NUM lines of trailing context
  -C, --context=NUM                 print NUM lines of output context
  -NUM                              same as --context=NUM
      --color[=WHEN],
      --colour[=WHEN]               use markers to distinguish the matching string
                                    WHEN may be 'always', 'never' or 'auto'.
  -U, --binary                      do not strip CR characters at EOL (MSDOS)
  -u, --unix-byte-offsets           report offsets as if CRs were not there (MSDOS)

'egrep' means 'grep -E'.            'fgrep' means 'grep -F'.
With no FILE, or when FILE is -, read standard input.  If less than
two FILEs given, assume -h.         Exit status is 0 if match, 1 if no match,
and 2 if trouble.

Report bugs to <bug-grep@gnu.org>.
[root@localhost shell]#
```

표 4-2 • grep 옵션 포맷

grep 옵션 포맷	설명
grep 'pattern' filename(s)	기본 정규표현식 메타문자 패턴 사용
grep -G 'pattern' filename(s)	위와 동일
grep -E 'pattern' filename(s)	확장 정규표현식 메타문자 패턴 사용(egrep)
grep -F 'pattern' filename	정규표현식 메타문자 패턴을 사용하지 않음(fgrep)
grep -P 'pattern' filename	펄 정규표현식 패턴 사용

```
[root@localhost ~]# mkdir grep
[root@localhost ~]# cd grep
[root@localhost grep]# useradd test -s /bin/false
[root@localhost grep]# passwd test
Changing password for user test.
New UNIX password:
Retype new UNIX password:
passwd: all authentication tokens updated successfully.
[root@localhost grep]# cat /etc/passwd
```

```
root:x:0:0:root:/root:/bin/bash
bin:x:1:1:bin:/bin:/sbin/nologin
daemon:x:2:2:daemon:/sbin:/sbin/nologin
adm:x:3:4:adm:/var/adm:/sbin/nologin
lp:x:4:7:lp:/var/spool/lpd:/sbin/nologin
sync:x:5:0:sync:/sbin:/bin/sync
shutdown:x:6:0:shutdown:/sbin:/sbin/shutdown
halt:x:7:0:halt:/sbin:/sbin/halt
mail:x:8:12:mail:/var/spool/mail:/sbin/nologin
news:x:9:13:news:/etc/news:
uucp:x:10:14:uucp:/var/spool/uucp:/sbin/nologin
operator:x:11:0:operator:/root:/sbin/nologin
games:x:12:100:games:/usr/games:/sbin/nologin
gopher:x:13:30:gopher:/var/gopher:/sbin/nologin
ftp:x:14:50:FTP User:/var/ftp:/sbin/nologin
nobody:x:99:99:Nobody:/:/sbin/nologin
```

(계속)

```
rpc:x:32:32:Portmapper RPC user:/:/sbin/nologin
mailnull:x:47:47::/var/spool/mqueue:/sbin/nologin
smmsp:x:51:51::/var/spool/mqueue:/sbin/nologin
apache:x:48:48:Apache:/var/www:/sbin/nologin
nscd:x:28:28:NSCD Daemon:/:/sbin/nologin
vcsa:x:69:69:virtual console memory owner:/dev:/sbin/nologin
rpcuser:x:29:29:RPC Service User:/var/lib/nfs:/sbin/nologin
nfsnobody:x:65534:65534:Anonymous NFS User:/var/lib/nfs:/sbin/nologin
sshd:x:74:74:Privilege-separated SSH:/var/empty/sshd:/sbin/nologin
pcap:x:77:77::/var/arpwatch:/sbin/nologin
ntp:x:38:38::/etc/ntp:/sbin/nologin
dbus:x:81:81:System message bus:/:/sbin/nologin
haldaemon:x:68:68:HAL daemon:/:/sbin/nologin
avahi:x:70:70:Avahi daemon:/:/sbin/nologin
hsqldb:x:96:96::/var/lib/hsqldb:/sbin/nologin
avahi-autoipd:x:100:103:avahi-autoipd:/var/lib/avahi-autoipd:/sbin/nologin
xfs:x:43:43:X Font Server:/etc/X11/fs:/sbin/nologin
gdm:x:42:42::/var/gdm:/sbin/nologin
sabayon:x:86:86:Sabayon user:/home/sabayon:/sbin/nologin
multi:x:500:500:multi:/home/multi:/bin/bash
vboxadd:x:101:1::/var/run/vboxadd:/bin/sh
linux:x:501:500::/home/linux:/bin/bash
test:x:502:502::/home/test:/bin/false
```

```
[root@localhost grep]# grep root /etc/passwd
root:x:0:0:root:/root:/bin/bash
operator:x:11:0:operator:/root:/sbin/nologin
[root@localhost grep]# grep -n root /etc/passwd
1:root:x:0:0:root:/root:/bin/bash
12:operator:x:11:0:operator:/root:/sbin/nologin
[root@localhost grep]# grep -v bash /etc/passwd | grep -v nologin
sync:x:5:0:sync:/sbin:/bin/sync
shutdown:x:6:0:shutdown:/sbin:/sbin/shutdown
halt:x:7:0:halt:/sbin:/sbin/halt
news:x:9:13:news:/etc/news:
vboxadd:x:101:1::/var/run/vboxadd:/bin/sh
```

```
test:x:502:502::/home/test:/bin/false
[root@localhost grep]# grep -c false /etc/passwd
1
[root@localhost grep]# grep -i ls ~/.bash* | grep -v history
/root/.bashrc:alias multi='ls'
[root@localhost grep]#
```

위의 예제 중 마지막에 실행한 "grep -i ls ~/.bash* | grep -v history" 문장의 의미는 /root 디렉터리 아래에 .bash로 시작하는 모든 파일들에서 ls라는 문자열을 검색하는데, 이때 대소문자를 구분하지 않고 모두 검색하기 위해 -i 옵션을 사용하고 있다. 그리고 파이프로 연결한 다음 결과값 중 history 문자열을 포함하지 않는 줄을 출력하기 위해 -v 옵션을 사용하였다.

```
[root@localhost grep]# grep korea /etc/passwd
[root@localhost grep]# echo $?
1
[root@localhost grep]#
```

위 예제에서는 grep 결과값으로 검색한 내용이 존재하지 않기 때문에 검색에 실패했으므로 종료상태값은 1로 할당된다.

이번에는 다음과 같이 예제 파일을 만들어두고 간단한 grep 명령어를 사용해 보자.

```
[root@localhost grep]# vim testfile
```

```
Seoul        KimLee       50.5     80.5     50.2
Inchon       Hong         91.5     50.3     60.5
Daejun       Bak          30.2     76.4     88.6
Daegu        kim root     80.8     50.6     40.9
Ulsan        Lee          80.6     85.3     56.8
Busan        Kang Hong    85.6     91.7     58.3
```

```
[root@localhost grep]# grep Kim testfile
Seoul        KimLee       50.5     80.5     50.2
[root@localhost grep]# grep [Kk]im test*
Seoul        KimLee       50.5     80.5     50.2
Daegu        kim root     80.8     50.6     40.9
```

```
[root@localhost grep]# grep ^D testfile
Daejun          Bak         30.2        76.4        88.6
Daegu           kim root    80.8        50.6        40.9
[root@localhost grep]# grep '8$' testfile
Ulsan           Lee         80.6        85.3        56.8
[root@localhost grep]# grep Kang Hong testfile
grep: Hong: No such file or directory
testfile:Busan  Kang Hong   85.6        91.7        58.3
[root@localhost grep]# grep 'Kang Hong' testfile
Busan           Kang Hong   85.6        91.7        58.3
[root@localhost grep]# grep '5\..' testfile
Ulsan           Lee         80.6        85.3        56.8
Busan           Kang Hong   85.6        91.7        58.3
[root@localhost grep]# grep '\.5' testfile
Seoul           KimLee      50.5        80.5        50.2
Inchon          Hong        91.5        50.3        60.5
[root@localhost grep]# grep '^[SB]' testfile
Seoul           KimLee      50.5        80.5        50.2
Busan           Kang Hong   85.6        91.7        58.3
[root@localhost grep]# grep '[^0-9]' testfile
Seoul           KimLee      50.5        80.5        50.2
Inchon          Hong        91.5        50.3        60.5
Daejun          Bak         30.2        76.4        88.6
Daegu           kim root    80.8        50.6        40.9
Ulsan           Lee         80.6        85.3        56.8
Busan           Kang Hong   85.6        91.7        58.3
[root@localhost grep]# grep '[a-z][a-z] [A-Z]' testfile
Busan           Kang Hong   85.6        91.7        58.3
[root@localhost grep]# grep 'ng*' testfile
Inchon          Hong        91.5        50.3        60.5
Daejun          Bak         30.2        76.4        88.6
Ulsan           Lee         80.6        85.3        56.8
Busan           Kang Hong   85.6        91.7        58.3
[root@localhost grep]# grep '[a-z]\{5\}' testfile
Inchon          Hong        91.5        50.3        60.5
Daejun          Bak         30.2        76.4        88.6
```

```
[root@localhost grep]# grep '\<Dae' testfile
Daejun          Bak          30.2          76.4          88.6
Daegu           kim root     80.8          50.6          40.9
[root@localhost grep]# grep '\<[A-Z].*n\>' testfile
Inchon          Hong         91.5          50.3          60.5
Daejun          Bak          30.2          76.4          88.6
Ulsan           Lee          80.6          85.3          56.8
Busan           Kang Hong    85.6          91.7          58.3
[root@localhost grep]#
```

>> grep 명령어와 옵션 사용 예제

```
[root@localhost grep]# grep -n '^Dae' testfile
3:Daejun        Bak          30.2          76.4          88.6
4:Daegu         kim root     80.8          50.6          40.9
[root@localhost grep]# grep -i 'kim' testfile
Seoul           KimLee       50.5          80.5          50.2
Daegu           kim root     80.8          50.6          40.9
[root@localhost grep]# grep -v 'kim' testfile
Seoul           KimLee       50.5          80.5          50.2
Inchon          Hong         91.5          50.3          60.5
Daejun          Bak          30.2          76.4          88.6
Ulsan           Lee          80.6          85.3          56.8
Busan           Kang Hong    85.6          91.7          58.3
[root@localhost grep]# grep -l 'Daegu' *
testfile
[root@localhost grep]# grep -c 'Dae' testfile
2
[root@localhost grep]# grep -w 'kim' testfile
Daegu           kim root     80.8          50.6          40.9
[root@localhost grep]# echo $LOGNAME
root
[root@localhost grep]# grep -i "$LOGNAME" testfile
Daegu           kim root     80.8          50.6          40.9
[root@localhost grep]#
```

>> grep 명령어와 파이프 사용 예제

다음의 예제는 ls 명령과 파이프로 grep를 사용하여 디렉터리만 출력하도록 한 것이다. 파일 목록 출력에서 디렉터리는 첫 문자로 d를 가지기 때문에 grep에서 정규표현식 ^d를 검색하면 쉽게 출력해 볼 수 있다.

```
[root@localhost ~]# pwd
/root
[root@localhost ~]# ls
aaa.sh          datefile     install.log     testcommand.sh while.sh
anaconda-ks.cfg file         install.log.syslog        testfunc.sh
bin             for.sh       plus.sh         test.sh
chapter1        grep         scsrun.log      var1.sh
comm.sh         grouping     shell           var.sh
[root@localhost ~]# ls -l | grep '^d'
drwxr-xr-x 2 root root       4096 2009-07-18 20:24 bin
drwxr-xr-x 8 root root       4096 2009-07-18 16:18 chapter1
drwxr-xr-x 2 root root       4096 2009-07-20 16:08 grep
drwxr-xr-x 5 root root       4096 2009-07-20 14:16 shell
[root@localhost ~]#
```

추가적인 grep 명령 예제는 다음의 표를 참고하자.

표 4-3 • grep 예제

<table>
<tr><th>grep 예제</th><th>설명</th></tr>
<tr><td>grep '\<Tom\>' file</td><td>단어 Tom이 있는 라인을 출력한다.</td></tr>
<tr><td>grep 'Tom Jerry' file</td><td>'Tom Jerry'를 포함하는 라인을 출력한다.</td></tr>
<tr><td>grep '^Tommy' file</td><td>라인의 시작이 Tommy 문자열로 시작되는 라인을 출력한다.</td></tr>
<tr><td>grep '\.bak$' file</td><td>라인의 끝이 .bak으로 끝나는 라인을 출력한다. 여기서 작은따옴표(' ')는 $ 사인을 인터프리터의 해석으로부터 보호한다.</td></tr>
<tr><td>grep '[Pp]hoto' *</td><td>현재 작업 디렉터리의 모든 파일명에서 photo 또는 Photo를 포함하고 있는 파일명을 찾은 라인을 출력한다.</td></tr>
<tr><td>grep '[A-Z]' file</td><td>대문자를 하나라도 포함하고 있는 라인을 출력한다.</td></tr>
<tr><td>grep '[0-9]' file</td><td>숫자를 하나라도 포함하고 있는 라인을 출력한다.</td></tr>
<tr><td>grep '[A-Z]...[0-9]' file</td><td>대문자로 시작해서 마지막이 숫자로 끝나는 5개의 문자열 패턴을 가지고 있는 라인을 출력한다.</td></tr>
<tr><td>grep -w '[tT]est' files</td><td>Test와 test 단어를 가지고 있는 라인을 출력한다.</td></tr>
<tr><td>grep -s 'TY Kim' file</td><td>'TY Kim'을 가지고 있는 라인들을 찾지만 화면에 출력하지는 않는다.</td></tr>
<tr><td>grep -v 'Jerry' file</td><td>'Jerry'를 포함하고 있지 않은 모든 라인을 출력한다.</td></tr>
<tr><td>grep -i 'sam' file</td><td>대소문자를 무시하고 sam을 포함하는 모든 라인을 출력한다.
예) SAM, sam, SaM, sAm 등</td></tr>
<tr><td>grep -l 'Dear Boss' *</td><td>'Dear Boss'를 포함하고 있는 모든 파일 목록을 출력한다.</td></tr>
<tr><td>grep -n 'Tom' file</td><td>Tom을 포함하고 있는 라인들을 출력할 때 라인번호도 함께 출력한다.</td></tr>
<tr><td>grep "$name" file</td><td>name 변수의 값을 가지고 있는 라인을 모두 출력한다. 변수를 사용할 경우에는 반드시 큰따옴표(" ")를 사용해야 한다.</td></tr>
<tr><td>grep '$5' file</td><td>문자 '$5'를 포함하는 라인을 출력한다. 반드시 작은따옴표를 붙여주어야 한다. '' 안의 $는 문자 그자체로 인식.</td></tr>
<tr><td>ps aux | grep '^ *multi'</td><td>ps aux의 출력을 grep와 파이프하고 라인 앞에 공백을 포함하여 multi가 있는 라인은 모두 출력한다.

[root@localhost ~]# ps aux | grep '^ *multi'
multi 2709 0.0 0.6 9980 1664 ? S
11:33 0:01 sshd: multi@pts/0
multi 2710 0.0 0.5 5736 1432 pts/0 Ss
11:33 0:00 -bash
[root@localhost ~]#</td></tr>
</table>

4.2 | egrep

egrep^Extended grep^는 grep의 확장으로서 추가적인 정규표현식 메타문자들을 사용할 수 있다.

표 4-4 • egrep에 추가된 메타문자들

메타문자	역할	예제	설명
^	라인의 시작	'^linux'	linux로 시작하는 모든 라인 검색
$	라인의 끝	'linux$'	linux로 끝나는 모든 라인 검색
.	하나의 문자 매칭	'l…x'	l을 포함하고 3개의 문자가 있고 다음에 x문자가 있는 라인을 검색
*	문자가 없거나 그 이상의 문자들이 매칭	' *linux'	linux 문자 앞에 아무것도 없거나 공백이 존재하는 라인을 검색
[ ]	[ ] 안의 문자 중 하나라도 매칭되는 문자	'[Ll]inux'	Linux 또는 linux를 포함하는 라인을 검색
[^]	[ ] 안의 문자 중 하나도 매칭되지 않는 문자	'[^A-KM-Z]inux'	inux 앞의 문자에 A에서 K까지의 문자가 없고 M에서 Z까지의 문자가 없는 라인을 검색
egrep에 추가된 메타문자들			
+	+ 앞의 문자 중 하나 이상이 매칭되는 문자	'[a-z] + inux'	inux 앞에 하나 이상의 소문자를 포함하고 있는 라인을 검색(linux, mylinux, sulinux, ginux, frdoralinux, centoslinux 등)
?	바로 앞의 문자 하나가 없거나 하나가 매칭되는 문자	'lo?ve'	? 바로 앞에 문자 o가 있거나 문자가 없는 문자열을 가지는 라인을 출력(love, lve)
a|b	a 또는 b와 매칭되는 문자(or)	'love|hate'	love 또는 hate를 포함하는 라인을 검색
( )	문자 그룹	'love(able|ly)' '(ov) +'	loveable 또는 lovely 매칭 한 번 이상의 ov 문자 매칭

```
[root@localhost grep]# pwd
/root/grep
[root@localhost ~]# cat testfile
```

```
Seoul       KimLee      50.5    80.5    50.2
Inchon      Hong        91.5    50.3    60.5
Daejun      Bak         30.2    76.4    88.6
Daegu       kim root    80.8    50.6    40.9
Ulsan       Lee         80.6    85.3    56.8
Busan       Kang Hong   85.6    91.7    58.3
```

```
[root@localhost grep]# egrep 'Kim|Kang' testfile
Seoul       KimLee      50.5    80.5    50.2
Busan       Kang Hong   85.6    91.7    58.3
[root@localhost grep]# egrep '9+' testfile
Inchon      Hong        91.5    50.3    60.5
Daegu       kim root    80.8    50.6    40.9
Busan       Kang Hong   85.6    91.7    58.3
[root@localhost grep]# egrep '8\.?[0-9]' testfile
Seoul       KimLee      50.5    80.5    50.2
Daegu       kim root    80.8    50.6    40.9
Ulsan       Lee         80.6    85.3    56.8
[root@localhost grep]# egrep '(Dae)+' testfile
Daejun      Bak         30.2    76.4    88.6
Daegu       kim root    80.8    50.6    40.9
[root@localhost grep]# egrep 'K(i|a)' testfile
Seoul       KimLee      50.5    80.5    50.2
Busan       Kang Hong   85.6    91.7    58.3
[root@localhost grep]# egrep 'sa|u' testfile
Seoul       KimLee      50.5    80.5    50.2
Daejun      Bak         30.2    76.4    88.6
Daegu       kim root    80.8    50.6    40.9
Ulsan       Lee         80.6    85.3    56.8
Busan       Kang Hong   85.6    91.7    58.3
[root@localhost grep]#
```

다음의 표에 egrep 명령 예제를 정리해 두었다.

표 4-5 • egrep 예제

egrep 예제	설명
egrep '^ +' file	하나 또는 하나 이상의 공백으로 시작하는 라인을 출력
egrep '^ *' file	라인의 시작에 아무것도 없거나 공백이 있는 라인을 출력
egrep '(Tom|Dan) Jerry' file	Tom Jerry 또는 Dan Jerry를 포함하는 라인을 출력
egrep '(ab) +' file	ab가 한 번 또는 그 이상 나오는 라인을 출력
egrep '^X[0-9]?' file	X 문자로 시작하고 다음에 아무것도 없거나 하나의 숫자만 있는 문자열을 가지는 라인을 출력
egrep 'fun\.$' *	모든 파일에서 fun으로 끝나는 문자열을 가지는 라인을 출력
egrep '[A-Z] +' file	하나 이상의 대문자를 포함하고 있는 라인을 출력
egrep '[0-9]' file	숫자를 포함하고 있는 라인을 출력
egrep '[A-Z]...[0-9]' file	5개의 문자 패턴으로 대문자로 시작하고 3개의 어떤 문자가 와도 되며, 마지막에는 숫자가 오는 문자열을 포함하고 있는 라인을 출력
egrep '[tT]est' files	test 또는 Test를 포함하고 있는 라인을 출력
egrep -v 'Jerry' file	"Jerry"를 포함하고 있지 않은 라인을 모두 출력
egrep -i 'sam' file	대소문자에 상관없이 sam을 포함하는 라인을 모두 출력 예) SAM, sam, SaM, sAm 등
egrep -l 'Dear Boss' *	Dear Boss를 포함하는 모든 파일 목록을 출력
egrep -n 'Tom' file	Tom을 포함하는 각 라인의 번호를 함께 출력
egrep -s "$name" file	name 변수를 포함하는 라인을 찾지만 출력하지 않는다.

4.3 | fgrep

fgrep[Fixed grep or Fast grep] 명령은 grep와 유사하다. 하지만, 정규표현식 메타문자들은 사용할 수 없기 때문에 특수 문자 및 $ 문자들은 문자 그대로 인식한다.

```
[root@localhost grep]# vim fgrep.txt
```

```
[A-Z]        $95
B            99
C            66
```

```
[root@localhost grep]# fgrep '[A-Z]' fgrep.txt
[A-Z]        $95
[root@localhost grep]# fgrep '$9' fgrep.txt
[A-Z]        $95
[root@localhost grep]#
```

위 예제의 두 번째 명령에서 사용한 '$9' 패턴은 fgrep 명령에서 $ 문자를 문자 그대로 인식하기 때문에 fgrep.txt 파일의 첫 번째 줄을 검색하여 출력해 준다.

chapter 05

sed 유틸리티

5.1 | sed

5.1.1 sed란?

리눅스에서의 텍스트 처리를 위한 유틸리티는 대표적으로 sed[stream editor]와 awk가 있다. 이번 장에서는 sed에 대하여 공부한다.

참고

sed: 비대화형 모드의 텍스트 파일 에디터
awk: C 언어 형태의 문법을 가지는 필드 단위의 패턴 처리 언어

두 유틸리티의 차이점은 있지만 모두 정규표현식을 사용하고, 기본 입출력은 표준 입력과 표준 출력을 사용한다. 파이프를 통해서 한쪽의 출력을 다른 쪽으로 넘길수 있으며, 이런 기능을 활용하여 사용하면 펄 언어와 비슷한 수준의 프로그래밍을 할 수 있다.

sed는 비대화형 모드의 줄 단위 에디터이고, 표준 입력 또는 파일로부터 텍스트를 입력받아 주어진 라인들에 대해 한 번에 한 라인씩 어떤 처리를 한 다음, 그 결과를 표준 출력이나 파일로 보낸다. vi(m)에디터에서도 사용할 수 있다.

sed는 주어진 주소 범위에 대해 입력의 어떤 줄을 처리할 것인지 결정한다. 이때 주소 범위에는 라인 번호 또는 패턴을 사용할 수 있다. 예를 들어, 5d라고 하면 다섯 번째 라인을 삭제하라는 것이며, /windows/d는 "windows"를 포함하는 모든 라인을 삭제하라는 의미이다.

표 5-1 • sed 연산사

연산자	이름	의미
[주소 범위]/p	print	[주어진 주소 범위]를 출력한다.
[주소 범위]/d	delete	[주어진 주소 범위]를 삭제한다.
s/pattern1/pattern2/	substitute	한 라인에서 처음 나타나는 pattern1을 pattern2로 치환한다.
[주소 범위]/s/pattern1/pattern2/	substitute	주소 범위에 대해서 한 라인에 처음 나타나는 pattern1을 pattern2로 치환한다.

(계속)

표 5-1 • sed 연산자(계속)

연산자	이름	의미
[주소 범위]/y/pattern1/pattern2/	transform	주소 범위에 대해서 pattern1에 나타나는 어떤 문자라도 pattern2에 나타나는 문자로 변경한다. (tr과 동일)
g	global	모든 라인에서 입력과 일치하는 패턴에 대해 동작한다.

5.1.2 sed 버전과 도움말

```
[root@localhost ~]# mkdir sed
[root@localhost ~]# cd sed
[root@localhost sed]# pwd
/root/sed
[root@localhost sed]# sed --version
GNU sed version 4.1.5
Copyright (C) 2003 Free Software Foundation, Inc.
This is free software; see the source for copying conditions.  There is NO
warranty; not even for MERCHANTABILITY or FITNESS FOR A PARTICULAR PURPOSE,
to the extent permitted by law.
[root@localhost sed]#
```

[root@localhost sed]# sed --help # 또는 man sed

```
Usage: sed [OPTION]... {script-only-if-no-other-script} [input-file]...

  -n, --quiet, --silent
                 suppress automatic printing of pattern space
  -e script, --expression=script
                 add the script to the commands to be executed
  -f script-file, --file=script-file
                 add the contents of script-file to the commands to be executed
  -i[SUFFIX], --in-place[=SUFFIX]
                 edit files in place (makes backup if extension supplied)
  -c, --copy
                 use copy instead of rename when shuffling files in -i mode(avoids change of input
                 file ownership)
```

(계속)

```
  -l N, --line-length=N
                 specify the desired line-wrap length for the `l' command
  --posix
                 disable all GNU extensions.
  -r, --regexp-extended
                 use extended regular expressions in the script.
  -s, --separate
                 consider files as separate rather than as a single continuous long stream.
  -u, --unbuffered
                 load minimal amounts of data from the input files and flush the output buffers
more often
  --help         display this help and exit
  --version      output version information and exit

If no -e, --expression, -f, or --file option is given, then the first non-option argument is taken as
the sed script to interpret. All remaining arguments are names of input files; if no input files are
specified, then the standard input is read.

E-mail bug reports to: bonzini@gnu.org.
Be sure to include the word "sed" somewhere in the "Subject:" field.
```

-n 옵션을 사용하면 패턴이 일치하는 라인만 출력한다. 만약 이 옵션이 없으면 모든 입력이 출력된다.

-e 옵션을 사용하면 다음에 나오는 문자열을 편집 명령어로 해석한다. 작은따옴표(' ')는 sed 명령에서 정규표현식용 문자가 쉘에 의해 특수 문자로 재해석되는 것을 방지한다. 이와 같이 함으로써 sed가 명령어의 정규표현식을 확장하도록 해준다.

5.1.3 sed 동작 원리

sed 스트림 에디터는 한 번에 하나의 파일 또는 하나의 입력으로부터 한 라인만 처리하고 모니터로 출력한다. 이 명령은 vi(m) 에디터에서 사용할 수 있으며, 저장된 라인은 패턴 공간이라고 부르는 임시 버퍼에서 처리한다. 임시 버퍼에 있는 라인의 처리가 한번 끝나면 임시 버퍼에 있는 라인은 모니터로 보내진다. 라인이 처리된 다음 임시 버퍼에서 라인은 제거되고 다음 라인이 임시 버퍼로 읽혀지고 처리되고 출력된다. sed는 입력 파일의 마지막 라인이 처리되었을 때 명령을 종료한다. 임시 버퍼에 저장된 각 라인을 처리하기 때문에 원래의 파일이 변경되거나 손상되지 않는다.

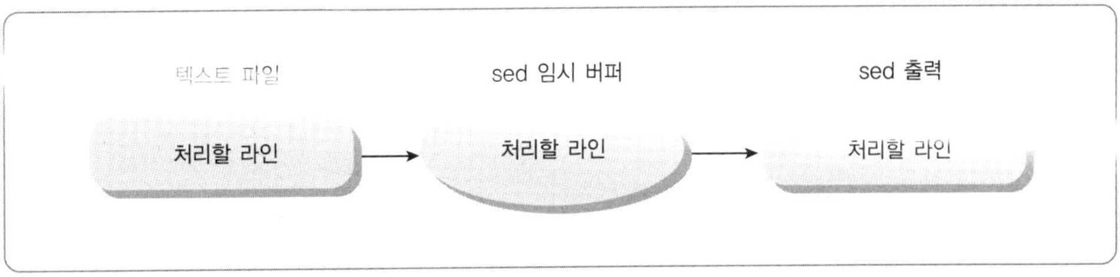

그림 5-1 • sed 동작

5.1.4 정규표현식 사용

sed에서 사용하는 정규표현식 메타문자들과 의미를 다음의 표에 정리해 두었다.

표 5-2 • sed와 정규표현식

메타문자	의미	예제	설명
^	라인의 처음	/^linux/	linux로 시작하는 모든 라인들
$	라인의 끝	/linux$/	linux로 끝나는 모든 라인들
.	하나의 문자 매칭, 하지만 newline 문자는 제외	/l…x/	총 5개의 문자이며, l을 포함하고, 다음으로 3개의 문자가 있고, 마지막으로 x 문자가 있는 라인들
*	매칭되는 문자가 없거나 여러 개의 문자열이 될 수 있다.	/ *linux/	아무것도 없거나 스페이스로 시작하여 linux 문자가 있는 라인들
[ ]	하나의 문자 매칭	/[Ll]inux/	Linux 또는 linux를 포함하는 라인들
[^]	하나의 문자도 매칭되지 않음	/[^A-KM-Z]inux/	inux 앞에 A에서 K까지 문자와 M에서 Z까지 문자를 포함하지 않는 라인들
\(..\)	매칭된 문자들 저장	s/\(love\)able/\1er/	매칭된 패턴을 나중에 참조하기 위해 \1을 사용하여 1번 태그로 저장하였다. 예제에서 lovable은 lover를 치환하기 위한 문자열로 기억된다.

(계속)

표 5-2 • sed와 정규표현식(계속)

메타문자	의미	예제	설명
&	치환 문자열로 기억될 수 있는 검색 문자열을 저장	s/linux/**&**/	&는 검색 문자열이므로 linux 문자열은 * 문자로 둘러싸인다. linux 문자열은 **linux**로 된다.
\<	단어의 시작	/\<linux/	linux로 시작하는 단어를 포함하고 있는 라인들을 매칭한다.
\>	단어의 끝	/linux\>/	linux로 끝나는 단어를 포함하고 있는 라인들을 매칭한다.
x\{m\}	x 문자의 반복 횟수 m회 반복	/o\{5\}/	o가 5회 반복
x\{m,\}	적어도 m회 반복	/o\{5,\}/	o가 적어도 5회 반복
x\{m,n\}	m회~n회 사이 반복	/o\{5,10\}/	o가 5회에서 10회 사이 반복

```
[root@localhost sed]# vim sedtest.txt
linux is a registered trademark of Linus Torvalds
linux is kernel
CentOS linux
Fedora linux
Ubuntu linux
Linux is the best OS.
```

```
[root@localhost sed]# sed -n '/^linux/p' sedtest.txt
linux is a registered trademark of Linus Torvalds
linux is kernel
[root@localhost sed]#
```

위의 예제는 linux로 시작하는 라인을 출력하라는 의미이므로 1번과 2번 라인이 출력된 것이다.

자주 사용되는 sed 예제를 다음의 표에 정리해 두었다.

표 5-3 • sed 예제

sed 예제	의미
8d	입력의 8번째 줄을 삭제하라. (d: delete)
/^$/d	빈 줄을 모두 삭제하라.
1,/^$/d	첫 줄부터 처음 나타나는 빈 줄까지 삭제하라.
/Jones/p	"Jones"를 포함하는 줄만 출력하라(-n 옵션을 사용). (p: print)
s/Windows/Linux/	입력의 각 줄에서 처음 나오는 "Windows"를 "Linux"로 치환하라. (s: substitute)
s/Windows/Linux/g	입력의 각 줄에서 "Windows"가 나올 때마다 "Linux"로 치환하라. (s: substitute)
s/ *$//	모든 줄의 끝에 나오는 빈 칸을 삭제하라.
s/00*/0/g	연속적인 모든 0을 하나의 0으로 치환하라.
/GUI/d	"GUI"를 포함하는 모든 줄을 삭제하라.
s/GUI//g	"GUI"가 나오는 줄에서 "GUI"만 삭제하라.

chapter 06

awk 프로그래밍

6.1 | awk

6.1.1 awk란?

awk는 데이터를 조작하고 리포트를 생성하기 위해 사용하는 언어이다. 리눅스에서 사용하는 awk는 GNU 버전의 gawk로 심볼릭 링크되어 있다.

```
[root@localhost ~]# mkdir awk
[root@localhost ~]# cd awk/
[root@localhost awk]# pwd
/root/awk
[root@localhost awk]# which awk
/bin/awk
[root@localhost awk]# whereis awk
awk: /bin/awk /usr/bin/awk /usr/libexec/awk /usr/share/awk /usr/share/man/man1/awk.1.gz
/usr/share/man/man1p/awk.1p.gz
[root@localhost awk]# ls -l /bin/awk
lrwxrwxrwx 1 root root 4 2009-05-23 04:46 /bin/awk -> gawk
[root@localhost awk]# awk --version
GNU Awk 3.1.5
Copyright (C) 1989, 1991-2005 Free Software Foundation.

This program is free software; you can redistribute it and/or modify
it under the terms of the GNU General Public License as published by
the Free Software Foundation; either version 2 of the License, or
(at your option) any later version.

This program is distributed in the hope that it will be useful,
but WITHOUT ANY WARRANTY; without even the implied warranty of
MERCHANTABILITY or FITNESS FOR A PARTICULAR PURPOSE.  See the
GNU General Public License for more details.

You should have received a copy of the GNU General Public License
along with this program; if not, write to the Free Software
Foundation, Inc., 51 Franklin Street, Fifth Floor, Boston, MA  02110-1301, USA.
```

```
[root@localhost awk]# awk --help
Usage: awk [POSIX or GNU style options] -f progfile [--] file ...
Usage: awk [POSIX or GNU style options] [--] 'program' file ...
POSIX options:                  GNU long options:
        -f progfile             --file=progfile
        -F fs                   --field-separator=fs
        -v var=val              --assign=var=val
        -m[fr] val
        -W compat               --compat
        -W copyleft             --copyleft
        -W copyright            --copyright
        -W dump-variables[=file]    --dump-variables[=file]
        -W exec=file            --exec=file
        -W gen-po               --gen-po
        -W help                 --help
        -W lint[=fatal]         --lint[=fatal]
        -W lint-old             --lint-old
        -W non-decimal-data     --non-decimal-data
        -W profile[=file]       --profile[=file]
        -W posix                --posix
        -W re-interval          --re-interval
        -W source=program-text  --source=program-text
        -W traditional          --traditional
        -W usage                --usage
        -W version              --version

To report bugs, see node 'Bugs' in 'gawk.info', which is
section 'Reporting Problems and Bugs' in the printed version.

gawk is a pattern scanning and processing language.
By default it reads standard input and writes standard output.

Examples:
        gawk '{ sum += $1 }; END { print sum }' file
        gawk -F: '{ print $1 }' /etc/passwd
[root@localhost awk]#
```

awk에서는 간단한 연산자를 명령라인에서 사용할 수 있으며, 큰 프로그램을 위하여 사용될 수도 있다. awk는 데이터를 조작할 수 있기 때문에 쉘 스크립트에서 사용되는 필수 툴이며, 작은 데이터베이스를 관리하기 위해서도 필수이다.

awk는 Alfred **A**ho, Peter **W**einberger, Brian **K**ernighan 3명이 만들었는데, 이 세 명의 이니셜을 가져와서 awk라고 이름이 지어졌다. 간혹 wak, kaw라고 부르기도 한다. 하지만 대부분 awk라고 부른다.

> **참고**
>
> awk 명령에서 END 블록을 사용할 경우에는 반드시 아규먼트 파일명을 적어주어야 한다.
> BEGIN 블록만 사용할 경우에는 아규먼트 파일명을 적지 않아도 동작한다.

6.2 | awk 프로그래밍 형식

awk 프로그래밍은 awk 명령어를 입력한 다음, 작은따옴표로 둘러싸인 패턴이나 액션을 입력하고 마지막으로 입력 파일을 입력한다. 만약 입력 파일을 지정하지 않으면 키보드 입력에 의한 표준 입력(stdin)으로부터 입력을 받게 된다. 그리고 awk는 입력된 라인들의 데이터들을 **공백 또는 탭을 기준으로 분리**하여 $1부터 시작하는 각각의 필드 변수로 분리하여 인식한다.

6.2.1 파일로부터의 입력

[awk 형식]

```
awk 'pattern' filename
awk '{action}' filename
awk 'pattern {action}' filename
```

[root@localhost awk]# vim awkfile

```
홍 길동 3324    5/11/96   50354
임 꺽정 5246    15/9/66   287650
이 성계 7654    6/20/58   60000
정 약용 8683    9/40/48   365000
```

'길동' 을 포함하고 있는 라인을 출력하기 위해 다음의 명령을 실행한다.

```
[root@localhost awk]# awk '/길동/' awkfile
홍 길동  3324       5/11/96      50354
[root@localhost awk]#
```

공백을 기준으로 분리되는 필드 중 왼쪽부터 첫 번째로 나오는 필드($1)를 출력하기 위해 다음의 명령을 실행한다.

```
[root@localhost awk]# awk '{print $1}' awkfile
홍
임
이
정
[root@localhost awk]#
```

시작 문자가 '홍' 으로 시작되는 라인을 찾고 첫 번째 필드인 '홍' 과 공백을 기준으로 필드가 나누어지기 때문에 두 번째 필드인 '길동' 문자열을 출력하기 위해 다음의 명령을 실행한다.

```
[root@localhost awk]# awk '/홍/{print $1, $2}' awkfile
홍 길동
[root@localhost awk]#
```

6.2.2 명령어로부터의 입력

명령어로부터 입력을 받기 위해서 '|' 파이프를 사용할 수 있다.

[awk 형식]

```
command | awk 'pattern'
command | awk '{action}'
command | awk 'pattern {action}'
```

```
[root@localhost awk]# df
Filesystem    1K-blocks    Used Available Use% Mounted on
/dev/hda1     7103744      3420656     3316408      51% /
tmpfs         127776       0           127776       0% /dev/shm
```

```
[root@localhost awk]# df | awk '$4 > 1000000'
Filesystem     1K-blocks     Used Available Use% Mounted on
/dev/hda1      7103744      3420656      3316408      51% /
[root@localhost awk]#
```

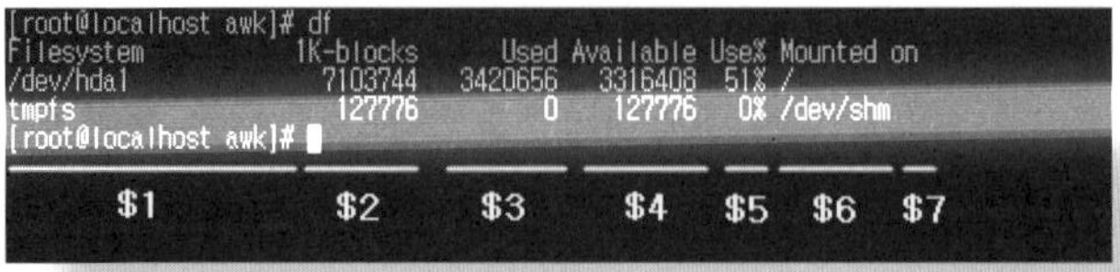

그림 6-1

df 명령어는 하드 디스크 용량 상황을 볼 수 있는 명령인데, df 명령의 결과를 보면 네 번째 필드에 사용할 수 있는 용량이 1Kbyte block 단위로 표시된다. 네 번째 필드의 값이 1000000보다 큰 라인을 출력하기 위해 df | awk '$4 > 1000000' 명령을 실행했기 때문에 3316408로 표기된 라인이 출력된다. 이와 같이 **분리자를 지정하지 않은 경우에는 기본 분리자로 공백을 사용**한다.

6.2.3 awk 동작 원리

awk 동작 원리를 이해하기 위하여 다음과 같이 awkfile1 파일을 생성해두고 이 파일에 대해 간단한 awk 명령을 테스트하면서 동작 원리를 알아보자.

```
[root@localhost awk]# vim awkfile1
CentOS 리눅스 100
페도라 리눅스 200
우분투 리눅스 300
[root@localhost ~]#
```

그림 6-2

먼저 다음과 같이 명령을 입력해 보자.

```
[root@localhost awk]# awk '{print $1, $3}' awkfile1
CentOS 100
페도라 200
우분투 300
[root@localhost awk]#
```

그러면 이제 동작 원리를 이야기할 차례이다.

❶ 먼저 awk는 파일 또는 파이프를 통해 입력 라인을 얻어와서 $0라는 내부 변수에 라인을 입력해 둔다. 각 라인은 레코드라고 부르는데, 기본적으로 newline에 의해 구분된다.

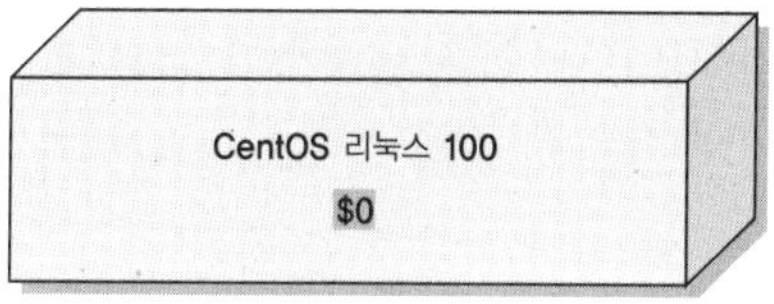

그림 6-3

❷ 다음으로 라인은 공백을 기준으로 각각의 필드나 단어로 나누어진다. 각 필드는 번호가 매겨진 변수로 저장되고 $1부터 시작한다. 많게는 100개 이상의 필드를 저장할 수도 있다.

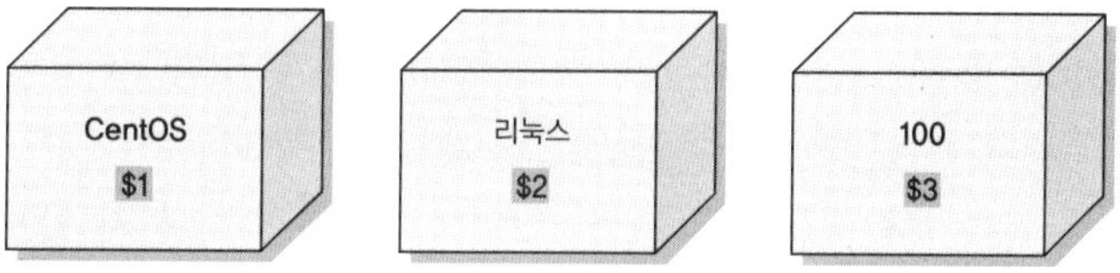

그림 6-4

❸ awk가 어떻게 공백을 사용하여 필드를 나눌까? 내장 변수인 FS라고 부르는 필드 분리자가 있는데, 이 FS는 가장 먼저 공백(탭)을 할당받는다. 만약 필드가 콜론(:)이나 대시(-)와 같은 다른 문자에 의해 분리된다면 새로운 필드 분리자로 FS의 값을 변경할 수 있다.

❹ awk는 화면에 필드를 출력할 때 print 함수를 사용한다.

```
{print $1, $3}
```

이와 같이 print 함수를 사용하면 공백으로 분리된 각 필드 중 1번과 3번 필드가 다음과 같이 화면에 출력된다.

```
CentOS 100
페도라 200
우분투 300
```

여기서 awk 실행의 결과값으로 CentOS와 100 사이에 공백이 들어가 있음을 확인할 수 있다. 왜냐하면 명령에서 콤마(,)가 들어가 있기 때문이다. 콤마는 출력필드 분리자(OFS)라는 내장 변수와 매핑되어 있다. 이 OFS는 기본값으로 공백을 할당받는다. 그래서 콤마는 OFS 변수에 할당된 공백 문자를 만들게 되는 것이다.

❺ awk가 화면에 출력을 하고 나면 파일의 다음 라인이 호출되고 $0으로 저장된다. 이때 앞에서 변수 $0에 저장되었던 라인은 덮어쓰기가 된다. 또 다시 공백을 기준으로 필드가 분리되고 처리가 진행된다. 이와 같은 프로세스는 파일의 모든 라인이 처리되기 전까지 계속 반복된다.

6.2.4 print 함수

awk 명령의 액션 파트는 중괄호({ })로 묶어준다. 만약 액션이 지정되지 않고 패턴이 매칭된다면 awk는 매칭된 라인을 모니터에 출력하는 기본 액션을 수행한다. print 함수는 포매팅이 필요없이 간단히 출력하는 데 사용된다. 좀더 복잡한 포매팅을 원한다면 printf, fprintf 함수를 사용하도록 한다. 만약 C 언어에 익숙하다면 printf나 sprintf 함수는 잘 알고 있을 것이다.

print 함수는 {print} 형식으로 awk의 액션 부분에 사용될 수 있다. print 함수는 아규먼트로 변수와 계산된 값 또는 문자열 상수를 받는다. 문자열은 큰따옴표(" ")로 둘러싸야 한다. 콤마(,)는 아규먼트들을 분리하는 데 사용된다. 만약 콤마를 사용하지 않으면 아규먼트들은 서로 연결되어버린다. 콤마는 기본값으로 공백을 가지는 OFS의 값을 검사한다.

```
[root@localhost awk]# date
Mon Jul 20 21:28:29 KST 2009
[root@localhost awk]# date | awk '{print "Today is " $1 "day" "\n현재 시간 : " $4}'
Today is Monday
현재 시간 : 21:28:30
[root@localhost awk]#
```

date 명령으로 현재의 날짜와 시간을 보면 공백으로 나누어지는 필드의 개수가 6개이므로

awk를 사용했을 때 $1번부터 $6번까지 변수가 만들어질 것이다. 그래서 요일을 출력하기 위해 첫 번째 필드 변수인 $1을 출력하고 \n으로 newline, 즉 다음 라인으로 넘어가서 현재 시간인 네 번째 필드 변수인 $4를 출력해 주었다.

```
[root@localhost awk]# cat awkfile
홍 길동    3324       5/11/96      50354
임 꺽정    5246       15/9/66      287650
이 성계    7654       6/20/58      60000
정 약용    8683       9/40/48      365000
[root@localhost awk]# awk '/정/{print "\t\t안녕하세요? " $1, $2 "님!"}' awkfile
           안녕하세요? 임 꺽정님!
           안녕하세요? 정 약용님!
[root@localhost awk]#
```

위의 예제는 먼저 '정'이라는 단어를 포함하는 라인을 찾아낸 다음, 탭키를 두 번 입력하고, "안녕하세요? " 문장을 출력하고, 1번 필드와 2번 필드값을 출력하며, "님!"을 출력하도록 한 것이다.

표 6-1 • print 함수의 이스케이프 문자

Escape 문자	의미
\b	백스페이스
\f	폼피드
\n	newline 다음 줄
\r	캐리지 리턴
\t	탭
\047	8진수 47
\c	c는 문자를 대표한다.

6.2.5 OFMT 변수

숫자를 출력할 때 숫자의 포맷을 제어해야 할 경우가 있다. 간단히 printf 함수를 사용하면 되지만, OFMT[Output ForMaT] 변수를 사용할 수도 있다. OFMT 변수는 print 함수를 사용할 때 숫자의 출력 포맷을 제어할 수 있다. 기본 포맷으로 %.6g가 설정된다. 이 포맷은 최대 전체 6자리를 가지는데, "0."으로 시작하면 소수점 아래 6자리를 출력하고, "0."이 아닌 수로

시작하면 전체 6자리를 출력한다. 그리고 소수점 아래에 위치하는 마지막 6번째 수는 7번째 자릿수에서 반올림한다. 만약 대상의 수가 6자리를 넘지 않으면 그대로 출력한다.

```
[root@localhost awk]# awk 'BEGIN{print 0.23456789, 15E-3}'
0.234568 0.015
[root@localhost awk]# awk 'BEGIN{print 1.23456789}'
1.23457
[root@localhost awk]# awk 'BEGIN{OFMT="%.2f"; print 1.23456789, 15E-3}'
1.23 0.01
[root@localhost awk]#
```

위의 첫 번째 예에서 0.23456789가 입력된 수이므로 0. 아래에 총 6자리의 수를 가지게 되어 0.234567이 되지만, 7번째 수 8이 반올림되어 0.234568이 출력되고 15E-3은 6자릿수보다 적기 때문에 0.015가 출력된다. 두 번째 예에서 1.23456789가 입력된 수이므로 총 6자리를 가져야 하기 때문에 1.23456이 되지만, 7번째 자리의 수가 7이므로 반올림되어 1.23457이 출력된다. 그리고 마지막 예제에서는 OFMT 변수가 소수점 아래 2자리의 float(f) 실수형 숫자로 설정되어 있기 때문에 결과값을 보면 소수점 아래 두 자리를 가지는 수로 출력되는데, 소수점 이하 세 번째 자리의 수(4)가 반올림에 의해 버려지고 1.23이 출력되며, 15E-3은 0.015인데 소수점 이하 두 자리만 출력되므로 세 번째 자릿수(5)가 반올림에 의해 버려지므로 0.01이 출력된다.

6.2.6 printf 함수

출력할 때 필드 사이에 공백들을 지정하고 싶을 경우가 있다. 탭키를 사용한 print 함수는 깔끔한 출력을 보장하지 못한다. 하지만, printf 함수는 포매팅된 깔끔한 출력을 제공한다.

printf 함수는 C 언어의 printf 문장처럼 표준 출력으로 포매팅된 문자열을 리턴한다. printf 문장은 포맷 지시자와 변경자 등의 제어 문자열을 가지고 있다. 제어 문자열은 콤마와 콤마로 분리된 표현식의 목록을 따른다.

print 함수와 다르게 printf는 newline을 제공하지 않기 때문에 newline이 요구되면 이스케이프 문자 "\n"을 사용해야 한다.

% 기호와 포맷 지정자를 위해 아규먼트를 주어야 한다. 문자 % 기호를 출력하기 위해서는 %를 두 번(%%) 사용하면 된다.

printf의 포맷 문자는 다음의 표와 같다.

표 6-2 • printf 포맷 문자

변환 문자	정의
c	문자
s	문자열
d	10진수
ld	Long 10진수
u	Unsigned 10진수
lu	Long unsigned 10진수
x	16진수
lx	Long 16진수
o	8진수
lo	Long 8진수
e	지정한 노테이션(표기)에서 실수
f	실수
g	e 또는 f를 사용한 실수로 적어도 공백을 가진다.

printf의 간단한 포맷 지정자 예제는 다음의 표를 참고하자.

표 6-3 • printf 포맷 지정자 예제

포맷 지정자	설명
주어진 변수값 : x = 'A', y = 15, z = 2.3, $1 = CentOS	
%c	아스키 문자 하나를 출력한다. printf("문자는 %c.\n", x) 출력: 문자는 A.
%d	10진수 하나를 출력 printf("소년은 %d 살이다.\n", y) 출력: 소년은 15 살이다.
%e	e기호의 숫자를 출력 printf("z는 %e.\n", z) 출력: z는 1.500000e + 01.
%f	float 실수형 수를 출력 printf("z는 %f.\n", 2.3*2) 출력: z는 4.600000.

(계속)

표 6-3 • printf 포맷 지정자 예제(계속)

포맷 지정자	설명
%o	8진수를 출력 printf("y는 %o.\n", y) 출력: y는 17.
%s	문자열을 출력 printf("배포판의 이름은 %s이다.\n", $1) 출력: 배포판의 이름은 CentOS이다.
%x	16진수를 출력 printf ("y는 %x.\n", y) 출력: y는 f.

```
[root@localhost awk]# echo "LINUX" | awk ' {printf "|%-15s|\n", $1}'
|LINUX          |
[root@localhost awk]# echo "LINUX" | awk ' {printf "|%15s|\n", $1}'
|          LINUX|
[root@localhost awk]#
```

printf 문자열 포맷에서 -가 붙으면 좌측에서 시작되고 기본형이면 우측에서 시작된다.

```
[root@localhost awk]# cat awkfile
홍 길동    3324    5/11/96    50354
임 꺽정    5246    15/9/66    287650
이 성계    7654    6/20/58    60000
정 약용    8683    9/40/48    365000
[root@localhost awk]# awk '{printf "The name is %-20s Number is %4d\n", $1" "$2, $3}' awkfile
The name is 홍 길동    Number is 3324
The name is 임 꺽정    Number is 5246
The name is 이 성계    Number is 7654
The name is 정 약용    Number is 8683
[root@localhost awk]#
```

위 예제에서 첫 라인의 1번 필드는 홍, 2번 필드는 길동, 3번 필드는 3324가 된다. awk 액션 부분에서 "홍 길동" 문자를 %-20s 포맷을 사용하여 20개의 문자를 좌측에서 시작하도록 하였다. 그래서 "홍 길동   "과 같이 20개의 문자열이 출력된다. 여기서 한글 한 문자는 UTF-8 캐릭터셋에서 영문자 3개의 문자로 인식되어 "홍 길동"은 공백을 포함하여 10개의 문자가 되고 나머지 10개의 공백으로 표현된다.

```
[root@localhost awk]# echo "리눅스" | awk ' {printf "|%-15s|\n", $1}'
|리눅스   |
[root@localhost awk]# echo "LINUX" | awk ' {printf "|%-15s|\n", $1}'
|LINUX   |
[root@localhost awk]#
```

6.2.7 awk -f 옵션

awk 액션과 명령이 파일에 작성되어 있다면 -f 옵션을 사용한다. awk 명령을 특정한 파일에 저장해두고 이 파일에 입력된 명령을 사용하여 다른 파일을 처리하고자 할 때 사용하는 것이 -f 옵션이다.

형식	awk -f [awk 명령파일] [awk 명령을 적용할 텍스트 파일]

```
- 처리하고자 하는 파일명 awkfile2 -
[root@localhost awk]# cat awkfile
홍 길동   3324    5/11/96    50354
임 꺽정   5246    15/9/66    287650
이 성계   7654    6/20/58    60000
정 약용   8683    9/40/48    365000
[root@localhost awk]#

- awk 명령이 입력되어 있는 파일 -
[root@localhost awk]# vim awkcommand
{print "안녕하세요! " $1, $2"님"}
{print $1, $2, $3, $4, $5}
[root@localhost awk]#

- awk 명령 실행 -
[root@localhost awk]# awk -f awkcommand awkfile
안녕하세요! 홍 길동님
홍 길동 3324 5/11/96 50354
안녕하세요! 임 꺽정님
임 꺽정 5246 15/9/66 287650
```

```
안녕하세요! 이 성계님
이 성계 7654 6/20/58 60000
안녕하세요! 정 약용님
정 약용 8683 9/40/48 365000
[root@localhost awk]#
```

위의 "awk -f awkcommand awkfile" 명령은 awkcommand 파일에 입력되어 있는 awk 명령을 사용하기 위해 -f 옵션을 사용하고 있다. awkcommand 파일을 보면 1번 라인에 인사말과 함께 $1, $2 필드의 이름을 출력하고 있다. 그리고 각 라인의 5개 필드를 모두 출력하도록 하고 있다.

6.2.8 레코드와 필드

6.2.8.1 레코드

awk는 입력 데이터를 볼 수 없다. 하지만, 포맷 또는 구조는 볼 수 있다. 기본적으로 레코드record라고 불리는 각 라인은 newline으로 분리된다.

>> 레코드 분리자

디폴트로 출력과 입력 레코드 분리자(라인 분리자)는 빌트인 awk 변수 ORS와 RS에 저장되는 캐리지 리턴(newline)이다. ORS와 RS 값은 변경할 수 있지만 변경하지 않는 게 좋다.

>> $0 변수

모든 레코드는 awk에서 $0로 참조된다. ($0는 수정될 수 있다. $0가 치환과 할당에 의해 수정되었을 때 NF의 값이고 필드의 번호이다.)

```
[root@localhost awk]# cat awkfile
홍 길동    3324    5/11/96     50354
임 꺽정    5246    15/9/66     287650
이 성계    7654    6/20/58     60000
정 약용    8683    9/40/48     365000
[root@localhost awk]# awk '{print $0}' awkfile
홍 길동    3324    5/11/96     50354
임 꺽정    5246    15/9/66     287650
이 성계    7654    6/20/58     60000
정 약용    8683    9/40/48     365000
[root@localhost awk]#
```

변수 $0는 현재의 모든 레코드를 그대로 저장한다. 그리고 이 내용을 화면에 출력한다. awk는 디폴트로 print 액션만 사용해도 모든 레코드를 출력해 준다.

```
[root@localhost awk]# awk '{print}' awkfile
홍 길동    3324     5/11/96     50354
임 꺽정    5246     15/9/66     287650
이 성계    7654     6/20/58     60000
정 약용    8683     9/40/48     365000
[root@localhost awk]#
```

>> NR 변수

각 레코드들의 번호는 awk의 빌트인 변수 NR에 저장된다. 레코드가 저장된 다음 NR의 값은 하나씩 증가하게 된다.

```
[root@localhost awk]# awk '{print NR, $0}' awkfile
1 홍 길동    3324     5/11/96     50354
2 임 꺽정    5246     15/9/66     287650
3 이 성계    7654     6/20/58     60000
4 정 약용    8683     9/40/48     365000
[root@localhost awk]#
```

6.2.8.2 필드

각 레코드는 디폴트로 공백이나 탭으로 분리된 필드field라는 워드로 구성된다. 각 워드들은 하나의 필드라고 부르며, awk는 빌트인 변수인 NF에 필드의 수를 유지한다. NF의 값은 일반적으로 라인당 100개의 필드를 가질 수 있다.

다음의 예제는 4개의 레코드(라인)를 가지고 있으며 5개의 필드(칼럼)를 가지고 있다.

```
[root@localhost awk]# cat awkfile
```

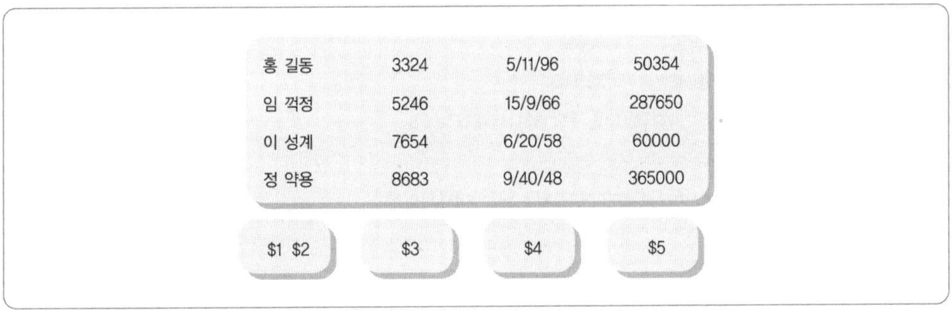

```
[root@localhost awk]# awk '{print NR, $1, $2, $5}' awkfile
1 홍 길동 50354
2 임 꺽정 287650
3 이 성계 60000
4 정 약용 365000
[root@localhost awk]#
```

레코드의 번호를 출력하기 위해 NR 변수를 사용하였으며, 각 라인의 1번, 2번, 5번 필드(칼럼)를 출력하도록 하였다.

아래 예제에서는 각 레코드의 필드 수를 라인의 마지막에 출력하도록 하였다.

```
[root@localhost awk]# awk '{print $0, NF}' awkfile
홍 길동    3324    5/11/96     50354 5
임 꺽정    5246    15/9/66     287650 5
이 성계    7654    6/20/58     60000 5
정 약용    8683    9/40/48     365000 5
[root@localhost awk]#
```

6.2.8.3 필드 분리자

>> 입력 필드 분리자

awk의 빌트인 변수 FS는 입력 필드 분리자[FS]의 값을 가지고 있다. FS의 디폴트값으로 공백과 탭이 사용되고 이 값으로 입력 필드가 분리된다. FS의 값은 BEGIN 문장 또는 명령라인에서 새로운 값으로 변경될 수 있다. 그러면 FS의 값을 명령라인에서 새로운 값으로 할당해 보자. 명령라인에서 FS값을 변경하기 위해서는 -F 옵션을 사용해야 한다. 이때 -F 다음에 적어주는 문자가 새로운 필드 분리자가 된다.

```
[root@localhost awk]# vim awkfile_FS
홍 길동    :3324    :5/11/96    :50354
임 꺽정    :5246    :15/9/66     :287650
이 성계    :7654    :6/20/58    :60000
정 약용    :8683    :9/40/48    :365000
[root@localhost awk]# awk '/홍/{print  $1, $2}' awkfile_FS
홍 길동
[root@localhost awk]# awk -F: '/홍/{print $1, $2}' awkfile_FS
홍 길동    3324
[root@localhost awk]#
```

awkfile_FS 파일을 보면 하나의 라인이 콜론(:) 문자에 의해 4부분으로 나누어져 있다. 앞서 공부한 것과 같이 -F 옵션을 사용하지 않으면 디폴트로 공백이나 탭을 필드 분리자로 사용한다고 했다. 위에서 -F 옵션이 있는 명령을 보면 -F 옵션 다음에 콜론(:) 문자를 적어준 것을 볼 수 있는데, 이렇게 적어주면 필드 분리자로 콜론 문자를 사용하겠다는 의미이다. 그래서 awkfile_FS 파일은 콜론을 분리자로 사용하여 4부분으로 나누어진다. 여기서 '홍' 문자를 포함하는 라인을 찾고 그 라인에서 1번 필드와 2번 필드를 출력하도록 하면 위와 같은 결과를 화면에 보여준다.

앞서 하나의 필드 분리자만 사용하였으나 필드 분리자를 여러 개 지정할 수도 있다. 이번에는 하나 이상의 필드 분리자를 사용해 보자.

```
[root@localhost awk]# awk -F'[ :\t]' '/홍/{print $1, $2, $3, $12}' awkfile_FS
홍 길동 3324
[root@localhost awk]#
```

-F 옵션은 브라켓([ ]) 안에서 정규표현식을 사용할 수 있는데, 위의 예제에서 공백이나, 콜론(:), 탭을 만나면 이 문자를 필드 분리자로 인식한다. 그리고 위에서 작은따옴표를 사용했는데, 이것은 쉘의 메타문자로 인식하지 않도록 하기 위함이다. 테스트를 위한 awkfile_FS 파일에서는 탭이 사용되지 않고 공백으로 구성되어 있기 때문에 12번째 필드 값($12)이 3324가 된 것이다.

```
[root@localhost awk]# awk -F'[ :\t]' '/홍 길동/{print $0}' awkfile_FS
홍 길동     :3324       :5/11/96        :50354
[root@localhost awk]#
```

$0 변수는 레코드를 저장하고 있으므로 홍 길동 문자열이 검색된 라인을 모두 출력한다.

6.2.9 패턴과 액션

6.2.9.1 패턴

awk 패턴은 awk가 입력 라인에 어떤 액션을 할 것인지 관리한다. 이 패턴은 정규표현식, 참과 거짓 상태의 결과 또는 이들의 결합으로 구성되어 있다. 디폴트 액션은 표현식이 참true의 상태인 각 라인을 출력하는 것이다. 패턴 표현식을 읽을 때 암시적으로 if 문장이 된다.

```
[root@localhost awk]# cat awkfile
홍 길동     3324        5/11/96         50354
임 꺽정     5246        15/9/66         287650
```

```
이 성계    7654        6/20/58        60000
정 약용    8683        9/40/48        365000
[root@localhost awk]# awk '/정 약용/' awkfile
정 약용    8683        9/40/48        365000
[root@localhost awk]#
```

입력 파일에서 "정 약용" 문자열이 포함된 레코드 라인을 출력한다. 위의 명령은 다음의 명령과 동일하다.

```
[root@localhost awk]# awk '$0 ~ /정 약용/{print $0}' awkfile
정 약용    8683        9/40/48        365000
[root@localhost awk]#
```

다음의 명령은 3번 필드의 값이 6000 보다 작은 레코드를 출력하도록 한것이다.

```
[root@localhost awk]# awk '$3 < 6000' awkfile
홍 길동    3324        5/11/96        50354
임 꺽정    5246        15/9/66        287650
[root@localhost awk]#
```

6.2.9.2 액션

awk에서 액션은 컬리 브레이스({ })로 둘러싸인 문장이며 세미콜론(;)으로 구분된다. 패턴은 액션 앞에 오며, 액션은 간단한 문장 또는 복잡한 문장들의 그룹으로 만들 수 있다. 문장들은 세미콜론(;) 또는 newline에 의해 분리된다.

형식	{action}

```
{ print $1, $2 }
```

이 액션 문장은 1번 필드와 2번 필드를 출력한다.

패턴은 액션과 연결될 수 있다. 액션은 컬리 브레이스({ })로 둘러싸여진다는 것을 기억하자. 패턴은 첫 번째 열기 컬리 브레이스 ({)부터 첫 번째 닫기 컬리 브레이스 (})까지의 액션을 관리한다. 만약 패턴 뒤에 액션이 올 때, 첫 번째 열기 컬리 브레이스 ({)는 패턴과 같은 라인에 있어야 한다.

형식

```
pattern{ action statement; action statement; etc. }
또는
pattern{
        action statement
        action statement
}
```

```
[root@localhost awk]# awk '/정 약용/{print "안녕하세요, " $1, $2 "님"}' awkfile
안녕하세요, 정 약용님
[root@localhost awk]#
```

레코드가 패턴인 "정 약용" 문자열을 포함하고 있으면 "안녕하세요, 정 약용님" 문자열을 출력한다.

액션이 없는 패턴은 패턴과 매칭되는 모든 라인을 출력한다. 문자열 매칭 패턴은 슬래시(/)로 둘러싸인 정규표현식을 포함한다.

```
[root@localhost awk]# awk '/정/' awkfile
임 꺽정    5246      15/9/66      287650
정 약용    8683      9/40/48      365000
[root@localhost awk]#
```

6.3 | awk와 정규표현식

awk에서 정규표현식은 슬래시(/)로 둘러싸인 문자들로 구성된 패턴이다. awk는 정규표현식을 수정할 수 있는 정규표현식 메타문자(egrep와 같음) 사용을 지원한다. 입력 라인에서의 문자열은 정규표현식으로 매칭되고 결과 상태는 참[true]이며, 표현식과 연관된 액션들이 실행된다. 만약 지정된 액션이 없고 정규표현식에 의해 매칭된 라인이 검색되면 레코드 라인 전체가 출력된다.

```
[root@localhost ~]# awk '/이 성계/' awkfile
이 성계    7654      6/20/58      60000
[root@localhost ~]#
```

awk가 지원하는 메타문자를 다음의 표에 정리하였다.

표 6-4 • awk에서 지원하는 메타문자

awk 메타문자	의미
^	문자열의 시작과 매칭
$	문자열의 끝과 매칭
.	문자 한 개와 매칭
*	문자가 없거나 그 이상과 매칭
+	하나의 문자 또는 그 이상과 매칭
–	문자가 없거나 하나와 매칭
[ABC]	A, B, C 문자셋 중 하나의 문자만 매칭
[^ABC]	A, B, C 문자셋 중 매칭되는 문자가 하나도 없음
[A-Z]	A에서 Z까지의 범위에서 매칭되는 문자가 있음
A|B	A 또는 B 문자 매칭
(AB)+	AB 문자셋이 하나 이상 매칭 (예) AB, ABAB, ABABAB
*	아스테리스크(*) 문자와 매칭
&	검색 문자열에서 검색된 문자열로 대체할 때 사용

awk가 지원하지 않는 메타문자를 다음의 표에 정리하였다.

표 6-5 • awk에서 지원하지 않는 메타문자

메타문자	의미
\< >/	단어
\(\)	후위 참조
\{ \}	반복

```
[root@localhost awk]# awk '/정/{print $1, $2, $3}' awkfile
임 꺽정 5246
정 약용 8683
[root@localhost awk]# awk '/^정/{print $1, $2, $3}' awkfile
정 약용 8683
[root@localhost awk]#
```

'정' 을 가지고 있는 레코드 라인을 찾아서 1번, 2번, 3번 필드의 내용만 출력하였다. 그리

고 그 아래 명령에서 정규표현식을 사용하여 '정'으로 시작하는 레코드 라인을 찾아서 출력하였다.

```
[root@localhost awk]# vim awkfile2
Hong KilDong        3324          5/11/96       50354
Im KkeokJeong       5246          15/9/66       287650
Lee Seongkye        7654          6/20/58       60000
Jeong YackYong      8683          9/40/48       365000
[root@localhost awk]# awk '/^[A-Z][a-z]+ /' awkfile2
Hong KilDong        3324          5/11/96       50354
Im KkeokJeong       5246          15/9/66       287650
Lee Seongkye        7654          6/20/58       60000
Jeong YackYong      8683          9/40/48       365000
[root@localhost awk]#
```

위의 awk 명령은 대문자로 시작하고, 두 번째 문자부터 소문자를 하나 이상 포함하고 있으며, 그 뒤로 공백이 있는 라인을 출력하라는 의미이다.

6.3.1 match 연산자

틸드(~)로 표기되는 match 연산자는 하나의 레코드 또는 필드 안에서 표현식과 매칭되는 것이 있는지 검사하는 연산자이다.

```
[root@localhost awk]# cat awkfile2
Hong KilDong        3324          5/11/96       50354
Im KkeokJeong       5246          15/9/66       287650
Lee Seongkye        7654          6/20/58       60000
Jeong YackYong      8683          9/40/48       365000
[root@localhost awk]# awk '$2 ~ /[Kk]il/' awkfile2
Hong KilDong        3324          5/11/96       50354
[root@localhost awk]#
```

위의 명령은 2번 필드에 대문자 Kil 또는 소문자 kil과 매칭되는 것이 있는지 검색하고 검색된 결과가 있다면 검색된 라인을 출력한다.

```
[root@localhost awk]# awk '$2 !~ /g$/' awkfile2
Lee Seongkye        7654          6/20/58       60000
[root@localhost awk]#
```

앞의 명령은 2번 필드가 g로 끝나지 않는 라인을 검색하고 출력한다.

>> POSIX 문자 클래스

표 6-6 • POSIX 문자 클래스

브라켓	의미
[:alnum:]	[A-Za-z0-9] 알파벳 문자와 숫자로 이루어진 문자열
[:alpha:]	[A-Za-z] 알파벳 문자
[:blank:]	[\x09] 스페이스와 탭
[:cntrl:]	컨트롤 제어 문자
[:digit:]	[0-9] 숫자
[:graph:]	[!-~] 공백이 아닌 문자(스페이스, 제어 문자들을 제외한 문자)
[:lower:]	[a-z] 소문자
[:print:]	[-~] [:graph:]와 유사하지만 스페이스 문자를 포함
[:punct:]	[!-/:-@[-{-~] 문장 부호 문자
[:space:]	[\t\v\f] 모든 공백 문자(newline 줄바꿈, 스페이스, 탭)
[:upper:]	[A-Z] 대문자
[:xdigit:]	[0-9a-fA-F] 16진수에서 사용할 수 있는 숫자(0-9a-fA-F)

```
[root@localhost awk]# awk '/[[:lower:]]+g[[:space:]]+[[:digit:]]/' awkfile2
Hong KilDong        3324        5/11/96        50354
Im KkeokJeong       5246        15/9/66        287650
Jeong YackYong      8683        9/40/48        365000
[root@localhost awk]#
```

위의 명령은 하나 이상의 소문자를 검색한 다음 g가 나오고, 다음으로 하나 이상의 공백이 나오고, 이어서 숫자가 나오는 라인을 검색하는 명령이다. 이 명령에 의해 검색된 라인은 위의 3개 라인이다.

6.4 | 스크립트 파일에서의 awk

여러 개의 awk 패턴과 액션을 사용하고자 할 경우에는 스크립트에 문장을 입력하여 사용한다. 스크립트란, awk 코멘트와 문장들을 포함하고 있는 파일이다. 만약 문장들과 액션들이 같은 라인에 있으면 세미콜론(;)으로 구분해 주어야 한다. 분리된 라인에서는 세미콜론이 필요하지 않다. 패턴 다음에 액션이 올 때 열기 컬리 브레이스 ({)는 패턴과 같은 라인에 두어야 한다. 코멘트는 # 기호를 사용한다.

```
[root@localhost awk]# cat awkfile
홍 길동    3324    5/11/96    50354
임 꺽정    5246    15/9/66    287650
이 성계    7654    6/20/58    60000
정 약용    8683    9/40/48    365000
[root@localhost ~]# vim awkcommand2
```

```
# My awk script file
# script name is awkcommand
/동/{print "안녕하세요! " $1, $2"님"}
/성계/{print NR "번 라인: " $0}; /^정/{print "'정'으로 시작되는 이름은 : " $1, $2}
# end of script
```

```
[root@localhost awk]# awk -f awkcommand2 awkfile
안녕하세요! 홍 길동님
3번 라인: 이 성계    7654    6/20/58    60000
'정'으로 시작되는 이름은: 정 약용
[root@localhost awk]#
```

awkcommand2 파일을 보면 앞의 두 라인은 모두 #으로 주석처리 되어 있다. 그리고 3번 라인에서는 awkfile에서 '동' 문자가 있는 라인을 찾아내고 "안녕하세요! "를 출력한 다음 1번 필드와 2번 필드를 출력하고 마지막으로 "님" 문자를 출력하는 명령이 입력되어 있다. 4번 라인에는 awkfile에서 "성계" 문자열을 포함하고 있는 라인을 찾아내고 그 라인의 번호를 출력한 다음, 라인의 내용을 모두 출력하는 명령이 입력되어 있다. 그리고 또 하나의 명령이 세미콜론(;)에 의해서 분리되어 있는데, 라인의 시작이 '정' 문자로 시작하는 라인을 찾아서 " '정' 으로 시작되는 이름은: " 문자열을 출력하고, 1번 필드와 2번 필드를 출력하도록 하고 있다.

6.5 | 비교 표현식

비교 표현식은 어떤 상태가 참[true]일 때만 액션이 수행되는 라인을 검색한다. 이 표현식은 관계 연산자를 사용하고 숫자나 문자열을 비교할 때 사용한다.

표 6-7 • 비교 연산자

비교 연산자	의미	예제
<	보다 작다.	x < y
<=	보다 작거나 같다.	x <= y
==	같다.	x == y
!=	같지 않다.	x != y
>=	보다 크거나 같다.	x >= y
>	보다 크다.	x > y
~	정규표현식과 매칭된다.	x ~ /y/
!~	정규표현식에 매칭되지 않는다.	x !~ /y/

```
[root@localhost awk]# cat awkfile
홍 길동    3324        5/11/96         50354
임 꺽정    5246        15/9/66         287650
이 성계    7654        6/20/58         60000
정 약용    8683        9/40/48         365000
[root@localhost awk]# awk '$3 == 8683' awkfile
정 약용    8683        9/40/48         365000
[root@localhost awk]#
```

위의 명령은 3번 필드의 값이 8683인 라인을 찾아서 출력하라는 의미이다.

```
[root@localhost awk]# awk '$3 > 7000' awkfile
이 성계    7654        6/20/58         60000
정 약용    8683        9/40/48         365000
[root@localhost awk]#
```

위의 명령은 3번 필드의 값이 7000보다 큰 값인 라인을 찾아서 출력하라는 의미이다.

```
[root@localhost awk]# awk '$3 > 7000{print $1, $2}' awkfile
이 성계
```

```
정 약용
[root@localhost awk]#
```

위의 명령은 3번 필드의 값이 7000보다 큰 값인 라인에서 1번 필드와 2번 필드만 출력하라는 의미이다.

```
[root@localhost awk]# awk '$2 ~ /꺽정/ ' awkfile
임 꺽정    5246    15/9/66    287650
[root@localhost awk]#
```

위의 명령은 2번 필드에 정규표현식을 사용하여 "꺽정"이라는 문자열이 있는 라인을 찾아서 출력하라는 의미이다.

```
[root@localhost awk]# awk '$2 !~ /꺽정/ ' awkfile
홍 길동    3324    5/11/96    50354
이 성계    7654    6/20/58    60000
정 약용    8683    9/40/48    365000
[root@localhost awk]#
```

위의 명령은 2번 필드에 "꺽정"이라는 문자열이 없는 라인을 찾아서 출력하라는 의미이다.

6.5.1 조건 표현식

조건 표현식(A ? B : C;)은 표현식을 검사하기 위해 물음표(?)와 콜론(:) 두 가지 심볼을 사용한다. 이심볼은 if/else 문장이 하는 역할과 같은 결과를 의미한다.

형식	조건 표현식1 ? 표현식2 : 표현식3

위의 형식은 아래의 if/else 문장과 같다.

```
{
        if (표현식1)
                표현식2
        else
        표현식3
}
```

```
awk '{max=($1 > $2) ? $1 : $2; print max}' filename
```

위의 예제 문장은 1번 필드와 2번 필드의 값을 비교하여 1번 필드가 2번 필드보다 크다면 물음표(?) 뒤의 $1의 값을 max에 할당하고, 그렇지 않다면 콜론(:) 뒤의 $2의 값을 max에 할당한다. if/else 문장으로 재구성해 보면 다음과 같다.

```
{
if ($1 > $2)
        max=$1
else
        max=$2
}
```

6.5.2 산술 연산자

산술 연산자는 기존의 산술 연산자와 동일하다.

표 6-8 • 산술 연산자

연산자	의미	예제
+	덧셈	x + y
−	뺄셈	x − y
*	곱셈	x * y
/	나눗셈	x / y
%	나머지 연산	x % y
^	멱수	x ^ y

```
awk '$3 * $4 > 100' filename
```

위의 예제는 3번 필드의 값과 4번 필드의 값을 곱해서 100보다 크다면 해당 라인을 출력할 것이다. 여기서 filename은 입력 파일을 의미한다.

6.5.3 논리 연산자와 혼합 패턴

논리 연산자는 표현식 또는 패턴이 참인지 거짓인지 테스트한다. &&논리 AND 연산자를 사용

하면 두 개의 표현식 모두가 참일 때만 결과가 참이 된다. 하나의 표현식이라도 거짓이 되면 결과는 거짓이 된다. ||논리 OR 연산자는 두 개의 표현식 중 하나만 참이면 결과는 참이 되고, 두 표현식 모두 거짓일 경우에만 결과가 거짓이 된다.

혼합 패턴은 논리 연산자와 함께 패턴이 사용되는 표현식을 말한다. 이때 표현식은 왼쪽에서 오른쪽으로 평가된다.

표 6-9 • 논리 연산자

논리 연산자	의미	예제
&&	논리 AND 연산	a && b
||	논리 OR 연산	a || b
!	NOT 연산	! a

```
awk '$3 > $5 && $3 <= 100' filename
```

위의 예제는 && 연산자를 사용하였기 때문에 양쪽 모두 참일 때만 결과가 참이 된다. 3번 필드의 값이 5번 필드의 값보다 크면서 3번 필드의 값이 100보다 클 때 참이 된다.

```
awk '$3 == 100 || $5 > 100' filename
```

위의 예제는 || 연산자를 사용하였기 때문에 어느 한쪽만 참이면 결과는 참이 된다. 거짓이 되기 위해서는 양쪽 모두 거짓이 되어야 한다. 3번 필드의 값이 100이거나 5번 필드의 값이 100보다 크면 결과는 참이 된다.

```
# awk '!($3 < 100 && $5 < 100)' filename
```

위의 예제는 괄호 안의 결과의 반대 결과를 리턴한다. 즉, 괄호 안의 결과가 참이면 거짓을, 거짓이면 참을 리턴한다. 괄호 안의 내용을 보면 3번 필드의 값이 100보다 적고 5번 필드의 값이 100보다 적을 때만 참을 리턴한다. 이와 같이 양쪽 모두 참일 때 참을 리턴하므로 이때의 전체 연산 결과는 !에 의해 거짓을 리턴하게 된다.

```
[root@localhost awk]# vim awkfile3
홍 길동    3324      5/11/96      50354
임 꺽정    5246      15/9/66      287650
이 성계  7654     6/20/58   60000
정 약용    8683      9/40/48      365000
```

```
홍 이동  3324       5/11/96   50354
[root@localhost awk]# awk '/홍/,/이/' awkfile3
홍 길동    3324      5/11/96        50354
임 꺽정    5246      15/9/66        287650
이 성계    7654      6/20/58        60000
홍 이동    3324      5/11/96        50354
[root@localhost awk]# awk '/홍/,/구/' awkfile3
홍 길동    3324      5/11/96        50354
임 꺽정    5246      15/9/66        287650
이 성계    7654      6/20/58        60000
정 약용    8683      9/40/48        365000
홍 이동    3324      5/11/96        50354
[root@localhost awk]#
```

위의 예제는 '홍' 문자가 포함되어 있는 라인을 찾아서 출력한 다음, '이' 문자가 검색될 때까지의 모든 라인을 출력한다. 그리고 중간에서 '이' 문자를 발견하면 다시 '홍' 문자를 찾고 '이' 문자가 검색될 때까지 출력하게 된다. 그러므로 **"awk '/홍/,/이/' awkfile3"** 명령에서 4번 라인은 출력되지 않았다. 그리고 마지막 명령에서는 "구" 문자가 검색되지 않고 있기 때문에 파일의 끝까지 출력한다.

6.6 | awk 변수

6.6.1 수와 문자열 상수

수에는 123과 같이 정수형과 3.14와 같은 실수형이 있다. 또한 .123E-1 또는 1.2e3 등의 과학적 기호로도 사용된다. "Hello Linuxer"와 같이 공백을 포함하고 있는 문자열은 큰따옴표로 둘러싸야 한다.

awk 프로그램에는 변수가 존재한다. 변수는 문자열이 될 수도 있고, 숫자가 될 수도 있고, 숫자와 문자를 결합한 값이 될 수도 있다. 변수를 설정하면 = 기호 우측 표현식의 타입이 된다.

변수를 초기화하지 않으면 0 또는 공백문자(" ")가 된다.

```
name="Tom" # name 변수는 문자열이다.
x++ # x 변수는 숫자이며 0으로 초기화되고 1 증가한다.
number=100 # number 변수는 숫자이다.
```

문자열을 숫자형으로 강제 변환할 때:

```
name+0
```

숫자형을 문자열로 강제 변환할 때:

```
number " "
```

6.6.2 사용자정의형 변수

사용자정의형 변수는 awk에서 따로 정의하지 않는다. 다만, 표현식 안에서 변수의 컨텍스트에 의해 데이터 타입이 추측된다. 만약 변수가 초기화되지 않으면 awk는 문자열 변수는 null로 숫자형 변수는 0으로 초기화한다. 그리고 필요 시 awk는 문자열 변수를 숫자형 변수로, 즉 그 반대의 타입으로 변환을 한다. 변수는 awk의 대입 연산자에 의해 값을 할당받으며 각 연산자는 다음의 표를 참고하자.

표 6-10 • 대입 연산자

대입 연산자	대입 예제	의미
=	a = 5	a = 5
+=	a += 5	a = a + 5
-=	a -= 5	a = a - 5
*=	a *= 5	a = a * 5
/=	a /= 5	a = a / 5
%=	a %= 5	a = a % 5
^=	a ^= 5	a = a ^ 5

[변수에 값을 할당하는 형식]

변수=표현식

```
# awk '$1 ~ /이/ {sum=$3 + $5; print sum}' filename
```

```
[root@localhost awk]# cat awkfile3
홍 길동    3324    5/11/96    50354
임 꺽정    5246    15/9/66    287650
이 성계    7654    6/20/58    60000
정 약용    8683    9/40/48    365000
홍 이동    3324    5/11/96    50354
[root@localhost awk]# awk '$1 ~ /이/ {sum=$3 + $5; print sum}' awkfile3
67654
[root@localhost awk]#
```

위의 예제는 1번 필드가 '이' 문자인 라인을 검색하고, 이 라인의 3번 필드와 5번 필드의 값을 sum 변수에 저장한다. 그리고 sum 변수의 값을 print 명령으로 출력하도록 하였다. 여기서 +는 산술 연산자이므로 awk는 sum 변수를 0으로 초기화하고, $3의 값과 $5의 값을 더하고 그 결과값을 할당받는다.

>> 증가 연산자(++)와 감소 연산자(--)

변수에 1을 더하기 위하여 증가 연산자를 사용할 수 있다. x++ 표현식은 x = x + 1과 같다. 또한 변수에서 1을 빼기 위하여 감소 연산자를 사용한다. x-- 표현식은 x = x - 1과 같다. 이 연산자는 카운터를 증감하고자 할 때 루프와 함께 사용하면 유용하다. 그리고 증감 연산자는 x++ 형식을 사용할 수 있지만 ++x 형식으로도 사용이 가능하다. 증가 연산자가 변수 앞에 위치하면 x에 먼저 1을 더하라는 의미이다. x++가 다른 변수에 할당되면 x를 먼저 다른 변수에 할당한 다음 x에 1을 더하라는 의미이다. 다음의 예제를 살펴보자.

```
{x=1; y=x++; print x, y}
```

위의 ++ 연산자는 후위형 증가 연산자라고 부른다. 즉, y에 x의 값인 1을 먼저 할당하고 x를 1 증가시킨다. 그러므로 y의 값은 1이 되고 x의 값은 2가 된다.

```
[root@localhost awk]# awk 'BEGIN{x=1; y=x++; print x, y}'
2 1
[root@localhost awk]#


{x=1; y=++x; print x, y}
```

위의 ++ 연산자는 전위형 증가 연산자라고 부른다. 즉, x의 값인 1을 먼저 증가시켜서 x가 2가 되고 이 값을 y에 할당해서 y값이 2가 된다.

```
[root@localhost awk]# awk 'BEGIN{x=1; y=++x; print x, y}'
2 2
[root@localhost awk]#
```

>> 명령라인에서의 사용자정의형 변수

변수는 명령라인에서 값을 할당받을 수 있으며 awk 스크립트에 전달된다.

```
awk -f awkscript -v month=8 year=2008 filename
```

위의 예제는 사용자정의형 변수로 month와 year를 각각 8과 2008로 할당하였다. 이와 같이 명령라인에서 변수를 정의하면 awk 스크립트에서 이 변수들은 받아서 사용할 수 있다. 이 방식은 번거롭기 때문에 거의 사용하지 않으며 일반적으로 ARGV를 사용한다.

위의 형식과 같이 변수를 지정할 때에는 -v 옵션을 사용하도록 한다. 만약 -v 옵션을 사용하지 않고 변수에 값을 할당하면 BEGIN 문장에서는 사용할 수 없다. 즉, BEGIN 문장에서도 사용할 수 있도록 하기 위해 -v 옵션을 사용하라는 의미이다.

```
[root@localhost awk]# cat awkfile3
홍 길동    3324       5/11/96       50354
임 꺽정    5246       15/9/66       287650
이 성계    7654       6/20/58       60000
정 약용    8683       9/40/48       365000
홍 이동    3324       5/11/96       50354
[root@localhost awk]# vim awkcommand1
{print $var}
[root@localhost awk]# awk -f awkcommand1 -v var=2 awkfile3
길동
꺽정
성계
약용
이동
[root@localhost awk]#
```

위의 예제에서는 -v 옵션을 사용하여 awk 명령에서 var 변수의 값으로 2를 할당하였다. 이와 같이 변수의 값을 할당하면 -f 옵션으로 지정된 파일에서 var 변수를 전달받아 사용할 수 있다. 그래서 awk는 {print $2}를 실행하여 각 라인에서 두 번째 필드값들을 출력한다.

>> 필드 변수

필드 변수는 레퍼런스 필드를 제외하고 사용자정의형 변수처럼 사용될 수 있다. 새 필드는 할당에 의해 생성될 수 있으며, 필드 값이 참조되고 값을 가지지 않는다면 null 문자열이 할당될 것이다. 만약 필드 값이 변경되면 $0 변수는 필드 분리자인 OFS의 현재 값을 사용하여 재계산을 한다. 필드의 수는 일반적으로 100까지로 제한되어 있다.

```
awk '{ $3 = 100 * $2 / $1;  print }' filename
```

위의 명령에서 $3이 존재하지 않는다면 awk는 $3을 생성하고 100 * $2 / $1 연산의 결과를 3번 필드에 할당한다. 만약 3번 필드가 이미 존재한다면 $3은 생성할 필요가 없으며, 할당 연산자(=)의 우측 연산 결과를 3번 필드에 할당할 것이다. 즉, 덮어쓴다는 의미이다.

```
awk '$4 == "한국" { $4 = "서울"; print }' filename
```

위의 명령은 4번 필드가 "한국" 문자열이라면 awk는 이 4번 필드에 "서울"이라는 문자열로 재할당할 것이다. 여기서 큰따옴표가 중요한데, 문자열은 null 값으로 초기화된 사용자정의형 변수가 된다.

```
[root@localhost awk]# cat awkfile3
홍 길동    3324    5/11/96    50354
임 꺽정    5246    15/9/66    287650
이 성계    7654    6/20/58    60000
정 약용    8683    9/40/48    365000
홍 이동    3324    5/11/96    50354
[root@localhost awk]# awk '$1 == "홍"{print NR, $1, $2, $NF}' awkfile3
1 홍 길동 50354
5 홍 이동 50354
[root@localhost awk]#
```

위의 예제에서 awk '$1 == "홍"{print NR, $1, $2, $NF}' awkfile3 명령을 사용하였다. 이 예제의 의미는 모든 레코드 중에서 1번 필드 값에 "홍" 문자가 있는 라인을 찾아서 NR, 즉 레코드의 번호와 1번 필드, 2번 필드, 그리고 마지막으로 NF 변수의 필드를 출력하고자 하였다. 여기서 NF 변수는 빌트인 내장 변수이며, 현재 레코드에서의 전체 필드 수를 의미하므로 1번 레코드에서 5가 되고 5번 레코드에서 5가 된다. 그래서 $NF는 1번 레코드에서 $5가 되기 때문에 5번 필드의 값이 출력되고 5번 레코드에서도 5가 되므로 5번 필드의 값이 출력된다.

awk에서 사용하는 빌트인 내장 변수는 다음의 표에 정리해두었다.

표 6-11 • 빌트인 내장 변수

내장 변수명	설명
ARGC	명령라인 아규먼트의 수
ARGIND	명령라인으로부터 프로세싱되는 현재 파일의 ARGV 인덱스
ARGV	명령라인 아규먼트의 배열
CONVFMT	숫자 포맷 변환. 기본값으로 %.6g
ENVIRON	쉘로 전달된 현재 환경 변수의 값을 포함하고 있는 배열
ERRNO	getline 함수로 읽을 때 또는 종료 함수를 사용할 때 리다이렉션에서 발생하는 시스템 에러를 기술할 문자열을 포함
FIELDWIDTHS	분리된 레코드들이 고정된 필드 폭일 때 FS 대신 사용되는 공백으로 구분된 필드 폭 목록
FILENAME	현재 입력 파일의 이름
FNR	현재 파일의 전체 레코드 수
FS	입력 필드 분리자, 기본값은 공백(스페이스)
IGNORECASE	정규표현식과 문자 처리에서 case sensitivity를 사용하지 않는다. 대소문자를 구분하지 않는다.
NF	현재 레코드에서의 전체 필드 수
NR	레코드 수
OFMT	숫자 출력 포맷
OFS	출력 필드 분리자
ORS	출력 레코드 분리자
RLENGTH	match 함수에 의해 매칭되는 문자열의 길이
RS	입력 레코드 분리자
RSTART	match 함수에 의해 매칭되는 문자열의 옵셋
RT	레코드 종결자. 문자 또는 RS로 지정된 정규표현식과 매칭되는 입력 텍스트로 설정한다.
SUBSEP	서브 스크립트 분리자

```
[root@localhost awk]# vim awkfile4
Tom:     3324:     5/11/96:     50354
Jane:    5246:     15/9/66:     287650
Mary:    7654:     6/20/58:     60000
[root@localhost awk]# awk -F: '{IGNORECASE=1}; \
> $1 == "mary"{print NR, $1, $2, $NF}' awkfile4
3 Mary    7654     60000
[root@localhost awk]#
```

위의 예제에서 -F 옵션은 필드 분리자를 지정하는 옵션이므로 각 레코드는 ':' 문자로 필드가 분리된다. 그리고 IGNORECASE=1이므로 대소문자를 구분하지 않는다는 의미이다. $1 == "mary"에서 소문자를 비교했지만 IGNORECASE로 지정되어 있으므로 대문자로 구성된 Mary, MARY 등도 포함된다. 그리고 NR 라인 번호, 1번 필드, 2번 필드, 마지막 필드($NF)를 출력하였다. 결과를 보면 3번 레코드의 Mary로 시작하는 라인이 검색되어 출력되고 있다. 명령의 첫 번째 라인에서 마지막에 보이는 '\' 문자는 다음 라인에 이어서 명령을 입력하겠다는 의미이다.

6.6.3 BEGIN 패턴

BEGIN 패턴은 awk가 입력 파일의 라인들을 처리하기 이전에 실행되며 액션 블록 앞에 놓인다. BEGIN 블록은 awk가 BEGIN 액션 블록이 완료될 때까지 입력을 읽어들이지 않기 때문에 입력 파일 없이 테스트할 수 있다.

BEGIN 액션은 빌트인 내장 변수(OFS, RS, FS 등)들의 값을 변경하기 위해, 사용자정의형 변수들의 초기값을 할당하기 위해, 출력의 한 부분으로서 헤더 또는 타이틀을 프린트하기 위해 자주 사용한다.

```
awk 'BEGIN{FS=":"; OFS="\t"; ORS="\n\n"}{print $1,$2,$3}' filename
```

이 예제는 입력 파일이 처리되기 전에 필드 분리자FS가 콜론(:)으로 설정되고, 출력 필드 분리자OFS가 탭으로 설정되며, 출력 레코드 분리자ORS가 두 개의 newline으로 설정된다. 만약 액션 블록에 2개 이상의 문장이 있다면 세미콜론(;) 또는 라인 분리자(쉘 프롬프트라면 newline을 위해 백슬래시(\)를 사용)를 사용하면 된다.

```
[root@localhost awk]# awk 'BEGIN{print "YEAR 2009"}'
YEAR 2009
[root@localhost awk]#
```

이 예제에서 사용된 print 함수는 awk가 입력 파일을 읽기 전에 실행된다. 그리고 입력 파일이 주어지지 않는 한 awk는 "YEAR 2009"가 출력될 것이다. awk를 디버깅할 때 프로그램의 BEGIN 블록 액션들을 테스트할 수 있다.

6.6.4 END 패턴

END 패턴은 어떤 입력 라인과도 매칭되지 않는다. 하지만, END 패턴과 연관된 액션들을 실행한다. END 패턴은 입력의 모든 라인이 처리되고난 후에 처리된다.

```
awk 'END{print "The number of records is " NR }' filename
The number of records is 3
```

위의 END 블록은 awk가 파일 처리를 완료한 다음 실행된다. NR 값은 마지막 레코드를 읽은 다음 몇 번째 라인인지 보여주는 숫자값이다.

```
[root@localhost awk]# vim awkfile5
Tom:     3324:    5/11/96:    50354
Tom:     3324:    5/11/96:    50354
Jane:    5246:    15/9/66:    287650
Mary:    7654:    6/20/58:    60000
[root@localhost awk]# awk '/Tom/{count++}END{print "Tom was found " count " times."}' awkfile5
Tom was found 2 times.
[root@localhost awk]#
```

awkfile5 입력 파일에서 Tom 패턴을 포함하고 있는 모든 입력 라인을 카운트하기 위해 사용자정의형 변수 count를 만들어두었다. 이 count 변수는 Tom 패턴을 포함하는 입력 라인이 검색되면 1씩 증가한다. 입력 라인들이 읽혀질 때 END 블록은 count의 마지막 결과값을 포함하고 있는 Tom was found 2 times 문자열을 출력하기 위해 실행된다.

참고

awk 명령에서 END 블록을 사용할 경우에는 반드시 아규먼트 파일명을 적어주어야 한다.
BEGIN 블록만 사용할 경우에는 아규먼트 파일명을 적지 않아도 동작한다.

6.7 | awk 리다이렉션

6.7.1 출력 리다이렉션

awk에서의 결과를 리눅스 파일로 리다이렉션할 경우 쉘 리다이렉션 연산자를 사용한다. 단, 파일명은 큰따옴표로 둘러싸야 한다. > 심볼이 사용될 때 파일이 오픈되고 실려진다. 파일이 한 번이라도 오픈되면 명시적으로 닫혀지거나 awk 프로그램이 종료될 때까지 오픈된 상태를 유지하고, print 문장의 출력은 리다이렉션 파일에 추가된다.

```
[root@localhost awk]# cat awkfile5
Tom:      3324:      5/11/96:      50354
Tom:      3324:      5/11/96:      50354
Jane:     5246:      15/9/66:      287650
Mary:     7654:      6/20/58:      60000
[root@localhost awk]# awk -F: '$4 >= 60000 {print $1, $2  > "new_file" }' awkfile5
[root@localhost awk]# cat new_file
Jane      5246
Mary      7654
[root@localhost awk]#
```

awkfile5 에서 4번 필드의 값이 60000 이상이 되는 레코드를 검색하고, 1번 필드와 2번 필드의 값을 new_file 이름의 파일에 리다이렉션을 사용하여 저장하고 있다. 이때 저장할 파일명은 항상 큰따옴표(" ")로 감싸주는 것을 잊지 않도록 한다.

6.7.2 입력 리다이렉션

>> getline 함수

getline 함수는 표준 입력, 파이프, 현재 처리되고 있는 파일로부터 입력을 읽기 위해 사용한다. 입력의 다음 라인을 가져와서 NF, NR, FNR 빌트인 변수를 설정한다. getline 함수는 레코드가 검색되면 1을 리턴하고, 파일의 끝(EOF-End Of File)이면 0을 리턴한다. 만약 에러가 발생되면 파일 오픈이 실패한 것으로서 getline 함수는 -1을 리턴한다.

```
[root@localhost awk]# awk 'BEGIN{ "date" | getline d; print d}'
Tue Jul 21 10:08:26 KST 2009
[root@localhost awk]#
```

리눅스 명령어인 date를 실행하고 결과를 파이프로 연결한 다음, getline으로 얻어온 값을 사용자정의형 변수인 d로 할당하고 d의 값을 출력하였다.

```
[root@localhost awk]# awk 'BEGIN{ "date " | getline d; split(d, year) ; print year[6]}'
2009
[root@localhost awk]#
```

먼저 date 명령이 실행되고 결과값이 파이프로 연결되어 d 변수로 할당된다. 그리고 split 함수에 의해 d 변수에서 year 배열을 생성하고 year 배열의 여섯 번째 요소를 출력하였다. 여기서 date 명령의 출력 결과값이 "Tue Jul 21 10:08:26 KST 2009" 형태이므로 여섯 번째 필드는 2009가 된다.

```
[root@localhost awk]# awk 'BEGIN{while("ls *" | getline) print}'
awkcommand
awkcommand1
awkcommand2
awkfile
awkfile1
awkfile2
awkfile3
awkfile4
awkfile5
awkfile_FS
new_file
[root@localhost awk]#
```

ls * 명령의 결과가 getline 명령으로 보내진다. 그리고 루프가 반복되는 동안 getline은 ls 명령의 결과로부터 하나 이상의 출력 라인을 읽어들이고 모니터에 출력한다. 이 명령은 awk 명령이 입력 파일에 대한 오픈을 시도하기 전에 BEGIN 블록이 처리되기 때문에 입력 파일이 필요하지 않다.

```
[root@localhost awk]# cat awkfile5
Tom:     3324:    5/11/96:    50354
Tom:     3324:    5/11/96:    50354
Jane:    5246:    15/9/66:    287650
Mary:    7654:    6/20/58:    60000
[root@localhost awk]# awk 'BEGIN{ printf "What is your name?" ;\
> getline name < "/dev/tty"}\
```

```
> $1 ~ name {print "Found " name " on line ", NR "."}\
> END{print "Hi " name "."}' awkfile5
What is your name?Tom
Found Tom on line  1.
Found Tom on line  2.
Hi Tom.
[root@localhost awk]#
```

위의 예제에서는 먼저 What is your name? 문장을 모니터에 출력할 것이다. 그리고 사용자의 응답을 기다린다. newline이 입력될 때까지 getline 함수는 /dev/tty 터미널로부터 입력을 받을 것이며, 사용자정의형 변수 name에 입력을 저장한다. 만약 첫 번째 필드가 name 변수에 할당된 값과 일치하면 print 함수가 실행되어 일치하는 라인의 번호를 라인의 끝에 출력한다. END 문장은 Hi 문자열을 출력하고 name 변수의 값으로 저장된 Tom을 출력하게 된다.

```
[root@localhost awk]# awk 'BEGIN{while (getline < "/etc/passwd" > 0 )lc++; print lc}' filename
39
[root@localhost awk]#
```

awk는 /etc/passwd 파일로부터 각각의 라인들을 읽어들인다. lc 변수는 EOF에 도달할 때까지 1씩 증가하는데, 이 변수는 /etc/passwd 파일에 라인들의 개수를 파악하기 위한 변수이다. 결과값으로 39가 출력되었기 때문에 /etc/passwd 파일의 전체 라인수가 39개라는 의미이다. 여기서 /etc/passwd 파일이 존재하지 않으면 getline 함수에 의해 -1이 리턴된다. 만약 EOF에 도달하면 이 리턴값은 0이 되고 하나의 라인이 읽혀지면 리턴값이 1이 된다.

6.8 | awk 파이프

awk 프로그램에서 파이프를 오픈할 때 또 다른 파이프를 오픈하기 전에 기존 파이프는 닫아주어야 한다. 파이프 심볼의 오른쪽 명령은 큰따옴표(“ ”)로 둘러싼다. 하나의 파이프는 한 번만 오픈될 수 있다.

```
[root@localhost awk]# vim cars
sm5
sonata
chairman
```

```
equus
pride
[root@localhost awk]# awk '{print $1, $2 | "sort -r"}' cars
sonata
sm5
pride
equus
chairman
[root@localhost awk]#
```

먼저 awk 프로그램은 print 문장의 결과를 파이프를 통하여 리눅스 sort 명령의 입력으로 넘겨준다. 여기서 sort 명령은 -r 옵션을 사용하고 있는데, -r 옵션은 역순으로 정렬하겠다는 의미이다. 주의할 사항으로 sort -r 명령은 큰따옴표(" ")로 감싸주어야 한다는 것이다. 만약 큰따옴표로 감싸주지 않으면 다음과 같은 오류메시지를 출력한다.

```
[root@localhost awk]# awk '{print $1, $2 | sort -r}' cars
sh: 0: command not found
[root@localhost awk]#
```

[sort 명령어 도움말 : sort --help, man sort]

```
[root@localhost ~]# sort --help
사용법: sort [<옵션>]... [<파일>]...
Write sorted concatenation of all FILE(s) to standard output.

긴 옵션에서 꼭 필요한 인수는 짧은 옵션에도 꼭 필요합니다.
Ordering options:

  -b, --ignore-leading-blanks  ignore leading blanks
  -d, --dictionary-order       consider only blanks and alphanumeric characters
  -f, --ignore-case            fold lower case to upper case characters
  -g, --general-numeric-sort   일반적인 수치 값에 따라 비교합니다
  -i, --ignore-nonprinting     표시 가능한 문자만 고려합니다
  -M, --month-sort             (그외) < 'JAN' < ... < 'DEC' 의 순서대로 비교
  -n, --numeric-sort           문자열의 수치 값에 따라 비교합니다
  -r, --reverse                비교의 결과를 뒤바꿉니다
Other options:
```

(계속)

```
-c, --check                check whether input is sorted; do not sort
-k, --key=POS1[,POS2]      start a key at POS1, end it at POS2 (origin 1)
-m, --merge                merge already sorted files; do not sort
-o, --output=FILE          write result to FILE instead of standard output
-s, --stable               stabilize sort by disabling last-resort comparison
-S, --buffer-size=SIZE     use SIZE for main memory buffer
-t, --field-separator=SEP  use SEP instead of non-blank to blank transition
-T, --temporary-directory=DIR  use DIR for temporaries, not $TMPDIR or /tmp;
                             multiple options specify multiple directories
-u, --unique               with -c, check for strict ordering;
                             without -c, output only the first of an equal run
-z, --zero-terminated      줄의 끝에 줄바꿈 대신 바이트 0을 씁니다
    --help     이 도움말을 표시하고 끝냅니다
    --version  버전 정보를 출력하고 끝냅니다

POS는 'F[.C][OPTS]'입니다. 여기서 F는 필드 번호이고 C는 필드의 문자 위치입니다. OPTS는 한 개 혹은 그 이상의 한
글자로 된 순서 지정 옵션으로, 해당 키에 대한 기본 순서 옵션에 우선합니다. 키가 주어지지 않으면, 전체 줄을 키로 취
급합니다.

<크기> 다음에는 다음 곱하기 접미어가 따라올 수 있습니다:
%% 문자는 메모리의 1퍼센트, b는 1, k는 1024 (기본값), 그 외에 M, G, T, P, E, Z, Y.

<파일>이 주어지지 않거나 <파일>이 '-'이면, 표준 입력을 읽습니다.

*** 경고 ***
환경 변수에 지정된 로케일이 정렬 순서에 영향을 줍니다.
바이트값에 따라 정렬된 전통적인 정렬 방식을 원한다면 "LC_ALL=C"로 환경 변수를 세팅하십시오

<bug-coreutils@gnu.org>(으)로 버그를 알려 주십시오.
[root@localhost ~]#
```

6.8.1 파일과 파이프 닫기

awk 프로그램에서 파일이나 파이프를 다시 읽고 쓰기 위해서는 첫 번째 파이프는 닫아주어야 한다. 왜냐하면 스크립트가 끝날 때까지 오픈된 상태로 남아있기 때문이다. 파일이나 파이프가 한번 오픈되면 awk가 종료될 때까지 파이프는 오픈된 상태로 남아있게 된다. 그래서 END 블록에서의 문장들은 파이프에 영향을 받게 된다. 다음의 예제에서 첫 번째 라인에 있는 END 블록은 앞서 사용한 파이프를 닫아주는 역할을 한다.

```
[root@localhost awk]# awk '{print $1, $2 | "sort -r"} END{close("sort -r")}' cars
sonata
sm5
pride
equus
chairman
[root@localhost awk]#
```

awk 파이프는 입력 파일로부터 sort 명령에 전달되는 각 라인들이다. END 블록에 도달되면 파이프는 닫힌다.

>> system 함수

빌트인 내장 함수인 system 함수는 아규먼트를 포함한 리눅스 시스템 명령들을 실행하며 awk 프로그램에게 종료상태를 리턴해 준다. C 언어 표준 라이브러리 함수인 system()과 유사하다. 리눅스 명령은 반드시 큰따옴표(" ")로 감싸주어야 한다.

형식	system("리눅스 명령어")

```
[root@localhost awk]# vim awktext
awkfile3
cars
[root@localhost awk]# vim awkscript
{
   system("cat " $1)
}
[root@localhost awk]# awk -f awkscript awktext
홍 길동        3324    5/11/96         50354
```

```
임 꺽정        5246    15/9/66         287650
이 성계        7654    6/20/58         60000
정 약용        8683    9/40/48         365000
홍 이동        3324    5/11/96         50354
sm5
sonata
chairman
equus
pride
[root@localhost awk]#
```

awkscript 파일을 보면 system 함수에서 리눅스 cat 명령을 실행하고 있으며, 파라미터 값으로는 읽어들일 파일(awktext)에서 각 레코드들의 1번 필드를 사용하고 있다. 그리고 awk -f awkscript awktext 명령에서 awktext 파일을 읽어들이는데, 여기서 1번 레코드 라인은 awkfile3이며, 2번 레코드 라인은 cars이다. 그래서 awkscript 파일에서 파라미터 $1을 awkfile3와 cars로 할당하여 cat 명령을 실행하게 된다. 즉, 두 개의 파일을 cat 명령을 사용하여 출력하기 위한 awk 명령이 된다.

6.9 조건문

awk 프로그램에서의 조건문은 C 언어로부터 가져온 것이다.

6.9.1 if 조건문

조건 표현식들과 함께 if 문이 시작되며, 조건 표현식이 참(true, 0이 아님, null이 아님)이면 표현식의 뒤에 오는 문장 블록이 실행된다. 만약 조건 표현식이 하나 이상이라면 세미콜론(;) 또는 newline으로 조건 표현식을 분리할 수 있다.

형식

```
if (조건 표현식) {
        문장; 문장; …
}
```

```
awk '{if( $7 > 100 ) print $1 "는(은) 100보다 크다"}' filename
```

filename 파일의 레코드 라인들을 읽어들여 7번 필드의 값이 100보다 크면 1번 필드의 문자"는(은) 100보다 크다"라고 출력한다.

```
awk '{if ($7 > 20 && $8 <= 100){safe++; print "OK"}}' filename
```

액션 블록에서 조건 표현식이 테스트되는데, 만약 filename 파일에서 각 레코드 라인의 7번 필드의 값이 20보다 크고 8번 필드의 값이 100보다 작거나 같으면 safe 변수의 값을 1 증가시키고 "OK" 문자열을 출력한다.

6.9.2 if/else 조건문

if/else 조건문은 두 가지로 분리된다. if 문장이 참true이면 if 아래의 문장을 실행하고 거짓false이면 else 아래의 문장을 실행한다.

형식

```
if (조건 표현식) {
        문장; 문장; …
}
else
{
        문장; 문장; …
}
```

```
awk '{if( $7 > 100) print $1 " 100보다 크다" ; else print "100보다 작다"}' filename
```

filename의 레코드 라인들을 읽어들여 7번 필드의 값이 100보다 크면 1번 필드의 값을 출력하고, " 100보다 크다" 문자열을 덧붙여 출력한다. 만약 if 문의 조건 표현식이 거짓이라면 else 아래의 문장인 "100보다 작다" 문장을 출력한다.

```
awk '{if ( $7 > 100 ) { count++; print $1 } else { x+1; print $2 } }' filename
```

filename의 레코드 라인을 읽어들여 7번 필드의 값이 100보다 크면 사용자정의형 변수인 count 변수에 1을 더하고 1번 필드의 값을 출력한다. 만약 100보다 작으면 x 변수에 1을 더하고 2번 필드의 값을 출력한다.

6.9.3 if/else if/else 조건문

if 문의 조건 표현식이 참이면 if 문 아래의 문장을 실행하고, if 문의 조건 표현식이 거짓이면 else if 문의 조건 표현식을 검사한다. 이때 조건 표현식이 참이면 else if 문 아래의 문장을 실행한다. 그리고 else if 문의 조건 표현식이 거짓이면 else 문 아래의 문장을 실행하게 된다.

형식

```
if (조건 표현식) {
        문장; 문장; …
}
else if (조건 표현식) {
        문장; 문장; …
}
else {
        문장; 문장; …
}
```

```
[root@localhost awk]# vim awkdata
Tom     85
Jane    91
Mary    74
[root@localhost awk]# vim awkscript1
{
if ($2 > 89 && $2 < 101)
    print $1, "의 학점은: Grade A"
else if ($2 > 79)
    print $1, "의 학점은: Grade B"
else if ($2 > 69)
    print $1, "의 학점은: Grade C"
else if ($2 > 59)
    print $1, "의 학점은: Grade D"
else
    print $1, "의 학점은: Grade F"
}
[root@localhost awk]# awk -f awkscript1 awkdata
```

```
Tom 의 학점은: Grade B
Jane 의 학점은: Grade A
Mary 의 학점은: Grade C
[root@localhost awk]#
```

awk -f awkscript1 awkdata 명령은 awkdata 입력 파일을 사용하여 awkscript1 스크립트 파일로 처리하는 명령이다. 스크립트 파일에는 각 점수별로 등급을 표시하기 위해 if/else if/else 문을 사용하였으며, 각 등급별로 출력 시에 $1, 즉 1번 필드의 값을 출력한 다음 그에 맞는 등급 문자열을 출력하도록 하였다.

6.10 | loop 순환문

루프는 조건 표현식의 결과가 참이면 조건 표현식 아래의 문장들을 반복적으로 실행한다. 루프는 레코드에서 필드를 분리할 때와 END 블록에서 배열의 요소를 통해서 순환할 때 자주 사용한다. awk는 while, for, 특수한 for의 3가지 종류의 루프를 제공한다.

6.10.1 while 루프

while 루프에서는 먼저 임의의 변수에 초기값을 저장한다. 이 값은 while 문의 조건 표현식에서 테스트된다. 만약 표현식이 참(true, 0이 아님)이면 루프 아래의 문장들을 실행한다. 실행할 문장의 수가 많다면 컬리 브레이스({ })로 감싸주어야 한다. 마지막 루프 블록이 끝나기 전에 루프 표현식을 관리하는 변수는 업데이트되어야 하며, 업데이트된 변수는 다시 while 문의 조건 표현식에서 테스트되고 결과값이 참이면 루프가 반복된다.

```
[root@localhost awk]# cat awkdata
Tom     85
Jane    91
Mary    74
[root@localhost awk]# awk '{ i = 1; while ( i <= NF ) { print NF, $i ; i++ } }' awkdata
2 Tom
2 85
2 Jane
2 91
2 Mary
```

```
2 74
[root@localhost awk]#
```

먼저 변수 i가 1로 할당되고 while 문의 조건 표현식에서 비교된다. 여기서 i 변수의 값이 각 레코드 라인의 필드 수보다 작거나 같으면 { } 안의 액션 문장을 실행한다. 즉, 레코드 라인의 모든 필드를 반복하겠다는 의미이다. 조건 표현식이 결과가 참이면 레코드 라인의 총 필드수와 1번 필드값을 출력하고 i 변수에 1을 증가시킨다. 이렇게 증가된 i 변수의 값은 다시 while 문의 조건 표현식에서 테스트되면서 NF 값보다 큰 값을 가지기 이전까지 반복적으로 수행된다.

6.10.2 for 루프

for 루프와 while 루프는 비슷하다. 다만 for 루프는 괄호 안에 초기화 표현식, 테스트 표현식, 테스트 표현식의 변수를 업데이트하기 위한 표현식과 같은 3개의 표현식을 사용한다는 점이다. 각 표현식들은 세미콜론(;)으로 분리된다. awk에서 for 루프 괄호 안의 첫 번째 문장은 오직 하나의 변수를 초기화하기 위한 것이다. (C 언어에서는 콤마(,)를 사용하여 여러 개의 변수를 초기화할 수 있다.)

```
awk '{ for( i = 1; i <= NF; i++) print NF, $i }' filename
```

위 예제는 먼저 변수 i가 1로 초기화되고 NF(레코드의 총 필드의 개수)의 값보다 작거나 같은지 테스트되며, 이 조건 표현식이 참이 되면 print 문장을 실행하여 NF 변수와 1번 필드의 값을 출력하게 된다. 그리고 세 번째 표현식인 i++ 문장을 실행하여 변수 i의 값을 1 증가시킨다.

6.10.3 루프 관리

>> break와 continue 문장

break 문장을 만나면 루프의 컬리 브레이스({ })를 빠져나온다. continue 문장을 만나면 아래 문장을 스킵skip하고 루프의 초기로 돌아간 다음 반복 작업을 계속한다.

```
[root@localhost awk]# vim awkdata1
Tom     85      88
Jane    91      -1
Mary    74      98
[root@localhost awk]# vim awkscript2
{
```

```
for ( i = 1; i <= NF; i++ )
    if ( $i < 0 ) { print "0보다 작은 값 발견 = " $i; break }
}
[root@localhost awk]# awk -f awkscript2 awkdata1
0보다 작은 값 발견 = -1
[root@localhost awk]#
```

for 루프에서 $i, 즉 필드의 값이 0보다 작으면 print 이하의 문자열을 출력하고, $i 필드의 값을 출력하며, break 문장에 의해 가장 가까운 컬리 브레이스인 if 문을 빠져나간다.

6.11 | 프로그램 관리 문장

6.11.1 next 문장

next 문장은 입력 파일로부터 입력의 다음 라인을 가져오고, awk 스크립트의 시작부터 다시 실행한다.

```
[root@localhost awk]# cat awkdata1
Tom     85      88
Jane    91      -1
Mary    74      98
[root@localhost awk]# vim awkscript3
{
if ($1 ~ /Jane/){next}
    else {print}
}
[root@localhost awk]# awk -f awkscript3 awkdata1
Tom     85      88
Mary    74      98
[root@localhost awk]#
```

1번 필드에 Jane를 포함하고 있다면 awk는 이 라인을 스킵(next)하고 입력 파일로부터 다음 라인을 가져온다. 그리고 스크립트는 시작부터 다시 실행한다. 결과값을 보면 Jane 문자열이 검색된 2번 레코드 라인은 출력되지 않았다.

6.11.2 exit 함수

exit 함수는 awk 문장을 종료하기 위해 사용한다. 단, 레코드 처리는 중단하지만 END 문장은 스킵하지 않는다. exit 함수는 아규먼트로 0에서 255 사이의 값을 가질 수 있으며, 아규먼트에 따른 종료상태를 가지게 된다. 배시 쉘에서 종료상태를 알아볼 수 있는 변수는 "?"이다. 이 종료상태 변수의 값이 0이면 정상 종료를 의미하고 0 이외의 숫자이면 비정상 종료를 의미한다. 그래서 일반적으로 exit 함수의 아규먼트로 0[정상종료] 또는 1[비정상종료]을 사용한다.

```
[root@localhost awk]# vim awkscript4
{ exit (1) }
[root@localhost awk]# awk -f awkscript4 awkdata1
[root@localhost awk]# echo $?
1
[root@localhost awk]#
```

종료상태를 출력해서 0이 되면 정상적인 종료를 하여 프로그램에 문제가 없다는 의미이지만, 0이 아닌 값을 출력하면 실패를 의미한다. 위의 결과에서 종료상태의 값이 1이므로 앞서 실행한 awk -f awkscript4 awkdata1 명령은 실패하였음을 의미하는데, 이 결과는 스크립트상에서 항상 종료상태값을 1로 지정하였기 때문이다.

```
[root@localhost awk]# vim awkscript5
{ exit (0) }
[root@localhost awk]# awk -f awkscript5 awkdata1
[root@localhost awk]# echo $?
0
[root@localhost awk]#
```

이번엔 exit 함수에 0을 아규먼트로 사용하였기 때문에 awk 명령의 종료상태는 항상 0으로 출력된다. 즉, 프로그램이 정상적으로 종료하였으며 프로그램에 오류가 없다는 의미를 가지고 있다.

6.12 | 배열

awk에서 배열은 서브 스크립트가 숫자나 문자열이 될 수 있으며 연관 배열이라고 부른다.

서브 스크립트는 key로 불리고 배열 요소에 대응된 할당값과 관계가 있다. 키와 값은 내부적으로 질문에 대한 키값에 적용된 해싱 알고리즘 테이블에 저장된다.

6.12.1 연관 배열을 위한 서브 스크립트

>> 배열 인덱스로 변수를 사용

```
[root@localhost awk]# cat awkdata1
Tom     85      88
Jane    91      -1
Mary    74      98
[root@localhost awk]# awk '{name[x++]=$2};END{for(i=0; i<NR; i++)\
> print i, name[i]}' awkdata1
0 85
1 91
2 74
[root@localhost awk]#
```

배열 name에서의 서브 스크립트는 사용자정의형 변수 x이다. 여기서 ++는 숫자형 컨텍스트를 의미한다. awk는 x를 0으로 초기화하고 1 증가시킨다(후위 증가). 그리고 2번 필드가 name 배열의 각 요소에 할당된다. END 블록에서 for 루프는 배열 요소를 사용하여 반복하며 배열에 저장되어 있는 요소들의 값을 출력하는데, 이때 레코드의 수(NR은 3)를 초과하지 않도록 배열 요소를 반복하여 접근하며 서브 스크립트 x의 값 0에서 시작한다.

```
[root@localhost awk]# awk '{id[NR]=$3};END{for(x = 1; x <= NR; x++)\
> print id[x]}' awkdata1
88
-1
98
[root@localhost awk]#
```

awk 변수 NR은 현재 레코드의 수를 가지고 있다. 서브 스크립트로 NR을 사용하면 3번 필드의 값이 각 레코드를 위한 배열 요소에 할당된다. 마지막으로 이 배열을 통해서 for 루프를 수행하고 이 배열에 저장되어 있는 값들을 출력한다.

>> 특수 for 루프

특수 for 루프는 문자열들이 서브 스크립트로 사용될 때, 또는 서브 스크립트가 연속적인 숫자가 아닐 때, for 루프가 현실적이지 못하기 때문에 연관 배열을 통해서 읽어들일 때 사용한다.

형식

```
{
    for (배열의 아이템) {
        print 배열명[아이템]
    }
}
```

```
[root@localhost awk]# vim awkdata2
홍 길동
임 꺽정
이 성계
정 약용
이 순신
세종 대왕
이 방원
[root@localhost awk]#
```

- 일반적인 for 루프 사용 -

```
[root@localhost awk]# awk '/^이/{name[NR]=$1};\
> END{for( i = 1; i <= NR; i++ ) print name[i]}' awkdata2



이

이

이
[root@localhost awk]#
```

정규표현식을 사용하여 라인에서 '이'로 시작하면 name 배열이 값으로 할당된다. NR 값은 현재 레코드의 수인데, name 배열에서 인덱스로 사용하였다. 이때 라인에서 매칭된 각각의 '이'라는 문자를 가지는 레코드의 1번 필드($1)의 값이 name 배열의 값으로 할당된다. END 블록을 만났을 때 name 배열은 3개의 요소를 가지게 되고(namc[3], name[5], name[7]) 전통적인 for 루프를 사용하여 name 배열의 값을 출력하면 1, 2, 4, 6번 인덱스가 널null값을 가지게 된다.

- 특수 for 루프 사용 -

```
[root@localhost awk]# awk '/^이/{name[NR]=$1};\
> END{for(i in name) {print name[i]}}' awkdata2
이
이
이
[root@localhost awk]#
```

특수 for 루프는 배열을 반복하고 서브 스크립트 값과 연관된 곳의 값만 출력한다. 이 결과의 **출력 순서는 랜덤**이다. 왜냐하면 연관 배열이 저장hashed되는 방법이 순차적이지 않기 때문이다.

>> 배열 서브 스크립트로 문자열 사용

서브 스크립트는 문자열이나 상수 문자열를 가지는 변수를 포함한다. 만약 문자열이 상수이면 큰따옴표(" ")로 감싸주어야 한다.

```
[root@localhost awk]# cat awkdata2
홍 길동
임 꺽정
이 성계
정 약용
이 순신
세종 대왕
이 방원
[root@localhost awk]# vim awkscript6
```

```
/이/ { count["이"]++ }
/홍/ { count["홍"]++ }
END{ print " 문자 '이'의 개수는 " count["이"] "개이며, 문자 '홍'의 개수는 " count["홍"]"개이다." }
```

```
[root@localhost awk]# awk -f awkscript6 awkdata2
```

문자 '이' 의 개수는 3개이며, 문자 '홍' 의 개수는 1개이다.

```
[root@localhost awk]#
```

먼저 count["이"]와 count["홍"]의 2개 요소를 가지는 count 배열이 있다. 각 배열 요소들의 초기값은 0으로 초기화된다. 먼저 매번 "이"가 검색되면 1이 더해지고, 매번 "홍"이 검색되면 1이 더해진다. END 패턴은 배열의 각 요소에 저장된 값을 출력한다.

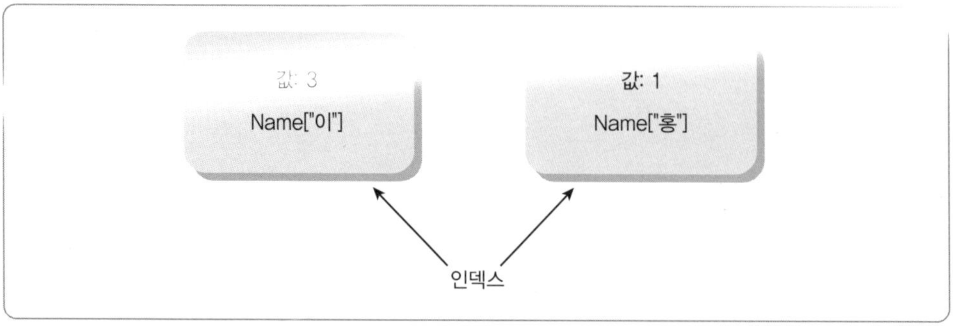

그림 6-5

>> 배열 서브 스크립트로 필드값 사용

표현식은 배열에서 서브 스크립트로 사용될 수 있기 때문에 서브 스크립트로 필드가 사용될 수 있다.

형식	for(배열의 인덱스값) 문장

```
[root@localhost awk]# vim awkdata3
2355 홍 길동    34
4533 임 꺽정    32
4511 이 성계    87
7699 정 약용    60
5437 이 순신    69
9800 세종 대왕  53
4356 이 방원    81
[root@localhost awk]# awk '{count[$2]++}END{for(name in count) print \
> name, count[name] }' awkdata3
정 1
이 3
```

```
세종 1
홍 1
임 1
[root@localhost awk]#
```

awk 문장은 먼저 count 배열의 인덱스로 2번 필드를 사용할 것이다. 인덱스로 2번 필드를 사용하기 때문에 count 배열의 첫 번째 인덱스는 "홍"이 되고, count["홍"]에 저장된 값은 1이 된다. 다음으로 count["임"]에는 1, count["이"]에는 3, count["정"]에는 1, count["세종"]에는 1이 저장된다. awk가 2번 필드에서 다음 번 "홍" 문자를 찾으면 count["홍"]은 1이 증가한다. 하지만, "홍" 문자를 찾을 수 없기 때문에 1이 된다. "이" 문자의 경우 총 3회 검색이 되기 때문에 count["이"]의 값은 3이 된다. 다른 배열 인덱스도 마찬가지다. 위의 명령에서 문장의 마지막에 입력한 백슬래시(\)는 다음 라인에서 명령을 이어서 입력하겠다는 의미이다.

```
[root@localhost awk]# awk '{dup[$2]++; if(dup[$2] > 1) {name[$2]++}}\
> END{for(i in name) {print i, name[i]}}' awkdata3
이 2
[root@localhost awk]#
```

dup 배열을 위한 서브 스크립트는 2번 필드($2)의 값을 가진다. 배열은 초기값으로 0을 저장하고 새 레코드가 처리될 때마다 1씩 증가한다. 그리고 이 배열의 값이 1보다 크게 되면, 즉 같은 문자열이 하나라도 검색되면 name 배열을 만들고 1을 저장하게 되며 하나 더 검색되면 2가 저장된다. 그래서 주어진 awkdata3에서 2번 필드가 여러 개인 "이" 문자는 3회 검색되기 때문에 name 배열값으로 2를 가지게 되는 것이다. 나머지 문자들은 하나만 존재하기 때문에 name 배열에 들어가지 못한다.

>> 배열과 split 함수

awk의 빌트인 내장함수인 split 함수는 단어와 배열에 저장된 문자열을 자르기 위해 사용한다.

형식	split(문자열, 배열, 필드 분리자) split(문자열, 배열)

```
[root@localhost awk]# awk 'BEGIN{ split("7/21/2009", date, "/"); print "오늘은 " date[3] "년 " date[1] "
월 " date[2]"일입니다." }'
오늘은 2009년 7월 21일입니다.
[root@localhost awk]#
```

7/21/2009 문자열을 date 배열에 저장한 다음 "/" 문자를 필드 분리자로 사용하여 3개의 데이터로 분리하였다. 그러므로 date[1]은 7, date[2]는 21, date[3]은 2009를 가지게 된다. 이 예제에서는 직접 "/" 문자를 필드 분리자로 지정해 주었지만 필드 분리자를 지정하지 않으면 디폴트로 FS(공백)의 값이 지정된다.

>> delete 함수

delete 함수는 배열의 요소를 제거한다.

```
[root@localhost awk]# awk 'BEGIN{ split("7/21/2009", date, "/"); delete date[3]; print "오늘은 " date[3]
"년 " date[1] "월 " date[2]"일입니다." }'
오늘은 년 7월 21일입니다.
[root@localhost awk]#
```

먼저 split 함수를 사용하여 3개의 데이터를 date 배열에 저장해두고 delete 함수를 사용하여 배열의 세 번째 데이터를 삭제하였다. 그리고 print로 출력할 때 date[3] 요소를 출력하려고 했으나 이 데이터는 이미 delete 함수에 의해 삭제되었기 때문에 아무것도 출력되지 않는다.

>> 다차원 배열

awk는 기본적으로 다차원 배열을 지원하지 않지만 다차원 배열이 형태를 위한 문법은 제공한다. SUBSEP과 같은 특수한 빌트인 내장 변수의 값으로 분리된 문자열에 인덱스를 연결하는 방법이다. SUBSEP 변수는 "\034"값을 가지고 있으며, 이 값은 출력할 수 없는 문자이다. matrix[2, 8] 표현식은 matrix[2 SUBSEP 8]을 의미한다. 즉, matrix["2\0348"]로 해석된다. 인덱스는 연관 배열에서 유일한 문자열이다.

```
[root@localhost awk]# vim awkdata4
1 2 3 4 5
2 3 4 5 6
6 7 8 9 10
```

```
[root@localhost awk]# vim awkscript7
{
nf=NF
for(x = 1; x <= NF; x++ ) {
    matrix[NR, x] = $x
    }
}

END { for (x=1; x <= NR; x++ ) {
        for (y = 1; y <= nf; y++ )
            printf "%d ", matrix[x,y]
            printf"\n"
      }
}
```

```
[root@localhost awk]# awk -f awkscript7 awkdata4
1 2 3 4 5
2 3 4 5 6
6 7 8 9 10
[root@localhost awk]#
```

먼저 nf 변수에 빌트인 내장 변수 NF(한 레코드의 전체 필드 수)의 값을 할당한다. 입력 데이터가 5개 필드로 분리되기 때문에 NF는 5가 되고 nf 변수도 5가 된다. 그리고 for 루프에서 변수 x에는 각 라인별 필드 수가 저장되고 matrix 배열은 2차원 배열인데, 두 개의 인덱스, 즉 현재 레코드의 번호와 각 필드의 값을 할당받은 변수 x를 가진다. END 블록에서 for 루프는 matrix 배열을 분리하고 저장된 값을 출력하기 위해 사용된다.

6.12.2 처리 명령 아규먼트

>> ARGV

awk에서 ARGV라고 불리는 빌트인 내장 배열을 명령라인 아규먼트로 사용할 수 있다. 이 아규먼트들은 awk 명령을 포함하고 있지만 어떤 옵션들도 awk에 전달하지 못한다. ARGV 배열은 0부터 시작한다.

>> ARGC

ARGC는 빌트인 내장 변수이며 명령라인 아규먼트의 수를 가지고 있다.

```
[root@localhost awk]# vim argv_exam
BEGIN{
    for ( i=0; i < ARGC; i++ ){
        printf("argv[%d] is %s\n", i, ARGV[i])
    }
    printf("The number of arguments, ARGC=%d\n", ARGC)
}
```

```
[root@localhost awk]# awk -f argv_exam awkdata
argv[0] is awk
argv[1] is awkdata
The number of arguments, ARGC=2
[root@localhost awk]# awk -f argv_exam awkdata "리눅스" "Good Job" 1004
argv[0] is awk
argv[1] is awkdata
argv[2] is 리눅스
argv[3] is Good Job
argv[4] is 1004
The number of arguments, ARGC=5
[root@localhost awk]#
```

for 루프에서 i는 0으로 설정되고 명령라인 아규먼트의 수보다 작은지 판단하기 위해 i가 테스트된다. 그리고 printf 함수는 각 아규먼트를 출력한다. 모든 아규먼트들이 처리되면 마지막으로 printf 문장에서 아규먼트의 수(ARGC)를 출력한다.

아규먼트가 여러 개의 문자열로 이루어져 있다면 큰따옴표를 사용하여 문자열을 감싸주어야 한다. ("Good Job")

```
[root@localhost awk]# vim awkdata5
홍 길동:        34
임 꺽정:        32
이 성계:        87
정 약용:        60
이 순신:        69
```

[root@localhost ~]# cat awkscript8

```
BEGIN{ FS=":"; name=ARGV[2]
    print "ARGV[2] is "ARGV[2]
}
$1 ~ name { print $0 }
```

```
[root@localhost awk]# awk -f awkscript8 awkdata5 "이 순신"
ARGV[2] is 이 순신
이 순신:        69
awk: awkscript8:4: (FILENAME=awkdata5 FNR=5) fatal: cannot open file '이 순신' for reading (No such file
or directory)
[root@localhost awk]#
```

BEGIN 블록에서 name 변수에 ARGV[2](“이 순신”)의 값을 할당하였다. “이 순신”이 출력되었지만 awk가 입력 파일로 “이 순신” 파일을 오픈하려고 하는데, 파일이 존재하지 않기 때문에 에러 메시지를 보여주고 있다.

위의 상황에서 다음과 같이 파일을 검색하지 않도록 수정하면 에러 메시지는 출력되지 않을 것이다.

[root@localhost awk]# vim awkscript9

```
BEGIN{ FS=":"; name=ARGV[2]
    print "ARGV[2] is "ARGV[2]
    delete ARGV[2]
}
$1 ~ name { print $0 }
```

```
[root@localhost awk]# awk -f awkscript9 awkdata5 "이 순신"
ARGV[2] is 이 순신
이 순신:        69
[root@localhost awk]#
```

6.13 | awk 빌트인 함수(1)

6.13.1 문자열 함수

6.13.1.1 sub와 gsub 함수

sub 함수는 레코드에서 정규표현식에 매칭되는 문자열을 찾아서 원하는 문자열로 치환하는 기능을 수행한다. (substitution, group substitution)

형식	sub (정규표현식, 치환할 문자열); sub (정규표현식, 치환할 문자열, 타겟 문자열)

```
awk '{sub(/Li/, "Linux"); print}' datafile
```

정규표현식의 Li 문자열은 레코드($0)에서 매칭되고 레코드의 시작 부분에서 Li 문자열은 모두 Linux 문자열로 치환된다. 이때 치환은 각 라인에서 가장 먼저 매칭되는 하나의 문자열만 치환한다. 만약 매칭되는 문자열 모두를 치환하려면 gsub 함수를 사용한다.

```
awk '{sub(/Li/, "Linux", $1); print}' datafile
```

정규표현식의 Li 문자열은 레코드의 1번 필드에서 매칭되고 Linux 문자열로 치환된다. 이때 치환은 각 레코드에서 타겟 문자열로 지정된 필드에서 매칭되는 문자열만 치환된다.

형식	gsub (정규표현식, 치환할 문자열); gsub (정규표현식, 치환할 문자열, 타겟 문자열)

```
awk '{ gsub(/Ko/, "Korea"); print }' datafile
```

레코드($0)에서 정규표현식에 의해 매칭되는 모든 Ko 문자열은 Korea 문자열로 치환된다.

```
awk '{ gsub(/[Kk]o/, "Korea", $1 ); print }' datafile
```

각 레코드의 1번 필드에서 정규표현식에 의해 매칭되는 모든 Ko, ko 문자열은 Korea 문자열로 치환된다.

```
[root@localhost ~]# vim awkdata6
Li is opensource.
Li is Li.
Ko is ko.
ko is Ko.
```

```
[root@localhost awk]# awk '{sub(/Li/, "Linux"); print}' awkdata6
Linux is opensource.
Linux is Li.
Ko is ko.
ko is Ko.
[root@localhost awk]# awk '{gsub(/Li/, "Linux"); print}' awkdata6
Linux is opensource.
Linux is Linux.
Ko is ko.
ko is Ko.
[root@localhost awk]# awk '{sub(/Li/, "Linux", $1); print}' awkdata6
Linux is opensource.
Linux is Li.
Ko is ko.
ko is Ko.
[root@localhost awk]# awk '{ gsub(/Ko/, "Korea"); print }' awkdata6
Li is opensource.
Li is Li.
Korea is ko.
ko is Korea.
[root@localhost awk]# awk '{ gsub(/[Kk]o/, "Korea", $1 ); print }' awkdata6
Li is opensource.
Li is Li.
Korea is ko.
Korea is Ko.
[root@localhost awk]#
```

6.13.1.2 index 함수

index 함수는 문자열에서 substring이 발견되는 첫 번째 위치를 리턴한다.

형식	index(string, substring)

```
[root@localhost awk]# awk 'BEGIN{ print index("hello", "lo") }'
4
[root@localhost awk]#
```

리턴되는 숫자는 hello 문자열에서 검색되는 lo 문자열의 위치이다. 4가 출력되었으므로 네번째 위치에서 lo 문자열이 시작된다는 의미이다.

6.13.1.3 length 함수

length 함수는 문자열에서 문자의 개수를 리턴한다. 아규먼트 없이 사용하면 length 함수는 한 레코드의 문자 개수를 리턴한다.

형식	length(문자열) length

```
[root@localhost awk]# awk 'BEGIN{ print length("hello linuxer") }'
13
[root@localhost awk]#
```

"hello linuxer" 문자열의 문자의 개수는 공백을 포함하여 13개이므로 13을 출력한다.

6.13.1.4 substr 함수

substr 함수는 주어진 문자열로부터 지정된 시작 위치의 앞까지(7로 지정하면 6번째 줄까지) 모두 자른 다음, 남아있는 문자열을 리턴해 준다. 이때 남아있는 문자열 모두를 출력할 수도 있고, 남아있는 문자열 중 출력할 길이를 지정할 수도 있다. 만약 출력할 문자열 길이가 주어진다면 주어진 길이만큼의 문자열 부분만 리턴한다. 즉, 지정한 시작 위치부터 문자열을 출력하는 함수가 substr 함수이다.

형식
```
substr(문자열, 시작 위치)
substr(문자열, 시작 위치, 문자열 길이)
```

```
[root@localhost awk]# awk 'BEGIN{ print substr("Santa Claus", 7, 6 )}'
Claus
[root@localhost awk]# awk 'BEGIN{ print substr("Santa Claus", 7, 2 )}'
Cl
[root@localhost awk]#
```

첫 번째는 "Santa Claus" 문자열에서 일곱 번째 위치부터 6개의 문자만 출력하도록 하였으며, 두 번째 "Santa Claus" 문자열에서 일곱 번째 위치부터 2개의 문자만 출력하도록 하였다.

6.13.1.5 match 함수

match 함수는 정규표현식에 매칭되는 문자열이 있는 곳의 인덱스를 리턴한다. 만약 찾지 못한다면 0을 리턴한다. match 함수는 문자열에서 시작 위치를 지정하기 위해 빌트인 변수인 RESTART 변수를 설정한다. 그리고 문자열 끝의 문자 수를 위해 RLENGTH 변수를 설정한다. 이 변수들은 substr 함수에서 패턴을 뽑아내기 위해 사용할 수 있다.

형식
```
match (문자열, 정규표현식)
```

```
[root@localhost awk]# awk 'BEGIN{start=match("CentOS LINUX", /[A-Z]+$/); print start}'
8
[root@localhost awk]#
```

정규표현식인 /[A–Z] + $/의 의미는 문자열의 마지막에 연속적으로 대문자가 있는지 검사하는 것이며, 주어진 문자열 마지막에 보면 LINUX 대문자가 있다. 이렇게 찾은 문자가 몇 번째에 있는지 알기 위해 match 함수를 사용하였으며, 검색된 문자열의 위치가 start 변수에 저장된다. 그리고 start 변수를 출력하면 8이라고 출력해 주기 때문에 주어진 문자열의 여덟 번째부터 끝까지 대문자가 존재함을 알 수 있다.

```
[root@localhost awk]# awk 'BEGIN{start=match("CentOS LINUX", /[A-Z]+$/); print RSTART, RLENGTH}'
8 5
[root@localhost awk]#
```

앞서와 같은 명령이지만 RSTART와 RLENGTH 빌트인 내장 변수를 출력하도록 하였다.

```
[root@localhost awk]# awk 'BEGIN{str="CentOS LINUX"}; END{match(str, /[A-Z]+$/); print substr(str,
RSTART, RLENGTH)}' awkdata6
LINUX
[root@localhost awk]#
```

위에서는 str 변수를 설정한 다음, str 변수에서 문자열의 끝 부분에 대문자가 연속적으로 나오는 위치를 검색하고, 마지막으로 substr 함수를 사용해서 str 변수에 저장된 문자열을 RSTART 빌트인 변수가 가지고 있는 숫자의 위치부터 RLENGTH 길이를 출력하도록 하였다. 그 결과 LINUX 문자열을 출력해 주고 있다.

6.13.1.6 split 함수

split 함수는 세 번째 파라미터의 필드 분리자를 사용해서 배열의 문자열을 잘라낸다. 만약 세 번째 파라미터가 없다면 awk는 디폴트로 FS 빌트인 변수(공백)의 값을 사용한다.

형식	split(문자열, 배열, 필드 분리자) split(문자열, 배열)

```
[root@localhost awk]# awk 'BEGIN{split("07/21/2009", date, "/");print date[2]}'
21
[root@localhost awk]#
```

예제에서 사용된 split 함수는 주어진 문자열 내에서 "/" 문자를 필드 분리자로 사용하여 배열 요소들로 분리한 다음 두 번째 요소의 값을 출력하고 있다.

6.13.1.7 sprintf 함수

sprintf 함수는 포맷 지정 형식의 표현식을 리턴한다. printf 함수의 포맷 지정 형식을 지원한다.

형식	변수=sprintf("포맷 지정 형식의 문자열", 표현식1, 표현식2, ... , 표현식n)

```
[root@localhost awk]# vim awkfile6
hello     2009
linuxer   2010
[root@localhost awk]# awk '{line = sprintf( "%-10s %6.2f ", $1 , $2 ); print line}' awkfile6
hello       2009.00
linuxer     2010.00
[root@localhost awk]#
```

위의 예제는 먼저 1번 필드와 2번 필드를 가져와서 지정한 포맷 형태로 출력하라는 의미인데, 여기서 **%-10s의 의미는 왼쪽부터 10개의 공백을 미리 만들어두고 입력 데이터를 출력한다는 의미**이다. 그리고 공백이 하나 추가된 다음, %6.2f는 총 6개의 자릿수를 가지는 실수 형태이며 소수점 2자릿수를 가지는 형태를 의미한다.

6.14 | awk 수학적 빌트인 함수

표 6-12 • awk 수학적 빌트인 함수

함수	리턴값
atan2(x,y)	아크탄젠트 y/x
cos(x)	코사인 x (라디안 x)
exp(x)	익스포넨셜 x
int(x)	정수 x, x 〉 0
log(x)	로그 x, 베이스 e
rand( )	랜덤 수 r, 0 〈 r〈 1
sin(x)	사인 x (라디안 x)
sqrt(x)	스퀘어 루트 x
srand(x)	파라미터 x는 rand() 함수를 위한 새 시드

6.14.1 정수형 함수

int 함수는 주어진 데이터를 정수형으로 만든다. 즉, 실수형 데이터가 주어지면 dot(.) 이하의 데이터들은 모두 제거한다.

```
[root@localhost awk]# awk 'END{print 32/3}' awkfile6
10.6667
[root@localhost awk]# awk 'END{print int(32/3)}' awkfile6
10
[root@localhost awk]#
```

END 블록에서 나눗셈의 결과는 실수형으로 출력된다. 하지만, 두 번째의 경우 int 함수를 사용하여 실수형의 dot(.) 이하가 제거되고 정수부분만 출력된다.

6.14.2 랜덤 수 생성

>> rand 함수

rand 함수는 0보다 크고 1보다 작은 실수를 무작위로 생성하는 함수이다.

```
[root@localhost awk]# awk '{print rand()}' awkfile6
0.237788
0.291066
[root@localhost awk]# awk '{print rand()}' awkfile6
0.237788
0.291066
[root@localhost awk]#
```

예제에서 랜덤 함수를 2회 사용하였으나 모두 같은 수가 출력되었다. 이런 경우 srand 함수를 사용하면 매번 다른 수를 출력할 수 있다.

>> srand 함수

아규먼트가 없는 srand 함수는 rand 함수를 위한 시드를 생성하기 위해 시간을 사용한다. srand(x)는 시드로 x를 사용하는데, 이때 시드인 x의 값은 프로그램이 실행될 때마다 변경해 주어야 매번 다른 수를 얻을 수 있다.

srand를 사용하여 rand를 위한 새로운 시드를 설정하면 시간을 시작 위치로 사용한다.

```
[root@localhost awk]# awk 'BEGIN{srand()};{print rand()}' awkfile6
0.368983
0.456443
[root@localhost awk]# awk 'BEGIN{srand()};{print rand()}' awkfile6
0.253954
```

```
0.224105
[root@localhost awk]#
```

srand 함수를 사용하여 rand를 위한 새로운 시드를 설정하면 rand 함수는 0에서 30까지의 정수형으로 캐스팅된 무작위 숫자를 선택하여 출력해 준다.

```
[root@localhost awk]# awk 'BEGIN{srand()};{print int(rand() * 30)}' awkfile6
23
7
[root@localhost awk]# awk 'BEGIN{srand()};{print int(rand() * 30)}' awkfile6
3
20
[root@localhost awk]#
```

srand 함수를 사용하여 rand 함수를 위한 새로운 시드를 설정하면 rand 함수는 int형으로 캐스팅된 0에서 30까지의 수를 생성하고 이 값에 1을 더한 값을 출력한다.

```
[root@localhost awk]# awk 'BEGIN{srand()};{print 1+int(rand() * 30)}' awkfile6
28
26
[root@localhost awk]#
```

6.15 | 사용자정의형 함수

사용자정의형 함수는 패턴 액션 규칙을 넣을 수 있는 스크립트의 어떤 곳에도 추가할 수 있다.

[형식 : 리턴할 문장과 표현식은 옵션이다.]

```
함수이름 ( 파라미터, 파라미터, 파라미터, ... ) {
        문장
        return 표현식
}
```

변수는 값에 의해 전달되고 함수가 사용된 내부에서만 전달된다. 변수의 복사만 사용된다는 것이다. 배열은 주소에 의해 또는 레퍼런스 참조에 의해 전달된다. 그래서 배열의 요소들은 함수 내에서 직접 변경할 수 있다. 일부 변수는 프로그램 전체에 걸쳐서 사용되는 파라미터에 전달되지 않는 함수 내에서 사용되기도 한다. 이 변수는 awk 프로그램 전체에서 사용할 수 있으며, 만약 함수에서 변경되면 프로그램 전체적으로 변경된다. 함수에서 지역 변수를 지정하기 위한 유일한 방법은 파라미터 목록에 변수를 포함하는 것이다. 이와 같은 파라미터들은 대부분 목록의 마지막에 위치하게 된다. 만약 이 파라미터가 함수 호출에 적용되지 않는 파라미터라면 이 파라미터는 null로 초기화된다.

```
[root@localhost awk]# vim numbers
```

```
54 53 64 25 72 98
100 25 88 95 33 85
100 92 81 81 90 47
```

```
[root@localhost awk]# vim sortnumbers
```

```
# sortnumbers() 함수 정의
# 숫자를 소팅하고 오름차순으로 정렬한다.
function sortnumbers ( scores, num_elements, temp, i, j )
{
    # temp, i, j 지역 변수
   # 초기값은 null로 설정됨
   for( i = 2; i <= num_elements ; ++i ) {
        for ( j = i; scores [j-1] > scores[j]; --j ){
            temp = scores[j]
            scores[j] = scores[j-1]
            scores[j-1] = temp
        }
    }
}
{
for ( i = 1; i <= NF; i++)
    grades[i]=$i
sortnumbers(grades, NF) # 2개의 아규먼트 전달
for( j = 1; j <= NF; ++j )
    printf( "%d ", grades[j] )
printf("\n")
}
```

```
[root@localhost awk]# awk -f sortnumbers numbers
25 53 54 64 72 98
25 33 85 88 95 100
47 81 81 90 92 100
[root@localhost awk]#
```

먼저 sortnumbers 함수를 정의한다. 이 함수는 스크립트 내의 어디에서든지 정의할 수 있다. 파라미터로 전달되지 않은 모든 변수는 전역 변수이다. 만약 함수에서 변경된다면 awk 스크립트 전역적으로 변경될 것이다. 배열은 레퍼런스 참조로 전달된다. 이 함수에는 5개의 아규먼트들이 괄호로 묶어져 있다. scores 배열은 레퍼런스 참조에 의해 전달된다. 그래서 함수에서 배열의 요소들이 변경되면 원래 배열의 요소들이 변경된다. num_elements 변수는 지역 변수이며 복사본이다. temp, i, j 변수들은 함수 안에서의 지역 변수들이다.

첫 번째의 for 루프는 적어도 두 수가 비교되면 숫자 배열을 분리한다. 두 번째의 for 루프는 이전 숫자와 현재 숫자를 비교한다(score[j-1]). 만약 이전 배열 요소가 현재보다 크다면 temp가 현재 배열 요소의 값으로 할당되고 현재 배열 요소는 이전 배열 요소의 값으로 할당된다.

이제 전체 for 루프를 빠져나오고 함수 정의를 마친다.

스크립트에서 첫 번째 액션 블록이 시작되고, for 루프가 현재 레코드의 각 필드를 분리하며, 숫자들을 가지는 배열을 만든다.

sortnumbers 함수는 현재 레코드로부터 숫자 배열과 전체 필드의 수를 전달받는다. 이 함수 처리를 완료한 다음, for 루프를 사용하여 배열에 저장된 요소들을 출력하고 마지막으로 newline("\n")을 출력한다.

6.16 | 기타

awk에서 주어지는 데이터들 중에는 확실한 필드 분리자가 없을 수도 있다. 이런 경우 고정 폭의 칼럼을 사용할 수 있다. 이러한 데이터 타입을 처리하기 위해서 substr 함수를 자주 사용한다.

6.16.1 고정폭 필드

다음의 예제에서 필드는 고정폭의 너비를 가지고 있다. 하지만, 필드 분리자에 의해 분리될 수 없다. 이런 상황에서는 substr 함수를 사용하여 필드를 생성할 수 있다.

```
[root@localhost awk]# vim fixed_data
031991ax5633(412)947?0124
021589bg2435(401)866?1235
123390de1237(993)911?1264
847487ax3458(408)404?2446
352491bd9923(415)124?1900
602990bg4567(888)494?1360
120489qr3455(433)898?3400
```

```
[root@localhost awk]# awk '{printf substr($0,1,6)" ";printf substr($0,7,6)" "; print substr
($0,13,length)}' fixed_data
031991 ax5633 (412)947?0124
021589 bg2435 (401)866?1235
123390 de1237 (993)911?1264
847487 ax3458 (408)404?2446
352491 bd9923 (415)124?1900
602990 bg4567 (888)494?1360
120489 qr3455 (433)898?3400
[root@localhost awk]#
```

주어진 데이터를 보면 여섯 번째 문자까지 숫자로 구성되어 있으며, 그 다음 두 개의 문자, 네 개의 숫자 그리고 괄호( )로 시작하는 문자가 있다. awk 스크립트를 보면 substr 함수를 사용하여 라인별로 6개의 문자를 자르고 1번 위치부터 출력하고 있으며, 그 다음 공백을 그리고 6개의 문자열을 자르고 7번 위치부터 출력하고 있다. 그리고 마지막으로 남아 있는 데이터의 전체 길이만큼 자른 다음 13번 위치에 출력하고자 하였다. 즉, 이 awk 스크립트는 라인을 6자리씩 분리하고 필드 분리자로 공백을 추가해 넣는 프로그램이다.

>> 공백 필드

데이터가 고정폭 필드로 저장될 때 어떤 필드들은 공백이 될 수 있다. 다음 예제에서 substr 함수는 저장한 데이터에 상관없이 필드를 보관한다.

```
[root@localhost awk]# vim data1
xxx yyy
xxx aaa xxx
xxx bb  bbb
xxx     cc
```

```
[root@localhost awk]# vim awkscript10
{
    fix[1]=substr($0,1,3)
    fix[2]=substr($0,5,3)
    fix[3]=substr($0,9,3)
    line=sprintf("%-4s%-4s%-4s", fix[1],fix[2], fix[3])
    print line
}
```

```
[root@localhost awk]# awk -f awkscript10 data1
xxx yyy
xxx aaa xxx
xxx bb  bbb
xxx     cc
[root@localhost awk]#
```

fix 배열의 첫 번째 요소는 substr 함수로 세 자리 문자로 잘라낸 레코드의 데이터를 1번 위치에 저장한다.

fix 배열의 두 번째 요소는 substr 함수로 세 자리 문자로 잘라낸 레코드의 데이터를 5번 위치에 저장한다.

fix 배열의 세 번째 요소는 substr 함수로 세 자리 문자로 잘라낸 레코드의 데이터를 9번 위치에 저장한다.

이 배열의 요소들은 sprintf 함수에 의해 지정된 형식으로 출력되고 사용자정의형 변수 line에 할당된다. line 변수의 값은 공백이 추가된 형태로 출력되기 때문에 결과값은 주어진 파일의 내용과 일치하게 된다.

>> $와 숫자, 콤마(,) 기타 문자들

다음의 예제에서 price 필드는 $ 기호와 콤마(,) 기호를 가지고 있다. 이 스크립트에서 총합을 구하기 위해서는 이 문자들을 제거해야 한다. 이런 상황에서 사용할 수 있는 함수로 gsub 함수가 있다. gsub 함수는 주어진 데이터에서 검색한 문자 모두를 치환할 문자로 치환한다.

[gsub 함수 형식]

```
gsub(치환을 위해 검색할 문자, 치환할 문자)
```

[root@localhost awk]# vim data2

```
1: 홍길동: 08/21/08:$5,000.00
2: 이성계: 08/20/08:$6,000.00
3: 정약용: 08/19/08:$9,000.00
4: 이순신: 08/18/08:$1,0000.00
```

```
[root@localhost awk]# awk -F: '{gsub(/\$/,"");gsub(/,/,""); cost +=$4}; \
> END{print "The total is $" cost}' data2
The total is $30000
[root@localhost awk]#
```

첫 번째 gsub 함수는 상수 달러(\$) 기호를 null로 치환하고, 두 번째 gsub 함수는 콤마(,)를 null로 치환한다. 사용자정의형 변수인 cost 변수는 4번 필드의 값을 더하고 cost 변수에게 결과를 할당한다. END 블록에서 "The total is $" 문자열이 출력되고 cost 변수의 값이 출력된다.

6.16.2 멀티라인 레코드

다음 예제에서 데이터 파일의 각 레코드들은 공백 라인으로 분리되고 필드들은 newline으로 분리된다. 데이터 파일을 처리하기 위해 레코드 분리자(RS)는 null 값으로 할당되고 필드 분리자는 newline으로 할당된다.

```
[root@localhost awk]# vim data3
7/20/09
#001
-800.00
새우깡

7/21/09
#002
-1000.00
게토레이

7/22/09
#003
-1200.00
우유
```

```
[root@localhost awk]# awk 'BEGIN{RS=""; FS="\n";ORS="\n\n"} {print  NR, $1,$2,$3,$4}' data3
1 7/20/09 #001 -800.00 새우깡


2 7/21/09 #002 -1000.00 게토레이


3 7/22/09 #003 -1200.00 우유


[root@localhost awk]#
```

BEGIN 블록에서 레코드 분리자RS는 null로 할당되고, 필드 분리자FS는 newline으로 할당되며, 출력 레코드 분리자ORS는 두 개의 newline으로 할당된다. 각 라인은 하나의 필드이며 각 출력 레코드는 두 개의 newline으로 분리된다.

결과를 보면 레코드의 번호가 출력되고 각 필드들이 출력된다. 그리고 라인 하나를 건너뛰고 다음 레코드를 출력한다.

6.17 | awk 빌트인 함수(2)

6.17.1 문자열 함수들

```
[root@localhost awk]# vim data4
서울   SEOUL   4.5   .45   10
인천   INCHON  4.3   .43   9
대전   DAEJEON 4.3   .43   8
대구   DAEGU   4.4   .44   7
울산   ULSAN   4.0   .40   6
부산   BUSAN   4.4   .44   5
```

```
[root@localhost awk]# awk 'NR==1{gsub(/서울/, "대한민국 수도", $1); print}' data4
대한민국 수도 SEOUL 4.5 .45 10
[root@localhost awk]#
```

1번 레코드(NR==1)가 존재하면 정규표현식이 "서울"이라는 문자열을 찾아서 "대한민국 수도" 문자열로 치환하여 출력한다.

```
[root@localhost awk]# awk 'NR==1{print substr($2, 1, 6)}' data4
SEOUL
[root@localhost awk]#
```

1번 레코드일 때 2번 필드의 값을 출력하는데, 이때 2번 필드의 첫 번째 문자에서 여섯 번째 문자까지 출력하도록 한 것이다. 결과는 SEOUL 문자열이 모두 출력된다. 만약 substr($2, 1, 3)이라면 SEO 세 문자만 출력될 것이다.

```
[root@localhost awk]# awk 'NR==1{print length($1)}' data4
2
[root@localhost awk]#
```

첫 번째 레코드가 존재하면 1번 필드의 문자 길이를 출력하고자 하는 문장이다. 주어진 데이터의 내용이 "서울"이므로 2를 리턴하고 있다.

```
[root@localhost awk]# awk 'NR==1{print index($1, "울")}' data4
2
[root@localhost awk]#
```

첫 번째 레코드가 존재하면 1번 필드에서 "울" 문자가 나타나는 인덱스 위치를 출력하고자 하였으므로 2가 출력된다.

```
[root@localhost awk]# awk '{if (match($2, /^DAE/)) {print substr($2, RSTART, RLENGTH)}}' data4
DAE
DAE
[root@localhost awk]#
```

match 함수에 의해 각 레코드의 2번 필드에서 DAE로 시작하는 문자열을 검색하여 검색된 레코드에서 substr 함수를 사용하여 2번 필드의 RSTART 위치부터 RLENGTH 위치까지 문자열을 출력하고 있다. 여기서 RSTART는 매칭된 문자열의 시작 위치를 의미하고, RLENGTH는 매칭된 문자열의 길이를 의미한다.

```
[root@localhost awk]# awk 'BEGIN{split("7/22/09",now,"/"); \
> print now[1],now[2],now[3]}'
7 22 09
[root@localhost awk]#
```

주어진 데이터 "7/22/09" 문자열은 "/" 문자를 기준으로 분리되고 분리된 각 필드들은 now 배열에 할당된다. 그리고 각 배열의 요소를 출력하였다.

```
[root@localhost awk]# awk '{split($0, city, " ");\
> print "도시명 : "city[1];\
> print "영문명 : "city[2];\
> print "\n-----------------"}' data4
도시명 : 서울
영문명 : SEOUL

-----------------
도시명 : 인천
영문명 : INCHON

-----------------
도시명 : 대전
영문명 : DAEJEON

-----------------
도시명 : 대구
```

```
영문명 : DAEGU


------------------
도시명 : 울산
영문명 : ULSAN


------------------
도시명 : 부산
영문명 : BUSAN


------------------
[root@localhost awk]#
```

주어진 데이터에서 각 레코드 라인을 공백을 기준으로 자른 다음, city 배열에 할당한다. 그리고 배열의 첫 번째 요소 city[1]인 도시명을 출력하고 두 번째 요소 city[2]인 영문명을 출력하였다. 또한 각 데이터들을 구분하여 보여주기 위해 "\n" newline과 함께 "------------------" 문자열을 출력하였다.

```
[root@localhost awk]# awk '{line=sprintf("%s %3.3f",$1,$3); print line}' data4  서울 4.500
인천 4.300
대전 4.300
대구 4.400
울산 4.000
부산 4.400
[root@localhost awk]#
```

sprintf 함수를 사용하여 1번 필드에 할당되어 있는 문자열과 한 칸을 띄운 다음, 3번 필드에 할당되어 있는 숫자에서 소수점 이하 세 자리까지 출력하도록 하였으며, 이 함수를 line 변수에 할당하고 line 변수를 출력하였다.

>> toupper와 tolower 함수

toupper 함수는 소문자를 대문자로 변경하는 함수인데, 알파벳이 아닌 문자는 변경하지 않는다. tolower 함수는 대문자를 소문자로 변경하는 함수이다. 문자열은 반드시 큰따옴표로 둘러싸야 한다.

형식	toupper(문자열) tolower(문자열)

```
[root@localhost awk]# awk 'BEGIN{print toupper("linux"), \
> tolower("BASH 3.2.25")}'
LINUX bash 3.2.25
[root@localhost awk]#
```

소문자인 linux는 대문자로, 대문자인 BASH는 소문자로 변경되었다.

6.17.2 시간 함수들

>> systime 함수

systime 함수는 1970년 1월 1일부터 현재 시간까지의 초단위 시간을 리턴한다.

형식	systime()

```
[root@localhost awk]# date
Wed Jul 22 01:54:57 KST 2009
[root@localhost awk]# awk 'BEGIN{now=systime(); print now}'
1248195305
[root@localhost awk]#
```

>> strftime 함수

strftime 함수는 C 언어 라이브러리인 strftime 함수와 포맷을 사용하는 함수이다. 포맷 지정은 %T, %D 등이 있으며, 다음의 표를 참고하자. 타임스탬프는 systime으로부터 값을 리턴한다.

표 6-13 • strftime 함수에서의 시간포맷

시간 형식	의미
%a	단축형 요일명(Wed)
%A	요일명 전체(Wednesday)
%b	단축형 월명(Jul)
%B	월명 전체(July)
%c	날짜와 시간(Wed 22 Jul 2009 02:02:44 AM KST)
%d	일(22)
%D	월/날짜/년도(07/22/09)
%e	일, 숫자 하나라면 0은 스페이스로 채워진다(22)
%H	24시간 표기(23)
%I	12시간 표기(01)
%j	1월 1일부터 현재 날짜까지의 일수(203)
%m	월(07)
%M	분(58)
%p	12시간 표기에서 AM/PM 표기(AM)
%s	1970-01-01 00:00:00부터 현재까지 전체 초(1248195980)
%S	초(27)
%t	탭문자
%T	24시간 표기(%H:%M:%S)(01:57:49)
%U	연중 몇 째주(한 주의 시작일은 첫 번째 일요일이다.)(29)
%w	주중 몇 번째 일수(일요일은 0, 수요일은 3)(3)
%W	연중 몇 째주(한 주의 시작일은 첫 번째 월요일이다.)(29)
%x	로케일에 따른 날짜 표기(07/22/2009)
%X	로케일에 따른 시간 표기(01:58:56 AM)
%y	두 자릿수 연도(09)
%Y	전체 연도(2009)
%Z	타임존(KST)
%%	상수 퍼센트 기호(%)

형식

```
strftime([format specification][,timestamp])
```

```
[root@localhost awk]# awk 'BEGIN{now=strftime("%D", systime()); print now}'
07/22/09
[root@localhost awk]# awk 'BEGIN{now=strftime("%T"); print now}'
01:57:49
[root@localhost awk]# awk 'BEGIN{now=strftime("%m/%d/%y"); print now}'
07/22/09
[root@localhost awk]#
```

strftime 함수는 아규먼트로 주어지는 포맷으로 시간과 날짜를 출력하는 함수이다. 만약 systime 함수가 두 번째 아규먼트로 주어지면 systime 함수로부터 값을 리턴받는 것과 같은 포맷이어야 한다.

6.17.3 명령라인 아규먼트들

[root@localhost awk]# vim awkscript11

```
BEGIN{
    for(i=0;i < ARGC;i++)
        printf("argv[%d] is %s\n", i, ARGV[i])
    printf("The number of arguments, ARGC=%d\n", ARGC)
}
```

```
[root@localhost awk]# awk -f awkscript11
argv[0] is awk
The number of arguments, ARGC=1
[root@localhost awk]# awk -f awkscript11 data4
argv[0] is awk
argv[1] is data4
The number of arguments, ARGC=2
[root@localhost awk]#
```

BEGIN 블록은 명령라인 아규먼트를 처리하기 위해 for 루프를 포함하고 있다. ARGC는 아규먼트의 수이며, ARGV는 실제적인 아규먼트를 가지고 있는 배열이다. awk는 아규먼트로 옵션들을 카운트하지 않는다. 다음의 예제에서 유효한 아규먼트들은 awk와 입력 파일이다.

```
[root@localhost awk]# awk 'BEGIN{name=ARGV[1]; delete ARGV[1]}; $0 ~ name {print $1 , $2, $3}' "서울"
data4
서울 SEOUL 4.5
[root@localhost awk]#
```

첫 번째 아규먼트를 name 변수에 할당한 다음, 첫 번째 아규먼트를 삭제하고 전체 레코드 중 name 변수의 값이 있는 레코드를 검색하여 1번, 2번, 3번 필드를 출력한 것이다.

6.17.4 입력 읽기

```
[root@localhost awk]# awk 'BEGIN{ "date" | getline d; print d}'
Wed Jul 22 02:14:14 KST 2009
[root@localhost awk]#
```

리눅스 명령어 date를 getline 함수와 파이프로 연결하였다. date 명령 결과의 라인을 변수 d에 저장하고 변수 d를 출력하였다.

```
[root@localhost awk]# awk 'BEGIN{ "date" | getline d; split(d, mon) ;\
> print mon[2]}'
Jul
[root@localhost awk]#
```

date 명령과 getline 함수를 파이프로 연결하고 결과값을 변수 d에 저장한 다음, split 함수를 사용하여 d 변수를 공백을 기준으로 필드를 분리하고 mon 배열에 저장하였다. 그리고 mon 배열의 두 번째 요소를 출력하면 "Jul" 문자열을 출력한다.

```
[root@localhost awk]# awk 'BEGIN{ printf "어디 사세요? " ;\
> getline city < "/dev/tty"};'
어디 사세요? 대구
[root@localhost awk]#
```

터미널로부터 입력을 받기 위해 /dev/tty 디바이스를 사용하였다. 입력을 받으면 이 값은 city 변수에 저장된다.

```
[root@localhost awk]# awk 'BEGIN{while(getline < "/etc/passwd" > 0 ){lc++};\
> print lc}'
39
[root@localhost awk]#
```

while 루프는 루프를 돌면서 /etc/passwd 파일을 한 번에 한 라인씩 읽어들인다. 루프를 한 번씩 돌 때마다 라인은 getline 함수에 의해 읽혀지고 lc 변수의 값은 1씩 증가된다. 루프가 종료되면 lc를 출력한다. 즉, /etc/passwd 파일의 총 라인수를 출력한 것이다.

6.17.5 제어 함수

```
[root@localhost awk]# cat data4
서울   SEOUL   4.5    .45    10
인천   INCHON  4.3    .43    9
대전   DAEJEON 4.3    .43    8
대구   DAEGU   4.4    .44    7
울산   ULSAN   4.0    .40    6
부산   BUSAN   4.4    .44    5
[root@localhost awk]# awk '{if ( $3 >= 4.5) next; print $1}' data4
인천
대전
대구
울산
부산
[root@localhost awk]#
```

주어진 데이터 파일에서 3번 필드의 값이 4.5 이상이면 데이터 파일의 다음 라인을 읽는다. 그리고 4.5 미만이면 1번 필드를 읽어서 출력한다. 즉, 결과에서 출력된 각 라인의 1번 필드들은 3번 필드의 값이 4.5 미만인 것들이다. 첫 번째 라인은 4.5이므로 출력되지 않았다.

```
[root@localhost awk]# awk '{if ($2 ~ /D/){print ; exit 0}}' data4
대전   DAEJEON 4.3    .43    8
[root@localhost awk]# echo $?
0
[root@localhost awk]#
```

2번 필드에 D 문자를 포함하고 있으면 그 라인을 출력하고 awk는 종료한다. 종료상태를 확인하려면 ? 변수의 값을 출력해 보면 된다.

6.17.6 사용자정의형 함수

```
[root@localhost awk]# cat data4
서울   SEOUL   4.5    .45    10
```

```
인천    INCHON  4.3     .43     9
대전    DAEJEON 4.3     .43     8
대구    DAEGU   4.4     .44     7
울산    ULSAN   4.0     .40     6
부산    BUSAN   4.4     .44     5
```

```
[root@localhost awk]# vim awkscript12
BEGIN{largest=0}
{maximum=max($5)}
function max ( num ) {
    if ( num > largest){ largest=num }
    return largest
}
END{ print "The maximum is " maximum "."}
```

```
[root@localhost awk]# awk -f awkscript12 data4
The maximum is 10.
[root@localhost awk]#
```

BEGIN 블록에서 사용자정의형 변수 largest 변수를 0으로 초기화하였다. maximum 변수는 max 함수로부터 리턴되는 값을 할당받는다. max 함수는 아규먼트로 $5가 주어졌다. 사용자정의형 함수 max가 정의되어 있는데, 이 함수는 컬리 브레이스({ })로 감싸져 있다. 매번 새로운 레코드는 입력 파일로부터 읽혀지고 max 함수를 호출한다.

max 함수 내에서 num과 largest 변수의 값을 비교하고 두 수 중에서 큰 값을 리턴한다. 결과적으로 END 블록에서 maximum 변수를 출력하면 5번 필드에서 가장 큰 값인 10이 출력된다.

6.17.7 awk 명령라인 옵션들

awk는 여러 가지 옵션들을 가지고 있다. awk는 명령라인 옵션으로 두 가지 포맷을 가지고 있는데, 더블 대시(--)와 단어로 시작하는 GNU long 포맷과 하나의 대시와 하나의 문자로 구성되는 short POSIX 포맷이 있다. awk 특수 옵션으로 -W 옵션이 있는데, long 옵션과 일치한다. long 옵션을 제공하는 아규먼트들은 = 기호와 같이 사용되거나 다음 명령라인의 아규먼트로 제공되기도 한다. awk의 옵션을 보려면 --help 옵션을 사용하면 된다.

```
[root@localhost awk]# awk --help
Usage: awk [POSIX or GNU style options] -f progfile [--] file ...
Usage: awk [POSIX or GNU style options] [--] 'program' file ...
POSIX options:          GNU long options:
        -f progfile             --file=progfile
        -F fs                   --field-separator=fs
        -v var=val              --assign=var=val
        -m[fr] val
        -W compat               --compat
        -W copyleft             --copyleft
        -W copyright            --copyright
        -W dump-variables[=file]        --dump-variables[=file]
        -W exec=file            --exec=file
        -W gen-po               --gen-po
        -W help                 --help
        -W lint[=fatal]         --lint[=fatal]
        -W lint-old             --lint-old
        -W non-decimal-data     --non-decimal-data
        -W profile[=file]       --profile[=file]
        -W posix                --posix
        -W re-interval          --re-interval
        -W source=program-text  --source=program-text
        -W traditional          --traditional
        -W usage                --usage
        -W version              --version

To report bugs, see node 'Bugs' in 'gawk.info', which is
section 'Reporting Problems and Bugs' in the printed version.

gawk is a pattern scanning and processing language.
By default it reads standard input and writes standard output.

Examples:
        gawk '{ sum += $1 }; END { print sum }' file
        gawk -F: '{ print $1 }' /etc/passwd
[root@localhost awk]#
```

awk 명령 옵션은 다음의 표를 참고하자.

표 6-14 • awk 명령 옵션

awk 명령 옵션	의미
-F fs, --field-separator fs	입력 필드 분리자를 지정한다. fs는 문자열 또는 정규표현식이다. 예) FS=":" 또는 FS="[\t:]"
-v var=value, --assign var=value	사용자정의형 변수에 값을 할당한다. awk 스크립트 앞의 var가 먼저 실행되며 BEGIN 블록을 사용할 수 있다.
-f scriptfile, --file scriptfile	스크립트 파일로부터 awk 명령을 읽는다.
-mf nnn, -mr nnn	-mf 옵션은 nnn 값으로 메모리(nnn의 최대 필드 수) 제한을 설정한다. -mr 옵션은 nnn 값으로 최대 레코드 수를 설정한다.
-W traditional, -W compat, --traditional --compat	호환 모드를 설정한다. 일반적으로 --tarditional을 사용한다.
-W copyleft -W copyright --copyleft	카피라이트 정보의 생략된 버전을 출력한다.
-W help -W usage --help --usage	사용 가능한 옵션과 요약된 사용법을 출력한다.
-W lint --lint	경고 메시지를 출력한다.
-W lint-old, --lint-old	경고 메시지를 출력한다.
-W posix --posix	호환 모드를 사용한다. 이스케이프(\x) 시퀀스를 인식하지 않고 필드 분리자 문자로 newline을 인식하지 않는다. FS가 하나의 공백으로 할당되며 ^와 ^=는 ** 연산자와 **= 연산자로 대체되고, func 함수 키워드는 fflush로 대체된다.
-W re-interval, --re-interval	정규표현식 인터벌을 사용한다. 예) [[:alpha:]].에서 사용된 브라켓
-W source program-text --source program-text	-f 파일명과 함께 사용할 명령라인에서의 awk 소스코드로서 program-text를 사용한다. 예) awk -W source '{print $1} -f cmdfile inputfile.
-W version --version	버전과 버그 리포팅 정보를 출력한다.
--	옵션 프로세싱의 마지막 시그널

chapter 07

bash 쉘 프로그래밍

7.1 | 소개

리눅스에서 명령라인을 대신하여 명령들의 모음과 처리과정을 파일로 작성하여 실행할 때 이 파일의 내용을 쉘 스크립트(파일)라고 부르며 비대화형noninteractive이다. bash 쉘이 비대화형으로 실행될 때 BASH_ENV(ENV) 환경 변수를 검색한다. 이때 이 환경 변수의 값은 /etc/bashrc와 .bashrc 파일에서 검색한다. BASH_ENV를 읽고나면 쉘은 스크립트에서 명령들을 실행하게 된다. bash 쉘을 대화형으로 시작할 때 -norc 또는 --norc 옵션을 사용하면 BASH_ENV 또는 ENV 변수를 읽어오지 않는다.

7.1.1 쉘 스크립트 작성 절차

쉘 스크립트는 텍스트 편집기로 작성되고 주석과 명령들로 구성된다. 주석들은 # 기호 뒤에 위치하며 쉘 스크립트에 대한 설명을 적어둔다.

>> 1번 라인

스크립트의 최상위 첫 번째 라인은 프로그램이 스크립트에서 라인들을 실행할 프로그램을 명시한다. 이 라인은 shbang 라인이라고 부르며 bash 쉘에서는 다음과 같이 입력한다.

```
#!/bin/bash
```

#! 기호는 매직 넘버라고 부르는데, 스크립트에서 라인들을 해석해야 하는 프로그램을 커널에게 알리기 위해 사용한다. 이 라인은 스크립트의 최상단에 위치해야 하며, 현재 사용하고 있는 쉘이 배시 쉘이라면 본 셸(#!/bin/sh)을 지정해도 무방하지만, 본 쉘 지정 시에는 배시 쉘에서 추가된 일부 문법을 사용할 수 없다. bash 프로그램은 스크립트를 조작하기 위해 여러 가지 아규먼트들을 가질 수 있는데, 다음의 표를 참고하자. 앞서 2장에서 공부한 내용이지만 한 번 더 읽어보도록 하자.

표 7-1 • bash 실행 옵션

bash 옵션	의미
-c string	-c 플래그가 있으면 문자열로부터 명령을 읽어들인다. 문자열 뒤에 전달인수가 있으면 그 전달인수는 $0부터 시작하여 위치 매개변수로 지정된다.
-D	$로 시작되고 큰따옴표로 인용된 문자열들의 목록은 표준 출력으로 출력된다. 현재 로케일이 C 또는 POSIX가 아닐 때 이 문자열들은 언어 번역을 위한 제목이다.
-i	-i 플래그가 있으면 쉘은 대화형(interactive) 모드로 동작한다.
-s	-s 플래그가 있을 때 또는 옵션 처리 후에 남은 인수가 없을 때에는 표준 입력으로부터 명령을 읽어들인다. 이 옵션을 사용하여 대화형 쉘을 실행시킬 때 위치 매개변수를 설정할 수 있다.
-r	제한된 쉘을 시작한다.
- --	옵션의 마지막 시그널이며 옵션 프로세싱을 더 이상 할 수 없다. -- 또는 - 옵션 이후의 아규먼트들은 파일명과 아규먼트로 취급된다.
--dump-strings	-D 옵션과 같다.
--help	빌트인 명령을 위한 사용법 메시지를 출력하고 종료한다.
--login	bash가 마치 로그인 쉘로 시작된 것처럼 행동하게 한다.
--noediting	bash가 대화형 모드로 실행 중일 때 readline 라이브러리를 사용하지 않는다.
--noprofile	시스템 전역 시동 파일인 /etc/profile 또는 ~/.bash_profile, ~/.bash_login, ~/.profile 파일과 같은 모든 개인 초기화 파일을 읽지 않도록 한다. bash가 로그인 쉘로 실행될 때에는 기본적으로 이 모든 파일을 읽는다.
--norc	쉘이 대화형 모드일 때 유저 개인의 초기화 파일인 ~/.bashrc 파일을 실행하지 않도록 한다. 쉘을 실행할 때 bash(sh)라는 이름으로 실행하면 기본적으로 이 옵션이 켜진다.
--posix	기본적으로 POSIX 1003.2 표준과 다른 bash의 행동 방식을 바꾸어 표준에 부합되도록 지시한다.
--quiet	쉘을 시작할 때 상세한 정보를 보여주지 않는다. 즉, 쉘 버전과 기타 정보를 표시하지 않는다. 기본값이다.
--rcfile file	쉘이 대화형 모드일 때 표준적인 개인 초기화 파일인 ~/.bashrc 대신 파일의 명령을 실행한다.
--restricted	제한된 쉘을 시작한다. -r 옵션과 같다.
--verbose	verbose 옵션을 켠다. -v 옵션과 같다.
--version	bash 쉘에 대한 버전 정보를 표시하고 종료한다.

>> 코멘트

코멘트주석는 # 기호로 시작하는 라인이며, # 기호를 사용하면 # 뒤의 명령이나 문자열들은 해석되지 않고 주석처리 된다. 주석은 일반적으로 스크립트에 대한 설명을 작성할 때 사용하며, 프로그래밍 시 주석을 자세히 적어 놓으면 코드를 수정할 때 많은 도움이 된다.

>> 실행 문장과 bash 쉘 생성

bash 쉘 프로그램은 리눅스 명령과 bash 쉘 명령, 프로그래밍 생성자, 주석 등으로 구성된다.

>> 스크립트를 실행 가능하게 만들기

vi(m) 편집기를 사용하여 쉘 스크립트 파일을 생성할 때 디폴트로 실행 퍼미션이 주어지지 않는다. 그래서 스크립트를 실행하기 위해서는 직접 실행 퍼미션을 부여해야 한다. 실행 퍼미션은 chmod 명령을 사용할 수 있다. (chmod +x) 만약 실행 퍼미션 없이 실행하고자 할 경우에는 "/bin/bash [스크립트 파일명]" 형식을 사용해도 된다. 하지만, 특수한 경우가 아니라면 실행 퍼미션을 부여한 다음 실행하도록 하자.

```
[root@localhost script]# vim first_script.sh
```

```
#!/bin/bash

ls
```

```
[root@localhost script]# /bin/bash first_script.sh
first_script
[root@localhost script]# chmod +x first_script.sh
[root@localhost script]# ls -l first_script.sh
-rwxr-xr-x 1 root root 16 2009-07-22 13:25 first_script.sh
[root@localhost script]# ./first_script.sh
first_script.sh
[root@localhost script]#
```

>> 스크립트 세션

```
[root@localhost script]# vim second_script.sh
#!/bin/bash
# 이 스크립트는 두 번째 스크립트입니다.
# 스크립트명 : second_script.sh
# 작성자 : TY KIM.

echo "$LOGNAME님 안녕하세요."
echo "현재 디렉터리는 'pwd'입니다."
echo "접속해있는 시스템명은 'uname -n'입니다."
echo "현재 디렉터리의 파일 목록은 아래와 같습니다."
ls # 파일 목록보기
echo "현재 시간 : 'date'"
```

```
[root@localhost script]# second_script.sh
-bash: second_script.sh: command not found
[root@localhost script]# chmod +x second_script.sh
[root@localhost script]# ls -l second_script.sh
-rwxr-xr-x 1 root root 395 2009-07-22 13:38 second_script.sh
[root@localhost script]# ./second_script.sh #또는 /bin/bash second_script.sh
root님 안녕하세요.
현재 디렉터리는 /root/script입니다.
접속해있는 시스템명은 localhost.localdomain입니다.
현재 디렉터리의 파일 목록은 아래와 같습니다.
first_script.sh  second_script.sh
현재 시간 : Wed Jul 22 13:39:12 KST 2009
[root@localhost script]#
```

second_script.sh 파일의 최상단에 #!/bin/bash를 명시하여 이 스크립트 내의 라인들을 bash 인터프리터가 실행할 것임을 커널에게 알려준다. 그 아래의 # 기호들은 모두 주석처리를 위한 것이며, # 주석은 하나의 라인만 주석처리한다. 스크립트 내의 변수들은 쉘에 의해 변수가 치환된 다음, echo 명령에 의해 모니터에 출력된다. ls 명령을 실행하고 # 뒤의 문자열은 주석처리되어 bash 인터프리터가 해석하지 않는다. 마지막으로 현재 시간을 출력하기 위해 echo 명령의 큰따옴표 안에서 백쿼터(``)를 사용하여 date 명령을 실행하였다. bash 쉘 스크립트에서 쉘 명령을 실행하기 위해서는 $(쉘 명령어) 형식도 사용할 수 있다.

7.2 | 사용자 입력 읽기

7.2.1 변수

변수variable는 현재 쉘에서 로컬로, 또는 환경 변수로 설정할 수 있다. 쉘 스크립트가 다른 스크립트를 호출하지 않을 경우 변수는 일반적으로 스크립트상에서 로컬 변수로 설정된다.

변수로부터 값을 가져오기 위하여 $ 기호와 함께 변수명을 적어준다. 변수를 큰따옴표로 감싸면 $ 기호는 변수 확장을 위하여 쉘에 의해 해석된다. 물론 큰따옴표가 없어도 무관하다. 하지만, **변수가 작은따옴표로 감싸지면 변수 확장은 수행되지 않는다.**

```
[root@localhost script]# name="홍 길동" # 또는 declare name="홍 길동" : 지역 변수[root@localhost script]#
export NAME="장 길산" # 전역 변수
[root@localhost script]# echo $name $NAME
홍 길동 장 길산
[root@localhost script]#
```

일반적으로 지역 변수는 소문자를 사용하고, 전역 환경 변수는 대문자를 사용한다.

7.2.2 read 명령

read 명령은 빌트인 명령으로써 터미널 또는 파일로부터 입력 문자열을 읽을 때 사용한다. read 명령은 newline을 발견할 때까지 한 라인을 가져와서 읽는다. 라인의 마지막에 있는 newline은 null로 읽혀진다. read 명령은 유저가 <Enter>키를 입력할 때까지 프로그램을 중지시킨다. read 명령에서 -r 옵션을 사용하면 백슬래시(\)와 newline 쌍은 무시되는데, 백슬래시는 라인의 한 부분으로 취급된다. read 명령은 -a, -e, -p, -r의 4가지 옵션을 가지고 있다.

표 7-2 • read 명령 옵션

read 명령 옵션	의미
read answer	표준 입력으로부터 한 라인을 읽고 읽은 내용을 answer 변수의 값으로 할당한다.
read first last	표준 입력으로부터 한 라인을 읽는데, 공백 또는 newline을 기준으로 첫 번째 단어는 first 변수의 값으로, 나머지 단어는 last 변수의 값으로 할당한다.
read	표준 입력으로부터 한 라인을 읽고 REPLY 빌트인 변수의 값으로 할당한다.

(계속)

표 7-2 • read 명령 옵션(계속)

read 명령 옵션	의미
read -a arrayname	arrayname으로 명명된 배열의 단어 목록을 읽는다.
read -e	대화형 쉘에 사용된다.
read -p prompt	prompt를 출력하고, 입력을 기다리고, 입력 내용을 REPLY 변수에 저장한다.
read -r line	백슬래시(\)를 포함하는 입력을 허용한다.

[root@localhost script]# vim question.sh

```
#!/bin/bash
# 스크립트명 : question.sh

echo -e "행복하세요? : \c"
read answer
echo "$answer 라고 답하셨네요"
echo -e "이름은 어떻게 되세요? : \c"
read last first
echo "안녕하세요?  $last $first님"
echo -n "어디에 사세요? : "
read
echo $REPLY에 사시는군요!
read -p "사용하는 리눅스 배포판을 무엇인가요? : "
echo $REPLY를 사용하고 계시군요.
echo -n "대표적인 리눅스 배포판 종류 3가지를 적어주세요. : "
read -a dist
echo "${dist[2]}를 세 번째로 적어주셨네요."
```

```
[root@localhost script]# chmod +x question.sh
[root@localhost script]# ls -l question.sh
-rwxr-xr-x 1 root root 550 2009-07-22 13:52 question.sh
[root@localhost script]# ./question.sh
행복하세요? : 예
예 라고 답하셨네요
이름은 어떻게 되세요? : 홍길동
안녕하세요?  홍길동 님
```

```
어디에 사세요? : 대구
대구에 사시는군요!
사용하는 리눅스 배포판을 무엇인가요? : CentOS
CentOS를 사용하고 계시군요.
대표적인 리눅스 배포판 종류 3가지를 적어주세요. : CentOS Fedora Ubuntu
Ubuntu를 세 번째로 적어주셨네요.
[root@localhost script]#
```

question.sh 쉘 스크립트에서 먼저 입력을 기다리고 입력된 내용을 answer 변수에 할당한 다음, answer 변수를 출력하였다. 두 번째는 입력을 받을 때 공백을 기준으로 두 개의 변수(last, first)로 입력받는다. 그리고 두 변수를 출력하였다. echo -n "어디에 사세요? : " 명령에서 입력을 받을 때, read 명령만 사용하여 입력받은 내용을 REPLY 빌트인 변수에 할당하고 REPLY 변수를 출력하였다. read -p 명령을 사용하여 질문을 하는 라인에 입력받을 프롬프트를 보여주게 한 다음, 입력한 내용을 REPLY 변수에 할당하고 REPLY 변수를 출력하였다. read -a dist 명령을 사용하여 배열을 입력받도록 하였으며, 배열 이름은 dist로 지정하였다. 이렇게 배열을 입력받도록 하면 입력 시 공백을 기준으로 입력된 문자열을 잘라서 배열 요소에 할당하게 된다. 그래서 예제의 경우, CentOS Fedora Ubuntu 문자열을 입력받았기 때문에 dist[0]에는 CentOS가 할당되고, dist[1]에는 Fedora, dist[2]에는 Ubuntu가 할당된다.

7.3 | 산술 연산

7.3.1 정수형 산술 연산

7.3.1.1 declare 명령

변수들은 declare -i 명령을 사용하여 정수형으로 선언할 수 있다. 만약 정수형으로 선언된 변수에 문자열을 할당하려고 하면 bash는 이 변수에 0을 할당한다. 정수형으로 선언된 변수들은 산술식으로 계산할 수 있다. 변수가 정수형으로 선언되지 않았다면 let 빌트인 명령으로 산술 연산을 할 수 있다. 만약 정수형으로 선언된 변수에 실수를 할당하려고 하면 bash는 문법 에러를 출력한다. 숫자들은 binary, octal, hex와 같은 서로 다른 베이스로 대표될 수 있다.

```
[root@localhost script]# declare -i num
[root@localhost script]# num=hello
[root@localhost script]# echo $num
0
[root@localhost script]# num=10 + 10
-bash: +: command not found
[root@localhost script]# num=10+10
[root@localhost script]# echo $num
20
[root@localhost script]# num=5*5
[root@localhost script]# echo $num
25
[root@localhost script]# num="5 * 5"
[root@localhost script]# echo $num
25
[root@localhost script]# num=5.5
-bash: 5.5: syntax error: invalid arithmetic operator (error token is ".5")
[root@localhost script]#
```

declare -i 명령을 사용하여 num 변수를 정수형으로 선언하였다. 그리고 hello 문자열을 num 변수에 대입하고 num 변수를 출력해 보면 0이 출력된다. 즉, 정수형 변수에 문자열을 할당하면 디폴트로 0이 되는 것을 확인할 수 있다. 그리고 num=10+10과 같이 변수에 할당할 내용이 산술식이면 + 연산자 앞뒤에는 공백이 없어야 하며, 만약 공백을 사용하고 싶은 경우에는 할당할 산술 연산을 큰따옴표로 묶어주어야 한다("10 + 10"). 마지막으로 정수형 변수인 num에 실수를 입력하려고 했기 때문에 문법 에러가 발생한다.

7.3.1.2 정수형 변수 목록 보기

declare -i 명령만 사용하면 정수형으로 선언된 변수들의 목록과 값을 출력해 볼 수 있다.

```
[root@localhost script]# declare -i
declare -ir EUID="0"
declare -i HISTCMD=""
declare -i LINENO=""
declare -i MAILCHECK="60"
declare -i OPTIND="1"
declare -ir PPID="2737"
```

```
declare -i RANDOM=""
declare -ir UID="0"
declare -i num="25"
[root@localhost script]#
```

7.3.1.3 진수 표기와 사용

수는 10진수, 2진수, 8진수, 16진수 등이 있으며, 2부터 36진수까지의 범위를 가질 수 있다.

형식	변수명=진수#숫자

```
n=2#101
```

2진수 101을 변수 n에 할당한다.

```
[root@localhost script]# declare -i x=016
[root@localhost script]# echo $x
14
[root@localhost script]# x=2#011
[root@localhost script]# echo $x
3
[root@localhost script]# x=8#13
[root@localhost script]# echo $x
11
[root@localhost script]# x=16#c
[root@localhost script]# echo $x
12
[root@localhost script]#
```

echo 명령을 사용하여 정수형 변수의 값을 출력하면 10진수로 출력한다. 먼저 declare -i 명령을 사용하여 변수 x를 정수형으로 선언하였으며, 016을 할당하였다. 8진수는 0으로 시작되는 수이며, 결과값을 출력해 보면 10진수 14($1 \times 8 + 6 \times 1 = 14$)가 출력됨을 확인할 수 있다. 이번에는 변수 x에 2진수 011을 할당하고 출력해 보면 10진수 3이 출력된다. 8진수 13을 할당하고 출력하면 10진수 11이 출력되고, 16진수 c를 할당하고 출력하면 10진수 12가 출력된다.

7.3.1.4 let 명령

let 명령은 bash 빌트인 명령으로 정수형 산술 연산을 수행하고 숫자 표현식을 테스트한다. 명령라인에서 help let을 실행하면 도움말을 볼 수 있다. 모든 빌트인 명령은 help 명령으로 도움말을 볼 수 있다.

표 7-3 • let 명령에서 사용하는 연산자

let 연산자	의미
-	단일 마이너스
+	단일 플러스
!	논리 NOT
~	비트와이즈 NOT
*	곱셈 연산
/	나눗셈 연산
%	나머지 연산
+	덧셈 연산
-	뺄셈 연산
bash 2.x 이상에서 사용 가능한 연산자들(CentOS 5.3에서 사용 가능)	
<<	비트와이즈 left shift 연산
>>	비트와이즈 right shift 연산
<= >= < >	비교 연산
== !=	동치 그리고 비동치
&	비트와이즈 AND
^	비트와이즈 exclusive OR
|	비트와이즈 OR
&&	논리 AND
||	논리 OR
= *= /= %= += ?= <<= >>= &= ^= |=	할당 연산자

```
[root@localhost script]# help let
let: let arg [arg ...]
    Each ARG is an arithmetic expression to be evaluated. Evaluation is done in fixed-width integers
    with no check for overflow, though division by 0 is trapped and flagged as an error. The following
    list of operators is grouped into levels of equal-precedence operators. The levels are listed in
    order of decreasing precedence.

        id++, id--      variable post-increment, post-decrement
        ++id, --id      variable pre-increment, pre-decrement
        -, +            unary minus, plus
        !, ~            logical and bitwise negation
        **              exponentiation
        *, /, %         multiplication, division, remainder
        +, -            addition, subtraction
        <<, >>          left and right bitwise shifts
        <=, >=, <, >    comparison
        ==, !=          equality, inequality
        &               bitwise AND
        ^               bitwise XOR
        |               bitwise OR
        &&              logical AND
        ||              logical OR
        expr ? expr : expr
                        conditional operator
        =, *=, /=, %=,
        +=, -=, <<=, >>=,
        &=, ^=, |=      assignment

    Shell variables are allowed as operands.  The name of the variable is replaced by its value
    (coerced to a fixed-width integer) within an expression.  The variable need not have its integer
    attribute turned on to be used in an expression.

    Operators are evaluated in order of precedence.  Sub-expressions in parentheses are evaluated
    first and may override the precedence rules above.

    If the last ARG evaluates to 0, let returns 1; 0 is returned otherwise.
```

```
[root@localhost script]#

[root@localhost script]# i=10 # 또는 let i=10
[root@localhost script]# let i=i+10
[root@localhost script]# echo $i
20
[root@localhost script]# let "i = i + 100"
[root@localhost script]# echo $i
120
[root@localhost script]# let "i+=5"
[root@localhost script]# echo $i
125
[root@localhost script]# i=2
[root@localhost script]# ((i+=5))
[root@localhost script]# echo $i
7
[root@localhost script]# ((i=i-3))
[root@localhost script]# echo $i
4
[root@localhost script]#
```

변수 i에 10을 할당하고 let 명령을 사용하여 i 변수에 10을 더한 값을 i 변수에 할당하고 결과를 출력하면 20이 출력된다. let 명령의 변수값 할당 표현식에서 공백이 존재하면 큰따옴표로 묶어주어야 한다. i 변수에 100을 더하면 결과값으로 120이 출력된다. 그리고 선先 증가 대입 연산자인 "+="을 사용하여 5를 더하면 i 변수의 값은 125가 되고, 쉘에서 =을 사용하여 i 변수에 값을 2로 재할당하면 이제 i 변수의 값은 2가 된다. (( ))형식을 사용하면 let 명령과 동일한 의미가 되어 ((i+=5)) 식은 let i+=5와 같은 의미가 된다. 결과값으로 i 변수는 7이 되고, 마지막으로 i의 값에서 3을 빼면 4가 i 변수에 저장된다.

7.3.2 실수형 산술 연산

bash는 정수형 연산만 지원한다. 하지만, bc, awk 유틸리티들을 사용하면 더욱 더 복잡한 계산을 할 수 있다.

```
[root@localhost script]# n='echo "scale=2; 20 / 3" | bc'
[root@localhost script]# echo $n
6.66
[root@localhost script]# m='awk -v x=2.66 -v y=5.22 'BEGIN{printf "%.2f\n", x*y}''
[root@localhost script]# echo $m
13.89
[root@localhost script]#
```

n 변수를 정의하면서 echo 명령과 bc 명령을 파이프로 연결하였다. scale이 2, 즉 소수점 아래 2자리로 지정하고 20을 3으로 나누었다. 이 결과값이 bc의 아규먼트로 전달되어서 결과값은 6.66이 출력된다. m 변수의 경우 awk 유틸리티를 사용하였는데, x와 y 변수의 값을 할당하고 awk로 x와 y를 곱한 값에서 소수점 2자리까지 출력하면 13.89가 출력된다.

bc 명령은 대화형으로 문장을 실행하는 무한 정확도의 숫자를 지원하는 언어이며, C 언어와 비슷한 문법을 가지고 있다. 명령행 옵션을 주면 표준 수학 라이브러리를 사용할 수 있다. 옵션을 주면 파일들을 처리하기에 앞서 수학 라이브러리가 정의된다. bc는 명령에서 주어진 파일 순서대로 처리한다. 파일을 모두 처리한 후 bc는 표준 입력을 읽는다. 모든 코드는 읽는 즉시 실행된다. (만약 파일 내의 코드에 처리를 중지하라는 명령이 있다면 bc는 표준 입력에서 읽지 않을 것이다.) 현재 버전에서는 전통적인 bc 기능과 POSIX 표준 이외의 확장 기능을 포함하고 있다. 명령행 옵션을 주면 확장 기능에 대한 경고 메시지를 보여주고 처리를 무시하게 할 수 있다. bc 명령의 자세한 사용법은 맨페이지를 참고하자.

```
# man bc
```

7.4 | 위치 파라미터와 명령라인 아규먼트

7.4.1 위치 파라미터

필요한 정보는 명령라인을 통해서 스크립트로 전달할 수 있다. 스크립트명 뒤의 공백으로 분리된 각 단어는 아규먼트가 된다.

명령라인 아규먼트들은 위치 파라미터로서 스크립트에 참조될 수 있는데, 예를 들어 $1은 첫 번째 아규먼트, $2는 두 번째 아규먼트, $3은 세 번째 아규먼트가 된다. $9 다음에는 **${10}과 같이 컬리 브레이스({ })를 사용**한다. $# 변수는 파라미터의 수를 테스트하기 위해 사용하며, $* 변수는 모든 파라미터를 출력하기 위해 사용한다. 위치 파라미터들은 set 명령을 사용하여 설정하거나 재설정할 수 있다. set 명령을 사용하면 이전에 설정된 위치 파라미터들은 모두 삭제된다.

표 7-4 • 위치 파라미터 변수

위치 파라미터 변수	의미
$0	실행한 스크립트 이름이 할당된다.
$#	위치 파라미터의 개수의 값을 가진다.
$*	위치 파라미터들의 모든 목록을 가진다.
$@	큰따옴표로 감싸졌을 경우를 제외하고 $*와 같은 의미이다.
"$*"	단일 아규먼트로 확장한다. 예) "$1 $2 $3"
"$@"	아규먼트를 분리하여 확장한다. 예) "$1" "$2" "$3"
$1 ... ${10}	위치 파라미터들을 개별적으로 참조한다.

[root@localhost script]# vim hello.sh

```
#!/bin/bash

echo $0 을 호출하였음.
echo 첫 번째 : $1 , 두 번째 : $2 , 세 번째 : $3
echo 위치 파라미터 개수 : $#
```

```
[root@localhost script]# chmod +x hello.sh
[root@localhost script]# ./hello.sh
./hello 을 호출하였음.
첫 번째 : , 두 번째 : , 세 번째 :
위치 파라미터 개수 : 0
[root@localhost script]# ./hello.sh 홍길동
./hello 을 호출하였음.
첫 번째 : 홍길동 , 두 번째 : , 세 번째 :
위치 파라미터 개수 : 1
[root@localhost script]# ./hello.sh 홍길동 장길산
```

```
./hello 을 호출하였음.
첫 번째 : 홍길동 , 두 번째 : 장길산 , 세 번째 :
위치 파라미터 개수 : 2
[root@localhost script]#
```

위 예제의 hello.sh 스크립트를 실행할 때 스크립트명은 $0 위치 파라미터, 첫 번째 아규먼트는 $1, 두 번째 아규먼트는 $2로 인식한다. 아규먼트 없이 실행되면 $0 위치 파라미터만 존재하게 되고 $1, $2 위치 파라미터는 null이 된다. 번째 아규먼트로 홍길동을 입력해 보면 $1 위치 파라미터에 홍길동이 할당되고, 두 번째 아규먼트로 장길산을 입력하면 $2에 장길산이 할당됨을 확인할 수 있다.

7.4.2 set 명령과 위치 파라미터

set 명령과 함께 아규먼트를 사용하여 위치 파라미터를 재설정할 수 있다. 한번 재설정이 되고 나면 이전 파라미터 목록들은 모두 삭제된다. 모든 위치 파라미터들을 재설정하기 위해서는 set -- 명령을 사용하면 되고, $0 위치 파라미터는 스크립트 이름에 해당한다.

[root@localhost script]# vim args.sh

```
#!/bin/bash
# 스크립트명 : args.sh
# 명령라인 아규먼트 테스트

echo 스크립트명 : $0
echo 전체 아규먼트 :  $*
echo 첫 번째 아규먼트 : $1
echo 두 번째 아규먼트 : $2
echo 전체 아규먼트 수 : $#
oldargs=$*
set CentOS Fedora Ubuntu # 위치 파라미터 재설정
echo 전체 파라미터 :  $*
echo 전체 위치 파라미터 수 $#
echo "첫 번째 위치 파라미터 : $1"
set $(date) # 위치 파라미터 재설정
echo 오늘은 $2 $3 $1
```

(계속)

```
echo "\$oldargs : $oldargs"
set $oldargs
echo $1 $2 $3
```

```
[root@localhost script]# chmod +x args.sh
[root@localhost script]# ./args.sh 사과 배 복숭아
스크립트명 : ./args.sh
전체 아규먼트 : 사과 배 복숭아
첫 번째 아규먼트 : 사과
두 번째 아규먼트 : 배
전체 아규먼트 수 : 3
전체 파라미터 : CentOS Fedora Ubuntu
전체 위치 파라미터 수 3
첫 번째 위치 파라미터 : CentOS
오늘은 Jul 22 Wed
$oldargs : 사과 배 복숭아
사과 배 복숭아
[root@localhost script]#
```

$0은 스크립트명이며, $*는 모든 위치 파라미터, $1은 첫 번째 위치 파라미터, $2는 두 번째 위치 파라미터, $#은 전체 위치 파라미터 수를 의미한다. 그리고 모든 위치 파라미터들을 oldargs 변수에 할당하였다. set 명령을 사용하여 위치 파라미터를 재설정하였다. $1은 CentOS, $2는 Fedora, $3은 Ubuntu로 재설정한 다음 각 위치 파라미터와 전체 위치 파라미터 수, 현재 날짜를 출력하였다. 마지막으로 앞서 oldargs 변수에 할당한 값을 출력해 보았다.

```
[root@localhost script]# vim check.sh
```

```
#!/bin/bash
# 스크립트명 : check.sh

name=${1:?"이름 아규먼트가 필요합니다." }
echo 안녕하세요 $name님.
```

```
[root@localhost script]# chmod +x check.sh
[root@localhost script]# ./check.sh
./check.sh: line 4: 1: 이름 아규먼트가 필요합니다.
[root@localhost script]# ./check.sh 홍길동
안녕하세요 홍길동님.
[root@localhost script]#
```

특수 함수 변경자인 :?는 $1 위치 파라미터가 있는지 체크한다. 만약 첫 번째 위치 파라미터가 없다면 뒤에 오는 메시지를 출력하고 스크립트를 종료한다. 첫 번째 위치 파라미터가 존재하면 echo 명령의 내용을 출력한다.

>> $*와 $@의 다른 점

$*와 $@는 큰따옴표로 둘러싸이면 다른 의미를 가진다. 큰따옴표로 둘러싸인 $* 변수는 파라미터 목록이 하나의 문자열이 된다. 큰따옴표로 둘러싸인 $@ 변수는 각 파라미터들이 인용되고 각 단어는 분리된 문자열로 취급된다.

```
[root@localhost script]# set '홍 길동' 장보고 장길산
[root@localhost script]# for i in $*
> do
> echo $i
> done
홍
길동
장보고
장길산
[root@localhost script]# for i in "$*"
> do
> echo $i
> done
홍 길동 장보고 장길산
[root@localhost script]# for i in $@
> do
> echo $i
> done
홍
```

```
길동
장보고
장길산
[root@localhost script]# for i in "$@"
> do
> echo $i
> done
홍 길동
장보고
장길산
[root@localhost script]#
```

set 명령에서 작은따옴표(' ')로 홍 길동 문자열을 감싸고 있으며, for 루프에서 $* 변수를 인식할 때 $* 변수는 공백을 기준으로 각각의 단어로 인식한다. 즉, 홍 길동 문자열은 홍과 길동의 단어로 분리하여 인식한다. for 루프에서 "$*" 형식을 사용하면 모든 파라미터들을 하나의 문자열로 인식한다.

큰따옴표가 없이 $@를 사용하면 $*와 같다. 만약 $@가 큰따옴표로 감싸지면 각 위치 파라미터들은 인용부호 문자로 취급되는데, 파라미터들은 홍 길동, 장보고, 장길산 이렇게 3개의 파라미터로 인식하게 된다. 즉, **파라미터들의 따옴표 형식을 인식하기 위해서는 "$@" 형식을 사용하면 된다는 것이다.**

7.5 | 조건문과 분기문

7.5.1 종료상태

조건 명령은 조건의 결과가 성공인지 실패인지에 따라 실행을 결정하는 것이다. if 명령은 가장 간단한 조건 명령이며, if/else 명령, if/elif/else 명령이 있다.

bash는 두 가지 상태를 테스트한다. 표현식의 결과가 true인지 false인지에 따라 명령이 성공인지 실패인지 테스트한다. 다른 측면에서 보면 종료상태exit status가 항상 사용되는데, 종료상태가 0이면 성공, 즉 true가 되고, 0 이외의 수가 되면 실패, 즉 false가 된다. 종료상태 변수인 ?는 종료상태의 숫자값을 가지고 있기 때문에 이전 명령의 성공/실패를 알려면 ? 변수의 값을 출력해 보면 된다.

```
[root@localhost script]# name=multi
[root@localhost script]# grep "$name" /etc/passwd
multi:x:500:500::/home/multi:/bin/bash
[root@localhost script]# echo $?
0
[root@localhost script]# name=centos
[root@localhost script]# grep "$name" /etc/passwd
[root@localhost script]# echo $?
1
[root@localhost script]#
```

예제에서 name 변수에 multi 문자열을 할당하였다. 그리고 grep 명령을 사용하여 multi 문자열을 포함하는 라인을 /etc/passwd 파일에서 검색하였다. 그리고 종료상태 변수인 ? 변수를 출력하면 마지막 실행 명령의 종료상태를 알 수 있는데, 이때 출력값이 0이므로 grep 명령은 정상적으로 실행되고 종료되었음을 알 수 있다. 이번에는 centos 문자열을 검색하였는데, /etc/passwd 파일에는 centos 문자열을 포함하는 라인이 존재하지 않는다. 그리고 종료상태 변수인 ? 변수를 출력해 보면 1로 출력됨을 알 수 있다. 즉, grep 명령을 사용하여 centos 문자열을 찾지 못하여 비정상 종료되었음을 의미한다.

7.5.2 test 명령과 let 명령

7.5.2.1 싱글 브라켓([ ])과 test 명령

bash 2.x 버전에서 더블 브라켓 ([[ ]])은 표현식을 판단하기 위해 사용될 수 있으며, 시작 브라켓 다음에는 공백이 존재해야 한다. 공백을 포함하는 상수 문자열은 인용부호를 사용해야 하며, 만약 문자열이라면 패턴의 부분이 아니라 정확한 문자열로 검사된다. test 명령에서 논리 연산자 &&(AND)와 ||(OR)는 -a와 -o 연산자를 사용한다.

표 7-5 • test 명령 연산자

test 명령 연산자	참일 때(true)
문자열 테스트	
[string1 == string2] [string1 = string2]	문자열1과 문자열2의 값이 같은지 테스트한다. 단일 = 기호는 bash 2.x 버전 이상에서 사용할 수 있다.
[string1 != string2]	문자열1과 문자열2의 값이 다른지 테스트한다.
[string]	문자열이 null이 아닌지 테스트한다.
[-z string]	문자열의 길이가 0인지 테스트한다.
[-n string]	문자열의 길이가 0이 아닌지 테스트한다.
[-l string]	문자열의 길이(문자의 개수)
논리적 테스트	
[string1 -a string1]	string1과 string2가 모두 true인지 테스트한다.
[string1 -o string2]	string1과 string2 둘 중 하나라도 true인지 테스트한다.
[! string1]	string1과 매칭되지 않는지 테스트한다.
논리적 테스트(복합적)	
[[pattern1 && pattern2]]	패턴1과 패턴2 모두 true인지 테스트한다.
[[pattern1 || pattern2]]	패턴1과 패턴2 둘 중 하나라도 true인지 테스트한다.
[[! pattern]]	패턴과 매칭되지 않는지 테스트한다.
정수형 테스트	
[int1 -eq int2]	int1과 int2가 같은지 테스트한다.
[int1 -ne int2]	int1과 int2가 다른지 테스트한다.
[int1 -gt int2]	int1이 int2보다 큰지 테스트한다.
[int1 -ge int2]	int1이 int2보다 크거나 같은지 테스트한다.
[int1 -lt int2]	int1이 in2보다 작은지 테스트한다.
[int1 -le int2]	int1이 int2보다 작거나 같은지 테스트한다.
파일 테스트를 위한 바이너리 연산자	
[file1 -nt file2]	file1이 file2보다 최근 파일(수정 일자)인지 테스트한다. 최근 파일이라면 true이다.
[file1 -ot file2]	file1이 file2보다 이전 파일인지 테스트한다.
[file1 -ef file2]	file1과 file2가 같은 디바이스 또는 아이노드(inode) 번호를 가지고 있는지 테스트한다. 같다면 true이다.

```
[root@localhost script]# name=multi
[root@localhost script]# grep "$name" /etc/passwd
multi:x:500:500::/home/multi:/bin/bash
[root@localhost script]# echo $?
0
[root@localhost script]# test $name != multi
[root@localhost script]# echo $?
1
[root@localhost script]# [ $name = multi ]
[root@localhost script]# echo $?
0
[root@localhost script]# [ $name = [Mm]???? ]
[root@localhost script]# echo $?
1
[root@localhost script]# x=10
[root@localhost script]# y=20
[root@localhost script]# [ $x -gt $y ]
[root@localhost script]# echo $?
1
[root@localhost script]# [ $x -le $y ]
[root@localhost script]# echo $?
0
[root@localhost script]#
```

변수 name에 multi 문자열을 할당하였다. grep 명령을 사용하여 /etc/passwd 파일에서 multi 문자열을 포함하는 라인을 검색, 출력하였다. 종료상태 변수(?)의 값을 출력하면 0이 출력되어 grep 명령이 정상적으로 실행, 종료되었음을 알 수 있다. test 명령은 문자열, 숫자를 평가할 수 있으며, 파일 수행 테스트도 할 수 있다. test 명령도 모든 명령과 마찬가지로 종료상태를 리턴한다. 만약 종료상태가 0이면 표현식이 참이라는 의미이며, 1이라면 표현식이 거짓이라는 의미이다. test $name != multi 명령은 name 변수가 multi 문자열이 아니면 참이 되고, multi 문자열이면 거짓이 된다. 앞서 name 변수에 multi를 할당해 주었으므로 test 명령의 결과는 거짓이 될 것이다. 종료상태 변수(?)의 값을 출력해 보면 1이 출력된다. test 명령을 대신하여 브라켓을 사용할 수 있다. **브라켓을 사용할 때에는 반드시 시작 브라켓 다음에는 공백이 있어야 한다.** [$name = multi] 명령은 name 변수가 multi 문자열을 가지고 있는지 검사하는 것으로 위에서 name 변수의 값을 multi 문자열로 할당하였으므로 참이 되고, ? 변수를 출력하면 0이 된다. **test 명령은 와일드카드를 허용하지 않는다.** 왜냐하면 ? 변수가 상수 문자로 취급되기 때문에 test 명령이 실패하게 된다. multi와 [Mm]????는 같지 않으며, 종료상태는 1이 되고 실패를 의미한다. x와 y 변수에 숫자값을 할당하였다. test 명령은 숫자 관계 연산자를 사용하는데, 예를 들어 $x가 $y보다 크다는 표현은 -gt 연산자를 사용하고 작다는 표현은 -le 연산자를 사용한다. [$x -gt $y] 명령에서는 변수 x가 변수 y보다 크다면 참이 되고 작으면 거짓이 된다. [$x -le $y] 명령에서는 변수 x가 y보다 작다면 참이 되고 크다면 거짓이 된다.

```
[root@localhost script]# name=multi; friend=Torvalds
[root@localhost script]# [[ $name == [Mm]ulti ]] #와일드카드 사용 가능
[root@localhost script]# echo $?
0
[root@localhost script]# [[ $name == [Mm]ulti && $friend == "Torv" ]]
[root@localhost script]# echo $?
1
[root@localhost script]# shopt -s extglob
[root@localhost script]# name=Good
[root@localhost script]# [[ $name == [Gg]+(o)d ]]
[root@localhost script]# echo $?
0
[root@localhost script]#
```

name과 friend 변수에 각각의 값을 할당하였다. 그리고 각 변수의 값을 테스트하기 위해 더블 브라켓을 사용하고, == 연산자와 [Mm]ulti를 사용하여 Multi, multi 문자열인지 테스트하면 결과값은 참이 되고 종료상태(?)의 값은 0이 된다. 논리 연산자인 &&와 ||를 사용하였으며, **&& 연산자의 경우 앞의 표현식이 거짓이라면 뒤의 표현식을 검사하지 않고 곧바로 거짓을 리턴한다.** || 연산자는 앞의 표현식이 참이라면 뒤의 표현식을 검사하지 않고 참을 리턴한다. [[$name == [Mm]ulti && $friend == "Torv"]] 명령에서 "Torv"와 같이 큰따옴표를 사용하였는데, 만약 큰따옴표가 없다면 friend 변수는 Torv 패턴을 가지고 있는지 검사하게 된다. 즉, Torvalds 단어를 찾으며 결과가 참이 된다. 하지만, 현재 Torv와 정확히 매칭되는 문자열을 찾기 때문에 거짓이 되어 전체 test 명령은 거짓이 되며, 종료상태(?)의 값은 1이 된다. 이번에는 shopt 명령을 사용하여 패턴 매칭을 확장시켰다. 이렇게 하면 [[$name ==[Gg]+(o)d]] 명령에서 두 가지 패턴 매칭을 사용할 수 있게 되는데, [Gg]는 G 또는 g 문자가 있는지 검사하고, o는 G 또는 g 문자 뒤에 o 문자가 있는지 검사한다. 이때 o 문자가 여러 개 있어도 상관없다. 그리고 마지막 문자가 d인지 검사한다.

결과적으로 name 변수에 할당된 문자열이 Good이므로 위의 test 명령 조건을 충족하여 종료상태(?)의 값으로 0이 출력된다.

7.5.2.2 let 명령과 이중 괄호의 산술 연산

test 명령은 수식 표현식을 평가할 수 있지만, let 명령을 사용하여 C 언어 연산자와 유사하게 사용할 수 있다. let 명령은 이중 괄호(( )) 안에 표현식을 사용하는 것과 같다.

복잡한 명령들을 테스트하기 위해 test 명령을 사용하거나 let 명령을 사용할 수 있으며, 종료상태(?)의 값이 0이면 성공이고, 0이 아니면 실패를 의미한다.

```
[root@localhost script]# x=5
[root@localhost script]# y=7
[root@localhost script]# (( x > 2 ))
[root@localhost script]# echo $?
0
[root@localhost script]# (( x < 2 ))
[root@localhost script]# echo $?
1
[root@localhost script]# (( x == 5 && y == 7 ))
[root@localhost script]# echo $?
0
[root@localhost script]# (( x > 5 && y == 7 ))
[root@localhost script]# echo $?
1
[root@localhost script]#
```

예제에서 먼저 x와 y의 값을 각각 5, 7로 할당하였다. 그리고 수식을 테스트하기 위해 이중 괄호를 사용하였으며 비교 연산자를 사용하였다. 또한 비교 연산자들과 함께 논리 연산자들도 사용하였으며 각각에 대한 종료상태(?)값을 출력하였다.

7.5.2.3 if 명령

if 명령은 간단한 조건문이다. if 구문의 조건을 실행하면 종료상태를 리턴하는데, 종료상태가 0이면 명령이 성공한 것이며, then 키워드 이후의 문장들을 실행하고 0이 아니면 then 이후의 문장들은 무시되고 fi 문장으로 넘어간다. C 언어에서는 조건문이 참과 거짓을 리턴하는 타입의 표현식이지만, bash에서의 if 조건문은 명령들의 조합으로 이루어진다. 예를 들어, grep는 파일을 검색하면서 패턴을 찾았는지 못찾았는지에 대한 종료상태를 리턴하는데, 찾았으면 종료상태값 0을 리턴하고 찾지 못하였으면 1을 리턴한다. sed와 awk 프로그램도 패턴을 검색하지만 패턴을 찾았는지 못 찾았는지에 상관없이 항상 성공적인 종료상태값(0)을 리턴한다. **sed와 awk 프로그램에 있어서 성공의 척도는 정확한 문법이다.**

형식

```
if 명령
then
   명령
   명령
fi
```

```
[root@localhost script]# name=multi
[root@localhost script]# if grep "$name" /etc/passwd > /dev/null 2>&1
> then
> echo Found $name.
> fi
Found multi.
[root@localhost script]#
```

name 변수에 multi 문자열을 할당하고 if 명령을 사용하여 grep 명령으로 조건을 명시하였다. name 변수의 값이 /etc/passwd 파일에 존재하는지 검색하여 출력되는 값과 에러값 모두를 /dev/null 장치로 보내도록 하였다. 앞서 name 변수의 값이 multi이므로 grep 명령의 종료상태값은 0이 되기 때문에 then 아래의 명령을 실행하게 되며, "Found multi." 문자열을 출력하게 된다.

[root@localhost script]# vim if.sh

```
#!/bin/bash
echo  "Are you o.k. (y/n) ?"
read answer
if [ "$answer" = Y -o "$answer" = y ]
then
   echo "y 라고 대답하셨네요."
fi
```

```
[root@localhost script]# chmod +x if.sh
[root@localhost script]# ./if.sh
Are you o.k. (y/n) ?
y
y 라고 대답하셨네요.
[root@localhost script]#
```

[root@localhost script]# vim if1.sh

```
#!/bin/bash
echo  "Are you o.k. (y/n) ?"
read answer
if [[ $answer == [Yy]* || $answer == Maybe ]]
then
    echo "y 라고 대답하셨네요."
fi
```

```
[root@localhost script]# chmod +x if1.sh
[root@localhost script]# ./if1.sh
Are you o.k. (y/n) ?
y
y 라고 대답하셨네요.
[root@localhost script]#
```

[root@localhost script]# vim if2.sh

```
#!/bin/bash

shopt -s extglob
answer="not really"
if [[ $answer = [Nn]o?( way|t really) ]]
then
    echo "Match."
fi
```

```
[root@localhost script]# chmod +x if2.sh
[root@localhost script]# ./if2.sh
Match.
[root@localhost script]#
```

앞의 첫 번째 예제에서 if.sh 스크립트 파일을 보면 echo 출력으로 y 또는 n을 입력하라고 한 다음, 입력되는 값을 read 명령을 사용하여 answer 변수로 할당하고, if ["$answer" = Y -o "$answer" = y] 문장에서 answer 변수의 값이 Y인지 y인지 테스트하고 있다. 이 test 문장이 참이라면 종료상태값이 0이 되고, then 아래의 문장을 실행한다. 두 번째 if1.sh 예제에서는 if [[$answer == [Yy]* || $answer == Maybe]] 문장을 사용하여 answer 변수의 값이 Y 또는 y로 시작되는 값인지 검사하고 Maybe 문자열인지 검사하는데, 여기서는 논리 연산자인 ||or를 사용함으로써 두 식 중 하나만 참이 되어도 결과는 참이 된다. y라고 입력했기 때문에 앞의 test 식이 참이므로 뒤의 표현식은 수행하지 않고 곧바로 참을 리턴한다. 즉, 종료상태값이 0이 되어 다음 라인의 then 아래의 명령을 수행한다. 마지막 if2.sh 스크립트 문장에서는 shopt 명령을 사용하여 extglob를 설정하였으며, answer 변수를 테스트하는 식에서 N 또는 n으로 시작되는지, 그 다음에 o문자가 오는지, 그리고 다음 문자열이 way 문자열인지, t really 문자열인지 테스트하였다. 즉, 주어진 answer 변수의 값이 not really이므로 테스트식에 true를 리턴하고 종료상태값이 0이 되며 then 아래의 명령을 실행하게 된다.

shopt 명령의 옵션은 앞장에서 언급하였지만 한 번 더 읽어보도록 하자.

표 7-6 • shopt 옵션

shopt 옵션	의미
cdable_vars	이 변수를 설정하면 cd 내부 명령의 인수로 디렉터리가 아닐 때 이동하고자 하는 디렉터리를 값으로 갖고 있는 변수 이름으로 간주한다.
cdspell	cd 명령에서 디렉터리명 스펠링의 작은 에러를 교정한다. 교환 문자, 빠진 문자 그리고 너무 많은 문자를 체크하는데, 교정이 되면 교정된 경로가 프린트되고 명령을 처리한다. 단, 인터렉티브 쉘에서만 사용된다.
checkhash	배시는 명령을 실행하기 전에 존재하는 해시 테이블에 명령이 있는지 체크한다. 만약 명령이 존재하지 않으면 일반 경로 검색을 수행한다.
checkwinsize	배시는 각 명령 다음에 윈도우 사이즈를 체크하고 필요하다면 LINES와 COLUMNS 변수의 값을 업데이트한다.
cmdhist	배시는 동일한 히스토리 엔트리에서 다중라인 명령의 모든 라인을 저장하려고 한다. 이 옵션을 사용하여 다중 라인 명령을 쉽게 재편집할 수 있다.
dotglob	배시는 파일명 확장 결과에서 dot(.)으로 시작하는 파일명을 포함한다.
execfail	비대화형 쉘은 exec 명령을 위한 아규먼트로 지정한 파일을 실행할 수 없으면 종료하지 못할 것이다. 대화형 쉘은 exec 명령이 실패하면 종료하지 않는다.

(계속)

표 7-6 • shopt 옵션(계속)

shopt 옵션	의미
expand_aliases	앨리아스가 확장된다. 기본값이다.
extglob	확장된 패턴 매칭 특징이 가능하다. (정규표현식 메타문자들은 파일명 확장을 위해 Korn쉘로부터 가져왔다.)
histappend	쉘이 종료할 때 히스토리 목록을 파일에 덮어쓰지 않고 HISTFILE 변수의 값으로 명명된 파일에 추가한다.
histreedit	readline이 사용되면 유저는 실패한 히스토리 치환을 재편집할 수 있는 기회를 갖는다.
histverify	이 옵션이 설정되면 readline이 사용되고 히스토리 치환이 쉘 파서에게 즉시 전달되지 않는다. 결과 라인이 readline 편집 버퍼에 로드되는 대신 나중에 수정할 수 있도록 허용한다.
hostcomplete	이 옵션이 설정되면 readline이 사용되고 배시는 @를 포함하는 단어가 완성될 때 호스트명 완성을 수행하려고 한다.
huponexit	이 옵션이 설정되면 배시는 인터렉티브 로그인 쉘이 종료되었을 때 모든 잡(job)에게 SIGHUP 시그널을 보낸다.
interactive_comments	#으로 시작하는 단어가 인터렉티브 쉘 라인에 남아있는 모든 단어와 문자를 무시하도록 한다. 기본값으로 설정되어 있다.
lithist	이 옵션이 설정되고 cmdhist 옵션이 설정되면 다중 라인 명령은 임베디드 newline과 함께 히스토리에 저장된다.
mailwarn	이 옵션이 설정되면 배시는 체크된 마지막 시간의 메일까지 접근된 메일을 체크한다. 읽혀진 메일 파일의 메일이 출력된다.
nocaseglob	이 옵션이 설정되면 파일명 확장을 수행할 때 배시는 case-insensitive 방식으로 파일명을 매칭한다.
nullglob	이 옵션이 설정되면 배시는 파일명 패턴이 널 문자열을 확장하는 파일을 매칭하지 않는다.
promptvars	이 옵션이 설정되면 프롬프트 문자열은 확장된 다음 변수와 파라미터 확장을 한다. 기본값으로 설정되어 있다.
restricted_shell	만약 쉘이 제한적 모드로 시작되면 쉘은 이 옵션이 설정되고 값은 변경될 수 없다. 시작 파일이 실행되었을 때 재설정되지 않고 쉘이 제한 모드인지 아닌지만 인식하도록 허용한다.
shift_verbose	이 옵션이 설정되면 위치 파라미터의 수를 초과하는 shift 카운트일 때 shift 빌트인은 에러 메시지를 출력한다.
sourcepath	이 옵션이 설정되면 source 빌트인은 아규먼트로 입력되는 파일을 포함하고 있는 디렉터리를 검색하기 위해 PATH 변수의 값을 사용한다. 기본값으로 설정되어 있다.
source	dot (.)의 별칭이다.

7.5.2.4 exit 명령과 ? 변수

exit 명령은 스크립트를 종료하기 위해 사용하며 명령라인을 리턴한다. 스크립트에서 어떤 상태가 발생하면 종료하도록 하기 위해 exit 명령을 사용한다. exit 명령의 아규먼트로는 0에서 255까지의 숫자가 올 수 있으며, 만약 exit 0이면 프로그램은 정상적으로 종료된다. 아규먼트가 0이 아니면 실패를 의미한다. exit 명령의 아규먼트는 쉘의 ? 변수에 저장된다.

```
[root@localhost script]# vim exitfile.sh
#!/bin/bash

# 이 스크립트는 / 파티션 아래에서 주어진 이전 날짜에(30일 미만)
# 변경되지 않은 파일을 검색하는 것입니다.(20블록 이상)
# (1block=512byte)

if (( $# != 2 )) # [ $# -ne 2 ]
then
    echo "사용법:  $0 기간(30일 미만) 크기(20블록 이상) " 1>&2
    exit 1
fi

if (( $1 <  0 || $1 > 30 )) # [ $1 -lt 0 -o $1 -gt 30 ]
then
    echo "30일 이전만 가능 : 기간이 초과되었습니다."
    exit 2
fi
if (( $2 <= 20 )) # [ $2 -le 20 ]
then
    echo "파일 사이즈 범위가 20블록보다 작습니다. (20블록 이상)"
    exit 3
fi

find / -xdev -mtime $1 -size +$2
```

```
[root@localhost script]# chmod +x exitfile.sh
[root@localhost script]# ./exitfile.sh
사용법:    ./exitfile 기간(30일 미만) 크기(20블록 이상)
[root@localhost script]# echo $?
1
[root@localhost script]# ./exitfile.sh 100 100
30일 이전만 가능 : 기간이 초과되었습니다.
[root@localhost script]# echo $?
2
[root@localhost script]# ./exitfile.sh 10 10
파일 사이즈 범위가 20블록보다 작습니다. (20블록 이상)
[root@localhost script]# echo $?
3
[root@localhost script]# ./exitfile.sh 2 500
/var/cache/yum/rpmforge/primary.xml.gz
[root@localhost script]# echo $?
0
[root@localhost script]# date
Wed Jul 22 17:47:40 KST 2009
[root@localhost script]# ls -l /var/cache/yum/rpmforge/primary.xml.gz
-rw-r--r-- 1 root root 3561521 2009-07-20 13:05 /var/cache/yum/rpmforge/primary.xml.gz
[root@localhost script]#
```

find / -xdev -mtime $1 -size +$2 명령에서 find 명령은 파일을 검색하라는 명령이며, -mtime 옵션을 사용하여 $1 변수(첫 번째 아규먼트)값의 이전 날짜를 의미하고, -size 옵션을 사용하여 $2 변수(두 번째 아규먼트)값의 크기(block)를 의미한다. 즉, $1이 2라면 이틀 전에 변경된 파일을 의미하고, $2가 500이라면 500블록(500 × 512byte = 256000byte)을 의미하며, +$2이므로 $2의 값 이상인 파일을 검색한다는 의미이다. 검색된 파일을 보면 현재 날짜가 7월 22일인데 2일 전이면 7월 20일이 되고, 파일 크기도 256000byte보다 큰 1개의 primary.xml.gz 파일이 검색된 것을 확인할 수 있다.

exitfile.sh 실행 시 아규먼트를 지정하지 않으면 사용법을 표시하고 exit 1을 지정하여 종료했으므로 종료상태값은 1이 되며, 첫 번째 아규먼트의 값이 30보다 크면 exit 2를 실행하고 종료상태값은 2가 되며, 두 번째 아규먼트의 값이 20 이하이면 exit 3을 실행하고 종료상태값은 3이 된다.

if 명령은 반드시 fi로 if 명령의 끝을 명시해야 한다.

7.5.2.5 null 값 체크하기

```
[root@localhost script]# vim nullcheck.sh
#!/bin/bash

name=$1
if [ "$name" == "" ] # [ ! "$name" ] 또는 [ -z "$name" ]
then
    echo "첫 번째 아규먼트의 값을 입력하지 않았다. (null)"
else
    echo "첫 번째 아규먼트의 값은 $name이다."
fi
```

```
[root@localhost script]# chmod +x nullcheck.sh
[root@localhost script]# ./nullcheck.sh
첫 번째 아규먼트의 값을 입력하지 않았다. (null)
[root@localhost script]# ./nullcheck.sh pride
첫 번째 아규먼트의 값은 pride이다.
[root@localhost script]#
```

스크립트 실행 시 첫 번째 아규먼트의 null값을 체크(입력 여부 체크)하기 위하여 name 변수에 $1을 할당하고, if 명령에서 name 변수의 값이 " "인지 확인하면 첫 번째 아규먼트를 입력하였는지 체크할 수 있다. 이때 null값 체크는 [! "$name"] 형식과 [-z "$name"] 형식도 사용할 수 있다.

7.5.3 if/then/else 명령

앞의 예제에서 if/then/else 명령을 사용했었다. if/then/else에서 if 명령의 조건이 참이면 then 아래의 명령을 실행하고, 거짓이면 else 아래의 명령을 실행한다.

형식	if 명령
	then
	    명령
	else
	    명령
	fi

[root@localhost script]# vim ifelse.sh

```
#!/bin/bash
# 스크립트명 : ifelse.sh

if [[ $1 == "" ]]
then
    echo 사용법 : ./ifelse.sh 아이디
    exit 1
fi

if grep "$1" /etc/passwd >& /dev/null
then
    echo $1 아이디를 찾았습니다.
else
    echo "$1 아이디를 찾지 못했습니다."
    exit 2
fi
```

```
[root@localhost script]# chmod +x ifelse.sh
[root@localhost script]# ./ifelse.sh
사용법 : ./ifelse.sh 아이디
[root@localhost script]# ./ifelse.sh multi
multi 아이디를 찾았습니다.
[root@localhost script]# grep multi /etc/passwd
multi:x:500:500:multi:/home/multi:/bin/bash
[root@localhost script]# ./ifelse lugkorea
-bash: ./ifelse: No such file or directory
[root@localhost script]#
```

앞에서 if/then/else 예제 스크립트를 만들었다. 먼저 $1 첫 번째 아규먼트가 주어지지 않으면 사용법을 표시해 주도록 하였고, 만약 $1 첫 번째 아규먼트가 주어졌을 때 해당 문자열을 /etc/passwd 파일에서 찾으면 "$1 아이디를 찾았습니다."라고 출력해 주고, 찾지 못하면 "$1 아이디를 찾지 못했습니다."를 출력하도록 작성하였다. ./ifelse.sh multi 명령을 실행하면 /etc/passwd 파일에서 multi 문자열이 있는 라인이 있는지 검사하고, 만약 검색되었다면 "multi 아이디를 찾았습니다."라고 출력한다. if 명령에서는 항상 if 명령의 종료를 명시하기 위해 끝 부분에 fi를 입력해 주어야 한다는 것을 잊지 않도록 하자.

```
[root@localhost script]# vim rootcheck.sh
#!/bin/bash

# 스크립트명 : rootcheck.sh
# 수퍼유저의 유저아이디 번호는 0번이다.

id='id | awk -F'[=(]' '{print $2}'' # 유저아이디 얻기
echo 유저아이디 번호 : $id
if (( id == 0 )) # [ $id -eq 0 ]
then
    echo "당신은 수퍼유저입니다."
else
    echo "당신은 수퍼유저가 아닙니다."
fi
```

```
[root@localhost script]# chmod +x rootcheck.sh
[root@localhost script]# ./rootcheck.sh
유저아이디 번호 : 0
당신은 수퍼유저입니다.
[root@localhost script]# id
uid=0(root) gid=0(root) groups=0(root),1(bin),2(daemon),3(sys),4(adm),6(disk),10(wheel)
[root@localhost script]#
```

id 명령의 결과를 보면 uid=0(root) 형식으로 uid를 표시하는데, 스크립트 코드를 보면 id 명령은 awk 명령과 파이프되어 있으며, awk는 필드 분리자로 = 또는 (기호를 사용하고 있다. 그래서 1번 필드는 uid 문자열이 되고, 2번 필드는 0, 3번 필드는 root) gid 문자열이 된다. 여기서 필요한 것은 2번 필드의 uid 번호이기 때문에 print 시 $2, 즉 2번 필드를 출력하였다. 2번 필드의 값이 0이면 root이므로 "당신은 수퍼유저입니다." 메시지를 출력해 줄 것이다.

7.5.4 if/then/elif/then/else 명령

if/then/elif/then/else 명령에서 if 명령이 실패하면 elif 명령으로 넘어가서 테스트하고, elif 조건이 성공하면 elif 아래의 then 아래 명령을 실행하고, 이 조건도 실패하면 else 명령으로 넘어가서 명령을 실행한다.

형식

```
if 명령
then
    명령
elif 명령
then
    명령
else
    명령
fi
```

[root@localhost script]# vim qa.sh

```
#!/bin/bash

# 스크립트명 : qa.sh

echo -n "몇 점이세요? (0~100) : "
read num
if [ $num -lt 0 -o $num -gt 100 ]
then
    echo "0 이상 100 이하의 수를 입력하세요."
    exit 1
fi

if [ $num -le 69 ]
then
    echo "70점 이하네요."
elif [ $num -ge 70 -a $num -le 79 ]
```

(계속)

```
then
    echo "70점대군요."
elif [ $num -ge 80 -a $num -le 89 ]
then
    echo "80점대군요."
elif [ $num -ge 90 -a $num -le 99 ]
then
    echo "90점대군요."
elif [ $num -eq 100 ]
then
    echo "만점이시네요. 축하합니다."
else
    echo "숫자를 입력해 주세요.(1~100)"
fi
```

```
[root@localhost script]# chmod +x qa.sh
[root@localhost script]# ./qa.sh
몇 점이세요? (0~100) : 70
70점대군요.
[root@localhost script]# ./qa.sh
몇점이세요? (0~100) : 100
만점이시네요. 축하합니다.
[root@localhost script]# ./qa.sh
몇점이세요? (0~100) : 101
0 이상 100 이하의 수를 입력하세요.
[root@localhost script]# ./qa.sh
몇 점이세요? (0~100) : 50
70점 이하네요.
[root@localhost script]#
```

위의 예제는 점수를 입력받은 다음, if/then/elif/then/else 명령을 사용하여 70점 이하, 70점대, 80점대, 90점대, 100점 만점을 체크하고 있다.

앞의 스크립트 예제는 다음과 같이 사용해도 같은 의미를 가진다.

```
[root@localhost script]# vim qa1.sh
#!/bin/bash

# 스크립트명 : qa1.sh

echo -n "몇 점이세요? (0~100) : "
read num
if (( $num < 0 || $num > 100 ))
then
    echo "0 이상 100 이하의 수를 입력하세요."
    exit 1
fi

if (( $num < 69 ))
then
    echo "70점 이하네요."
elif (( $num >= 70 && $num <= 79 ))
then
    echo "70점대군요."
elif (( $num >= 80 && $num <= 89 ))
then
    echo "80점대군요."
elif (( $num >= 90 &&  $num <= 99 ))
then
    echo "90점대군요."
elif (( $num == 100 ))
then
    echo "만점이시네요. 축하합니다."
else
    echo "숫자를 입력해 주세요.(1~100)"
fi
```

7.5.5 파일 테스트

쉘 스크립트를 작성할 때 파일 테스트를 자주 사용하게 된다. 파일이 사용 가능한지, 파일이 가지고 있는 퍼미션은 무엇인지 알아야 할 경우가 있다. 이런 상황에서 사용할 수 있는 옵션이 몇 가지 있다. 파일 테스트 연산자의 종류는 다음의 표와 같다.

표 7-7 • 파일 테스트 연산자

파일 테스트 연산자	참(true)일 때 의미
-b filename	파일이 존재하고 블럭 특수 파일이면 참
-c filename	파일이 존재하고 문자 특수 파일이면 참
-d filename	파일이 존재하고 디렉터리이면 참
-e filename	파일이 존재하면 참
-f filename	파일이 존재하고 일반 파일이면 참
-G filename	파일이 존재하고 유효 그룹 ID의 소유이면 참
-g filename	파일이 존재하고 set-group-id이면 참
-k filename	파일에 "스틱키(sticky)" 비트가 설정되어 있으면 참
-L filename	파일이 존재하고 심볼릭 링크이면 참
-p filename	파일이 존재하고 명명된(named) 파이프이면 참
-O filename	파일이 존재하고 유효(effective) 사용자 ID의 소유이면 참
-r filename	파일이 존재하고 읽을 수 있으면 참
-S filename	파일이 존재하고 소켓이면 참
-s filename	파일이 존재하고 그 크기가 0보다 크면 참
-t fd	fd(파일 기술자)가 열린 상태이고 터미널이면 참
-u filename	파일이 존재하고 set-user-id 비트가 설정되어 있으면 참
-w filename	파일이 존재하고 쓸 수 있으면 참
-x filename	파일이 존재하고 실행 가능하면 참

[root@localhost script]# vim permtest.sh

```
#!/bin/bash

if [ -z $1 ]
then
    echo 사용법 : ./permtest.sh 파일명
    exit 1
fi

if [ -d $1 ]
then
    echo "$1은 디렉터리다."
elif [ -f $1 ]
then
    if [ -r $1 -a -w $1 -a -x $1 ]
    then
        echo "$1 파일은 읽기, 쓰기, 실행이 가능한 파일이다."
    fi
else
    echo "$1은 디렉터리도 파일도 아니다."
fi
```

```
[root@localhost script]# chmod +x permtest.sh
[root@localhost script]# mkdir testdir
[root@localhost script]# touch testfile
[root@localhost script]# chmod 755 testfile
[root@localhost script]# ls -l testfile
-rwxr-xr-x 1 root root 0 2009-07-23 03.20 testfile
[root@localhost script]# ./permtest.sh
사용법 : ./permtest.sh 파일명
[root@localhost script]# ./permtest.sh testdir
testdir은 디렉터리다.
[root@localhost script]# ./permtest.sh testfile
testfile 파일은 읽기, 쓰기, 실행이 가능한 파일이다.
[root@localhost script]#
```

앞의 [ ] 형식의 test 명령은 구버전 형식인데, 혼합 형식인 [[ ]] test 명령을 사용하면 다음과 같이 변경할 수 있다. 물론 앞의 예제와 의미는 같다.

```
[root@localhost script]# vim permtest1.sh
#!/bin/bash

if [[ -z $1 ]]
then
    echo 사용법 : ./permtest1.sh 파일명
    exit 1
fi

if [[ -d $1 ]]
then
    echo "$1은 디렉터리다."
elif [[ -f $1 ]]
then
    if [[ -r $1 && -w $1 && -x $1 ]]
    then
        echo "$1 파일은 읽기, 쓰기, 실행이 가능한 파일이다."
    fi
else
    echo "$1은 디렉터리도 파일도 아니다."
fi
```

```
[root@localhost script]# chmod +x permtest1.sh
[root@localhost script]# ./permtest1.sh testdir
testdir은 디렉터리다.
[root@localhost script]# ./permtest1.sh testfile
testfile 파일은 읽기, 쓰기, 실행이 가능한 파일이다.
[root@localhost script]#
```

7.5.6 null 명령

null 명령은 콜론(:)으로 표시하고 빌트인 명령이며, 아무 명령도 실행하지 않고 종료상태 값 0을 리턴한다. if 명령 다음에 실행할 내용이 없음을 표시할 때 null 명령을 사용하지만 then 문장 다음에 명령이 필요하기 때문에 에러메시지가 발생한다.

[root@localhost script]# vim nulltest.sh

```
#!/bin/bash

if grep "$1" testfile >& /dev/null
then
    :
else
    echo "$1 문자열은 testfile에 없네요."
    exit 1
fi
```

```
[root@localhost script]# chmod +x nulltest.sh
[root@localhost script]# ./nulltest.sh 홍길동
홍길동 문자열은 testfile에 없네요.
[root@localhost script]# echo $?
1
[root@localhost script]# echo "홍길동" > testfile
[root@localhost script]# cat testfile
홍길동
[root@localhost script]# ./nulltest.sh 홍길동
[root@localhost script]# echo $?
0
[root@localhost script]#
```

위 예제에서 명령의 첫 번째 아규먼트인 $1 변수의 문자열을 testfile에서 grep 명령으로 검색하고 결과와 에러를 /dev/null로 보낸다. 그리고 grep 명령에 의해 $1의 문자열이 검색되면 then 아래의 ':'(null) 명령을 실행하며 검색하지 못하면 else 아래의 명령을 실행한다. 여기서 콜론(:)은 null 명령으로서 아무런 작업도 하지 않는다. 첫 번째 "./nulltest.sh 홍길동" 명령 실행에서는 testfile이 존재하지 않기 때문에 else 아래의 문장이 출력되고 종료상태값(?)이 1이 되었다. 그리고 "홍길동" 문자열을 가지는 testfile 파일을 만든 다음, 동일한 명령을 실행하면 아무런 결과값도 출력되지 않는다. 즉, ':'(null) 명령을 실행된 것이다. 그래서 종료상태값(?)을 출력해 보면 0이 출력되었다.

```
[root@localhost script]# DATAFILE=
[root@localhost script]# : ${DATAFILE:=$HOME/script/testfile}
[root@localhost script]# echo $DATAFILE
/root/shell/testfile
[root@localhost script]# : ${DATAFILE:=$HOME/.bash_history}
[root@localhost script]# echo $DATAFILE
/root/shell/testfile
[root@localhost script]#
```

DATAFILE 변수에 null을 할당하였으며, 콜론(:) 명령은 아무 작업도 하지 않으며, := 변경자는 변수에 할당될 수 있는 값을 리턴한다. 위 예제에서 표현식은 아무 작업도 하지 않는 널 명령의 아규먼트로 전달된다. 이때 쉘은 변수 치환을 수행하는데, DATAFILE 변수가 값을 가지고 있지 않으면 DATAFILE 변수에 경로명을 할당한다. **이때 DATAFILE 변수는 변하지 않는 속성으로 설정되기 때문에 아래에서 DATAFILE 변수에 변경자(:=)를 사용하여 값을 재할당하여도 원래의 값이 변경되지 않는다. 물론 쉘에서 DATAFILE="문자열" 형식을 사용하면 변수의 내용을 변경할 수 있다.**

[root@localhost script]# vim nulltest1.sh

```
#!/bin/bash

echo "정수를 입력하세요."
read number
if expr "$number" + 0 >& /dev/null
then
    :
else
    echo "입력된 값은 정수가 아닙니다."
    exit 1
fi
```

```
[root@localhost script]# chmod +x nulltest1.sh
[root@localhost script]# ./nulltest1.sh
정수를 입력하세요.
1.22
입력된 값은 정수가 아닙니다.
```

```
[root@localhost script]# ./nulltest1.sh
정수를 입력하세요.
100
[root@localhost script]#
```

정수값을 입력받기 위해 echo 명령을 사용하여 안내 문구를 출력하였다. 그리고 read 명령을 사용하여 입력된 값을 number 변수에 할당하고 expr 명령을 사용하여 표현식을 평가하는데, "$number" + 0 표현식이 참이 되려면 number 변수의 값이 정수이어야 한다. 정수가 아니면 표현식은 거짓이 된다. ./nulltest1.sh 명령으로 스크립트를 실행하고, 1.22 실수를 입력하면 표현식이 거짓이 되어 else 이하의 명령이 실행된다. 그리고 100을 입력하면 표현식이 참이 되어 then 이하의 명령인 :(null)이 실행된다. 콜론은 아무것도 실행하지 않는 null 명령이다.

expr 명령의 맨페이지는 다음 내용을 참고하자.

```
[root@localhost script]# man expr

EXPR(1L)                                                    EXPR(1L)


이름
    expr - 표현식 평가

개요
    expr 표현식...
    expr {--help,--version}

설명
    이 맨페이지는 GNU 버전의 expr을 다룬다. expr 표현식을 평가하고 그 결과값을 표준 출력에 쓴다. 표현식의 각 표
    시는 별도의 인수로 주어져야 한다. 연산수(Operand)는 숫자 또는 문자열이다. 문자열은 쉘로부터 보호하기 위하여
    인용부호로 둘러싸기(quote)가 필요할지 모르지만 expr에서는 그렇지 않다. expr은 연산행위에 따라 연산수 위치에
    있는 것을 정수 또는 문자열로 강제 변환한다.

    연산자는 다음과 같다(우선 순위 증가순에 따라 나열):
```

(계속)

| 첫 번째 인수가 널 또는 0이 아니라면 첫 번째 인수를 내주고 그렇지 않으면 두 번째 인수를 내준다. 'or' 연산에 해당한다.

& 첫 번째 인수가 널 또는 0이 아니라면 첫 번째 인수를 내주고 그렇지 않으면 0을 내준다.

< <= = == != >= >

주어진 인수를 비교하여 맞으면 1, 틀리면 0을 반환한다. (== 은 =와 같다.) expr은 양쪽 인수를 숫자로 변환하여 수치 비교를 한다. 한쪽 변수라도 숫자 변환에 실패하면 사전식 비교를 수행한다.

+ - 수치 연산을 수행한다. 두 인수는 수치로 변환된다; 실패할 경우 에러가 발생한다.

* / %

수치 연산을 수행한다('%'는 C 언어에서처럼 나머지 연산이다). 두 인수는 숫자로 변환된다; 실패할 경우 에러가 발생한다.

: 패턴 비교를 수행한다. 인수는 문자열로 변환되고 두 번째 인수는 정규식으로 간주된다. 그리고 맨 앞에 암묵적으로 '^'을 추가한다. 첫 번째 인수는 바로 이 정규식에 따라 비교된다. 비교가 성공하고 문자열의 일부가 '\(' 와 '\)'로 둘러싸여 있다면, 이 둘러싸인 부분이 : 표현식의 값이 된다. 아니면 비교에 성공한 문자의 개수를 정수로 반환한다. 비교가 실패하면 : 연산자는 '\('와 '\)'가 사용된 경우에는 널을 아니면 0을 반환한다. '\('와 '\)'의 쌍은 단 한 번만 사용할 수 있다.

추가로 다음 예약어를 사용할 수 있다:

match 문자열 정규식

패턴 비교를 할 수 있는 또 다른 방법이다. "문자열 : 정규식"과 같다.

substr 문자열 위치 길이

문자열 중에서 위치로부터 최대 길이만큼의 문자열을 뽑아서 반환해 준다. 만약 위치 또는 길이가 음수이거나 숫자가 아닐때는 널문자열을 반환한다.

index 문자열 문자-클래스

문자열에서 문자-클래스가 처음으로 나타나는 위치를 반환한다. 문자-클래스의 어떤 문자도 문자열에서 찾을 수 없는 경우 0이 반환된다.

length 문자열

(계속)

문자열의 길이를 반환한다.

괄호치기는 그룹묶기에 사용된다. 예약어는 문자열로 사용할 수 없다.

옵션

GNU expr 이 단 하나의 인수로 실행되면 다음 옵션이 인식된다:

--help 표준 출력으로 사용법을 출력하고 정상적으로 종료한다.

--version
표준 출력으로 버전정보를 출력하고 정상적으로 종료한다.

예

쉘 변수에 1 을 더하기 a:

```
a='expr $a + 1'
```

다음은 변수 안에 저장된 파일명에서 디렉터리 이름부분을 출력하는 예이다.
a (a라는 값은 '/'를 포함할 필요없다):

```
expr $a : '.*/\(.*\)' '|' $a
```

따옴표 처리한(quoted) 쉘의 메타문자를 주목하기 바란다.

expr은 다음과 같은 종료상태를 반환한다:

0 표현식이 널이거나 0이 아닐 때
1 표현식이 널이거나 0일 때
2 잘못된 표현식

번역자

이 만 용 <geoman@nownuri.nowcom.co.kr>
<freeyong@soback.kornet.nm.kr>

FSF GNU 쉘 유틸리티 EXPR(1L)

7.5.7 case 명령

case 명령은 if/then/elif/then/else 명령을 대신할 수 있는 명령이며, case 변수의 값은 value1, value2 등의 값으로 매칭될 수 있으며, 매칭되는 값이 검색되는 위치의 명령을 실행하게 된다. 이 명령들은 더블 세미콜론(;;)을 만날 때까지 실행된다. case 명령의 끝에는 case 스펠링의 반대인 esac를 사용한다.

만약 case 변수가 매칭되지 않는다면 프로그램은 *) 이후 ;; 또는 esac를 만날 때까지 명령을 실행한다. case 값으로 셸 와일드카드를 사용할 수 있으며, 버티컬바(|)를 사용할 수도 있다.

형식

```
case 변수 in
value1)
    명령
;;
value2)
    명령
    ;;
*)
    명령
    ;;
esac
```

[root@localhost script]# vim case_exam.sh

```
#!/bin/bash

echo -n "색을 표현하는 영어단어를 적으세요. 한글로 번역합니다. : "
read color
case $color in
[Bb]l??)
    echo 푸른색입니다.
    ;;
[Gg]ree*)
    echo 녹색입니다.
    ;;
```

(계속)

```
red | orange) # 버티컬바는 or를 의미한다.
    echo 빨간색 또는 오렌지색입니다.
    ;;
*)
    echo "다시 입력해 주세요(blue, green, red, orange)."
   ;;
esac
echo "case 명령 실행을 완료했습니다."
```

```
[root@localhost script]# chmod +x case_exam.sh
[root@localhost script]# ./case_exam.sh
색을 표현하는 영어단어를 적으세요. 한글로 번역합니다. : Blue
푸른색입니다.
case 명령 실행을 완료했습니다.
[root@localhost script]# ./case_exam.sh
색을 표현하는 영어단어를 적으세요. 한글로 번역합니다. : green
녹색입니다.
case 명령 실행을 완료했습니다.
[root@localhost script]# ./case_exam.sh
색을 표현하는 영어단어를 적으세요. 한글로 번역합니다. : red
빨간색 또는 오렌지색입니다.
case 명령 실행을 완료했습니다.
[root@localhost script]#
```

>> here 다큐먼트와 case 명령을 사용한 메뉴 생성

```
[root@localhost script]# vim case_exam2.sh
#!/bin/bash

echo "웹 서버를 시작할지 중지할지 선택하세요.:  "
cat <<- ENDIT
    1) 웹 서버 시작
    2) 웹 서버 중지
    3) 웹 서버 재시작
```

(계속)

```
ENDIT

read choice
case "$choice" in
1)  STATUS="시작"
    /etc/init.d/httpd start
    ;;
2)  STATUS="중지"
    /etc/init.d/httpd stop
    ;;
3)  STATUS="재시작"
    /etc/init.d/httpd restart
    ;;
esac
echo"웹 서버가 $STATUS되었습니다."
```

```
[root@localhost script]# chmod +x case_exam2.sh
[root@localhost script]# ./case_exam2.sh
웹 서버를 시작할지 중지할지 선택하세요.:
1) 웹 서버 시작
2) 웹 서버 중지
3) 웹 서버 재시작
2
httpd 를 정지 중:                                    [  OK  ]
웹 서버가 중지되었습니다.
[root@localhost script]# ./case_exam2.sh
웹 서버를 시작할지 중지할지 선택하세요.:
1) 웹 서버 시작
2) 웹 서버 중지
3) 웹 서버 재시작
1
httpd (을)를 시작 중:                                [  OK  ]
웹 서버가 시작되었습니다.
[root@localhost script]# ./case_exam2.sh
웹 서버를 시작할지 중지할지 선택하세요.:
1) 웹 서버 시작
```

```
2) 웹 서버 중지
3) 웹 서버 재시작
3
httpd 를 정지 중:                                          [  OK  ]
httpd (을)를 시작 중:                                      [  OK  ]
웹 서버가 재시작되었습니다.
[root@localhost script]#
```

cat <<- ENDIT 명령은 cat 명령의 종료 마크로 ENDIT 문자열을 사용하는 here 다큐먼트이다. 즉, cat 명령으로 화면에 출력할 문자열은 ENDIT 문자열로 시작하는 라인의 앞부분이다. 그리고 선택된 숫자를 choice 변수에 할당한 다음, case 명령을 사용하여 choice 변수의 값에 따라 서로 다른 명령들을 지정하였다. 각 case의 값에 대해 STATUS 변수값을 할당하고 실행할 명령들을 적어주었다. 즉, 선택되는 숫자에 따라 지정한 명령을 실행하려고 한 것이다.

7.6 | 루프 명령

루프 명령은 어떤 상태 또는 지정한 횟수가 될 때까지 명령 또는 명령 그룹을 실행하기 위해 사용한다. bash 쉘은 for, while, until 3가지 타입의 루프를 가지고 있다.

7.6.1 for 루프 명령

for 루프 명령은 아이템 목록의 유한 수만큼 명령을 실행하기 위해 사용한다. 예를 들어, 파일 또는 유저명 목록에 같은 명령을 실행하기 위해 루프를 사용할 수 있다. for 명령 다음에 사용자정의형 변수가 오고 in 키워드와 단어 목록이 온다. 단어 목록으로부터 루프의 첫 번째 단어가 변수에 할당되고 목록을 순회한다. 일단 단어가 변수에 할당되면 루프 몸체에 들어가게 되고, do 키워드와 done 키워드 사이의 명령이 실행된다. 다음 번 루프, 즉 두 번째 단어가 변수에 할당되고 루프의 몸체도 반복된다. 루프의 몸체는 do 키워드에서 시작해서 done 키워드로 끝난다. 목록의 모든 단어가 변수에 할당되고 나면 루프가 끝나고 프로그램은 done 키워드 이후로 진행된다.

형식	for 변수 in 단어목록 do 명령 done

[root@localhost script]# vim forloop.sh

```
#!/bin/bash

for loop in 홍길동 장길산 장보고 이순신
do
    echo "$loop"
done
echo "루프가 끝났습니다."
```

```
[root@localhost script]# chmod +x forloop.sh
[root@localhost script]# ./forloop.sh
홍길동
장길산
장보고
이순신
루프가 끝났습니다.
[root@localhost script]#
```

for 루프에서 loop 변수에 4개의 이름 목록을 할당하였다. 이 목록을 모두 loop 변수에 할당하면 루프가 종료되는데, 각 이름들을 loop에 할당할 때마다 do~done 사이의 loop 변수를 화면에 출력하고 목록의 변수 할당이 끝나면 for 루프를 마치고 마지막 라인에 보이는 echo "루프가 끝났습니다." 명령이 실행된다.

```
[root@localhost script]# vim mail_list
multi
root
[root@localhost script]# vim mail.txt
안녕하세요.

행복하세요.
```

```
[root@localhost script]# vim mailing.sh
#!/bin/bash

for person in $(cat mail_list)
do
    mail $person < mail.txt
    echo $person 발송 완료.
done
echo "전체 메일 발송 완료!"
```

```
[root@localhost script]# chmod +x mailing.sh
[root@localhost script]# ./mailing.sh
multi 발송 완료.
root 발송 완료.
전체 메일 발송 완료!
[root@localhost script]# mail
Mail version 8.1 6/6/93.  Type ? for help.
"/var/spool/mail/root": 1 message 1 unread
>U  1 root@localhost.local  Thu Jul 23 08:19  18/673
& 1
Message 1:
From root@localhost.localdomain  Thu Jul 23 08:19:24 2009
Date: Thu, 23 Jul 2009 08:19:24 +0900
From: root <root@localhost.localdomain>
To: root@localhost.localdomain

안녕하세요.

행복하세요.

& q
Saved 1 message in mbox
[root@localhost script]# su - multi
[multi@localhost ~]$ mail
Mail version 8.1 6/6/93.  Type ? for help.
"/var/spool/mail/multi": 1 message 1 new
```

```
>N  1 root@localhost.local  Thu Jul 23 08:19  17/666
& q
Held 1 message in /var/spool/mail/multi
[multi@localhost ~]$ exit
```

위 예제에서 먼저 메일을 받을 유저의 목록을 mail_list 파일에 저장한 다음, mail.txt 파일에 메일 내용을 작성해 두었다. 그리고 mailing.sh 스크립트 파일을 만들 때 mail_list의 유저들을 라인 단위로 읽어들이기 위해 for 루프를 사용하였으며, $ (cat mail_list)를 사용하여 결과값을 person 변수에 할당하였다. 그리고 do~done 사이에서 mail 명령을 사용하여 person 변수의 유저명에게 메일을 발송하도록 한 것이다. mailing.sh 스크립트 파일을 실행한 다음, root와 multi 계정에서 mail 명령을 사용하여 메일을 확인해 보면 방금 보낸 메일이 도착했음을 확인할 수 있다.

이번에는 간단한 백업 스크립트를 작성해 보자.

```
[root@localhost script]# mkdir backup
[root@localhost script]# vim backup.sh
```

```
#!/bin/bash

dir=/root/script/backup
for file in if*
do
    if [ -f $file ]
    then
        cp $file $dir/$file.bak
        echo "$file 파일이 $dir 디렉터리에 백업되었습니다."
   fi
done
```

```
[root@localhost script]# chmod +x backup.sh
[root@localhost script]# ./backup.sh
if1.sh 파일이 /root/script/backup 디렉터리에 백업되었습니다.
if2.sh 파일이 /root/script/backup 디렉터리에 백업되었습니다.
ifelse.sh 파일이 /root/script/backup 디렉터리에 백업되었습니다.
if.sh 파일이 /root/script/backup 디렉터리에 백업되었습니다.
```

```
[root@localhost script]# ls -l backup
total 16
-rwxr-xr-x 1 root root 145 2009-07-23 08:30 if1.sh.bak
-rwxr-xr-x 1 root root 114 2009-07-23 08:30 if2.sh.bak
-rwxr-xr-x 1 root root 264 2009-07-23 08:30 ifelse.sh.bak
-rwxr-xr-x 1 root root 137 2009-07-23 08:30 if.sh.bak
[root@localhost script]#
```

파일 백업을 위한 스크립트를 작성하였다. 예제에서 for 루프를 사용하여 if로 시작하는 모든 파일을 file 변수에 할당하고 "-f $file"을 사용하여 파일인지 판단한 다음, 파일이라면 dir 변수에 할당한 디렉터리 아래로 cp 명령을 사용하여 파일을 복사하면서 파일명 뒤에 .bak 문자열을 붙이도록 하였다. 작성한 스크립트를 실행하고 /root/script/backup 디렉터리를 보면 파일이 복사되면서 .bak 문자열이 추가된 것을 확인할 수 있다.

7.6.2 $*와 $@

큰따옴표로 둘러싸이지 않는다면 $*와 $@의 의미는 같다. $*는 하나의 문자열을 평가하지만, $@는 분리된 단어의 목록을 평가한다.

[root@localhost script]# vim hi.sh

```
#!/bin/bash

for name in $*
do
    echo $name 안녕.
done
```

```
[root@localhost script]# chmod +x hi.sh
[root@localhost script]# ./hi.sh linux centos script
linux 안녕.
centos 안녕.
script 안녕.
[root@localhost script]#
```

$*와 $@는 모든 위치 파라미터의 목록을 확장하는데, 명령라인에서의 아규먼트들을 전달받는다(linux, centos, script). 이때 각 아규먼트들은 for 루프문에서 name 변수에 할당되고

호출되어 모니터에 출력된다.

이번에는 파일의 퍼미션에 실행 퍼미션이 없다면 실행 퍼미션을 추가하는 스크립트를 작성해 보자.

```
[root@localhost script]# vim permx.sh
#!/bin/bash

for file
do
    if [[ -f $file && ! -x $file ]]
    then
        chmod +x $file
        echo $file 파일에 실행퍼미션을 추가했습니다.
    fi
done
```

```
[root@localhost script]# chmod +x permx.sh
[root@localhost script]# touch permxtest1 permxtest2 permxtest3
[root@localhost script]# ls -l permxtest*
-rw-r--r-- 1 root root 0 2009-07-23 08:37 permxtest1
-rw-r--r-- 1 root root 0 2009-07-23 08:37 permxtest2
-rw-r--r-- 1 root root 0 2009-07-23 08:37 permxtest3
[root@localhost script]# ./permx.sh permxtest*
permxtest1 파일에 실행퍼미션을 추가했습니다.
permxtest2 파일에 실행퍼미션을 추가했습니다.
permxtest3 파일에 실행퍼미션을 추가했습니다.
[root@localhost script]# ls -l permxtest*
-rwxr-xr-x 1 root root 0 2009-07-23 08:37 permxtest1
-rwxr-xr-x 1 root root 0 2009-07-23 08:37 permxtest2
-rwxr-xr-x 1 root root 0 2009-07-23 08:37 permxtest3
[root@localhost script]#
```

위 예제의 for 루프에서 단어 목록을 지정하지 않았다. 이와 같이 작성하면 스크립트가 실행될 때 위치 파라미터를 분리하여 file 변수에 할당하게 된다. 즉, for file 루프는 $*와 같은 의미를 가지게 된다. if 명령에서 주어진 file 변수의 파일이 파일인지 그리고 실행 퍼미션을 가지고 있지 않은지 판단하고, 두 가지 조건을 모두 만족하면 then 다음의 문장을 실행한다. 이때 chmod 명령을 사용하여 실행 퍼미션을 부여하고 echo 명령의 문장을 출력하게 된다. touch 명령으로 빈 파일 3개를 만든 다음, permx.sh 스크립트를 실행하면서 permxtest로 시작되는 파일명 모두를 아규먼트로 사용하면(permxtest*) 앞서 만든 3개의 파일에 모두 실행 퍼미션을 부여하게 되는 것을 확인할 수 있다.

7.6.3 while 루프 명령

while 명령은 다음에 나오는 명령을 평가하고 만약 종료상태가 0이면 루프의 몸체(do~done)를 실행하게 된다. 그리고 done 키워드에 도달하면 다시 루프의 최상단으로 돌아가서 while 명령을 체크하고 명령의 종료상태를 체크한다. while에 의해 평가되는 명령의 종료상태값이 0이 아닐 때까지 루프를 반복하게 되며, 종료상태값이 0이 아니면 done 아래의 문장을 실행한다. 즉, while 루프를 빠져나간다.

형식

```
while 명령
do
    명령
done
```

[root@localhost script]# vim numbers.sh

```
#!/bin/bash


number=0 #number 변수 초기화
while (( $number < 10 )) # 또는 while [ number -lt 10 ]
do
    echo -n "$number "
   let number+=1 # number 변수 1증가
done
echo -e "\n루프 종료."
```

```
[root@localhost script]# chmod +x numbers.sh
[root@localhost script]# ./numbers.sh
0 1 2 3 4 5 6 7 8 9
루프 종료.
[root@localhost script]#
```

앞의 예제는 0부터 10까지 정수값을 출력하기 위한 스크립트이다. 먼저 number 변수에 0을 할당하여 초기화한 다음, while 명령에서 number 변수의 값이 10보다 적으면 echo -n "$number " 명령을 수행하게 하였으며, let number+=1 명령을 사용하여 number 변수에 1을 더하도록 하였다. 그 결과 numbers 스크립트를 실행해 보면 0부터 9까지의 숫자를 출력하게 된다.

```
[root@localhost script]# vim quiz.sh
#!/bin/bash

echo "2007년 12월 19일 제 17대 대한민국 대통령에 당선된 사람의 이름은?"
read answer
while [[ "$answer" != "이명박" ]]
do
    echo "정답이 아닙니다. 다시 입력해 주세요!"
    read answer
done
echo 정답입니다. :: 이명박
```

```
[root@localhost script]# chmod +x quiz.sh
[root@localhost script]# ./quiz.sh
2007년 12월 19일 제 17대 대한민국 대통령에 당선된 사람의 이름은?
노무현
정답이 아닙니다. 다시 입력해 주세요!
이명박
정답입니다. :: 이명박
[root@localhost script]#
```

위 예제에서 echo 명령을 사용하여 질문을 한 다음, 답을 입력하면 answer 변수에 저장해 두고 이 변수의 값이 "이명박"이 아니라면 계속 입력을 받고 이명박이라고 입력하면 "정답입니다. :: 이명박" 문자열을 출력하도록 하였다.

```
[root@localhost script]# vim say.sh
```

```
#!/bin/bash

echo q를 입력하면 종료합니다.
go=start
while [[ -n "$go" ]] # 변수에 큰따옴표를 확인하라.
do
    echo -n 종료하려면 q를 입력하세요. :
    read word
    if [[ $word == [Qq] ]] # 예전 스타일 : [ "$word" = q -o "$word" = Q ]
    then
        echo "q를 입력하셨네요. 종료합니다!"
        go=
    fi
done
```

```
[root@localhost script]# chmod +x say.sh
[root@localhost script]# ./say.sh
q를 입력하면 종료합니다.
종료하려면 q를 입력하세요. :
종료하려면 q를 입력하세요. :hello
종료하려면 q를 입력하세요. :q
q를 입력하셨네요. 종료합니다!
[root@localhost script]#
```

위 예제는 q를 입력하면 종료하도록 하는 쉘 스크립트이다. 먼저 go 변수에 start를 할당하였다. go 변수의 값이 null이 아닌지 판단하기 위해 -n 옵션은 사용하였는데, -n 옵션은 test 명령으로서 변수의 값이 null이 아닌지 test하는 것이다. 즉, go 변수의 값이 null이 아니면 while 루프를 계속 수행하겠다는 의미이다. 만약 q가 입력되면 then 아래의 명령이 수행되어 go 변수의 값이 null이 되므로 while 루프를 빠져나가게 된다.

7.6.4 until 루프 명령

until 루프 명령은 while 명령과 유사하게 사용되지만, until 다음의 명령이 실패할 경우(종료상태값이 0이 아닐 경우)에만 루프 문장을 실행한다. done 키워드를 만나면 루프의 최상단으로 리턴되고, until 명령은 다시 명령의 종료상태를 체크한다. 명령의 종료상태값이 0이

될 때까지 루프를 반복한다. 종료상태값이 0이 되면 루프를 종료하고, 프로그램은 done 키워드 이후를 수행하게 된다.

형식

```
until 명령
do
    명령
done
```

[root@localhost script]# vim untilcommand.sh

```
#!/bin/bash

until who | grep multi
do
    sleep 5
done
echo multi 유저가 로그인해 있습니다.
```

```
[root@localhost script]# chmod +x untilcommand.sh
[root@localhost ~]# ./untilcommand.sh
multi    pts/0        2009-07-23 12:55 (192.168.1.11)
multi 유저가 로그인해 있습니다.
[root@localhost ~]#
```

until who | grep multi 코드의 의미는 who 명령의 결과에서 multi를 포함하는 라인이 있는지 판단하는 코드이며, 만약 multi를 포함하는 라인이 있다면 until 다음의 명령 결과를 출력하고 done 이후의 명령을 수행하며 until 루프를 종료하게 된다. 그렇지 않으면 do~done 사이의 sleep 5 문장을 계속 실행하게 된다.

[root@localhost script]# vim hour.sh

```
#!/bin/bash

hour=0
until (( hour >= 24 ))
```

(계속)

```
do
    case "$hour" in
    [0-9]|1[0-1]) echo $hour시 : 오전
      ;;
    12) echo $hour시 : 정오
      ;;
    *) echo $hour시 : 오후
      ;;
    esac
    (( hour+=1 )) # hour 변수를 1 증가해야 한다.
done
```

```
[root@localhost script]# chmod +x hour.sh
[root@localhost script]# ./hour.sh
0시 : 오전
…(생략)
11시 : 오전
12시 : 정오
13시 : 오후
…(생략)
23시 : 오후
[root@localhost script]#
```

먼저 hour 변수를 0으로 초기화하였다. let 명령 (( ))은 hour 변수의 값이 24 이상인지 테스트한다. 만약 24 미만이면 루프의 몸체를 실행한다. case 명령을 사용하여 hour 변수값에 따른 echo 출력문을 수행하도록 하였다. 그리고 case 문이 끝난 다음 ((hour+=1)) 명령을 사용하여 hour 변수에 1을 더해주고 있다. 스크립트를 실행하면 0시부터 23시까지 각 숫자에 해당하는 case 명령의 echo 명령 결과를 출력하게 된다.

7.6.5 select 명령과 메뉴

here 다큐먼트는 메뉴를 생성하기 쉬운 방법이지만 bash는 또 다른 루프 메커니즘인 select 루프를 제공한다. 숫자 목록 아이템들의 메뉴는 표준 에러를 출력한다. PS3 프롬프트는 입력을 위해 사용하는데, 디폴트로 PS3은 #?이다. PS3 프롬프트가 출력된 다음, 쉘은 사용자의 입력을 기다리게 된다. 이때 입력값은 메뉴 목록의 숫자 중 하나가 되어야 한다. 이 입력값은 특수 쉘 변수인 REPLY에 저장되며 REPLY 변수에 저장된 숫자는 선택 목록

에서 괄호의 오른쪽 문자열과 연관된다.

case 명령은 메뉴와 선택, 명령 실행으로부터 유저가 선택하도록 하는 select 명령과 함께 사용된다. LINES와 COLUMNS 변수는 터미널에 출력될 메뉴 아이템의 레이아웃을 결정하기 위해 사용될 수 있다. 결과는 표준 에러로 출력되고 각 아이템들은 숫자 그리고 닫기 괄호 앞에 위치한다. PS3 프롬프트는 메뉴의 가장 아래에 출력된다. select 명령이 루프 명령이기 때문에 루프를 빠져나가기 위하여 break 명령을 사용하고 스크립트를 종료하기 위하여 exit 명령을 사용한다는 것을 기억하자.

형식

```
select 변수명 in 단어목록
do
    명령
done
```

[root@localhost script]# vim run.sh

```
#!/bin/bash

PS3="실행할 프로그램을 선택하세요. : "
select program in 'ls -F' pwd date exit
do
    $program
done
```

```
[root@localhost script]# chmod +x run.sh
[root@localhost script]# ./run.sh
1) ls -F
2) pwd
3) date
4) exit
실행할 프로그램을 선택하세요. : 2
/root/script
실행할 프로그램을 선택하세요. : 3
Thu Jul 23 13:55:51 KST 2009
실행할 프로그램을 선택하세요. : 4
[root@localhost script]#
```

PS3 프롬프트에 문자열을 할당하면 select 루프가 출력한 메뉴 아래에 PS3에 할당한 문자열을 출력한다. 이 프롬프트는 디폴트로 $#이며, 모니터의 표준 에러로 보내진다.

select 루프를 보면 program이라는 변수를 지정한 다음 4개의 단어 목록을 입력하였는데, 이들은 모두 명령어들이다. 하지만, 명령어가 아닌 문자열(red, blue, green 등)이어도 상관없다. 각 목록은 공백을 기준으로 구분하기 때문에 만약 단어가 공백을 가지고 있다면 'ls -F' 처럼 작은따옴표로 감싸주어야 한다. select 구문에 의해 실행될 명령은 do~done 사이에 위치하는데, 앞서 변수로 지정한 program 변수를 그대로 사용하였다. 즉, 1을 입력하면 'ls -F' 명령을 실행하고, 2를 입력하면 pwd, 3을 입력하면 date, 4를 입력하면 exit를 실행하도록 작성하였다. 이 스크립트를 강제로 종료하려면 <Ctrl-C>키를 누르면 되지만, 4번에 exit 명령이 있으므로 종료를 위해서는 4를 입력하면 된다.

```
[root@localhost script]# vim choice.sh
#!/bin/bash

PS3="번호를 입력하면 웹사이트 주소를 볼 수 있습니다. : "
select choice in 구글 네이버 네이버닷컴 다음 종료
do
    case "$choice" in
    구글)
        echo "구글 - http://www.google.com"
        continue;;
    네이버 | 네이버닷컴)
        echo "네이버 - http://www.naver.com"
        continue;;
    다음)
        echo "다음 - http://www.daum.net"
        continue;;
    종료)
        echo "종료하였습니다."
        break;;
    *)
        echo "$REPLY은(는) 없습니다. 1에서 4사이의 수를 입력하세요." 1>&2
```

(계속)

```
        echo "다시 선택."
        ;;
    esac
done
```

```
[root@localhost script]# chmod +x choice.sh
[root@localhost script]# ./choice.sh
1) 구글     3) 네이버닷컴      5) 종료
2) 네이버          4) 다음
번호를 입력하면 웹사이트 주소를 볼 수 있습니다. : 6
6은(는) 없습니다. 1에서 5사이의 수를 입력하세요.
다시 선택.
번호를 입력하면 웹사이트 주소를 볼 수 있습니다. : 1
구글 - http://www.google.com
번호를 입력하면 웹사이트 주소를 볼 수 있습니다. : 2
네이버 - http://www.naver.com
번호를 입력하면 웹사이트 주소를 볼 수 있습니다. : 3
네이버 - http://www.naver.com
번호를 입력하면 웹사이트 주소를 볼 수 있습니다. : 4
다음 - http://www.daum.net
번호를 입력하면 웹사이트 주소를 볼 수 있습니다. : 5
종료하였습니다.
[root@localhost script]#
```

위 예제에서는 검색사이트들의 이름에 해당하는 번호를 선택하면 웹사이트 주소를 출력해 주는 스크립트를 작성한 것이다. 먼저 PS3 프롬프트는 select 루프에 의해 생성된 메뉴 아래에 출력된다. select 명령에서 변수로 choice를 사용했으며, 이 변수에 할당된 값은 총 5가지 단어로 구성하였다. 각 단어들에 매칭되는 문자열을 출력하기 위해 case 명령을 사용하였으며 네이버와 네이버닷컴을 선택하면 같은 메시지를 출력하기 위해 "네이버 | 네이버닷컴)" 형식을 사용하였다. 만약 선택한 번호가 존재하지 않을 때 REPLY 빌트인 변수를 사용하여 echo 메시지를 출력하도록 하였으며, 5번을 선택하면 break;; 명령을 실행하여 do~done을 빠져나온다.

7.6.6 루프 관리 명령

어떤 상태가 발생했을 때 루프를 빠져나가야 할 경우, 루프의 최상위로 돌아가야 할 경우, 무한 루프를 중지해야 할 경우가 있다. 이와 같은 경우 bash 쉘에서 사용할 수 있는 루프 관리 명령들을 제공한다.

7.6.6.1 shift 명령

shift 명령은 지정한 수만큼 좌측으로 파라미터 목록을 이동한다. 아규먼트가 없는 shift 명령은 파라미터 목록을 좌측으로 1회 이동한다. 즉, 가장 좌측의 파라미터가 삭제된다. 이동한 파라미터는 영구적으로 삭제되며, 간혹 shift 명령은 위치 파라미터의 목록을 반복하고자 할 때 while 루프에서 사용한다.

형식	shift n

```
[root@localhost script]# vim shift_using.sh
#!/bin/bash

set 사과 배 포도 복숭아
shift
echo $*
set $(date)
echo  $*
shift 3
echo  $*
shift
echo $*
```

```
[root@localhost script]# chmod +x shift_using.sh
[root@localhost script]# ./shift_using.sh
배 포도 복숭아
Thu Jul 23 14:21:05 KST 2009
14:21:05 KST 2009
KST 2009
[root@localhost script]#
```

앞의 예제는 shift를 사용한 예제인데, 먼저 set 명령을 사용하여 4개의 파라미터를 설정하였다. 그리고 shift를 실행한 다음, echo 명령을 사용하여 $* 값를 출력하면 모든 파라미터를 출력하는데, 앞서 좌측으로 하나의 파라미터를 이동하였으므로 사과 파라미터는 좌측으로 이동되어 삭제된 상태가 된다. 그래서 $* 값을 출력해 보면 "배 포도 복숭아" 3개의 파라미터만 존재하게 된다. 그리고 다시 set 명령을 사용하여 date 명령의 결과값을 파라미터로 설정하고 shift 3, 즉 좌측으로 3개의 파라미터를 이동, 삭제하였으므로 $* 값을 출력하면 "14:21:05 KST 2009" 3개의 파라미터가 출력된다. 이 3개의 파라미터에서 또다시 shift를 수행하였으므로 좌측으로 1개의 파라미터가 삭제되기 때문에 $* 값을 출력했을 때 " KST 2009" 2개의 파라미터만 출력된다.

이번에는 while 루프에서 shift를 사용하는 예제이다.

```
[root@localhost script]# vim shift_while.sh
#!/bin/bash

while (( $# > 0 ))
do
    echo  $*
    shift
done
```

```
[root@localhost script]# chmod +x shift_while.sh
[root@localhost script]# ./shift_while.sh 사과 배 복숭아
사과 배 복숭아
배 복숭아
복숭아
[root@localhost script]#
```

위 예제에서 $# 값을 사용하였는데, 이 값은 위치 파라미터가 몇 번째인지 나타내는 숫자를 의미하기 때문에 while 명령에서 판단 문장으로(($# > 0))을 사용하면 파라미터의 개수가 0보다 크면 do~done 사이의 명령을 실행하게 된다. shift_while.sh 스크립트를 실행할 때 3개의 파라미터를 지정하였으므로 첫 번째 라인에는 3개의 파라미터가 모두 출력되고 두 번째 라인에는 shift 명령을 수행한 상태이기 때문에 좌측의 사과 파라미터는 이동, 삭제

되어 배 복숭아만 출력된다. 세 번째 라인에서는 한 번 더 shift 명령을 수행하기 때문에 좌측의 배 파라미터가 좌측으로 이동, 삭제되고 결국 복숭아 파라미터만 출력하게 된다.

이번에는 date 명령의 결과값을 하나씩 잘라서 출력해 보자.

```
[root@localhost script]# vim shift_date.sh
#!/bin/bash

set $(date)
while (( $# > 0 ))
do
    echo $1
    shift
done
```

```
[root@localhost script]# chmod +x shift_date.sh
[root@localhost script]# ./shift_date.sh
Thu
Jul
23
14:30:54
KST
2009
[root@localhost script]#
```

먼저 date 명령의 결과값을 파라미터로 설정하기 위해 set 명령을 사용하였다. 이 결과값은 6개의 파라미터로 구성되는데, while 명령에서 파라미터의 위치 번호가 0보다 클 동안, 즉 파라미터의 수가 하나라도 존재한다면 do~done 사이의 명령을 실행하게 된다. 실행할 명령을 보면 먼저 $1, 즉 첫 번째 위치 파라미터를 출력한 다음 첫 번째 위치 파라미터를 좌측으로 이동shift, 삭제하는 것을 반복하고 있다. 그래서 결과와 같이 각 라인별로 하나의 파라미터들이 출력되게 되는 것이다.

7.6.6.2 break 명령

빌트인 break 명령은 루프를 강제로 즉시 종료하는 데 사용한다. 단, 프로그램 전체를 종료하는 것은 아니다. 프로그램 전체를 종료할 때에는 exit 명령을 사용한다. break 명령이 실행되고 나면 done 키워드 아래의 명령을 실행하게 되며, 아규먼트 숫자를 지정하여 루프 밖의 특정한 곳으로 빠져나갈 수 있다. 만약 3개의 중첩 루프가 있을 때 가장 바깥쪽 루프는 3, 그 안쪽은 2, 가장 안쪽 루프는 1이 된다. 또한 break 명령은 무한 루프를 빠져나가기 위해 유용하게 사용할 수 있다.

형식	break n

[root@localhost script]# vim loop_break.sh

```
#!/bin/bash

while true
do
    echo "리눅스를 사용해 보신 적이 있나요[y/n]? :"
    read answer
    if [[ "$answer" == [Yy] ]]
    then
        break
    else
        echo "리눅스를 사용해 보신 경험이 없군요."
    fi
done
echo "리눅스 사용자이시군요."
```

```
[root@localhost script]# chmod +x loop_break.sh
[root@localhost script]# ./loop_break.sh
리눅스를 사용해 보신 적이 있나요[y/n]? :
n
리눅스를 사용해 보신 경험이 없군요.
리눅스를 사용해 보신 적이 있나요[y/n]? :
y
리눅스 사용자이시군요.
[root@localhost script]#
```

위 예제에서 while 명령의 판단 문장이 항상 true(종료상태값 0)이기 때문에 무한 루프를 진행하게 된다. 하지만, read 명령에 의해서 전달받은 answer 변수값이 Y 또는 y가 되면 then

아래의 break 명령을 실행하게 되어 while 루프가 종료되고 done 아래의 echo 명령을 실행하게 된다. 예제를 실행한 다음 Y또는 y가 입력되지 않으면 계속해서 else 아래의 명령이 실행되고 질문을 받게 된다.

7.6.6.3 continue 명령

continue 명령은 상태값이 true가 되면 continue 아래의 모든 명령들은 무시되고 루프의 최상위로 리턴하는 명령이다. 만약 중첩 루프상의 가장 안쪽 루프에서 continue 명령을 만나면 가장 안쪽 루프의 최상위로 리턴한다. 중첩 루프에서 continue 명령과 함께 아규먼트로 숫자를 사용하면 원하는 루프의 최상위로 이동할 수 있다. 만약 3개의 중첩루프가 있다면 가장 바깥쪽 루프는 3, 그 안쪽은 2, 가장 안쪽은 1로 정의되므로 가장 바깥쪽 루프의 상위로 가려면 continue 3을 실행하면 된다.

형식	continue n

```
[root@localhost script]# cat mail_list
multi
root
[root@localhost script]# vim mail_content.txt
안녕하세요.
메일 테스트입니다.
```

[root@localhost script]# vim continue_mail.sh

```
#!/bin/bash

for name in $(cat mail_list)
do
    if [[ $name == multi ]]
    then
        continue
    else
        mail $name < mail_content.txt
    fi
done
```

```
[root@localhost script]# chmod +x continue_mail.sh
[root@localhost script]# ./continue_mail.sh
[root@localhost script]# mail
Mail version 8.1 6/6/93.  Type ? for help.
"/var/spool/mail/root": 1 message 1 new
>N  1 root@localhost.local  Thu Jul 23 15:32  16/672
& 1
Message 1:
From root@localhost.localdomain  Thu Jul 23 15:32:09 2009
Date: Thu, 23 Jul 2009 15:32:09 +0900
From: root <root@localhost.localdomain>
To: root@localhost.localdomain

안녕하세요.
메일 테스트입니다.

& q
Saved 1 message in mbox
[root@localhost script]# su - multi
[multi@localhost ~]$ mail
No mail for multi
[multi@localhost ~]$ exit
```

위의 예제는 for 루프를 사용하여 mail_list에 입력되어 있는 유저 아이디를 가져와서 name 변수에 할당하는데, 이때 name 변수의 값이 multi라면 continue 명령을 실행하여 for 루프의 최상단으로 가기 때문에 multi 유저에게는 메일을 발송하지 않게 된다. 그래서 root 유저 아이디에게는 mail_content.txt 파일에 입력되어 있는 내용을 메일로 발송하게 된다. ./continue_mail.sh 스크립트를 실행하고 root와 multi 유저의 메일을 확인해 보면 root 유저에게는 메일이 수신되었지만 multi 유저에게는 메일이 수신되지 않았음을 확인할 수 있다.

7.6.6.4 중첩 루프와 루프 관리

중첩 루프를 사용할 때 break 명령과 continue 명령에 숫자(정수형 아규먼트)를 부여할 수 있기 때문에 안쪽 루프에서 바깥쪽 루프로 이동할 수 있다.

```
continue n : n번째 루프의 시작으로 이동
n : 가장 안쪽 루프가 1
    그 다음 바깥쪽 루프가 2
    그 다음 바깥쪽 루프가 3 ...
```

[root@localhost script]# vim loop_continue2.sh

```
#!/bin/bash
# "continue n" 명령, n번 레벨의 루프에서 계속하기(continue).

for outer in A B C D E # 바깥쪽 2번 루프
do
    echo; echo -n "Group $outer: "
   for inner in 1 2 3 4 5 6 7 8 9 10  # 안쪽 1번 루프
   do
        if [ "$inner" -eq 6 ]
        then
            continue 2  # "바깥쪽 루프"인 2번 루프에서 계속 진행한다..
                        # 윗줄을 "continue"라고 하면 안쪽 1번 루프를 순회한다.
        fi
        echo -n "$inner"  # 6 7 8 9 10은 출력되지 않는다.
   done
done
echo; echo
exit 0
```

```
[root@localhost script]# chmod +x loop_continue2.sh
[root@localhost script]# ./loop_continue2.sh

Group A: 1 2 3 4 5
Group B: 1 2 3 4 5
Group C: 1 2 3 4 5
Group D: 1 2 3 4 5
Group E: 1 2 3 4 5

[root@localhost script]#
```

앞의 예제는 for 루프 2개로 중첩되어 있다. 안쪽 루프는 1이 되고 바깥쪽 루프는 2가 되어 continue 2는 가장 바깥쪽 루프로 진행된다. 안쪽 루프의 inner 변수의 값이 1부터 5까지 출력된 다음, 6이 되면 continue 2로 진행하여 반복적으로 수행하기 때문에 6부터 10까지의 수는 출력되지 않는다.

7.6.7 I/O 리다이렉션과 서브쉘

입력은 파일에서 루프로 파이프하거나 리다이렉트할 수 있다. 출력도 루프에서 파일로 파이프하거나 리다이렉트할 수 있다. 쉘은 I/O 리다이렉션과 파이프를 처리하기 위해 서브쉘을 시작하게 되고 루프 안에 정의된 변수들은 루프가 종료될 때 스크립트에 남지 않는다.

7.6.7.1 루프의 결과를 파일로 리다이렉트하기

```
[root@localhost script]# vim file.txt
홍길동: 100
장길산: 200
정약용: 300
```

[root@localhost script]# vim redirectfile.sh

```
#!/bin/bash

if (( $# < 2 ))
then
    echo "Usage: $0 [입력 파일명] [출력 파일명]" >&2
    exit 1
fi

count=1
cat $1 | while read line
do
    ((count == 1)) && echo "Processing file $1..." > /dev/tty
    echo -e "$count\t$line"
   let count+=1
done > tmp$$
mv tmp$$ $2
```

```
[root@localhost script]# chmod +x redirectfile.sh
[root@localhost script]# ./redirectfile.sh
Usage: ./redirectfile.sh [입력 파일명] [출력 파일명]
[root@localhost script]# ./redirectfile.sh file.txt
Usage: ./redirectfile.sh [입력 파일명] [출력 파일명]
[root@localhost script]# ./redirectfile.sh file.txt file2.txt
Processing file file.txt...
[root@localhost script]# ls file*
file2.txt  file.txt
[root@localhost script]# cat file2.txt
1       홍길동: 100
2       장길산: 200
3       정약용: 300
[root@localhost script]#
```

위 예제에서 redirectfile.sh 스크립트를 실행하면 라인별로 앞쪽에 라인 번호가 입력되고 탭이 들어간 다음 원래의 문자열이 출력된다. $#의 값, 즉 아규먼트의 수가 2보다 작으면 사용법을 출력하도록 하였으며, count 변수를 1로 초기화하고 cat 명령을 사용하여 $1 첫 번째 위치 파라미터의 파일을 출력한 다음, while 루프로 파이프하고 있다. 이때 read 명령은 루프에서 파일의 첫 번째 라인을 할당하고, 다음 번 루프에서 두 번째 라인을 할당하면서 계속 루프를 진행한다. 만약 입력을 읽어들이는 데 성공하면 read 명령은 종료상태값으로 0을 리턴하고 실패하면 1을 리턴한다. do~done 사이의 명령들에서 count 변수가 1이라면 echo 명령이 실행되고 결과값이 /dev/tty (모니터)로 보내진다. 그리고 echo 명령에 의해 count 변수가 출력되고, <Tab>키가 출력되고, line 변수의 값이 출력된다. 이와 같이 첫 번째 라인이 출력되고 나면 count 변수를 1 증가시킨 다음, 또 다시 루프를 반복 수행한다. 라인을 모두 읽어들였으면 done 아래의 문장인 tmp$$ 파일에 리다이렉션하여 저장하게 되고, 마지막으로 tmp$$ 파일을 입력된 두 번째 파라미터의 이름으로 변경하게 된다. 그래서 결과적으로 원래의 파일에 특정 연산을 수행한 다음, 그 결과를 지정한 출력 파일명으로 복사하는 쉘 스크립트 파일를 작성한 것이다.

7.6.7.2 루프의 결과를 명령어와 파이프하기

```
[root@localhost script]# vim loop_command.sh
#!/bin/bash

for i in 9 4 2 6 7 3
do
    echo $i
done | sort -n
```

```
[root@localhost script]# chmod +x loop_command.sh
[root@localhost script]# ./loop_command.sh
2
3
4
6
7
9
[root@localhost script]#
```

예제에서 for 루프는 정렬되지 않은 숫자들로 출력하는데, 루프가 끝나는 done 키워드 다음 파이프를 사용하고 sort -n 명령을 사용하여 숫자 정렬을 하면, 루프는 서브쉘에서 오름차순으로 정렬되어 출력된다.

7.6.8 백그라운드에서 루프 사용하기

루프는 백그라운드에서 실행될 수 있으며, 프로그램은 프로세스를 종료하기 위해 루프가 진행되는 동안 기다리지 않고 다른 작업을 할 수 있다.

```
#!/bin/bash

for person in root multi linux centos
do
    mail $person < mail.txt
done &
```

앞의 예제 스크립트 파일과 같이 루프가 종료되는 done 키워드 다음에 엠퍼센드(&)를 사용하면 for 루프를 백그라운드로 실행할 수 있게 된다.

7.6.9 IFS와 루프

쉘의 내부 필드 분리자IFS는 공백, 탭, newline 문자를 평가하며, read, set, for와 같은 단어 목록을 분석하는 명령을 위해 단어 분리자로 사용된다. 만약 다른 분리자를 사용해야 할 경우에는 사용자가 재설정할 수 있다. 값을 변경하기 전 다른 변수에 IFS의 원래 값을 저장하는 것도 좋은 생각이다. 필요하다면 기본값으로 리턴하기도 쉽다.

[root@localhost script]# vim use_IFS.sh

```
#/bin/bash


names=홍길동:김길동:이길동:박길동
oldifs="$IFS"
IFS=":"
for persons in $names
do
    echo  $persons님 안녕하세요.
done


echo "====="
IFS="$oldifs"
set 박정희 김대중 노무현 이명박


for president in $*
do
    echo $president님 안녕하세요.
done
```

```
[root@localhost script]# chmod +x use_IFS.sh
[root@localhost script]# ./use_IFS.sh
홍길동님 안녕하세요.
김길동님 안녕하세요.
```

```
이길동님 안녕하세요.
박길동님 안녕하세요.
=====
박정희님 안녕하세요.
김대중님 안녕하세요.
노무현님 안녕하세요.
이명박님 안녕하세요.
[root@localhost script]#
```

위 예제에서 names 변수에 값을 할당하면서 콜론(:) 문자를 분리자로 사용하여 4개의 이름을 할당하였다. 그리고 bash 쉘의 기본 분리자인 IFS 변수를 나중에 사용하기 위해 oldifs 변수에 할당해 주었으며, IFS 변수에는 콜론(:)을 재할당하였다. 그리고 for 루프에서 names 변수에서 방금 할당한 IFS 변수의 값인 콜론(:)을 사용하여 persons 변수에 분리된 문자열을 할당하면서 출력하면 위의 결과와 같이 출력된다. 이번에는 앞서 만들어둔 oldifs 변수의 값을 다시 IFS 변수에 재할당한 다음, set 명령을 사용하여 위치 파라미터들을 지정하고[$1 $2 $3 $4], for 루프에서 $* 전체 위치 파라미터들을 president 변수에 각각 할당하면 공백을 기준으로 파라미터들이 분리되어 출력된다.

7.7 | 함수

함수[function]는 명령 또는 명령 그룹의 명칭이다. 함수를 사용하면 프로그램을 모듈화할 수 있으며 더 효율적으로 구성할 수 있다. 함수는 현재 쉘의 컨텍스트에서 실행되며 자식 프로세스를 생성하지 않는다. 함수 전용 파일을 만들어두고 스크립트 작성 시에 함수 전용 파일을 사용할 준비를 한 다음 스크립트에서 사용할 수 있다.

함수 작성 규칙	
	1. 쉘은 디스크에서 검색되는 앨리아스, 함수, 빌트인 명령, 실행 프로그램(스크립트)들을 사용할지 결정한다. 2. 함수를 사용하기 위해서는 가장 먼저 함수를 정의해두어야 한다. 3. 함수는 현재 환경에서 실행된다. 함수를 호출하는 스크립트 내에서 변수를 공유하며 위치 파라미터로 할당된 아규먼트들을 전달한다. 로컬 변수는 local 함수를 사용하여 함수 내에서 생성할 수 있다. 4. 만약 함수에서 exit 명령을 사용하면 스크립트의 실행을 중지하고 빠져나간다. 5. 함수에서 return 문장은 함수 또는 주어진 아규먼트의 값으로 마지막 실행된 명령의 종료상태를 리턴한다. 6. 함수는 export -f 빌트인 명령을 사용하여 서브쉘로 전달(전역화)할 수 있다.

(계속)

7. 함수 목록과 정의를 출력하기 위해서는 declare -f 명령을 사용하고 함수 이름 목록을 출력하기 위해서는 declare -F 명령을 사용한다.
8. 변수와 같이 트랩은 함수 안에서 전역이다. 스크립트와 스크립트에서 호출되는 함수에 의해 공유된다. 만약 트랩이 함수에서 정의되었다면 스크립트에 의해 공유된다. 원하지 않는 효과를 가져올 수 있다.
9. 만약 함수가 다른 파일에 저장되어 있으면 source 명령을 사용하여 현재 스크립트에서 사용할 수 있다.
10. 함수는 재귀호출이 가능하다. 즉, 자신을 호출할 수 있으며 재귀호출 횟수는 제한이 없다.

형식 `function 함수명 { 명령 ; 명령; }`

```
[root@localhost script]# function dir { echo "Directories: ";ls -l|awk '/^d/ {print $NF}'; }
[root@localhost script]# dir
Directories:
backup
testdir
[root@localhost script]#
```

예제에서 function 키워드를 사용하여 dir이라는 함수를 정의하였다. 그리고 함수 내용으로 컬리 브레이스를 오픈한 다음, echo 명령을 수행하고 ls 명령과 awk 명령을 파이프 처리하고 있다. 이와 같이 쉘에서 함수를 정의해두고 dir을 입력하고 실행하면, 기본 dir 명령 대신 방금 정의한 dir 함수를 실행하여 라인의 시작이 d로 시작되는 라인에서 디렉터리 이름을 얻어올 수 있다. (리눅스에서 dir 명령은 기본 명령으로 제공되고 있으며 ls 명령과 거의 동일하다.)

```
[root@localhost script]# dir --help
```

일반적으로 파일 목록을 출력하기 위하여 dir 명령보다는 ls 명령을 주로 사용한다.

7.7.1 함수 설정 제거하기

메모리에 저장된 함수를 제거하기 위해서는 unset 명령을 사용한다.

형식 `unset -f 함수명`

```
[root@localhost script]# function kty { echo "KIM TAE YONG"; }
[root@localhost script]# kty
KIM TAE YONG
[root@localhost script]# unset -f kty
[root@localhost script]# kty
-bash: kty: command not found
[root@localhost script]#
```

7.7.2 함수 export

함수를 서브쉘로 export하여 서브쉘에서 함수를 사용할 수 있다.

형식	export -f 함수명

7.7.3 함수 아규먼트와 리턴값

함수는 현재 쉘 내에서 실행되기 때문에 변수들은 함수와 쉘에서 사용이 가능하다.

>> 아규먼트

아규먼트는 위치 파라미터를 사용하여 함수로 전달할 수 있다.

>> 빌트인 local 함수

로컬 변수는 함수 내에서만 사용하는 변수이며, local 함수를 사용하여 로컬 변수를 정의한다. 함수가 종료되면 로컬 변수도 제거된다.

>> 빌트인 return 함수

return 명령은 함수를 종료하기 위해 호출되는 함수의 위치에서 프로그램 관리를 리턴하는데 사용할 수 있다. (만약 스크립트나 함수에서 exit 명령을 사용하면 스크립트를 종료하게 된다.) return 명령을 사용하여 아규먼트를 지정하지 않으면 함수의 리턴값은 스크립트에서 사용된 마지막 명령의 종료상태값이 된다. 만약 return 명령에 의해 할당된 값이 있다면 그 값은 ? 변수에 저장되고 0~256 사이의 정수값을 가질 수 있다. 왜냐하면 return 명령은 0~256까지의 정수값을 리턴하도록 제한되어 있기 때문이며, 함수의 결과를 얻기 위해 다른 명령을 사용할 수도 있다. $로 시작하는 괄호 안의 함수 전체($(함수명)) 또는 전통적인 백쿼터(` `)를 사용하여 명령의 결과를 얻어서 변수에 그 결과를 할당할 수도 있다.

```
[root@localhost script]# vim rwcheck.sh
```

```
#!/bin/bash

function Usage { echo "에러 : $*" 2>&1; exit 1; }
if (( $# != 2 ))
then
    Usage "$0: 두 개의 아규먼트가 필요합니다."
fi
if [[ ! ( -r $1 && -w $1 ) ]]
then
    Usage "$1: 파일은 읽고 쓸 수 없습니다."
fi
echo 아규먼트 : $*
```

```
[root@localhost script]# chmod +x rwcheck.sh
[root@localhost script]# touch f1.txt f2.txt
[root@localhost script]# ls -l f1.txt f2.txt
-rw-r--r-- 1 root root 0 2009-07-23 18:36 f1.txt
-rw-r--r-- 1 root root 0 2009-07-23 18:36 f2.txt
[root@localhost script]# ./rwcheck.sh
에러 : ./rwcheck.sh: 두 개의 아규먼트가 필요합니다.
[root@localhost script]# ./rwcheck.sh f1.txt f2.txt
아규먼트 : f1.txt f2.txt
[root@localhost script]#
```

위 예제에서 스크립트를 작성할 때 상단에 Usage 함수를 작성하였다. 이 함수는 에러가 발생했을 때 아규먼트를 사용하여 메시지를 출력하는 함수이다. 만약 아규먼트의 수가 2개가 아니라면 then 이하의 Usage 함수 호출을 실행하여 에러 메시지를 출력할 것이며, 그 아래의 if 명령에서 읽고 쓰기가 불가능하다면 then 이하의 Usage 함수를 호출할 것이다. 위의 두 가지 경우가 아니라면 마지막 줄의 echo 명령을 실행한다.

[root@localhost script]# vim increase.sh

```
#!/bin/bash

increase () {
    local sum;
    let "sum=$1 + 1"
   return $sum
}
echo -n "합계는 "
increase 7
echo $? # increase 함수의 리턴값을 출력함
echo $sum # 아무런 값도 출력하지 않음
```

```
[root@localhost script]# chmod +x increase.sh
[root@localhost script]# ./increase.sh
합계는
0
[root@localhost script]#
```

먼저 increase 함수를 정의하였다. 이 함수의 몸체에서 빌트인 local 함수를 사용하여 sum 변수를 생성하였는데, 이렇게 local 함수를 사용하면 sum 변수는 increase 함수가 종료될 때 메모리에서 제거된다. 그리고 let 명령에서 sum 변수에 $1(첫 번째 아규먼트)과 1을 더한 값을 할당하고, return 명령으로 sum 변수의 값을 함수 호출 시 리턴해 준다. 이때 return 명령의 아규먼트는 ? 변수에 저장된다. 함수 아래 부분을 보면 먼저 echo 명령을 사용하여 문자열을 출력하고, 아규먼트가 7인 increase 함수를 호출하여 7+1의 결과값을 리턴해 주도록 하였다. 함수가 리턴될 때 ? 변수에 종료상태값이 저장되는데, 종료상태는 return 문장에서 사용된 명시적인 아규먼트가 없다면 함수에서 마지막에 실행된 명령의 종료상태값을 의미한다. 물론 return 명령의 아규먼트는 0~255 사이의 정수값이어야 한다. 이 함수에서는 return 명령의 아규먼트로 sum 변수값을 지정하였기 때문에 종료상태값(? 변수의 값)은 sum 변수의 값이 된다. 그리고 앞서 함수 내에서 local 명령으로 생성한 sum 변수를 출력하려고 했지만, 이 변수는 함수 내에서만 사용할 수 있기 때문에 아무런 값도 출력하지 않는다.

이번에는 정사각형의 넓이를 구하는 함수를 만들고 사용하는 스크립트를 작성해 보자.

```
[root@localhost script]# vim square.sh
#!/bin/bash

function square {
    local sq
    let "sq=$1 * $1"
    echo "가로와 세로 길이 : $1"
    echo "정사각형 넓이 : $sq "
}
echo "정사각형의 가로는? "
read number
value_returned=$(square $number)
echo "$value_returned"
```

```
[root@localhost script]# chmod +x square.sh
[root@localhost script]# ./square.sh
정사각형의 가로는?
5
가로와 세로 길이 : 5
정사각형 넓이 : 25
[root@localhost script]#
```

먼저 스크립트 상단에서 square 함수를 정의하였다. 이 함수에서 로컬 변수로 sq를 사용하였으며, sq 변수에 첫 번째 아규먼트와 첫 번째 아규먼트 곱을 할당하고 입력한 아규먼트를 출력하였고, 정사각형의 넓이인 sq 변수의 값을 출력하도록 하였다. 먼저 정사각형의 가로 길이를 물은 다음, 입력된 값을 read 명령을 사용하여 number 변수에 할당하고, square 함수에서 이 값은 아규먼트로 사용하여 호출한 결과값을 value_returned 변수에 할당하고 이 변수의 값을 출력하였다. 스크립트를 실행하고 5를 입력하였으므로 가로와 세로 길이 : 5, 정사각형 넓이 : 25가 출력되는 것을 확인할 수 있다.

7.7.4 함수와 source 명령

간혹 함수를 .profile 파일에 정의하기 때문에 이런 경우 로그인할 때 곧바로 정의된다. 함수는 export될 수 있으며 파일에 저장될 수도 있다. 함수가 필요할 때 source 명령을 사용하여 함수가 정의된 파일에서 호출하여 사용할 수도 있다.

[root@localhost script]# vim myfunction

```
function os () {
    echo "리눅스"
}
```

```
[root@localhost script]# function use() { echo $1님은 $(os)를 사용해 보셨나요?; }
[root@localhost script]# source myfunction
[root@localhost script]# os
리눅스
[root@localhost script]# use root
root님은 리눅스를 사용해 보셨나요?
[root@localhost script]#
```

먼저 myfunction 파일에 os라는 함수를 정의해 두었다. 그리고 쉘에서 use 함수를 정의하면서 os 함수를 사용하였는데, 쉘에서 source 명령을 사용하여 myfunction 파일을 읽어들여 파일 내에 정의한 함수를 현재 쉘에서 사용할 수 있도록 하면, use root를 실행했을 때 use 함수 내에 사용된 os 함수를 호출하여 "리눅스" 문자열을 리턴받아서 사용할 수 있게 된다.

이번에는 함수 정의 파일을 쉘 스크립트 파일에서 사용하는 간단한 예제를 보자.

[root@localhost script]# vim function

```
function A() {
        echo "function A"
}
function B() {
        echo "function B"
}
function C() {
        echo "function C"
}
```

외부 파일에서 정의한 함수를 쉘 스크립트 내에서 사용하기 위해서는 상단에 source 명령을 사용하여 함수 정의 파일을 먼저 읽어들이면 외부파일에서 정의한 함수를 쉘 스크립트 내에서 사용할 수 있다.

```
[root@localhost script]# vim function_script.sh
#!/bin/bash

source ./function
A # 함수 A 실행
B # 함수 B 실행
C # 함수 C 실행
```

```
[root@localhost script]# chmod +x function_script.sh
[root@localhost script]# ./function_script.sh
function A
function B
function C
[root@localhost script]# A
-bash: A: command not found
[root@localhost script]#
```

쉘 스크립트 내부에서 사용한 함수는 스크립트가 종료되면 모두 제거되기 때문에 실행 완료후 보여지는 쉘에서는 사용할 수 없다.

7.8 | 트래핑 시그널

프로그램이 실행되는 동안 <Ctrl-C> 또는 <Ctrl-\>키를 누르면 입력되는 순간 프로그램이 종료된다. 종료 시그널이 도착하더라도 곧바로 프로그램을 종료하지 않도록 해야 할 경우도 있다. 이런 경우 스크립트를 종료하기 전 도착한 종료 시그널을 무시하고 현재의 실행을 유지하도록 할 수 있는데, **trap 명령은 시그널이 도착했을 때 프로그램이 어떤 반응을 할지 관리하도록 하는 명령이다.** 비동기 메시지로 정의되는 시그널은 하나의 프로세스에서 다른 프로세스로 보내질 수 있는 숫자로 구성되며, 어떤 키가 눌러졌거나 예외가 발생하면 운영체제가 처리한다. trap 명령은 수신한 시그널을 즉시 수행하면서 명령을 종료하도록 쉘에 알려준다. trap 명령 다음에는 인용부호로 감싸진 명령이 오는데, 이 명령 문자열은 특수한 시그널을 수신하면 실행된다. 쉘은 trap이 설정될 때 한 번 읽고 시그널이 도착될 때 다시 한 번 읽어들여 총 2회 명령 문자열을 읽어들인다. 만약 명령 문자열이 큰따옴표(" ")로 둘러싸이면 모든 변수들과 명령 치환은 처음 trap이 설정될 때 수행된다. 작은따옴표(' ')가 명령 문자열을 둘러싸고 있으면 시그널이 발견되고 trap이 실행될 때까지 변수와 명령 치환은 하지 않는다.

kill -l 명령 또는 trap -l 명령을 사용하면 모든 시그널의 목록을 볼 수 있다. 시그널 목록을 보면 아래와 같이 시그널 숫자와 이름이 매칭되어 있다. 이 중에서 trap 명령에서 가장 많이 사용되는 시그널은 1) SIGHUP (hangup), 2) SIGINT (interrupt), 3) SIGQUIT (quit), 9) SIGKILL (kill), 15) SIGTERM (exit), 20) SIGTSTP (stop)이다.

```
[root@localhost script]# trap -l
 1) SIGHUP       2) SIGINT       3) SIGQUIT      4) SIGILL
 5) SIGTRAP      6) SIGABRT      7) SIGBUS       8) SIGFPE
 9) SIGKILL     10) SIGUSR1     11) SIGSEGV     12) SIGUSR2
13) SIGPIPE     14) SIGALRM     15) SIGTERM     16) SIGSTKFLT
17) SIGCHLD     18) SIGCONT     19) SIGSTOP     20) SIGTSTP
21) SIGTTIN     22) SIGTTOU     23) SIGURG      24) SIGXCPU
25) SIGXFSZ     26) SIGVTALRM   27) SIGPROF     28) SIGWINCH
29) SIGIO       30) SIGPWR      31) SIGSYS      34) SIGRTMIN
35) SIGRTMIN+1  36) SIGRTMIN+2  37) SIGRTMIN+3  38) SIGRTMIN+4
39) SIGRTMIN+5  40) SIGRTMIN+6  41) SIGRTMIN+7  42) SIGRTMIN+8
43) SIGRTMIN+9  44) SIGRTMIN+10 45) SIGRTMIN+11 46) SIGRTMIN+12
47) SIGRTMIN+13 48) SIGRTMIN+14 49) SIGRTMIN+15 50) SIGRTMAX-14
51) SIGRTMAX-13 52) SIGRTMAX-12 53) SIGRTMAX-11 54) SIGRTMAX-10
55) SIGRTMAX-9  56) SIGRTMAX-8  57) SIGRTMAX-7  58) SIGRTMAX-6
59) SIGRTMAX-5  60) SIGRTMAX-4  61) SIGRTMAX-3  62) SIGRTMAX-2
63) SIGRTMAX-1  64) SIGRTMAX
[root@localhost script]#
```

표 7-8 • 시그널 종류

시그널명	번호	설명
SIGHUP	**1**	**Hangup (POSIX)** 세션의 터미널 접속이 끊어질 때마다 커널은 해당 세션 리더에게 이 시그널을 보낸다. 커널은 또한 세션 리더가 종료될 때 전경 프로세스 그룹에 속한 모든 프로세스에게 이 시그널을 보낸다. 기본 동작은 종료인데, 이 시그널이 사용자 로그아웃을 의미하므로 당연한다. 특히, 데몬 프로세스의 경우 이 시그널은 자신의 설정을 다시 읽도록 명령하는 매커니즘으로 사용한다. 예를 들어, 아파치 httpd 데몬의 경우 SIGHUP 시그널을 받으면 httpd.conf 설정파일을 다시 읽게 된다.
SIGINT	**2**	**Terminal interrupt (ANSI)** 이 시그널은 사용자가 인터럽트 문자(Ctrl-C)를 입력했을 때 전경 프로세스 그룹에 속한 모든 프로세스에게 보내진다. 기본 동작은 종료이지만 프로세스는 이 시그널을 붙잡아 처리할 수 있고 일반적으로 종료 직전에 마무리 목적으로 사용한다.
SIGQUIT	**3**	**Terminal quit (POSIX)** 사용자가 터미널 종료 문자(Ctrl-\)를 입력할 때 커널은 전경 프로세스 그룹에 속한 모든 프로세스에게 이 시그널을 보낸다. 기본 동작은 해당 프로세스 종료와 코어 덤프파일 생성이다.
SIGILL	4	Illegal instruction (ANSI)
SIGTRAP	5	Trace trap (POSIX)
SIGIOT	6	IOT Trap (4.2 BSD)
SIGBUS	7	BUS error (4.2 BSD)
SIGFPE	8	Floating point exception (ANSI)
SIGKILL	**9**	**Kill(can't be caught or ignored) (POSIX)** kill() 시스템 호출에서 이 시그널을 보낸다. 이 시그널은 프로세스를 무조건 종료하도록 만드는 확실한 방법을 시스템 관리자에게 제공한다. 이 시그널은 붙잡을 수도 무시할 수도 없으며 결과는 항상 해당 프로세스의 강제 종료이다.
SIGUSR1	10	User defined signal 1 (POSIX)
SIGSEGV	11	Invalid memory segment access (ANSI)
SIGUSR2	12	User defined signal 2 (POSIX)
SIGPIPE	13	Write on a pipe with no reader, Broken pipe (POSIX)
SIGALRM	14	Alarm clock (POSIX)
SIGTERM	**15**	**Termination (ANSI)** 이 시그널은 kill()에서만 보낸다. 이 시그널은 사용자가 프로세스를 우아하게 종료하도록 만든다. 프로세스가 이 시그널을 붙잡아 종료 전에 마무리 처리를 할 수는 있지만 이 시그널을 붙잡은 뒤 곧바로 종료하지 않는 행위는 상식을 벗어난다.

(계속)

표 7-8 • 시그널 종류(계속)

시그널명	번호	설명
SIGSTKFLT	16	Stack fault
SIGCHLD	17	Child process has stopped or exited, changed (POSIX)
SIGCONT	18	Continue executing, if stopped (POSIX)
SIGSTOP	19	Stop executing(can't be caught or ignored) (POSIX)
SIGTSTP	**20**	**Terminal stop signal(POSIX)** 사용자가 일시 중지 문자(Ctrl-Z)를 입력했을 때 커널은 전경 프로세스 그룹에 속한 모든 프로세스에게 이 시그널을 보낸다.
SIGTTIN	21	Background process trying to read, from TTY (POSIX)
SIGTTOU	22	Background process trying to write, to TTY (POSIX)
SIGURG	23	Urgent condition on socket (4.2 BSD)
SIGXCPU	24	CPU limit exceeded (4.2 BSD)
SIGXFSZ	25	File size limit exceeded (4.2 BSD)
SIGVTALRM	26	Virtual alarm clock (4.2 BSD)
SIGPROF	27	Profiling alarm clock (4.2 BSD)
SIGWINCH	28	Window size change (4.3 BSD, Sun)
SIGIO	29	I/O now possible (4.2 BSD)
SIGPWR	30	Power failure restart (System V)

형식

```
trap '명령; 명령' 시그널번호
trap '명령; 명령' 시그널이름
```

```
[root@localhost script]# trap 'rm tmp*; exit 1'  1 2 15
[root@localhost script]# trap 'rm tmp*; exit 1'  HUP INT TERM
```

첫 번째는 1 hangup, 2 interrupt, 15 terminate 시그널이 도착했을 때 tmp로 시작하는 모든 파일을 삭제하고 종료하도록 한 것이다. 만약 스크립트가 실행되는 동안 인터럽트가 발생하면 trap 명령은 시그널을 인터럽트하게 된다. 시그널이 도착했을 때 시그널이 디폴트로 작동하거나 무시하도록 하는 함수 핸들러를 생성할 수 있다.

HUP, INT와 같은 시그널 이름은 SIG 문자열 다음에 오는데, 예를 들어 SIGHUP, SIGINT 등이다. bash 쉘에서는 SIG 문자열을 제외한 시그널의 심볼릭 이름을 사용할 수 있으며,

시그널의 숫자값도 사용할 수 있다.

7.8.1 시그널 재설정

시그널을 디폴트로 설정하기 위해서 trap 명령 다음에 시그널 이름 또는 시그널 번호를 적는다. 함수에서 trap 설정을 하면 함수가 호출될 때 함수를 호출한 쉘에 한 번만 적용된다.

```
trap INT 또는 trap 2
```

시그널 2[SIGINT]를 위한 디폴트 액션을 리셋하였다. 이 디폴트 액션은 <Ctrl-C>키를 눌러서 인터럽트할 때 프로세스를 제거하기 위한 것이다.

```
trap 'trap 2' 2
```

시그널 2[SIGINT]를 위한 디폴트 액션을 설정하면서 시그널이 도착했을 때 실행할 명령을 작은따옴표(' ')로 감싸주었다. 즉, 프로그램을 종료하기 위해서는 <Ctrl-C>키를 두 번 눌러야 한다는 의미이다. 먼저 첫 번째 trap은 시그널을 가로채고, 두 번째 trap 재설정은 시그널의 디폴트 액션으로 설정하여 프로세스를 제거하는 것이다.

7.8.2 시그널 무시하기

trap 명령 다음 따옴표 안에 아무 내용이 없으면 시그널 목록들은 프로세스에 의해 무시된다.

```
trap " " 1 2 또는 trap "" HUP INT
```

시그널 1[SIGHUP]과 2[SIGINT]는 쉘 프로세스에 의해 무시된다.

7.8.3 trap 목록

모든 trap 목록과 내용을 출력해 보기 위해서는 trap 명령만 입력하면 된다.

```
[root@localhost script]# trap 'echo "<Ctrl-C>키를 누르셨네요."' 2
[root@localhost script]# trap
trap -- 'echo "<Ctrl-C>키를 누르셨네요."' SIGINT
[root@localhost script]# <Ctrl-C>키를 누르셨네요.

[root@localhost script]#
```

먼저 시그널 2가 전달되면 문자열을 출력하도록 trap 명령을 설정하였다. 그리고 trap 목록을 보기 위해 trap 명령만 실행하였으며, 인터럽트를 발생시키기 위해 <Ctrl-C>키를 누르면 앞의 예제와 같이 "<Ctrl-C>키를 누르셨네요." 문자열을 출력하게 된다.

이번에는 쉘 스크립트에서 사용해 보자.

```
[root@localhost script]# vim trap_exam.sh
#!/bin/bash

trap 'echo "Ctrl-C 종료하지 않음 $0."' INT
trap 'echo "Ctrl-\\ 종료하지 않음 $0."' QUIT
trap 'echo "Ctrl-Z 종료하지 않음 $0."' TSTP
echo "프롬프트에 아무 문자열이나 입력하세요.
종료를 하려면 \"stop\" 을 입력하세요."

while true
do
    echo -n "GOGO...> "
    read
    if [[ $REPLY == [Ss]top ]]
    then
        break
    fi
done
```

```
[root@localhost script]# chmod +x trap_exam.sh
[root@localhost script]# ./trap_exam.sh
프롬프트에 아무 문자열이나 입력하세요.
종료를 하려면 "stop" 을 입력하세요.
GOGO...> Ctrl-C 종료하지 않음 ./trap_exam.sh.
Ctrl-\ 종료하지 않음 ./trap_exam.sh.
Ctrl-Z 종료하지 않음 ./trap_exam.sh.
문자열을 입력해 봅니다.
GOGO...> stop
[root@localhost script]#
```

앞의 예제 스크립트에서는 스크립트 상단에 3개의 trap 명령을 사용하여 3개의 시그널을 설정하였다. 먼저 INT 시그널은 <Ctrl-C>키를 누르면 발생하므로, 이때 echo 명령을 사용하여 <Ctrl-C>키를 눌렀다고 출력해 주고 종료하지 않음이라고 알려주도록 하였다. 그리고 QUIT 시그널과 TSTP시그널도 종료하지 않고 메시지를 출력하도록 하였다. while 루프에서 프롬프트처럼 GOGO...> 문자열을 출력하고 입력받은 문자열을 검사해서 Stop/stop 문자열이 입력되면 while 루프를 빠져나가도록 작성한 것이다.

7.8.4 trap과 함수

함수에서 시그널을 다루기 위해 trap을 사용한 함수가 한번 호출되고 나면 스크립트 전체에 영향을 미친다. 즉, trap은 스크립트에서 전역적으로 적용된다는 것이다. 아래 예제를 보면 trap으로 인터럽트 키(^c)를 무시하도록 설정하였기 때문에 이 스크립트의 루프를 중지하기 위해서는 kill 명령을 사용하여 프로세스를 종료해야 한다.

```
[root@localhost script]# vim trap_func.sh
```

```
#!/bin/bash

function trapper () {
    echo "trapper 안"
    trap 'echo "trap이 가로챔!"' INT
    # trap이 한번 설정되면 trap은 스크립트 전체에 영향을 준다.
    # ^c를 입력하더라도 스크립트는 무시한다.
}

while :
do
    echo "메인 스크립트안에서"
    trapper
    echo "아직 메인 스크립트"
    echo "프로세스 아이디(PID) : $$"
    sleep 5
done
```

```
[root@localhost script]# chmod +x trap_func.sh
[root@localhost script]# ./trap_func.sh
메인 스크립트안에서
trapper 안
아직 메인 스크립트
프로세스 아이디(PID) : 4347
메인 스크립트안에서
trapper 안
아직 메인 스크립트
프로세스 아이디(PID) : 4347
<Ctrl-C>trap이 가로챔!
메인 스크립트안에서
trapper 안
아직 메인 스크립트
프로세스 아이디(PID) : 4347
<Ctrl-Z>
[1]+  Stopped                 ./trap_func.sh
[root@localhost script]# jobs
[1]+  Stopped                 ./trap_func.sh
[root@localhost script]# ps ax | grep trap_func.sh | grep -v grep
 4347 pts/0    T      0:00 /bin/bash ./trap_func.sh
[root@localhost script]# kill -9 4347
[root@localhost script]# ps ax | grep trap_func.sh | grep -v grep
[1]+  Killed                  ./trap_func.sh
[root@localhost script]#
```

예제에서 trapper 함수를 정의하였는데, 시그널 INT(^C)가 발생하면 "trap이 가로챔!"이라는 문자열을 출력하도록 하였다. 그리고 메인 스크립트에서 while 무한루프 상태에서 trapper 함수를 호출하고 현재 프로세스 아이디(PID, $$ 변수값)를 출력하도록 하였다. trapper.sh 스크립트에 실행 퍼미션을 부여한 다음 실행하면 5초마다 trapper 함수를 호출하게 되는데, 이때 <Ctrl-C>키를 누르면 시그널 INT가 발생되어 종료되어야 하지만 trapper 함수에서 trap 명령을 사용하여 INT 시그널을 문자열 출력으로 대치하였으므로 종료되지 않는다. 이런 경우에는 무한 루프가 되어 프로그램을 종료할 수 없기 때문에 먼저 <Ctrl-Z>키를 사용하여 백그라운드로 실행되도록 한 다음, kill 또는 kill -9 명령을 사용하여 강제로 프로세스 아이디PID를 종료해야 한다.

7.9 | bash 스크립트 디버깅

bash 명령에서 -n 옵션을 사용하여 명령을 실행하지 않고 스크립트의 문법syntax을 체크할 수 있다. 이때 만약 스크립트에서 문법 에러가 발생하면 에러 내용을 리포트해 주고 문법 오류가 없다면 아무런 메시지도 보여주지 않는다.

일반적으로 쉘 스크립트의 디버깅은 set -x 명령을 사용하거나 bash 다음에 -x 옵션을 사용한다. 디버깅 옵션에 대해서는 다음의 표를 참고하자. 각 명령은 치환이 수행된 다음 출력되고 명령이 실행된다. 스크립트의 한 라인이 출력될 때 플러스(+) 기호가 붙어서 출력된다.

표 7-9 • bash 스크립트 디버깅 옵션

스크립트 디버깅 옵션	옵션명	설명
bash -x 스크립트명	에코 옵션	변수 치환 후 그리고 실행 이전에 스크립트의 각 라인을 출력한다.
bash -v 스크립트명	다양한 옵션	실행 이전에 스크립트의 각 라인을 출력한다.
bash -n 스크립트명	비실행 옵션	해석은 하지만 실행하지는 않는다.
set -x	에코 활성화	스크립트에서 실행을 추적한다.
set +x	에코 비활성화	스크립트에서 실행을 추적하지 않는다.

다양한 옵션을 사용하거나 -v 옵션(bash -v 스크립트명)과 함께 쉘을 호출하면 스크립트의 각 라인은 스크립트에 타이핑한 것처럼 출력하고 실행할 수 있다.

[root@localhost script]# vim debug_exam.sh

```
#!/bin/bash

name="linux"
if [[ $name == "centos" ]]
then
    printf "Hello $name\n"
fi

declare -i num=1
```

(계속)

```
while (( num < 5 ))
do
    let num+=1
done
printf "Total : %d\n" $num
```

```
[root@localhost script]# bash -x debug_exam.sh
+ name=linux
+ [[ linux == \c\e\n\t\o\s ]]
+ declare -i num=1
+ ((  num < 5  ))
+ let num+=1
+ ((  num < 5  ))
+ let num+=1
+ ((  num < 5  ))
+ let num+=1
+ ((  num < 5  ))
+ let num+=1
+ ((  num < 5  ))
+ printf 'Total : %d\n' 5
Total : 5
[root@localhost script]# chmod +x debug_exam.sh
[root@localhost script]# ./debug_exam.sh
Total : 5
[root@localhost script]#
```

예제 스크립트를 작성한 다음, 디버그를 위하여 bash -x debug_exam을 실행하였다. while 루프에서 총 다섯 번 루프 동안의 명령을 실행하고 결과값으로 num 변수의 값이 5임을 확인할 수 있다. -x 옵션을 사용하였기 때문에 에코가 출력되며, 출력되는 각 라인 앞에는 플러스(+)기호가 붙게 된다. 변수 치환은 라인이 출력되기 전에 수행되며, 명령 실행 결과는 이 라인들이 출력된 다음 출력된다.

7.10 | 명령라인

7.10.1 getopts를 사용한 명령라인 프로세싱

스크립트를 작성하면서 명령라인 옵션을 사용할 필요가 있을 때 위치 파라미터들은 매우 유용하다. 예를 들어, ls 명령은 여러 가지 명령라인 옵션과 아규먼트들을 가지고 있다. 이 옵션들은 여러 가지 방법으로 프로그램에 전달될 수 있으며, 스크립트에서 아규먼트가 필요하면 위치 파라미터들은 "ls -l -i -F"와 같이 독립적으로 아규먼트들을 처리하는 데 사용될 수 있다. 각 마이너스(−) 옵션들은 $1, $2, $3로 저장된다. 하지만 하나의 마이너스(−)를 사용하여 "ls -liF"처럼 사용하면 $1 위치 파라미터로만 인식하게 된다. getopts 함수는 위의 ls 프로그램에 의한 처리와 같은 방법에서 명령라인 옵션들과 아규먼트들을 모두 처리할 수 있도록 한다.

[root@localhost script]# vim opt1.sh

```
#!/bin/bash

while getopts xy options
do
    case $options in
        x) echo "-x 옵션을 사용하셨네요.";;
        y) echo "-y 옵션을 사용하셨네요.";;
    esac
done
```

```
[root@localhost script]# chmod +x opt1.sh
[root@localhost script]# ./opt1.sh -x
-x 옵션을 사용하셨네요.
[root@localhost script]# ./opt1.sh -xy
-x 옵션을 사용하셨네요.
-y 옵션을 사용하셨네요.
[root@localhost script]# ./opt1.sh -a
./opt1: illegal option -- a
[root@localhost script]# ./opt1.sh a
[root@localhost script]#
```

getopts 명령은 while 루프에서 상태값으로 사용되었는데, getopts 명령 다음에 x와 y 옵션이 있는지 체크하기 위해 getopts xy 형태로 사용한다. 그리고 이 옵션들은 options 변수에 할당된다. 이제 while 루프 몸체(do~done)에서 case 명령으로 options 변수의 값을 참고하여 x 옵션과 y 옵션에 따른 echo 명령 출력하도록 하였다. 결과에서 보면 -x, -xy 형태로 마이너스(–) 다음에 x, y가 있으면 옵션으로 인식하기 때문에 정상적인 출력이 되지만 -a는 옵션으로 인식하지 않기 때문에 잘못된 옵션이라는 메시지를 출력하며, 마이너스(–)가 없이 a라고 입력하면 파라미터로 인식하기 때문에 아무런 결과값도 출력하지 않는다.

[root@localhost script]# vim opt2.sh

```
#!/bin/bash

while getopts xy options 2> /dev/null
do
    case $options in
        x) echo "-x 옵션을 사용하셨네요.";;
        y) echo "-y 옵션을 사용하셨네요.";;
        ?) echo "-x, -y 옵션만 사용할 수 있습니다." 1>&2;;
    esac
done
```

```
[root@localhost script]# chmod +x opt2.sh
[root@localhost script]# ./opt2.sh -x
-x 옵션을 사용하셨네요.
[root@localhost script]# ./opt2.sh -y
-y 옵션을 사용하셨네요.
[root@localhost script]# ./opt2.sh -xy
-x 옵션을 사용하셨네요.
-y 옵션을 사용하셨네요.
[root@localhost script]# ./opt2.sh -a
-x, -y 옵션만 사용할 수 있습니다.
[root@localhost script]# ./opt2.sh -b
-x, -y 옵션만 사용할 수 있습니다.
[root@localhost script]#
```

while 루프에서 getopts 명령의 결과에서 에러(표준 에러 2)가 발생하면 /dev/null로 리다이렉트하도록 하였다. 그리고 다른 부분은 앞의 예제와 동일하지만 마지막에 "?"를 사용하여 다른 옵션이 오면 "-x, -y 옵션만 사용할 수 있습니다."라는 메시지를 표준 에러로 출력하도록 하였다.

7.10.2 특수한 getopts 변수들

getopts 함수는 아규먼트들의 존재를 유지시키기 위해 두 개의 변수(OPTIND, OPTARG)를 제공한다. OPTIND 변수는 1로 초기화되며, getopts가 명령라인 아규먼트를 한 번씩 프로세싱할 때마다 증가되는 특수 변수이다. OPTARG 변수는 아규먼트의 값을 가진다.

```
[root@localhost script]# vim opt3.sh
#!/bin/bash

while getopts ab: options
do
    case $options in
        a) echo "-a 옵션을 사용하셨네요.";;
        b) echo "-b 옵션의 아규먼트는 $OPTARG";;
        ?) echo "사용법 : opt3 -ab 파일명" 1>&2;;
    esac
done
```

```
[root@localhost script]# chmod +x opt3.sh
[root@localhost script]# ./opt3.sh -a
-a 옵션을 사용하셨네요
[root@localhost script]# ./opt3.sh -b
./opt3: option requires an argument -- b
사용법 : opt3 -ab 파일명
[root@localhost script]# ./opt3.sh -b linux
-b 옵션의 아규먼트는 linux
[root@localhost script]# ./opt3.sh -z
./opt3: illegal option -- z
사용법 : opt3 -ab 파일명
[root@localhost script]#
```

while 명령에서 getopts의 종료상태를 테스트하는데, getopts가 성공적으로 아규먼트를 처리한다면 종료상태값 0을 리턴하며 while 루프의 몸체로 진입한다. 여기서 아규먼트 목록에 추가한 콜론(:)은 b 옵션에서 아규먼트가 필요하다는 의미이다. 이때 아규먼트는 특수변수인 OPTARG 변수에 저장된다. 만약 a가 옵션으로 사용되면 마이너스(–)가 없이 a는 options 변수에 저장된다. b 옵션을 사용하려면 아규먼트가 필요하다. 이때 옵션과 아규먼트 사이에는 공백이 있어야 한다. b 옵션 다음에 아규먼트를 입력하면 마이너스(–)가 없이 b가 options 변수에 저장되고 아규먼트는 OPTARG 변수에 저장된다. b 옵션 다음 아규먼트가 없다면 ?물음표가 options 변수에 저장된다.

```
[root@localhost script]# vim opt4.sh
#!/bin/bash

while getopts abc: arguments 2>/dev/null
do
    case $arguments in
        a) echo "-a 옵션을 사용하셨네요.";;
        b) echo "-b 옵션을 사용하셨네요.";;
        c) echo "-c 옵션을 사용하셨네요."
            echo "OPTARG 변수값은 $OPTARG이다.";;
        ?) echo "사용법 : opt4 [-ab] [-c 아규먼트]"
            exit 1;;
    esac
done
echo "사용된 아규먼트의 수는 $(( $OPTIND - 1 ))개이다"
```

```
[root@localhost script]# chmod +x opt4.sh
[root@localhost script]# ./opt4.sh -abc linux
-a 옵션을 사용하셨네요.
-b 옵션을 사용하셨네요.
-c 옵션을 사용하셨네요.
OPTARG 변수값은 linux이다.
사용된 아규먼트의 수는 2개이다
[root@localhost script]# ./opt4.sh -a -b -c linux
-a 옵션을 사용하셨네요.
-b 옵션을 사용하셨네요.
```

```
-c 옵션을 사용하셨네요.
OPTARG 변수값은 linux이다.
사용된 아규먼트의 수는 4개이다
[root@localhost script]# ./opt4.sh -d
사용법 : opt4 [-ab] [-c 아규먼트]
[root@localhost script]#
```

이 예제는 앞의 예제와 유사하지만 OPTIND 변수를 사용하여 사용된 아규먼트 수를 알아내기 위해 전체 위치 파라미터 개수에서 opt4.sh 스크립트명도 하나의 아규먼트로 인식되기 때문에 1을 뺀 나머지 값을 출력하도록 하였다. 즉, OPTIND 변수는 스크립트명이 반드시 존재하기 때문에 1로 초기화되어 기본값으로 1을 가지고 있다는 의미이다.

7.10.3 eval 명령과 명령라인 파싱

eval 명령은 명령라인을 평가하는데, **모든 쉘 치환을 수행한 다음 명령라인을 실행**한다.

```
[root@localhost script]# set a b c d e
[root@localhost script]# echo The Last Argument is \$$#.
The Last Argument is $5.
[root@localhost script]# eval echo The Last Argument is \$$#.
The Last Argument is e.
[root@localhost script]#
```

먼저 위치 파라미터 5개를 설정하였으며, 가장 마지막 위치 파라미터의 위치와 값을 출력하고자 하였다. "\$"는 $ 문자를 그대로 출력하기 위한 것이며, $#의 값은 파라미터의 개수이므로 5를 출력하게 된다. echo 명령에서 사용된 $5의 값(다섯 번째 파라미터의 값)을 변수에 할당된 값으로 치환한 다음 출력하기 위해 위와 같이 eval 명령을 사용하면 변수를 먼저 값으로 치환한 다음 echo 명령을 수행하게 된다.

[root@localhost script]# vim eval_exam.sh

```
#!/bin/bash

eval `id | sed 's/[^a-z0-9=].*//'`
if [ "${uid:=0}" -ne 0 ]
then
```

(계속)

```
    echo $0: only root can run $0
    exit 2
else
    echo "root user : superuser"
fi
```

```
[root@localhost script]# chmod +x eval_exam.sh
[root@localhost script]# ./eval_exam.sh
root user : superuser
[root@localhost script]# su multi
[multi@localhost script]$ ./eval_exam.sh
./eval_exam.sh: only root can run ./eval_exam.sh
[multi@localhost script]$ exit
```

예제 스크립트에서 먼저 id 명령을 실행하면 다음과 같은 형식이 출력된다.

```
[root@localhost script]# id
uid=0(root) gid=0(root) groups=0(root),1(bin),2(daemon),3(sys),4(adm),6(disk),10(wheel)
[root@localhost script]#
```

이 id 명령의 결과값에서 uid=0 부분만, 즉 괄호가 시작되는 부분의 앞까지를 제외한 나머지를 삭제하기 위해 sed 명령과 정규표현식을 사용하였다. 이 정규표현식은 문자열로 시작되고 = 기호가 있는 곳까지 검색한다. 그리고 괄호가 나타나는 곳부터 문장의 끝까지 모든 것을 삭제(아무것도 없는것으로 치환)한다. 그래서 남는 문자열은 uid=0 형태를 가지게 되며, eval 명령은 명령라인을 평가하면서 root 유저라면 uid=0를 실행하여 uid 로컬 변수에 0을 할당한다. 그리고 명령 변경자를 사용하여 uid 변수의 값이 0인지 테스트하고, 0이 아니면 then 이하의 echo 명령에서 첫 번째 위치 파라미터 $0의 값(스크립트명)을 출력하게 되며, 0이면 else 다음의 echo 명령을 실행하게 된다.

7.11 | bash 옵션들

7.11.1 쉘 호출 옵션

쉘은 bash 명령을 사용하여 시작될 때 몇 가지 옵션을 사용할 수 있다. 두 가지 타입의 옵션이 있는데, 싱글 캐릭터 옵션과 멀티 캐릭터 옵션이 있다. 싱글 캐릭터 옵션은 대시(-) 다음에 단일 문자가 오며, 멀티 캐릭터 옵션은 두 개의 대시(--) 다음에 여러 개의 문자가 온다. 멀티 캐릭터 옵션은 싱글 캐릭터 옵션 이전에 위치해야 한다. 일반적으로 인터렉티브한 로그인 쉘은 -i 옵션(인터렉티브 쉘 시작), -s(표준 입력으로부터 읽기), -m(잡 컨트롤 가능) 옵션을 가지고 시작된다.

표 7-10 쉘 호출 옵션

옵션	의미
-c string	-c 플래그가 있으면 문자열로부터 명령을 읽어들인다. 문자열 뒤에 전달인수가 있으면 그 전달인수는 $0부터 시작하여 위치 매개변수로 지정된다.
-D	$로 시작되고, 큰따옴표로 인용된 문자열들의 목록은 표준 출력으로 출력된다. 현재 로케일이 C 또는 POSIX가 아닐 때 이 문자열들은 언어 번역을 위한 제목이다.
-i	-i 플래그가 있으면 쉘은 대화형(interactive) 모드로 동작한다.
-s	-s 플래그가 있을 때 또는 옵션 처리 후에 남은 인수가 없을 때에는 표준 입력으로부터 명령을 읽어들인다. 이 옵션을 사용하여 대화형 쉘을 실행시킬 때 위치 매개변수를 설정할 수 있다.
-r	제한된 쉘을 시작한다.
- --	옵션의 마지막 시그널이며 옵션 프로세싱을 더이상 할 수 없다. -- 또는 - 옵션 이후의 아규먼트들은 파일명과 아규먼트로 취급된다.
--dump-strings	-D 옵션과 같다.
--help	빌트인 명령을 위한 사용법 메시지를 출력하고 종료한다.
--login	bash가 마치 로그인 쉘로 시작된 것처럼 행동하게 한다.
--noediting	bash가 대화형 모드로 실행 중일 때 readline 라이브러리를 사용하지 않는다.
--noprofile	시스템 전역 시동 파일인 /etc/profile 또는 ~/.bash_profile, ~/.bash_login, ~/.profile 파일과 같은 모든 개인 초기화 파일을 읽지 않도록 한다. bash가 로그인 쉘로 실행될 때에는 기본적으로 이 모든 파일을 읽는다.
--norc	쉘이 대화형 모드일 때 유저 개인의 초기화 파일인 ~/.bashrc 파일을 실행하지 않도록 한다. 쉘을 실행할 때 bash(sh)라는 이름으로 실행하면 기본적으로 이 옵션이 켜진다.
--posix	기본적으로 POSIX 1003.2 표준과 다른 bash의 행동 방식을 바꾸어 표준에 부합되도록 지시한다.
--quiet	쉘을 시작할 때 상세한 정보를 보여주지 않는다. 즉, 쉘 버전과 기타 정보를 표시하지 않는다. 기본값이다.

(계속)

표 7-10 • 쉘 호출 옵션(계속)

옵션	의미
--rcfile file	쉘이 대화형 모드일 때 표준적인 개인 초기화 파일인 ~/.bashrc 대신 파일의 명령을 실행한다.
--restricted	제한된 쉘을 시작한다. -r 옵션과 같다.
--verbose	verbose 옵션을 켠다. -v 옵션과 같다.
--version	bash 쉘에 대한 버전 정보를 표시하고 종료한다.

7.11.2 set 명령과 옵션들

set 명령을 사용하여 명령라인 아규먼트를 조작하는 것과 같이 쉘 옵션들을 on/off할 수 있다. 옵션을 on하려면 - 기호를 옵션 앞에 붙이고, 옵션을 off하려면 + 기호를 옵션 앞에 추가하여 실행하면 된다.

```
[root@localhost script]# set -f
[root@localhost script]# echo *
*
[root@localhost script]# echo ?????
?????
[root@localhost script]# set +f
[root@localhost script]# echo ?????
hi.sh if.sh qa.sh
[root@localhost script]#
```

먼저 -f 옵션을 사용하여 f 옵션을 on하였다. 이 옵션은 파일명 확장 사용을 하지 않도록 설정하는 옵션이므로 echo * 명령은 * 문자만을 출력할 뿐이며, echo ????? 명령도 ????? 문자만 출력할 뿐이다. 그리고 f 옵션을 다시 비활성화off하기 위해 set +f 명령을 실행하여 파일명 확장을 사용하도록 설정한 다음, echo ????? 명령을 실행하면 '.'을 포함하여 파일명이 5문자로 구성된 파일 목록을 출력해 준다.

표 7-11 • set 명령 옵션

set 명령 옵션	짧은 옵션	의미
allexport	-a	설정을 해제할 때까지 뒤이어서 나올 명령의 환경으로 export하기 위해 수정 또는 생성할 변수를 자동으로 표기한다.
braceexpand	-B	브레이스 확장이 가능하며 기본값으로 설정되어 있다.

(계속)

표 7-11 • set 명령 옵션(계속)

set 명령 옵션	짧은 옵션	의미
emacs		이맥스 스타일의 명령행 편집 인터페이스를 사용하며, 기본값으로 설정되어 있다.
errexit	-e	명령이 0 아닌 상태값을 갖고 종료하면 즉시 종료한다. 만약 실패한 명령이 until 또는 while 루프의 일부, if 문의 일부, &&의 일부, || 목록의 일부이거나 또는 명령의 반환값이 !로 반전되면 종료하지 않는다.
histexpand	-H	! 스타일의 히스토리 치환을 사용한다. 쉘이 대화형 모드이면 기본으로 켜지는 플래그이다.
history		명령라인 히스토리를 가능하게 설정하며, 기본값으로 설정되어 있다.
ignoreeof		쉘을 빠져나오기 위해 〈Ctrl-d〉를 눌러 EOF하지 못하도록 한다. 이때에는 exit 명령을 사용해야 한다. 쉘 명령 'IGNOREEOF=10'을 실행한 것과 같은 효과를 발휘한다.
keyword	-k	명령을 위한 환경에서 키워드 아규먼트를 배치한다.
interactive-comments		인터렉티브 쉘에서 이 옵션을 사용하지 않으면 # 주석을 사용할 수 없다. 기본값으로 설정되어 있다.
monitor	-m	잡 컨트롤을 허용한다.
noclobber	-C	리다이렉션이 사용될 때 덮어쓰기로부터 파일을 보호한다.
noexec	-n	명령을 읽지만 실행하지 않으며, 스크립트의 문법을 체크하기 위해 사용된다. 인터렉티브로 실행했을 때에는 이 옵션이 적용되지 않는다.
noglob	-d	경로명 확장을 할 수 없다. 와일드카드가 적용되지 않는다.
notify	-b	백그라운드 잡이 종료되었을 때 유저에게 알려준다.
nounset	-u	변수 확장이 설정되지 않았을 때 에러를 출력해 준다.
onecmd	-t	하나의 명령을 읽고, 실행한 다음 종료한다.
physical	-P	이 옵션이 설정되면 cd 또는 pwd를 입력했을 때 심볼릭 링크는 가져오지 못한다. 물리적인 디렉터리만 보여준다.
posix		기본 연산이 POSIX 표준과 매칭되지 않으면 쉘의 행동이 변경된다.
privileged	-p	이 옵션이 설정되었을 때 쉘은 .profile 또는 ENV 파일을 읽지 않으며, 쉘 함수는 환경으로부터 상속되지 않는다.
verbose	-v	쉘에서 행 입력을 받을 때마다 그 입력행을 출력한다.
vi		명령라인 에디터로 vi 에디터를 사용한다.
xtrace	-x	각각의 간단한-명령을 확장한 다음, bash PS4의 확장값을 표시하고 명령과 확장된 인수를 표시한다.

7.12 | 쉘의 빌트인 명령들

쉘은 여러 가지 빌트인 내부 명령들을 가지고 있다. 빌트인 내부 명령을 가지고 있으면 쉘은 디스크 저장장치를 검색하지 않아도 되기 때문에 명령 실행의 속도가 빨라진다.

쉘의 빌트인 명령들에 대한 내용은 2장 "2.8.2 빌트인 명령과 help 명령"의 [표 2 - 8]을 참고하자.

7.13 | 쉘 비교표

표 7-12 • 쉘 비교표

특징	Bourne 쉘	C 쉘	TC 쉘	Korn 쉘	Bash 쉘
앨리아스(Aliases)	no	yes	yes	yes	yes
고급 패턴 매칭(Advanced Pattern Matching)	no	no	no	yes	yes
명령라인 편집(Command-Line Editing)	no	no	yes	yes	yes
디렉터리 스택(pushed, popd)	no	yes	yes	no	yes
파일명 완성(Filename Completion)	no	yes	yes	yes	yes
함수(Functions)	yes	no	no	yes	yes
히스토리(History)	no	yes	yes	yes	yes
잡 컨트롤(Job Control)	no	yes	yes	yes	yes
키 바인딩(Key Binding)	no	no	yes	no	yes
프롬프트 포매팅(Prompt Formatting)	no	no	yes	no	yes
스펠링 교정(Spelling Correction)	no	no	yes	no	yes

7.14 | 리눅스 시작스크립트 분석

이제 리눅스의 시작스크립트 중 vsftpd 시작스크립트를 분석/etc/rc.d/ini.d/vsftpd해 보도록 하자. 레드햇 계열의 리눅스 배포판에서는 설치 시 기본 시작스크립트 파일의 위치는 /etc/rc.d/init.d 디렉터리다. 또한 이 디렉터리는 /etc/init.d 디렉터리로 심볼릭 링크되어 있다.

```
[root@localhost script]# ls -l /etc/init.d
lrwxrwxrwx 1 root root 11 2009-05-23 04:46 /etc/init.d -> rc.d/init.d
[root@localhost script]#
```

7.14.1 /etc/rc.d/init.d/vsftpd

```
[root@localhost script]# cat /etc/rc.d/init.d/vsftpd
#!/bin/bash
#
# vsftpd      This shell script takes care of starting and stopping
#             standalone vsftpd.
#
# chkconfig: - 60 50
# description: Vsftpd is a ftp daemon, which is the program \
#              that answers incoming ftp service requests.
# processname: vsftpd
# config: /etc/vsftpd/vsftpd.conf

# Source function library.
. /etc/rc.d/init.d/functions

# Source networking configuration.
. /etc/sysconfig/network

# Check that networking is up.
[ ${NETWORKING} = "no" ] && exit 0

[ -x /usr/sbin/vsftpd ] || exit 0

RETVAL=0
prog="vsftpd"

start() {
        # Start daemons.
```

(계속)

```
        if [ -d /etc/vsftpd ] ; then
                for i in `ls /etc/vsftpd/*.conf`; do
                        site=`basename $i .conf`
                        echo -n $"Starting $prog for $site: "
                        daemon /usr/sbin/vsftpd $i
                        RETVAL=$?
                        [ $RETVAL -eq 0 ] && touch /var/lock/subsys/$prog
                        echo
                done
        else
                RETVAL=1
        fi
        return $RETVAL
}

stop() {
        # Stop daemons.
        echo -n $"Shutting down $prog: "
        killproc $prog
        RETVAL=$?
        echo
        [ $RETVAL -eq 0 ] && rm -f /var/lock/subsys/$prog
        return $RETVAL
}

# See how we were called.
case "$1" in
  start)
        start
        ;;
  stop)
        stop
        ;;
  restart|reload)
        stop
```

(계속)

```
        start
        RETVAL=$?
        ;;
  condrestart)
        if [ -f /var/lock/subsys/$prog ]; then
            stop
            start
            RETVAL=$?
        fi
        ;;
  status)
        status $prog
        RETVAL=$?
        ;;
  *)
        echo $"Usage: $0 {start|stop|restart|condrestart|status}"
        exit 1
esac

exit $RETVAL
```

쉘 스크립트 소스코드에서 첫 번째줄을 보면 쉘 스크립트를 실행할때 bash를 사용하여 실행하겠다는 #!/bin/bash 라인을 볼 수 있다. 그리고 그 아래 라인을 보면 chkconfig: -60 50 문자열을 볼 수 있다. 리눅스에서는 기본적으로 0부터 6까지의 7가지 런레벨을 사용하고 있는데, 어떤 런레벨에서 부팅 시 시작할지 설정하는 라인이다.

chkconfig 명령을 실행하면 사용법을 다음과 같이 출력해 준다.

```
[root@localhost script]# chkconfig
```

```
chkconfig version 1.3.30.1 - Copyright (C) 1997-2000 Red Hat, Inc.
This may be freely redistributed under the terms of the GNU Public License.

usage:  chkconfig --list [name]
        chkconfig --add <name>
        chkconfig --del <name>
        chkconfig [--level <levels>] <name> <on|off|reset|resetpriorities>
```

소스파일에서와 같이 # chkconfig: - 60 50이라고 입력하면 chkconfig --add 명령 실행 시 적어둔 런레벨에서 부팅 시 자동으로 실행되도록 활성화 설정이 된다. 기본 설정에서는 -가 입력되어 있으므로 어떤 런레벨에도 등록되지 않는다.

형식 chkconfig: [런레벨 목록] [시작 우선순위] [종료 우선순위]

먼저 chkconfig --list vsftpd 명령을 실행하여 이 스크립트가 어떤 런레벨에서 시작스크립트로 실행되는지 알아보자.

```
[root@localhost script]# chkconfig --list vsftpd
vsftpd          0:off   1:off   2:off   3:off   4:off   5:off   6:off
[root@localhost script]# chkconfig --del vsftpd
[root@localhost script]# chkconfig --list vsftpd
service vsftpd supports chkconfig, but is not referenced in any runlevel (run 'chkconfig --add vsftpd')
[root@localhost script]#
```

위의 내용을 보면 0~6의 런레벨 중 on으로 설정된 런레벨이 없다. 그리고 --del 옵션을 사용하여 chkconfig 등록을 완전히 삭제하였다. 그리고 다시 --list 옵션으로 확인해 보면 --add 옵션으로 등록하라는 메시지를 출력해 준다.

이제 3번 런레벨과 5번 런레벨에서 시작과 종료 시 vsftpd 시작스크립트가 실행되도록 설정해 보자. 시작스크립트로 등록하기 위해서는 chkconfig --add [이름] 형식을 사용한다.

먼저 런레벨 3과 5번에 등록하기 위해서 vsftpd 쉘 스크립트 파일에서 chkconfig: 라인을 다음과 같이 수정하고 chkconfig --add vsftpd 명령을 실행한다.

```
[root@localhost ~]# vim /etc/init.d/vsftpd
# chkconfig: 35 60 50
[root@localhost script]# chkconfig --add vsftpd
[root@localhost script]# chkconfig --list vsftpd
vsftpd          0:off   1:off   2:off   3:on    4:off   5:on    6:off
[root@localhost script]#
```

--add 옵션을 사용하여 시작스크립트에 등록하고 --list 옵션을 사용하여 등록 결과를 확인해보면 3번과 5번에 on이라고 출력된다. 이것은 앞서 시작스크립트의 chkconfig: 라인에서 첫 번째 아규먼트의 값으로 "35"로 설정했기 때문이다. 그리고 이것은 3번 런레벨과 5

번 런레벨에 시작스크립트로 등록되었다는 의미이며, /etc/rc.d/rc.[런레벨 번호] 디렉터리에 vsftpd 파일의 심볼릭 링크가 만들어지게 된다. S 문자로 시작하는 심볼릭 링크 파일은 부팅 시 활성화(활성)하는 파일이며, K 문자로 시작하는 심볼릭 링크 파일은 부팅 시 비활성화(해제)하는 파일이다.

```
[root@localhost script]# ls -l /etc/rc.d/
total 112
drwxr-xr-x 2 root root  4096 2009-07-24 02:38 init.d
-rwxr-xr-x 1 root root  2255 2008-11-14 00:48 rc
drwxr-xr-x 2 root root  4096 2009-07-24 02:38 rc0.d
drwxr-xr-x 2 root root  4096 2009-07-24 02:38 rc1.d
drwxr-xr-x 2 root root  4096 2009-07-24 02:38 rc2.d
drwxr-xr-x 2 root root  4096 2009-07-24 02:38 rc3.d
drwxr-xr-x 2 root root  4096 2009-07-24 02:38 rc4.d
drwxr-xr-x 2 root root  4096 2009-07-24 02:38 rc5.d
drwxr-xr-x 2 root root  4096 2009-07-24 02:38 rc6.d
-rwxr-xr-x 1 root root   220 2008-11-14 00:48 rc.local
-rwxr-xr-x 1 root root 27420 2009-03-06 08:54 rc.sysinit
[root@localhost script]# ls -l /etc/rc.d/rc3.d | grep vsftpd
lrwxrwxrwx 1 root root 16 2009-07-24 02:38 S60vsftpd -> ../init.d/vsftpd
[root@localhost script]# ls -l /etc/rc.d/rc5.d | grep vsftpd
lrwxrwxrwx 1 root root 16 2009-07-24 02:38 S60vsftpd -> ../init.d/vsftpd
[root@localhost script]#
```

위와 같이 **S60**vsftpd 심볼릭 파일이 생성된 것을 확인할 수 있는데, 앞서 vsftpd 시작스크립트 파일에서 "# chkconfig: 35 60 50"이라고 설정했었다. 여기서 잠시 생각해 보면 S 다음에 60이라는 숫자는 chkconfig 라인에서의 두 번째 아규먼트인 60과 일치한다. 즉, 두 번째 아규먼트의 값은 3번과 5번 런레벨에서 부팅 시 활성화(활성)하는 시작스크립트의 심볼릭 링크 파일명에 사용될 번호가 된다. 그리고 세 번째 아규먼트의 값은 3번과 5번 이외의 런레벨에서 비활성화(해제)하는 심볼릭 링크 파일명에 사용될 번호가 된다. (K50vsftpd) 활성은 파일명이 S로 시작하고 비활성(해제)은 파일명이 K로 시작한다.

"# description: [문자열]" 형식은 스크립트 파일의 설명을 적어두는 곳이다. 만약 줄의 마지막에 백슬래시(\)가 있으면 다음 라인에 계속 이어서 문자열을 입력한다는 의미이다.

"# processname: [문자열]" 형식은 스크립트가 실행하는 프로세스 이름을 입력한다.

"**# config:** [파일경로]" 형식은 스크립트에서 사용할 환경 설정 파일의 절대경로를 입력한다.

먼저 . 또는 source 명령을 사용하여 /etc/rc.d/init.d/functions, /etc/sysconfig/network 파일에 설정한 각종 변수의 값을 읽어들이고 있다.

```
. /etc/rc.d/init.d/functions
. /etc/sysconfig/network
```

/etc/rc.d/init.d/functions 파일은 내용이 많기 때문에 생략하고, /etc/sysconfig/network을 보면 다음과 같이 3개의 변수가 설정되어 있다.

```
[root@localhost script]# cat /etc/sysconfig/network
NETWORKING=yes
NETWORKING_IPV6=no
HOSTNAME=localhost.localdomain
[root@localhost script]#
```

먼저 네트워크를 사용할 수 있는 환경인지 체크하기 위해 아래 명령을 사용하고 있다.

```
# Check that networking is up.
[ ${NETWORKING} = "no" ] && exit 0
```

vsftpd의 실행 파일을 실행할 수 있는지 체크하기 위해 다음의 명령을 사용하고 있다.

```
[ -x /usr/sbin/vsftpd ] || exit 0
```

그리고 아래의 두 가지 변수를 설정하고 있다.

```
RETVAL=0
prog="vsftpd"
```

다음으로 start() 함수와 stop() 함수를 정의하고 있다.

```
start() {
        # Start daemons.

        if [ -d /etc/vsftpd ] ; then
                for i in `ls /etc/vsftpd/*.conf`; do
                        site=`basename $i .conf`
```

(계속)

```
                        echo -n $"Starting $prog for $site: "
                        daemon /usr/sbin/vsftpd $i
                        RETVAL=$?
                        [ $RETVAL -eq 0 ] && touch /var/lock/subsys/$prog
                        echo
                done
        else
                RETVAL=1
        fi
        return $RETVAL
}

stop() {
        # Stop daemons.
        echo -n $"Shutting down $prog: "
        killproc $prog
        RETVAL=$?
        echo
        [ $RETVAL -eq 0 ] && rm -f /var/lock/subsys/$prog
        return $RETVAL
}
```

start 함수는 /etc/vsftpd 디렉터리가 존재하는지 테스트하고 만약 디렉터리가 존재한다면 then 이하의 for 루프를 진행한다. for 루프에서는 ls /etc/vsftpd/*.conf 명령을 실행한 결과값을 i 변수에 할당하면서 do~done 사이의 명령을 실행한다. 먼저 basename $i .conf 명령의 결과를 site 변수에 할당하고 echo 명령을 사용하여 스크립트를 시작한다는 메시지를 출력하며, i 변수의 환경 설정파일들을 사용하여 vsftpd 실행 파일을 실행한다. 그리고 이 명령 수행의 종료상태값(?)을 RETVAL 변수에 할당하고 이 값이 0인지 테스트하고 /var/lock/subsys/vsftpd 빈 파일을 만든다. 만약 /etc/vsftpd 디렉터리가 없다면 RETVAL 변수에는 1을 할당하며 마지막으로 RETVAL 변수의 값을 리턴한다.

stop 함수는 vsftpd를 멈춘다는 메시지를 출력하고 vsftpd 프로그램을 종료하며, 이 명령 수행의 종료상태값(?)을 RETVAL 변수에 할당한다. 그리고 RETVAL 변수의 값이 0인지 테스트하고 /var/lock/subsys/vsftpd 파일을 강제로 삭제한다. 마지막으로 RETVAL 변수의 값을 리턴한다.

case 구문은 /etc/rc.d/init.d/vsftpd 실행 시 사용할 아규먼트를 지정하는 것으로서 start, stop, restart, reload, condrestart, status 등의 아규먼트를 지정하고 있다. 그리고 아규먼트를 사용하지 않고 vsftpd 스크립트를 실행하면 사용법을 출력해 주도록 하고 있다. 스크립트의 마지막 라인을 보면 RETVAL 변수(마지막 실행 명령의 종료상태)의 값을 사용하여 vsftpd 스크립트를 종료exit하고 있다.

이제 vsftpd 시작스크립트를 시작하고 종료해 보자.

```
[root@localhost script]# /etc/rc.d/init.d/vsftpd
사용법: /etc/rc.d/init.d/vsftpd {start|stop|restart|condrestart|status}
[root@localhost script]# /etc/rc.d/init.d/vsftpd status
vsftpd가 정지됨
[root@localhost script]# /etc/rc.d/init.d/vsftpd start
vsftpd에 대한 vsftpd을 시작 중:                          [  OK  ]
[root@localhost script]# /etc/rc.d/init.d/vsftpd restart
vsftpd를 종료 중:                                        [  OK  ]
vsftpd에 대한 vsftpd을 시작 중:                          [  OK  ]
[root@localhost script]# /etc/rc.d/init.d/vsftpd status
vsftpd (pid 5178)를 실행 중...
[root@localhost script]# netstat -an | grep :21
tcp        0      0 0.0.0.0:21                  0.0.0.0:*                   LISTEN
[root@localhost script]#
```

vsftpd 시작스크립트와 함께 옵션을 사용하여 시작과 종료, 현재 상태 등을 알아보았다. 그리고 ftp 포트인 21번 포트가 오픈되어 있는지 알아보기 위해 netstat 명령과 grep 명령을 파이프 처리하여 21번 포트가 오픈되어 있음을 확인하였다.

이제 쉘에서 로컬호스트로 ftp 접속을 해보도록 하자.

```
[root@localhost script]# lftp multi@localhost
Password:
lftp multi@localhost:~> ls
drwxr-xr-x    2 500      500          4096 May 22 20:14 Desktop
-rw-------    1 500      500           677 Jul 23 06:32 mbox
drwxrwxr-x    2 500      500          4096 Jul 16 17:07 perm2
```

```
-rw-rw-r--    1 500      500           0 Jul 16 17:07 perm2.txt
drwxrwxr-x    2 500      500        4096 Jul 18 23:47 www
lftp multi@localhost:~> quit
[root@localhost script]#
```

접속이 정상적으로 이루어짐을 확인하였다. 앞서 사용한 lftp 프로그램은 ftp 접속을 위해 사용하는 쉘용 ftp 클라이언트 프로그램이며, 사용법은 다음과 같다.

[root@localhost ~]# lftp --help

```
[root@localhost script]# lftp --help
Usage: lftp [OPTS] <site>
'lftp' is the first command executed by lftp after rc files
 -f <file>           execute commands from the file and exit
 -c <cmd>            execute the commands and exit
 --help              print this help and exit
 --version           print lftp version and exit
Other options are the same as in 'open' command
 -e <cmd>            execute the command just after selecting
 -u <user>[,<pass>]  use the user/password for authentication
 -p <port>           use the port for connection
 <site>              host name, URL or bookmark name
[root@localhost script]#
```

7.15 | bash 스크립트를 이용하여 Text GUI 만들기

다음의 그림은 리눅스의 텍스트 모드 설정 유틸리티setup의 모습이다. 쉘에서 이와 같은 유사한 형태로 만들 수 있는데, dialog 유틸리티를 사용하면 가능하다.

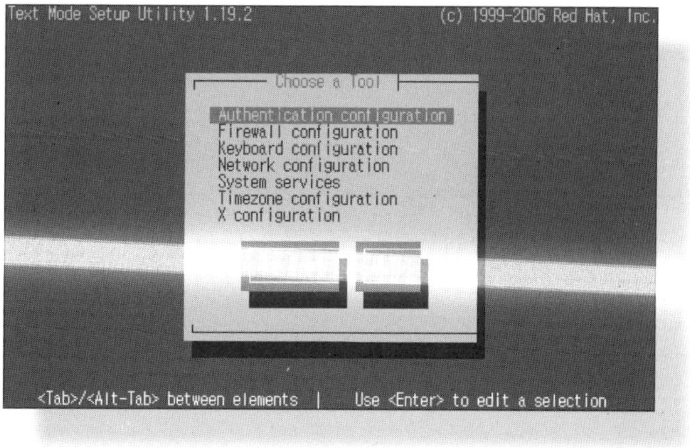

그림 7-1 • setup 유틸리티

7.15.1 dialog 유틸리티 설치하기

먼저 dialog 유틸리티가 설치되어 있는지 확인하고, 설치되어 있지 않다면 설치하도록 하자.

```
[root@localhost ~]# rpm -qa|grep dialog
krb5-auth-dialog-0.7-1
[root@localhost ~]#
```

현재 필자의 CentOS 5.3에는 dialog 유틸리티가 설치되어 있지 않다. 설치를 위해서는 네트워크를 사용할 수 있는 상황에서 yum(Yellowdog Updater Modified) 유틸리티를 사용하면 된다.

```
[root@localhost script]# yum install dialog -y
Loaded plugins: fastestmirror
Loading mirror speeds from cached hostfile
 * rpmforge: ftp-stud.fht-esslingen.de
 * base: ftp.daum.net
 * updates: ftp.daum.net
 * addons: ftp.daum.net
 * extras: ftp.daum.net
Setting up Install Process
Parsing package install arguments
Resolving Dependencies
--> Running transaction check
---> Package dialog.i386 0:1.0.20051107-1.2.2 set to be updated
```

```
--> Finished Dependency Resolution

Dependencies Resolved

================================================================================
 Package          Arch          Version                      Repository     Size
================================================================================
Installing:
 dialog           i386          1.0.20051107-1.2.2           base           162 k

Transaction Summary
================================================================================
Install       1 Package(s)
Update        0 Package(s)
Remove        0 Package(s)

Total download size: 162 k
Downloading Packages:
dialog-1.0.20051107-1.2.2.i386.rpm                         | 162 kB     00:00
Running rpm_check_debug
Running Transaction Test
Finished Transaction Test
Transaction Test Succeeded
Running Transaction
  Installing     : dialog                                             [1/1]

Installed: dialog.i386 0:1.0.20051107-1.2.2
Complete!
[root@localhost script]# rpm -qa|grep dialog
krb5-auth-dialog-0.7-1
dialog-1.0.20051107-1.2.2
[root@localhost script]#
```

dialog 유틸리티 설치를 마쳤다.

CentOS에서 원격 업데이트툴인 yum 유틸리티 사용법은 다음과 같다. 단, yum을 사용하기 위해서는 인터넷 네트워크 연결이 가능해야 한다.

1. **업데이트할 목록을 보려면?**

```
# yum list updates
```

2. **업데이트 목록을 다운로드하고, 즉시 업데이트를 설치하려면?**

```
# yum update -y
```

3. **설치된 rpm 패키지 목록을 보려면?**

```
# rpm -qa
# yum list installed
```

4. **gcc 패키지가 설치되어 있는지 확인하려면?**

```
# rpm -qa | grep gcc
# yum list installed gcc
```

5. **gcc 패키지를 설치하려면?**

```
# yum install gcc gcc-c++
```

6. **gcc 패키지를 업데이트하려면?**

```
# yum update gcc gcc-c++
```

7. **패키지 이름으로 검색하려면?**

```
# yum list 패키지명
# yum list 정규식
# yum list gcc
# yum list gcc*
```

8. **여러개의 패키지를 설치하려면?**

```
# yum install gcc gcc-c++
```

9. **패키지를 삭제하려면?**

```
# yum remove gcc gcc-c++
```

10. **설치가 가능한 모든 패키지를 보려면?**

```
# yum list all
```

패키지 그룹을 보려면?

```
# yum grouplist
```

CentOS 5.3의 그룹패키지 목록은 다음과 같다.

```
[root@localhost script]# yum grouplist
Loaded plugins: fastestmirror
Setting up Group Process
Loading mirror speeds from cached hostfile
 * rpmforge: ftp-stud.fht-esslingen.de
 * base: ftp.daum.net    z
 * updates: ftp.daum.net
 * addons: ftp.daum.net
```

```
 * extras: ftp.daum.net
Installed Groups:
   Administration Tools
   Development Libraries
   Dialup Networking Support
   Editors
   FTP Server
   GNOME Desktop Environment
   Games and Entertainment
   Graphical Internet
   Graphics
   Java
   Legacy Software Development
   Legacy Software Support
   Mail Server
   Network Servers
   Office/Productivity
   Printing Support
   Server Configuration Tools
   Sound and Video
   System Tools
   Text-based Internet
   Web Server
   X Window System
   Yum Utilities
Available Groups:
   Authoring and Publishing
   Base
   Beagle
   Cluster Storage
   Clustering
   DNS Name Server
   Development Tools
   Emacs
   Engineering and Scientific
   FreeNX and NX
   GNOME Software Development
   Horde
```

```
    Java Development
    KDE (K Desktop Environment)
    KDE Software Development
    Legacy Network Server
    Mono
    MySQL Database
    News Server
    OpenFabrics Enterprise Distribution
    PostgreSQL Database
    Ruby
    Tomboy
    Virtualization
    Windows File Server
    X Software Development
    XFCE-4.4
Done
```

11. **그룹 패키지를 모두 설치하려면?**

```
# yum groupinstall "Development Tools"
```

12. **그룹 패키지를 업데이트하려면?**

```
# yum groupupdate "Development Tools"
```

13. **그룹 패키지를 삭제하려면?**

```
# yum groupremove "Development Tools"
```

14. **아키텍처를 지정하여 설치하려면?**

```
# yum install mysql.i386
```

15. **파일을 가지고 있는 패키지명을 알려면?**

```
# rpm -qf /etc/passwd
# yum whatprovides /etc/passwd
```

16. **맨페이지를 보려면?**

```
# man yum
```

17. **yum fastestmirror 패키지를 설치하면 yum 미러 서버 중 속도가 빠른 서버를 자동으로 찾아서 연결해 준다.**

yum fastestmirror 패키지는 yum을 사용하여 아래와 같이 설치한다.

```
Cent OS 4.X
# yum install yum-plugin-fastestmirror -y

    Cent OS 5.X
    # yum install yum-fastestmirror -y
```

7.15.2 dialog 사용법

```
[root@localhost script]# dialog --help # man dialog
```

```
cdialog (ComeOn Dialog!) version 1.0-20051107
Copyright (C) 2005 Thomas E. Dickey
This is free software; see the source for copying conditions.  There is NO
warranty; not even for MERCHANTABILITY or FITNESS FOR A PARTICULAR PURPOSE.

* Display dialog boxes from shell scripts *

Usage: dialog <options> { --and-widget <options> }
where options are "common" options, followed by "box" options

Special options:
  [--create-rc "file"]
Common options:
  [--aspect <ratio>] [--backtitle <backtitle>] [--begin <y> <x>]
  [--cancel-label <str>] [--clear] [--colors] [--cr-wrap]
  [--default-item <str>] [--defaultno] [--exit-label <str>]
  [--extra-button] [--extra-label <str>] [--help-button]
  [--help-label <str>] [--help-status] [--ignore] [--input-fd <fd>]
  [--insecure] [--item-help] [--keep-window] [--max-input <n>]
  [--no-cancel] [--no-collapse] [--no-kill] [--no-label <str>]
  [--no-shadow] [--ok-label <str>] [--output-fd <fd>] [--print-maxsize]
  [--print-size] [--print-version] [--separate-output]
  [--separate-widget <str>] [--shadow] [--single-quoted] [--size-err]
  [--sleep <secs>] [--stderr] [--stdout] [--tab-correct] [--tab-len <n>]
  [--timeout <secs>] [--title <title>] [--trim] [--visit-items]
  [--version] [--yes-label <str>]
Box options:
  --calendar     <text> <height> <width> <day> <month> <year>
  --checklist    <text> <height> <width> <list height> <tag1> <item1> <status1>...
  --form         <text> <height> <width> <form height> <label1> <l_y1> <l_x1> <item1> <i_y1> <i_x1>
<flen1> <ilen1>...
  --fselect      <filepath> <height> <width>
```

(계속)

```
  --gauge        <text> <height> <width> [<percent>]
  --infobox      <text> <height> <width>
  --inputbox     <text> <height> <width> [<init>]
  --inputmenu    <text> <height> <width> <menu height> <tag1> <item1>...
  --menu         <text> <height> <width> <menu height> <tag1> <item1>...
  --msgbox       <text> <height> <width>
  --passwordbox  <text> <height> <width> [<init>]
  --pause        <text> <height> <width> <seconds>
  --radiolist    <text> <height> <width> <list height> <tag1> <item1> <status1>...
  --tailbox      <file> <height> <width>
  --tailboxbg    <file> <height> <width>
  --textbox      <file> <height> <width>
  --timebox      <text> <height> <width> <hour> <minute> <second>
  --yesno        <text> <height> <width>

Auto-size with height and width = 0. Maximize with height and width = -1.
Global-auto-size if also menu_height/list_height = 0.
```

7.15.3 메시지 박스

앞서 본 help 내용을 기반으로 예제로 간단한 메시지 박스--msgbox를 만들어 보자.

```
[root@localhost script]# dialog --title "메시지 박스" --backtitle "김태용의 리눅스 쉘 스크립트 프로그래밍 입문"
--msgbox "리눅스 쉘 스크립트" 15 30
```

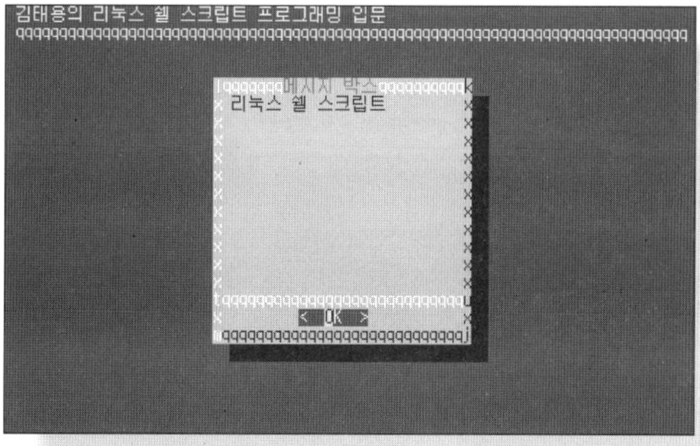

그림 7-2

위 예제에서는 타이틀--title과 백타이틀--backtitle 그리고 --msgbox 옵션을 사용하였으며, 높이는 15 너비는 30으로 설정하였다.

--title 옵션은 다이얼로그의 중앙 박스 제목을 의미하고, --backtitle 옵션은 다이얼로그의 좌측 상단의 제목을 의미한다.

7.15.4 yes/no 박스

```
[root@localhost script]# vim ynbox.sh
```

```
#!/bin/bash

dialog --title "경고 : 파일 삭제" --backtitle \
"김태용의 리눅스 쉘 스크립트 프로그래밍 입문" --yesno \
"\n삭제하시겠습니까? '/home/multi/testdel.sh' file" 7 60
sel=$?
case $sel in
    0) echo "삭제를 선택했습니다.";;
    1) echo "삭제를 선택하지 않았습니다.";;
    255) echo "<Esc>키를 눌러 취소하였습니다.";;
esac
```

```
[root@localhost script]# chmod +x ynbox.sh
[root@localhost script]# ./ynbox.sh
```

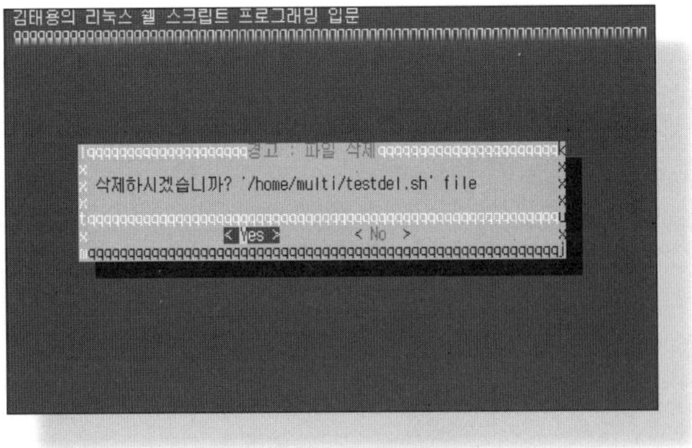

그림 7-3

앞의 예제는 dialog 명령에서 자주 사용하는 옵션들을 사용하여 작성하였다. 먼저 --title 옵션을 사용하면 중앙 박스의 상단에 타이틀 메시지를 출력하고, --backtitle 옵션을 사용하면 좌측 상단에 타이틀 메시지를 출력한다. --yesno 옵션을 사용하면 yes/no 박스를 보여주고 박스 안에 문자열을 출력하게 된다. 그리고 sel 변수에 $? 값을 할당하였는데, ? 기호는 이전 명령의 종료상태값을 의미하므로 dialog 명령의 종료상태값을 sel 변수에 할당한 것이다. case 문에서 종료상태값을 가지고 있는 sel 변수값에 따라 실행할 명령들로 구성하였다. 즉, 종료상태값이 0이면 정상 종료가 되며 0) 항목의 명령을 수행하게 되고, 종료상태값이 1이면 에러가 되고 1) 항목의 명령을 수행하게 된다. 그리고 <Esc>키가 눌러지면 255) 항목의 명령을 수행하게 된다.

7.15.5 입력 박스

이번에는 입력 박스--inputbox를 만들어 보자.

```
[root@localhost script]# vim inputbox.sh
#!/bin/bash

dialog --title "입력 박스" --backtitle "김태용의 리눅스 쉘 스크립트 프로그래밍 >입문" --inputbox "이름을 입력하세요." 8 60 2>/tmp/input.$$

sel=$?
name=`cat /tmp/input.$$`

case $sel in
    0) echo "$name님 안녕하세요." ;;
    1) echo "취소를 누르셨네요." ;;
    255) echo "<Esc>키를 누르셨네요." ;;
esac
rm -f /tmp/input.$$
```

```
[root@localhost script]# chmod +x inputbox.sh
[root@localhost script]# ./inputbox.sh
```

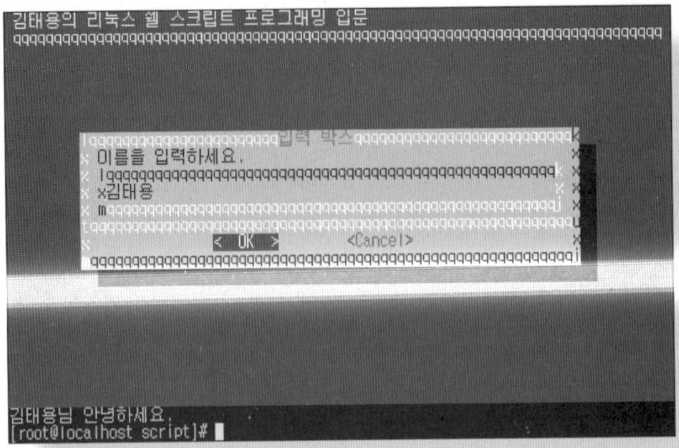

그림 7-4

위 예제에서는 --inputbox 옵션을 사용하였다. 이 옵션은 유저로부터 문자열을 입력받기 위해 사용하는 옵션이며, 2>/tmp/input.$$ 와 같이 입력한 값을 파일로 저장하고 있다. 여기서 $$는 현재 쉘 스크립트가 실행 중인 쉘의 프로세스 아이디[PID]를 의미한다. sel 변수에 이전 명령의 종료상태값($?)을 할당하였고, name 변수에 cat /tmp/input.$$ 명령의 실행 결과를 할당하였다. case 문에서 sel 변수의 값에 따라 실행할 명령을 지정해두었으며, <Esc>키가 눌러지면 255) 항목의 명령을 실행하도록 하였다. 그리고 앞서 파이프를 사용하여 만들어둔 /tmp/input.$$ 파일은 더 이상 필요없기 때문에 rm -f 명령을 사용하여 강제 삭제하였다.

7.15.6 라디오 리스트

라디오 리스트[--radiolist]에서 타이틀을 설정하고, 높이/너비를 설정하고, 각각의 아이템들의 타이틀과 on/off 상황을 설정한다.

```
[root@localhost ~]# dialog --backtitle "라디오 리스트" --radiolist "선택하세요" 15 25 3 1 "one" "off" 2
"two" "on" 3 "three" "off"
```

그림 7-5

라디오 리스트--radiolist는 선택에서 유일한 아이템 하나만 선택하는 리스트이며, 체크 리스트--checklist는 여러 개의 아이템을 동시에 선택할 수 있는 리스트이다.

7.15.7 dialog 예제 만들어 보기

마지막으로 앞서 공부한 vsftpd 시작스크립트를 시작/중지/재시작할 수 있는 dialog 스크립트를 만들어 보자.

```
[root@localhost script]# touch dialogbox.sh
[root@localhost script]# chmod +x dialogbox.sh
[root@localhost script]# vim dialogbox.sh
```

```
#!/bin/bash

dialog --title "vsftpd 서버 관리" --backtitle "vsftpd 서버 관리" \
--msgbox "vsftpd 서버를 관리합니다." 15 35
dialog --title "vdftpd 시작/중지/재시작" --backtitle "vdftpd 시작/중지/재시작" \
--menu "선택하세요." 15 35 4 start "시작하기" stop "중지하기" \
restart "재시작하기" exit "종료" 2>/tmp/vsftpd_menu.$$

menuitem=`cat /tmp/vsftpd_menu.$$`

case "$menuitem" in
```

(계속)

```
    start)
        /etc/rc.d/init.d/vsftpd start
        dialog --backtitle "결과" --infobox "vsftpd 서버를 시작하였습니다." 10 25
        ;;
    stop)
        /etc/rc.d/init.d/vsftpd stop
        dialog --backtitle "결과" --infobox "vsftpd 서버를 중지하였습니다." 10 25
        ;;
    restart)
        /etc/rc.d/init.d/vsftpd restart
        dialog --backtitle "결과" --infobox "vsftpd 서버를 재시작하였습니다." 10 25
        ;;
    exit)
        exit 0
        ;;
esac
rm -f /tmp/vsftpd_menu.$$
```

다이얼로그 스크립트 작성을 완료하였으면 쉘 스크립트를 실행해 보자.

```
[root@localhost script]# ./dialogbox.sh
```

그림 7-6

그림 7-7

그림 7-8

```
[root@localhost script]# ps ax|grep vsftpd
 5178 ?        Ss     0:00 /usr/sbin/vsftpd /etc/vsftpd/vsftpd.conf
 5471 pts/0    S+     0:00 grep vsftpd
[root@localhost script]#
```

위 예제에서 먼저 dialog 유틸리티를 사용하여 안내 문구를 보여주도록 하였다. 그리고 다시 한 번 dialog 유틸리티와 함께 --backtitle 옵션을 사용하여 화면 좌측 상단에 "vdftpd 시작/중지/재시작" 타이틀을 표시하고, --menu 옵션을 사용하여 메뉴 선택 방식을 출력하였다. 15 35 4는 높이, 너비, 메뉴 높이이며, start "시작하기"와 같이 아이템명과 출력될 문자열 형식으로 총 4개의 메뉴 아이템을 만들도록 하였다. 그리고 메뉴 아이템 중 restart

메뉴에서는 "2>/tmp/vsftpd_menu.$$" 문장을 사용하여 선택된 아이템명(restart)을 /tmp 디렉터리 아래에 vsftpd_menu.[쉘의 프로세스 아이디(PID)] 형태로 리다이렉션하여 저장하도록 하였다. $$는 현재 스크립트가 실행되고 있는 쉘의 프로세스 아이디를 의미한다. 만약 start를 선택하고 엔터키를 누르면 start 문자열이 이 파일에 저장된다. 그리고 menuitem 변수에 cat /tmp/vsftpd_menu.$$를 실행한 결과값을 할당하면 이 변수에는 선택한 아이템의 문자열이 [illegible] 선택 아이템에 대한 처리를 지정하였다. case 문이 끝나고 나면 /tmp 디렉터리에 생성해두었던 임시 파일이 남아있기 때문에 임시 파일을 삭제하기 위해 rm -f 명령을 사용하여 파일을 완전히 삭제해 주고 있다. 명령들에서 라인의 마지막에 보이는 백슬래시(\)는 다음 라인에서 명령을 계속 이어서 입력한다는 의미이다.

앞서 dialog 유틸리티를 사용하여 메뉴를 구성하였으나 이번에는 텍스트 형태로 스크립트를 간단히 만들어 보자.

[root@localhost script]# vim vsftpd_menu.sh

```
#!/bin/bash

while :
do
    #clear
    echo "-------------------------"
    echo "vsftpd 시작/중지/재시작"
    echo "-------------------------"
    echo "[1] vsftpd 시작하기"
    echo "[2] vsftpd 중지하기"
    echo "[3] vsftpd 재시작하기"
    echo "[4] 프로그램 종료하기"
    echo "========================="
    echo -n "메뉴에서 번호를 선택하세요. [1-4] : "
    read choice
    case $choice in
        1) /etc/rc.d/init.d/vsftpd start \
            && ps ax|grep /usr/sbin/vsftpd|grep -v grep;;
        2) /etc/rc.d/init.d/vsftpd stop;;
```

(계속)

```
        3) /etc/rc.d/init.d/vsftpd restart \
            && ps ax|grep /usr/sbin/vsftpd|grep -v grep;;
        4) exit 0;;
        *) echo "1에서 4번 중 선택하세요.";;
    esac
done
```

```
[root@localhost script]# chmod +x vsftpd_menu.sh
[root@localhost script]# ./vsftpd_menu.sh
-------------------------
vsftpd 시작/중지/재시작
-------------------------
[1] vsftpd 시작하기
[2] vsftpd 중지하기
[3] vsftpd 재시작하기
[4] 프로그램 종료하기
=========================
메뉴에서 번호를 선택하세요. [1-4] : 9
1에서 4번 중 선택하세요.
-------------------------
vsftpd 시작/중지/재시작
-------------------------
[1] vsftpd 시작하기
[2] vsftpd 중지하기
[3] vsftpd 재시작하기
[4] 프로그램 종료하기
=========================
메뉴에서 번호를 선택하세요. [1-4] : 1
vsftpd에 대한 vsftpd을 시작 중:                          [  OK  ]
 4096 ?        Ss     0:00 /usr/sbin/vsftpd /etc/vsftpd/vsftpd.conf
-------------------------
vsftpd 시작/중지/재시작
-------------------------
[1] vsftpd 시작하기
[2] vsftpd 중지하기
[3] vsftpd 재시작하기
```

```
[4] 프로그램 종료하기
========================
메뉴에서 번호를 선택하세요. [1-4] : 3
vsftpd를 종료 중:                                          [  OK  ]
vsftpd에 대한 vsftpd을 시작 중:                            [  OK  ]
 4115 ?        Ss     0:00 /usr/sbin/vsftpd /etc/vsftpd/vsftpd.conf
------------------------
vsftpd 시작/중지/재시작
------------------------
[1] vsftpd 시작하기
[2] vsftpd 중지하기
[3] vsftpd 재시작하기
[4] 프로그램 종료하기
========================
메뉴에서 번호를 선택하세요. [1-4] : 2
vsftpd를 종료 중:                                          [  OK  ]
------------------------
vsftpd 시작/중지/재시작
------------------------
[1] vsftpd 시작하기
[2] vsftpd 중지하기
[3] vsftpd 재시작하기
[4] 프로그램 종료하기
========================
메뉴에서 번호를 선택하세요. [1-4] : 4
[root@localhost script]#
```

위의 소스파일을 보면 "while :" 문장을 사용하였는데, 이 문장의 의미는 무한루프를 사용하겠다는 의미이다. 그리고 do~done 사이에서 가장 먼저 clear 명령을 사용하였는데, 이 명령은 현재 쉘을 깨끗하게 지우고(사실상 이전에 사용한 명령들을 터미널 상단, 즉 보이지 않는 외부로 이동함) 터미널의 최상단에 현재의 쉘 프롬프트를 위치하도록 하는 명령이다. 이 명령을 사용하고자 한다면 # 주석을 삭제하면 된다. 예제에서는 clear 명령을 주석처리하였다. 이제 모니터에 출력할 메뉴 문자열을 먼저 보여주고 입력받을 프롬프트를 위하여 echo 명령을 사용하였다. 그리고 입력받은 숫자를 choice 변수에 할당하기 위해 read 명령을 사용하였으며, case 문에서는 choice 변수의 값에 따라 각각 다른 명령을 수행하도록 구성하였다. case 문에서 *)는 choice 변수의 값이 1에서 4의 숫자가 아닐 경우 실행할 명령을 입력해둔 것이다.

그리고 case 문의 1)과 3)의 경우 vsftpd 시작/재시작과 함께 && 연산을 사용하여 실행된 vsftpd 프로세스 번호를 출력하도록 하였다.

vsftpd_menu.sh 스크립트에 실행 퍼미션을 부여하고 실행하면 4가지의 선택항목이 출력된다. 먼저 9를 입력하면 "1에서 4번 중 선택하세요." 메시지를 출력하고, 다시 선택항목을 출력한다. 그리고 1 또는 3 항목을 선택하면 시작/재시작과 함께 현재 실행된 vsftpd 서버의 프로세스 번호를 출력해 준다. 프로그램 종료를 위해서 4를 입력하면 쉘 스크립트 프로그램은 종료된다.

chapter 08

vi(m) 편집기와 유용한 유틸리티

8.1 | vi(m) 편집기 - vi improved

8.1.1 vi(m)이란?

본 도서를 읽고 있는 대부분의 독자들은 윈도우즈에 익숙할 것이며, 메모장 또는 워드패드 프로그램을 이용하여 텍스트 문서를 편집하고 저장할 것으로 생각된다.

리눅스나 유닉스를 처음으로 접하는 사람들에게는 검정색 바탕의 콘솔 텍스트 에디터인 vi(m)를 만나면 매우 난처해 할 수 있다. 하지만, 콘솔상의 에디터로 vi(m)는 최고의 문서 편집기임에는 틀림없기에 vi(m)를 공부하지 않고는 리눅스를 공부할 수 없으며, 프로그래밍을 한다고 말할 수 없다.

>> vi(m) 사이트: http://www.vim.org

http://www.vim.org/download.php#unix 사이트에 접속해 보면 현재 최신버전은 version 7.x 이다. 물론 향후 지속적으로 업데이트될 것이다.

```
version 7.x
There is one big file to download that contains almost everything. It is found in the unix directory:
The runtime and source files together: vim-##.tar.bz2 vim-7.2.tar.bz2
If you would like to use translated messages and menus, get an additional archive from the extra
directory: The language files. vim-##-lang.tar.gz vim-7.2-lang.tar.gz
```

거의 모든 유닉스나 리눅스에는 버전만 다를 뿐 vi 에디터가 기본으로 설치되어 있다. 따라서 vi 사용법을 한번 공부해두면 편집기로 vi만 고집하는 vi 매니아가 될 수도 있을 것이다. 참고적으로 윈도우용 vim[gvim]도 배포되고 있다.

CentOS 5.3 배포판에는 CLI 서버용으로 설치하면 vim-minimal-7.0.109-4.el5_2.4z 패키지와 vim-common-7.0.109-4.el5_2.4z 패키지만 기본적으로 설치된다. 좀더 향상된 vim을 사용하기 위해서는 **vim-enhanced** 패키지를 설치하면 좋을 것이다. 원격 설치를 위하여 yum 명령을 사용하면 된다. vim-minimal 패키지에는 vi 명령이 존재하며, vim-enhanced 패키지에는 vim 명령이 존재한다.

```
[root@localhost ~]# yum install vim-enhanced -y
[root@localhost ~]# rpm -qa|grep vim
vim-common-7.0.109-4.el5_2.4z
vim-enhanced-7.0.109-4.el5_2.4z
vim-minimal-7.0.109-4.el5_2.4z
[root@localhost ~]# rpm -ql vim-minimal
/bin/ex
/bin/rvi
/bin/rview
/bin/vi
/bin/view
/etc/virc
[root@localhost ~]# rpm -ql vim-enhanced
/etc/profile.d/vim.csh
/etc/profile.d/vim.sh
/usr/bin/ex
/usr/bin/rvim
/usr/bin/vim
/usr/bin/vimdiff
/usr/bin/vimtutor
/usr/share/man/man1/rvim.1.gz
/usr/share/man/man1/vimdiff.1.gz
/usr/share/man/man1/vimtutor.1.gz
[root@localhost ~]#
```

>> 윈도우즈용 vim 다운로드: ftp://ftp.vim.org/pub/vim/pc/gvim72.exe

vi라는 이름은 "VIsual display editor"를 의미한다. NIX 계열에서 vi 텍스트 에디터는 워드 프로세서의 기능을 상당 부분 가지고 있다. 유닉스/리눅스에 여러 가지 종류가 있듯이 vi도 여러 가지 클론이 만들어졌다. 요즘 대부분의 배포판에는 vim[Vi IMproved]이라는 vi의 클론이 포함되어 있다. vim은 완벽하게 한글을 지원하고 원래의 vi 기능을 충실하게 갖고 있을 뿐만 아니라 여러 가지 편리한 툴들을 제공하고 있다.

지금부터 vi 텍스트 에디터에 대해 간략하게 공부하는데, 본 도서에서는 vim 명령을 사용할 것이다.

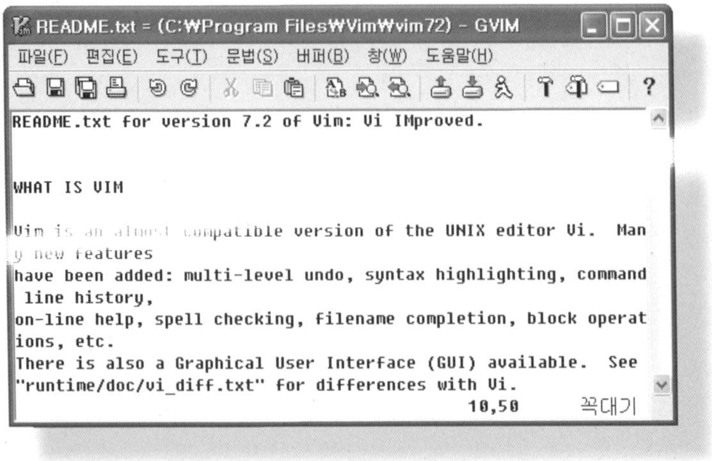

그림 8-1 • 윈도우즈에서의 gvim

8.1.2 vi(m) 시작

>> vi(m) Mode

```
[root@localhost ~]# vim
```

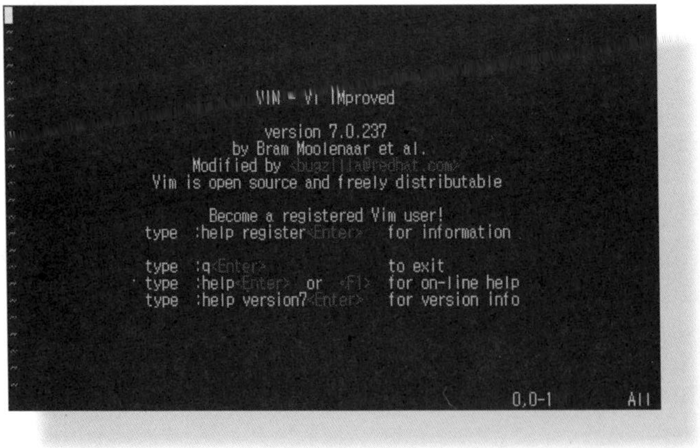

그림 8-2

vi를 처음 접하는 사용자들에게 가장 어렵게 느껴지는 것으로 vi에는 여러 가지 mode가 있다는 것인데, vi를 처음 실행하거나 처음 파일을 오픈하면 명령을 대기하는 **"Normal mode"**가 되고, 내용을 입력할 수 있는 **"Insert mode"**, 명령을 수행할 수 있는 **"Command mode"** 그리고 **"Visual mode"**의 4가지 모드가 있다. vi 편집기에서 현재의 모드 상황은 vi에서 좌측 하단을 보면 짐작할 수 있다.

① **Normal mode:** 처음 실행한 상태

② **Insert mode:** i, a, o, I, A, O를 누른 후 텍스트를 입력할 수 있는 상태

③ **Command mode:** Normal mode에서 <Esc>를 누르고 콜론(:)을 입력한 상태

④ **Visual mode:** 블록 선택을 위해서 v 또는 <Ctrl-V>키를 누른 상태

그림 8-3 • vim test.txt

위의 그림과 같이 콘솔상에서 "vim 파일명" 명령을 입력했을 때 처음으로 출력되는 화면은 "Normal mode"이다.

다음 그림을 보면 Normal mode에서는 좌측 하단에 특정 mode를 나타내는 문자열이 보이지 않고, 새 파일의 이름이 test.txt 파일이라고만 알려준다.

그림 8-4 • Normal mode

위의 그림에서 "~" 문자로 시작하는 줄은 해당하는 줄이 공백으로 내용이 없다는 의미이다. 그러면 이제 파일의 내용을 입력해 보기로 하자. 문자를 입력하기 위해서는 Insert mode로 들어가야 하는데, 소문자 "i"를 눌러보면 다음 그림과 같이 좌측 하단에 "-- INSERT --"라는 메시지가 출력되는 것을 확인할 수 있다. 만약 언어셋으로 한글을 사용한다면 "-- 끼워넣기 --"로 출력될 것이다.

그림 8-5

참고

CentOS 5.3에서 vim명령을 사용하여 한글 메시지를 보기 위해서는 vim-enhanced 패키지를 설치하고 쉘의 언어셋 변수인 LANG 변수의 값을 ko_KR.UTF8로 설정하면 된다.

```
[root@localhost ~]# yum install vim-enhanced -y
[root@localhost ~]# LANG=ko_KR.UTF8
```

이제 Insert mode에서 <Esc>키를 누르기 전까지 입력하고 싶은 내용을 원하는 대로 입력할 수 있다. 입력이 끝나면 <Esc>키를 눌러서 다시 Normal mode로 돌아갈 수 있다.

[입력내용]

```
김태용의 리눅스 쉘 스크립트 프로그래밍 입문
vi 에디터는 NIX 계열에서 가장 훌륭한 에디터이다.
머지않아 vi 매니아가 되는 독자분들도 있을것이다.
시간이 허락한다면 gcc/g++ 언어도 공부하자.
[빈칸]
```

그림 8-6

지금까지 가장 기본적인 vi 사용법으로 Insert mode를 사용해 보았다. 앞서 본 여러 가지 모드에 대해서 다시 한 번 정리해 본다면 Normal, Insert, Command, Visual mode가 있다고 하였다. Normal mode에서는 다른 모드로 전환할 수 있으며, 다른 모드에서 Normal mode로 돌아오기 위해서는 무조건 <Esc>키를 누르면 된다. Command mode와 Visual mode는 잠시 후에 공부할 것이다.

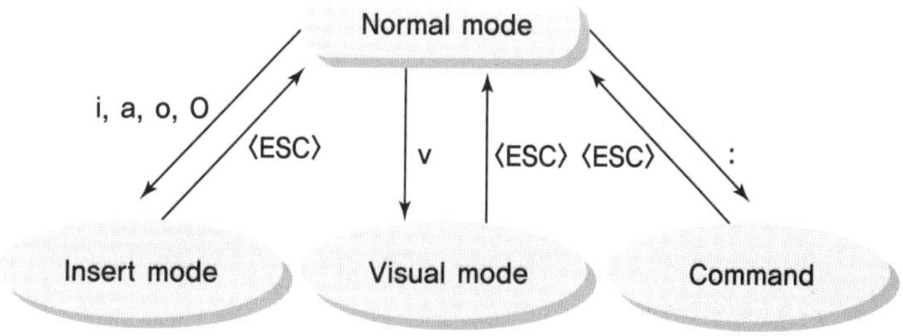

그림 8-7

vi에 익숙하지 않은 사용자들은 가끔씩 현재의 모드가 어떻게 되어 있는지 몰라서 헤매는 경우가 있다. 물론 좌측 하단에 현재의 모드 상황을 알려주지만 이 영역에는 다양한 다른 메시지도 출력하기 때문에 자신이 현재 어느 모드에 있는지 정확히 알지 못할 수도 있다. 이런 상황에서는 <Esc>키를 눌러서 Normal mode로 빠져 나가면 된다. <Esc>키를 여러 번 눌러도 Normal mode를 유지하기 때문에 현재의 모드 상황이 생각나지 않는다면 <Esc>키를 누르도록 한다.

8.1.3 기본 편집 명령

8.1.3.1 한 문자씩 이동하기

vi의 이동은 Normal mode에서 h좌, j하, k상, l우 4개의 키를 사용하여 이동할 수 있다. 물론 화살표 방향키를 사용해도 된다.

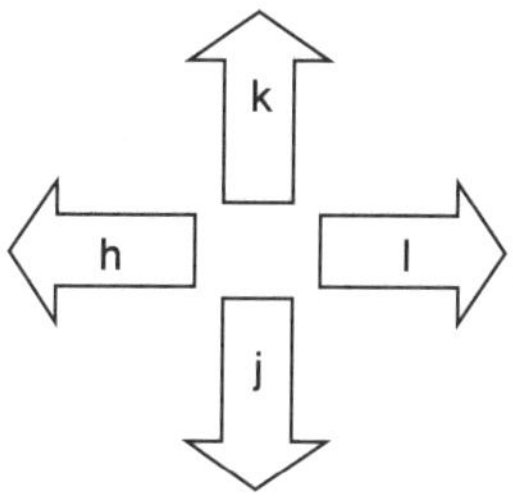

그림 8-8 • 방향키

8.1.3.2 한 문자씩 삭제하기

문자 하나를 삭제하기 위해서는 삭제하고자 하는 문자로 이동한 다음, "x"키를 누르면 된다. 물론 삭제를 위한 "x"키는 Normal mode에서 사용한다. 만약 5개의 문자를 삭제하고 싶다면 "xxxxx"와 같이 x를 다섯 번 연속으로 누르면 된다.

8.1.3.3 Undo와 Redo

문서 편집을 하다 보면 어떤 문자나 문장을 잘못 삭제했거나 입력한 문장이 마음에 들지 않아서 이전 내용으로 돌아가고 싶을 때가 있다. 이런 상황에서 사용할 수 있는 기능이 Undo인데, Normal mode에서 "u"를 입력하면 이전 상태로 복귀하게 된다. 예를 들어, Insert mode에서 입력을 하다가 내용을 취소하고 싶다면 "<Esc>u"를 입력하면 된다. vi에서는 파일을 저장하기 직전까지 언제든지 이전 상태로 돌아갈 수 있기 때문에 내용이 마음에 들지 않는다면 "uuuuu"와 같이 Undo를 여러 번 실행할 수 있다. 이와 같이 Undo를 하다가 어느 순간 처음 내용이 더 마음에 들 때가 있다. 이런 상황에서는 Redo기능을 사용하는데 "<Ctrl-R>" 즉, Ctrl키와 r키를 동시에 누르면 된다.

8.1.3.4 입력

Normal mode에서 "i"키를 사용하여 Insert mode로 들어가면 현재 커서 위치에 입력할 수 있다. 그리고 현재 커서 다음 위치부터 문자를 추가하고 싶을 때에는 "a"키를 입력한다.

```
i : insert
a : append
```

다음 그림을 보면 Normal mode에서 4번 줄의 "~공부하자."의 마지막 문자인 "."에 커서가 있는 상황에서 "a"키를 누르면 "." 다음 칸으로 커서가 이동되고 좌측 하단에 "-- 끼워넣기 --"가 표시됨을 확인할 수 있다.

그림 8-9 • a 입력

8.1.3.5 줄 삭제와 추가하기

앞서 문자 단위 조작을 했었다. 이제 줄 단위 조작에 대해 알아보자. 편집 중인 문서에서 한 줄을 삭제하고자 한다면 "dd"를 입력하면 된다. 물론 한 줄을 삭제한 다음 마음에 들지 않아 되돌아 가려면 "u"키를 입력하면 될 것이고, "dd"로 삭제한 줄은 버퍼에 저장되어 있기 때문에 "p"키를 사용해서 붙여넣기 할 수도 있다.

빈 라인을 추가하기 위해 지금까지 공부한 방법을 사용한다면 먼저 줄의 마지막으로 이동한 다음 Insert mode로 들어가서 <Enter>키를 입력하면 될 것이다. 하지만 vi에서는 이보다 훨씬 간단한 방법을 제공하고 있다. 만약 현재 커서의 다음 줄에 빈 줄을 추가하고 싶다면 Normal mode에서 소문자 "o"키를 입력하면 되고, 커서의 이전 줄에 빈 줄을 추가하고 싶다면 대문자 "O"키를 입력하면 된다.

표 8-1 • vi(m) 단축키

단축키	설명
a	**커서 위치의 다음 칸부터 문자 삽입하기(append)**
A	커서가 있는 줄의 끝에서부터 문자 삽입하기
i	**커서 위치부터 문자 삽입하기(insert)**
I	커서가 있는 줄의 맨 앞에서부터 문자 삽입하기
o	**커서 바로 아래에 줄을 만들고 문자 삽입하기(open line)**
O	커서 바로 위에 줄을 만들고 문자 삽입하기
x, dl	커서 위치의 글자 삭제하기
X, dh	커서 바로 앞의 글자 삭제하기
dw	한 단어 삭제하기
d0	커서 위치부터 행의 처음까지 삭제하기
D, d$	커서 위치부터 행의 끝까지 삭제하기
dd	**커서가 있는 행 전체를 삭제하기**
dj	커서가 있는 행과 그 다음 행을 삭제하기
dk	커서가 있는 행과 그 앞 행을 삭제하기

8.1.3.6 복사와 붙여넣기

줄 단위 복사를 위해서는 커서가 있는 줄에서 "yy"를 누르면 한 라인을 버퍼에 복사해둔다. 그리고 붙여넣기할 줄에 커서를 옮긴 다음 "p"를 누르면 버퍼에 복사해둔 한 라인을 붙여넣기하게 된다.

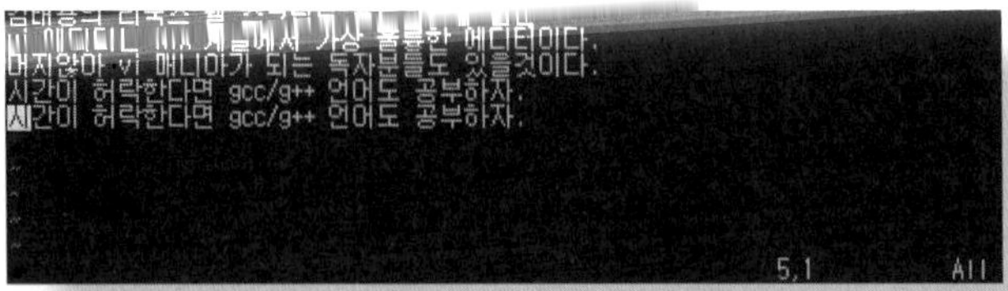

그림 8-10 • yy, p

y는 "잡아당긴다"라는 의미의 영어 단어인 "yank"의 첫 글자이다.

표 8-2 • vim 복사와 붙여넣기

복사/붙여넣기	설명
yw	커서 위치부터 단어의 끝까지 복사
y2w	커서 위치부터 두 단어 복사
y0	커서 위치부터 줄의 처음까지 복사
y$	커서 위치부터 줄의 끝까지 복사
yy	커서가 있는 줄을 복사
2yy	커서가 있는 줄 아래로 두 줄을 복사
yj	커서가 있는 줄과 그 다음 줄을 복사
yk	커서가 있는 줄과 그 앞줄을 복사
yG	현재 위치에서 파일의 끝까지 복사
p	커서의 다음 위치에 붙여넣기
P	커서가 있는 위치에 붙여넣기

위와 같이 "y"키와 "p"키를 사용하여 복사와 붙여넣기를 해도 되지만 블록 단위로 복사하기 위해서는 Visual mode를 사용해야 한다. Visual mode, 즉 "v"키를 사용하여 블록 단위로 선택한 다음 "y"키를 눌러 복사하고 원하는 위치에서 "p"키를 눌러 붙여넣기하면 된다.

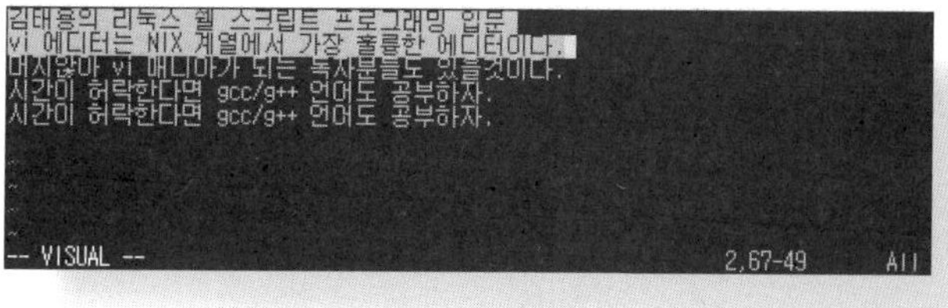

그림 8-11 v를 누르고 블록 선택

그림 8-12 • 블록 선택 후 **y**를 누른 상태

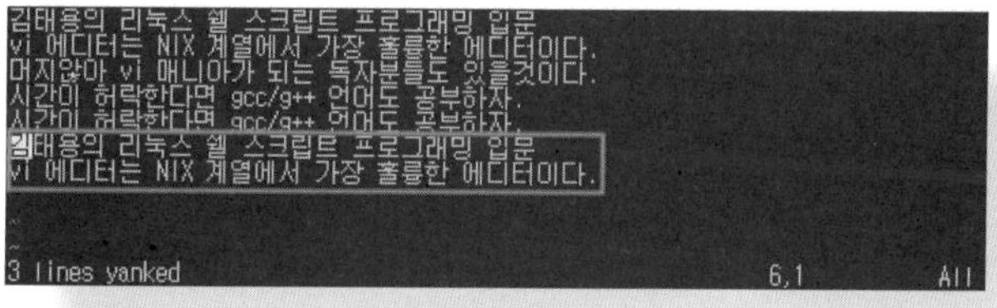

그림 8-13 • 마지막 공백 줄에서 **p**를 누른 상태

그리고 라인 단위가 아닌 블록 단위을 지정할 때에는 “<Ctrl-V>”키를 사용할 수 있다. 다음과 같이 블록을 지정한 다음, 삭제를 위해서 “d”키 또는 복사를 위해서 “y”키를 누른 다음 붙여넣기를 하기 위해서 “p”키를 사용할 수 있다.

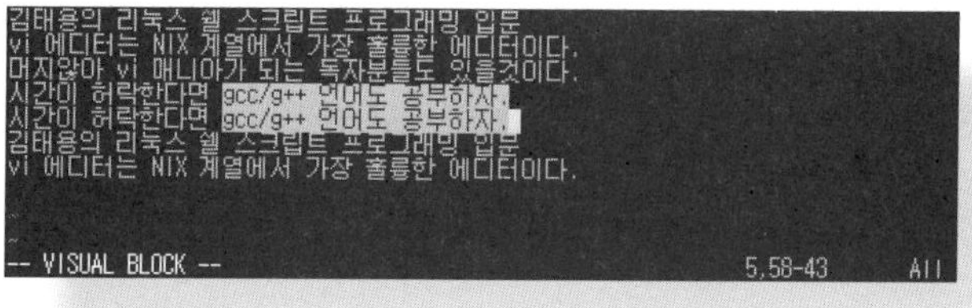

그림 8-14 • ⟨Ctrl-V⟩ 비주얼 블록 + ⟨y⟩

그림 8-15 • 6번 라인에서 블록 붙여넣기 〈p〉

블록을 지정한 다음 사용할 수 있는 키는 다음의 표에 정리해두었다.

표 8-3 • 블록 지정 시 사용하는 단축키

명령	설명	명령	설명
~	대소문자 전환	d	삭제
y	복사	c	치환
〉	행 앞에 탭 삽입	〈	행 앞에 탭 제거
:	선택 영역에 대해 Command mode	J	행을 합침
U	대문자로 변환	u	소문자로 변환

8.1.3.7 반복 실행

현재 커서를 오른쪽으로 5칸 옮기고 싶을 때, 10개의 문자를 삭제하고 싶을 때, 3줄을 없애고 싶을 때, 즉 같은 명령을 원하는 횟수만큼 반복하고 싶을 때가 있다. 이러한 상황에서는 원하는 명령 앞에 반복하고자 하는 횟수를 지정하면 원하는 만큼의 반복을 수행할 수 있다

예를 들어, "3l"이라고 입력하면 오른쪽으로 3칸을 이동하고, "4dd"라고 입력하면 4줄을 삭제하게 된다.

삭제와 이동 명령은 단순히 명령어 앞에 반복하고자 하는 횟수만 지정하면 되지만, "i", "a", "o", "O"와 같이 삽입, 추가 명령과 함께 사용할 경우에는 반드시 <Esc>키를 눌러 주어야 한다.

먼저 앞서 공부한 5개의 라인을 삭제하고 시작하자. v키를 입력하여 visual 모드로 진입한 다음, 다음의 그림과 같이 5개의 라인을 선택하고 d키를 입력하여 삭제한다.

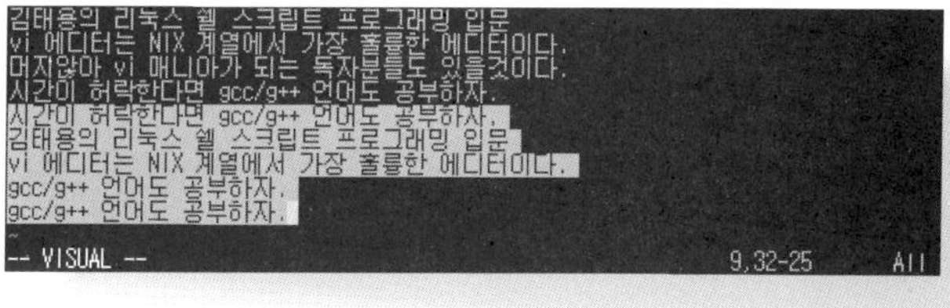

그림 8–16 • v키로 visual mode 진입 → 5개의 라인 선택

그림 8–17 • **d**키를 입력하여 삭제

예를 들어, "Shell"이라는 단어를 5회 입력하고 싶으면 **"5iShell<Esc>"**라고 입력한다. "5"는 반복 횟수, "i"는 Insert mode로 변경되고, "Shell"을 입력하고 <Esc>키를 누르는 순간 "Shell"이라는 단어가 5회 입력된다.

다음의 그림은 5번 줄에 커서가 놓인 상태의 Normal mode에서 위의 예를 진행하였다.

그림 8–18

이와 마찬가지로 **"5o<Esc>"**는 커서가 위치한 줄에 5개의 빈 줄을 추가해 준다.

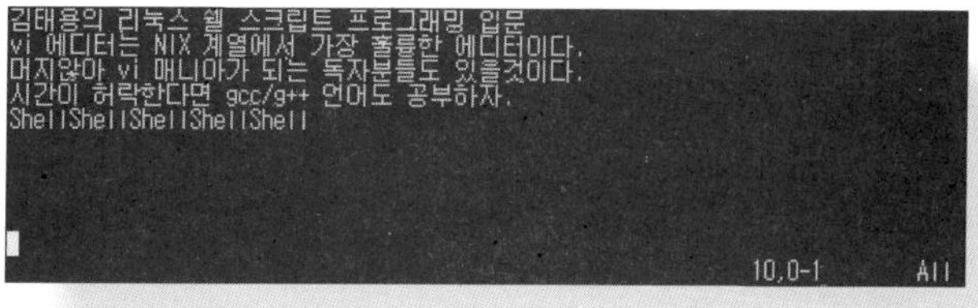

그림 8–19

8.1.3.8 저장하기, 종료하기

지금까지 공부한 vi 명령을 통해 기본적인 편집은 가능하다. 그러면 이제 지금까지 편집한 문서를 저장하고 종료해 보도록 하자. 문서를 저장하거나 종료하기 위해서는 Normal mode에서 ":" 콜론을 입력하여 Command mode로 진입해야 한다.

이렇게 Command mode로 들어오면 다음 그림과 같이 좌측 하단에 ":"이 입력되고 명령을 기다리게 된다. 이 상태에서 파일을 저장하기 위해 "w" 명령을 사용한다.

그림 8-20 • Command mode

앞서 쉘에서 vi를 실행할 때 "vim test.txt"와 같이 파일명을 지정한 경우에는 "w" 명령만 입력하고 <Enter>를 치면 test.txt라는 이름으로 파일을 저장하게 된다. 만약 다른 이름으로 파일을 저장하고자 한다면 "w 파일명"으로 명령을 입력하고 <Enter>를 치면 된다.

그림 8-21 • 다른 이름으로 파일 저장

그림 8-22 • 다른 이름으로 파일 저장 결과

vi 편집기에서 강제로 파일을 저장하기 위해서는 "w!"와 같이 "w" 명령 앞이나 뒤에 "!"를 붙여서 강제로 파일을 저장시킬 수 있다.

파일을 저장한 다음 vi를 종료해야 할 경우에는 "q" 명령을 사용한다. 물론 "q" 명령도 Command mode에서 입력해 주어야 한다. 만약 저장하지 않은 상태에서 모든 편집을 취소하고 vi를 종료하고자 한다면 "q!"와 같이 "q" 명령 앞이나 뒤에 "!"를 붙여서 강제로 종료시킬 수 있다.

일반적으로 저장과 함께 종료를 하기 위해 "wq!" 명령을 많이 사용한다.

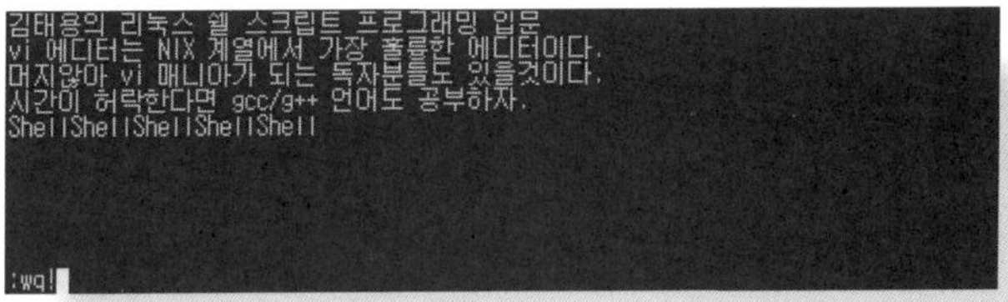

그림 8-23

표 8-4 • vi(m) 저장과 종료 명령

저장/종료 명령	설명
:w	저장한다.
:w test.txt	test.txt 파일로 저장한다.
:w >> test.txt	test.txt 파일에 덧붙여서 저장한다.
:q	vi 편집기를 종료한다.
ZZ	저장 후 종료한다.
:wq!	저장 후 강제로 종료한다.
:e test.txt	test.txt 파일을 불러온다.
:e	현재 파일을 불러온다.

8.1.4 추가적인 편집 명령

8.1.4.1 이동하기

앞서 문자 단위로 이동하는 것을 공부하였다. 이번에는 단어 및 페이지 단위 이동과 줄에서 시작 및 끝으로 이동하는 방법에 대해 공부하자.

한 단어 오른쪽으로 이동하는 명령은 “w”이고 왼쪽으로 이동하는 명령은 “b”이다. 여기서 알파벳이나 숫자를 제외한 모든 문자도 하나의 단어처럼 취급한다.

```
You'll be the best programmer.
```

위와 같은 문장이 있다고 할 때 “w”를 누르게 되면 다음과 같이 커서가 이동한다.

```
You'll be the best programmer.
```

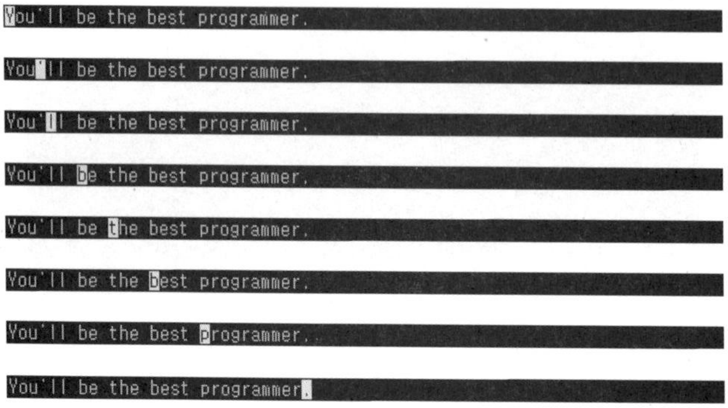

그림 8-24

그리고 이와는 다르게 대문자 “W”와 “B” 명령은 단어를 오직 Space로만 구분하게 되는데, 위 문장의 시작에서 “W”를 누르면 작은따옴표(‘)와 “l”로 커서가 이동하지 않고 다음과 같이 이동한다.

```
You'll be the best programmer.
```

다른 명령과 마찬가지로 “2w”, “3b”처럼 명령 앞에 숫자를 사용하면 해당되는 크기만큼 명령을 반복하게 된다.

Normal mode에서 “0”이나 “^” 명령은 줄의 시작으로 이동하고, “$” 명령은 줄의 끝으로 이동한다.

파일 내에서 원하는 줄로 이동할 수도 있는데, 실습을 위하여 Command mode로 진입하여 “set number” 명령을 입력해 보도록 하자.

```
:set number 또는 :set nu
```

그림 8-25 • set number

위의 그림과 같이 파일 내용을 라인 번호와 함께 보여주게 된다. 일단 Insert mode에서 10개의 빈 줄을 만든 다음, Normal mode에서 "3G", "5G" 명령을 입력해 보면 3번 라인과 5번 라인으로 이동하게 될 것이다.

즉, 원하는 라인으로 이동하고 싶을 때 "G" 명령 앞에 이동하고자 하는 라인의 번호를 입력하면 된다.

그림 8-26 • 5G

만약 라인 번호를 보고 싶지 않다면 Command mode에서 "set nonumber"명령을 입력해 주면 된다.

```
:set nonumber 또는 :set nonu
```

이와 같이 라인 번호가 보이지 않는 상태에서 현재 커서가 몇 번 라인에 있는지 알고 싶을 때 <Ctrl-G>키를 입력하면 전체 10개의 라인에서 50%가 되는 라인에 있음을 알려주며, 오른쪽에 보면 5라고 적혀 있는 부분에서 현재 라인이 5번 라인임을 알려준다.

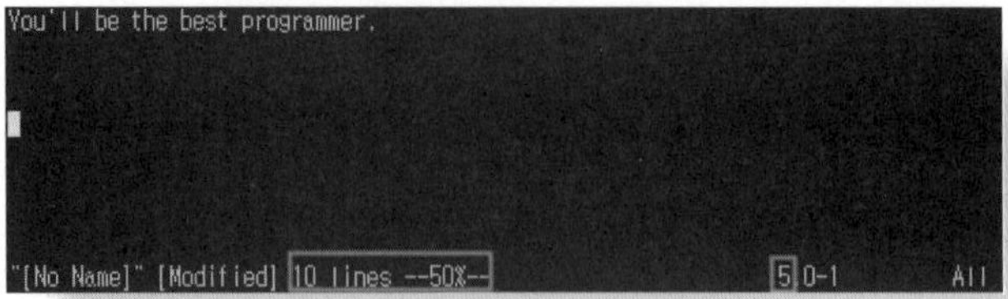

그림 8-27

자주 사용하는 이동 명령 중 페이지 단위로도 이동할 수도 있는데, 한 페이지 위로는 <Ctrl-U>, 한 페이지 아래는 <Ctrl-D> 명령을 사용하면 된다. Up and Down의 첫 번째 문자라고 생각하면 외우기 쉬울 것이다.

기타 이동에 대한 명령 단축키들은 다음의 표를 참고하자.

표 8-5 • vi(m) 이동 명령 단축키

명령	설명	명령	설명
h	한 칸 왼쪽으로 이동(좌)	l	한 칸 오른쪽으로 이동(우)
j	한 줄 아래로 이동(하)	k	한 줄 위로 이동(상)
w	다음 단어의 첫 글자로 이동	W	다음 단어의 첫 글자로 이동
b	이전 단어의 첫 글자로 이동	B	이전 단어의 첫 글자로 이동
e	단어의 마지막 글자로 이동	E	단어의 마지막 글자로 이동
^	그 줄의 첫 글자로 이동	$	그 줄의 마지막 글자로 이동
0	그 줄의 처음으로 이동	〈엔터〉	다음 줄의 첫 글자로 이동
+	다음 줄의 첫 글자로 이동	−	윗줄의 첫 글자로 이동
(	이전 문장의 첫 글자로 이동	)	다음 문장의 첫 글자로 이동
{	이전 문단으로 이동	}	다음 문단으로 이동
]]	다음 섹션의 시작으로 이동	[[	이전 섹션의 시작으로 이동

표 8-6 • vi(m) 화면 단위 이동 단축키

명령	설명	명령	설명
〈Ctrl-F〉	한 화면 아래로 이동(Forward)	〈Ctrl-B〉	한 화면 위로 이동(Backward)
〈Ctrl-D〉	반쪽 화면 아래로 이동(Down)	〈Ctrl-U〉	반쪽 화면 위로 이동(Up)
〈Ctrl-Y〉	커서는 현재 위치 그대로 화면만 한 줄씩 아래로 이동	〈Ctrl-E〉	커서는 현재 위치 그대로 화면만 한 줄씩 위로 이동

8.1.4.2 단어 삭제

하나의 문자를 삭제할 때에는 "x"를 사용하였다. 그러면 한 단어를 삭제하는 명령은 무엇일까? 한 단어를 삭제하기 위해서는 "dw" 명령을 사용하변 된다. 이 명령을 반복 명령과 함께 사용하변 여러 단어를 한꺼번에 삭제할 수 있는데, 그 횟수를 어디에 적어 주느냐에 따라서 의미가 약간씩 달라진다.

"3dw"는 단어를 3회 삭제하는 것이고, "d3w"는 단어 세 개를 삭제하는 것이다. 결과적으로 동일하게 커서 다음의 세 단어를 삭제하게 된다. 그러면 "2d3w"는 어떤 의미일까? 이것은 세 단어를 2회 삭제하라는 의미이다. 그래서 커서 다음의 총 6개 단어를 삭제하게 된다.

```
I like C++ and wxWidgets and Linux.
```

위의 문장에서 커서가 I에 있다고 할 때 "3dw" 혹은 "d3w" 명령을 내리면 "I like C" 3단어가 삭제된다.

현재 위치에서 라인의 끝까지의 삭제는 "d$" 명령을 사용한다.

```
I like C++ and wxWidgets and Linux.
```

커서가 현재 "and" 단어의 "a"에 있다고 했을 때 "d$" 명령을 입력하면 "and wxWidgets and Linux."가 모두 삭제될 것이다.

삭제 명령인 "d"와 잘 어울릴 수 있는 명령 중에 "f" 명령이 있는데, 이 "f" 명령은 같은 줄 내에서 특정 문자가 있는 곳으로 커서를 옮겨주는 명령이다. 즉, 아래 문장에서 "fa" 명령을 내리면 문장 내에서 "a"가 있는 곳으로 커서가 이동하게 된다.

```
I like C++ and wxWidgets and Linux.
```

그림 8-28

"df" 명령은 특정 문자가 있는 곳까지 모든 문자를 삭제하는 것이다. 위의 문장에서 1행의 처음에 커서가 있을 때 "dfa"라고 명령을 입력하면 I like C++ a 까지 삭제된다.

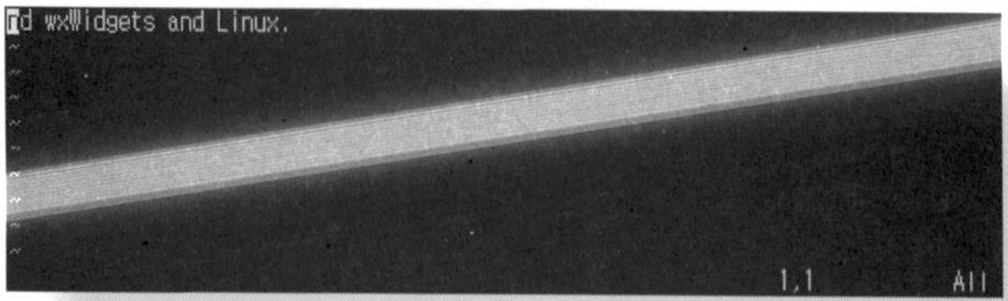

그림 8-29

삭제에 대한 추가적인 명령은 아래 표를 참고하자.

표 8-7 • vi(m) 삭제 명령

삭제 명령	설명
x, dl	커서 위치의 글자 삭제
X, dh	커서 바로 앞의 글자 삭제
dw	한 단어를 삭제
d0	커서 위치부터 줄의 처음까지 삭제
D, d$	커서 위치부터 줄의 끝까지 삭제
dd	커서가 있는 줄을 삭제
dj	커서가 있는 줄과 그 다음 줄을 삭제
dk	커서가 있는 줄과 그 앞줄을 삭제

8.1.4.3 "." 명령

"." 명령은 vi의 여러 가지 명령 중에서 가장 간단하면서도 강력한 명령이다. "." 명령은 가장 최근에 수행했던 삭제 명령을 반복하여 수행하게 한다. 만약 가장 최근 삭제 명령이 "dd"였다면 현재 위치에서 "." 명령을 실행하면 한 라인이 삭제된다. 최근 명령이 "dw"였다면 "." 명령은 한 단어를 삭제할 것이다. 즉, 가장 최근에 어떤 삭제 명령을 사용했느냐에 따라서 다르게 동작하게 된다.

8.1.4.4 매크로

"." 명령은 간단한 조작으로 같은 명령(삭제)을 반복하여 실행할 때 유용하다. 하지만, 여러 명령을 반복적으로 실행하길 원한다면 매크로를 사용하는 것이 효율적이다.

매크로는 Normal mode에서 “q” 명령으로 등록을 시작하여 “q” 명령으로 등록을 마친다. Command mode의 “q” 명령과 혼동하지 않기 바란다. 매크로의 이름은 알파벳 소문자 하나로 정할 수 있다. 그리고 매크로는 @<매크로이름>으로 실행한다. 만약 매크로 이름이 a였다면 @a로 매크로를 실행할 수 있다.

HTML 태그 문장에서 매크로를 사용하여 태그를 제거해 보도록 하자.

문장	매크로 수행
I like C++ and wxWidgets and Linux.	
Do you like 〈strong〉 Linux 〈/strong〉?	2@a
You can 〈strong〉 say 〈/strong〉 that again.	2@a

먼저 두 번째 라인에서 매크로 a를 등록한다.

① qa: “a”라는 매크로 등록을 시작
② ^: 두 번째 라인의 시작으로 이동
③ f<: “<” 문자로 이동
④ df>: “>” 문자까지 삭제
⑤ q: 매크로 등록 마침

2번 라인 앞에서 2@a명령을 수행하고 3번 라인 앞에서 2@a명령을 수행하면 태그는 모두 삭제된다.

8.1.4.5 기타(덮어쓰기, 라인 합하기, 대소문자 변경)

“r” 명령은 현재 커서에 있는 문자를 “r” 다음에 오는 문자로 덮어쓰기 한다.

tomorrow에서 커서가 현재 “t” 위에 있고, **“5ra”**라는 명령을 입력하면 커서의 문자부터 다음에 오는 다섯 개의 문자를 a로 덮어써서 aaaaarow로 변경시키고 다섯 번째 문자에 커서가 위치하게 된다.

그림 8-30 • 5ra

대문자 "R" 명령은 <Esc>키를 누르기 전까지 모든 문자를 키보드에서 입력하는 문자로 덮어쓰기 한다. 이때 다음 그림과 같이 좌측 하단에 --REPLACE-- 문자열을 보여준다.

그림 8-31 • 〈Shift-R〉

현재 라인과 다음 라인을 하나로 합하기 위해서는 대문자 "J"를 사용한다. "J" 명령은 라인 내의 어느 곳에서든 사용이 가능하며, 이 명령을 입력하면 커서가 있는 라인과 아래 라인이 하나로 합해진다.

대소문자는 "~" 명령으로 간단히 변경시킬 수 있는데, 대문자는 소문자로 소문자는 대문자로 변경시킨다. 다음과 같은 tomorrow 단어의 처음 위치에서 "**3~**" 명령을 주면 tomorrow의 처음 3개의 소문자를 대문자로 변경시켜서 TOM**o**rrow로 바뀌게 된다.

그림 8-32 • 3~

8.1.4.6 문자열 검색

vi에서 특정 문자열을 검색하는 방법은 간단하다. 단순히 한 문자열만 검색하기 위해서는 아래와 같이 Command mode에서 "/"키(역방향 검색은 ?키)를 입력하고 검색하고자 하는 문자열을 입력하면 된다.

```
/[검색할 문자열) 또는 ?[검색할 문자열]
```

그림 8-33 • /Shell

앞의 그림에서 보는 것과 같이 Command mode에서 **/Shell**을 입력하여 Shell 문자열을 검색하였다. 처음 검색은 1번 라인의 Shell 문자열로 커서가 이동하고, "n"키를 누르면 다음 번 Shell 문자열로 커서가 이동한다.

"n"키를 두 번 입력하면 3번 줄의 Shell 문자열을 검색하는데, 여기서 이전의 Shell 문자열을 검색하고자 할 때에는 대문자 "N" 키를 입력하면 다음 그림과 같이 2번 줄의 Shell 문자열이 있는 곳으로 커서가 이동하고 좌측 하단의 Command mode에는 ?Shell이 입력되어 역방향 검색을 수행하고 있음을 알 수 있다.

그림 8-34 • ⟨Shift-N⟩

그리고 n과 N 명령에서 커서가 검색된 문자열의 모든 라인을 순회하면 다시 처음부터 검색한다. 즉, 이들 명령들은 순회하면서 검색한다.

8.1.4.7 문자열 치환

그러면 이제 앞으로 자주 사용하게 될 문자열 치환에 대해 알아보자. 문자열 치환은 Command mode에서 다음의 명령을 수행하면 문서에 있는 모든 영문 "Shell" 문자열을 "쉘" 한글 문자로 변경하게 된다.

```
:%s/Shell/쉘/g
```

그림 8-35 • :%s/Shell/쉘/g

그림 8-36 • :%s/Shell/쉘/g

치환 명령은 슬래시(/)를 분리자를 사용하여 총 네 부분으로 구성되어 있다.

```
:[범위]/[매칭 문자열]/[치환 문자열]/[라인 범위]
```

문자열 검색에서는 가장 먼저 매칭 문자열에 대해 치환할 문서상의 범위를 정하는 것이다. 위에서 %s라는 의미는 문서 전체를 의미한다. 그러므로 :%s/Shell/쉘/g 명령을 수행하면 문서 전체에 있는 "Shell" 문자열을 "쉘" 문자로 치환하게 되는 것이다. 마지막의 라인 범위인 g는 라인 전체를 의미한다.

먼저 이전의 Shell 문자열로 되돌아가기 위해 u 명령을 입력하고, 문서 전체에서 제일 처음으로 매칭되는 라인의 문자열만 치환하기 위해 :s/Shell/쉘/g 명령을 수행한다. 다음의 예제에서 치환 전 커서의 위치는 1행에 위치해 있었다.

```
:s/Shell/쉘/g
```

그림 8-37 • :s/Shell/쉘/g

vi의 Command mode에서 콜론(:)을 입력한 다음 UP 방향키를 누르면 이전 명령을 불러올 수 있다.

2번 라인에서 6번 라인까지 매칭되는 문자열을 치환하려면 :2, 6s/Shell/쉘/g 명령을 수행하면 된다.

```
:2, 6s/Shell/쉘/g
```

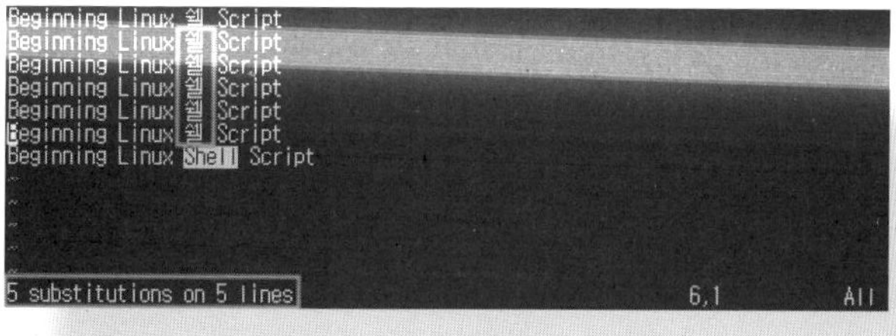

그림 8-38 • :2, 6s/Shell/쉘/g

현재 커서의 위치에서 위로 1개 라인, 아래로 3개 라인 범위에서 매칭되는 문자열을 치환하려면 다음의 명령을 수행하면 된다. 다음의 예제에서 초기 커서의 위치는 3행에 위치해 있었다.

```
:-1,+3s/Shell/쉘/g
```

그림 8-39 • :-1,+3s/Shell/쉘/g

그림 8-40 • 치환 후 모습

치환 문자열은 매칭되는 문자열을 만났을 때 치환할 문자열을 의미하고, 마지막으로 라인 범위는 치환될 라인의 범위를 의미한다. g는 라인 전체에 걸쳐서 치환하라는 의미이며, 만약 라인 범위에 g를 사용하지 않고 명령을 수행하면 한 라인에서 여러 개의 매칭 문자열이 존재하더라도 단 한 번만 치환이 이루어진다.

```
:%s/Shell/쉘/
```

즉, 위의 명령은 문서 전체에 걸쳐서 치환을 하는데, 각 라인에 있어서 Shell 문자열을 만나면 단 한 번만 쉘 문자로 치환을 하고 다음 행으로 넘어가게 되는 것이다. 그러므로 결과를 보면 각 행의 첫 번째 Shell 문자열은 쉘 문자로 치환되었지만, 두 번째 Shell 문자열은 치환이 되지 않았다.

(다음의 예제 파일은 라인마다 2개의 Shell 문자열이 존재하도록 필자가 앞서 사용한 기본예제 파일에 추가적으로 라인마다 ", Shell Script" 문자열을 추가해둔 것이다.)

그림 8-41 • :%s/Shell/쉘/

그림 8-42 • 치환 후 모습

라인 범위에 c를 추가하면 매칭되는 문자열에 대해 치환할 것인지 사용자에게 물어보게 되는데, 이때 하나씩 확인하면서 치환하고자 한다면 y를 입력하면 되고, 전체를 치환하려면 a를 입력하면 된다.

```
:%s/Shell/쉘/gc
```

그림 8-43 • :%s/Shell/쉘/gc

만약 특정 패턴이 있는 라인에 대해서만 치환하도록 하려면 다음과 같은 형식을 사용한다.

```
:[범위]/[패턴]/[매칭 문자열]/[치환 문자열]/[라인 범위]
```

위의 명령은 매칭 문자에 대한 치환을 조절할 수 있기 때문에 유용하다. 예를 들어, 쉘 스크립트가 있을 때 주석 부분은 제외하고 실제 스크립트 명령 부분만 TEST 변수를 STR 변수로 모두 변경하고자 한다면, 이전에 공부한 내용대로라면 주석의 TEST도 모두 치환되어버린다.

```
#!/bin/sh
###############
# TEST SCRIPT #
###############

TEST="LINUX"

echo $TEST
```

그림 8-44 • 치환 전 모습

다음의 명령을 수행하면 TEST 변수만 STRING 문자열로 치환할 수 있다.

```
:g/\(^[^#].*TEST\|^TEST\)/s/TEST/STRING/g
```

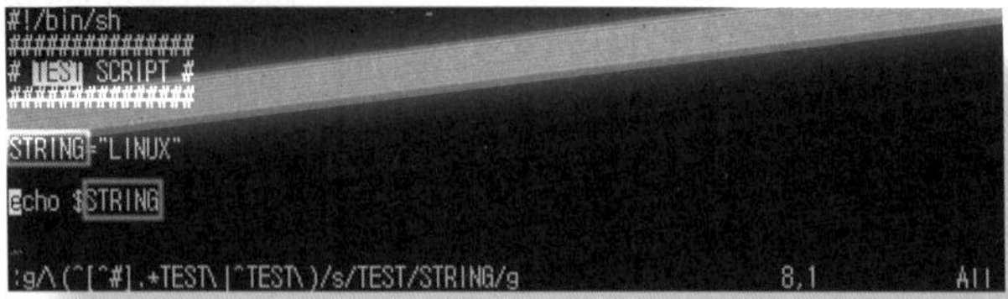

그림 8-45 • :g/\(^[^#].*TEST\|^TEST\)/s/TEST/STRING/g

위의 명령에서 "\(^[^#].*TEST\|^TEST\)" 패턴의 의미는 # 문자로 시작하지 않는 TEST 문자열 또는 TEST 문자로 시작하는 문자열이라는 의미이다. 이것은 정규표현식을 의미하는데, 정규표현식에 대해서는 3장의 정규표현식을 참고하도록 하자.

위의 명령을 수행하면 #으로 시작하는 주석 내의 TEST 문자열은 문자열 치환이 되지 않고 그 아래의 실제 쉘 스크립트 소스 부분만 STRING 문자열로 치환되는 것을 확인할 수 있다.

정규표현식에 사용되는 기본적인 기호는 다음의 표와 같다.

표 8-8 • 정규표현식 기호

식	설명	식	설명
^	행의 첫 문자([] 안에서는 not 의미)	$	행의 끝
.	아무 문자나 한 문자를 의미	\	이어지는 문자 그대로 해석
[ ]	[ ] 사이의 문자 중 하나	\\|	or를 의미
[^]	묶어진 문자를 제외한 아무거나	\{min,max\}	min 이상 max 이하 반복됨
*	앞의 내용이 0번 이상 반복됨	\+	앞의 내용이 1번 이상 반복됨
\<	단어의 시작	\>	단어의 끝
\n	개행 문자	\t	탭문자
%	처음 행부터 끝 행까지	[a-z]	a~z까지 모든 소문자
[AB]	A 또는 B	[A-Z]	A~Z까지 모든 대문자
[0-9]	0~9까지의 모든 정수	p[aeiou]t	pat, pet, pit, pot, put 중 한 단어

지금까지의 문자열 치환 명령을 정리하면 다음의 표와 같다.

표 8-9 • 문자열 치환 예제

치환 예제	의미
:s/Shell/쉘	현재 행의 처음 Shell 문자열을 쉘 문자로 치환
:s/Shell/쉘/g	현재 행의 모든 Shell 문자열을 쉘 문자로 치환
:2, 6s/Shell/쉘/g	2행부터 6행까지 모든 Shell 문자열을 쉘 문자로 치환
:-1, +3s/Shell/쉘/g	현재 커서 위치에서 1행 위부터 3행 아래까지 Shell 문자열을 쉘 문자로 치환
:%s/Shell/쉘/g	문서 전체에서 Shell 문자열을 쉘 문자로 치환
:%s/Shell/쉘/gc	문서 전체에서 Shell 문자열을 쉘 문자로 치환할 때 확인하기
:g/패턴/s/Shell/쉘/g	패턴이 있는 모든 행의 Shell 문자열을 쉘 문자로 치환

8.1.5 여러 개의 편집창 사용하기

일반적으로 vim 편집기 작업은 하나의 창을 사용한다. 하지만, 경우에 따라 두 개의 파일을 오픈해두고 작업해야 할 경우가 있다. 이런 경우 Command mode에서 :vs [파일명] 또는 :sp [파일명]을 사용하여 두 개 이상의 창을 사용할 수 있다.

형식

```
:vs [파일명] # 현재의 편집창을 세로로 분리
:sp [파일명] # 현재의 편집창을 가로로 분리
```

```
[root@localhost ~]# vim 1st.txt
```

그림 8-46

vim 명령을 사용하여 1st.txt 파일을 오픈한 상태에서 command mode로 :vs 2nd.txt를 실행하면 세로창으로 두 개의 창이 생성되고, 방금 오픈한 2nd.txt 편집창이 앞쪽에 나타나고 커서가 위치하게 된다.

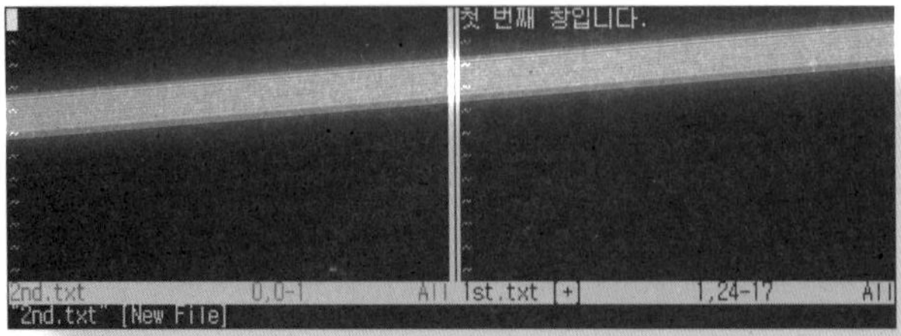

그림 8-47

만약 처음 오픈한 1st.txt 파일 편집창으로 이동하려면 <Ctrl-W>키를 2회 입력하면 된다.

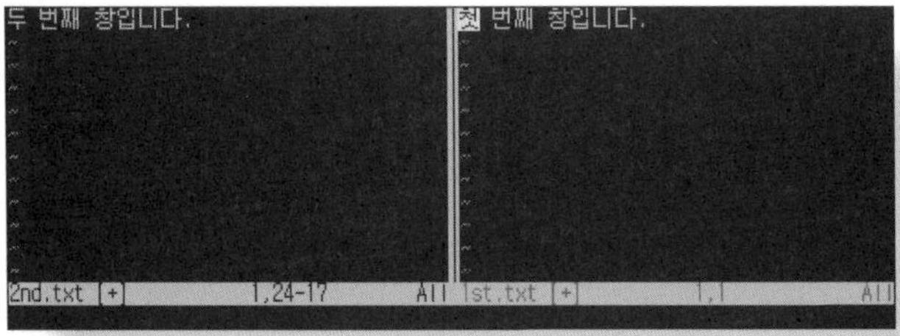

그림 8-48

이제 <Ctrl-W>키를 2회 입력하여 두 번째 창으로 커서를 이동하고 Command mode에서 :q! 또는 :close를 실행하여 두 번째 창을 종료한다. 즉, 원래대로 되돌아간다.

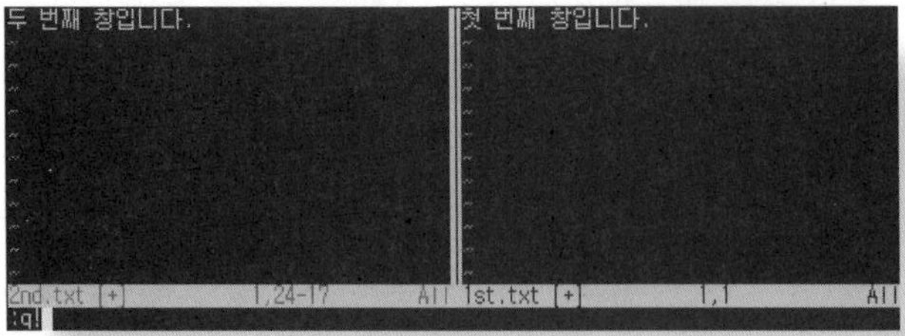

그림 8-49

이제 가로로 2개의 창을 사용해 보자. 가로로 2개의 창을 사용하기 위해 command mode 에서 :sp 2nd.txt 명령을 실행하면 다음 그림과 같이 보여준다. 각 창의 이동은 <Ctrl-W> 키를 2회 입력하면 된다.

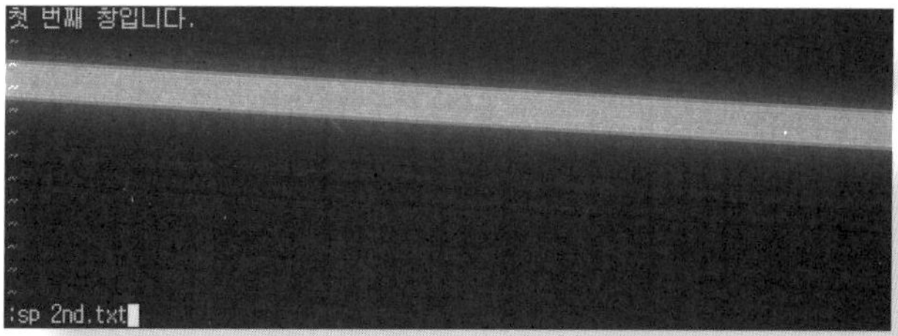

그림 8-50

그림 8-51

만약 3개의 창을 사용하고자 한다면 :vs [파일명] 또는 :sp [파일명] 명령을 한 번 더 실행하면 편집창이 하나 더 추가되는데, 위와 같이 먼저 2개의 가로창으로 분리한 상태에서 :sp [파일명] 명령을 사용할 경우, 다음 그림과 같이 현재 커서가 위치한 창 내에서 2개의 세로창으로 분리되고 앞쪽 창에 새로운 파일과 커서가 위치하게 된다.

그림 8-52

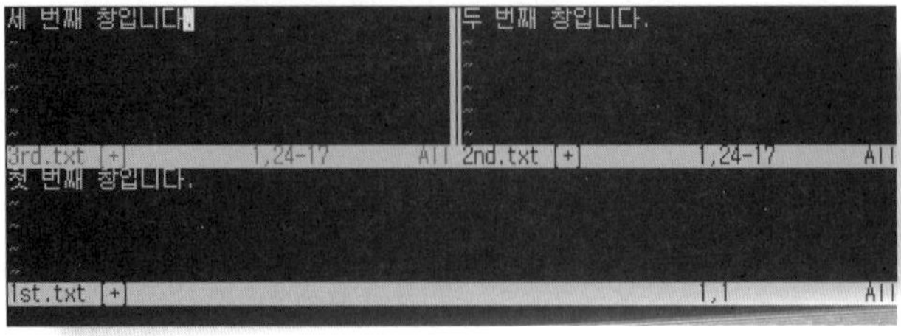

그림 8-53

각각의 창들은 <Ctrl-W>키를 2회씩 입력하면 토글되어 다음 창으로 커서가 이동되며, 선택된 창은 아래의 파일명 부분이 회색으로 변경된다. 모든 창을 빠져나오기 위해서는 Command mode에서 :q! 또는 :close를 실행하면 된다.

참고

vim 에디터에서 탭키를 입력하면 .vimrc 파일에 설정해두었던 set tabstop=4 옵션에 의해 4개의 공백 문자를 가지게 되어 우측으로 4칸의 공백을 이동한다. 그리고 쉬프트 명령도 사용할 수 있다. 1장의 .vimrc 설정파일에서 set shiftwidth=4로 설정해두었기 때문에 〉〉를 입력하면 우측으로 4칸의 공백을 이동하게 되고, 〈〈를 입력하면 좌측으로 4칸의 공백을 이동하게 된다. 그리고 ( ), { }, [ ] 안의 블록을 모두 이동하려면 블록의 시작 괄호에 커서를 두고 〉%를 입력하면 우측으로, 〈%를 입력하면 좌측으로 블록 전체가 이동하게 된다. 또한 =%를 입력하면 특정 블록 내의 내용 모두를 들여쓰기할 수 있다.

8.2 | vi(m) 튜토리얼

CentOS 리눅스 배포판에서 vim 패키지를 설치하면 한글로 번역된 튜토리얼이 기본으로 설치된다. 튜토리얼 내용을 그대로 옮겨놓았으니 한 번씩 읽어보기 바란다.

쉘에서 vimtutor 명령을 실행하면 다음의 내용을 볼 수 있다. 단, 한글을 보기 위해서는 LANG 변수의 값을 ko_KR.UTF8로 설정해야 한다.

```
[root@localhost ~]# cat /usr/share/vim/vim70/tutor/tutor.ko.utf-8
===============================================================================
=         빔 길잡이 (VIM Tutor) 에 오신 것을 환영합니다      -       Version 1.5       =
===============================================================================
```

빔(Vim)은 이 길잡이에서 다 설명할 수 없을 만큼 많은 명령을 가진 매우 강력한 편집기입니다. 이 길잡이는 빔을 쉽게 전천후 편집기로 사용할 수 있도록 충분한 명령에 대해 설명하고 있습니다.

이 길잡이를 떼는 데에는 실습하는 데에 얼마나 시간을 쓰는가에 따라서 25~30 분 정도가 걸립니다.

이 연습에 포함된 명령은 내용을 고칩니다. 이 파일의 복사본을 만들어서 연습하세요. (vimtutor를 통해 시작했다면, 이미 복사본을 사용하는 중입니다.)

중요한 것은, 이 길잡이가 직접 써보면서 배우도록 고려되어 있다는 것입니다. 명령을 제대로 익히려면, 직접 실행해 보는 것이 필요합니다. 내용을 읽는 것만으로는 명령을 잊어버리게 될 것입니다.

자 이제, Caps Lock(Shift-Lock) 키가 눌려있지 않은지 확인해보시고, j 키를 충분히 눌러서 Lesson 1.1이 화면에 가득 차도록 움직여봅시다.

Lesson 1.1: 커서 움직이기

** 커서를 움직이려면, 표시된 대로 h,j,k,l 키를 누르십시오. **

```
        ^
        k          힌트: h 키는 왼쪽에 있으며, 왼쪽으로 움직입니다.
    < h     l >          l 키는 오른쪽에 있으며, 오른쪽으로
        j                움직입니다.
        v                j 키는 아래방향 화살표처럼 생겼습니다.
```

1. 익숙해질 때까지 커서를 모니터에서 움직여 보십시오.
2. 아래 방향키(j)를 반복입력이 될 때까지 누르고 계십시오.
→ 이제 다음 lesson으로 가는 방법을 알게 되었습니다.
3. 아래 방향키를 이용하여, Lesson 1.2로 가십시오.

참고: 원하지 않는 무언가가 입력이 되었다면, 〈ESC〉를 눌러서 명령 모드로 돌아가십시오. 그 후에 원하는 명령을 다시 입력하십시오.

참고: 커서키 또한 작동할 것입니다. 하지만 hjkl에 익숙해지면 커서키보다 훨씬 빠르게 이동할 수 있을 것입니다.

Lesson 1.2: 빔을 시작하고 끝내기

!! **주의**: 아래 있는 단계를 실행하기 전에 이 lesson 전체를 읽으십시오!!

1. 〈ESC〉 키를 눌러서 확실하게 명령 모드로 빠져 나옵니다.
2. 다음과 같이 입력합니다:　:q! 〈ENTER〉

---〉 이렇게 하면, 바뀐 내용을 '저장하지 않고' 편집기를 빠져나갑니다.
　저장한 후 빠져나가려면 다음과 같이 입력합니다:

```
:wq <ENTER>
```

3. 쉘 프롬프트가 보인다면 다시 길잡이로 돌아오기 위해 다음과 같이 입력합니다.

```
vimtutor <ENTER>
```

　또는 다음과 같을 수도 있습니다.

```
vim tutor.ko <ENTER>
```

→ 'vim' 은 빔 편집기로 들어가는 것을 뜻하며, 'tutor.ko' 는 편집하려는 파일을 뜻합니다.

4. 위에서 이야기한 단계를 기억하였으며, 확신이 서면 1에서 3까지를 수행하여 편집기를 나갔다가 다시 들어와보십시오. 그 후 커서를 아래로 움직여 Lesson 1.3으로 가십시오.

Lesson 1.3: 텍스트 편집–지우기

** 명령 모드에서 x를 누르면 커서가 위치한 곳의 글자를 지울 수 있습니다. **

1. → 로 표시된 곳으로 커서를 옮겨보십시오
2. 오타를 수정하기 위해 커서를 지울 글자 위로 움직여 보십시오.
3. x 키를 눌러서 지워야 할 글자를 지우십시오.
4. 2에서 4까지를 반복하여 문장이 올바르게 되도록 하여 보십시오.

→ The ccow jumpedd ovverr thhe mooon.

5. 문장이 정확해졌다면, Lesson 1.4로 가십시오.

주의: 이 길잡이를 보면서 외우려고 하지 말고, 직접 사용해보면서 익히길 바랍니다.

Lesson 1.4: 텍스트 편집–삽입(INSERTION)

** 명령 모드에서 i를 누르면 텍스트를 입력할 수 있습니다. **

1. 커서를 첫 번째 → 로 표시된 줄로 움직입니다.
2. 첫 번째 줄을 두 번째 줄과 똑같이 만들 것입니다. 텍스트가 들어가야 할 곳 다음부터 첫 번째 글자 위에 커서를 옮겨 놓습니다.
3. i 키를 누른 후 필요한 내용을 입력합니다.
4. 수정한 후에는 〈ESC〉를 눌러서 명령 모드로 돌아갑니다. 문장을 올바르게 만들기 위해 2에서 4의 과정을 반복합니다.

→ `There is text misng this.`

→ `There is some text missing from this line.`

5. 텍스트를 삽입하는 데에 익숙해졌다면 요약을 봐주십시오.

Lesson 1: 요약

1. 커서를 움직일 때에는 화살표 키나 hjkl 키를 이용합니다.
   h (왼쪽) j (아래) k (위) l (오른쪽)
2. 쉘 프롬프트에서 빔을 시작하려면 vim FILENAME 〈ENTER〉
3. 수정한 내용을 무시한 채로 빔에서 빠져나가려면 〈ESC〉 :q! 〈ENTER〉
   저장한 후 빔에서 빠져나가려면 〈ESC〉 :wq 〈ENTER〉
4. 명령 모드에서 커서가 위치한 곳의 글자를 지우려면 x를 입력합니다.
5. 명령 모드에서 커서가 위치한 곳에 텍스트를 삽입하려면 i를 누른 후 텍스트를 입력하고 〈ESC〉를 누릅니다.

참고: 〈ESC〉는 명령 모드로 돌아가는 데 쓰며, 원치 않는 명령이나 완전히 입력되지 않은 명령을 취소하는 데에도 씁니다.

그럼 Lesson 2를 시작합시다.

Lesson 2.1: 삭제(DELETION) 명령

** 한 단어를 끝까지 지우려면 dw라고 치면 됩니다. **

1. 〈ESC〉 키를 눌러서 확실하게 명령 모드로 빠져 나옵니다.
2. 아래에 ---〉 로 표시된 줄 까지 커서를 옮깁니다
3. 지워야 할 단어의 처음으로 커서를 옮깁니다.
4. dw라고 쳐서 그 단어를 지웁니다.

주의: 위에서 말한대로 하면 화면의 마지막 줄에 dw라는 글자가 표시됩니다. 잘못 쳤다면 〈ESC〉를 눌러서 다시 시작하십시오.

```
→ There are a some words fun that don't belong paper in this sentence.
```

5. 3, 4번 과정을 다시 하여 문장을 정확하게 만든 뒤 Lesson 2.2로 가십시오.

Lesson 2.2: 다른 삭제 명령

** d$라고 치면 그 줄 끝까지 지워집니다. **

1. 〈ESC〉 키를 눌러서 확실하게 명령 모드로 빠져 나옵니다.
2. 아래에 → 로 표시된 줄 까지 커서를 옮깁니다.
3. 올바른 줄의 끝으로 커서를 옮깁니다. (첫 번째로 나오는 . 다음입니다.)
4. d$라고 쳐서 줄 끝까지 지웁니다.

```
→ Somebody typed the end of this line twice. end of this line twice.
```

5. 어떤 일이 일어났는지 이해하기 위해 Lesson 2.3으로 가십시오.

Lesson 2.3: 명령과 적용 대상에 대해

삭제 명령 d의 형식은 다음과 같습니다.

```
[횟수] d 대상 또는 d [횟수] 대상
```

여기서

횟수 - 명령을 몇 번 수행할 지(옵션, 기본값=1).

d - 지우는 명령

대상 - 아래에 제시된 대상에 대해 명령을 수행

적용 가능한 대상의 종류:
 w - 커서에서 그 단어의 끝까지(공백 포함)
 e - 커서에서 그 단어의 끝까지(공백을 포함하지 않음)
 $ - 커서에서 그 줄의 끝까지

참고: 호기심이 있다면 명령 모드에서 명령 없이 대상을 입력해보십시오. 위에서 이야기한 대상의 목록에 따라 커서가 움직이게 됩니다.

Lesson 2.4: '명령–대상'에 대한 예외

** dd라고 치면 줄 전체를 지웁니다. **

줄 전체를 지우는 일이 잦기 때문에 Vi를 디자인한 사람들은 간단히 d를 두 번 연달아 치면 한 줄을 지울 수 있도록 하였습니다.

1. 커서를 아래 나온 단락의 두 번째 줄로 가져가십시오.
2. dd를 입력하여 그 줄을 지우십시오.
3. 그런 다음 네 번째 줄로 가십시오.
4. 2dd라고 입력하여 두 줄을 지웁니다. (횟수-명령-대상을 기억하세요.)

```
1) Roses are red,
2) Mud is fun,
3) Violets are blue,
4) I have a car,
5) Clocks tell time,
6) Sugar is sweet
7) And so are you.
```

Lesson 2.5: 취소(UNDO) 명령

** u를 누르면 마지막 명령이 취소되며, U는 줄 전체를 수정합니다. **

1. 커서를 → 로 표시된 줄로 이동한 후 첫 번째 잘못된 부분 위로 옮깁니다.
2. x를 입력하여 첫 번째 잘못된 글자를 지웁니다.
3. 그럼 이제 u를 입력하여 마지막으로 수행된 명령을 취소합니다.

4. 이번에는 x 명령을 이용하여 그 줄의 모든 에러를 수정해봅시다.
5. 대문자 U를 눌러서 그 줄을 원래 상태로 돌려놓아 보십시오.
6. 이번에는 u를 몇 번 눌러서 U와 이전 명령을 취소해봅시다.
7. CTRL-R(CTRL 키를 누른 상태에서 R을 누르는 것)을 몇 번 눌러서 명령을 다시 실행해봅시다. (취소한 것을 취소함)

---> Fiix the errors oon thhis line and reeplace them witth undo.

8. 이 명령은 매우 유용합니다. 그럼 Lesson 2 요약으로 넘어가도록 합시다.

Lesson 2: 요약

1. 커서가 위치한 곳부터 단어의 끝까지 지우려면: dw
2. 커서가 위치한 곳부터 줄 끝까지 지우려면: d$
3. 줄 전체를 지우려면: dd
4. 명령 모드에서 내리는 명령의 형식은 다음과 같습니다:
   [횟수] 명령 대상 또는 명령 [횟수] 대상
   여기서:
     횟수 - 그 명령을 몇 번 반복할 것인가
     명령 - 어떤 명령을 내릴 것인가(예를 들어, 삭제인 경우는 d)
     대상 - 명령이 동작할 대상, 예를 들어 w(단어), $(줄의 끝) 등.
5. 이전 행동을 취소하려면: u (소문자 u)
   한 줄에서 수정한 것을 모두 취소하려면: U (대문자 U)
   취소한 것을 다시 실행하려면: CTRL-R

Lesson 3.1: 붙이기(PUT) 명령

** p를 입력하여 마지막으로 지운 내용을 커서 뒤에 붙입니다. **

1. 아래에 있는 문단의 첫 줄로 커서를 움직이십시오.
2. dd를 입력하여 그 줄을 지워서 빔의 버퍼에 저장합니다.
3. 아까 지운 줄이 가야 할 위치의 *윗줄로* 커서를 옮깁니다.
4. 명령 모드에서 p를 입력하여 그 줄을 제대로 된 자리로 옮깁니다.
5. 2에서 4를 반복하여 모든 줄의 순서를 바로 잡으십시오.
   d) Can you learn too?

```
b) Violets are blue,
c) Intelligence is learned,
a) Roses are red,
```

Lesson 3.2: 치환(REPLACE) 명령

** 커서 아래의 글자 하나를 바꾸려면 r을 누른 후 바꿀 글자를 입력합니다. **

1. 커서를 → 로 표시된 첫 줄로 옮깁니다.
2. 커서를 잘못된 첫 부분으로 옮깁니다.
3. r을 누른 후, 잘못된 부분을 고쳐 쓸 글자를 입력합니다.
4. 2에서 3의 과정을 반복하여 첫 줄의 오류를 수정하십시오.

```
→ Whan this lime was tuoed in, someone presswd some wrojg keys!
→ When this line was typed in, someone pressed some wrong keys!
```

5. Lesson 3.2로 이동합시다.

주의: 외우지 말고 직접 해보면서 익혀야 한다는 것을 잊지 마십시오.

Lesson 3.3: 변환(CHANGE) 명령

** 한 단어의 일부나 전체를 바꾸려면, cw를 치십시오. **

1. 커서를 → 로 표시된 첫줄로 옮깁니다.
2. 커서를 lubw에서 u 위에 올려놓습니다.
3. cw라고 명령한 후 단어를 정확하게 수정합니다. (이 경우, 'ine'를 칩니다.)
4. 〈ESC〉를 누른 후 다음 에러로 갑니다. 수정되어야 할 첫 글자로 갑니다.
5. 3에서 4의 과정을 반복하여 첫 번째 문장을 두 번째 문장과 같도록 만듭니다.

```
→ This lubw has a few wptfd that mrrf changing usf the change command.
→ This line has a few words that need changing using the change command.
```

cw는 단어를 치환하는 것뿐만 아니라 내용을 삽입할 수 있도록 한다는 것에 주의합시다.

Lesson 3.4: c를 이용한 다른 변환 명령

** 변환 명령은 삭제할 때 이용한 대상에 대해 적용할 수 있습니다. **

1. 변환 명령은 삭제와 동일한 방식으로 동작합니다. 형식은 다음과 같습니다.
   〔횟수〕 c 대상 또는 c 〔횟수〕 대상
2. 적용 가능한 대상 역시 같습니다. w(단어), $ (줄의 끝) 등이 있습니다.
3. → 로 표시된 첫 줄로 이동합니다.
4. 첫 에러 위로 커서를 옮깁니다.
5. c$를 입력하여 그 줄의 나머지가 두 번째 줄처럼 되도록 수정한 후 〈ESC〉를 누르십시오.

```
→ The end of this line needs some help to make it like the second.
→ The end of this line needs to be corrected using the  c$  command.
```

Lesson 3: 요약

1. 이미 지운 내용을 되돌리려면 p를 누르십시오. 이 명령은 커서 *다음에* 지워진 내용을 붙입니다(PUT). (한 줄을 지운 경우에는 커서 다음 줄에 지워진 내용이 붙습니다.)
2. 커서 아래의 글자를 치환하려면(REPLACE) r을 누른 후 원래 글자 대신 바꾸어 넣을 글자를 입력합니다.
3. 변환 명령(CHANGE)은 커서에서부터 지정한 대상의 끝까지 바꿀 수 있는 명령입니다. 예를 들어, 커서 위치에서 단어의 끝까지 바꾸려면 cw를 입력하면 되며, c$는 줄 끝까지 바꾸는 데 쓰입니다.
4. 변환 명령의 형식은 다음과 같습니다.
   〔횟수〕 c 대상 또는 c 〔횟수〕 대상

계속해서 다음 Lesson을 진행합시다.

Lesson 4.1: 위치와 파일의 상태

** CTRL-g를 누르면 파일 내에서의 현재 위치와 파일의 상태를 볼 수 있습니다. SHIFT-G를 누르면 파일 내의 줄로 이동합니다. **

주의: 다음의 단계를 따라하기 전에 이 Lesson 전체를 먼저 읽으십시오.

1. CTRL키를 누른 상태에서 g를 누릅니다. 파일명과 현재 위치한 줄이 표시된 상태줄이 화면 아래에 표시될 것입니다. 3번째 단계를 위해 그 줄 번호를 기억하고 계십시오.
2. SHIFT-G를 누르면 파일의 마지막으로 이동합니다.
3. 아까 기억했던 줄 번호를 입력한 후 SHIFT-G를 누르십시오. 이렇게 하면 처음에 CTRL-g를 눌렀던 장소로 되돌아가게 될 것입니다. (번호를 입력할 때, 이것은 화면에 표시되지 않습니다.)
4. 자신이 생겼다면 1에서 3까지를 실행해 보십시오.

Lesson 4.2: 찾기 명령

** /를 누른 후 검색할 문구를 입력하십시오. **

1. 명령 모드에서 /를 입력하십시오. : 명령에서와 마찬가지로 화면 아래에 /와 커서가 표시될 것입니다.
2. 'errroor' 라고 친 후 〈ENTER〉를 치십시오. 이 단어를 찾으려고 합니다.
3. 같은 문구를 다시 찾으려면 간단히 n을 입력하십시오.
   같은 문구를 반대 방향으로 찾으려면 Shift-N을 입력하십시오.
4. 문구를 역방향으로 찾으려면 / 대신 ?를 이용하면 됩니다.

→ "errroor" is not the way to spell error; errroor is an error.

참고: 찾는 중에 파일의 끝에 다다르게 되면 파일의 처음부터 다시 찾게 됩니다.

Lesson 4.3: 괄호의 짝 찾기

** %를 눌러서),], }의 짝을 찾습니다. **

1. 커서를 → 로 표시된 줄의 (, [, { 중 하나에 가져다 놓습니다.
2. %를 입력해 봅시다.
3. 커서가 짝이 맞는 괄호로 이동할 것입니다.
4. %를 입력하여 이전 괄호로 되돌아 옵시다.

→ This (is a test line with (`s, [`s] and {`s } in it.))

참고: 짝이 맞지 않는 괄호가 있는 프로그램을 디버깅할 때에 매우 유용합니다!

Lesson 4.4: 에러를 수정하는 방법

** :s/old/new/g하면 'old'를 'new'로 치환(SUBTITUTE)합니다. **

1. 커서를 → 로 표시된 줄에 가져다 놓습니다.
2. :s/thee/the를 입력한 후 <ENTER>를 칩니다. 이 명령은 그 줄에서 처음으로 발견된 것만 바꾼다는 것에 주의하십시오.
3. 이번에는 :s/thee/the/g를 입력합니다. 이는 그 줄 전체(globally)를 치환한다는 것을 의미합니다.

→ `thee best time to see thee flowers is in thee spring.`

4. 두 줄 사이의 모든 문자열에 대해 치환하려면 다음과 같이 합니다.
   :#,#s/old/new/g　#,#는 두 줄의 줄번호를 뜻합니다.
   :%s/old/new/g　파일 전체에서 발견된 모든 것을 치환하는 경우입니다.

Lesson 4: 요약

1. CTRL-g는 파일의 상태와 파일 내에서의 현재 위치를 표시합니다. SHIFT-G는 파일의 끝으로 이동합니다. 줄번호를 입력한 후 SHIFT-G를 입력하면 그 줄로 이동합니다.
2. /를 입력한 후 문구를 입력하면 그 문구를 아랫방향으로 찾습니다. ?를 입력한 후 문구를 입력하면 윗방향으로 찾습니다. 검색 후 n을 입력하면 같은 방향으로 다음 문구를 찾으며, Shift-N을 입력하면 반대 방향으로 찾습니다.
3. 커서가 (,),[,],{,} 위에 있을 때에 %를 입력하면 상응하는 짝을 찾아갑니다.
4. 어떤 줄에 처음 등장하는 old를 new로 바꾸려면　:s/old/new
   한 줄에 등장하는 모든 old를 new로 바꾸려면　:s/old/new/g
   두 줄 #,# 사이에서 치환을 하려면　:#,#s/old/new/g
   파일 내의 모든 문구를 치환하려면　:%s/old/new/g
   바꿀 때마다 확인을 거치려면 'c'를 붙여서　:%s/old/new/gc

Lesson 5.1: 외부 명령 실행하는 방법

** :!을 입력한 후 실행하려는 명령을 입력하십시오. **

1. 친숙한 명령인 :를 입력하면 커서가 화면 아래로 이동합니다. 명령을 입력할 수 있게 됩니다.

2. 이제 !(느낌표)를 입력하십시오. 이렇게 하면 외부 쉘 명령을 실행할 수 있습니다.

3. 시험삼아 ! 다음에 ls를 입력한 후 〈ENTER〉를 쳐보십시오. 쉘 프롬프트에서처럼 디렉터리의 목록이 출력될 것입니다. ls가 동작하지 않는다면 :!dir을 시도해 보십시오.

참고: 어떤 외부 명령도 이 방법으로 실행할 수 있습니다.

참고: 모든 : 명령은 〈ENTER〉를 쳐야 마무리 됩니다.

Lesson 5.2: 보다 자세한 파일 저장

** 수정된 내용을 파일로 저장하려면, :w FILENAME하십시오. **

1. :!dir 또는 :!ls를 입력하여 디렉터리의 리스트를 얻어옵니다. 위의 명령 후 〈ENTER〉를 쳐야 한다는 것은 이미 알고 있을 것입니다.
2. TEST처럼 존재하지 않는 파일명을 하나 고르십시오.
3. 이제 :w TEST라고 입력하십시오. (TEST는 당신이 선택한 파일명입니다.)
4. 이렇게 하면 빔 길잡이 파일 전체를 TEST라는 이름으로 저장합니다. 확인하려면, :!dir을 다시 입력하여 디렉터리를 살펴보십시오.

참고: 빔을 종료한 후, 빔을 다시 실행하여 TEST라는 파일을 열면 그 파일은 저장했을 때와 완벽히 같은 복사본일 것입니다.

5. 이제 그 파일을 지웁시다.
   (MS-DOS에서): !del TEST
   (Unix에서): !rm TEST

Lesson 5.3: 선택적으로 저장하는 명령

** 파일의 일부를 저장하려면, :#,# w FILENAME하십시오. **

1. 다시 한번, :!dir이나 !ls를 입력하여 디렉터리의 목록을 받아온 후 TEST 같은 적합한 이름을 선택합니다.
2. 커서를 이 페이지의 처음으로 옮긴 후, Ctrl-g를 입력하여 그 줄의 줄번호를 알아냅니다. 이 번호를 기억하십시오!
3. 이제 이 페이지의 마지막으로 가서 Ctrl-g를 다시 입력하십시오. 이 줄의 줄번호 또한 기억하십시오!

4. 어떤 섹션만 파일로 저장하려면 :#,# w TEST를 입력하면 됩니다. 이때 #,#는 아까 기억했던 시작과 끝 줄번호입니다. TEST는 파일명입니다.
5. :!dir을 이용하여 파일이 만들어졌는지 확인하십시오. 지우지는 마십시오.

Lesson 5.4: 파일 읽어들이기, 합치기

** 어떤 파일의 내용을 삽입하려면 :r FILENAME하십시오 **

1. :!dir을 입력하여 아까 만든 TEST 파일이 그대로 있는지 확인하십시오.
2. 커서를 이 페이지의 처음으로 움직이십시오.

주의: 3번째 단계를 실행하면, Lesson 5.3을 보게 될 것입니다. 그렇게 되면 이 lesson으로 다시 내려오십시오.

3. 이제 TEST 파일을 읽어들입시다. :r TEST 명령을 사용하십시오. TEST는 파일의 이름입니다.

참고: 읽어들인 파일은 커서가 위치한 지점에서부터 놓이게 됩니다.

4. 파일이 읽어들여진 것을 확인하기 위해 뒤로 이동해서 기존 버전과 파일에서 읽어들인 버전, 이렇게 Lesson 5.3이 두 번 반복되었음을 확인하십시오.

Lesson 5: 요약

1. :!command를 이용하여 외부 명령을 실행합니다.

   유용한 예:

(MS-DOS)	(Unix)	
:!dir	:!ls	- 디렉터리의 목록을 보여준다.
:!del FILENAME	:!rm FILENAME	- FILENAME이라는 파일을 지운다.

2. :w FILENAME하면 현재 빔에서 사용하는 파일을 FILENAME이라는 이름으로 디스크에 저장합니다.
3. :#,#w FILENAME하면 #부터 #까지의 줄을 FILENAME이라는 파일로 저장합니다.
4. :r FILENAME은 디스크에서 FILENAME이라는 파일을 불러들여서 커서 위치 뒤에 현재 파일을 집어넣습니다.

Lesson 6.1: 새 줄 열기(OPEN) 명령

** o를 누르면 커서 아래에 줄을 만들고 편집모드가 됩니다. **

1. 아래에 → 로 표시된 줄로 커서를 옮기십시오.
2. o(소문자)를 쳐서 커서 *아래에* 줄을 하나 여십시오. 편집모드가 됩니다. Insert mode.
3. → 로 표시된 줄을 복사한 후 〈ESC〉를 눌러서 편집모드에서 나오십시오.

   → After typing o the cursor is placed on the open line in Insert mode.

4. 커서 *위에* 줄을 하나 만들려면 소문자 o 대신 대문자 O를 치면 됩니다.
   아래 있는 줄에 대해 이 명령을 내려보십시오.

   Open up a line above this by typing Shift-O while the cursor is on this line.

Lesson 6.2: 추가(APPEND) 명령

** a를 누르면 커서 *다음에* 글을 입력할 수 있습니다. **

1. 커서를 → 로 표시된 첫 번째 줄의 끝으로 옮깁니다. 명령 모드에서 $를 이용하십시오.
2. 소문자 a를 커서 아래 글자 *다음*에 글을 추가할 수 있습니다. (대문자 A는 그 줄의 끝에 추가합니다.)

참고: 그렇게 하시면 고작 줄의 끝에 추가를 하기 위해 i를 누르고, 커서 아래에 있던 글자를 반복하고, 글을 끼워넣고, 〈ESC〉를 눌러 명령 모드로 돌아와서 커서를 오른쪽으로 옮기고, 마지막으로 x까지 눌러야 하는 번거로움을 피하실 수 있습니다.

3. 이제 첫 줄을 완성하십시오. 추가 명령은 텍스트가 입력되는 위치 외에는 편집모드와 완전히 같다는 것을 유념하십시오.

   → This line will allow you to practice

   → This line will allow you to practice appending text to the end of a line.

Lesson 6.3: 치환(REPLACE)의 다른 버전

** 대문자 R을 입력하면 하나 이상의 글자를 바꿀 수 있습니다. **

1. 커서를 → 로 표시된 첫 번째 줄로 옮기십시오.

2. 커서를 → 로 표시된 두 번째 줄과 다른 첫 번째 단어 위로 옮기십시오. ('last' 입니다.)
3. R을 입력한 후 첫 번째 줄의 예전 텍스트 위에 새로운 글을 입력하여 나머지 내용이 두 번째 줄과 같아지도록 바꿉시다.

```
→ To make the first line the same as the last on this page use the keys.
→ To make the first line the same as the second, type R and the new text.
```

4. <ESC>를 눌러서 나가면 바뀌지 않은 텍스트는 그대로 남게 됩니다.

Lesson 6.4: 옵션 설정(SET)

** 찾기나 바꾸기에서 대소문자 구분을 없애기 위해 옵션을 설정합니다 **

1. 다음을 입력하여 'ignore'를 찾으십시오:

   ```
   /ignore
   ```

   n키를 이용하여 여러 번 반복하십시오.
2. 'ic' (대소문자 구별 안 함, Ignore case) 옵션을 설정하십시오.

   ```
   :set ic
   ```

3. n키를 눌러서 'ignore'를 다시 찾아보십시오.
   n키를 계속 눌러서 여러 번 찾으십시오.
4. 'hlsearch'와 'incsearch' 옵션을 설정합시다.

   ```
   :set hls is
   ```

5. 찾기 명령을 다시 입력하여 어떤 일이 일어나는지 확인해 보십시오.

   ```
   /ignore
   ```

6. 찾은 내용이 강조(HIGHLIGHT)된 것을 없애려면 다음과 같이 입력합니다.

   ```
   :nohlsearch
   ```

Lesson 6: 요약

1. o를 입력하면 커서 *아래에* 한 줄이 열리며, 커서는 편집모드로 열린 줄 위에 위치하게 됩니다.
   대문자 O를 입력하면 커서가 있는 줄의 *위로* 새 줄을 열게 됩니다.
2. a를 입력하면 커서 *다음에* 글을 입력할 수 있습니다.

대문자 A를 입력하면 자동으로 그 줄의 끝에 글자를 추가하게 됩니다.

3. 대문자 R을 입력하면 〈ESC〉를 눌러서 나가기 전까지 바꾸기 모드가 됩니다.
4. ":set xxx"를 하면 "xxx" 옵션이 설정됩니다.

Lesson 7: 온라인 도움말 명령

** 온라인 도움말 시스템 사용하기 **

빔은 폭 넓은 온라인 도움말 시스템을 제공합니다. 도움말을 보려면 다음 세 가지 중 하나를 시도해보십시오.

- 〈HELP〉 키를 누른다. (키가 있는 경우)
- 〈F1〉 키를 누른다. (키가 있는 경우)
- :help 〈ENTER〉라고 입력한다.

도움말 창을 닫으려면 :q〈ENTER〉라고 입력하십시오.

":help"라는 명령에 인자를 주면 어떤 주제에 관한 도움말을 찾을 수 있습니다.

다음 명령을 내려 보십시오. (〈ENTER〉키를 누르는 것을 잊지 마십시오.)

```
:help w
:help c_<T
:help insert-index
:help user-manual
```

Lesson 8: 시작스크립트 만들기

** 빔의 기능 켜기 **

빔은 Vi 보다 훨씬 많은 기능을 가지고 있지만, 대부분은 기본적으로 작동하지 않습니다. 더 많은 기능을 써보려면 "vimrc"라는 파일을 만들어야 합니다.

1. "vimrc" 파일을 수정합시다. 이 파일은 사용하는 시스템에 따라 다릅니다.

   :edit ~/.vimrc　　　　　　Unix의 경우
   :edit $VIM/_vimrc　　　　　MS-Windows의 경우

2. 이제 "vimrc"의 예제를 읽어들입니다.

```
:read $VIMRUNTIME/vimrc_example.vim
```

3. 다음과 같이 하여 파일을 저장합니다.

```
:write
```

다음 번에 빔을 시작하면 구문 강조(syntax highlighting)가 사용될 것입니다.

모든 원하는 설정을 이 "vimrc" 파일에 넣어둘 수 있습니다.

이것으로 빔 길잡이를 마칩니다. 이 길잡이는 빔 편집기에 대한 간략한 개요를 보여주기 위한 의도로 제작되었으며, 이 편집기를 정말 간단히 사용하기에 충분할 뿐입니다. 빔에는 이 길잡이와는 비교할 수 없을 만큼 훨씬 많은 명령이 있습니다. 다음 사용자 매뉴얼을 읽으십시오: ":help user-manual"

보다 자세히 읽고 공부하려면 다음 책을 추천해 드립니다.

Vim - Vi Improved - by Steve Oualline
출판사: New Riders

이 책은 완전히 빔에 대해서만 다루고 있습니다. 특히 초보자들에게 유용합니다. 많은 예제와 그림이 있습니다.
다음을 참고하십시오: http://iccf-holland.org/click5.html

다음 책은 좀 오래된 책으로 빔보다는 Vi에 대해 다루고 있지만, 역시 추천할 만합니다.

Learning the Vi Editor - by Linda Lamb
출판사: O' Reilly & Associates Inc.

Vi로 하고 싶은 거의 모든 것에 대해 알 수 있는 좋은 책입니다.
여섯 번째 개정판은 빔에 관한 내용을 포함하고 있습니다.

이 길잡이는 Colorado School of Mines의 Michael C. Pierce와 Robert K. Ware가 Colorado State University의 Charles Smith의 아이디어에 착안하여 썼습니다.
. E-mail: bware@mines.colorado.edu.
Modified for Vim by Bram Moolenaar.
이 문서의 한국어 버전에 관한 문의는 다음 사이트로 해주십시오.
http://wiki.kldp.org/wiki.php/VimTutorKo

8.3 | 유용한 유틸리티

먼저 소개할 유틸리티의 테스팅을 위하여 아래의 두 파일을 생성하도록 하자. 아래 파일에서 각 필드의 분리는 공백이 아니라 <**Tab**>키이다.

```
[root@localhost ~]# vim sname
11	사과
12	배
13	복숭아
14	참외
15	수박
```

```
[root@localhost ~]# vim sprice
11	300
12	500
13	200
14	150
15	5000
```

8.3.1 cut

cut 명령은 파일에서 지정한 각 라인의 필드를 자르는 명령이며, 파일에서 라인의 선택 필드만 잘라서 표준 출력으로 출력한다.

형식	cut -f[필드 번호] [파일명]

```
[root@localhost ~]# cut -f2 sname
사과
배
복숭아
참외
수박
[root@localhost ~]#
```

앞의 명령은 sname 파일에서 두 번째 필드를 잘라서 출력하도록 한 것이다. (-f2)

```
[root@localhost ~]# cut -f1 sname
11
12
13
14
15
[root@localhost ~]#
```

위의 명령은 sname 파일에서 첫 번째 필드를 잘라서 출력하도록 한 것이다. (-f1)

```
[root@localhost ~]# cut -f2 sname > /tmp/sn.tmp.$$
[root@localhost ~]# cut -f2 sprice > /tmp/sp.tmp.$$
[root@localhost ~]# echo $$
2737
[root@localhost ~]# ls -l /tmp/*2737
-rw-r--r-- 1 root root 35 2009-07-25 16:31 /tmp/sn.tmp.2737
-rw-r--r-- 1 root root 21 2009-07-25 16:31 /tmp/sp.tmp.2737
[root@localhost ~]# cat /tmp/sn.tmp.$$
사과
배
복숭아
참외
수박
[root@localhost ~]# cat /tmp/sp.tmp.$$
300
500
200
150
5000
[root@localhost ~]#
```

$ 변수는 현재 셸의 프로세스 아이디(PID)를 가진다.

8.3.2 paste

paste 명령은 텍스트 정보를 합치는 명령이다.

형식 paste [파일1] [파일2]

```
[root@localhost ~]# paste sname sprice
11      사과    11      300
12      배      12      500
13      복숭아  13      200
14      참외    14      150
15      수박    15      5000
[root@localhost ~]# paste /tmp/sn.tmp.$$ /tmp/sp.tmp.$$
사과    300
배      500
복숭아  200
참외    150
수박    5000
[root@localhost ~]#
```

8.3.3 join

join 명령은 두 파일에서 같은 값을 가지는 필드의 쌍이 발견되면 그 필드를 하나로 합치고 나머지 필드를 더하는 명령이다.

형식 join [파일1] [파일2]

```
[root@localhost ~]# join sname sprice
11 사과 300
12 배 500
13 복숭아 200
14 참외 150
15 수박 5000
[root@localhost ~]#
```

sname과 sprice 파일은 첫 번째 필드의 값이 동일하기 때문에 하나만 남게 되고 그 나머지 필드들은 추가된다.

8.3.4 tr

tr 명령은 표준 입력으로부터 문자들을 변경하거나 삭제하고 표준 출력으로 출력한다.

형식	tr [패턴1] [패턴2]

```
[root@localhost ~]# tr "12" "xy" < sname
xx      사과
xy      배
x3      복숭아
x4      참외
x5      수박
[root@localhost ~]#
```

위의 명령은 1 문자를 x로, 2 문자를 y로 변경하는 명령이다.

```
1 → x
2 → y
```

만약 소문자를 대문자로 변경하고자 한다면 tr "[a-z]" "[A-Z]" 명령을 실행하면 된다.

```
[root@localhost ~]# tr "[a-z]" "[A-Z]"
i like linux
I LIKE LINUX
how about you?
HOW ABOUT YOU?
<Ctrl-C>
[root@localhost ~]#
```

8.3.5 uniq

uniq 명령은 같은 문자열로 되풀이되는 라인 중 선행하는 하나의 라인만 남기고 모두 삭제한 다음 출력하는 명령인데, 단 **인접한 라인의 같은 문자열만 검색한다.** 만약 인접하지 않는 라인에 같은 문자열이 있다면 되풀이되는 라인이라도 삭제하지 않는다.

형식	uniq [파일명]

```
[root@localhost ~]# vim pname
리눅스를 좋아하세요?
CentOS
CentOS
환영합니다.
리눅스의 세계로 오신 것을 환영합니다.
리눅스를 좋아하세요?
페도라
페도라
```

```
[root@localhost ~]# uniq pname
리눅스를 좋아하세요?
CentOS
환영합니다.
리눅스의 세계로 오신 것을 환영합니다.
리눅스를 좋아하세요?
페도라
[root@localhost ~]#
```

위 예제의 결과를 보면 CentOS와 페도라 문자열은 하나만 출력되었지만 "리눅스를 좋아하세요?" 문자열은 모두 출력되고 있다. 즉, **uniq 명령은 인접한 문자열 중 같은 문자열이 있으면 하나만 출력하는 명령이다.** 만약 "리눅스를 좋아하세요?" 문자열도 uniq 명령에 의해 하나만 남게 하려면 어떻게 해야 할까? 해답은 sort 명령을 사용하여 라인을 먼저 정렬한 다음 uniq 명령을 실행하면 될것이다.

```
[root@localhost ~]# sort pname | uniq
CentOS
리눅스를 좋아하세요?
리눅스의 세계로 오신 것을 환영합니다.
```

```
페도라
환영합니다.
[root@localhost ~]#
```

8.3.6 split

split 명령을 사용하면 용량이 큰 텍스트 파일을 크기 단위 또는 라인 단위로 잘라낼 수 있다. 사용할 수 있는 옵션은 다음과 같다.

```
[root@localhost ~]# split --help
Usage: split [OPTION] [INPUT [PREFIX]]
Output fixed-size pieces of INPUT to PREFIXaa, PREFIXab, ...; default
size is 1000 lines, and default PREFIX is `x'.  With no INPUT, or when INPUT
is -, read standard input.

Mandatory arguments to long options are mandatory for short options too.
  -a, --suffix-length=N   use suffixes of length N (default 2)
  -b, --bytes=SIZE        put SIZE bytes per output file
  -C, --line-bytes=SIZE   put at most SIZE bytes of lines per output file
  -d, --numeric-suffixes  use numeric suffixes instead of alphabetic
  -l, --lines=NUMBER      put NUMBER lines per output file
      --verbose           print a diagnostic to standard error just
                          before each output file is opened
      --help     display this help and exit
      --version  output version information and exit

SIZE may have a multiplier suffix: b for 512, k for 1K, m for 1 Meg.

Report bugs to <bug-coreutils@gnu.org>.
[root@localhost ~]#
```

테스트를 하기 위해 /var/log/messages 파일을 split 명령을 사용하여 라인 단위로 여러 개의 파일로 나누어 보도록 하자.

```
[root@localhost ~]# cd /var/log
[root@localhost log]# ls -l messages
-rw------- 1 root root 240493 2009-07-25 15:38 messages
[root@localhost log]# split -l 1000 messages linemessages_
[root@localhost log]# ls -l linemessages_*
-rw-r--r-- 1 root root 80625 2009-07-25 16:55 linemessages_aa
-rw-r--r-- 1 root root 80931 2009-07-25 16:55 linemessages_ab
-rw-r--r-- 1 root root 78937 2009-07-25 16:55 linemessages_ac
[root@localhost log]# cat linemessages_aa | wc -l
1000
[root@localhost log]#
```

위 예제에서는 messages 파일을 1000라인마다 잘라서 여러 개의 파일로 나눈 것이다. 결과에서 보면 생성되는 파일명 마지막에 aa, ab, ac 형식의 문자열이 자동으로 추가되는 것을 확인할 수 있으며, 3개의 파일로 분리되었다. 그리고 분리된 파일의 라인수를 알아보기 위해 wc -l 명령을 사용하여 확인하면 1000개 라인으로 잘렸음을 확인할 수 있다.

이번에는 파일 크기 단위로 파일을 나누어 보자.

```
[root@localhost log]# split -b 100000 -d messages numbermessages_
[root@localhost log]# ls -l numbermessages_*
-rw-r--r-- 1 root root 100000 2009-07-25 16:59 numbermessages_00
-rw-r--r-- 1 root root 100000 2009-07-25 16:59 numbermessages_01
-rw-r--r-- 1 root root  40493 2009-07-25 16:59 numbermessages_02
[root@localhost log]# cd - #이전 디렉터리로 이동하는 명령
```

위 예제에서는 messages 파일을 100000바이트 단위로 분리하였다. 결과를 보면 3개의 파일로 분리되었으며, -d 옵션을 사용하였기 때문에 파일명의 마지막에는 숫자로 채워지게 된다.

8.3.7 col

col 명령은 표준 입력으로부터 줄 바꿈문자line feed를 변경하는 필터인데, "\n\r" 문자를 "\n" 문자로 변경해 주고, 공백 문자를 탭문자로 변경해 주며, 백스페이스 문자를 삭제하는 기능을 한다.

표 8-10 • col 옵션

col 옵션	의미
-b	어떠한 백스페이스 문자도 출력하지 않는다. 백스페이스 문자와 연결되는 마지막 문자만 출력한다.
-f	밑줄 속성을 가진 문자열을(Forward half line feed) 변환하지 않는다. 일반적으로 밑줄 속성을 가진 문자열들은 다음 라인에서 밑줄이 나타난다.
-h	여러 공백문자를 탭문자로 바꾼다.
-x	여러 공백문자들을 그대로 둔다.
-l[num]	메모리에 한 번에 둘 수 있는 최대 라인수를 num 라인수로 한다. 초기값은 128라인이다.

이 필터는 리눅스의 맨페이지 문서를 화면에 출력하기 위해 사용할 수 있다. 즉, 맨페이지에서 백스페이스 문자를 출력하지 않고 화면에 출력하기 위해 cat 명령으로 파이프한다.

```
[root@localhost ~]# man col | col -b | cat
COL(1)              BSD General Commands Manual              COL(1)

이름
     col - 입력으로부터 줄 바꿈문자(line feed)를 바꾸는 필터

요약
     col [-bfx] [-l num]

설명
     Col 필터는 "\n\r" 문자를 "\n" 문자로 바꾸어 주는 필터이다. 또한 공백문자를 탭문자로 바꾸고, 백스페이스 문자
     를 없애는 기능을 한다. 이 필터는 nroff(1)와 tbl(1) 출력물의 처리에 아주 유용하게 쓰인다. (이 두 풀그림에
     의해서 만들어지는 대표적인 출력이 man의 cat 파일이다. 즉, cat 파일을 단순 텍스트 파일로 바꾸는 데 아주 유
     용하게 쓰인다.)

     Col 필터는 표준 입력으로 받아서 표준 출력으로 보낸다. (즉, 파일로 저장하려면 파이프와 방향전환이 필요하다.)

     여기서 사용되는 옵션은 다음과 같다:

     -b    어떠한 백스페이스 문자도 출력하지 않는다.  이것은 팩스페이스 문자와 연결되는 마지막 문자만 출력한다.
```

(계속)

-f　　밑줄 속성을 가진 문자열을(Forward half line feed) 변환하지 않는다. 일반적으로 밑줄 속성을 가진 문자열들은 다음 줄에서 밑줄(-)이 나타난다.(그런데, 실질적으로 colcrt(1) 필터를 사용하지 않고는 제대로 이 기능이 나타나지 않더군요. - 옮긴이 말)

-h　　여러 공백문자를 탭문자로 바꾼다.

-x　　여러 공백문자들을 그대로 둔다.

-lnum　메모리에 한 번에 둘 수 있는 최대 줄수를 num줄로 한다. 초기값은 128줄이다.

다음은 col 명령에서 변환대상이 되는 각종 문자들이다:

ESC-7	reverse line feed (escape then 7)
ESC-8	half reverse line feed (escape then 8)
ESC-9	half forward line feed (escape then 9)
backspace	moves back one column (8); ignored in the first column
carriage return	(13)
newline	forward line feed (10); also does carriage return
shift in	shift to normal character set (15)
shift out	shift to alternate character set (14)
space	moves forward one column (32)
tab	moves forward to next tab stop (9)
vertical tab	reverse line feed (11)

윗 문자들과 영문, 숫자, 글쇠판에 있는 각종 기호를 제외한 나머지 문자들은 모두 무시되어버린다. (즉, 한글은 완전 무시되어버린다. - 옮긴이 말)

관련 항목

expand(1), nroff(1), tbl(1)

HISTORY

col 명령은 Version 6 AT&T UNIX에서 처음 사용되었다.

BSD　　June 17, 1991　　BSD

8.3.8 xargs

xargs 명령은 입력된 데이터를 라인 단위로 읽어서 아규먼트화하는 명령이며, find 명령을 사용하여 검색한 파일에 대한 처리를 위해 파이프로 연결하여 사용한다.

```
[root@localhost ~]# xargs --help
Usage: xargs [-0prtx] [--interactive] [--null] [-d|--delimiter=delim]
       [-E eof-str] [-e[eof-str]]  [--eof[=eof-str]]
       [-L max-lines] [-l[max-lines]] [--max-lines[=max-lines]]
       [-I replace-str] [-i[replace-str]] [--replace[=replace-str]]
       [-n max-args] [--max-args=max-args]
       [-s max-chars] [--max-chars=max-chars]
       [-P max-procs]  [--max-procs=max-procs]
       [--verbose] [--exit] [--no-run-if-empty] [--arg-file=file]
       [--version] [--help] [command [initial-arguments]]

Report bugs to <bug-findutils@gnu.org>.
[root@localhost ~]# which bash | xargs ls -l
-rwxr-xr-x 1 root root 735004 Jan 22  2009 /bin/bash
[root@localhost ~]#
```

위 예제는 which 명령에 의해 출력되는 bash 실행 파일의 경로가 /bin/bash인데, 이 결과값이 파이프와 xargs에 의해 ls -l의 아규먼트로 대입되어 결국 ls -l /bin/bash 명령을 수행한 결과를 출력하게 된다.

8.3.9 find

find 명령은 디렉터리 계층에서 파일을 검색하기 위한 명령이다. find 명령으로 검색한 결과값은 하나의 라인에 하나의 파일명이 출력되는데, 이 결과값을 파이프로 연결하여 여러 가지 명령의 아규먼트로 전달하여 원하는 명령을 실행하고 그 결과값을 얻어낸다.

형식	

	`find [검색할 디렉터리] [옵션]`
	
	1. -exec를 사용하여 검색된 결과를 명령의 아규먼트({})로 사용한다.
	`# find … -exec 명령 {} \;`
	
	2. xargs 명령을 사용하여 파이프로 전달된 결과를 표준 입력 아규먼트로 받아서 명령을 실행한다.
	`# find … | xargs 명령`

표 8-11 • find 옵션

find 옵션	의미
-name 파일명	파일명으로 검색한다.
-user 유저명	유저명 또는 UID로 검색한다.
-group 그룹명	그룹명으로 검색한다.
-perm nnn	퍼미션이 nnn인 파일을 검색한다. 예) -perm 755 # find . -perm -100 -print 실행 가능한 --x------ 파일을 찾는다. -perm 인자가 마이너스(-) 부호를 가지게 되면 setuid 설정 비트를 포함한 모든 퍼미션 비트들이 검사된다.
-type x	파일 타입이 x인 파일을 검색한다. b(블럭 특수 파일), c(문자 특수 파일), d(디렉터리), p(파이프), f(정규표현 일반 파일), l(심볼릭 링크 파일), s(소켓)
-atime +n	접근 시간이 n일 이전인 파일을 검색한다. (access)
-atime -n	접근 시간이 n일 이내인 파일을 검색한다. (access)
-ctime +n	n일 이전에 변경된 파일을 검색한다. (change: 내용 수정이 아니라 모드 변경 또는 접근 시간 변경)
-mtime +n	n일 이전에 내용이 수정된 파일을 검색한다. (modify)
-mtime -n	n일 이내에 내용이 수정된 파일을 검색한다. (modify)
-empty	파일이 비어있고(0 bytes) 일반 파일이거나 디렉터리를 검색한다.
-newer 파일명	파일명의 파일보다 최근에 수정된 파일을 검색한다.
-size n	파일 블록 크기가 n 이상인 파일을 검색한다. b(블럭-기본값), c(bytes), k(kbytes), w(2바이트 단어)

(계속)

표 8-11 • find 옵션(계속)

find 옵션	의미
-links n	링크된 개수가 n인 파일을 검색한다.
-print	표준 출력
-exec 명령	검색된 파일을 찾으면 COMMAND 명령을 실행한다. 명령 인자(검색된 파일)는 {}으로 사용하며, 이때 명령 끝에 [illegible] 반드시 사용돼야 한다. 즉, 명령구분 문자인 ';'을 탈출(\)시켜 주어야 한다.
operator	-a: and 연산, -o: or 연산, !: not 연산
-path 패턴	path가 패턴과 일치하는 path에 대해서 검색한다.
-regex 패턴	파일명이 패턴과 일치하는 정규표현식에 대하여 검색한다.

find 명령에서 사용하는 -atime, -ctime, -mtime 옵션에서의 시간들은 일(하루 24시간) 단위이다. 부호없는 숫자, 예를 들어 3은 정확하게 3일 전에 끝난 24시간을 의미한다. 다시 말하면 96시간과 72시간 이전 사이를 의미하는 것이다.

마이너스(–) 부호를 가진 숫자는 그 시간 이후의 기간을 가리킨다. 예를 들어, –3은 지금과 3일 전 사이의 모든 시간을 의미한다. 다시 말하면 0시간 이전과 72시간 이전 사이를 의미하는 것이다.

플러스(+) 부호를 가진 숫자는 그 시간 이전의 기간을 가리킨다. 예를 들면, +3은 3일 이상된 시간을 의미한다. 다시 말하면 72시간 이상 지난 파일을 의미하는 것이다.

```
# find . -type f -exec file '{}' \;
```

쉘이 위치한 현재 디렉터리 아래에서 모든 파일을 검색하고 file 명령을 실행한다. '{}', 작은따옴표로 둘러싸인 브레이스는 쉘 스크립트에 의해 해석되지 않도록 하기 위한 것이며, find 명령으로 찾은 파일을 의미한다. 세미콜론(;)은 쉘에서 해석되지 않기 위해 백슬래시(\)를 사용하고 있다. 만약 현재 디렉터리 아래의 grep 디렉터리에서 검색하려면 ./grep를 지정하면 된다.

```
[root@localhost ~]# find ./grep -type f -exec file '{}' \;
./grep/fgrep.txt: ASCII text
./grep/testfile: ASCII text
[root@localhost ~]#
```

```
# find $HOME -mtime 0
```

현재 쉘에 접속해 있는 자신의 홈디렉터리 아래에서 24시간-mtime 0 안에 수정된 파일들을 검색하여 출력한다.

```
[root@localhost ~]# find $HOME -mtime 0
/root
/root/test2.txt
/root/.viminfo
/root/.bash_history
/root/pname
/root/vimtutorial.txt
/root/.lesshst
/root/test.txt
/root/sname
/root/sprice
[root@localhost ~]#
```

```
# find . -name 'fi*'
```

현재 디렉터리부터 모든 하위 디렉터리까지 파일명이 fi로 시작하는 모든 파일을 검색하여 출력한다.

```
[root@localhost ~]# cd shell
[root@localhost shell]# find . -name 'fi*'
./file4
./file3
./file1
./file
./file2
./filex
./file1.bak
./file5
./file122
./file123
./file2.bak
[root@localhost shell]#
```

```
# find . -perm 755
```

현재 디렉터리부터 모든 하위 디렉터리까지 퍼미션이 755인 파일과 디렉터리를 검색한다.

```
[root@localhost shell]# find . -perm 755
.
./here.sh
./2000
./DONE1.sh
./3000
./DONE.sh
./1000
[root@localhost shell]#
```

위 예제는 모든 파일과 디렉터리를 검색하였지만, 아래와 같이 -type f 옵션을 추가하면 일반 파일만 출력할 수 있다. 결과를 보면 ., 1000, 2000, 3000은 출력되지 않았기 때문에 디렉터리임을 알 수 있다.

```
[root@localhost shell]# find . -type f -perm 755
./here.sh
./DONE1.sh
./DONE.sh
[root@localhost shell]#
```

```
# find /home -newer here.sh
```

/home 디렉터리 아래에서 here.sh 파일보다 최근에 수정된 파일을 검색하여 출력한다.

```
[root@localhost shell]# ls -l here.sh
-rwxr-xr-x 1 root root 242 2009-07-20 12:09 here.sh
[root@localhost shell]# find /home -newer here.sh
/home
/home/test
/home/test/.mozilla
/home/test/.mozilla/plugins
/home/test/.mozilla/extensions
/home/test/.bash_logout
```

```
/home/test/.bashrc
/home/test/.zshrc
/home/test/.bash_profile
/home/multi
/home/multi/.viminfo
/home/multi/.bash_history
/home/multi/.lesshst
/home/multi/mbox
[root@localhost shell]# ls -l /home/multi/.bash_history
-rw------- 1 multi multi 1086 2009-07-25 04:42 /home/multi/.bash_history
[root@localhost shell]#
```

위 예제에서 7월 20일에 수정된 here.sh 파일보다 더 최근에 수정된 파일을 검색하였다. 결과로 출력된 파일 중에서 /home/multi/.bash_history 파일을 확인해 보면, 7월 25일 수정되었기 때문에 here.sh 파일보다 더 최근에 수정된 파일임을 확인할 수 있다.

```
# find /home -size +1024 -print
```

/home 디렉터리 아래에서 파일의 블록 크기가 1024 이상인 파일을 검색하여 출력한다.

```
# find ~linux -type d -print
```

~linux, 즉 linux 계정의 홈디렉터리(/home/linux) 아래에서 디렉터리들만 검색하여 출력한다.

```
[root@localhost shell]# find ~linux -type d -print
/home/linux
/home/linux/.mozilla
/home/linux/.mozilla/plugins
/home/linux/.mozilla/extensions
[root@localhost shell]#
```

```
# find /home \( -name a.out -o -name '*.o' \) -atime +7 -exec rm '{}' \;
```

/home 디렉터리 아래에서 파일명이 a.out 또는 .o로 끝나는 파일을 검색하고, 7일 동안 사용하지 않은 파일(생성/변경 날짜가 7일 이상된 파일)이면 rm 명령을 사용하여 삭제하도록 하는 명령이다.

```
# find /tmp -name core -type f -print | xargs /bin/rm -f
```

/tmp 디렉터리 아래에서 파일(f)명이 core인 파일을 검색하여 출력한다. 이때 검색된 파일 목록은 하나의 라인에 하나의 파일명이 출력되는데, 파이프로 연결된 xargs 명령에 의해 라인 단위로 /bin/rm -f 명령의 아규먼트로 전달되어 검색된 모든 파일들을 삭제하게 된다.

```
# find . -type f -mtime +1 | xargs -n 100 rm -f
```

find 명령을 사용하여 현재 디렉터리 아래에서 현재 시간보다 하루(+) 전(24시간 내에 작성/수정된 파일만 제외)에 작성/변경된 파일을 찾으면 라인 단위로 파일 리스트가 쉘에 출력되는데, 이 파일 리스트는 하나의 라인당 하나의 파일명이 출력되기 때문에 각 라인의 파일명을 아규먼트화하기 위해 xargs 명령을 파이프로 연결한 다음 -n 100, 즉 100라인(100개의 아규먼트)을 한 번에 읽어서 rm -f [아규먼트]로 치환하여 100개 단위로 검색된 파일들을 삭제하는 명령이다.

8.3.10 tee

tee 명령은 표준 입력으로부터 읽어서 표준 출력과 파일로 저장하는 명령이다.

표 8-12 • tee 명령 옵션

tee 옵션	의미
-a, --append	덮어쓰지 않고 주어진 파일에 표준 입력을 추가한다.
--help	표준 출력으로 사용법을 출력하고 정상적으로 종료한다.
-i, --ignore-interrupts	인터럽트 신호를 무시한다.
--version	표준 출력으로 버전 정보를 출력하고 정상적으로 종료한다.

```
[root@localhost shell]# cat /etc/passwd | grep multi | tee multi.txt
multi:x:500:500:multi:/home/multi:/bin/bash
[root@localhost shell]# cat multi.txt
multi:x:500:500:multi:/home/multi:/bin/bash
[root@localhost shell]# cat /etc/passwd | grep root | tee -a multi.txt
```

```
root:x:0:0:root:/root:/bin/bash
operator:x:11:0:operator:/root:/sbin/nologin
[root@localhost shell]# cat multi.txt
multi:x:500:500:multi:/home/multi:/bin/bash
root:x:0:0:root:/root:/bin/bash
operator:x:11:0:operator:/root:/sbin/nologin
[root@localhost shell]#
```

마지막으로 아래에 잘 정리된 vi/vim 단축키 모음 그림을 추가해두었으니 참고하기 바란다. 또한 이 그림은 한국LUG 홈페이지에도 업로드해 놓을 것이다.

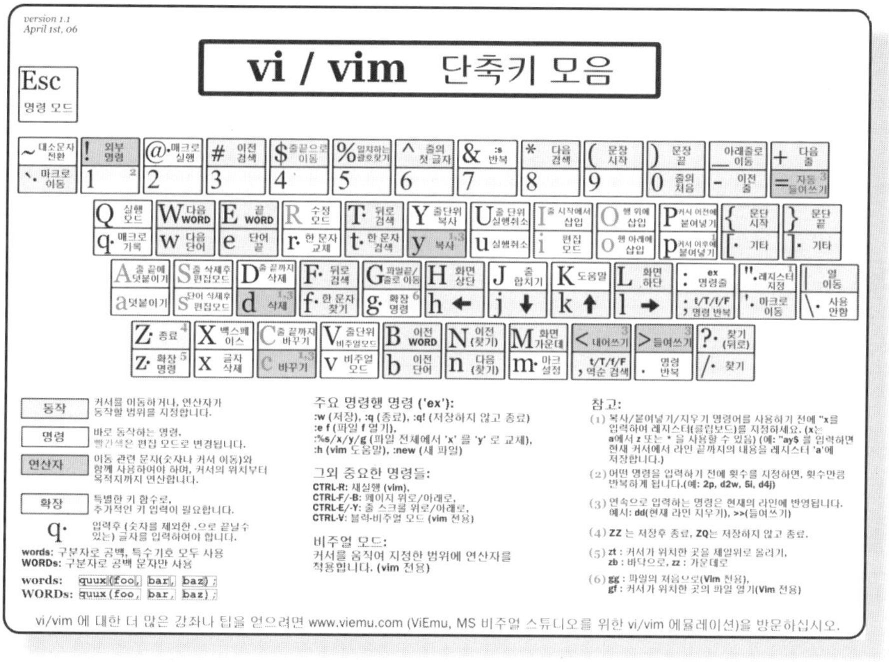

그림 8-54 • vi/vim 단축키 모음

이것으로 "김태용의 리눅스 쉘 스크립트 프로그래밍 입문" 도서를 마무리하겠습니다. 독자 여러분 그동안 공부하시느라 수고 많으셨습니다. 본 도서가 독자분들의 PLAY LINUX!에 조금이나마 도움이 되었으면 하는 바람이며, 언제나 건강하시고 재미있는 리눅싱되시기 바랍니다. 더불어 한국리눅스유저그룹(http://www.lug.or.kr) 커뮤니티에도 많은 참여 바랍니다.

2009년 여름 대구에서
저자 김 태 용
(multikty@gmail.com)

찾아보기